第 3 章　典型实例：石膏几何体组合

第 3 章　典型实例：时尚圆镜子

第 3 章　典型实例：七彩 2016 模型

第 3 章　典型实例：简约时钟

第 3 章　典型实例：方形茶几

第 4 章　典型实例：螺旋线制作钥匙扣

第 4 章　典型实例：线制作装饰画

第 4 章　典型实例：线和矩形制作书架

第 4 章　典型实例：文本制作空心字

第 5 章　典型实例：FFD 修改器制作单人沙发

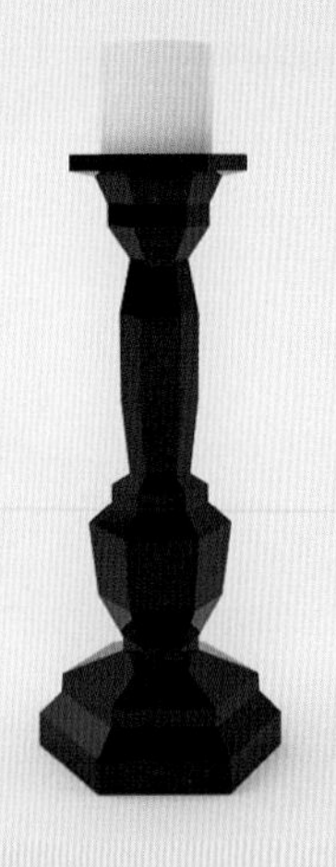

第 5 章　典型实例：车削修改器制作烛台

第 5 章　典型实例：车削修改器制作酒瓶

第 5 章　典型实例：噪波修改器制作冰块

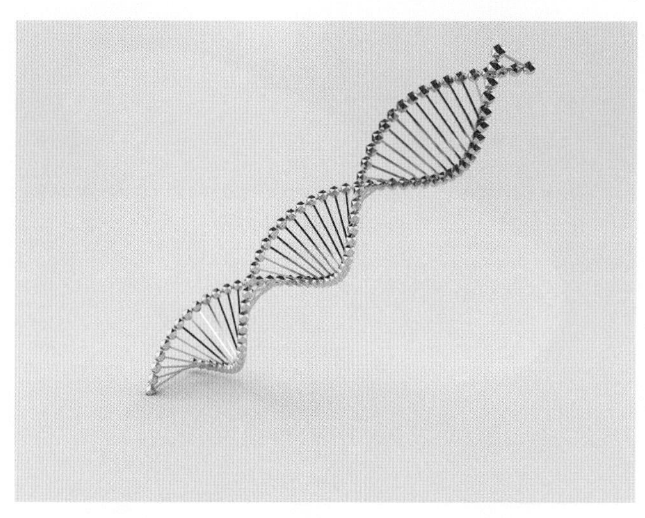

第 5 章　典型实例：晶格修改器制作三维 DNA 模型

第 5 章　典型实例：挤出修改器制作一本厚厚的书

第 5 章　典型实例：挤出修改器制作吊顶模型

第 6 章　典型实例：装饰画

第 6 章　典型实例：边几

第6章　典型实例：浴缸

第6章　典型实例：软包床

第6章　典型实例：别墅

第 8 章　综合实例：夜晚

第 8 章　典型实例：太阳光

第 8 章　典型实例：台灯

第 8 章　典型实例：射灯

第 8 章　典型实例：黄昏

第 8 章　典型实例：顶棚灯带

第 8 章　典型实例：吊灯

第 9 章　典型实例：景深模糊制作花朵景深

第 9 章　典型实例：运动模糊

第 9 章　典型实例：运动模糊

第 9 章　典型实例：景深模糊效果

第 10 章　典型实例：织物材质

第 10 章　典型实例：位图贴图制作照片墙

第 10 章　典型实例：陶瓷材质

第 10 章　典型实例：水果材质

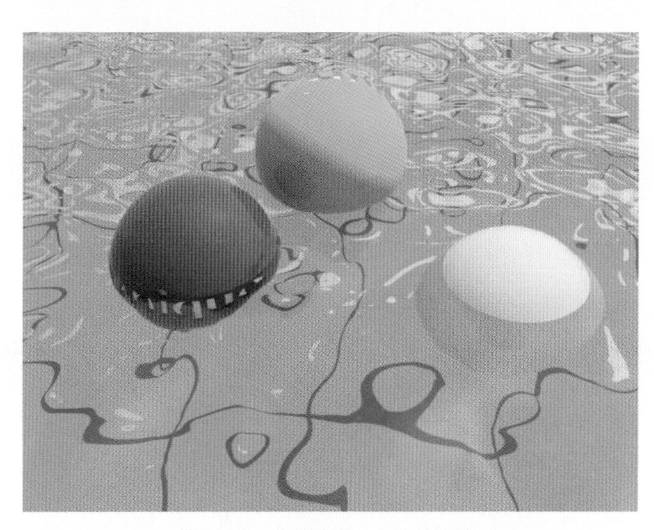

第 10 章　典型实例：水波纹材质

第 10 章　典型实例：衰减贴图制作沙发

第 10 章　典型实例：乳胶漆墙面

第 10 章　典型实例：皮材质

第 10 章　典型实例：木地板材质

第 10 章　典型实例：金属材质

第 10 章　典型实例：花纹床单

第 10 章　典型实例：鹅卵石材质

第 10 章　典型实例：雕花玻璃杯

第 11 章　现代主义风格客餐厅的设计

第 12 章　典型实例：为场景添加背景

第 11 章　CG 奇幻场景——海底群鱼

第 12 章　典型实例：雾制作大雾弥漫

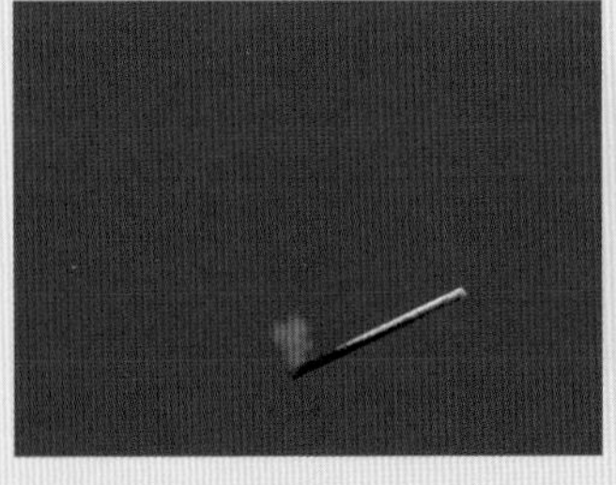 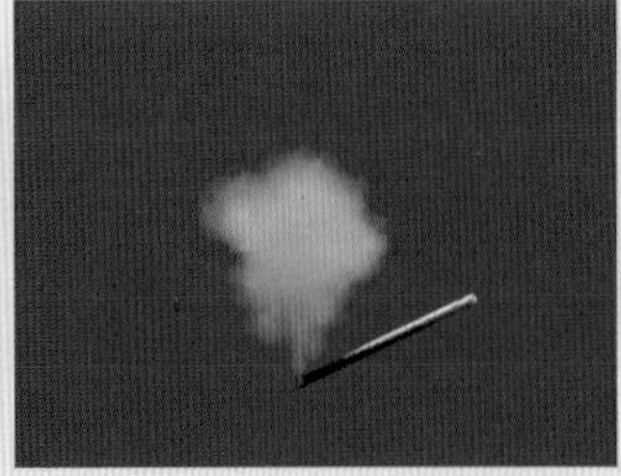 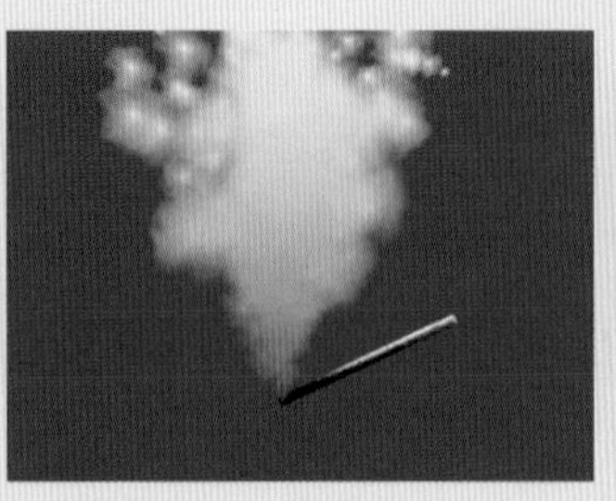 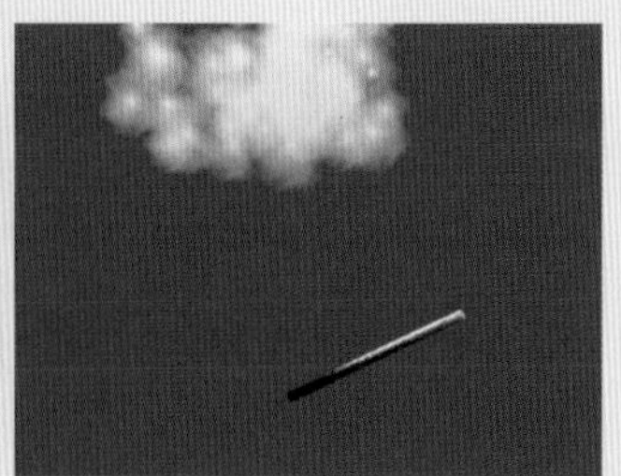

第 13 章　典型实例：超级喷射制作火柴烟火

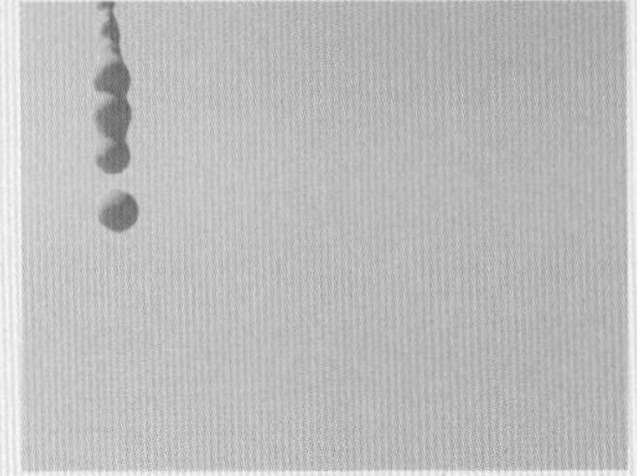   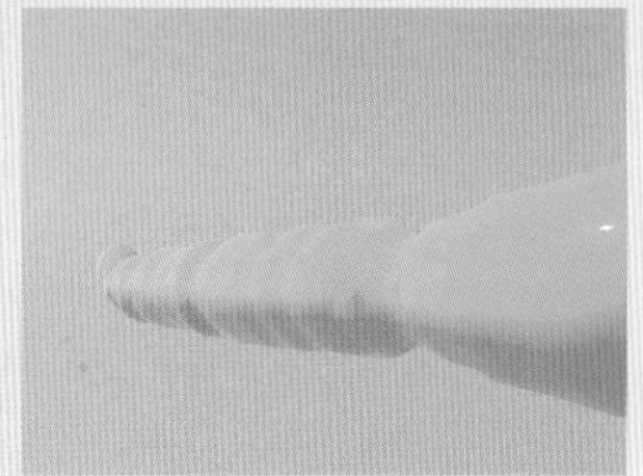

第 13 章　典型实例：超级喷射制作液体

 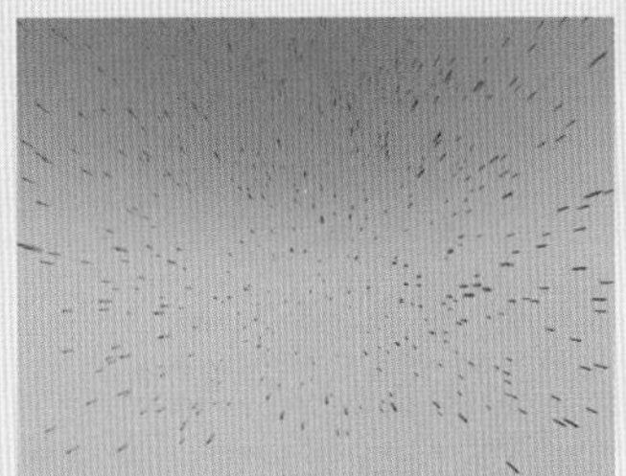 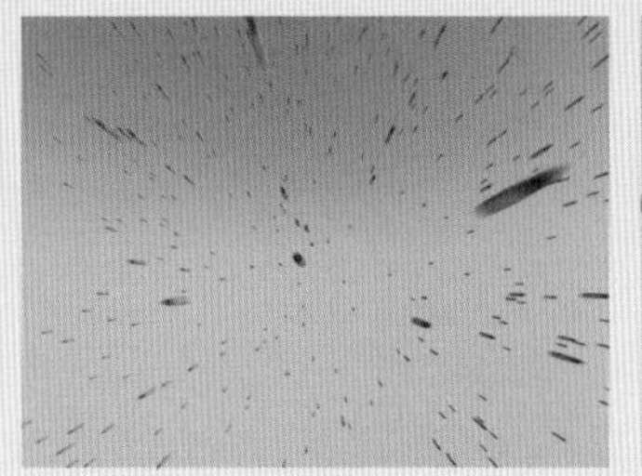 

第 13 章　典型实例：粒子流源制作子弹特效

第 13 章　典型实例：喷射制作雨天

第 13 章　典型实例：雪制作雪花飘落

第 14 章　典型实例：充气气球动画

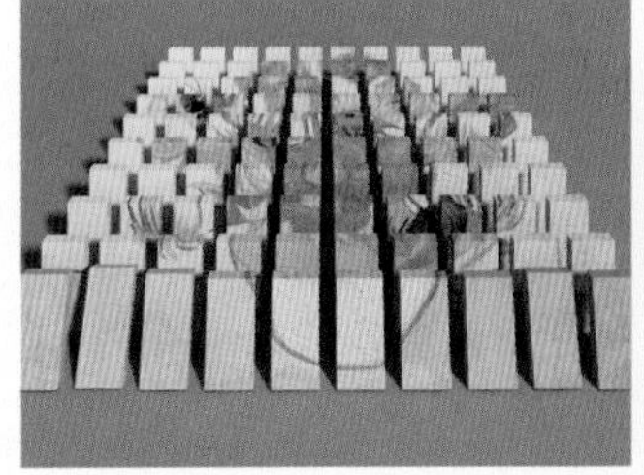

第 14 章　典型实例：多米诺骨牌动画

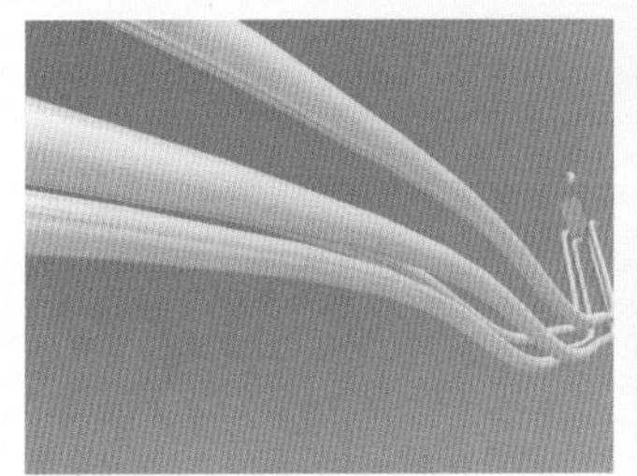
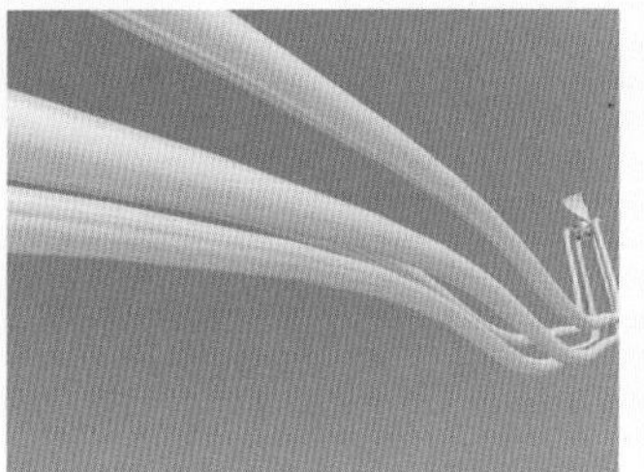
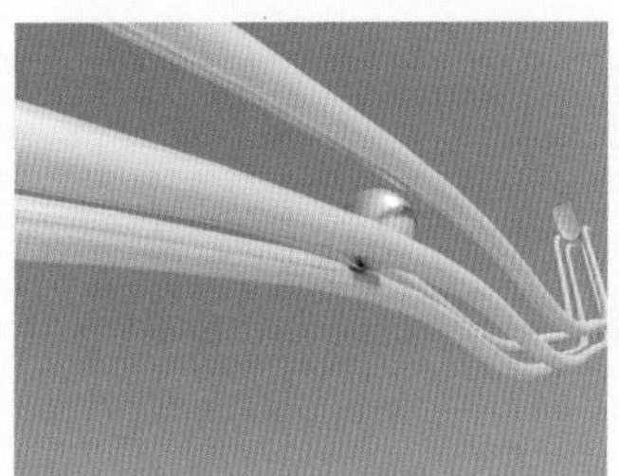
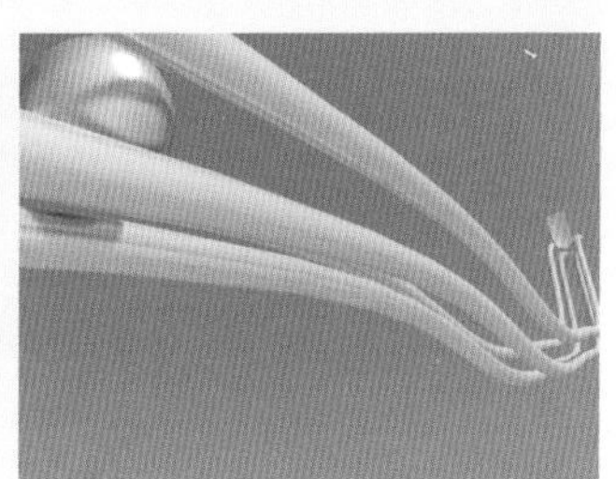

第 14 章　典型实例：飞滚的小球

第 14 章　典型实例：铁球击碎玻璃杯

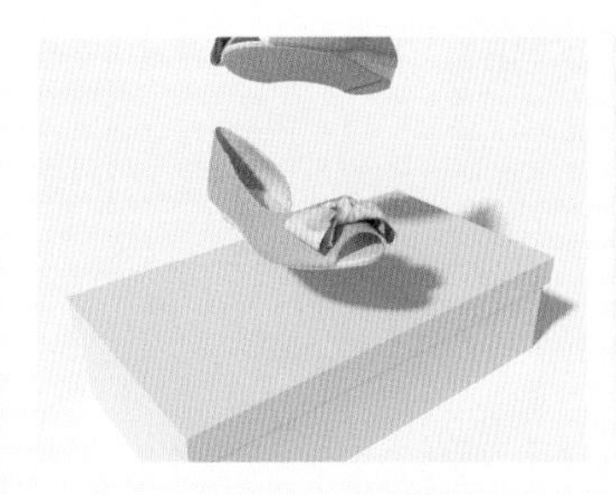
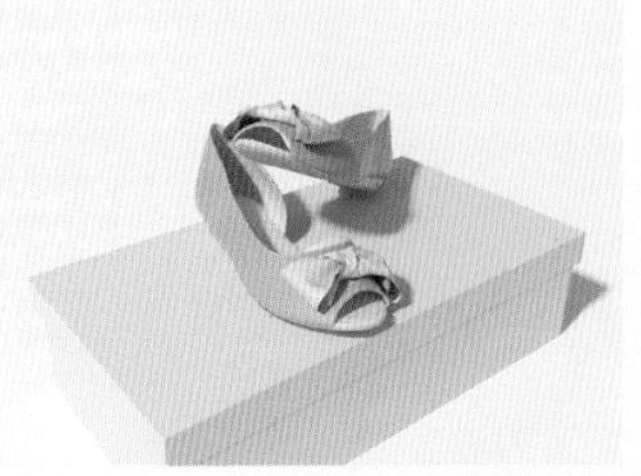
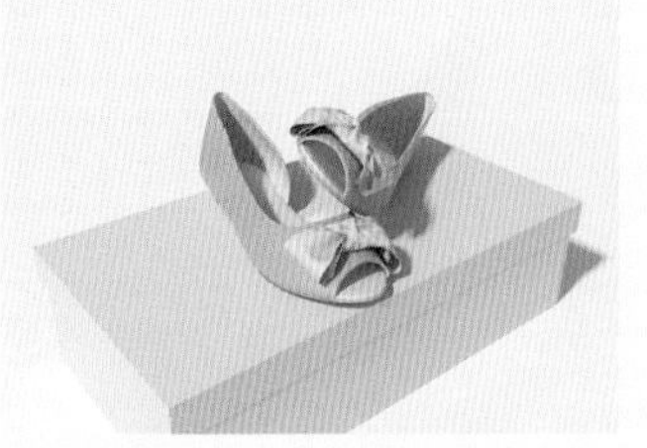

第 14 章　典型实例：下落的鞋子

第 14 章　典型实例：桌布动画

第 15 章　典型实例：Hair 和 Fur 修改器制作草地

第 15 章　典型实例：VR- 毛皮制作松树

第 15 章　典型实例：VR- 毛皮制作毛毯

第 16 章　典型实例：飞行器飞行动画

第 16 章　典型实例：火焰晃动动画

第 16 章　典型实例：建筑生长动画

第 16 章　典型实例：卡通人物走路动画

第 16 章　典型实例：苹果滚动动画

第 16 章　典型实例：摄影机动画

人民邮电出版社
北京

图书在版编目（C I P）数据

3ds Max疯狂设计学院 / 曹茂鹏编著. -- 北京 : 人民邮电出版社, 2017.1
ISBN 978-7-115-43535-4

Ⅰ. ①3… Ⅱ. ①曹… Ⅲ. ①三维动画软件 Ⅳ. ①TP391.414

中国版本图书馆CIP数据核字(2016)第276655号

内 容 提 要

本书是一本完全为初学者自学而量身打造的3ds Max教程。全书共16章，涵盖了3ds Max的基础操作、建模、灯光、材质、渲染、特效等多个方面，包括68个典型实例、24个独家秘笈、30个常见问题、6个提示和4个思维扩展。全书整体结构安排合理，文字轻松，易学易懂，案例效果精美，技巧提示一应俱全。特别是本书虚拟了两个在设计学院学习的学生，将枯燥的软件学习趣味化，让读者能轻松地掌握知识、提升技能及从容地面对工作当中的挑战。

◆ 编　　著　曹茂鹏
　责任编辑　王峰松
　责任印制　焦志炜
◆ 人民邮电出版社出版发行　　北京市丰台区成寿寺路11号
　邮编　100164　　电子邮件　315@ptpress.com.cn
　网址　http://www.ptpress.com.cn
　北京盛通印刷股份有限公司印刷
◆ 开本：880×1092　1/16
　印张：20.75　　　彩插：8
　字数：839千字　　　2017年1月第1版
　印数：1－3 500册　　　2017年1月北京第1次印刷

定价：89.00元（附光盘）

读者服务热线：(010)81055410　印装质量热线：(010)81055316
反盗版热线：(010)81055315

前　言

“疯狂设计学院”开学了，这次“三弟”同学和“麦克斯”同学一起跟随 Design 教授来到了他的研究所学习 3ds Max。别犹豫，你也加入他们吧，共同进行一场 3ds Max 的美妙之旅。

3ds Max 是目前应用最为广泛的三维软件，并在室内外设计中最为普遍，其以强大的建模、灯光、材质、动画、渲染等功能而著称。本书采用了 Autodesk 3ds Max 2016 版本、V-Ray Adv 3.00.08 版本制作和编写，请读者朋友注意需使用该版本或更高版本才可打开本书的相关文件。

本书具有以下几大特色。

特色 1：实用性强。章节安排、案例选择、内容编写都是以实用性为出发点的。

特色 2：趣味性强。图形图像类的图书市场很少有注重趣味性的图书，大部分书籍内容枯燥、不易理解。

特色 3：内容情节化。“疯狂设计学院”以两个在设计学院学习的学生为主要人物，内容生动有趣，具有故事情节。两位同学在学习中遇到的问题，你也可能会遇到哦！本书侧重模拟了 80 后、90 后真实学习的氛围。

特色 4：美观性。本书中案例精美大气，让读者加深了对艺术和设计美感的理解。

这是一本完全为初学者量身定制的 3ds Max 教程。本书包括 68 个典型实例、24 个独家秘笈、30 个 Design 教授研究所常见问题、6 个提示和 4 个思维扩展。

全书共分为 16 章，具体章节内容介绍如下。

第 1 ～ 2 章为基础章节，包括 3ds Max 的应用领域、常见问题、基础操作。

第 3 ～ 6 章为建模章节，包括几何体建模、二维图形建模、修改器建模、多边形建模。

第 7 ～ 11 章为灯光材质渲染章节，包括 VRay 渲染器设置、灯光、摄影机、材质、综合案例。

第 12 ～ 16 章为特殊效果章节，包括环境和效果、粒子系统和空间扭曲、动力学、毛发、动画。

本书附带一张 DVD 教学光盘，内容包括本书所有实例的场景文件、源文件、贴图，并包含书中所有实例的视频教学录像，同时作者精心准备了 3ds Max 2016 快捷键索引、常用物体折射率表、效果图常用尺寸附表等，以供读者使用。

本书技术实用、讲解清晰，不仅可以作为 3ds Max 相关设计专业学生、室内外设计师、初中级读者学习使用，也可以作为高校、大中专院校的教材来使用，还可以作为 3ds Max 三维设计培训班的教材来使用。

本书由曹茂鹏编写。参与本书编写和整理的还有瞿颖健、杨建超、马啸、李路、孙芳、瞿吉业、张建霞、王铁成、王萍、曹诗雅、李进、曹玮、于燕香、杨春明、董辅川、韩雷、李化、崔英迪、柳美余、丁仁雯、孙雅娜、曹明、孙丹、马扬、高歌同志。

由于时间仓促，加之水平有限，书中难免存在错误和不妥之处，敬请广大读者批评和指正。

编者

目录

第 1 章　来到设计学院的第一天！

本章内容

3ds Max 的应用领域
3ds Max 最常见的问题
3ds Max 的相关插件
3ds Max 2016 新功能

本章人物

Design 教授——擅长 3ds Max 技术和理论
三弟——酷爱 3ds Max 软件，新手
麦克斯——三弟的同班同学，好友

这是全书的第 1 章，在学习 3ds Max 之前要了解的很多内容都可以在本章找到哦。和三弟、麦克斯一起来探索吧！

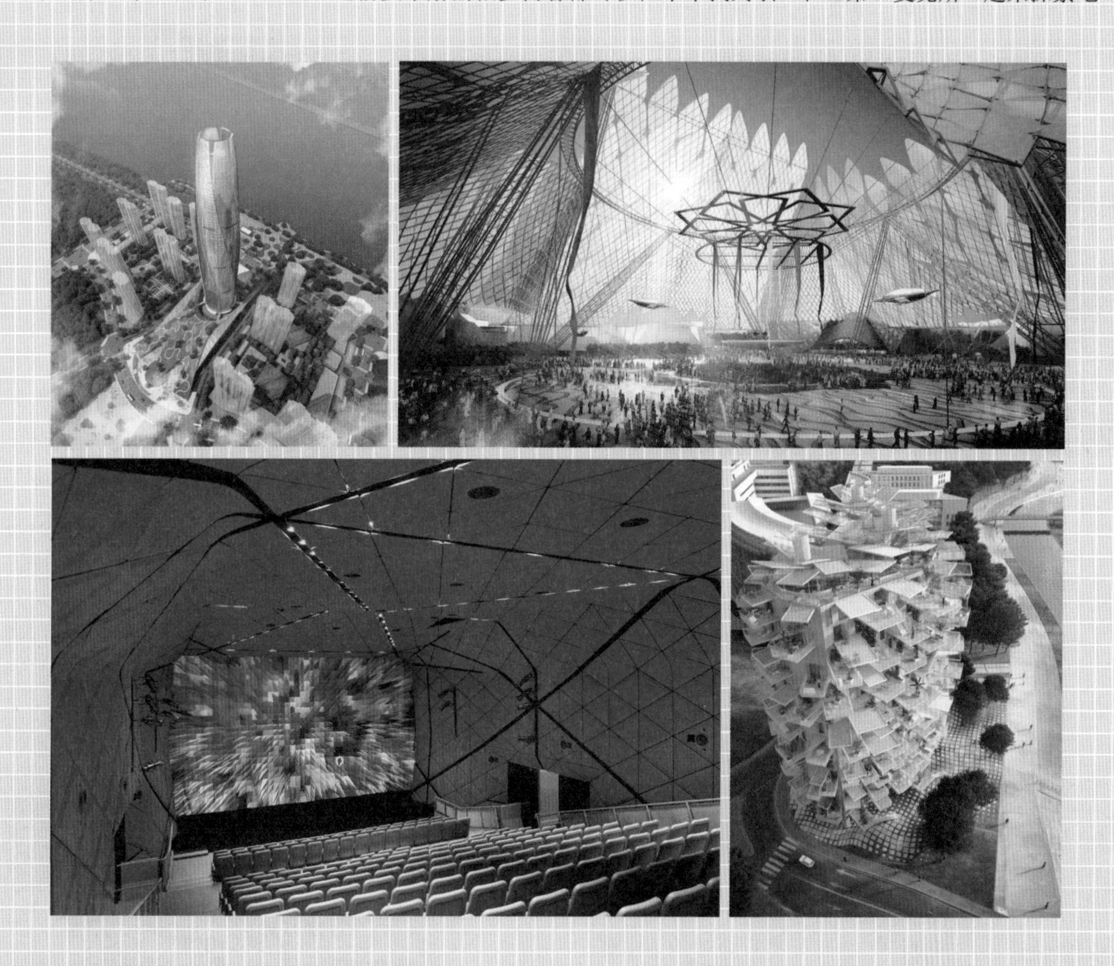

1.1 你为什么要买这本书！

本书是一本专门针对于初级、中级的3ds Max用户的书籍，它是一本经过细致研究而编写的3ds Max图书。本书以两个来自“疯狂设计学院”的学生为人物，分别是“三弟”和“麦克斯”，他们一起跟着“Design教授研究所”的教授学习、讨论知识。本书的特点整理如下。

- 接地气的情景人物。以“三弟”“麦克斯”“教授”为主要人物，这会更有学习氛围。
- 合理的章节安排。章节安排遵循着3ds Max新手的学习方式，从易到难，逐一攻破知识点。
- 实用的模块。独家秘笈、Design教授研究所常见问题等模块让疑难问题变得简单。
- 简单的编写方式。本书采用了轻松的编写方式，让新手更易掌握和理解。
- 精美的案例效果。大量精美的案例，让读者更有学习的激情。

1.2 我学了3ds Max都能做什么工作？

（1）室内设计、建筑设计、景观设计。环境艺术类的工作很多，比如室内设计、建筑设计、景观设计等，这些行业都需要使用3ds Max。图1-1和图1-2所示为国外的优秀作品。

图1-1

图1-2

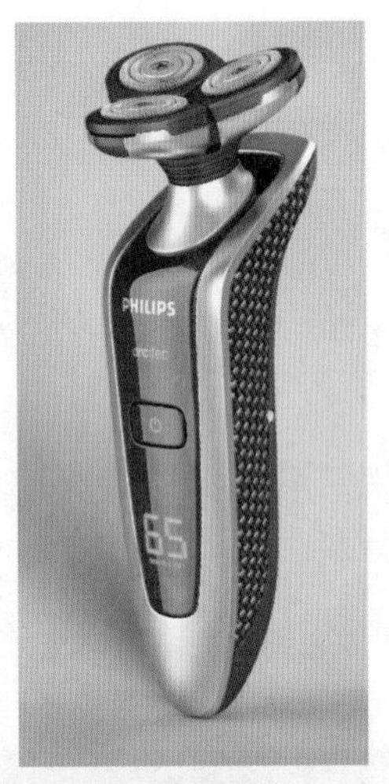

图1-3

图1-4

（2）工业设计、广告设计。这两大类行业使用3ds Max也非常频繁，重点在于表现模型和质感的属性。图1-3和图1-4所示为国外的优秀作品。

（3）游戏设计、动画设计、CG 设计。3ds Max 也常用于 CG 类场景的创建，使用它可以制作原创的 CG 作品。图 1-5 和图 1-6 所示为国外的优秀作品。

图1-5

图1-6

1.3 我最想知道的5个关于3ds Max的问题

在学习 3ds Max 软件之前，我们先了解一下这 5 个最常见的 3ds Max 问题。当再次遇到这几个问题时，我们会轻松解决了。

1.3.1 为什么我的电脑中没有3ds Max简体中文版本呢?

3ds Max 2016 在安装完成后，桌面会自动出现启动图标，但是当我们双击该图标时，会发现 3ds Max 居然是英文版的。是不是我安装错了？用不用卸载一次，重新安装呢？

其实 3ds Max 默认只在桌面显示英文版的启动图标。要想启动中文版 3ds Max，需要执行【开始】|【所有程序】|【Autodesk】|【Autodesk3ds Max 2016】|【3ds Max 2016-Simplifide Chinese】，如图 1-7 所示。图 1-8 所示为启动后的界面。

图1-7

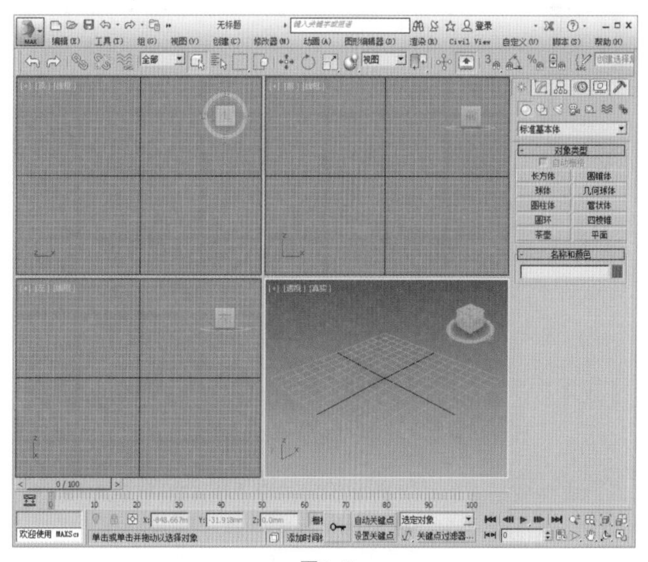

图1-8

1.3.2 低版本打不开高版本的问题

要特别注意低版本的 3ds Max 打不开高版本的 3ds Max 文件，高版本的 3ds Max 可以打开低版本的 3ds Max 文件。

1.3.3 如何保存为低版本的3ds Max文件?

单击图标，然后单击【另存为】，如图 1-9 所示，此时即可选择【保存类型】。可选择 3ds Max 2013、3ds Max 2014、3ds Max 2015 等低版本的格式，如图 1-10 所示。

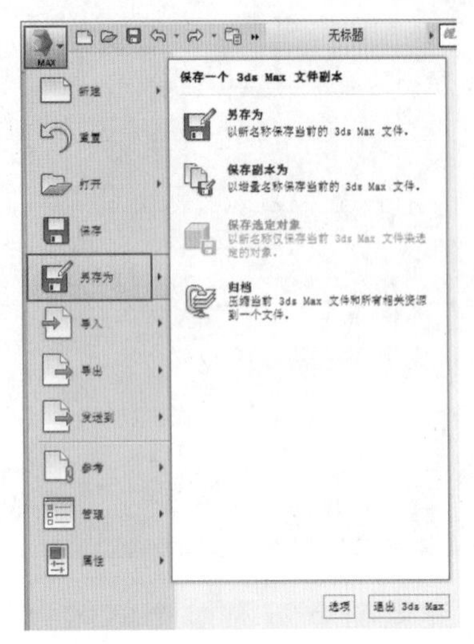

图1-9

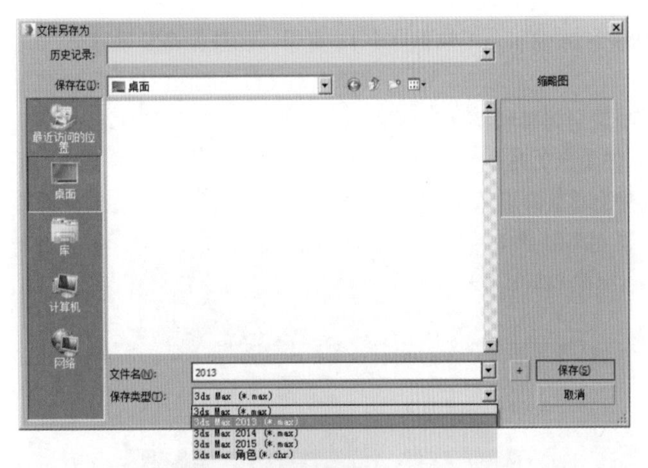

图1-10

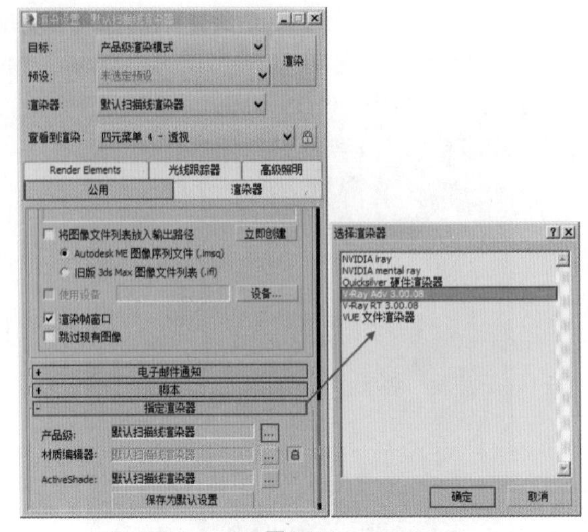

图1-11

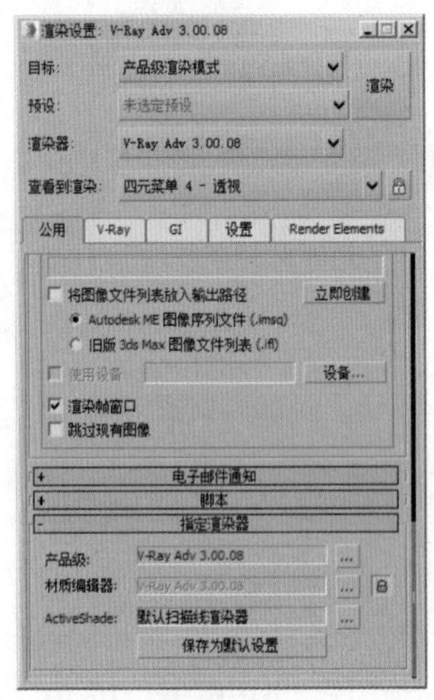

图1-12

1.3.4 为什么我的3ds Max中没有VRay渲染器呢?

成功安装 VRay 渲染器后，在哪里能找到它呢？我们可以在 3ds Max 中调用 VRay 渲染器。

（1）首先，单击 （渲染设置）按钮，此时可以打开渲染设置面板。

（2）然后，在面板中单击【公用】选项卡，展开【指定渲染器】卷展栏，并单击【选择渲染器】按钮 ，此时可以在弹出的窗口中选择需要的渲染器类型，如图 1-11 所示。

（3）操作后渲染器出现设置好的类型，如图 1-12 所示。那么现在就可使用 VRay 灯光、VRay 材质了。

1.3.5 打开的3ds Max文件为什么缺失贴图呢?

在打开 3ds Max 文件时，可能会发现场景中的物体虽然设置好了材质贴图，但是却没有显示出贴图。这可能是由于贴图文件位置的更换，而导致 3ds Max 无法自动找到贴图，因此就无法正常显示了。

解决方法如下：

（1）单击 （实用程序）按钮，然后单击【更多】，接着选中【位图 / 光度学路径】，最后单击【确定】，如图 1-13 和图 1-14 所示。

（2）单击【编辑资源】按钮，并选中所有的贴图，然后单击 按钮，如图 1-15 所示。

（3）找到新的贴图路径文件夹，然后单击【使用路径】，如图 1-16 所示。

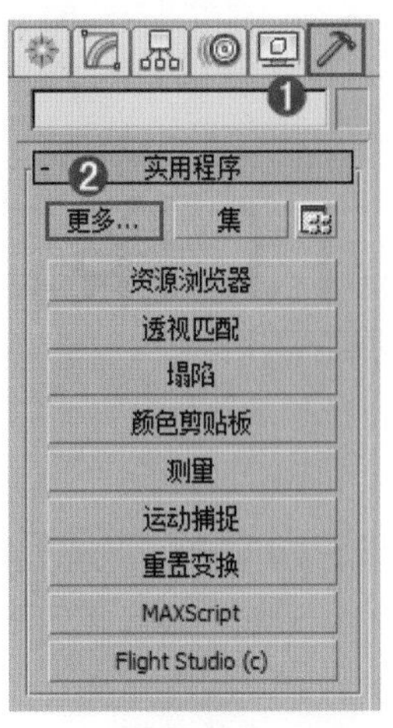

图1-13

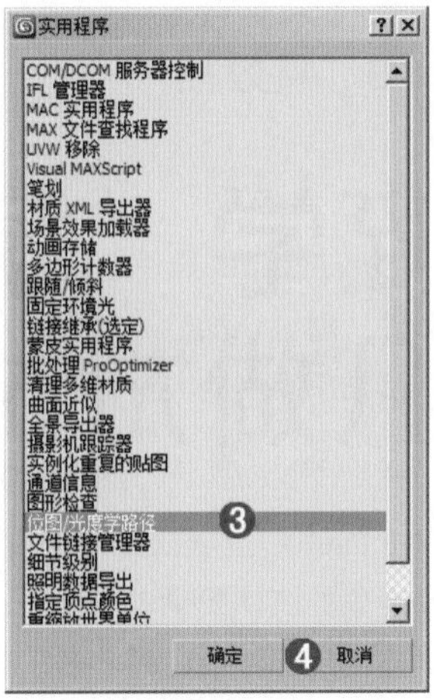

图1-14

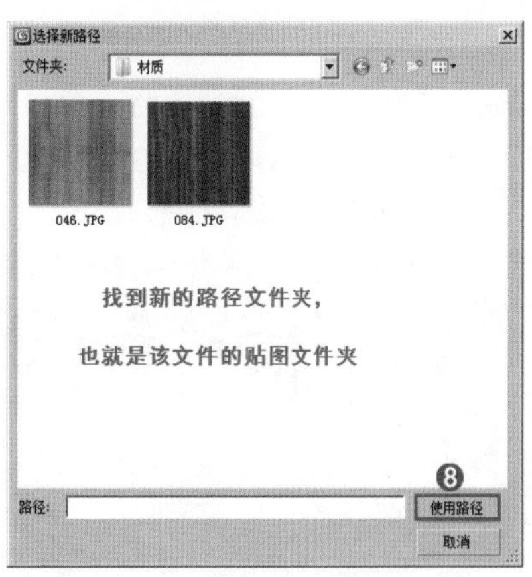

图1-16

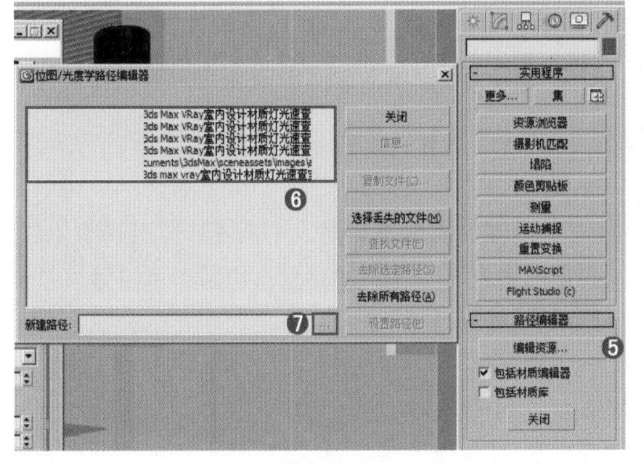

图1-15

（4）单击【设置路径】，最后单击【关闭】，如图1-17所示。

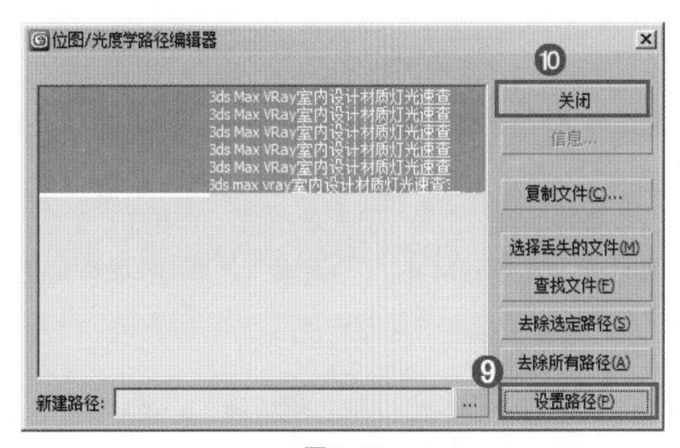

图1-17

1.4 学习3ds Max我还能用到哪些软件或插件?

3ds Max 的功能很强大，而且它有数不尽的插件，这些插件可以让 3ds Max 更快地发挥其震撼效果。常用的插件类型包括渲染插件、建模插件、特效插件等。

1.4.1 渲染插件

1. VRay 渲染器

VRay 渲染器是使用较为广泛且最常用的渲染器之一，其用户量较大。其功能强大，擅长表现真实的效果。在室内设计、工业设计、影视设计中使用较多。在本书中会主要讲解 VRay 渲染器的知识。其实渲染器只掌握其中一款就可以啦，其他渲染器类型就不做过多介绍了。

2. Brazil 渲染器

Brazil（巴西高级）渲染器是运行在 3ds Max 上的全局照明渲染插件，它与 Vray 同样都是一款高级渲染器。

3. FinalRender 渲染器

FinalRender 渲染器，又称之为终极渲染器。其渲染效果虽然略逊色于 Brazil 渲染器，但由于其速度非常快，效果也很好，所以对于商业市场来说是非常合适的。

1.4.2 建模插件

1. 森林插件（Forest Pack Pro）

Forest Pack Pro 是 Itoo 出品的一款森林建模插件。由于软件自带了很多标准植物的模型，因此它可以在短时间内生成大面积的树林、草丛和花朵等图形。该插件非常适合使用在超级大型的场景中，如建筑鸟瞰场景、动画场景等。

2. 群集植物插件（MultiScatter）

MultiScatter 插件是一款功能强大的 3ds Max 插件，可以让三维模型快速分布于线、实体表面，它让成千上万颗的树在 3ds Max 中也能顺畅操作，如图 1-18 所示。

图1–18

1.4.3 特效插件

1. 造景插件（DreamScape）

DreamScape 插件是运行在 3ds Max 上非常强大的造景渲染插件。通过该插件可以模拟真实的海景、地形等效果，而且可以渲染出真实的天空背景。

2. 模拟流体动力学（FumeFX）

FumeFX 是一款常用的流体动力学类插件。它可以模拟超乎想象的流体效果，如爆炸、水流、火焰、烟雾、粒子等效果。它常用于特效动画电影、影视栏目的包装中。

1.5 怎样才能学好3ds Max，你要听好

3ds Max 是一款相对较为复杂的软件，其复杂程度略高于平面软件和后期软件。由于其功能强大、知识点分散，因此不容易在短时间内熟练掌握。所以呢，我给大家总结一下在 3ds Max 学习过程中会遇到的问题，你可以提前做好心理准备哦！

（1）阶段 1（3 天），尝鲜。刚接触 3ds Max 就仿佛是买到了一个心爱的小物件儿，可爱至极，随便创建一个模型都会有一点点成就感。

（2）阶段 2（20 天），煎熬。“玩”了几天 3ds Max 后会发现它好像没那么“好玩”。使用它是非常煎熬的，工具不好找、三维空间不好理解、操作步骤记不住等各种问题一起涌来，这会让你容易放弃。其实这个阶段坚持一下，就挺过去了。

（3）阶段 3（20 天），瓶颈。经过一段较长时间的煎熬后，你会熟练应用 3ds Max 了，会建模、灯光、材质、渲染等各个环节的操作了。但是你会发现自己非常困惑，为什么我的作品效果不逼真？为什么别人的作品那么好看？其实这段时间才是最难熬的，它会让你重新审视自己，这时你换一下思路，不妨多看一点优秀的作品，分析一下作品的色彩搭配、构图、创意。再回来重新创作，是不是会一点点突破瓶颈了呢？

（4）阶段 4（无数天），曙光。苦日子终于熬到头了，发挥自己天马行空的想象，大胆放心地去创作吧！这个时候你会有很强的成就感、自信心。但是不要对自己的记忆能力过于自信，如果长时间不用 3ds Max，特别容易遗忘。所以你到达阶段 4 后，不要长时间不使用 3ds Max 哦，尽量半个月创作一个小作品。

1.6 3ds Max 2016新增的主要功能

1. Max Creation Graph

3ds Max 2016 有一个基于节点的工具创建环境，即 Max Creation Graph。用户可以在一个类似 Slate 材质编辑器的可视化环境中，使用创建图形的方式，编辑新的几何对象和修改器。用户可以任意选择来创建新的工具和视觉特效，并能够通过保存称为复合对象的图形来创建新的节点类型。

2. XRef 革新

由于 XRef 中新增了对非破坏性动画工作流的支持并提高了其稳定性，这使跨团队协作以及在整个制作流程中开展协作变得更加容易。3ds Max 用户现在可以在场景中从外部调入参照对象并为其设置动画，或者在源文件中编辑外部参照对象的材质，而不必将对象合并到场景中。

3. 新的设计工作区

3ds Max 2016 推出了新的设计工作区，这为 3ds Max 用户带来了更高效的工作流。设计工作区采用基于任务的逻辑系统，可以很方便地访问 3ds Max 中的对象放置、照明、渲染、建模和纹理工具。

4. 新的模板系统

新的按需模板为用户提供了标准化的启动配置，这有助于加速场景创建流程。借助简单的导入 / 导出选项，用户可以快速地跨团队共享模板。用户还能够创建新模板或修改现有模板，并且针对各个工作流自定义模板。

5. 双四元数蒙皮

3ds Max 平滑蒙皮得到了改善。这种新的平滑蒙皮方法有助于减少不必要的变形瑕疵（如角色的肩部或腕部）。

6. Autodesk A360 渲染支持

3ds Max 增加了对 Autodesk A360 渲染的支持，可供 Autodesk Maintenance Subscription 维护合约和 Desktop Subscription 合约供客户使用。用户可以在 3ds Max 中访问 A360 中的云渲染。由于 A360 利用了云计算的强大功能，所以 3ds Max 用户借助它，无需占用桌面资源，也不需要使用专门的渲染软件，就可以创建出令人印象深刻的高清图像，因此有助于节省时间和降低成本。

7. 物理摄影机

新增了物理摄影机类型。该摄影机可模拟快门速度、光圈、景深和曝光等参数。新的物理摄影机让创建逼真的图像和动画变得更加容易。

8. 摄影机序列器

新的摄影机序列器可制作出高品质的动画可视化效果及利用动画和影片描绘精彩的故事情节变得更加容易。因此可以方便地在多个摄影机之间进行剪辑和重新排序，在保持原始动画数据不变的情况下，可以让用户灵活地进行剪辑动画等操作。

1.7 学习3ds Max的基本流程，必须要在最开始就了解

其实本书的章节安排还是很合理的，方便短时间内快速掌握 3ds Max。我们再来简单地了解一下学习流程吧！

（1）基本操作。万事开头难，所以基本操作要熟练掌握哦，这会使后面的建模等章节变得简单。

（2）建模。建立模型、搭建场景，是 3ds Max 中比较重要的部分。

（3）灯光材质。灯光材质是表现效果的章节，需要按照所需效果进行灯光和材质的创建。

（4）其他（环境、动画等）。根据实际创作情况进行制作，比如需要设置环境、添加动画、制作特效等。

（5）渲染。设置最终渲染的参数，耐心等待作品出炉吧！

本章小结

通过对本章的学习，我们并没有学习到具体的 3ds Max 技术知识。但是，你一定知道了你最想了解的很多问题。接下来，跟随我一起学习第 2 章吧，我们正式进入 3ds Max 的世界！

第 2 章　基本操作，一定别着急跳过去！

本章内容

3ds Max 界面
3ds Max 常用工具
3ds Max 常用操作技巧

本章人物

Design 教授——擅长 3ds Max 技术和理论
三弟——酷爱 3ds Max 软件，新手
麦克斯——三弟的同班同学，好友

很多读者朋友在学习 3ds Max 时比较着急，想短时间内会建模、会渲染，想创建一个复杂的、奇幻的作品，其实学习任何知识都需要一个过程。本章的内容非常适合新手学习，熟练掌握 3ds Max 的基本操作，是对后面建模章节进行的铺垫。所以，别急。认真学好本章，一步步接近梦想！

2.1 打开3ds Max 2016，看看界面

安装好 3ds Max 2016 后，可以通过以下两种方法来启动 3ds Max 2016。

第 1 种：双击桌面上的快捷方式图标。

第 2 种：执行【开始 / 所有程序 /Autodesk/Autodesk 3ds Max 2016/3ds Max 2016-Simplified Chinese】命令，如图 2-1 所示。在启动 3ds Max 2016 的过程中，可以观察到 3ds Max 2016 的启动画面，如图 2-2 所示。

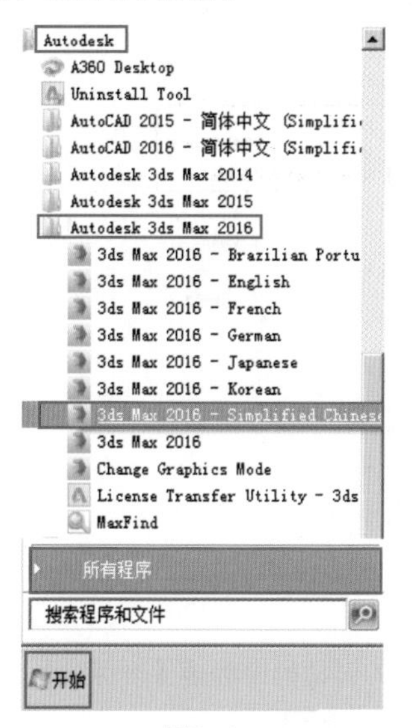

图2-1

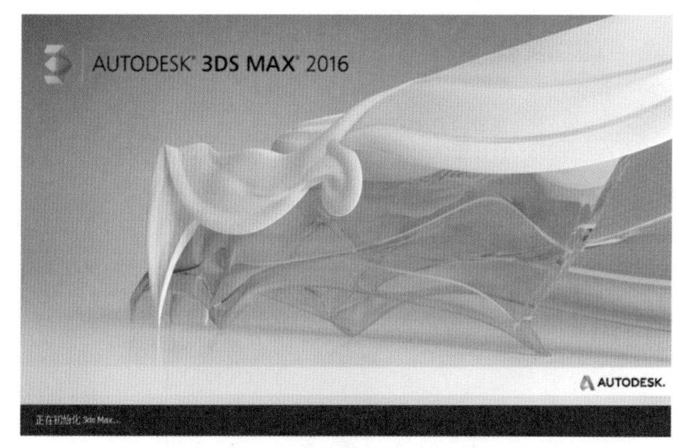

图2-2

3ds Max 2016 的工作界面分为【标题栏】、【菜单栏】、【主工具栏】、视口区域、【命令】面板、【时间尺】、【状态栏】、【时间控制按钮】和【视口导航控制按钮】9 大部分，如图 2-3 所示。

默认的 3ds Max 各个界面都是保持停靠状态的，若不习惯这种方式，也可以将部分面板拖曳出来，如图 2-4 所示。

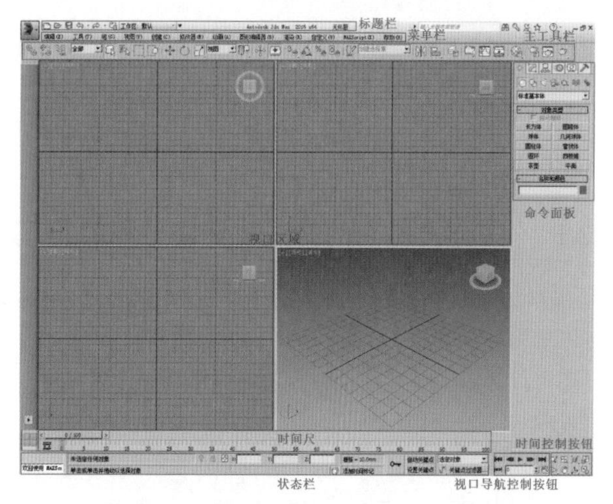

图2-3

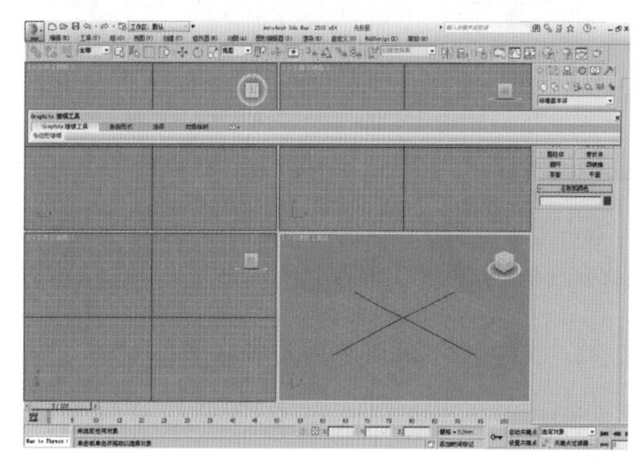

图2-4

此时拖曳浮动的面板到窗口的边缘处，可以将其再次进行停靠，如图 2-5 所示。

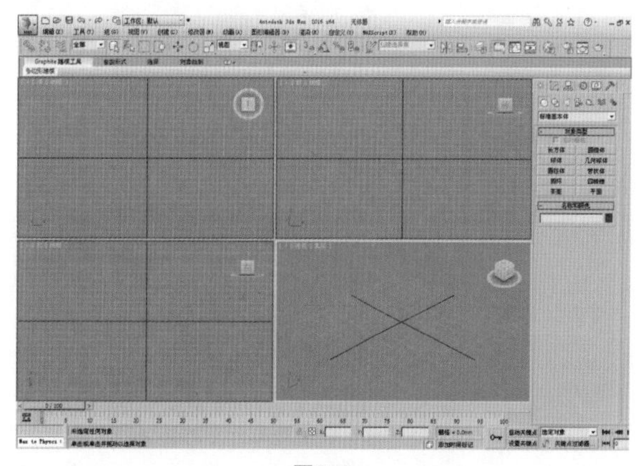

图2-5

2.2　标题栏

【标题栏】主要包括6部分，分别为【应用程序按钮】、【快速访问工具栏】、【工作区】、【版本信息】、【文件名称】和【信息中心】，如图2-6所示。

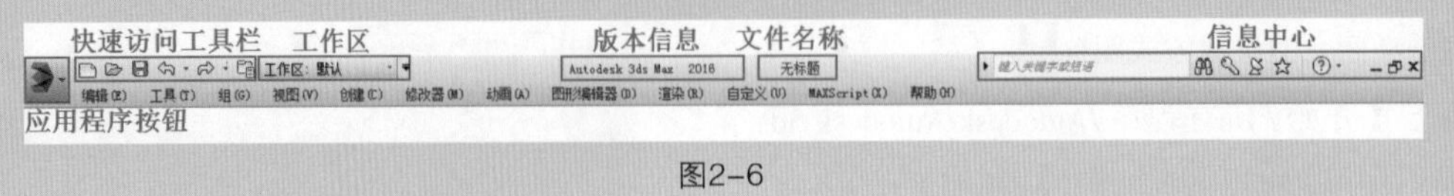

图2-6

2.2.1　“保存文件”的方法，记住一种就行了

保存文件的方法很多，既可以直接使用快捷键【Ctrl+S】，又可以单击界面左上方的（保存文件）按钮，如图2-7所示。还可以通过菜单栏中的命令进行保存。你记住其中一种就可以啦！

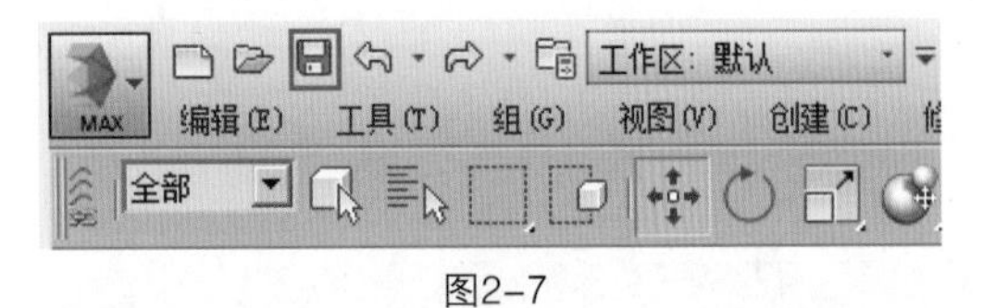

图2-7

2.2.2　保存完文件，试试“打开文件”

双击文件图标，可以打开3ds Max文件。也可以先双击3ds Max图标，然后再将文件拖曳进3ds Max中。

2.2.3　“重置”可以把3ds Max复位

有时候需要将正在运行的3ds Max文件关闭，如图2-8所示。然后重新打开3ds Max制作新的文件，很明显这种流程很繁琐。我们可以试一下使用【重置】命令，如图2-9所示。

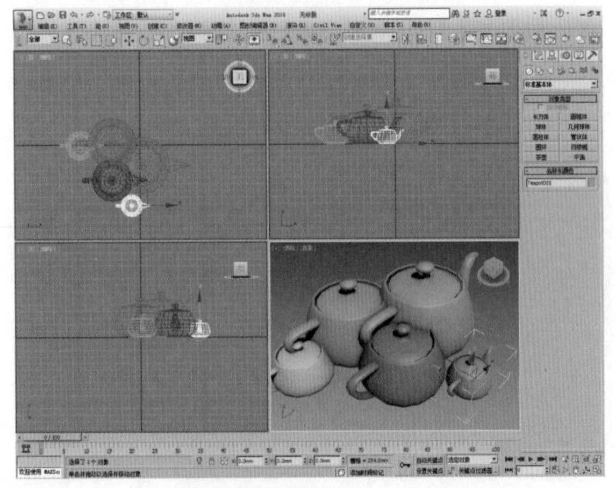
图2-8

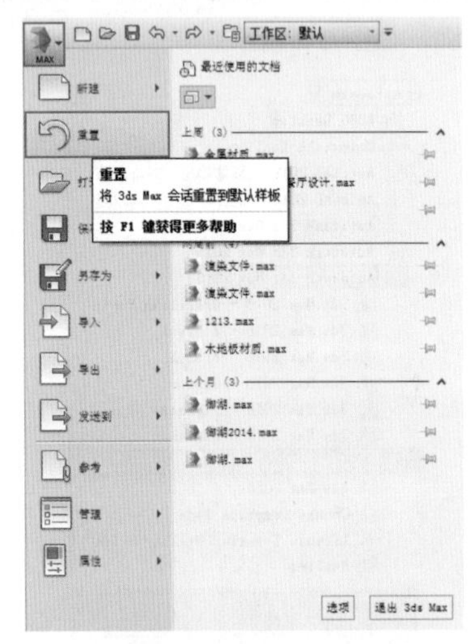

图2-9

此时在弹出的对话框中选择【不保存】，然后单击【是】，如图2-10和图2-11所示。

图2-10

图2-11

这时会看到3ds Max被重置了，我们现在就可以开始制作新的文件了，如图2-12所示。

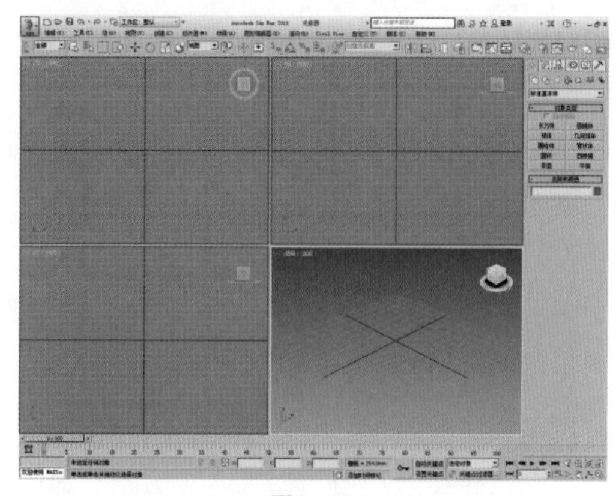

图2-12

2.2.4 “归档”其实就是将文件“打包”

归档文件是一个很方便的功能。它可以将 3ds Max 文件打包，并且自动将文件中使用到的贴图、灯光等都一起打包到一个 .zip 的压缩包内。这是一个自动整理的过程。

单击 3ds Max 左上方的图标，将鼠标放到【另存为】位置，选择【归档】，如图 2-13 所示。然后将文件保存到指定路径位置，如图2-14所示。此时在该路径位置上会看到打包好的文件，如图2-15所示。

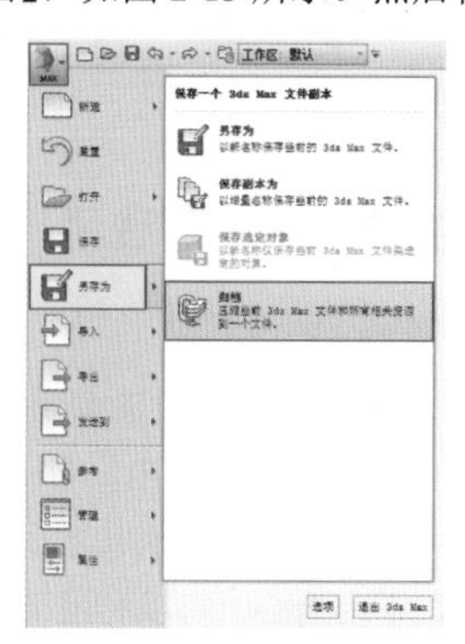

图2-13

图2-14

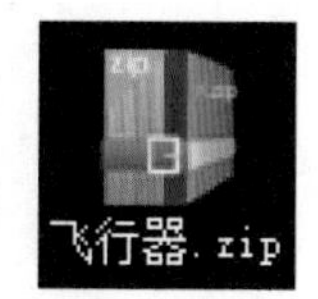

图2-15

2.2.5 “导入”“导出”“合并”最容易混淆，我讲完你就会明白了

【导入】是指将外部文件导入进 3ds Max 中，比如可以将 .3DS、.OBJ 等文件导入，也可以将 .AI（Illustrator 文件）、.DWG（AutoCAD 文件）导入。

【导出】则是指将3ds Max 中的对象导出到3ds Max 外。【导出】的格式与【导入】的格式可以相同。

【合并】就是将文件导入到 3ds Max 中，但是仅限于 .max（3ds Max 文件）和 .chr（3ds Max 角色文件）这两种。

2.3 “菜单栏”内容太多，不需要面面俱到

【菜单栏】位于工作界面的顶端，它包含 12 个菜单，分别为【编辑】、【工具】、【组】、【视图】、【创建】、【修改器】、【动画】、【图形编辑器】、【渲染】、【自定义】、【MAXScript（MAX 脚本）】和【帮助】，如图 2-16 所示。

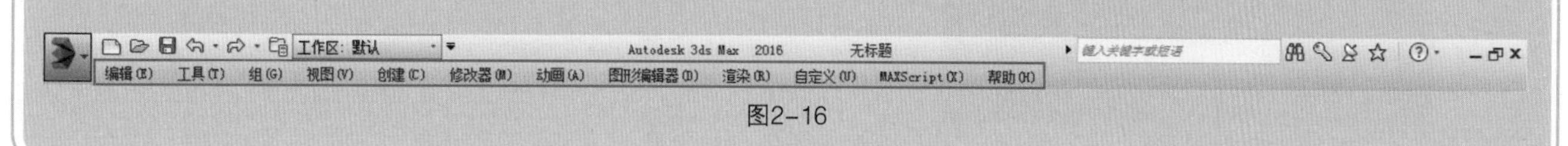

图2-16

2.3.1 “编辑”菜单中的“撤销”

在 3ds Max 操作的过程中，很有可能会出现操作失误，这时候我们可能想返回操作。那么可以在【菜单栏】中选择【撤销】，或执行快捷键【Ctrl+Z】。默认的撤销次数为 20 次。

2.3.2 “工具”菜单中的“孤立当前选择”很方便

当场景中模型很多时，容易不小心选择其他模型，这时我们可以暂时只显示需要的模型，只对该模型进行操作。

（1）选择场景中的一个物体，如图 2-17 所示。

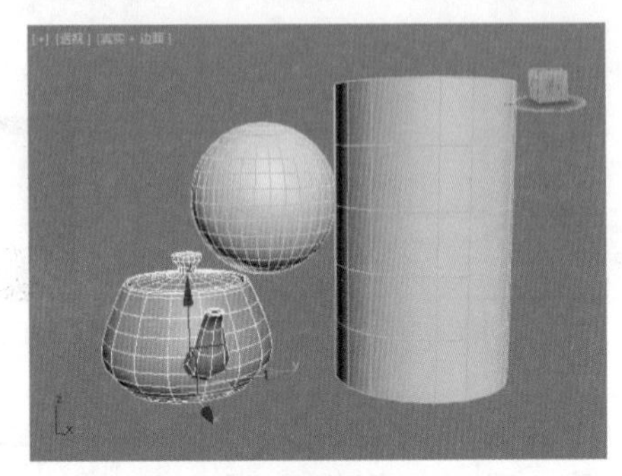

图2-17

（2）执行菜单栏中的【工具】|【孤立当前选择】命令，如图 2-18 所示。

图2-18

（3）此时场景中只显示了刚才被选择的模型，这样操作就不会出现失误了，如图 2-19 所示。此时会看到界面下方的 （孤立当前选择切换）按钮被自动选中了。

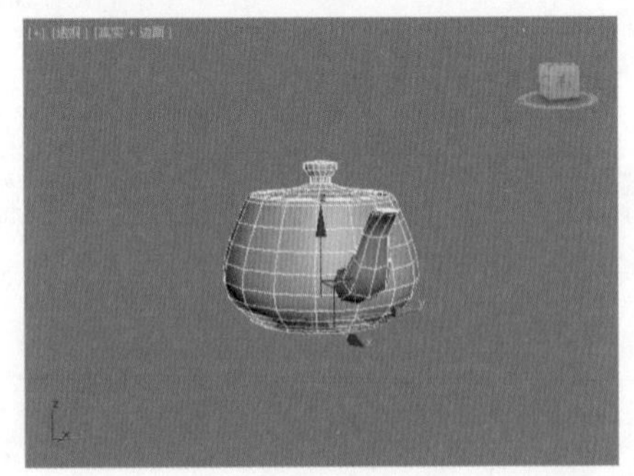

图2-19

2.3.3 “组”菜单，当然是把一堆物体组在一起了

将物体进行【组】操作就是将几个物体暂时组在一起，不需要组时还可以将其解组。

（1）选择需要组的几个物体，如图 2-20 所示。

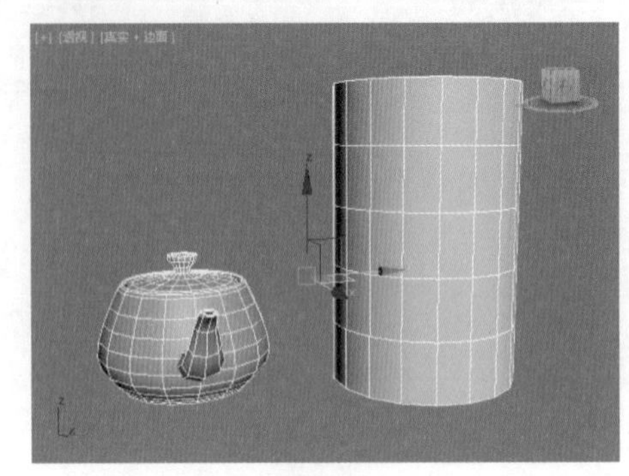

图2-20

（2）在菜单栏中执行【组】|【组】命令，如图 2-21 所示。

（3）在弹出的对话框中选择【确定】，如图 2-22 所示。

图2-21　　图2-22

2.3.4 “我的3ds max崩溃了”怎么办，先别怕!

有时候在运行 3ds Max 时，可能会遇到 3ds Max 中场景模型过多、电脑内存不足、突然停电、电脑突然死机等情况。这时 3ds Max 文件可能没有保存，那么怎么办？是不是需要重新进行的前的操作？不用担心，可以利用下面的办法来找到自动保存的文件。

在电脑中，进入【我的文档】|【3dsMax】|【autoback】文件夹，然后看到有 3 个自动保存的文件。找到距离现在时间最近的一个文件，将其复制出来，如图 2-23 所示。

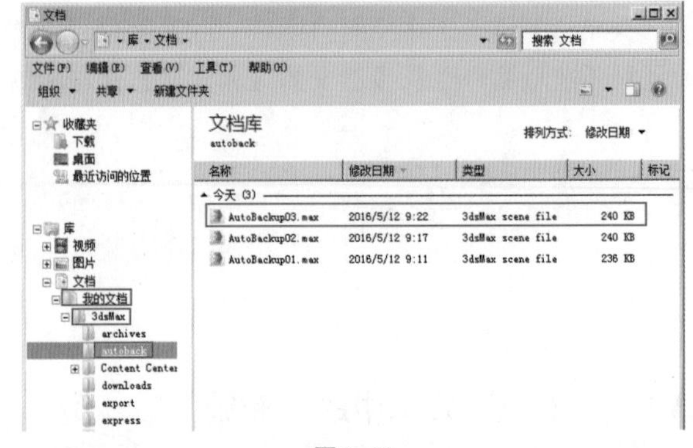

图2-23

我们还可以设置自动保存的参数。

（1）在菜单栏中执行【自定义】|【首选项】命令，如图 2-24 所示。

（2）进入【文件】选项卡，然后可以对自动保存的文件数、保存时间等参数进行设置，如图 2-25 所示。

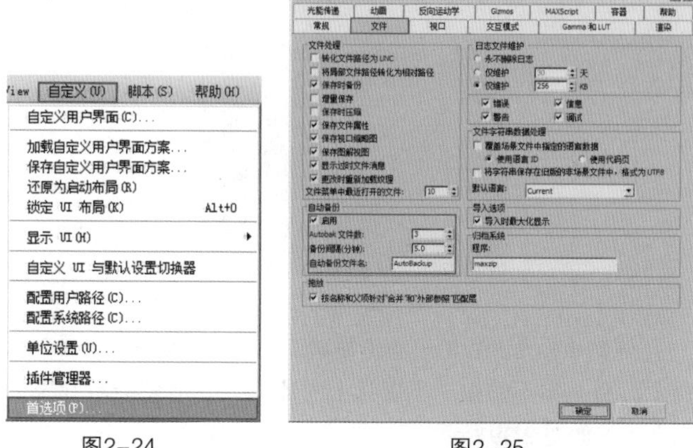

图2-24　　图2-25

2.3.5 “帮助菜单”居然可以看新功能和教程

1. 新功能

在菜单栏中执行【帮助】|【新功能】命令，如图 2-26 所示，这时可以看到自动弹出了新功能的网页，如图 2-27 所示。

图2-26　　图2-27

2. 教程

在菜单栏中执行【帮助】|【教程】命令，如图 2-28 所示。可以看到自动弹出了有关教程的网页，如图 2-29 所示。

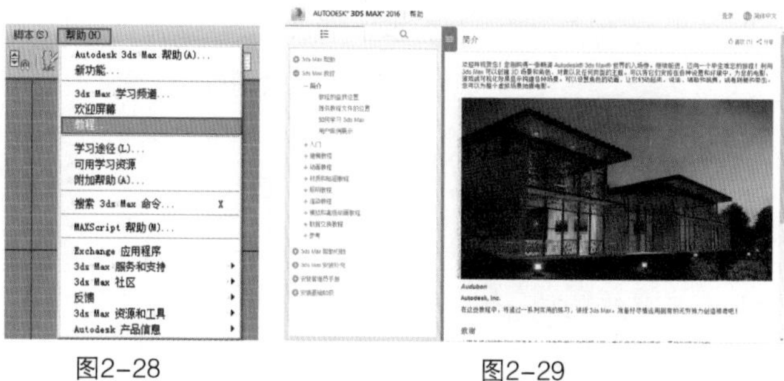

图2-28　　图2-29

2.4 “主工具栏”非常重要，熟能生巧

【主工具栏】是 3ds Max 中使用频率较高的工具栏，移动、旋转、缩放等基本操作都可以在主工具栏中完成。3ds Max 2016 的主工具栏，如图 2-30 所示。

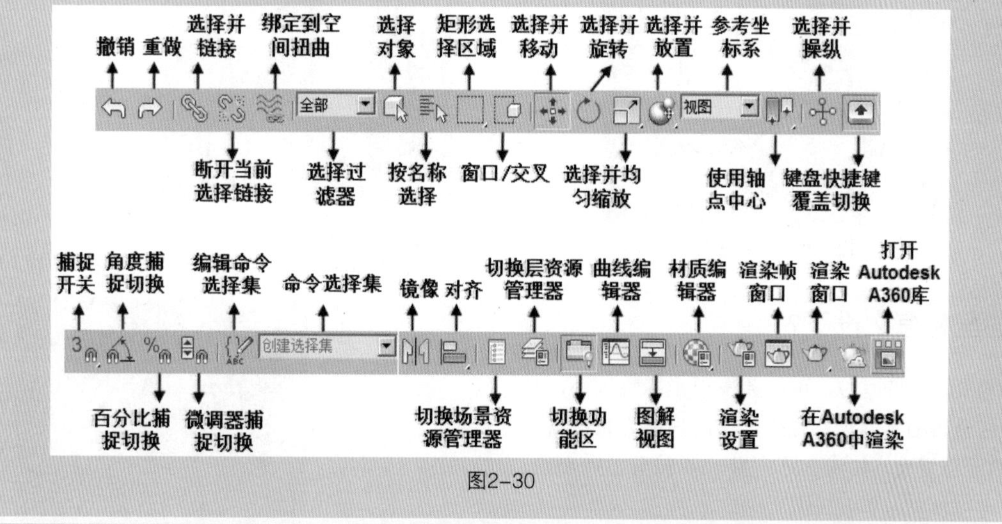

图2-30

当我们用鼠标左键长时间单击一个按钮时，会出现两种情况。一种是无任何反应，另外一种是会出现下拉菜单，下拉菜单中还包含其他的按钮，如图2-31和图2-32所示。

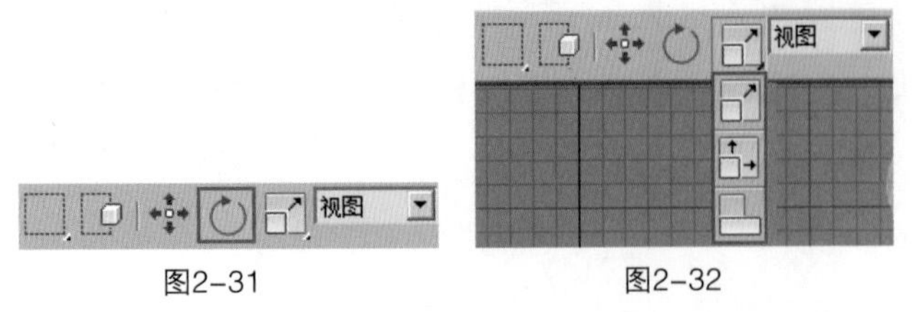

图2-31　　图2-32

2.4.1 使用“按名称选择”工具选择场对象

（1）在主工具栏中，单击选择（按名称选择）按钮，并选中需要的对象名称，如图2-33所示。

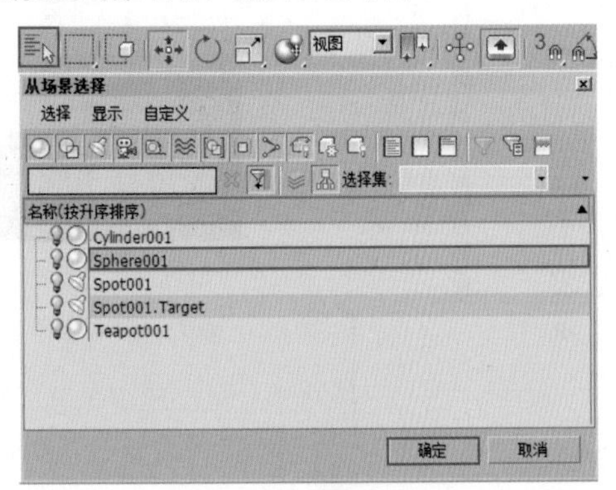

图2-33

（2）此时“Sphere001”模型被选中了，如图2-34所示。

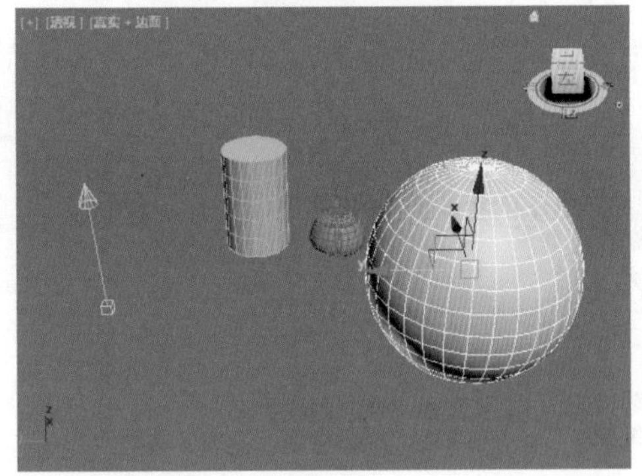
图2-34

2.4.2 我的坐标怎么没了?

有时候在制作模型时，可能会发现坐标特别小，几乎看不到了，这会影响我们进行操作。这时只需要按键盘上的【+】，即可将坐标变大，如图2-35、图2-36和图2-37所示。键盘上的【-】可以将坐标变小。

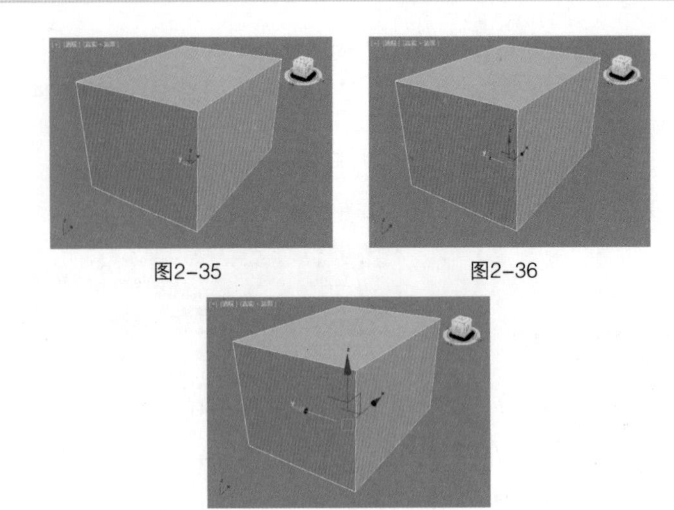
图2-35　　图2-36

图2-37

假如坐标是灰色的，单击移动工具也不能变亮，如图2-38所示。那么你不妨按一下键盘上的【X】，这时就会看到坐标出现了，如图2-39所示。

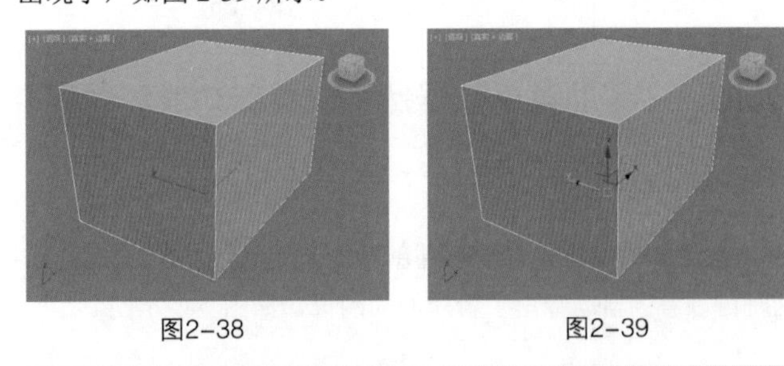
图2-38　　图2-39

2.4.3 “使用选择中心”工具，修改轴心

（1）模型的轴心有时候不在中心位置，如图2-40所示。

（2）可以在主工具中长击按钮，选择（使用选择中心）按钮，如图2-41所示。

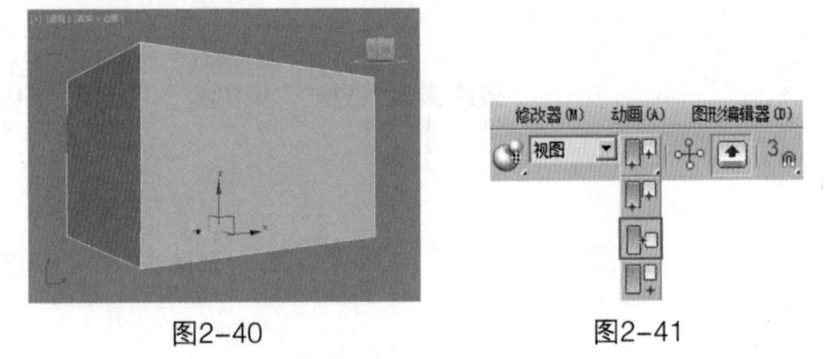

图2-40　　图2-41

（3）此时看到轴心出现在模型的正中心位置上，如图2-42所示。

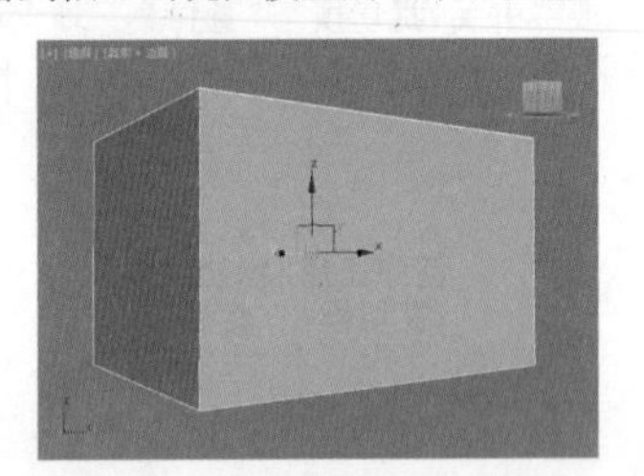
图2-42

2.4.4 “渲染”当前场景

（1）在场景制作完成后需要对作品进行渲染，如图2-43所示。

（2）单击主工具栏中的 （渲染产品）按钮，即可将作品进行渲染，如图2-44所示。

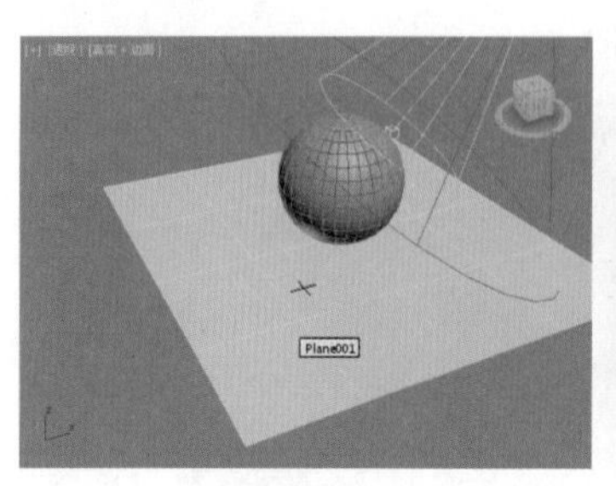
图2-43

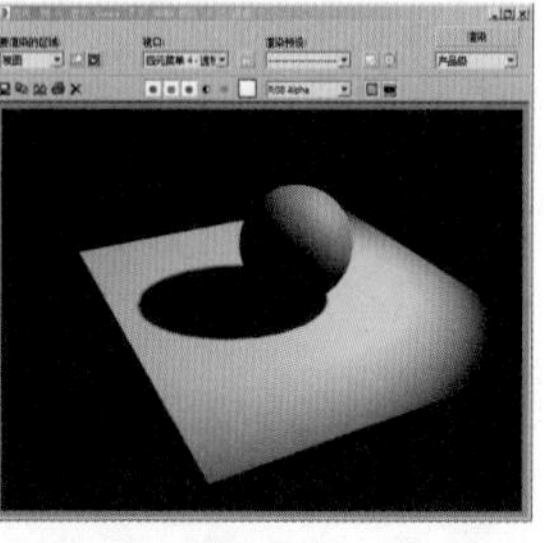
图2-44

2.4.5 “主工具栏”空白处单击右键，居然还有参数

（1）3ds Max中除了界面上看到的很多工具之外，还有很多隐藏的工具。在主工具栏的空白位置单击右键，选择其中某个工具，如图2-45所示。

（2）这时可以看到该工具出现了，如图2-46所示。

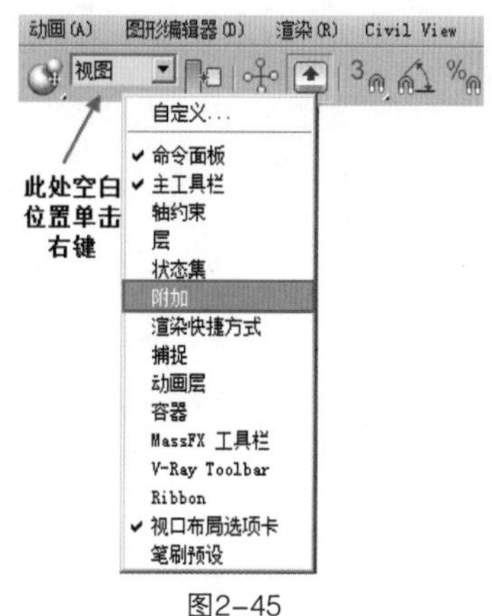

图2-45

图2-46

2.5 “视口区域”不用教，你也会使用

视口区域是3ds Max中最常用的部分，模型的制作、灯光的创建等操作都在这里完成。便捷的视口切换可以更方便使用3ds Max。

2.5.1 切换视图

方法1：将鼠标移动到界面左上方[前]的位置，如图2-47所示。然后单击右键，选择【前】，如图2-48所示。此时该视图切换成了前视图，如图2-49所示。

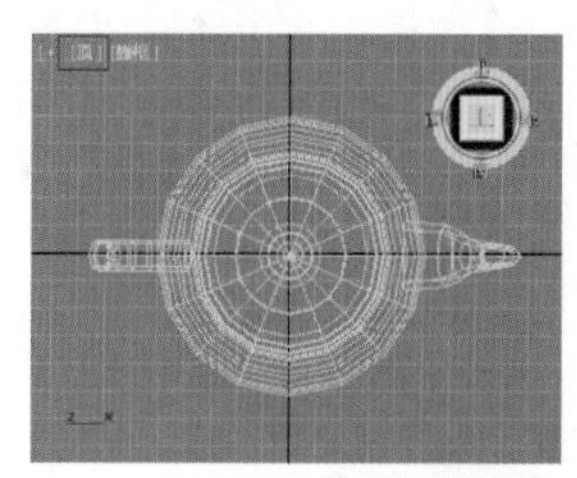
图2-47

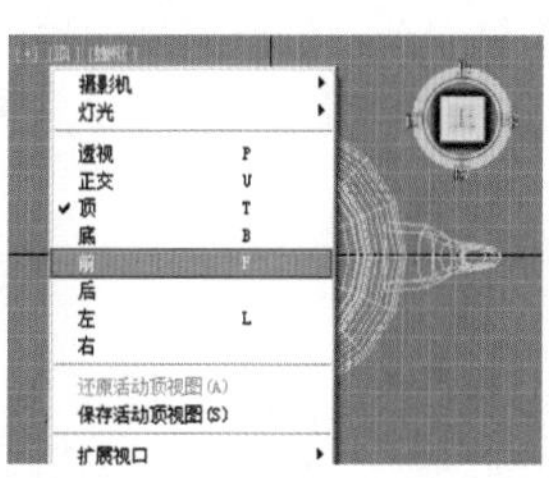

图2-48

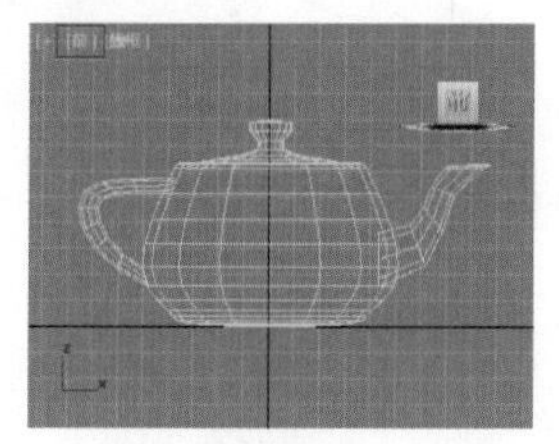
图2-49

方法2：单击视图右上方的按钮，如图2-50所示。也可以对视图进行切换，如图2-51所示。

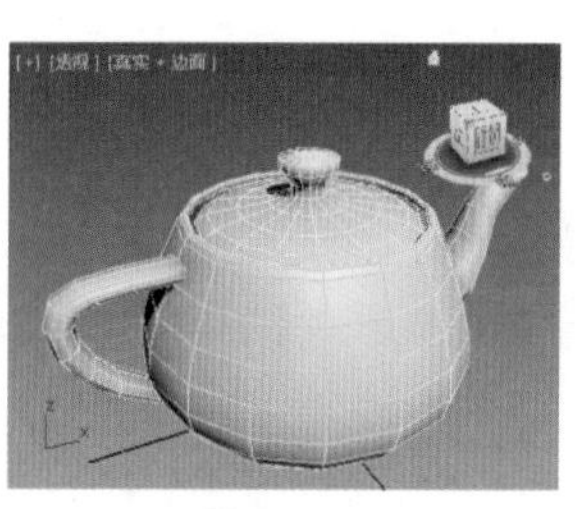
图2-50

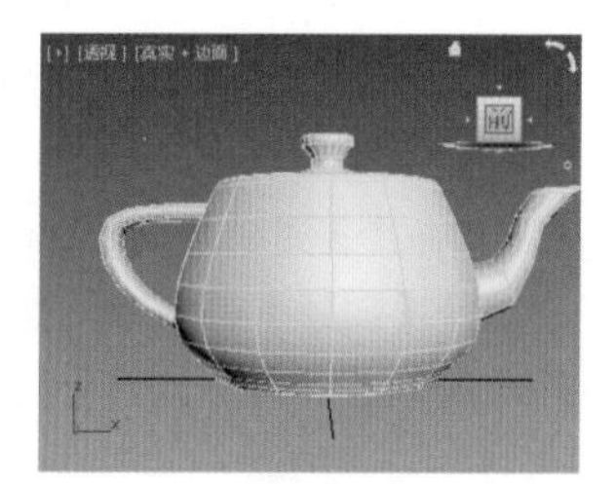
图2-51

2.5.2 手动设置布局

3ds Max中的四个视图可以任意地进行拖动。只需要将鼠标移动到两个或四个视图的交界处，就会出现可移动视图的图标，此时单击拖动即可，如图2-52和图2-53所示。

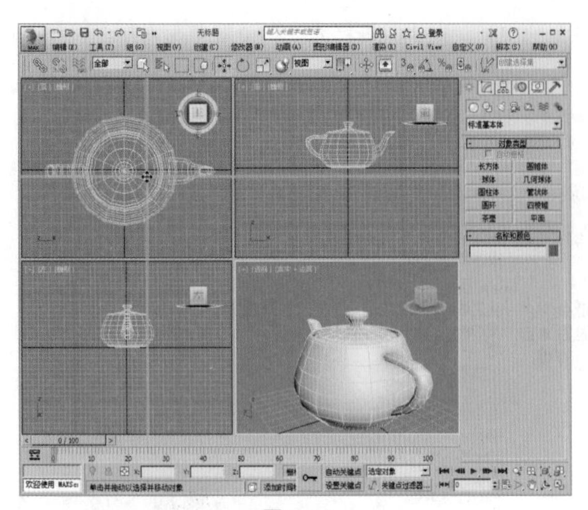

图2-52

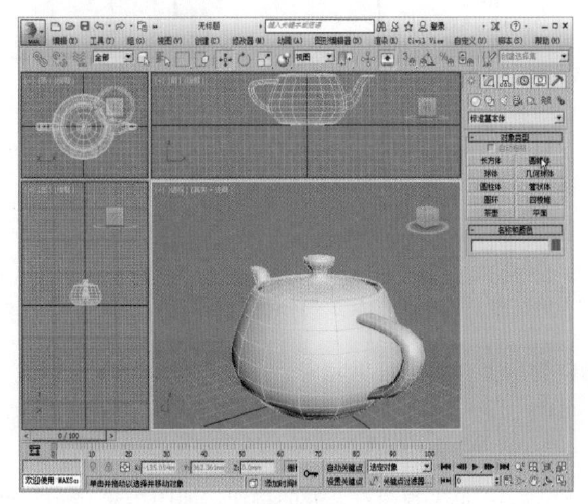

图2-53

2.5.3 设置纯色的透视图

3ds Max 默认的透视图为上面暗下面亮的效果，有些用户可能会感觉不习惯。假如需要设置为纯色，那么在[真实 + 边面]位置单击右键，选择【视口背景】|【纯色】，如图 2-54 所示。此时视图变成了纯色，如图 2-55 所示。

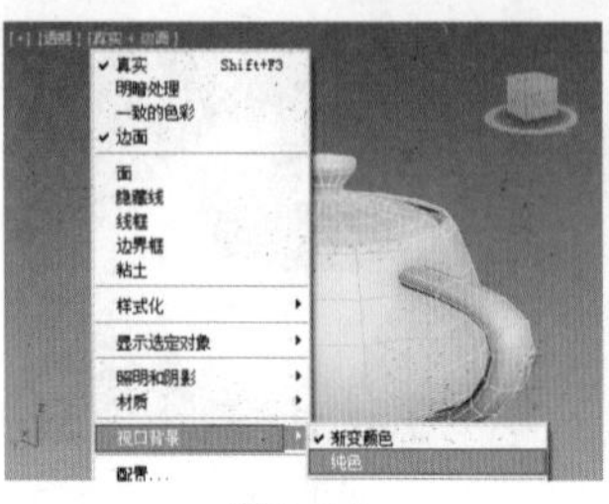

图2-54

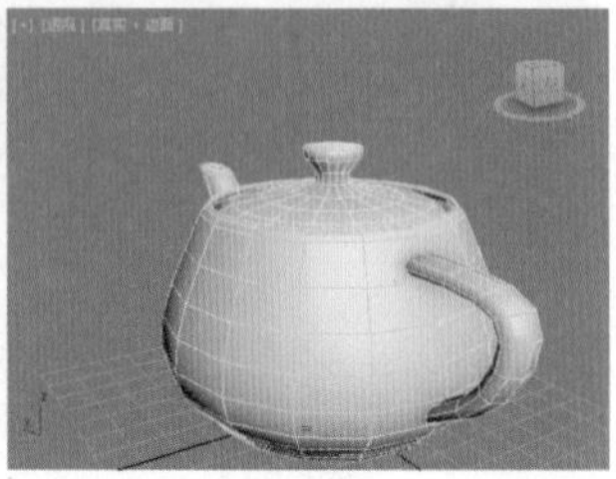

图2-55

2.5.4 设置关闭视图中显示物体的阴影

3ds Max 中的透视图默认显示方式带有阴影效果，但是这种效果在创建模型时不太舒服，我们可以将其关闭。在[真实 + 边面]位置单击右键，取消【照明和阴影】中的【阴影】选项，如图 2-56 所示。此时模型上没有了阴影效果，如图 2-57 所示。

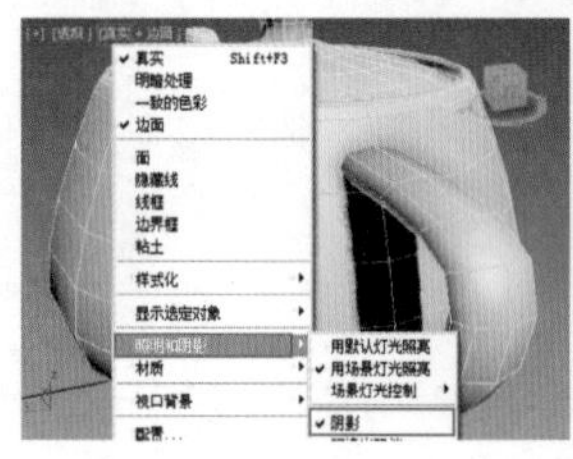

图2-56

图2-57

2.6 “命令”面板创建、修改模型都离不开它

【命令】面板是 3ds Max 最基本的面板，创建长方体、修改参数等都需要使用该面板。【命令】面板由 6 个面板组成，分别是【创建】面板、【修改】面板、【层次】面板、【运动】面板、【显示】面板和【工具】面板，如图 2-58 所示。

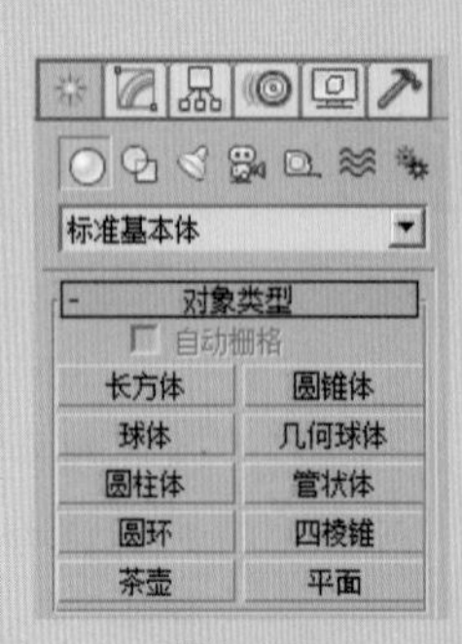

图2-58

2.6.1 通过“创建面板”创建一个圆柱体

（1）执行（创建）|（几何体）|标准基本体|圆柱体操作，如图2-59所示。

图2-59

（2）在视图中单击鼠标左键并拖曳出圆柱体的地面，然后松开鼠标左键并移动鼠标，最后单击鼠标左键确定高度，如图2-60和图2-61所示。

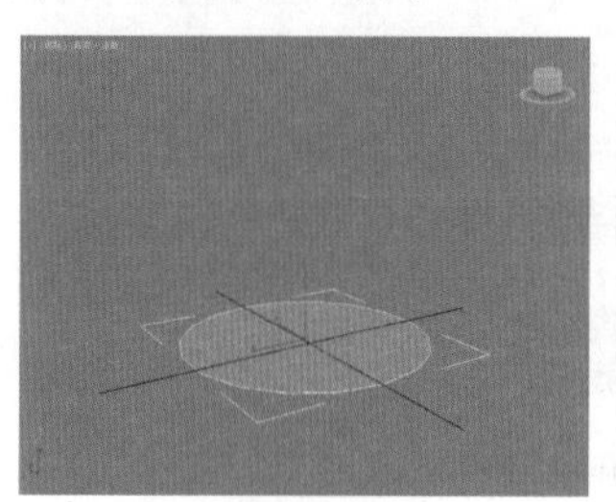

图2-60

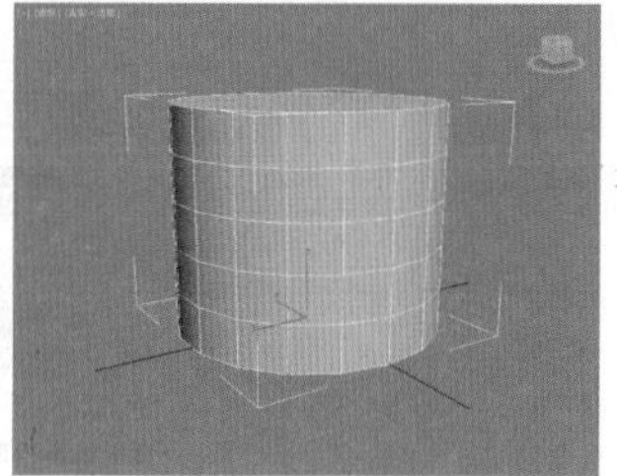

图2-61

2.6.2 通过“修改面板”修改圆柱体的参数

选择模型，然后单击（修改）按钮，即可对模型参数进行修改，如图2-62所示。修改后的模型效果，如图2-63所示。

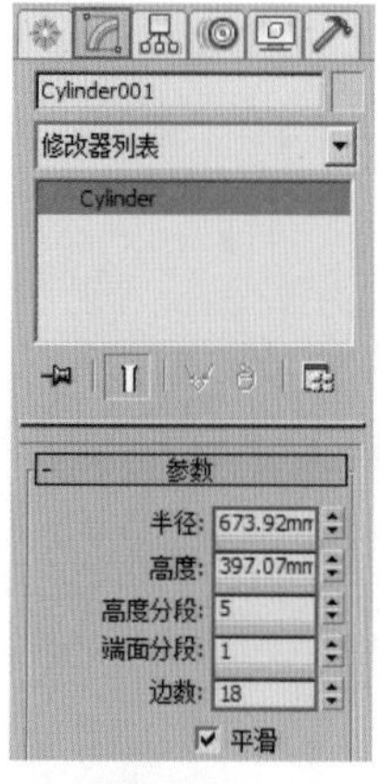

图2-62

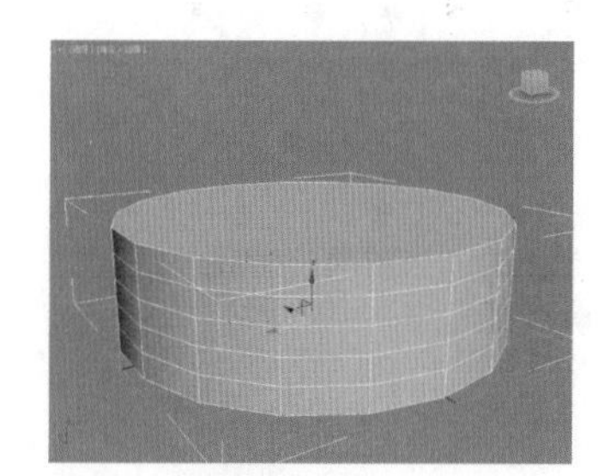

图2-63

2.6.3 通过“层次面板”调整圆柱体的轴心位置

层次面板很重要，但是容易被忽略，调整轴心的方法必须要掌握。

（1）选择模型时，轴心应在模型的中间，如图2-64所示。

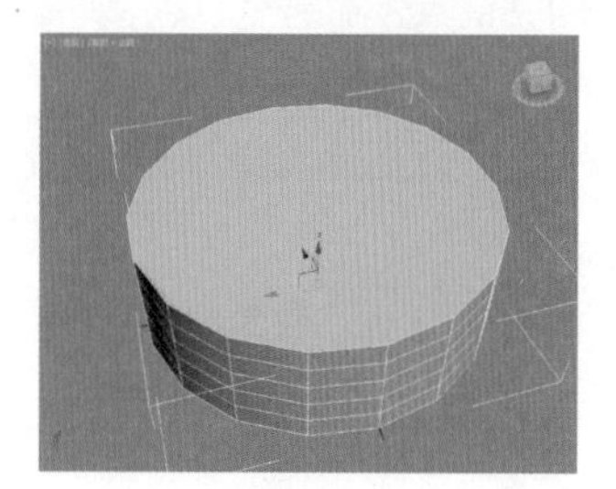

图2-64

（2）假如需要将轴心移动到模型右侧。那么单击（层次）面板，然后单击仅影响轴按钮，接着将轴心位置进行移动，如图2-65所示。

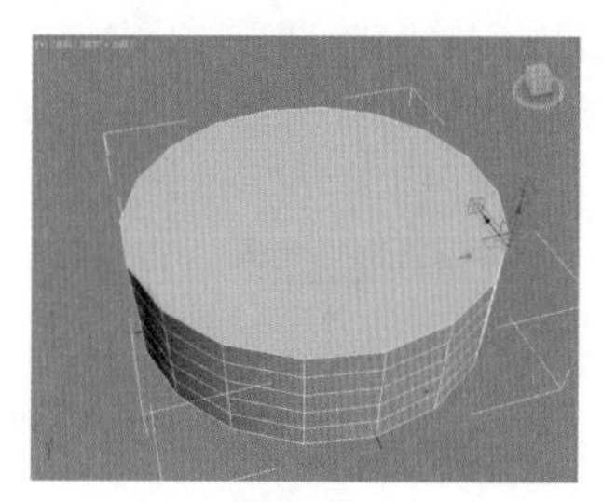

图2-65

（3）再次单击仅影响轴按钮。那么我们就可以进行旋转、复制等操作了，可以看到轴心是在模型的右侧，如图2-66和图2-67所示。

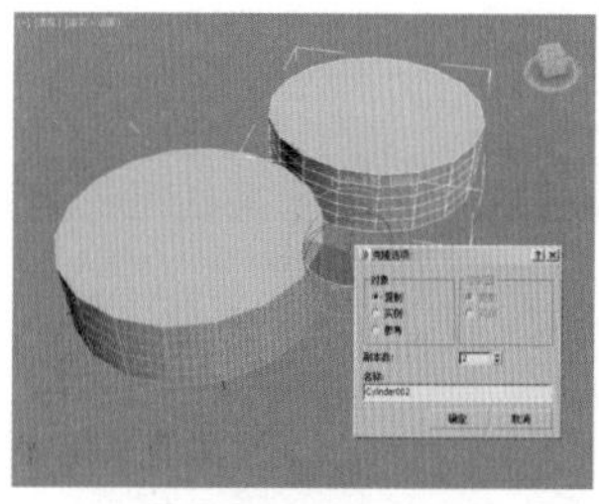

图2-66

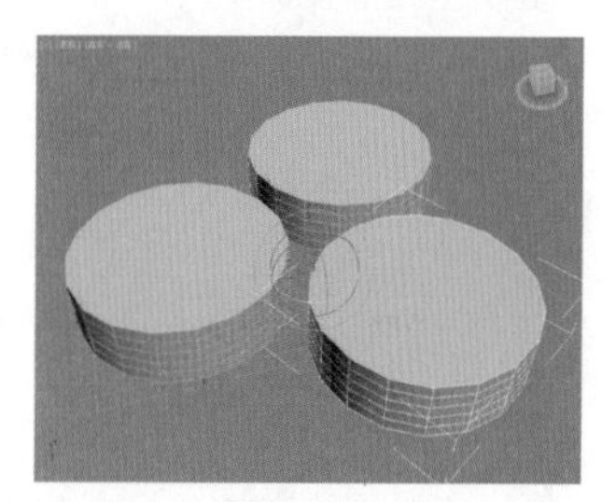

图2-67

2.7 时间尺

【时间尺】包括时间线滑块和轨迹栏两大部分。时间线滑块位于视图的最下方，主要用于制定帧，默认的帧数为100，具体的数值可以根据动画长度来进行修改。拖曳时间线滑块可以在帧之间迅速移动，单击时间线滑块的向左箭头图标<与向右箭头图标>可以向前或者向后移动一帧，如图 2-68 所示；轨迹栏位于时间线滑块的下方，主要用于显示帧数和选定对象的关键点，在这里可以移动、复制、删除关键点以及更改关键点的属性，如图 2-69 所示。

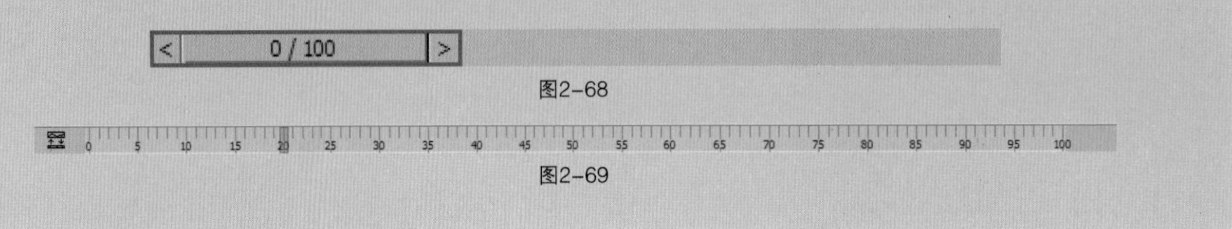

图2-68

图2-69

2.8 “状态栏”容易不在状态

【状态栏】位于轨迹栏的下方，它提供选定对象的数目、类型、变换值和栅格数目等信息，并且状态栏可以基于当前光标位置和当前程序活动来提供动态的反馈信息，如图 2-70 所示。

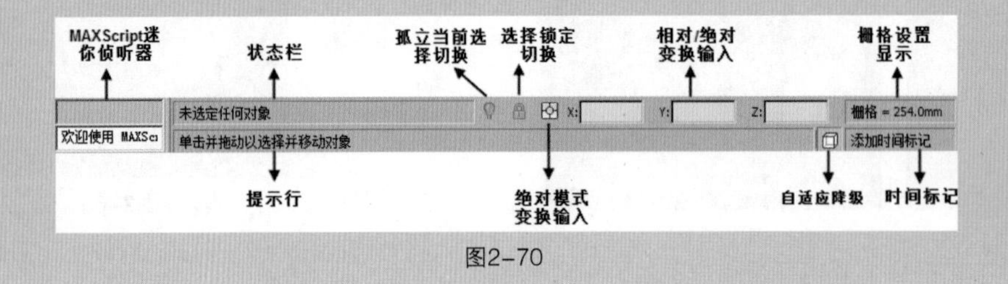

图2-70

2.9 时间控制按钮

【时间控制】按钮位于状态栏的右侧，图 2-71 所示的这些按钮主要用来控制动画的播放效果，包括关键点控制和时间控制等。

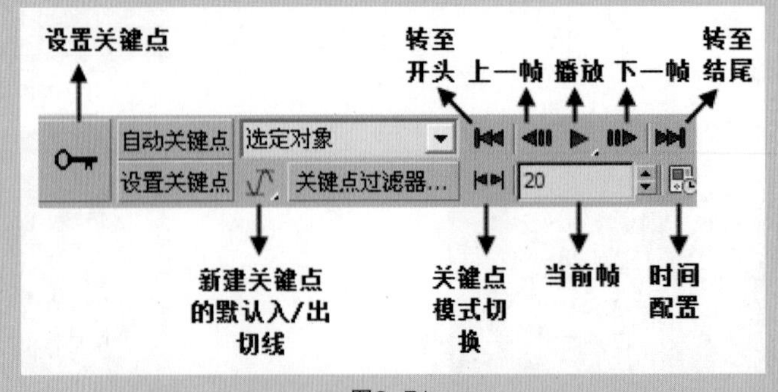

图2-71

2.10 视图导航控制按钮

【视图导航控制】按钮在状态栏的最右侧，主要用来控制视图的显示和导航。使用这些按钮可以缩放、平移和旋转活动的视图，如图2-72所示。

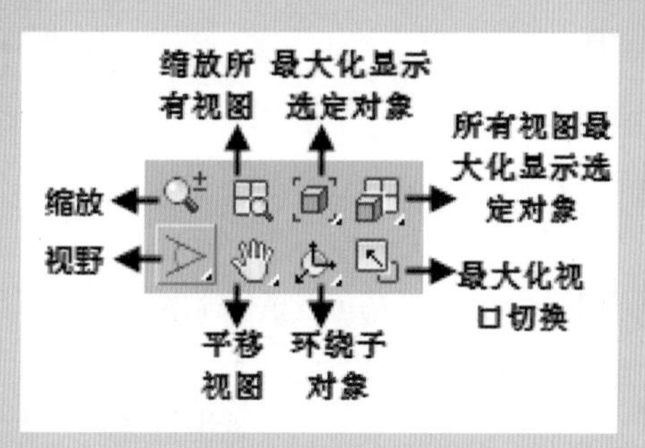

图2-72

（1）平移视图。按住鼠标中轮并拖曳，即可平移视图，如图2-73和图2-74所示。也可以使用（平移视图）按钮。

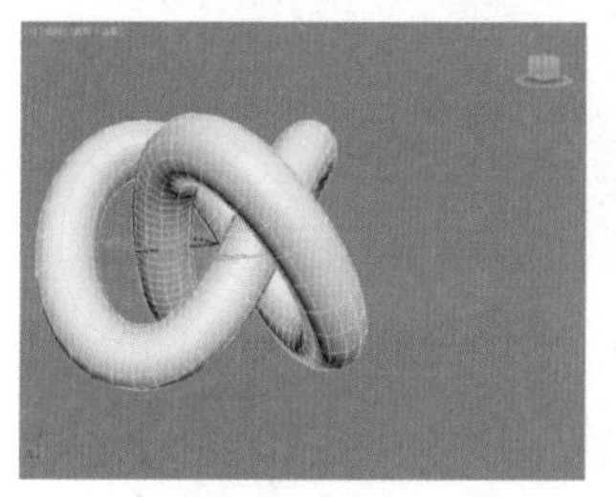
图2-73

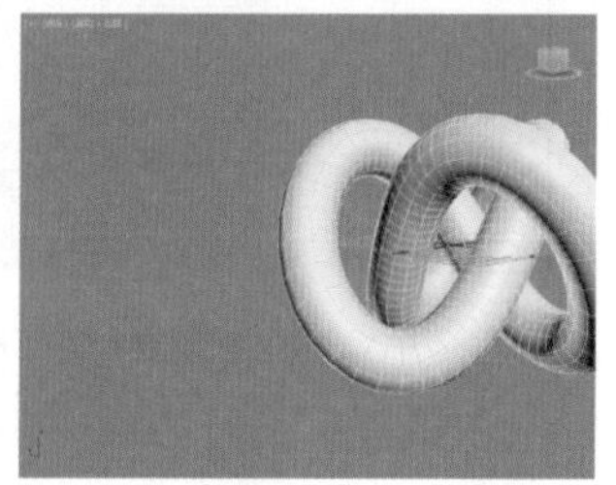
图2-74

（2）缩放视图。滚动鼠标中轮，即可缩放视图，如图2-75和图2-76所示。

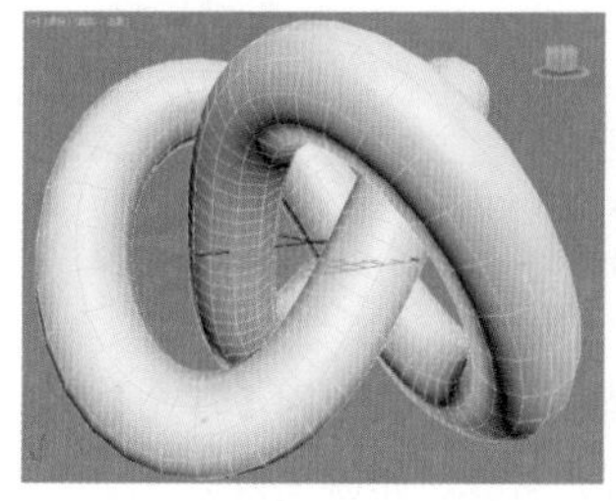
图2-75

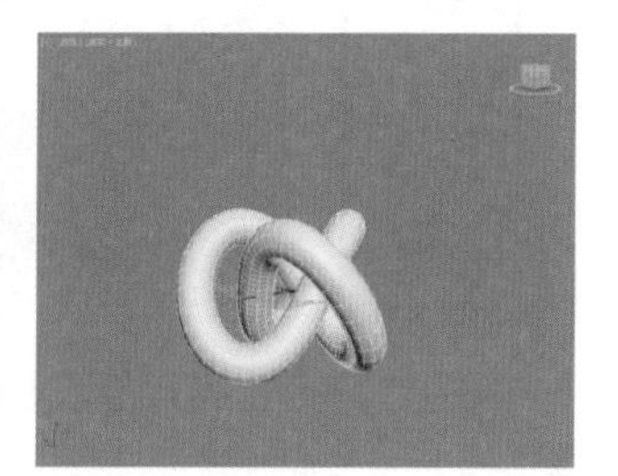
图2-76

（3）旋转视图。按下【Alt】键，并按下鼠标中轮，然后移动鼠标，即可旋转视图，如图2-77和图2-78所示。

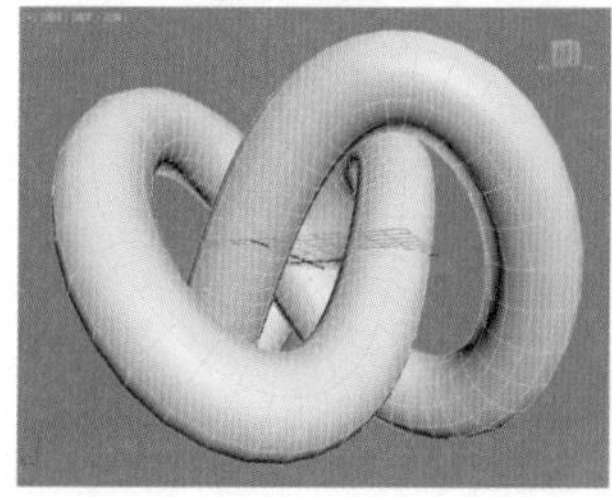
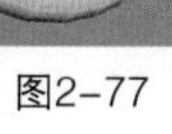
图2-77

图2-78

（4）切换视图。单击界面右下方的（最大化视口切换）按钮，即可切换视图，如图2-79和图2-80所示。

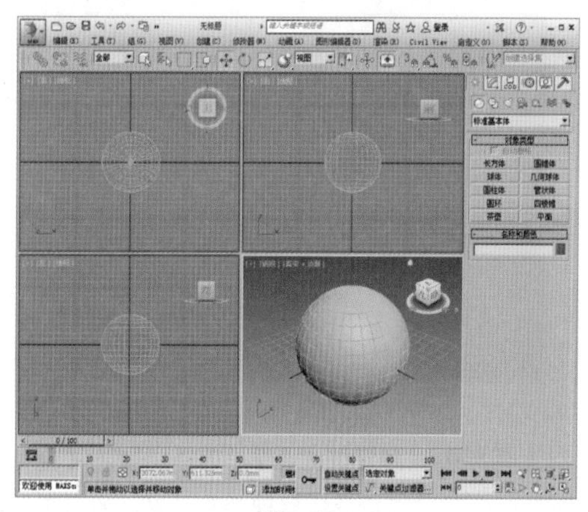
图2-79

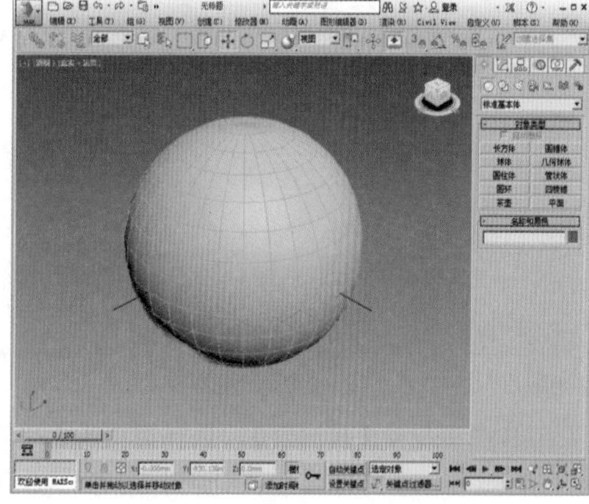
图2-80

（5）最大化显示选中对象。在进行一些操作时，有可能会遇到旋转视图或平移视图，那么不妨选中模型，并按键盘的【Z】键，即可将模型最大化显示，如图2-81和图2-82所示。

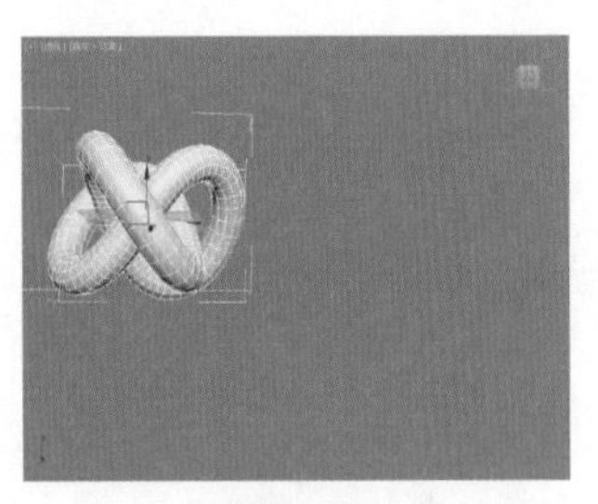

图2-81

图2-82

2.11 3ds Max常用的操作技巧

3ds Max 在实际操作时可以使用很多的技巧，这些技巧可以更快地创作作品。

2.11.1 “过滤器”选择某一类对象

在 3ds Max 中可创建多种对象，比如灯光、几何体、图形等，如图 2-83 所示。

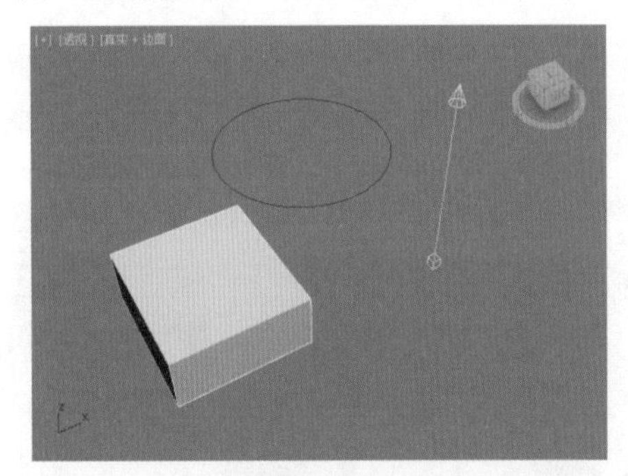

图2-83

在主工具栏中找到【过滤器】，选择类型为【全部】，如图 2-84 所示。此时可以选择任意种类的对象，如图 2-85 所示。

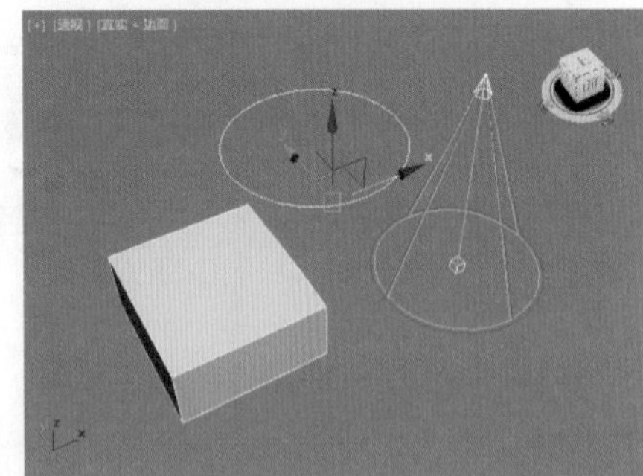

图2-84 图2-85

在主工具栏中找到【过滤器】，选择类型为【几何体】，如图 2-86 所示。此时只可以选择几何体对象，如图 2-87 所示。

在主工具栏中找到【过滤器】，选择类型为【图形】，如图 2-88 所示。此时只可以选择图形对象，如图 2-89 所示。

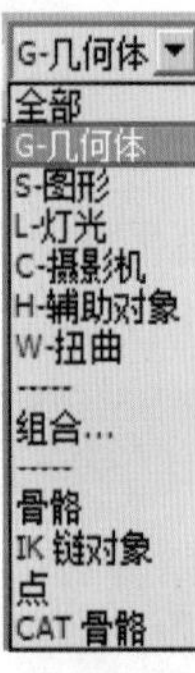

图2-86

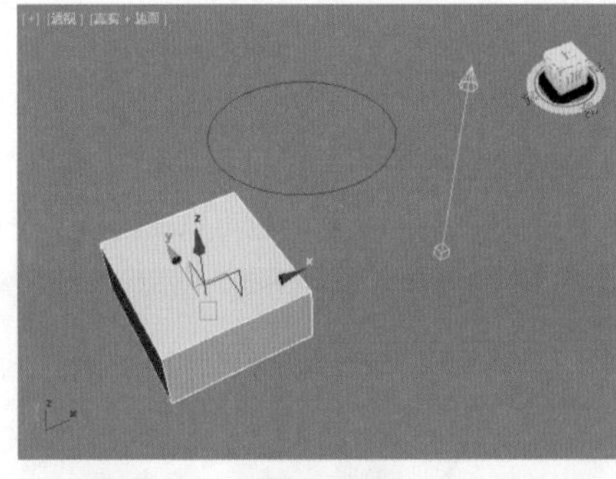

图2-87

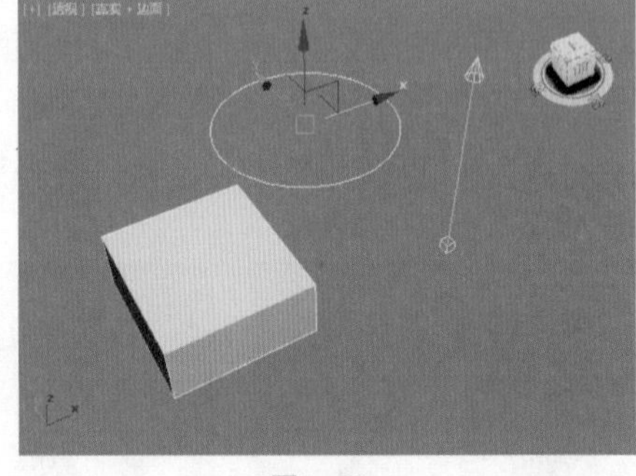

图2-88 图2-89

在主工具栏中找到【过滤器】，选择类型为【灯光】，如图 2-90 所示。此时只可以选择灯光对象，如图 2-91 所示。

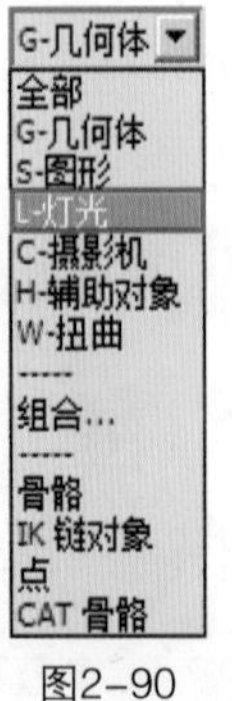

图2-90

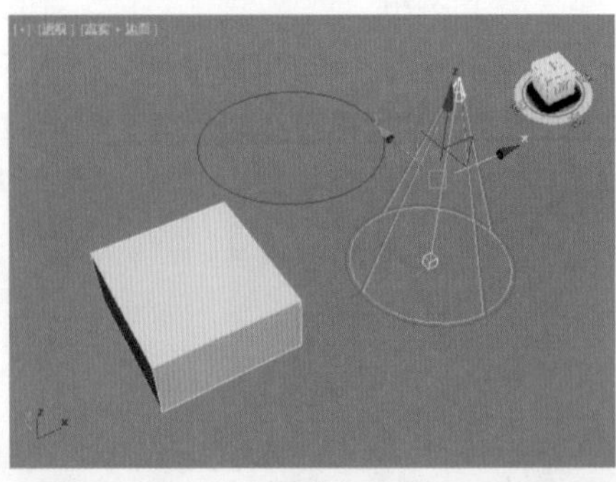

图2-91

2.11.2 多种选择方式

在 3ds Max 中可以使用很多种选择方式，如图 2-92 所示。

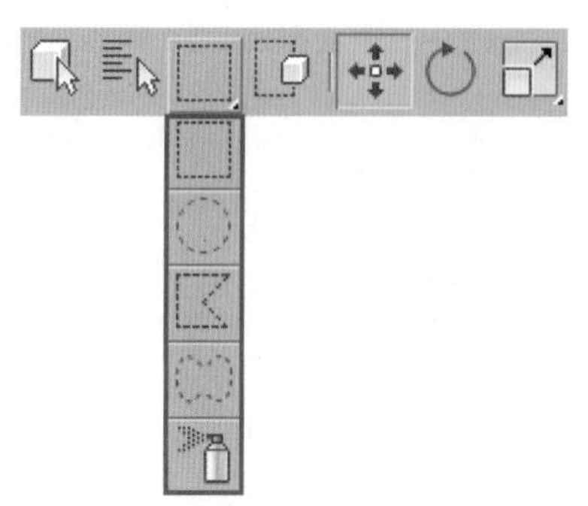

图2-92

（1）图 2-93 所示为（矩形选择区域）的选择效果。

（2）图 2-94 所示为（圆形选择区域）的选择效果。

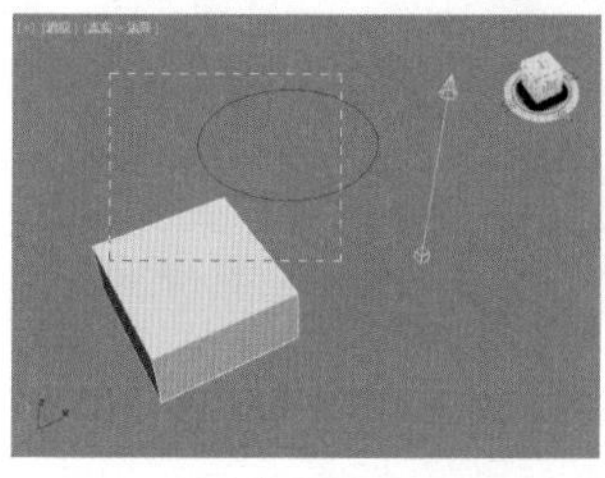

图2-93

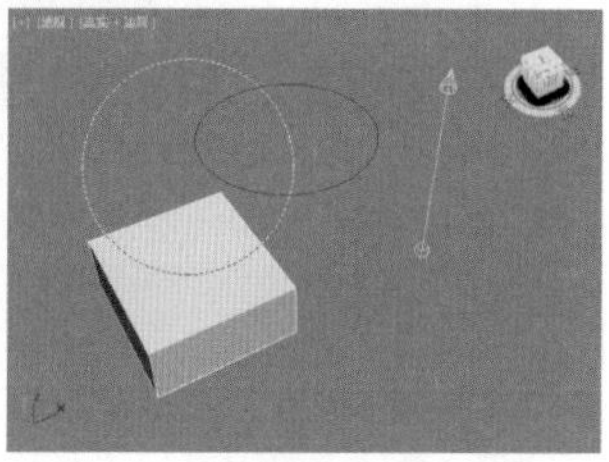

图2-94

（3）图 2-95 所示为（围栏选择区域）的选择效果。

（4）图 2-96 所示为（套索选择区域）的选择效果。

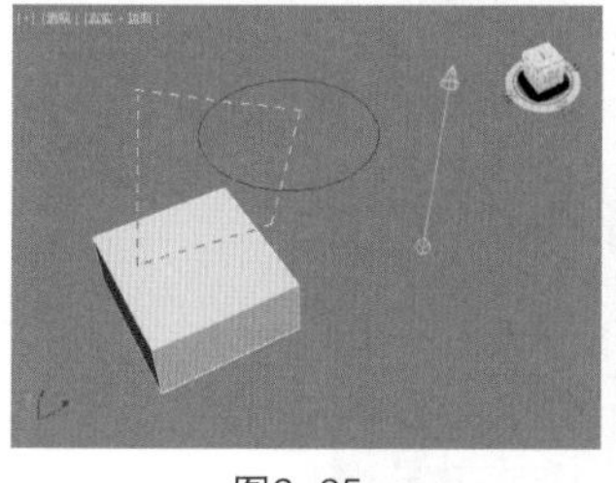

图2-95

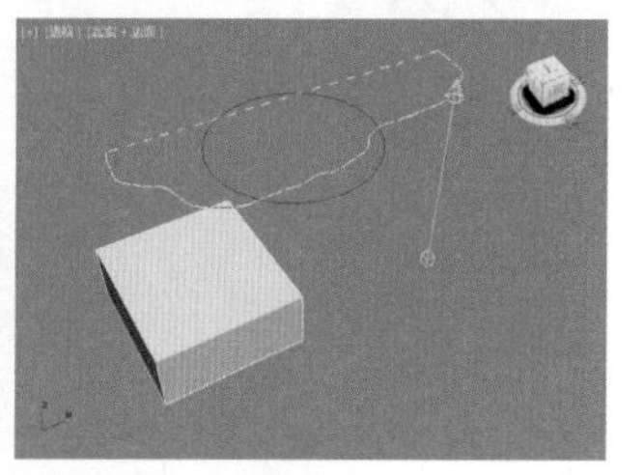

图2-96

（5）图 2-97 所示为（绘制选择区域）的选择效果。

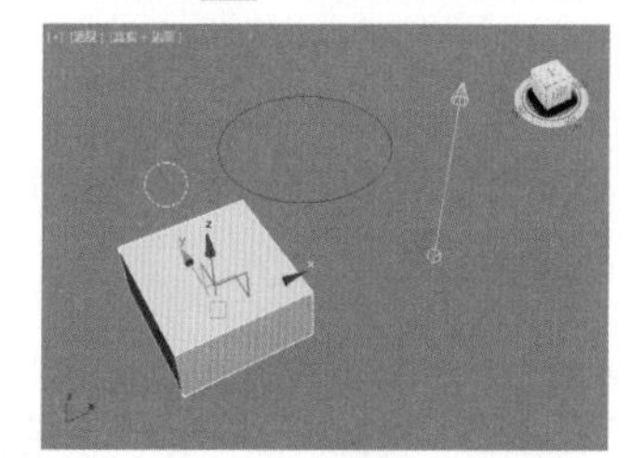

图2-97

2.11.3 移动、旋转、缩放、复制

（1）沿单个轴向移动。将鼠标移动到某一个轴向时，可以沿单一轴线进行移动，如图 2-98 和图 2-99 所示。

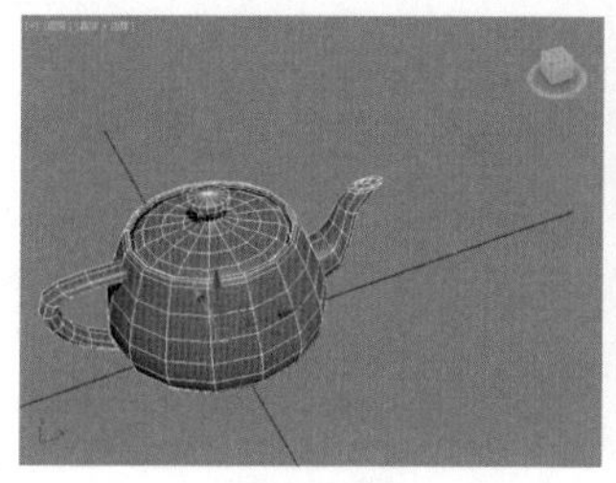

图2-98

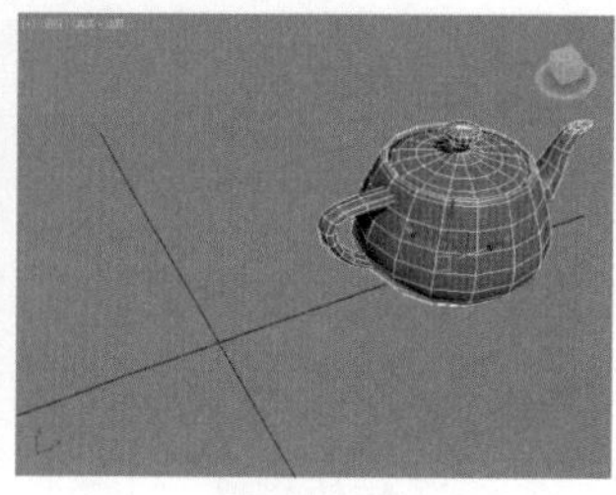

图2-99

（2）沿多个轴向移动。将鼠标移动到某两个轴向时，可以沿两个轴向进行移动，如图 2-100 和图 2-101 所示。

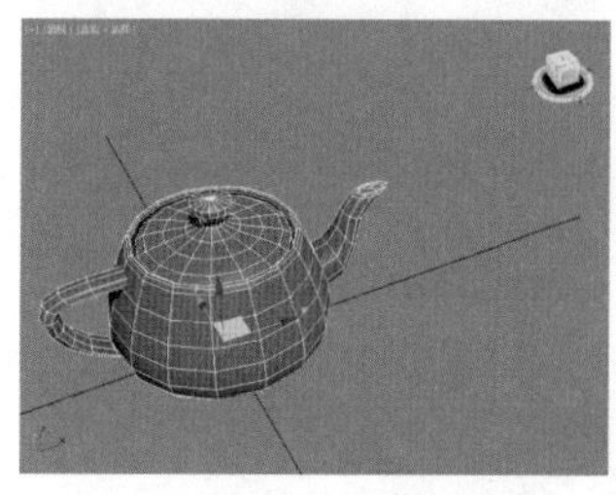

图2-100

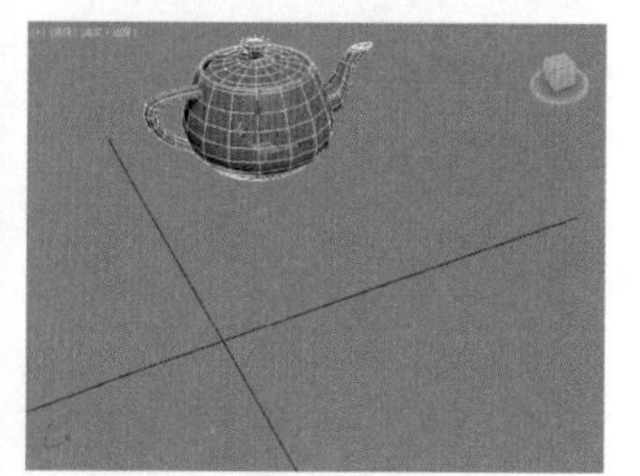

图2-101

（3）旋转。将鼠标移动到某一个轴向时，可以沿单一轴线进行旋转，如图 2-102 和图 2-103 所示。

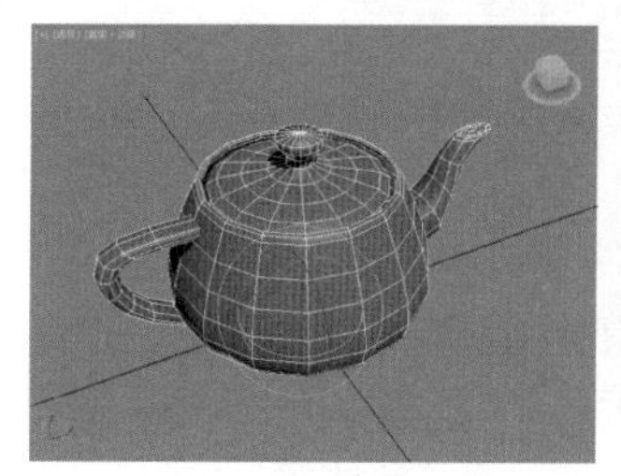

图2-102

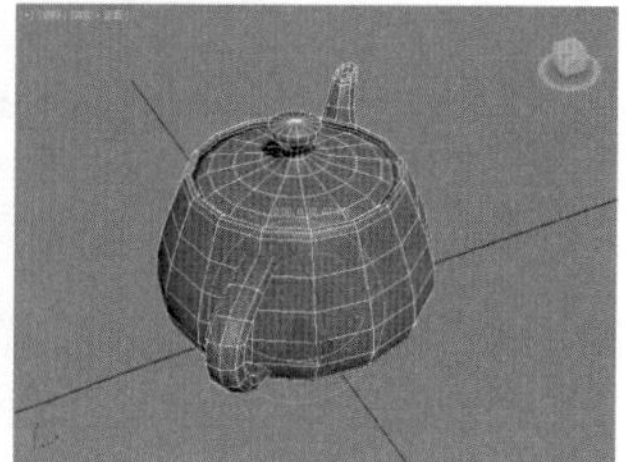

图2-103

（4）精确旋转。单击（角度捕捉切换）按钮，再进行旋转时会看到模型可以沿每 5° 为步长进行旋转，如图 2-104 和图 2-105 所示。

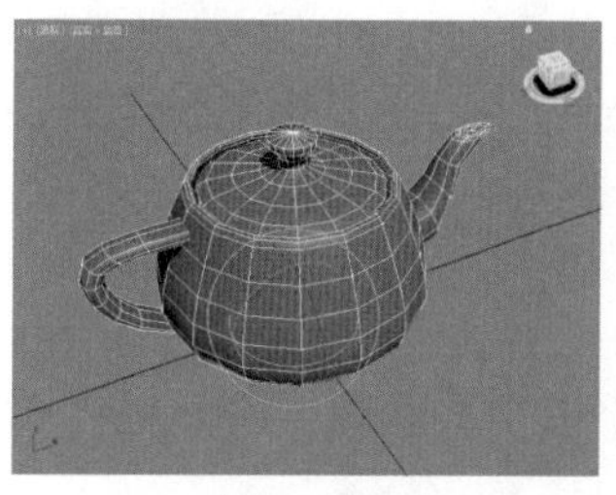

图2-104

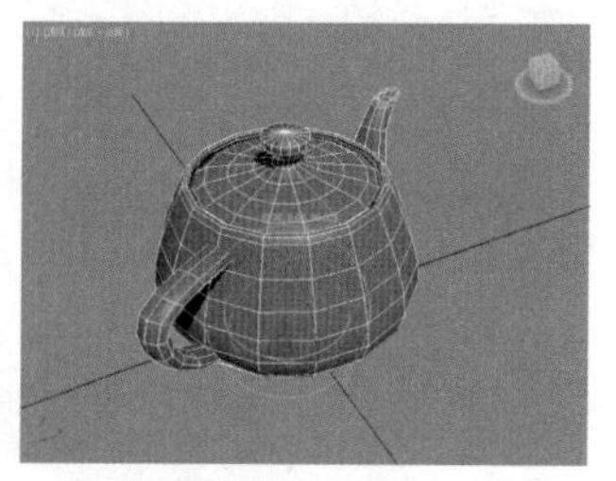

图2-105

（5）缩放。将鼠标移动到三个轴向时，可以进行均匀缩放，如图 2-106 和图 2-107 所示。

（6）移动复制。选择物体，如图 2-108 所示。按住键盘上的【Shift】键，然后单击鼠标左键并拖曳，最后松开鼠标，在弹出的对话框中选择【实例】，并设置副本数，如图 2-109

所示。复制之后的效果，如图 2-110 所示。

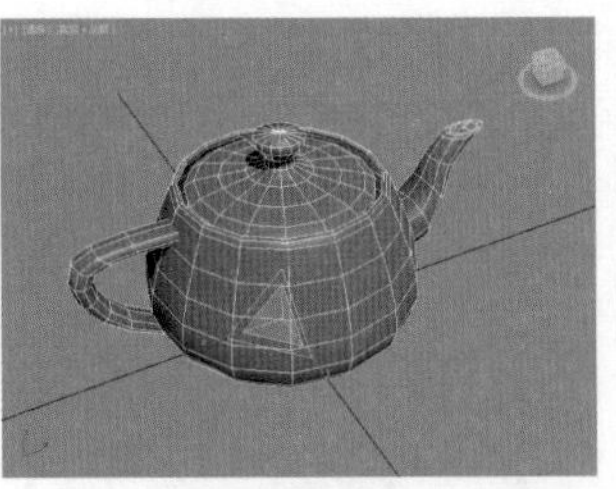
图2-106

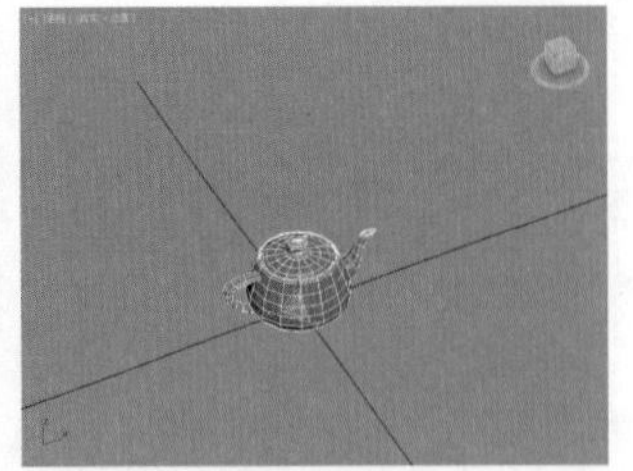
图2-107

图2-108

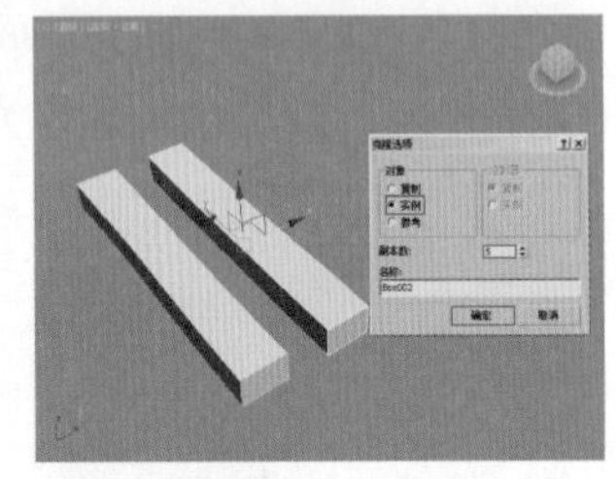
图2-109

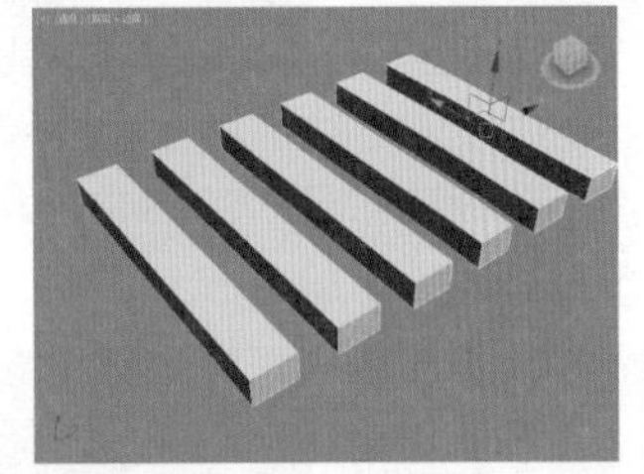
图2-110

（7）旋转复制。选择物体并单击（角度捕捉切换）按钮，单击（选择并旋转）按钮，如图 2-111 所示。按住键盘上的【Shift】键，然后单击鼠标左键并拖曳选择，最后松开鼠标，在弹出的对话框中选择【实例】并设置副本数，如图 2-112 所示。复制之后的效果，如图 2-113 所示。

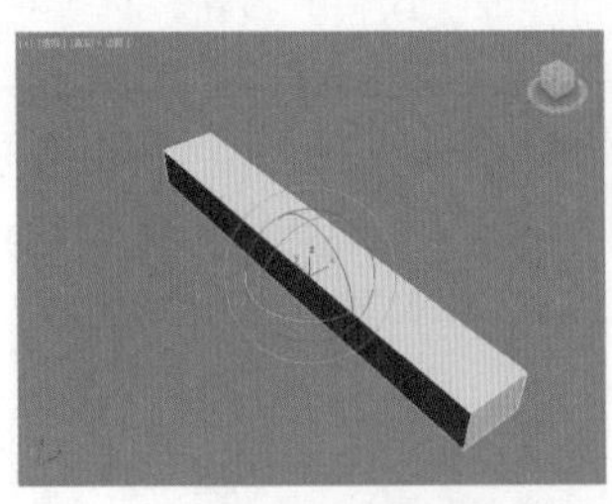
图2-111

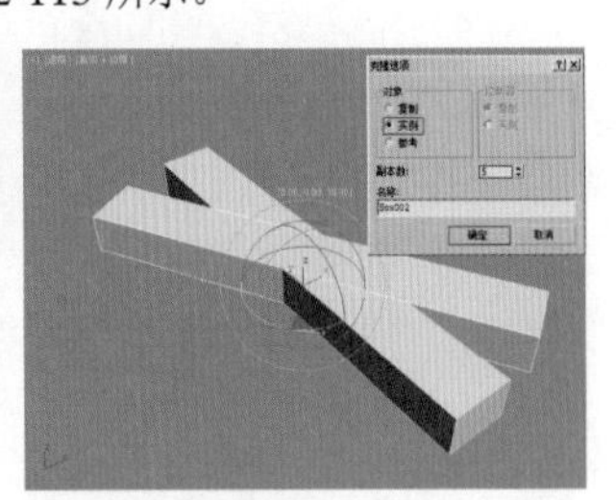
图2-112

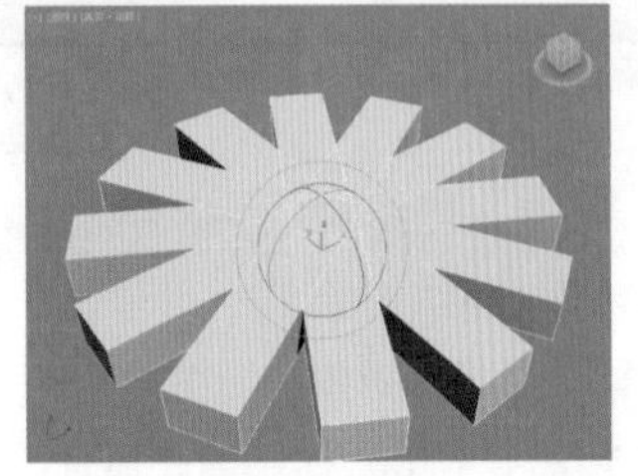
图2-113

2.11.4 “捕捉开关”工具捕捉得很准确

（1）单击选中（捕捉开关）按钮，并用右键单击该按钮。在弹出的对话框中选中【栅格点】，如图 2-114 所示。

图2-114

（2）此时使用 线 （线）工具，在视图中进行绘制，绘制时会看到可以轻松地在栅格点的位置上创建点，这样更为精准，如图 2-115、图 2-116 和图 2-117 所示。

图2-115

图2-116

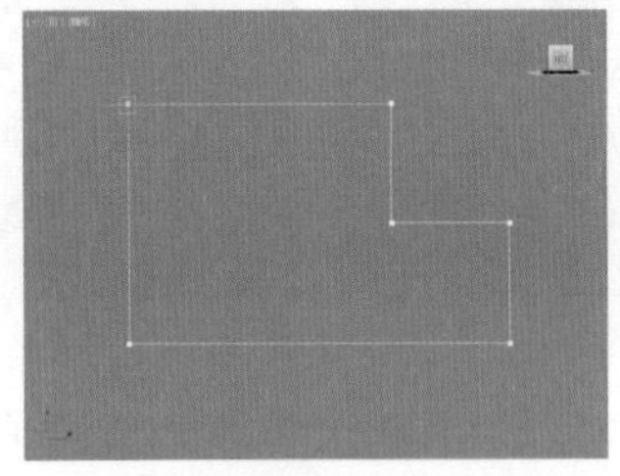
图2-117

2.11.5 “对齐工具”是为了更准确地把两个物体对齐

（1）可以将两个物体按照某种方式进行对齐，比如一个物体落在另一个物体上。选择一个模型，单击（对齐）按钮，然后鼠标移动到另外一个模型上，如图 2-118 和图 2-119 所示。

（2）此时单击鼠标左键，在弹出的窗口中设置相应的参数，如图 2-120 所示。

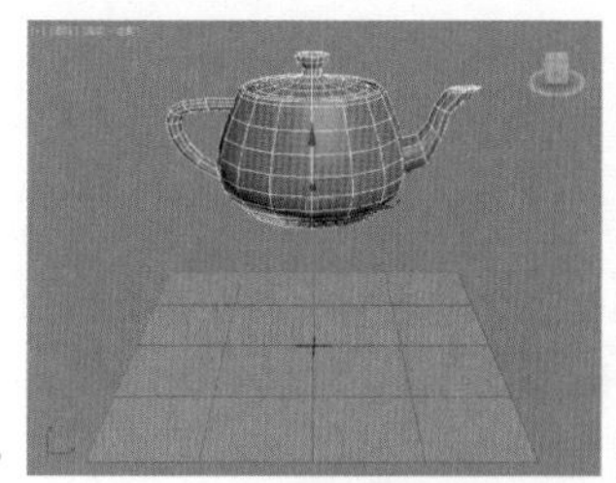
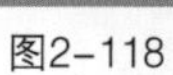

图2-118

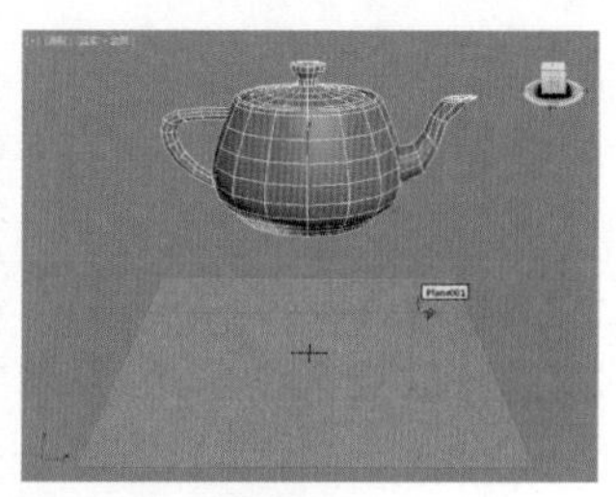

图2-119

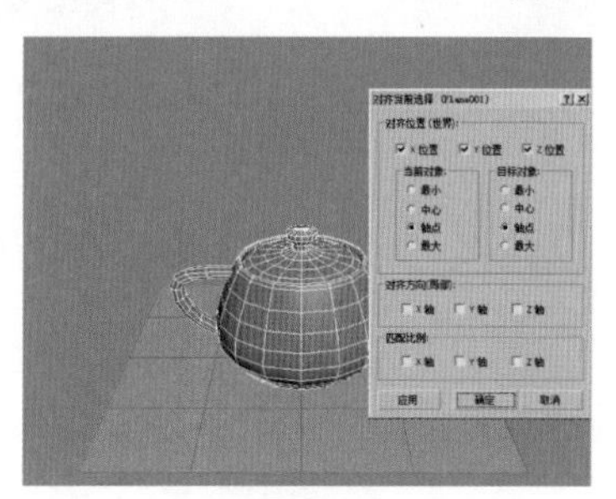

图2-120

2.11.6 “镜像工具”能复制物体，还有别的方法

（1）选择一个物体，如图 2-121 所示。

（2）单击（镜像）工具，并设置其相应的参数。图 2-122 所示为镜像后的效果，图 2-123 所示为镜像后的参数。

图2-121

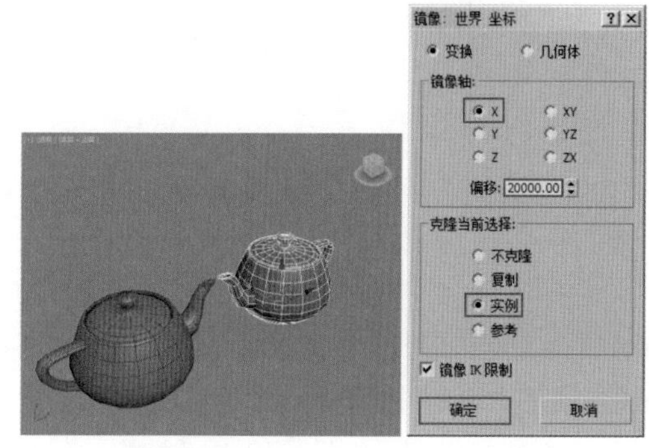

图2-122　图2-123

本章小结

通过对本章的学习，三弟和麦克斯已经掌握了 3ds Max 的基本操作，那么你呢？是不是 3ds Max 的界面分布、常用工具、常用操作技巧已经熟练应用啦？本章学习完成后，准备学习几何体建模章节吧！

第 3 章　几何体建模，不容小视

本章内容

几何体的概念
几何体的常用类型
几何体的使用方法

本章人物

Design 教授——擅长 3ds Max 技术和理论
三弟——酷爱 3ds Max 软件，新手
麦克斯——三弟的同班同学，好友

本章将为大家讲解几何体的建模知识。几何体建模是最常用的建模方式，大部分的模型都需要几何体建模作为配合，因此该建模方式是一切建模的基础，必须熟练掌握。本章包括标准基本体、扩展基本体、复合对象、门窗楼梯、AEC 扩展知识等方面。

3.1 几何体建模是建模的第一步

几何体建模是 3ds Max 中最基本、最简单的建模方式，它是学习其他建模方式的基础。其包括很多种建模工具，最常用的有标准基本体、扩展基本体、复合对象、门窗楼梯、AEC 扩展等。在创建面板中执行 （创建）|（几何体）操作，在列表中可以选择建模工具，如图 3-1 所示。

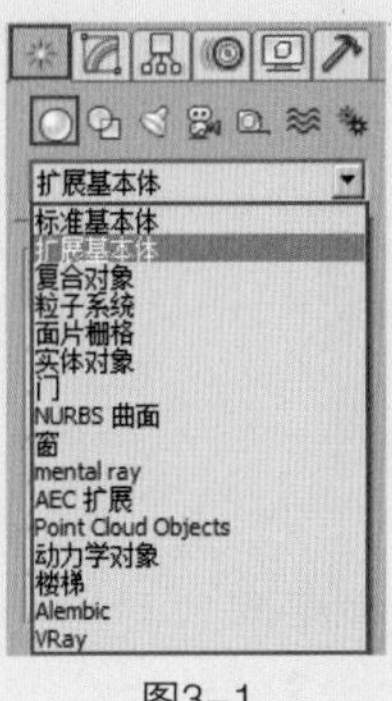

图3-1

3.1.1 初识几何体建模

几何体建模是指利用 3ds Max 默认的几何体进行组合建模。这是最简单的建模方式，是建模的“垫脚石”。

3.1.2 几何体建模之前的准备工作

在制作模型之前，一定要记得设置系统单位，不然模型的比例将不太准确。单击菜单栏中【自定义】|【单位设置】命令，此时将弹出【单位设置】对话框，将【系统单位比例】和【显示单位比例】设置为【毫米】就可以啦，如图 3-2 所示。

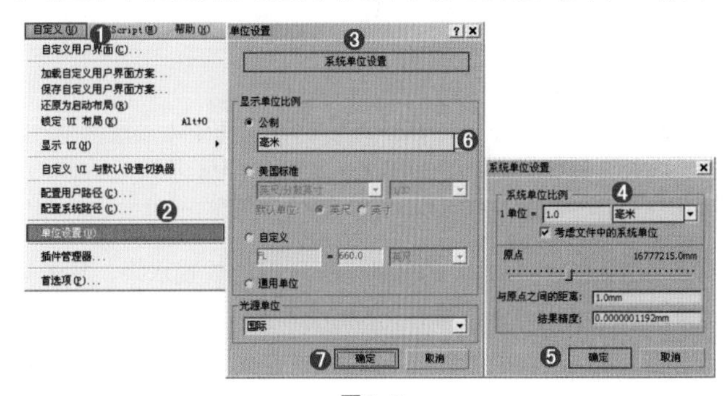

图3-2

3.2 标准基本体

【标准基本体】是 3ds Max 中最基本的模型。它包含了很多常用的基本模型，比如长方体、球体、圆柱体等共计 10 种对象类型，每个标准基本体的参数都很简单，大家动手试一下就记住啦，如图 3-3 所示。图 3-4 所示为 10 种模型的效果。

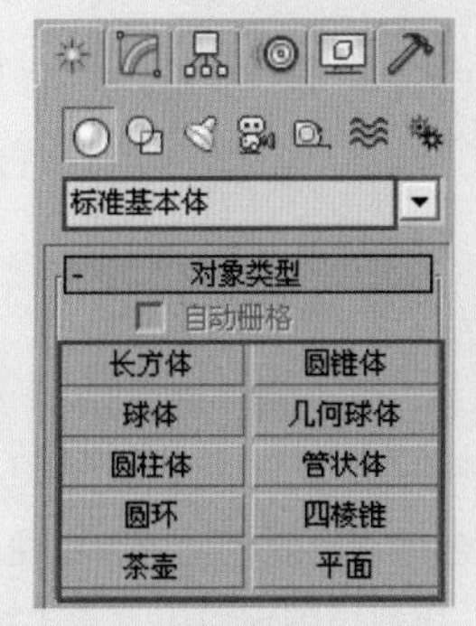

图3-3

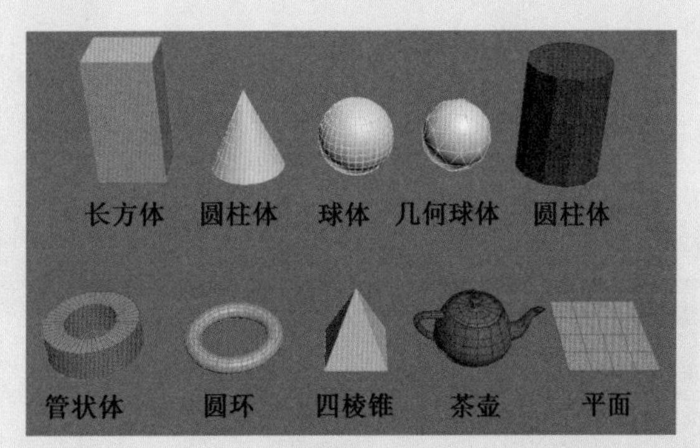

图3-4

3.2.1 从创建一个长方体开始

【长方体】是最常用的基本体，没有之一。其参数包括【长度】、【高度】、【宽度】以及相对应的【分段】，如图 3-5 和图 3-6 所示。

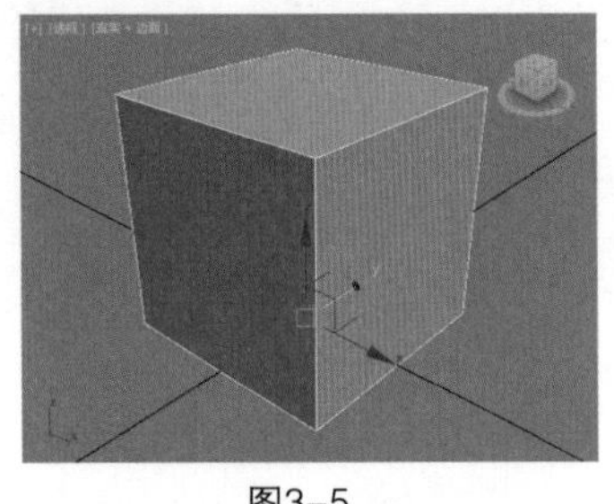

图3-5

图3-6

- 长度、宽度、高度：设置长方体对象的长度、宽度和高度。
- 长度分段、宽度分段、高度分段：控制长度、宽度、高度方向上的分段数量。

典型实例：方形茶几

案例文件　案例文件 \Chapter 03\ 典型实例：方形茶几 .max
视频教学　视频文件 \Chapter 03\ 典型实例：方形茶几 .flv
技术掌握　掌握长方体的创建、复制、旋转及移动

茶几是室内最常见的家具之一，用于放置水果、杯子等物体，形状多为方形和圆形。本例的难点在于长方体的复制和位置的调整。最终的渲染效果如图 3-7 所示。

图3-7

1. 建模思路。

具体的建模思路如图 3-8 所示。

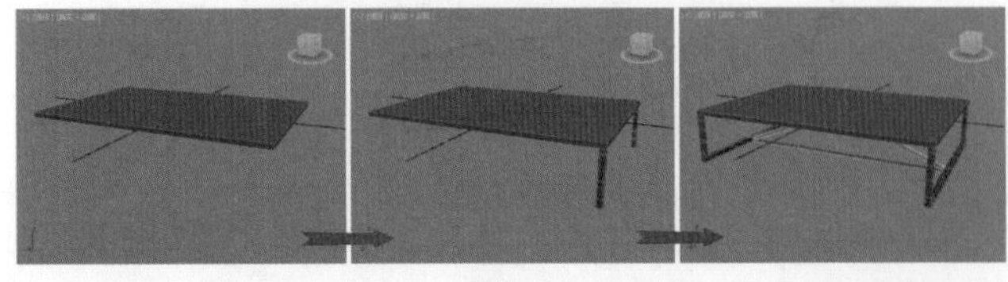

图3-8

2. 制作步骤

（1）启动 3ds Max　2016 中文版，单击菜单栏中的【自定义】|【单位设置】命令，此时将弹出【单位设置】对话框，将【显示单位比例】和【系统单位比例】设置为【毫米】，如图 3-9 所示。

图3-9

（2）在创建面板中，执行（创建）|（几何体）| 标准基本体 | 长方体 操作，并在顶视图中创建一个长方体，如图 3-10 所示。单击修改，设置【长度】为 1000mm、【宽度】为 700mm、【高度】为 20mm，如图 3-11 所示。

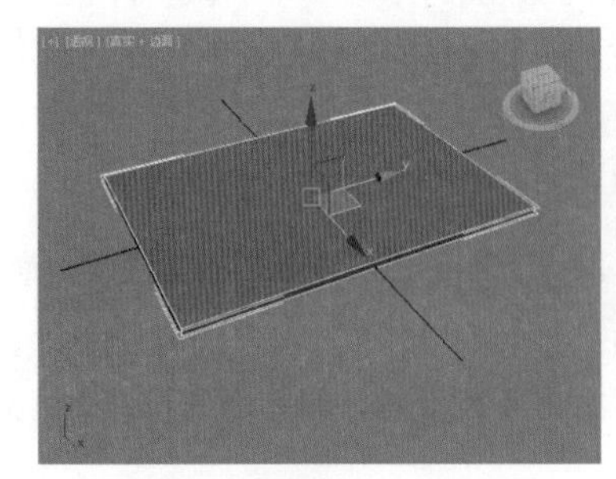

图3-10

图3-11

（3）继续创建一个长方体，如图 3-12 所示。单击修改，设置【长度】为 20mm、【宽度】为 20mm、【高度】为 200mm，如图 3-13 所示。

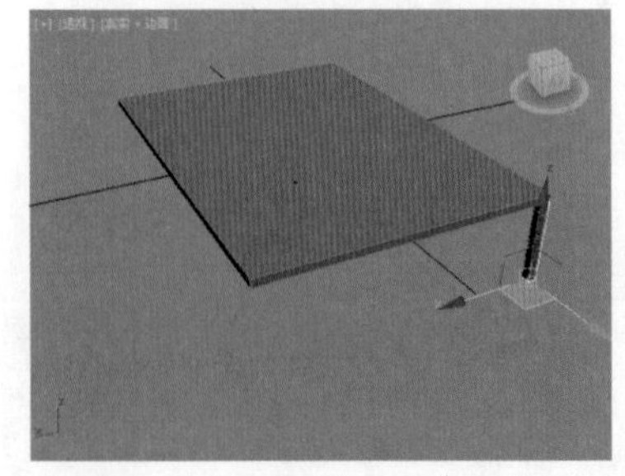

图3-12

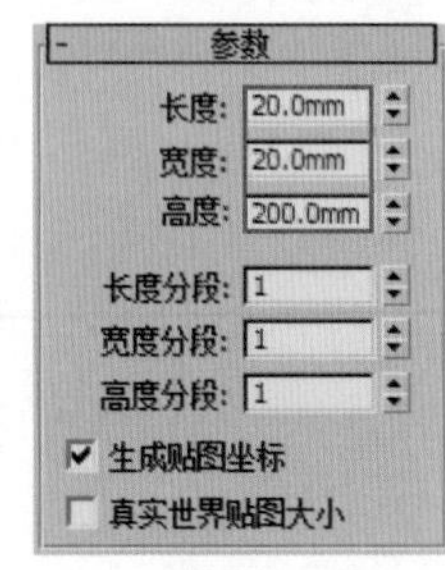

图3-13

（4）此时选择茶几腿模型，并按住【Shift】键沿 X 轴进行移动和复制，在弹出的窗口中设置【对象】为【实例】，如图 3-14 所示。

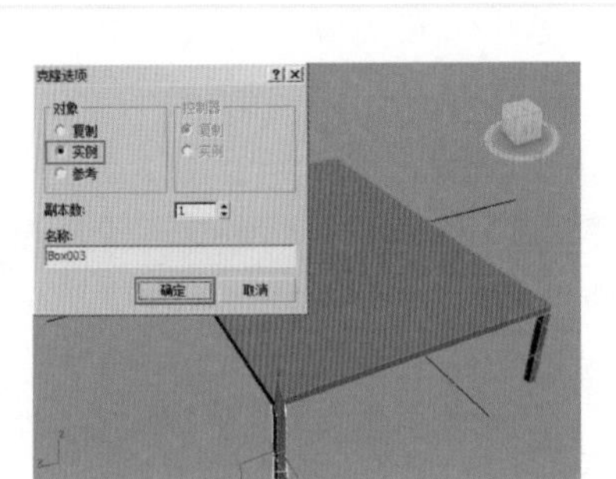

图3-14

（5）继续创建一个长方体，位置如图 3-15 所示。单击修改，设置【长度】为 20mm、【宽度】为 700mm、【高度】为 20mm，如图 3-16 所示。

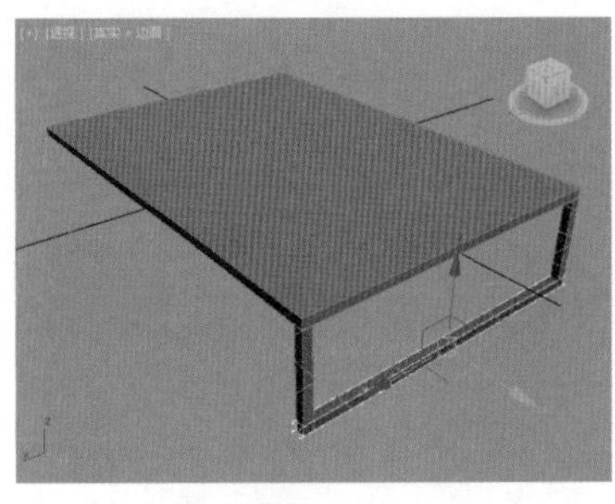

图3-15　　图3-16

（6）继续创建一个长方体，位置如图 3-17 所示。单击修改，设置【长度】为 16mm、【宽度】为 8mm、【高度】为 530mm，如图 3-18 所示。

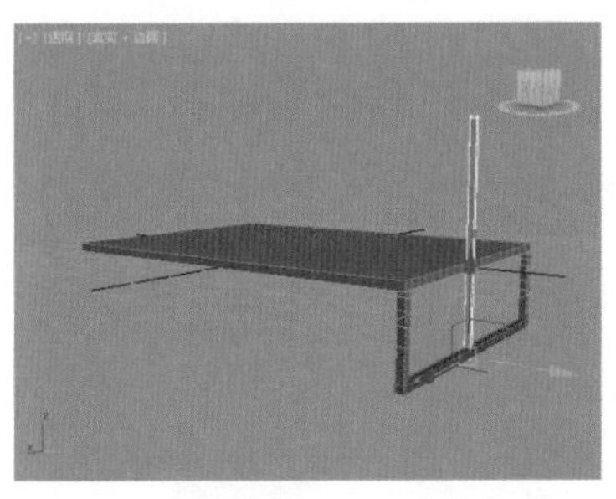

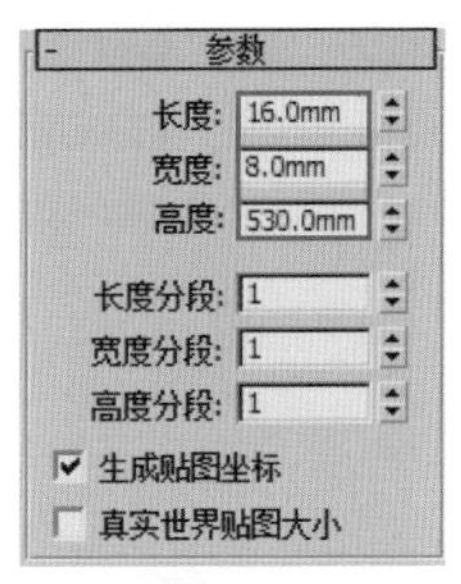

图3-17　　图3-18

（7）选择这个长方体，使用（选择并旋转）工具，沿 X 轴旋转 68°，如图 3-19 所示。此时选择茶几腿的 4 个模型，如图 3-20 所示。

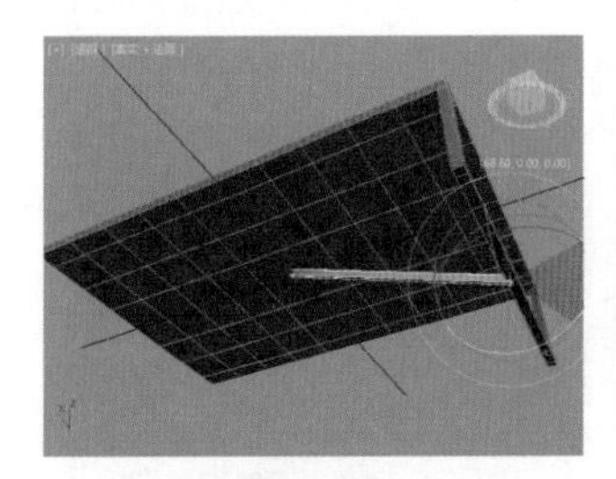

图3-19　　图3-20

（8）单击（镜像）工具，设置【镜像轴】为 Y，【偏移】为 -850mm，【克隆当前选择】为【实例】，如图 3-21 所示。镜像后的效果，如图 3-22 所示。

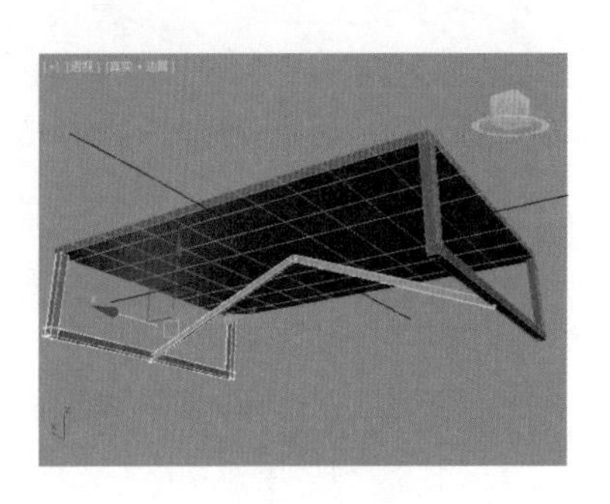

图3-21　　图3-22

（9）继续创建一个长方体，位置如图 3-23 所示。单击修改，设置【长度】为 980mm、【宽度】为 8mm、【高度】为 16mm，如图 3-24 所示。

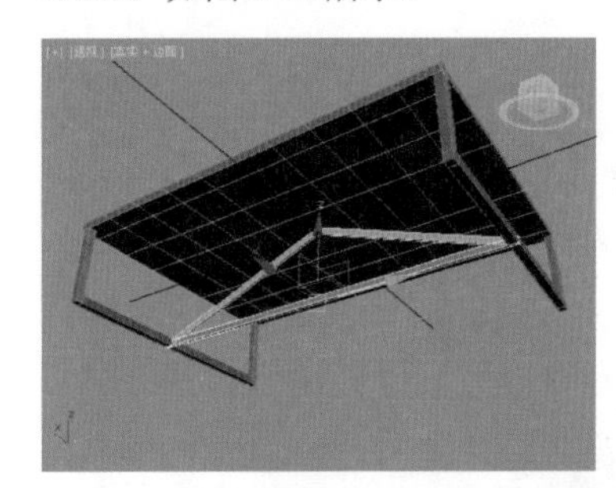

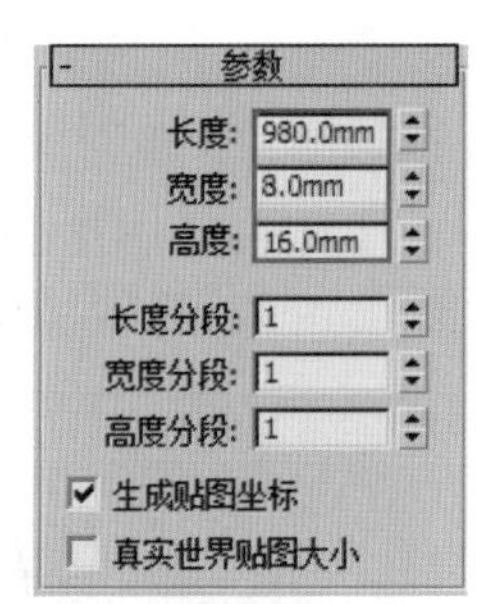

图3-23　　图3-24

（10）最终的模型效果，如图 3-25 所示。

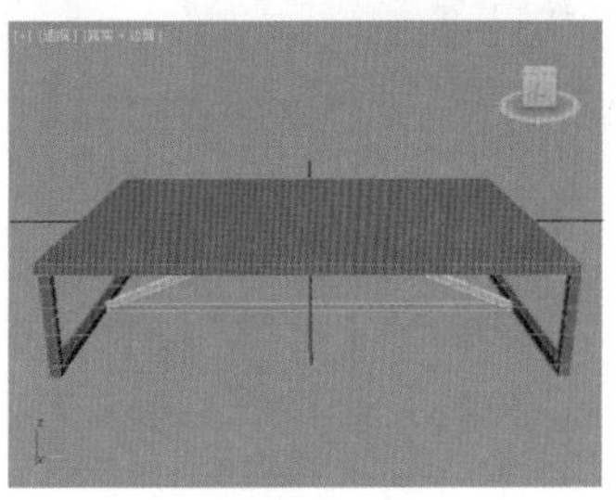

图3-25

3.2.2 创建一个部分球体

【球体】不仅可以创建完整的球体，还可以创建半个或一部分球体，如图 3-26 和图 3-27 所示。

- 半径：指定球体的半径。
- 分段：设置球体多边形分段的数目。
- 平滑：混合球体的面，从而在渲染视图中创建平滑的外观。
- 半球：通过设置半球参数，可将球体设置为一半、一小半或一大半的部分模型效果。
- 切除：通过在半球断开时将球体中的顶点和面【切除】来减少它们的数量。

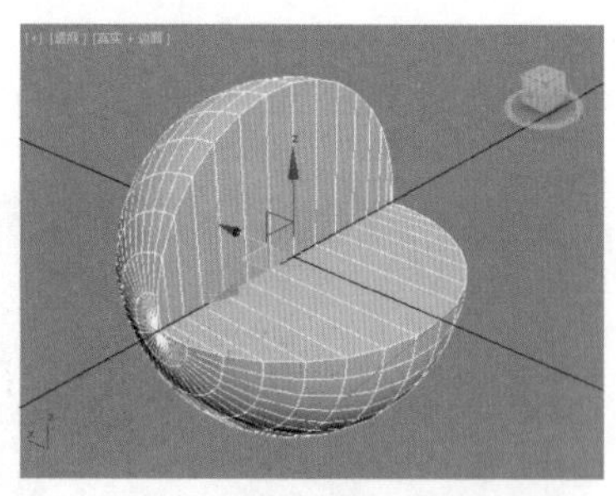

图3-26

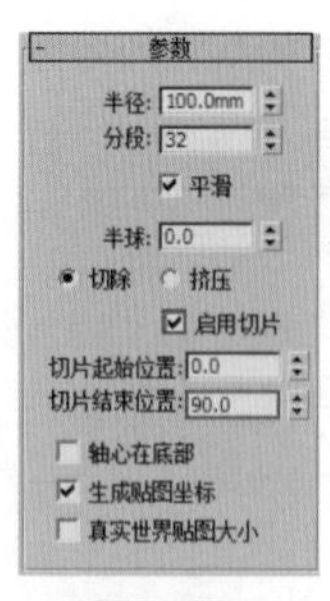

图3-27

- 挤压：保持原始球体中的顶点数和面数，将几何体向着球体的顶部【挤压】，直到体积越来越小。
- 启用切片：勾选该选项后，可以通过设置切片起始位置和切片结束位置创建部分球体。
- 切片起始位置/切片结束位置：设置切片的起始角度和停止角度。

3.2.3 圆柱体

【圆柱体】与【球体】类似，也可以制作完整或部分的模型，如图 3-28 和图 3-29 所示。

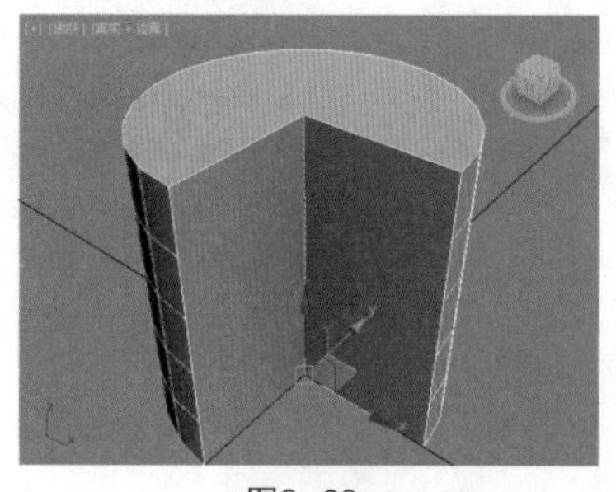

图3-28

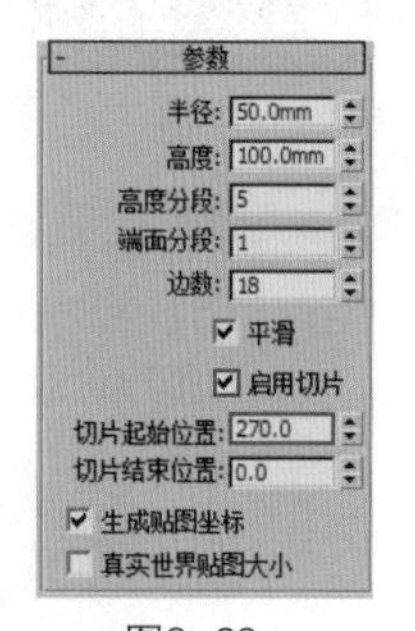

图3-29

典型实例：时尚圆镜子

案例文件　案例文件 \Chapter 03\ 典型实例：时尚圆镜子 .max
视频教学　视频文件 \Chapter 03\ 典型实例：时尚圆镜子 .flv
技术掌握　掌握模型轴心位置的调整及旋转复制的方法

时尚圆镜子的造型简约时尚，多为对称的结构。最终的渲染效果如图 3-30 所示。

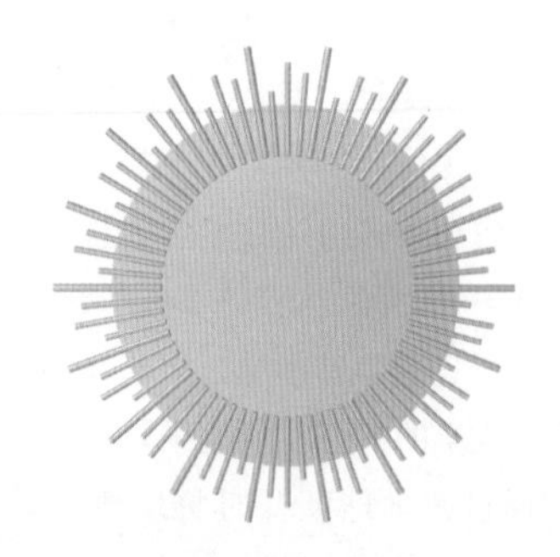

图3-30

1. 建模思路

建模思路，如图 3-31 所示。

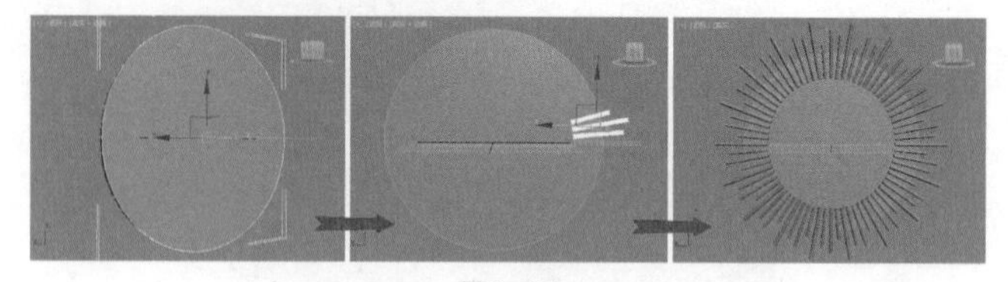

图3-31

2. 制作步骤

（1）在创建面板中，执行 （创建）| （几何体）| 标准基本体 | 圆柱体，在视图中创建一个圆柱体，如图 3-32 所示。单击修改，设置【半径】为 1000mm、【高度】为 50mm、【边数】为 52，如图 3-33 所示。

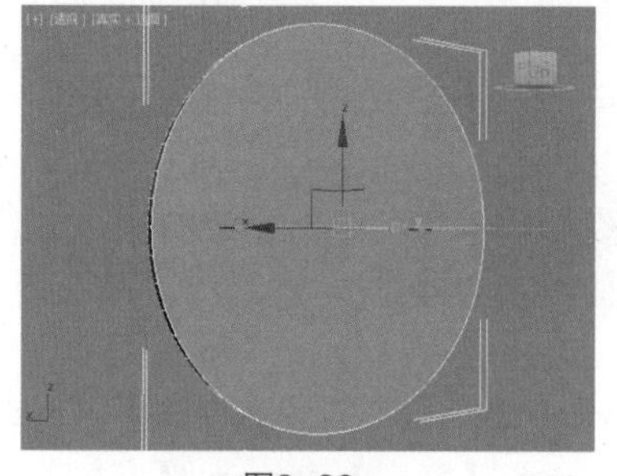

图3-32

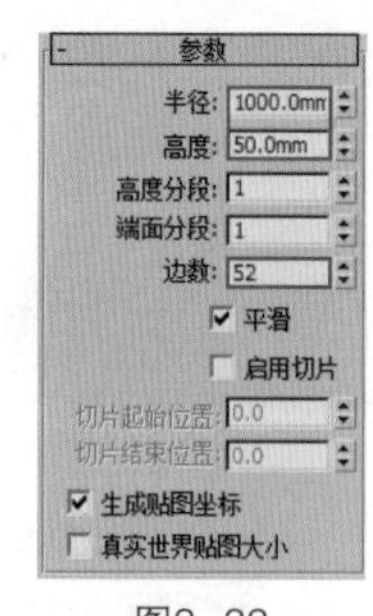

图3-33

（2）在视图中继续创建一个圆柱体，如图 3-34 所示。单击修改，设置【半径】为 20mm、【高度】为 600mm、【边数】为 26，如图 3-35 所示。

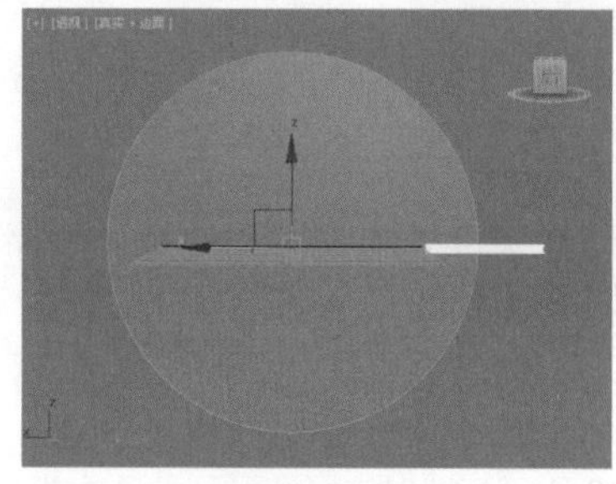

图3-34

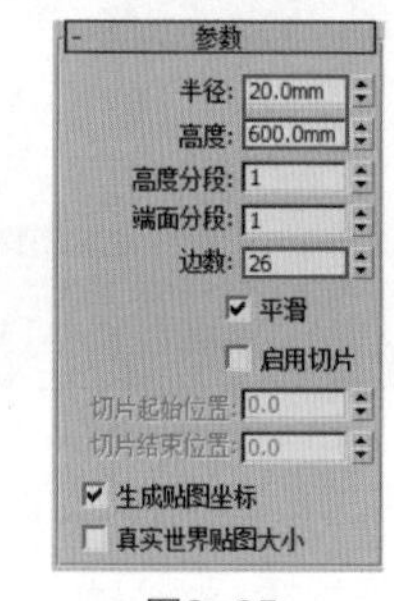

图3-35

（3）同样创建 3 个圆柱体，如图 3-36 所示。选择此时的 4 个圆柱体，如图 3-37 所示。

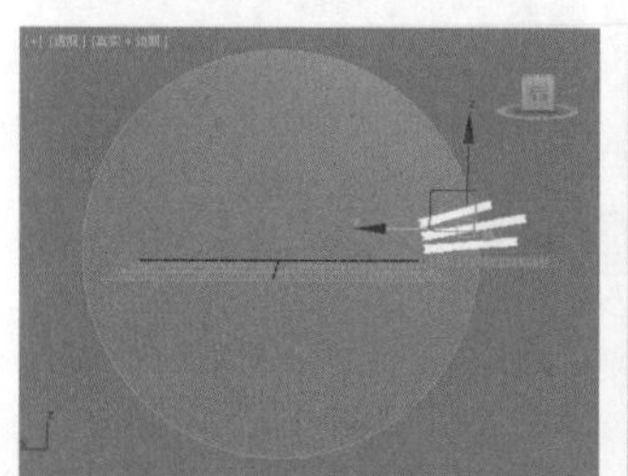

图3-36

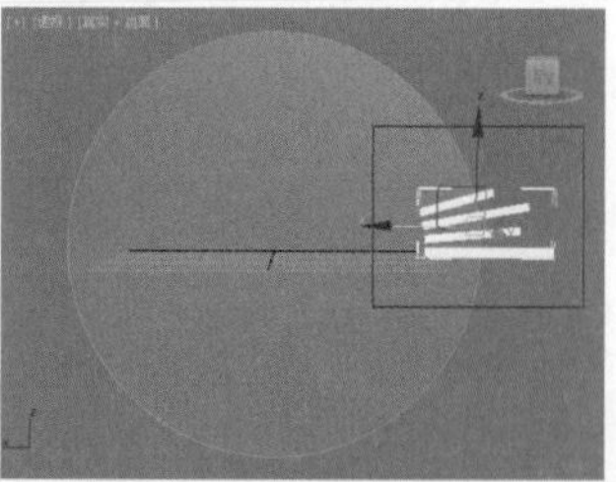

图3-37

（4）在菜单栏中执行【组】|【组】命令，命名为【组001】，如图 3-38 所示。

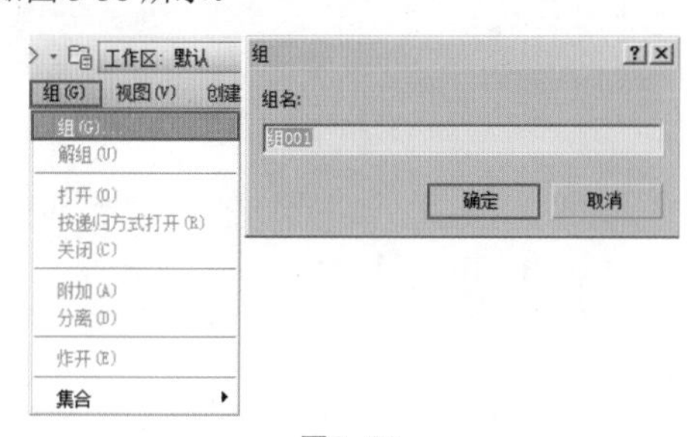

图3-38

（5）选择【组 001】，然后在创建面板中执行（层次）| 仅影响轴，并将轴移动到镜子模型的中心，如图 3-39 所示。

（6）单击（角度捕捉切换）按钮，并按下键盘上的【Shift】键，使用（选择并旋转）按钮沿 Z 轴旋转 -20°，并设置【对象】为【实例】,【副本数】为 17，如图 3-40 所示。

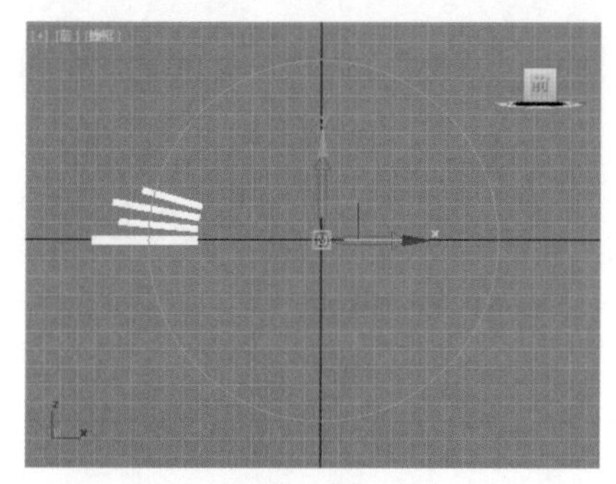

图3-39

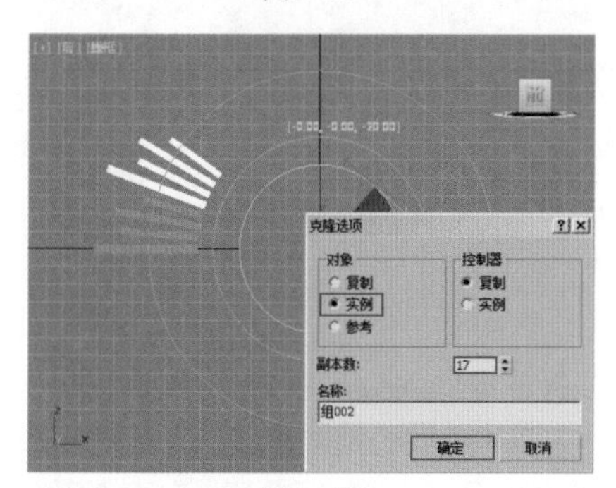

图3-40

（7）复制之后的模型，如图 3-41 所示。最终的模型效果，如图 3-42 所示。

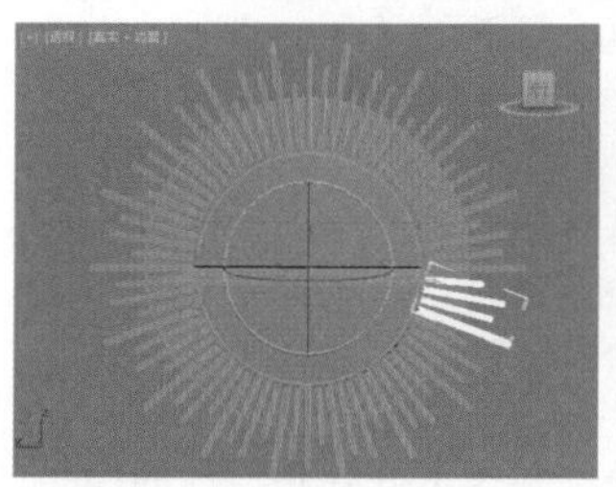

图3-41

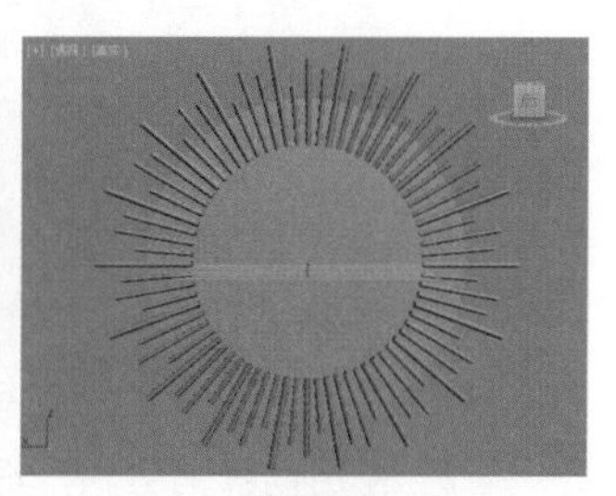

图3-42

3.2.4 平面通常可以当作地面

很多时候【平面】在 3ds Max 中充当地面的角色，比如创建的很多模型需要放在地面上，那么就可以使用【平面】了，如图 3-43 和图 3-44 所示。

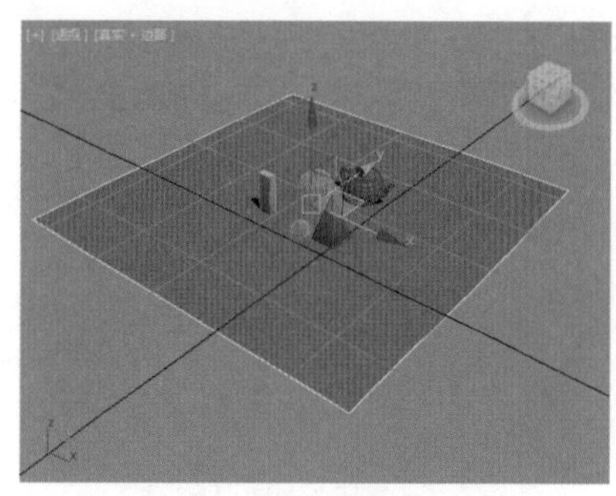

图3-43

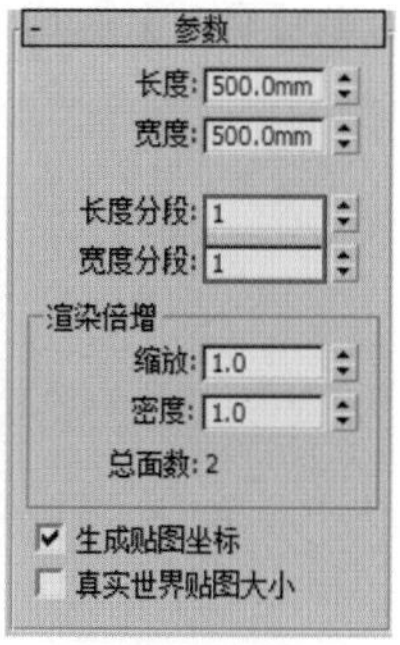

参数
长度: 500.0mm
宽度: 500.0mm
长度分段: 1
宽度分段: 1
渲染倍增
缩放: 1.0
密度: 1.0
总面数: 2
生成贴图坐标
真实世界贴图大小

图3-44

典型实例：简约时钟

案例文件　案例文件 \Chapter 03\ 典型实例：简约时钟 .max
视频教学　视频文件 \Chapter 03\ 典型实例：简约时钟 .flv
技术掌握　掌握旋转及复制的方法

简约时钟常悬挂于墙面上，起到查看时间和装饰的作用，本例的制作难点在于模型旋转和复制的方法。最终的渲染效果如图 3-45 所示。

图3-45

1. 建模思路

建模思路，如图 3-46 所示。

图3-46

2. 制作步骤

（1）在创建面板中，执行 （创建）| （几何体）| 标准基本体 | 管状体，在视图中创建一个管状体，如图3-47所示。单击修改，设置【半径1】为400mm、【半径2】为380mm、【高度】为80mm、【高度分段】为1、【端面分段】为1、【边数】为52，如图3-48所示。

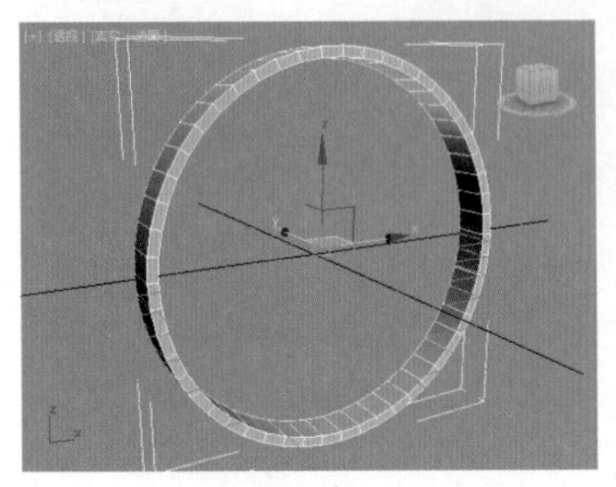
图3-47

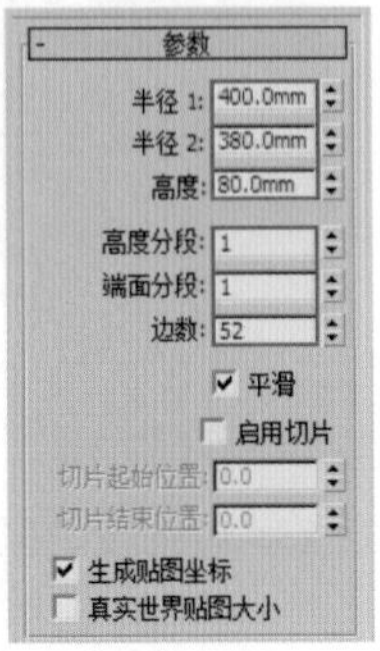

参数
半径 1: 400.0mm
半径 2: 380.0mm
高度: 80.0mm
高度分段: 1
端面分段: 1
边数: 52
平滑
启用切片
切片起始位置: 0.0
切片结束位置: 0.0
生成贴图坐标
真实世界贴图大小

图3-48

（2）在前视图中创建一个圆柱体，如图3-49所示。单击修改，设置【半径】为390mm、【高度】为10mm、【高度分段】为1、【端面分段】为1、【边数】为52，如图3-50所示。

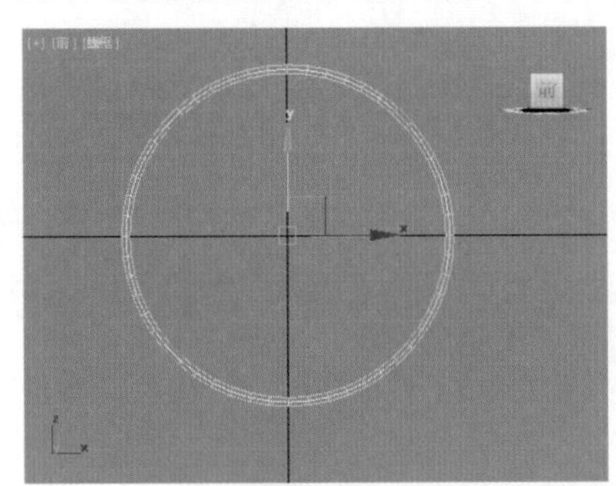
图3-49

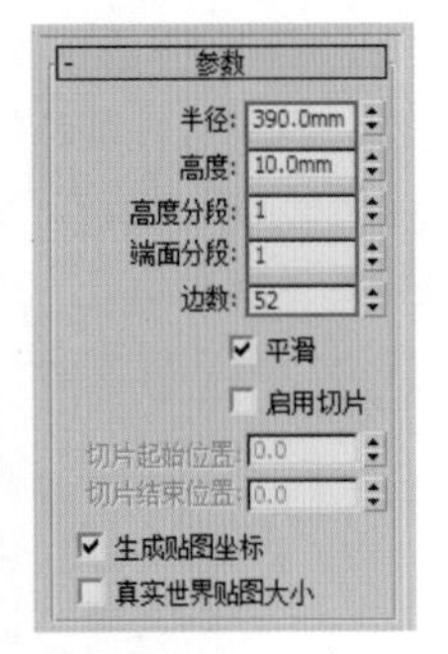

图3-50

（3）此时模型的效果，如图3-51所示。

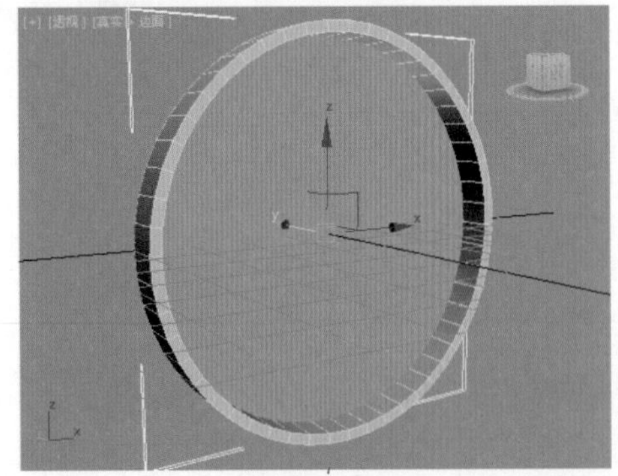
图3-51

（4）在视图中创建一个切角长方体，如图3-52所示。单击修改，设置【长度】为300mm、【宽度】为20mm、【高度】为0.5mm、【圆角】为1.3mm、【圆角分段】为3，如图3-53所示。

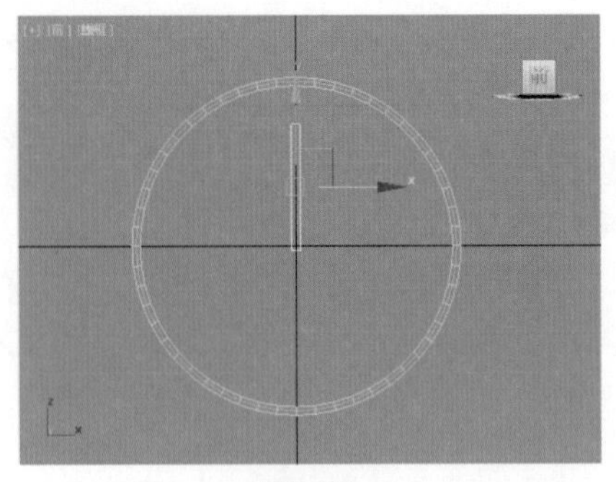
图3-52

图3-53

（5）将此时的模型作为时针模型，如图3-54所示。选择该模型，然后在创建面板中执行 （层次）| 仅影响轴，并将轴移动到指针底部，如图3-55所示。

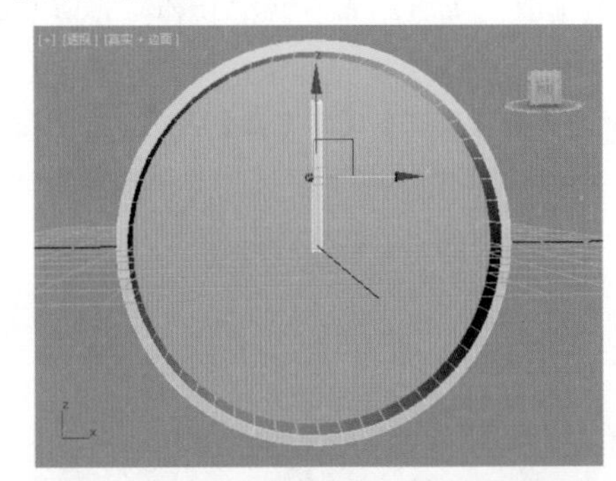
图3-54

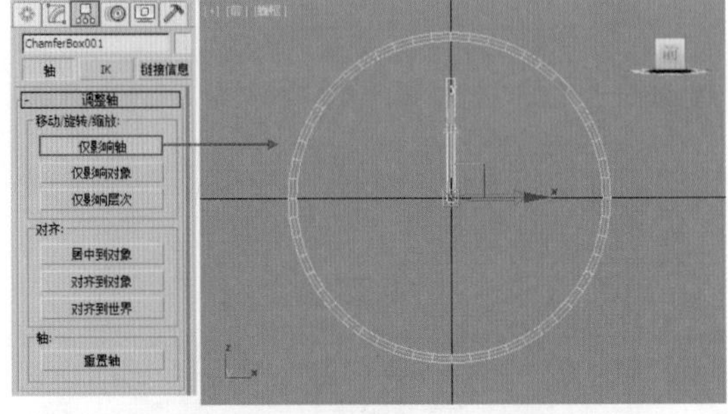

图3-55

（6）再次单击 仅影响轴 按钮，取消该命令。单击 （选择并旋转）按钮，沿Y轴旋转-50°，如图3-56所示。

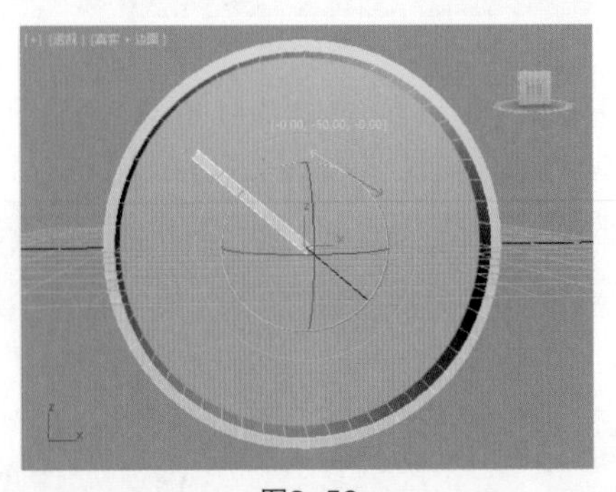
图3-56

（7）使用同样的方法，继续制作出分针和秒针的模型，如图3-57所示。

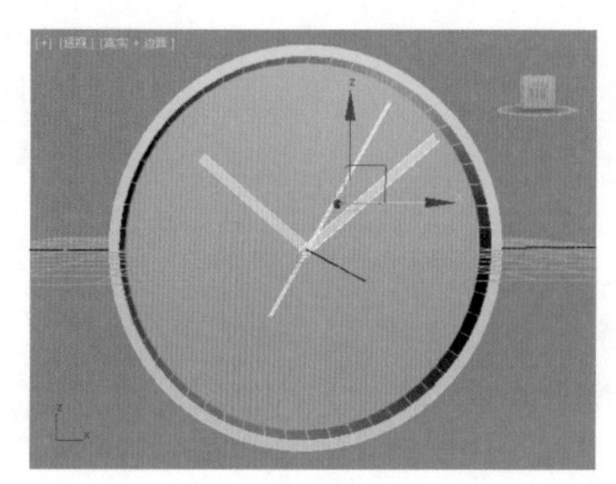
图3-57

（8）创建一个小的长方体，并在创建面板中执行（层次）|，将轴移动到时针模型的底部，如图 3-58 所示。

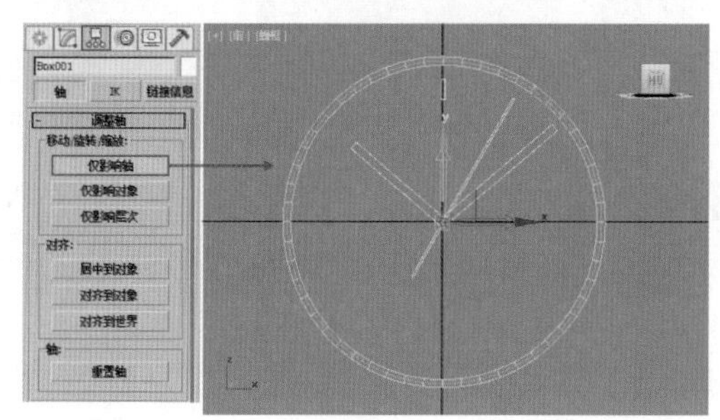
图3-58

（9）选择刚创建的小长方体，然后单击（角度捕捉切换）按钮，接着按下键盘上的【Shift】键，单击鼠标左键沿 Y 轴旋转 -30°，松开鼠标，在弹出的窗口中选择【对象】为【实例】，【副本数】为 11，如图 3-59 所示。最终的模型效果，如图 3-60 所示。

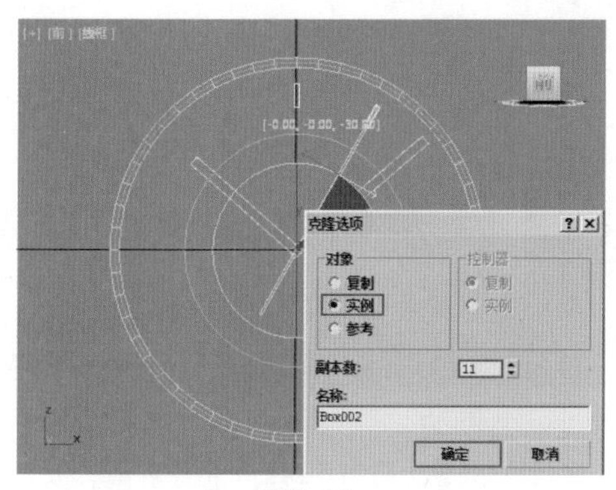
图3-59

图3-60

典型实例：石膏几何体组合

案例文件　案例文件 \Chapter 03\ 典型实例：石膏几何体组合 .max
视频教学　视频文件 \Chapter 03\ 典型实例：石膏几何体组合 .flv
技术掌握　掌握各种几何体的创建和修改方法

石膏几何体组合包括了球体、长方体、圆柱体、圆锥体、圆柱体、四棱锥等多种几何体。最终的渲染效果如图 3-61 所示。

图3-61

1. 建模思路

建模思路，如图 3-62 所示。

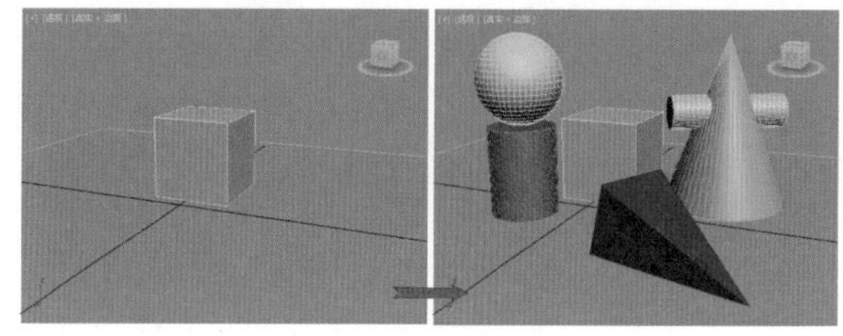
图3-62

2. 制作步骤

（1）在创建面板中，执行（创建）|（几何体）||，在视图中创建一个平面，如图 3-63 所示。单击修改，设置【长度】为 1500mm、【宽度】为 1500mm、【长度分段】为 1、【宽度分段】为 1，如图 3-64 所示。

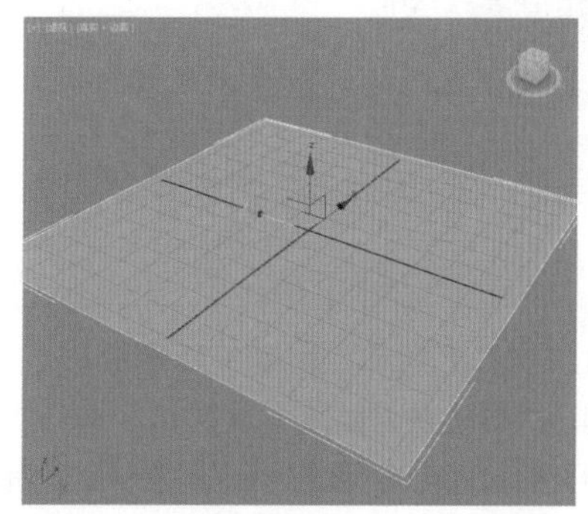
图3-63

图3-64

（2）在视图中创建一个长方体，如图 3-65 所示。单击修改，设置【长度】为 200mm、【宽度】为 200mm、【高度】为 200mm，如图 3-66 所示。

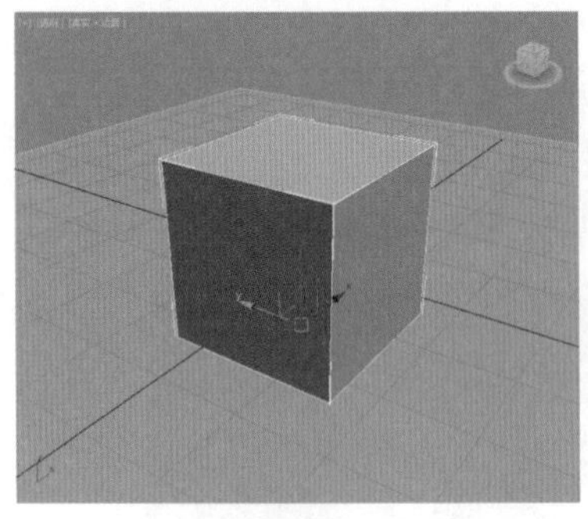
图3-65

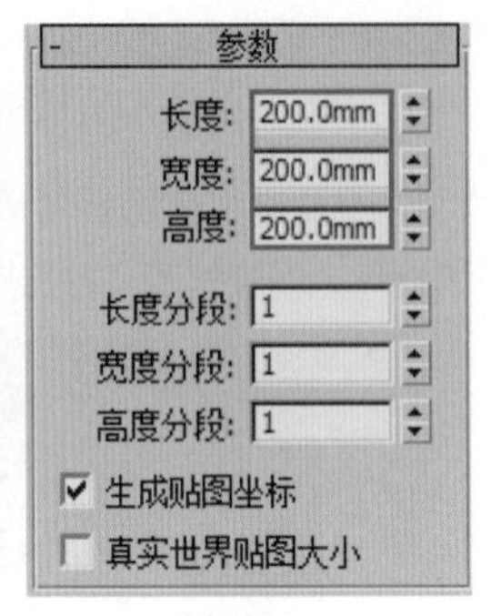

图3-66

（3）在视图中创建一个四棱锥，如图 3-67 所示。单击修改，设置【长度】为 150mm、【宽度】为 150mm、【高度】为 300mm，如图 3-68 所示。

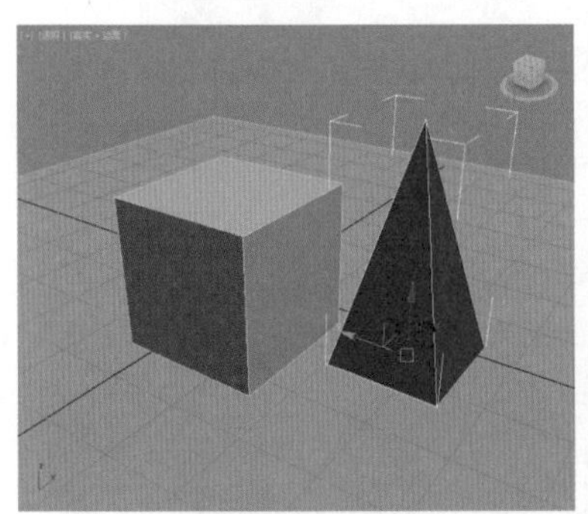
图3-67

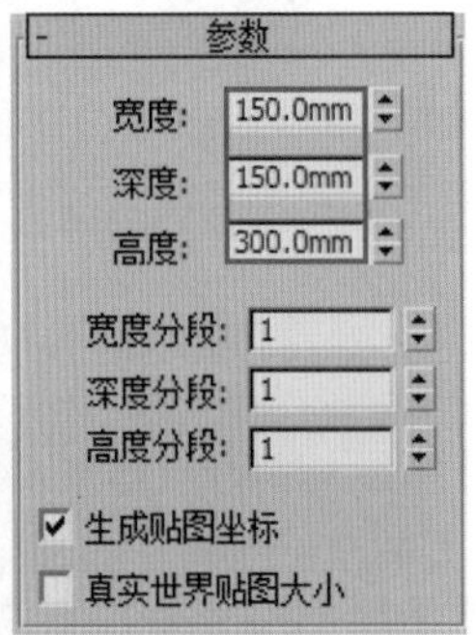

图3-68

（4）在视图中创建一个圆柱体，如图 3-69 所示。单击修改，设置【半径】为 80mm、【高度】为 200mm、【边数】为 52，如图 3-70 所示。

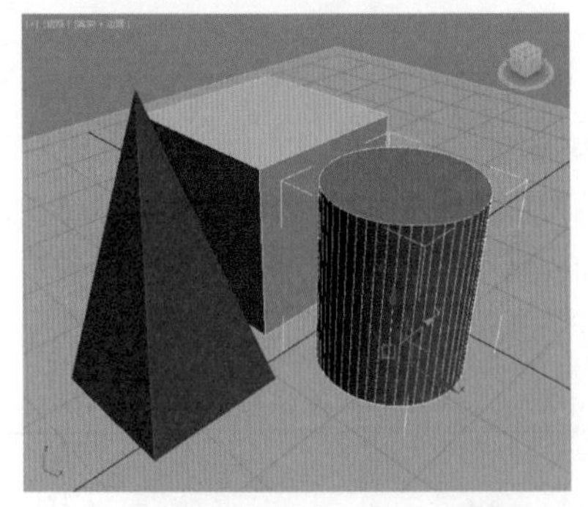
图3-69

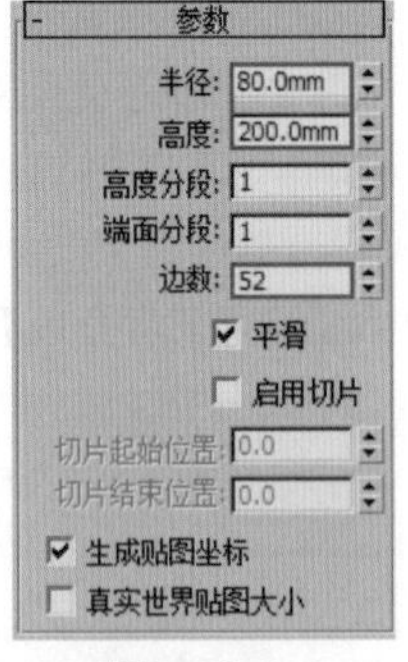

图3-70

（5）在视图中创建一个球体，如图 3-71 所示。单击修改，设置【半径】为 100mm、【分段】为 52，如图 3-72 所示。

（6）在视图中创建一个圆锥体，如图 3-73 所示。单击修改，设置【半径 1】为 150mm、【半径 2】为 0mm、【高度】为 400mm、【边数】为 52，如图 3-74 所示。

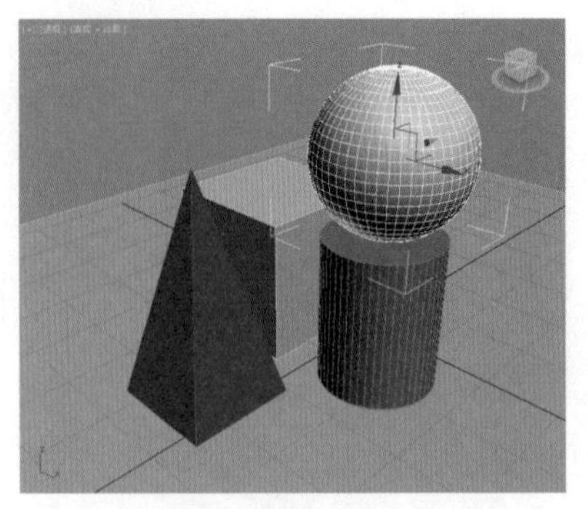
图3-71

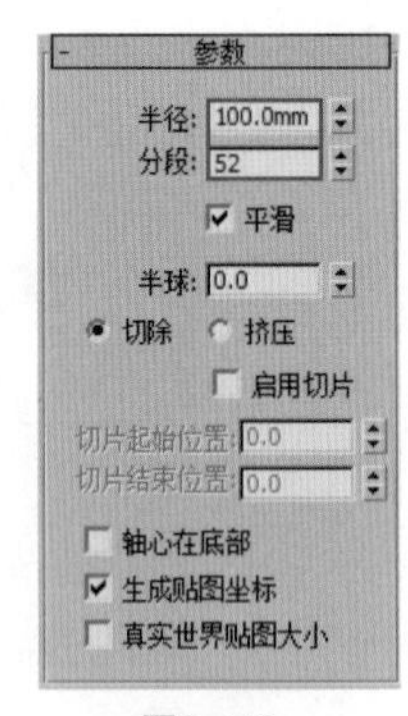

图3-72

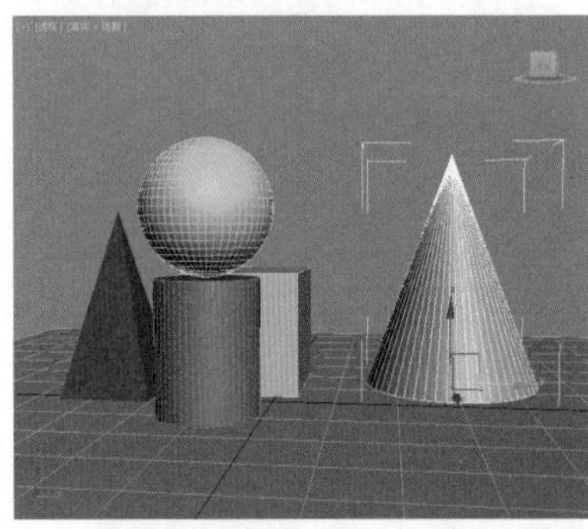
图3-73

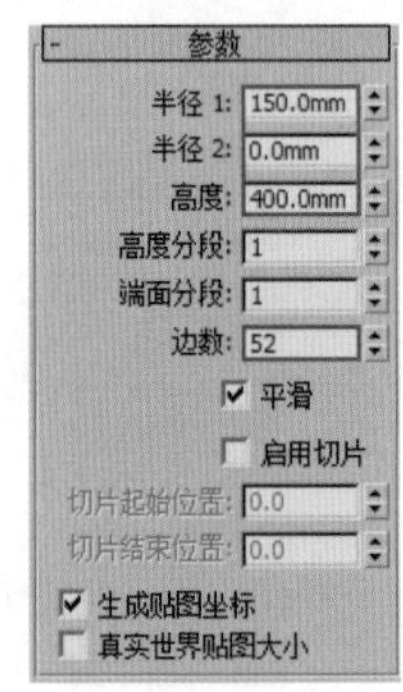

图3-74

（7）在视图中创建一个圆柱体，如图 3-75 所示。单击修改，设置【半径】为 40mm、【高度】为 280mm、【边数】为 52，如图 3-76 所示。

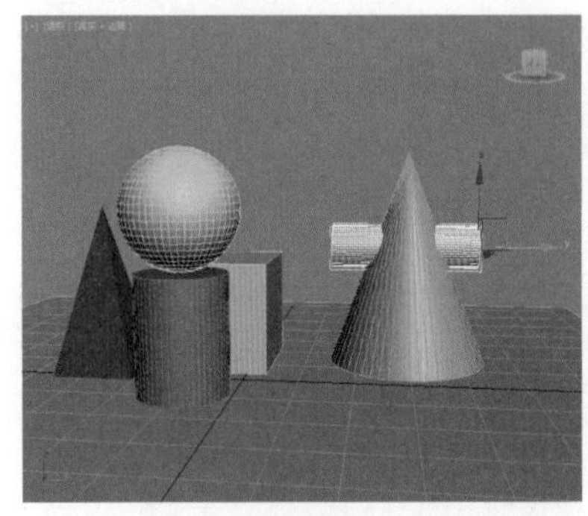
图3-75

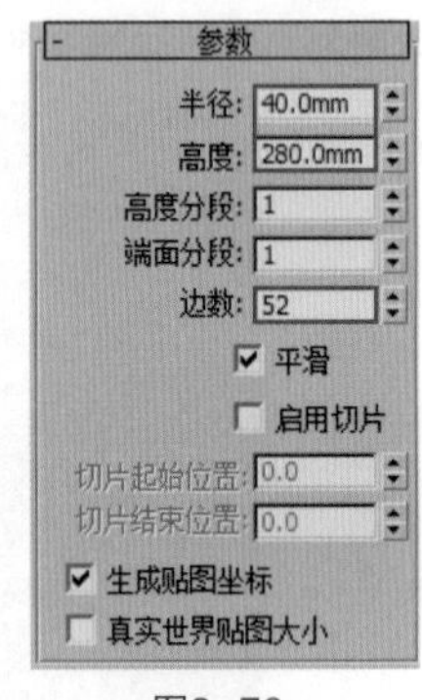

图3-76

（8）最后使用 （选择并移动）按钮和 （选择并旋转）按钮，调整模型的位置，如图 3-77 所示。

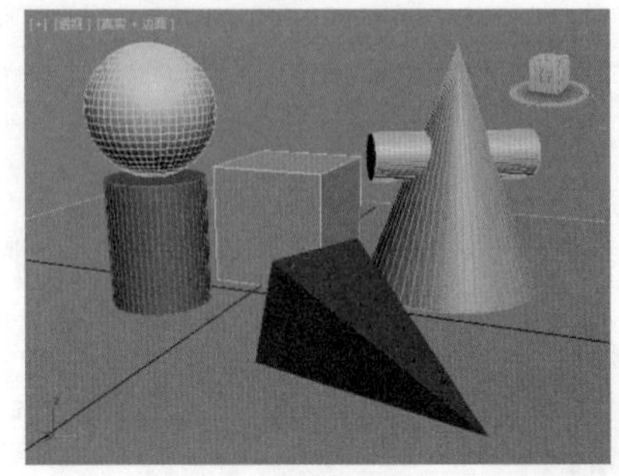
图3-77

3.3 扩展基本体

扩展基本体是对 3ds Max 中标准基本体的扩展集合，它们的使用频率不像标准基本体那么高。它包括 13 种对象类型，分别是【异面体】、【环形结】、【切角长方体】、【切角圆柱体】、【油罐】、【胶囊】、【纺锤】、【L-Ext】、【球棱柱】、【C-Ext】、【环形波】、【棱柱】、【软管】，如图 3-78 所示。

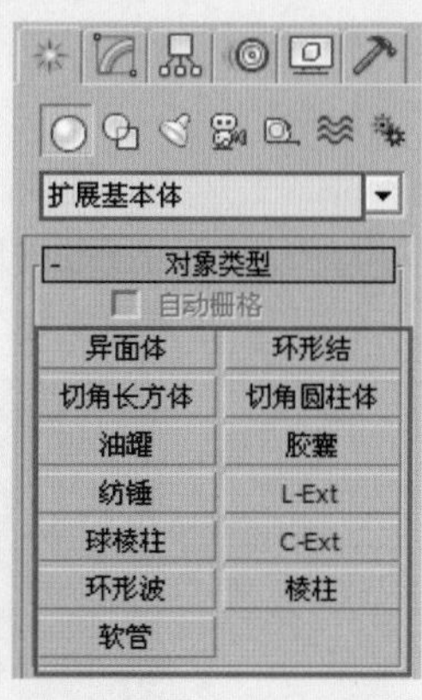

图3-78

3.3.1 异面体

【异面体】可以制作较为特殊的模型，该参数我们就不过多讲解啦，大家试着修改一下各个参数，就会发现可以制作出各种奇特的模型。修改【系列】参数，从左至右分别是【四面体】、【立方体 / 八面体】、【十二面体 / 二十面体】、【星形 1】、【星形 2】，如图 3-79 和图 3-80 所示。

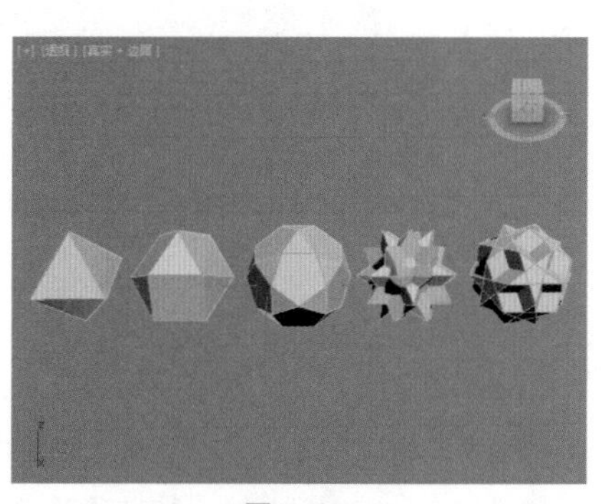

图3-79

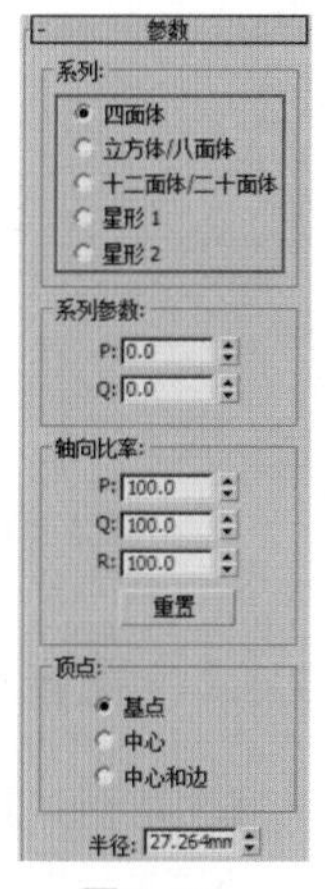

图3-80

3.3.2 切角长方体

【切角长方体】可以创建具有倒角或圆形边的长方体，比如可以制作一个橡皮擦模型，如图 3-81 和图 3-82 所示。

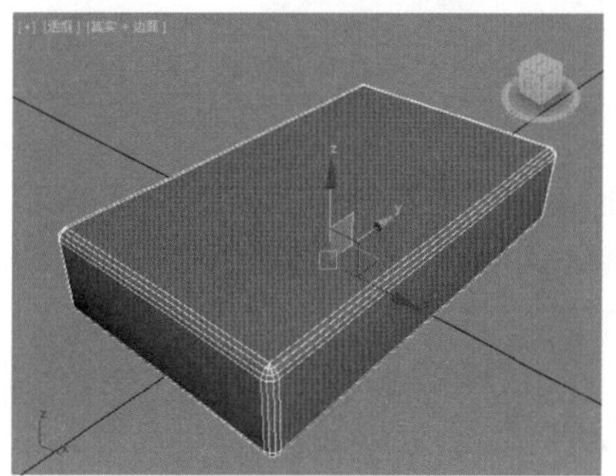

图3-81

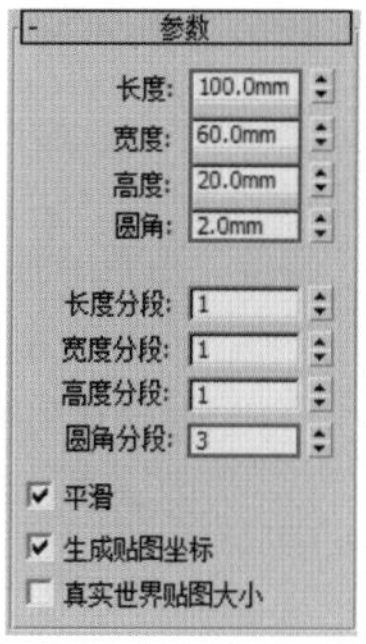

图3-82

- 圆角：用来控制切角长方体边上的圆角效果。
- 圆角分段：设置长方体圆角边的分段数。

3.3.3 切角圆柱体

【切角圆柱体】可以创建具有倒角或圆形封口边的圆柱体，比如可以制作一个易拉罐的基本模型，如图 3-83 和图 3-84 所示。

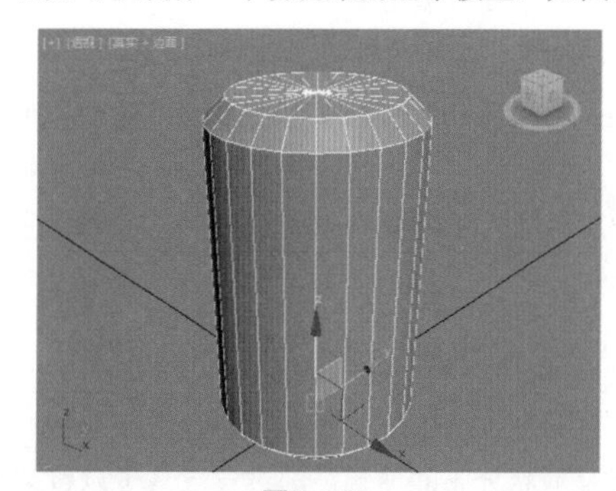

图3-83

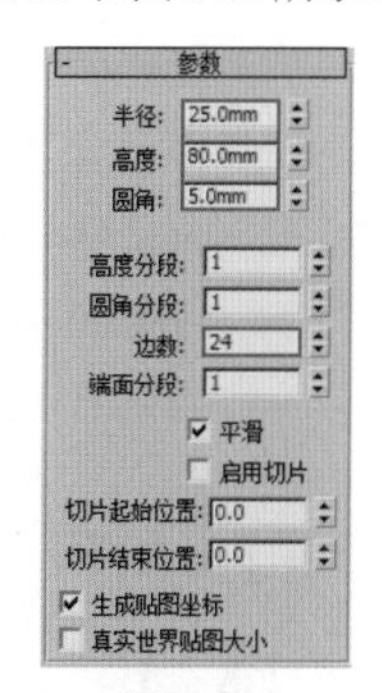

图3-84

3.4 复合对象

【复合对象】放在这个小节里讲解，读者朋友会感觉有点难度，但是不要紧，我们只要跟着一步步操作，试着去理解每个操作，在学到后面其他建模章节时，就会发现原来很简单哦！

【复合对象】是几何体建模中比较特殊的建模方式，它可以很巧妙地制作很多模型。【复合对象】包含12种类型，分别是【变形】、【散布】、【一致】、【连接】、【水滴网格】、【图形合并】、【布尔】、【地形】、【放样】、【网格化】、【ProBoolean】和【ProCutter】，如图3-85所示。

图3-85

- 变形：可以利用两个或多个物体间的形状来制作动画。
- 一致：可以将一个物体的顶点投射到另一个物体上，使被投射的物体产生变形。
- 水滴网格：【水滴网格】是一种实体球，它将近距离的水滴网格融合到一起，用来模拟液体。
- 布尔：可以运用【布尔】运算方法对物体进行运算。
- 放样：可以将二维的图形转化为三维物体。
- 散布：可以将一个模型散布在另外一个模型的表面上，也可以将对象散布在指定的物体上。
- 连接：可以将两个物体连接成一个物体，同时也可以通过参数来控制这个物体的形状。
- 图形合并：可以将二维造型融合到三维网格物体上。
- 地形：可以将一个或多个二维图形变成一个平面。
- 网格化：一般情况下都配合粒子系统一起使用。
- ProBoolean：可以将许多功能添加到传统的3ds Max布尔对象中。
- ProCutter：可以执行特殊的布尔运算，主要目的是分裂或细分体积。

3.4.1 散布

【散布】其实就是散状分布的简称，通过该工具可以将某个模型大量分散在另一个模型的表面上。比如可以制作山上的树林、蛋糕上的蜡烛、啤酒瓶上的水滴等。

（1）快速制作山上的树林。首先要创建地面模型和树模型，选择次序千万不要反了哦，一定要先选择树模型，然后单击【散布】，接着单击【拾取分布对象】按钮，最后单击拾取地面模型，如图3-86所示。

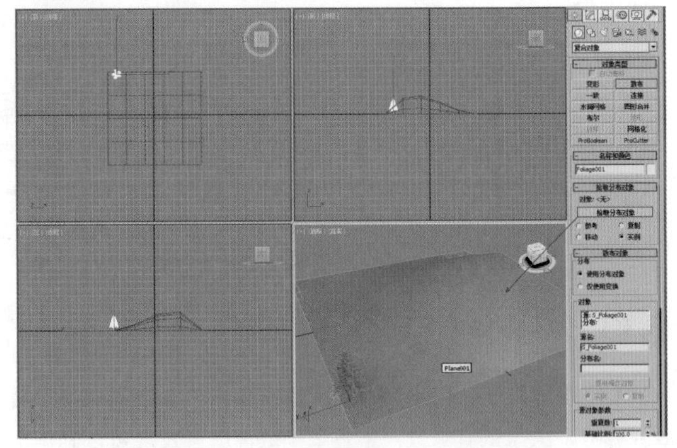

图3-86

（2）单击修改，设置【重复数】，这时就可以看到满山遍野的树啦，如图3-87和图3-88所示。

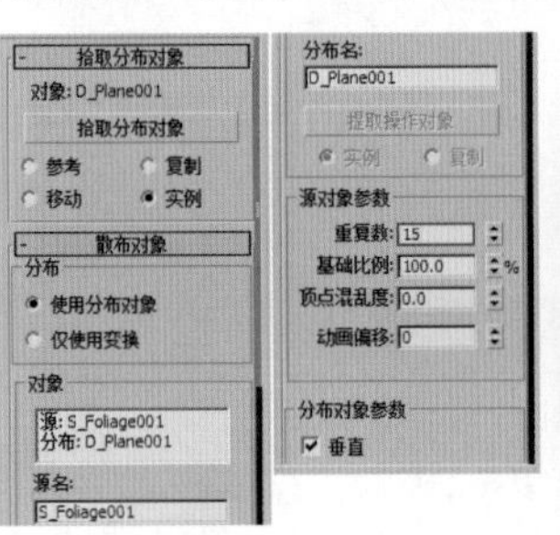

图3-87

图3-88

3.4.2 图形合并

【图形合并】就是将一个二维图形“印”到一个三维模型上，使三维模型表面产生某一个图形的网格，方便继续对模型进行修改。比如制作一枚带有花纹的戒指。

（1）快速制作代表爱情的戒指。首先要创建戒指模型和文本，选择戒指模型，然后单击【图形合并】，接着单击【拾取图形】按钮，最后单击拾取文本，如图3-89所示。

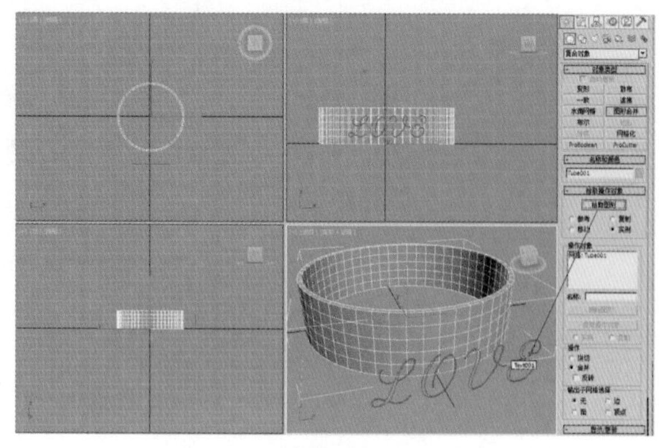

图3-89

（2）此时就看到戒指表面有文字图案啦，如图 3-90 所示。就制作到这里吧，等学习到第 6 章的时候，你再回来把这枚戒指做得更完美一些吧！

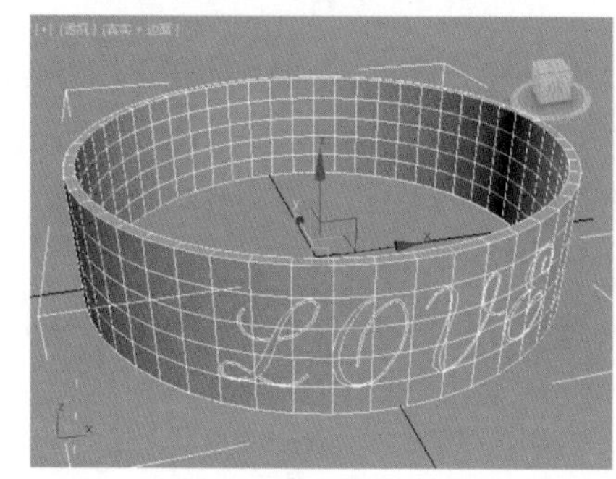

图3-90

- 拾取图形：单击该按钮，然后单击要嵌入网格对象中的图形，就可以完成图形的拾取了。
- 参考/复制/移动/实例：指定如何将图形传输到复合对象中。
- 【操作对象】列表：在复合对象中列出所有的操作对象。
- 删除图形：从复合对象中删除选中的图形。
- 提取操作对象：提取选中操作对象的副本或实例。在列表窗中选择操作对象使此按钮可用。
- 实例/复制：指定如何提取操作对象。可以作为实例或副本进行提取。
- 饼切：切去网格对象曲面外部的图形。
- 合并：将图形与网格对象曲面合并。
- 反转：反转【饼切】或【合并】的效果。
- 更新：当选中除【始终】之外的任意一选项时更新显示。

3.4.3 布尔、ProBoolean

【布尔】和【ProBoolean（超级布尔）】的功能和原理是一样的。都可以通过对两个模型应用布尔或 ProBoolean（超级布尔）使两个模型之间产生并集、交集、差集等效果。图 3-91 和图 3-92 所示分别为【布尔】和【ProBoolean（超级布尔）】的参数面板。

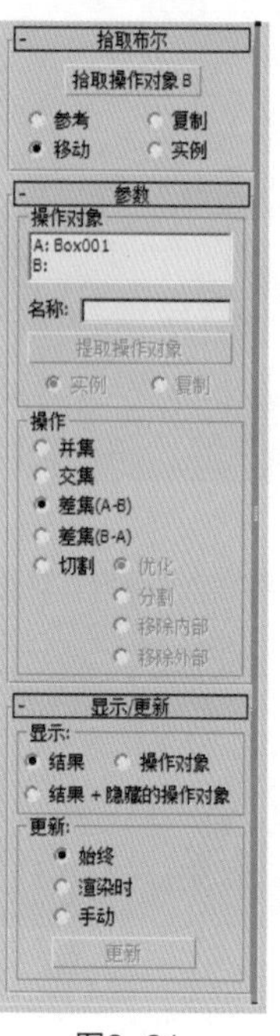

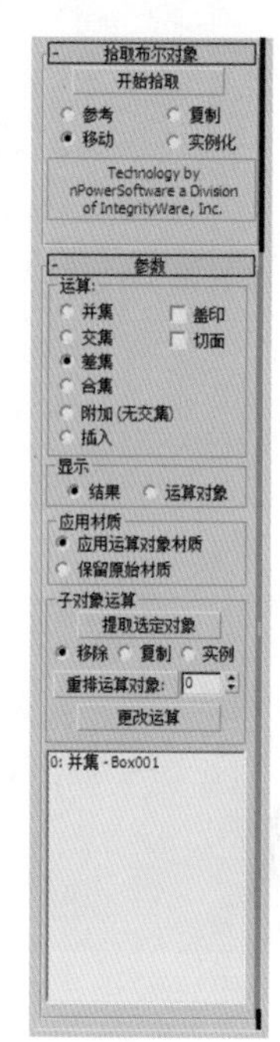

图3-91　图3-92

那么问题来了，既然两者那么相似，应该学习哪个呢？推荐大家学习 ProBoolean 就可以啦，ProBoolean 比布尔有更多的优势，最大的优势在于 ProBoolean 计算完成后，模型表面的“乱”线会更少，这使模型显得更漂亮。

（1）快速制作一个机械零件。首先要创建一个长方体和一个圆柱体，如图 3-93 所示。

（2）选择长方体，然后单击【ProBoolean】，接着单击【开始拾取】按钮，最后单击拾取圆柱体，如图 3-94 所示。

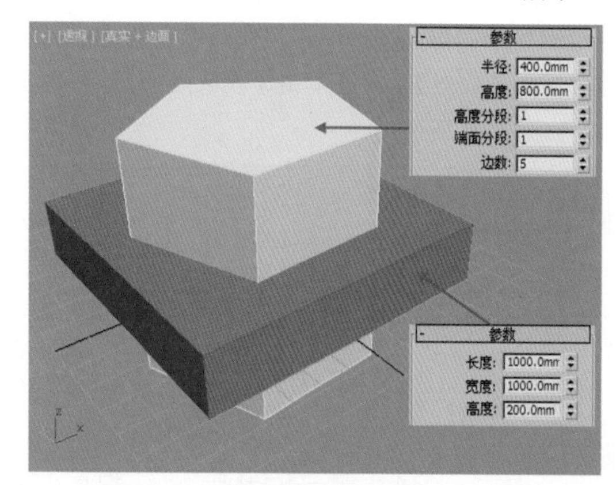

图3-93

（3）此时已经制作好了，效果如图 3-95 所示。

（4）当然还可以制作“并集”效果，只需要先设置【运算】为【并集】，再单击【开始拾取】按钮即可，如图 3-96 所示。

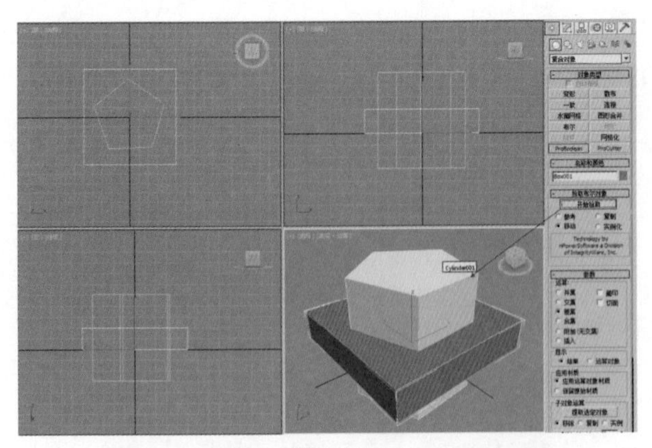

图3-94

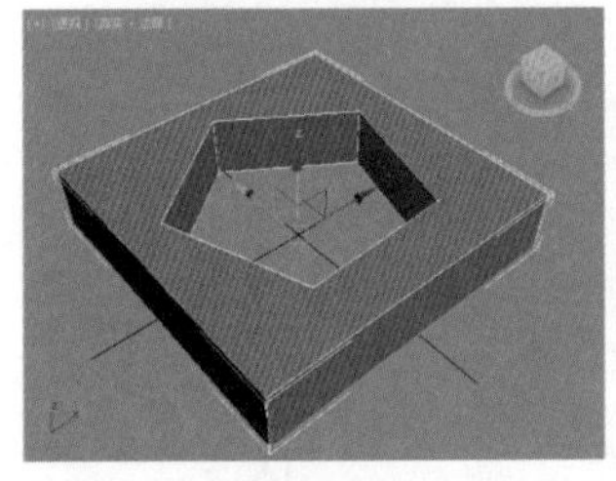

图3-95

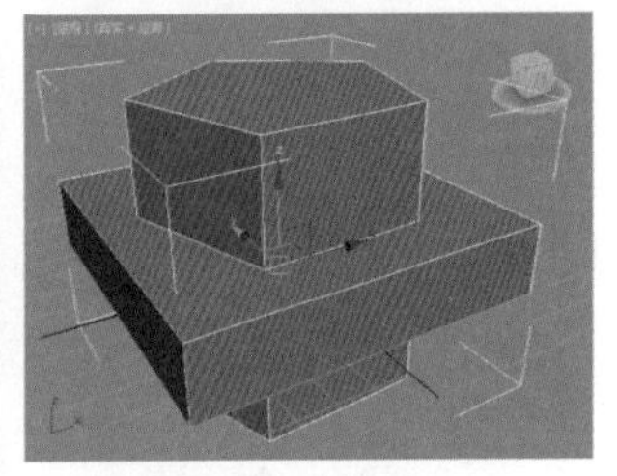

图3-96

现在是不是感觉思维有点混乱，不知道先选择哪个模型，那么我们总结一下。假如要制作小模型穿透大模型，就要先选择大模型，然后再进行布尔运算。

3.4.4 放样

【放样】是指将两个二维图形转变为三维模型的效果。经常使用该工具制作欧式画框、室内顶棚吊顶、石膏线等。

（1）快速制作一个石膏线。首先要想好在什么视图上绘制什么图形，否则最终的模型一定不是你需要的。记住要在前视图中绘制模型的剖面图形，在左视图中绘制直线。选择直线，然后单击【放样】，继续单击【获取图形】，单击拾取剖面图形，如图 3-97 所示。

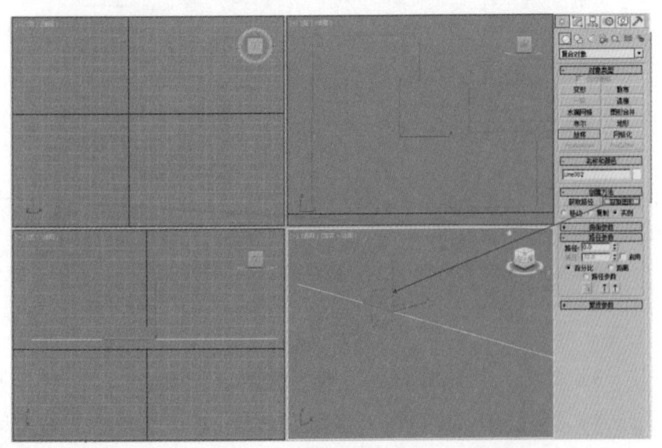

图3-97

（2）模型制作好啦，看看吧！如图 3-98 所示。

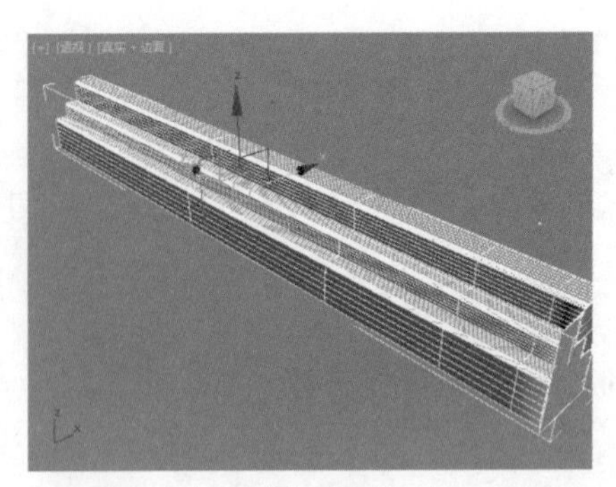

图3-98

典型实例：七彩2016模型

案例文件　案例文件 \Chapter 03\ 典型实例：七彩 2016 模型 .max
视频教学　视频文件 \Chapter 03\ 典型实例：七彩 2016 模型 .flv
技术掌握　掌握放样工具的应用及放样后模型的修改

七彩 2016 模型是以多条线扭曲缠绕在一起组成的文字，非常漂亮，常用于电视包装设计、广告设计中。最终的渲染效果如图 3-99 所示。

图3-99

1. 建模思路

具体的建模思路如图 3-100 所示。

图3-100

2. 制作步骤

（1）在创建面板中，执行 （创建）| （图形）| 样条线 | 线 ，在前视图中绘制一条线，命名为【Line002】，如图 3-101 所示。

（2）继续在顶视图和左视图中调整顶点的位置，如图 3-102 和图 3-103 所示。

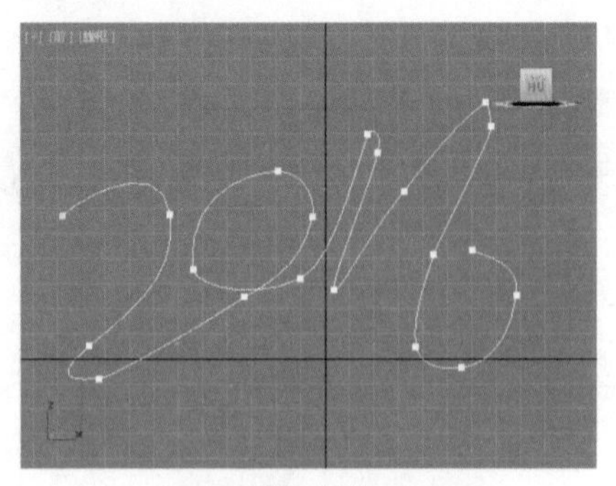
图3-101

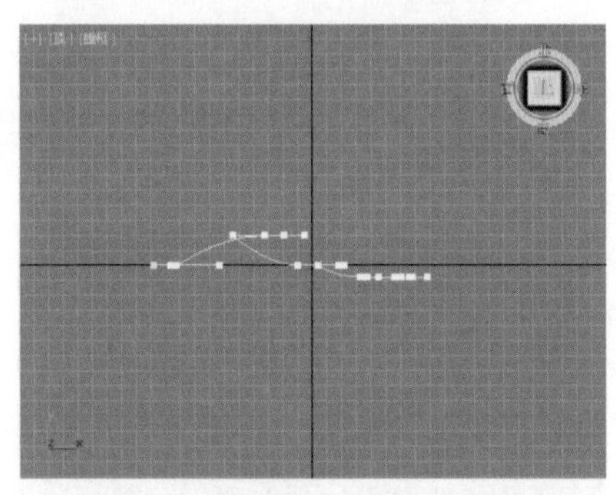
图3-102

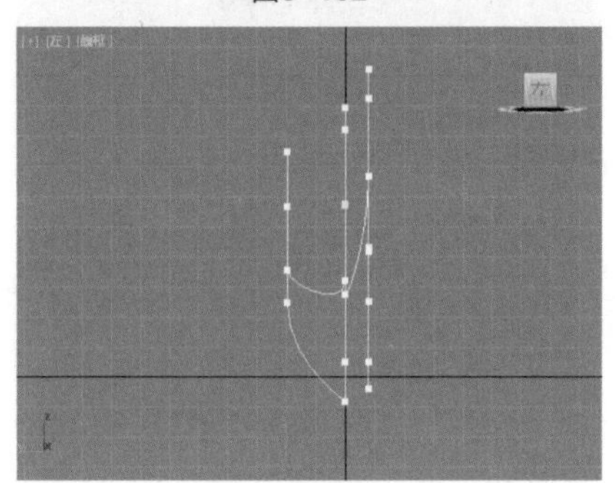
图3-103

（3）在左视图中绘制7个圆形，如图3-104所示。单击修改，设置【半径】为12mm，如图3-105所示。

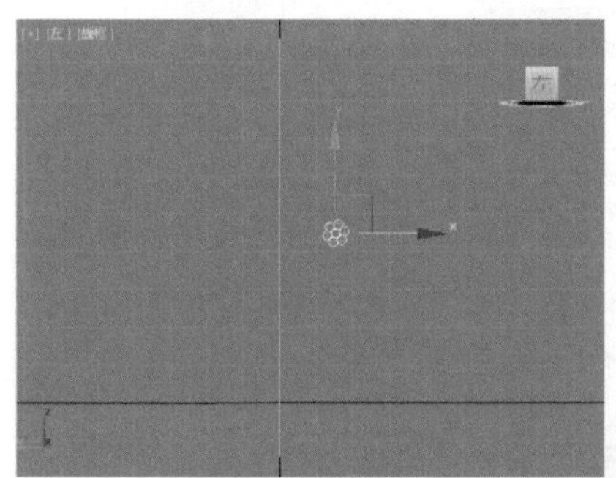
图3-104

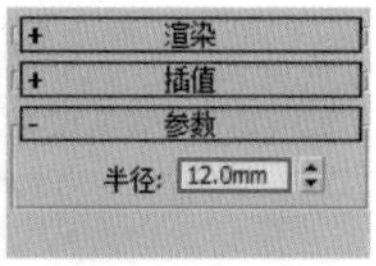

图3-105

（4）选择这7个圆，单击右键执行【转换为】|【转换为可编辑样条线】命令，如图3-106所示。

（5）选择其中任意一个圆，单击修改，然后单击 附加 按钮，依次单击拾取另外6个圆，如图3-107所示。

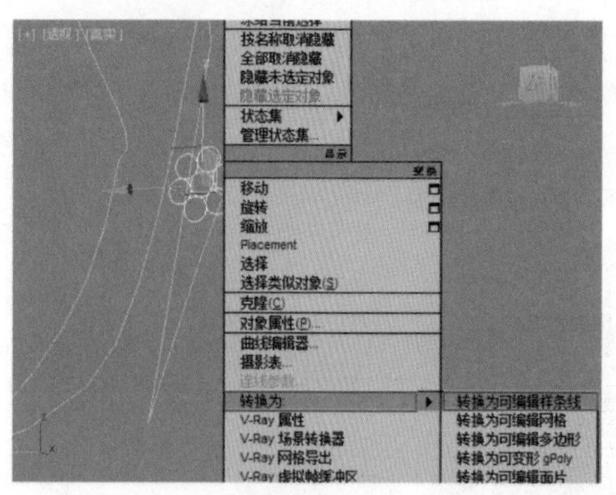
图3-106

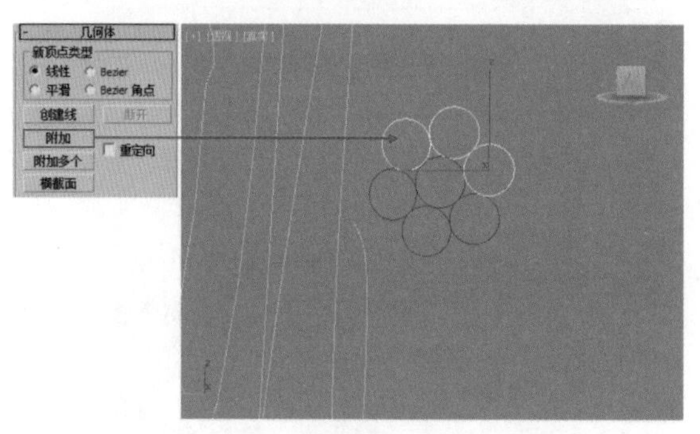
图3-107

（6）此时这7个圆变成了一个新的图形，名称为【Circle009】。在创建面板中执行（创建）|（几何体）|复合对象|放样，接着单击 获取图形 按钮，最后在视图中单击拾取图形【Circle009】，如图3-108所示。此时的模型效果，如图3-109所示。

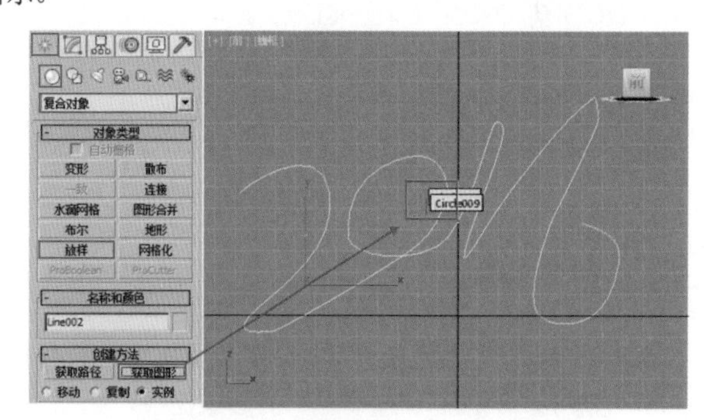
图3-108

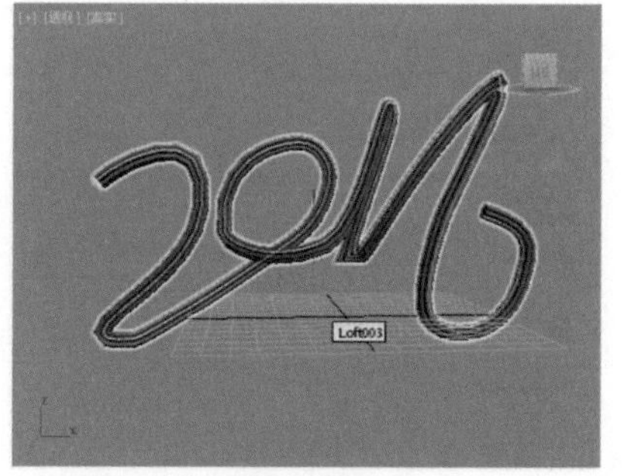
图3-109

（7）选择放样之后的模型，单击修改并展开【变形】卷展栏，然后单击 缩放 按钮，使用 （插入角点）和 （移动控制点）工具调节曲线为图 3-110 所示的形状。此时的模型效果，如图 3-111 所示。

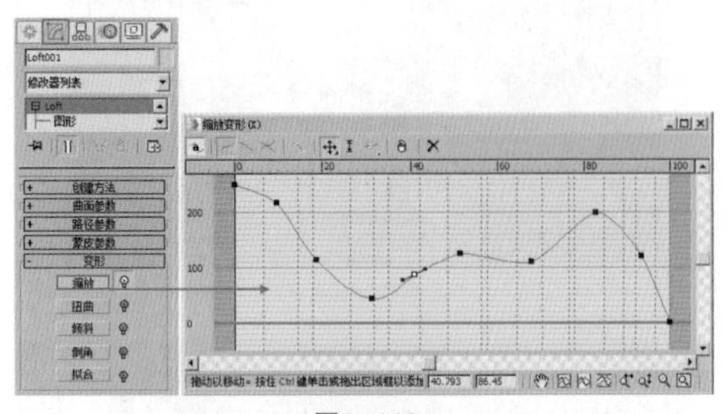
图3-110

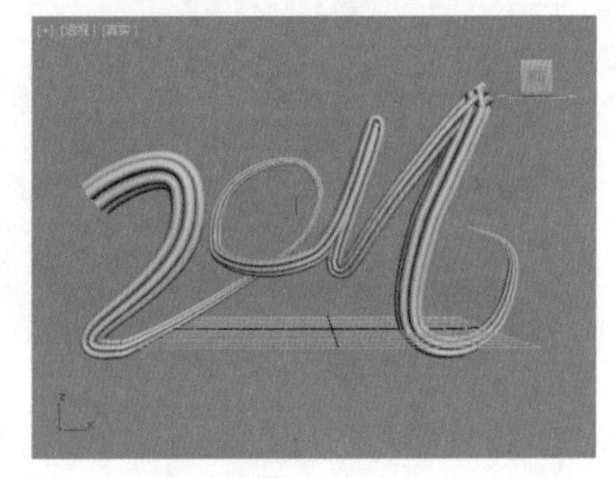
图3-111

（8）接着单击 扭曲 按钮，使用 （移动控制点）工具调节曲线为图 3-112 所示的形状。最终的模型效果，如图 3-113 所示。

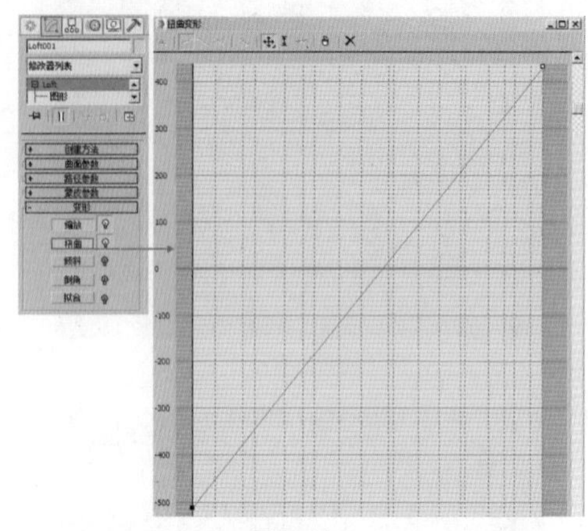
图3-112

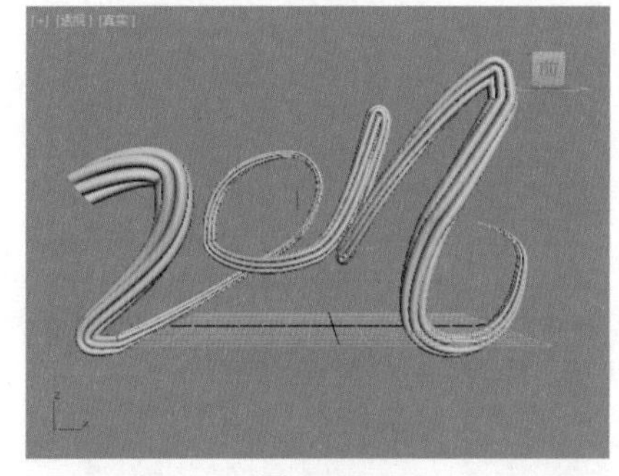
图3-113

3.5 门、窗、楼梯

3ds Max 中包含多个用于建筑设计的工具，比如门、窗、楼梯等。

3.5.1 创建3种“门”

3ds Max 2016 中包括 3 种门，分别是【枢轴门】、【推拉门】和【折叠门】，如图 3-114 所示。其参数面板，如图 3-115 所示。

图3-114

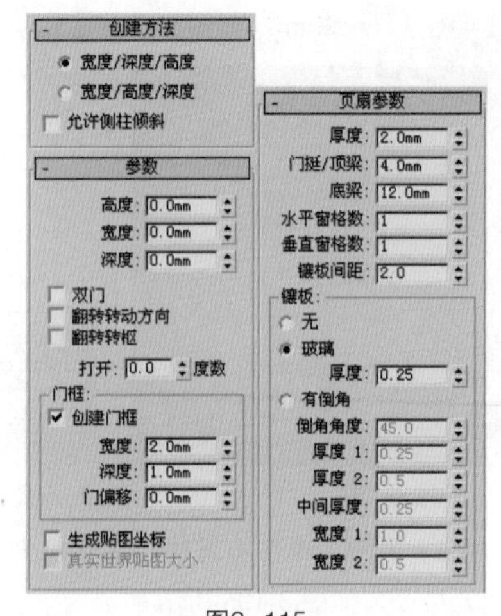

图3-115

图 3-116 中从左至右分别为枢轴门、推拉门、折叠门。

图3-116

3.5.2 创建6种“窗”

3ds Max 2016 中包括 6 种窗户，分别为【遮篷式窗】、【平开窗】、【固定窗】、【旋开窗】、【伸出式窗】和【推拉窗】，如图 3-117 所示。这 6 种窗户的参数基本类似，如图 3-118 所示。

图3-117

参数
高度: 0.0mm
宽度: 0.0mm
深度: 0.0mm
窗框
水平宽度: 2.0mm
垂直宽度: 2.0mm
厚度: 0.5mm
玻璃
厚度: 0.25mm
窗格
宽度: 1.0mm
窗格数: 1
开窗
打开: 0 %
生成贴图坐标
真实世界贴图大小

图3-118

【遮篷式窗】有一个通过铰链与其顶部相连的窗框，如图 3-119 所示。【平开窗】有一到两个像门一样的窗框，它们可以向内或向外转动。【固定窗】是固定的，不能打开，如图 3-119 所示。

图3-119

【旋开窗】的轴垂直或水平地位于其窗框的中心，如图 3-120 所示。【伸出式窗】有三扇窗框，其中两扇窗打开时像反向的遮篷。【推拉窗】有两个窗框，其中一个窗框可以沿着垂直或水平方向滑动，如图 3-120 所示。

图3-120

- 高度：设置窗户的总体高度。
- 宽度：设置窗户的总体宽度。
- 深度：设置窗户的总体深度。
- 窗框：控制窗框的宽度和深度。
- 水平宽度：设置窗口框架在水平方向的宽度（顶部和底部）。
- 垂直宽度：设置窗口框架在垂直方向的宽度（两侧）。
- 厚度：设置框架的厚度。
- 玻璃：用来指定玻璃的厚度等参数。
- 厚度：指定玻璃的厚度。

3.5.3 创建4种“楼梯”

在 3ds Max 2016 中提供了 4 种楼梯模型，分别是【直线楼梯】、【L 型楼梯】、【U 型楼梯】和【螺旋楼梯】，如图 3-121 所示。其参数如图 3-122 所示。

图3-121

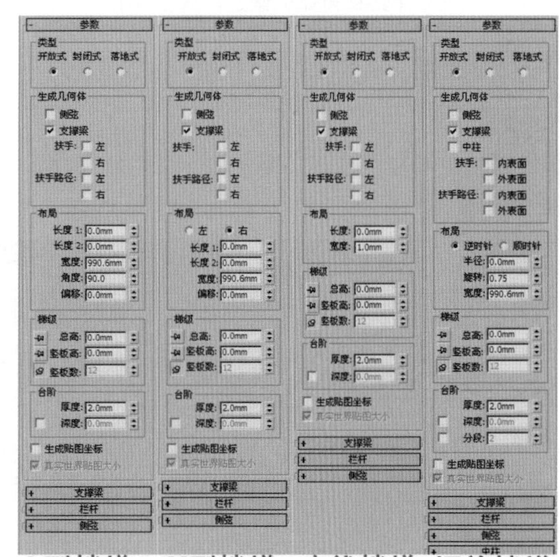

图3-122

图 3-123 中从左至右分别为直线楼梯、L 型楼梯、U 型楼梯和螺旋楼梯，如图 3-123 所示。

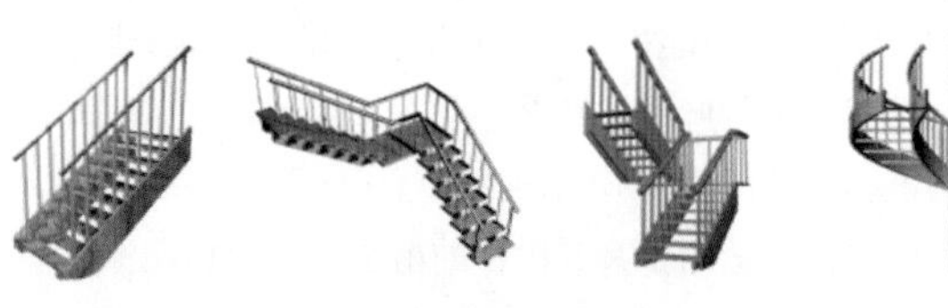

图3-123

3.6 AEC扩展

AEC 扩展包括【植物】、【栏杆】和【墙】三部分，如图 3-124 所示。

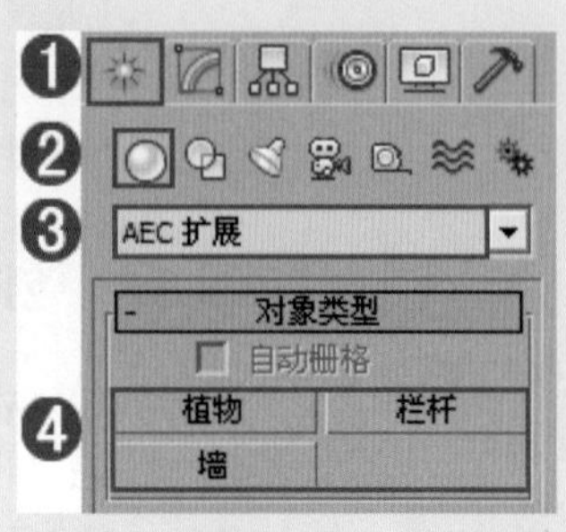

图3-124

3.6.1 种棵树试一试

使用 AEC 扩展中的【植物】，可以创建几种常见的植物。

（1）执行 （创建）｜（几何体）｜ AEC扩展 ｜ 植物 命令，在下拉列表中单击选择一个植物，如图 3-125 所示。

（2）在视图中单击即可完成创建，如图 3-126 所示。

图3-125

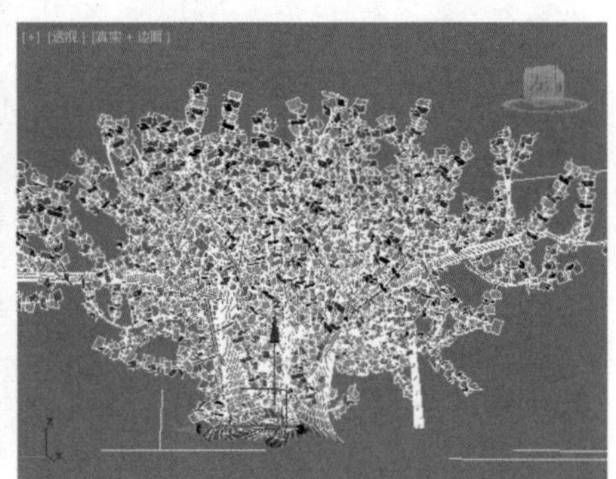
图3-126

- 高度：控制植物的近似高度，这个高度不一定是实际高度，它只是一个近似值。
- 密度：控制植物叶子和花朵的数量。值为1表示植物具有完整的叶子和花朵；值为5表示植物具有1/2的叶子和花朵；值为0表示植物没有叶子和花朵。
- 修剪：只适用于具有树枝的植物，它可以用来删除与构造平面平行的在不可见平面下的树枝。值为0表示不进行修剪；值为1表示尽可能地修剪植物上的所有树枝。
- 新建：显示当前植物的随机变体，其旁边是【种子】的显示数值。
- 生成贴图坐标：对植物应用默认的贴图坐标。
- 显示：该选项组中的参数主要用来控制植物的树叶、果实、花、树干、树枝和根的显示情况，勾选相应选项后，与其对应的对象就会在视图中显示出来。
- 视图树冠模式：该选项组用于设置树冠在视口中的显示模式。
- 未选择对象时：当没有选择任何对象时以树冠模式显示植物。
- 始终：始终以树冠模式显示植物。
- 从不：从不以树冠模式显示植物，但是会显示植物的所有特性。
- 详细程度等级：该选项组中的参数用于设置植物渲染的细腻程度。
- 低：这种级别用来渲染植物的树冠。
- 中：这种级别用来渲染拥有较少多边形个数的植物。
- 高：这种级别用来渲染植物的所有面。

3.6.2 在楼前创建一组“栏杆”

【栏杆】是建筑模型中常见的类型。通过该工具可以制作直线的栏杆，也可以通过【拾取栏杆路径】按钮，让栏杆沿着线创建，因此可以创建任意形状的栏杆。

（1）执行 （创建）｜（几何体）｜ AEC扩展 ｜ 栏杆 命令，在视图中创建一个栏杆，并设置其参数，如图 3-127 所示。

（2）栏杆的效果，如图 3-128 所示。

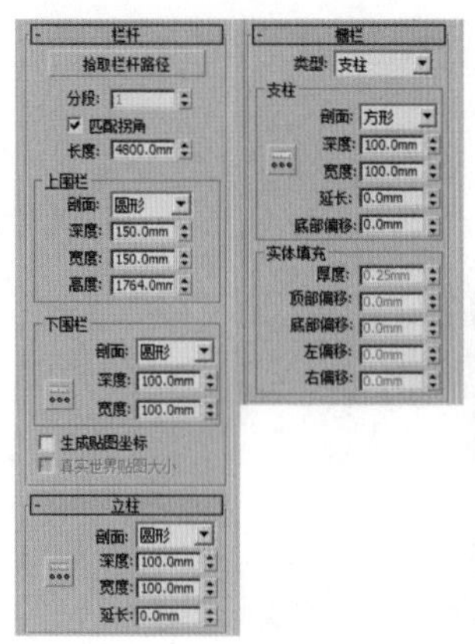

图3-127

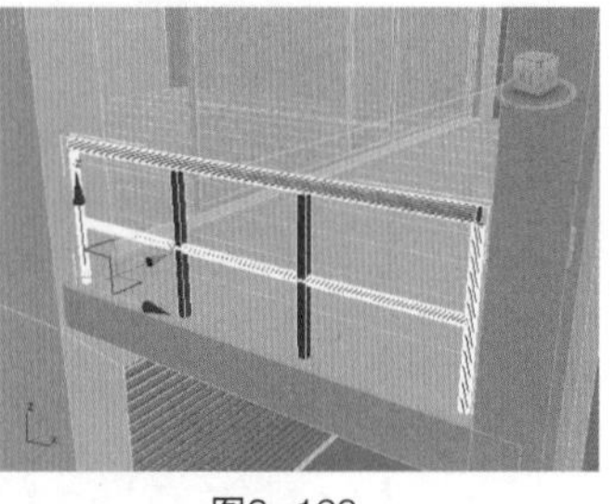

图3-128

3.6.3 墙

【墙】工具可以快速地创建墙模型，它常用于室内模型的制作，如图 3-129 所示。

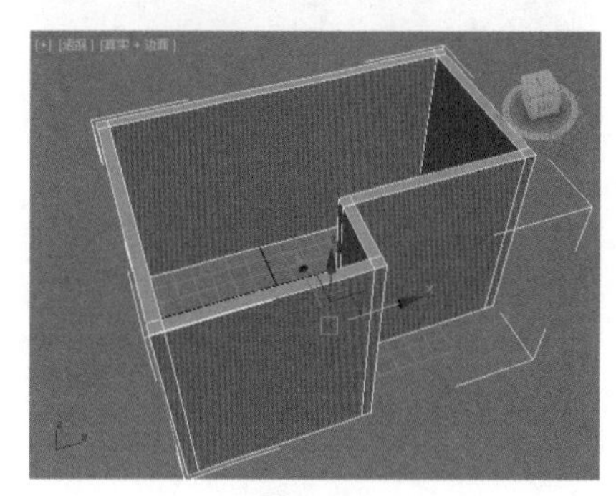

图3-129

3.7 Design教授研究所——几何体建模常见的几个问题

几何体建模虽然简单，但是有几个小细节，三弟和麦克斯，你们注意到了吗？

3.7.1 几何球体与球体有什么区别吗？

在标准基本体中有两个工具很相似，分别是球体和几何球体。那么两者有何区别？从外观来看都是三维球形的效果，好像无差异，如图 3-130 和图 3-131 所示。

图3-130

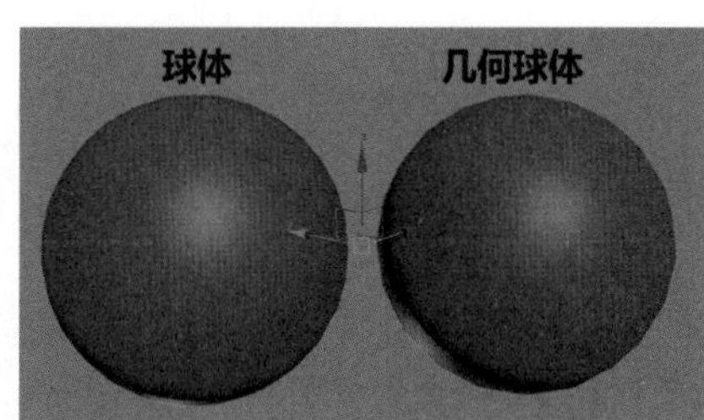

图3-131

按快捷键【F4】，打开模型网格，可以看到球体的网格是由四边形组成的，而几何球体的网格是由三角形组成的，如图 3-132 所示。

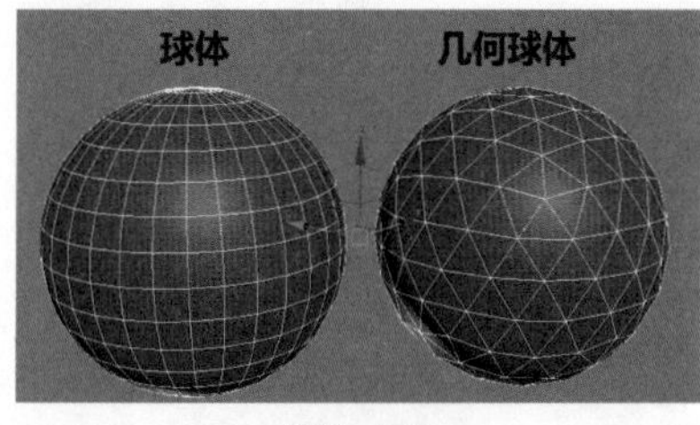

图3-132

3.7.2 模型的分段有什么作用，数值应该怎样设置？

在创建模型时，会看到参数中包括【分段】这个参数，这个参数代表什么含义？应该怎么设置呢？

由于模型是由一条条线约束而成的效果。比如一个球体，【分段】的数量越多，则约束的线越多，那么产生的效果就越平滑，模型看上去就越舒服，但是这就会增加电脑内存的占有率。因此合理地设置【分段】数值是很重要的，如图 3-133 和图 3-134 所示。

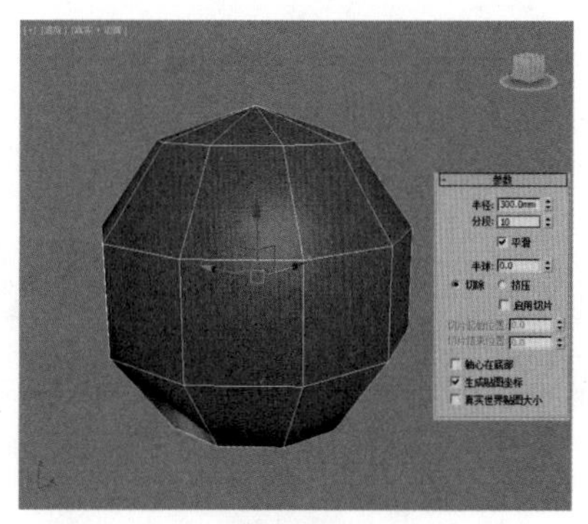

图3-133

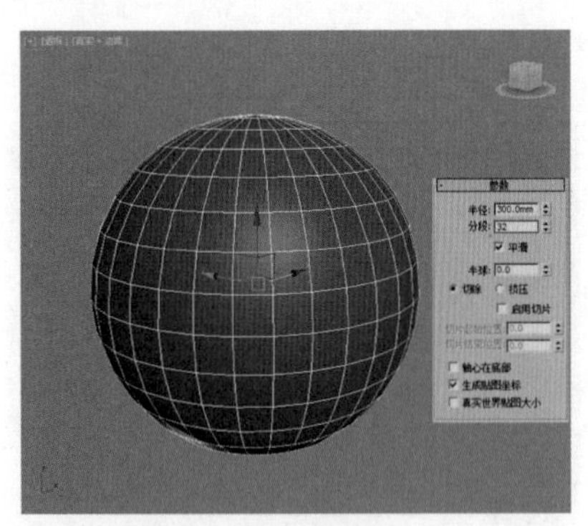

图3-134

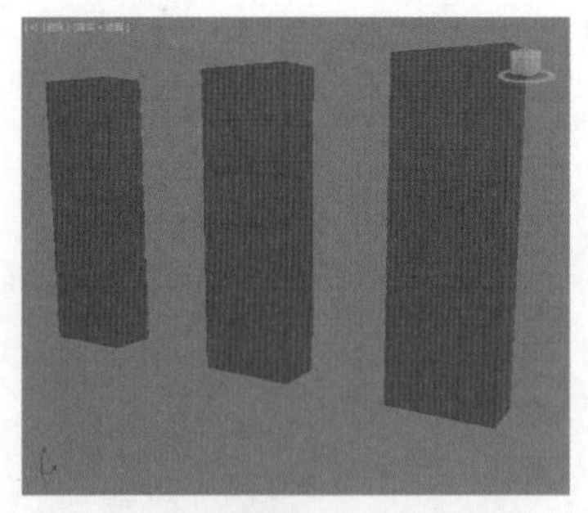

图3-135

而且，有时候模型需要进一步进行其他操作，比如为【长方体】添加【弯曲】修改器时，会发现没有设置分段的长方体会产生错误的效果（图3-136左侧长方体），正确的分段会显示正确的弯曲效果，并且即使设置了分段（图3-136中间长方体），分段的设置不正确，也会产生错误的效果（图3-136右侧长方体）。由此可见,【分段】的重要性不言而喻，如图3-135和图3-136所示。

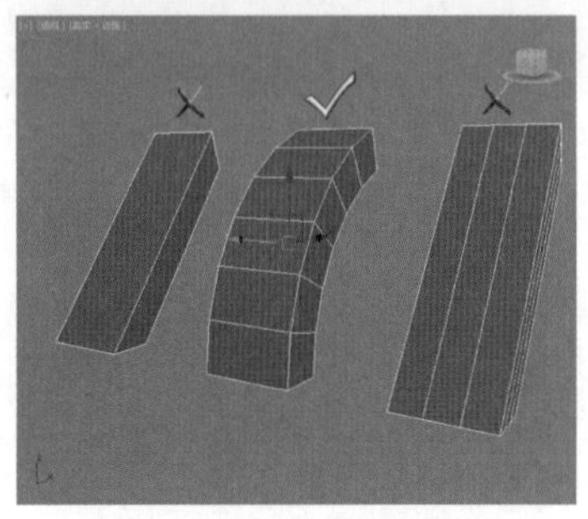

图3-136

本章小结

通过对本章的学习，我们已经掌握了几何体的基本知识。它包括几何体的常用类型及创建和修改方式。本章一定要精通哦，不妨每个案例多练习几次吧。

第 4 章　二维图形建模，超级方便

本章内容

二维图形的概念
二维图形的常用类型
二维图形的使用方法

本章人物

Design 教授——擅长 3ds Max 技术和理论
三弟——酷爱 3ds Max 软件，新手
麦克斯——三弟的同班同学，好友

我们将在这一章中讲解二维图形的建模。二维图形建模是一种比较简单的建模方式，但是它可以制作很多复杂的模型效果，这是一种常用的建模方式。

4.1　初识二维图形建模

二维图形建模是一种比较简单的建模方式，借助二维图形产生的线性效果，可以产生三维模型的效果。二维图形不仅可以自身转换为三维效果，而且还可以和修改器建模一起产生更复杂的三维效果。

4.1.1　二维图形建模并不是只可以绘制二维线

二维图形可以绘制出任意的线效果，这些二维图形还可以通过修改参数变为三维效果。只需要勾选【渲染】卷展栏下的【在渲染中启用】和【在视口中启用】即可，如图4-1和图4-2所示。

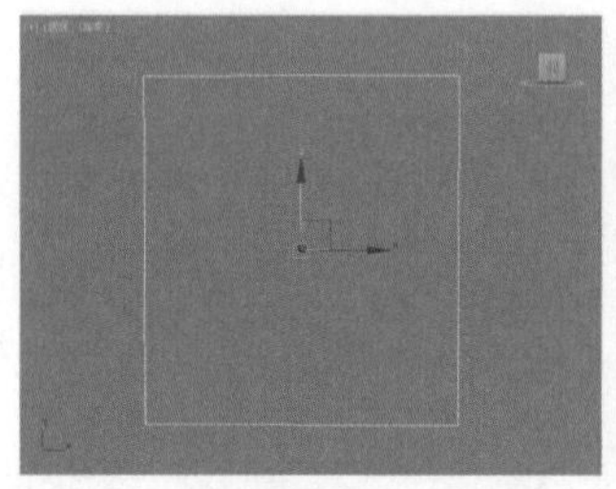
图4-1

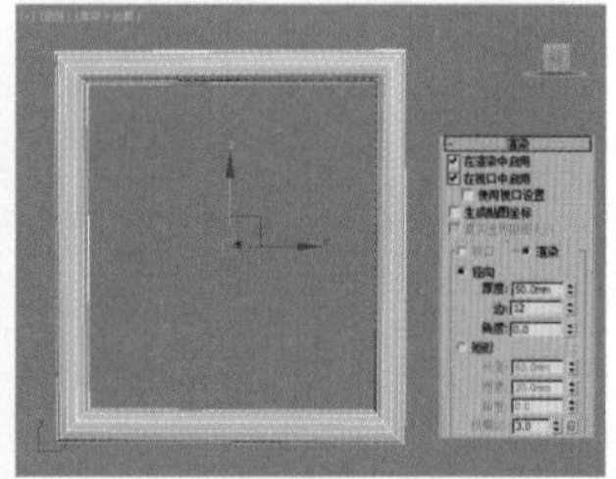
图4-2

4.1.2　二维图形建模可以制作哪些模型

1. 线性模型

线性模型的特点非常直观，由线装结构组成的模型通常可以使用二维图形建模方式进行制作，如图4-3、图4-4和图4-5所示。

2. 变形模型

借助修改器可以制作变形类模型，如借助【车削】修改器制作的烛台，如图4-6所示，如借助【挤出】修改器制作的酒起子，如图4-7所示。

图4-3　图4-4　图4-5

图4-6　图4-7

4.2　样条线

样条线的主要作用是辅助生成三维实体模型，由于样条线的调节更灵活、随意，因此可以借助样条线制作出更复杂、有趣的模型效果。

4.2.1　初识样条线

执行 （创建）| （图形）| 样条线 操作，此时可以看到共有12种样条线类型，图4-8所示，如图4-9所示为12种样条线的效果。

图4-8

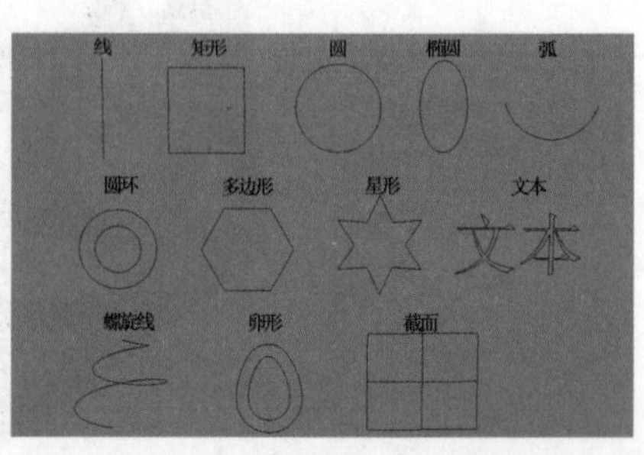

图4-9

4.2.2 创建曲线和直线

（1）创建曲线。单击鼠标左键，然后按下鼠标左键并拖动鼠标，此时就可以看到曲线出现了。单击右键即可完成创建，如图 4-10 所示。

（2）创建直线。单击鼠标左键，或多次单击鼠标左键，即可创建直线，如图 4-11 所示。

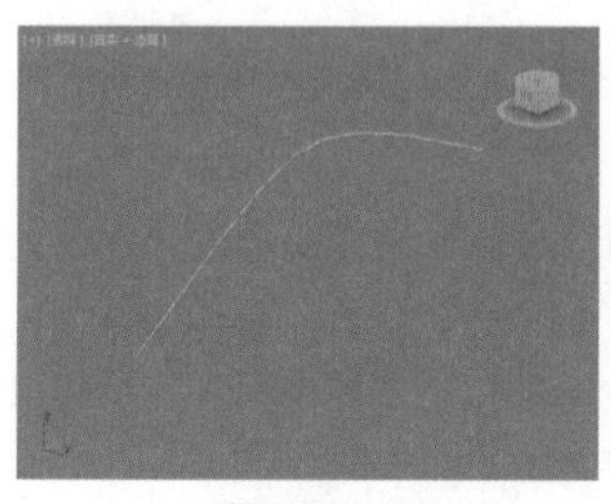

图4-10

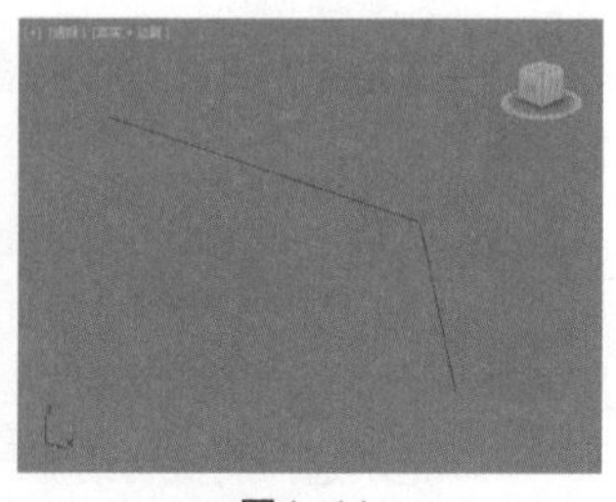

图4-11

（3）创建 90° 的直线。在创建直线操作的基础上，按下键盘上的【Shift】键。即可创建 90° 的线，如图 4-12 所示。

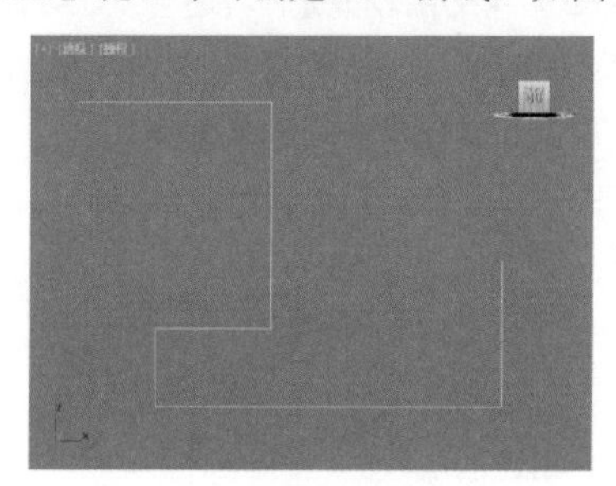

图4-12

4.2.3 线的参数详解

【线】的参数包括【渲染】、【插值】、【选择】、【软选择】和【几何体】5 个卷展栏，如图 4-13 所示。

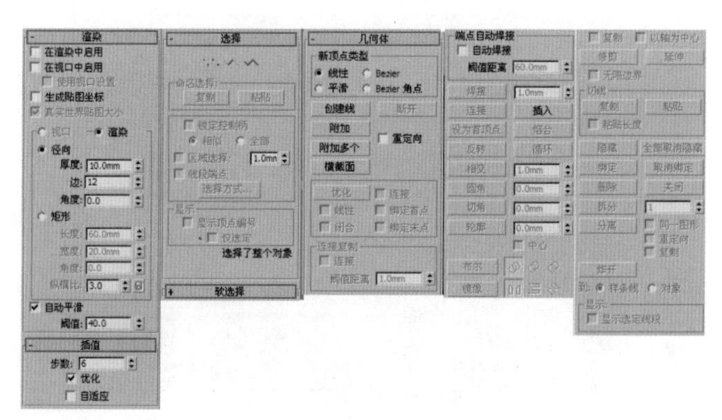

图4-13

1. 渲染

❖ 在渲染中启用：勾选该选项后才能渲染出样条线，若不勾选将不能渲染出样条线。

❖ 在视口中启用：勾选该选项后，线条会以网格的形式显示在视图中。

❖ 使用视口设置：开启【在视口中启用】选项后该选项才可用，它主要用于设置不同的渲染参数。

❖ 生成贴图坐标：控制是否使用贴图坐标。

❖ 真实世界贴图大小：控制应用于对象的纹理贴图的材质所使用的缩放方法。

❖ 视口/渲染：当启用【在视口中启用】选项后，图形将显示在视口中；当同时启用【在视口中启用】选项和【渲染】选项后，图形在视图和渲染中都可以显示出来。

● 径向：将3D网格显示为圆柱形对象，其参数包含【厚度】、【边】和【角度】3个。【厚度】选项用于指定视口或渲染样条线网格的直径；【边】选项用于在视口或渲染器中为样条线网格设置边数或面数；【角度】选项用于调整视口或渲染器中横截面的旋转位置。

● 矩形：将3D网格显示为矩形对象，其参数包含【长度】、【宽度】、【角度】和【纵横比】4个。【长度】选项用于设置沿局部Y轴的横截面大小；【宽度】选项用于设置沿局部X轴的横截面大小；【角度】选项用于调整视口或渲染器中横截面的旋转位置；【纵横比】选项用于设置矩形横截面的纵横比。

❖ 自动平滑：启用该选项后，可激活下面的【阈值】选项，调整【阈值】可以自动平滑样条线。

2. 插值

❖ 步数：手动设置每条样条线的步数。

❖ 优化：启用该选项后，可以从样条线的直线线段中删除不需要的步数。

❖ 自适应：启用该选项后，系统会自适应设置每条样条线的步数，以生成平滑的曲线。

3. 选择

❖ （顶点）按钮：定义点和曲线切线。

❖ （分段）按钮：连接顶点。

❖ （样条线）按钮：一个或多个相连线段的组合。

❖ 复制：将命名选择放置到复制缓冲区中。

❖ 粘贴：从复制缓冲区中粘贴命名选择。

❖ 锁定控制柄：通常每次只能变换一个顶点的切线控制柄，即使选择了多个顶点。

❖ 相似：拖动传入向量的控制柄时，所选顶点的所有传入向量将同时移动。

❖ 全部：移动任何控制柄将影响选择中的所有控制柄，无论它们是否已断裂。

❖ 区域选择：允许自动选择所单击顶点的特定半径内的所有顶点。

❖ 线段端点：通过单击线段选择顶点。

❖ 选择方式：选择所选样条线或线段上的顶点。

❖ 显示顶点编号：启用后，3ds Max Design 将在任何子对象层级内的所选样条线的顶点旁边显示顶点编号。

❖ 仅选定：启用后，仅在所选顶点旁边显示顶点编号。

4. 软选择

❖ 使用软选择：在可编辑对象或【编辑】修改器的子对象层级上影响【移动】、【旋转】和【缩放】功能的操作。

❖ 边距离：该选项控制软选择的边的距离数值。

❖ 影响背面：启用该选项后，那些法线方向与选定子对象平均法线方向相反的面，取消选择的面就会受到软选择的影响。

❖ 衰减：用于定义影响区域的距离，它是用当前单位表示的从中心到球体边的距离。

❖ 收缩：沿着垂直轴提高并降低曲线的顶点。

❖ 膨胀：沿着垂直轴展开和收缩曲线。

❖ 着色面切换：显示颜色渐变，它与软选择范围内面上的软选择权重相对应。

❖ 锁定软选择：锁定软选择，以防止对按程序的选择进行更改。

5. 几何体

❖ 创建线：向所选对象添加更多的样条线。

❖ 断开：对选定的一个或多个顶点拆分样条线。

❖ 附加：将场景中其他的样条线附加到所选的样条线中。

❖ 附加多个：单击此按钮可以显示【附加多个】对话框，它包含场景中所有其他图形的列表。

❖ 横截面：在横截面形状外面创建样条线框架。

❖ 优化：允许添加顶点，而不更改样条线的曲率值。

❖ 连接：启用后，通过连接新顶点创建一个新的样条线子对象。

❖ 自动焊接：启用【自动焊接】后，对一定阈值距离范围内的顶点会自动焊接。

❖ 阈值距离：阈值距离微调器是一个近似设置，在自动焊接顶点之前，用于控制两个顶点接近的程度。

❖ 焊接：将两个端点或顶点或同一样条线中的两个相邻顶点转化为一个顶点。

❖ 连接：连接两个端点或顶点以生成一个线性线段，而无论端点或顶点的切线值是多少。

❖ 设为首顶点：指定所选形状中的某个顶点是第一个顶点。

❖ 熔合：将所有选定的顶点移至它们的平均中心位置处。

❖ 相交：在属于同一个样条线对象的两个样条线的相交处添加顶点。

❖ 圆角：允许在线段会合的地方设置圆角，添加新的控制点。

❖ 切角：使用该选项，可以使线上的顶点产生顶点一分为二的切角效果。

❖ 复制：启用此按钮，然后选择一个控制柄。此操作将把所选控制柄切线复制到缓冲区中。

❖ 粘贴：启用此按钮，然后单击一个控制柄。此操作将把控制柄切线粘贴到所选顶点上。

❖ 粘贴长度：启用此按钮后，还会复制控制柄的长度。

❖ 隐藏：隐藏所选顶点和任何相连的线段。选择一个或多个顶点，然后单击【隐藏】。

❖ 全部取消隐藏：显示任何隐藏的子对象。

❖ 绑定：允许创建绑定的顶点。

❖ 取消绑定：允许断开绑定顶点与所附加线段的连接。

❖ 删除：删除所选的一个或多个顶点以及与每个要删除的顶点相连的线段。

❖ 显示选定线段：启用后，顶点子对象层级上的任何所选线段将高亮显示为红色。

【线】上点的方式有四种，选择线上的顶点，并单击右键可以看到有【Bezier 角点】、【Bezier】、【角点】和【平滑】，如图 4-14 所示。

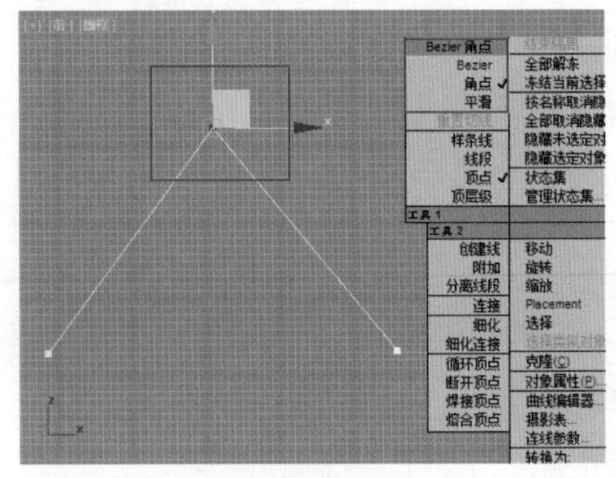

图4-14

当设置为【Bezier 角点】时，可以通过两个控制杆调整线的形状，如图 4-15 所示。

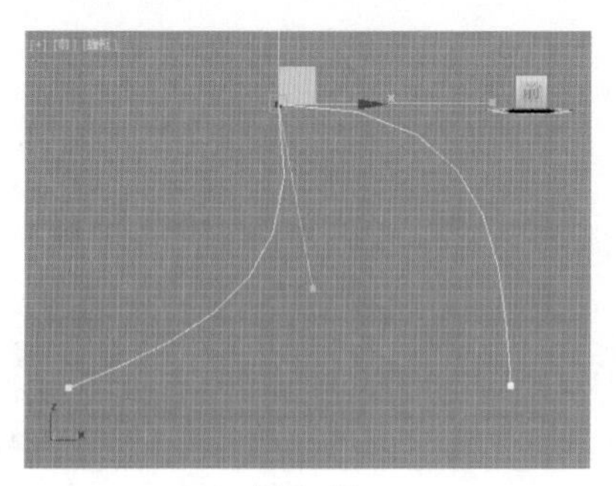

图4-15

当设置为【Bezier】时，可以通过一个控制杆调整线的形状，如图 4-16 所示。

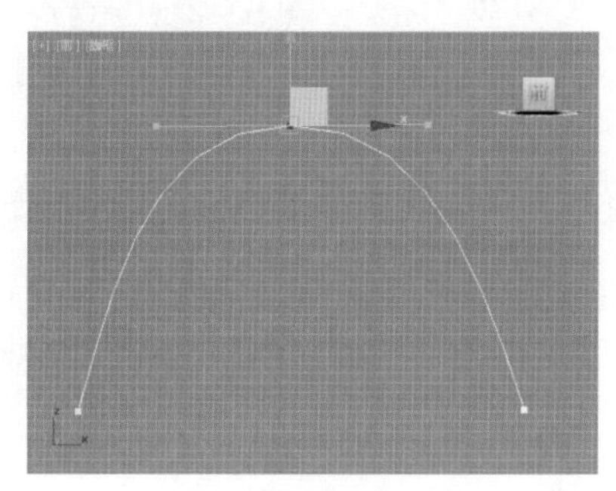

图4-16

当设置为【角点】时，顶点自动产生尖锐的效果，如图 4-17 所示。

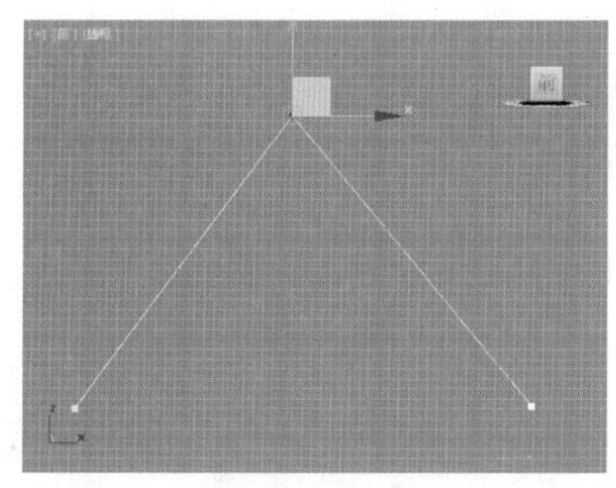

图4-17

当设置为【平滑】时，顶点自动产生平滑的效果，如图 4-18 所示。

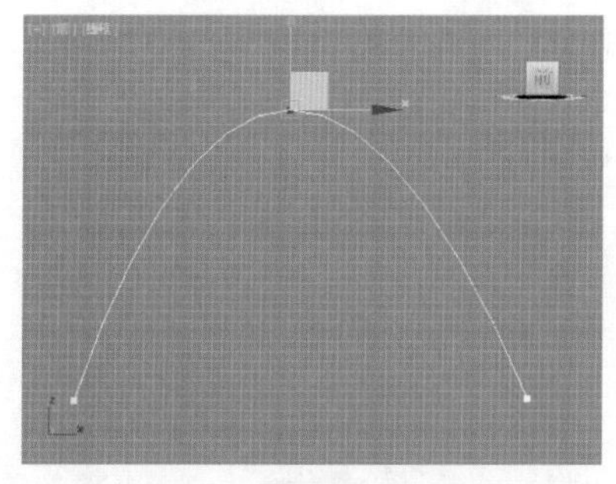

图4-18

独家秘笈——绘制一条和多条线

绘制一条线：

执行（创建）|（图形）| 样条线 | 线 命令，如图 4-19 所示。

单击确定起始点，再次单击确定最终点，单击右键完成创建。重复此操作会发现创建了一条条单独的线，如图 4-20 所示。

图4-19

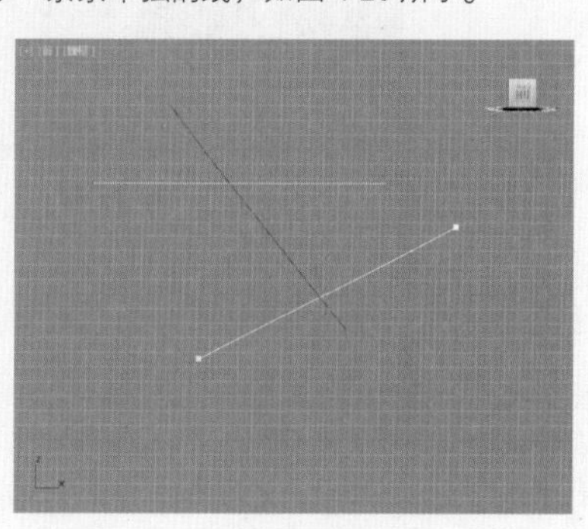

图4-20

绘制多条线：

执行（创建）|（图形）| 样条线 | 线 命令，并取消选择【开始新图形】前面的选项，如图 4-21 所示。

单击确定起始点，再次单击确定最终点，单击右键完成创建。重复此操作会发现创建的只是一条线，如图 4-22 所示。

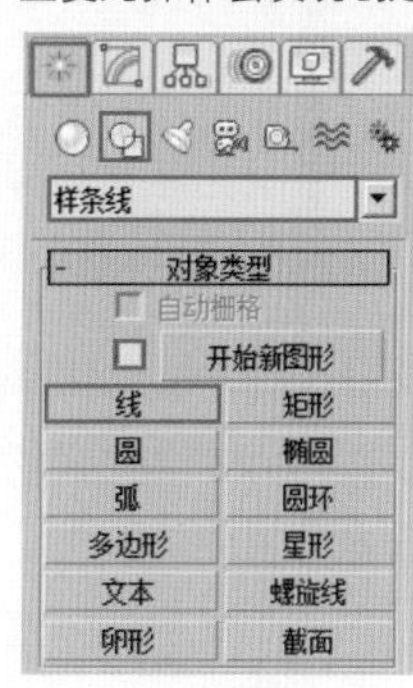

图4-21

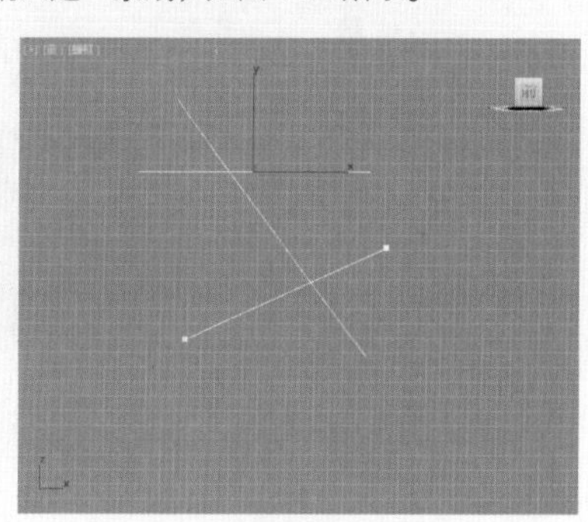

图4-22

独家秘笈——绘制时妙用快捷键I

由于电脑显示器的尺寸有限，所以我们在绘制复杂的线时，很有可能出现线在此时的窗口中绘制不全，那应该怎么办呢？

比如在向下绘制线时，发现显示不全，如图 4-23 所示。此时可以按键盘上的【I】键，即可继续绘制，如图 4-24 所示。

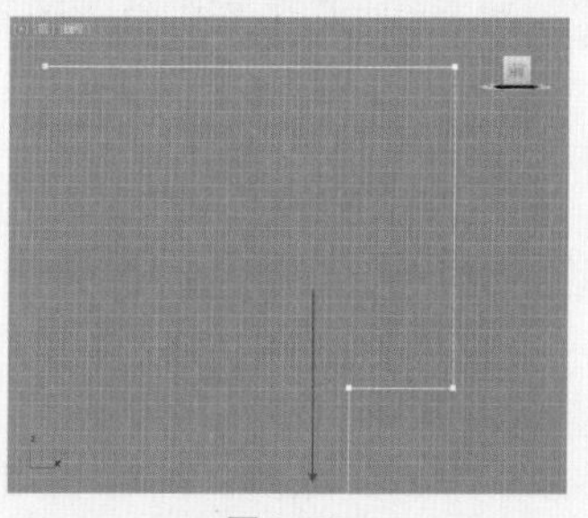

图4-23

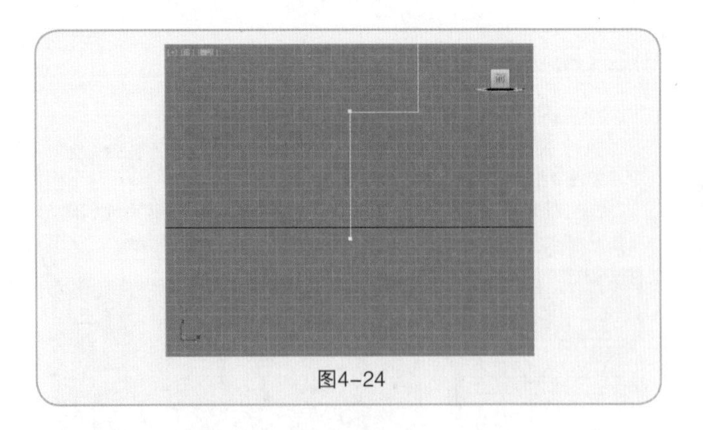

图4-24

典型实例：线制作装饰画

案例文件　案例文件 \Chapter 04\ 典型实例：线制作装饰画 .max
视频教学　视频文件 \Chapter 04\ 典型实例：线制作装饰画 .flv
技术掌握　掌握矩形和线的绘制及放样的应用

装饰画是室内设计中常用的装饰模型，它四周带有复杂的边框结构。最终的渲染效果如图 4-25 所示。

图4-25

1. 建模思路

具体思路如图 4-26 所示。

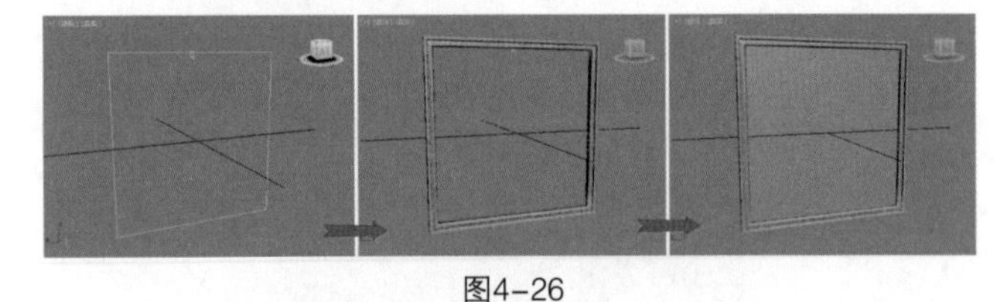

图4-26

2. 制作步骤

（1）在前视图中创建一个矩形，命名为【Rectangle001】，如图 4-27 所示。单击修改，设置【长度】为 800mm、【宽度】为 800mm，如图 4-28 所示。

（2）在左视图中绘制一条闭合的线，命名为【Line001】，如图 4-29 所示。

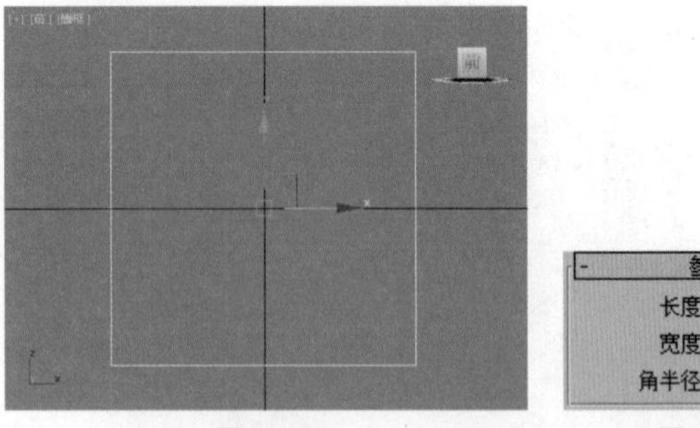

图4-27　图4-28

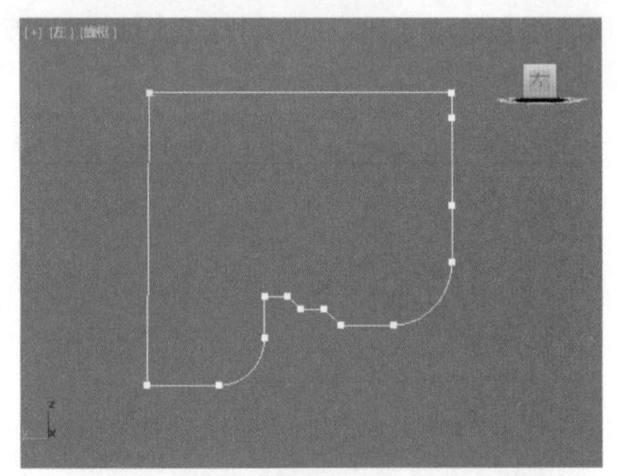

图4-29

（3）选择矩形【Rectangle001】，然后在创建面板中，执行（创建）|（几何体）| 复合对象 | 放样 操作，然后单击 获取图形 按钮，最后在视图中单击拾取线【Line001】，如图 4-30 所示。

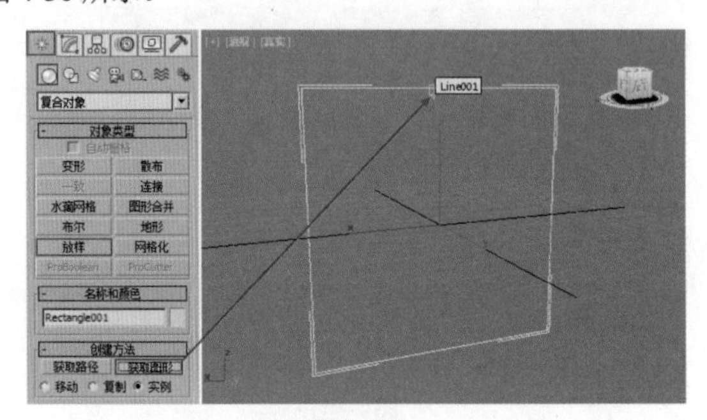

图4-30

（4）放样之后的模型，如图 4-31 所示。

图4-31

（5）创建一个长方体，放到画框内部，如图 4-32 所示。设置【长度】为 800mm、【宽度】为 800mm、【高度】为 5mm，如图 4-33 所示。

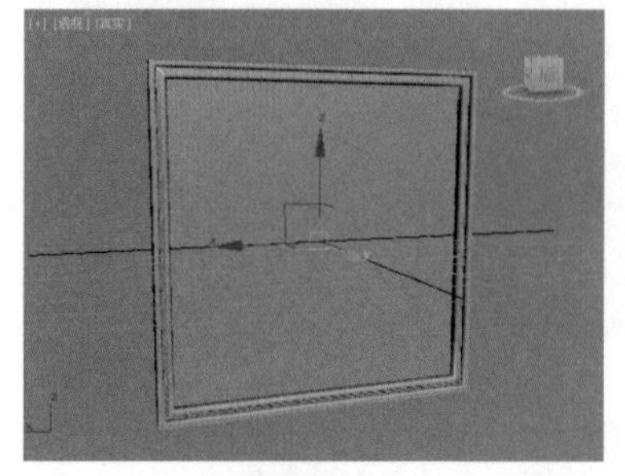

图4-32

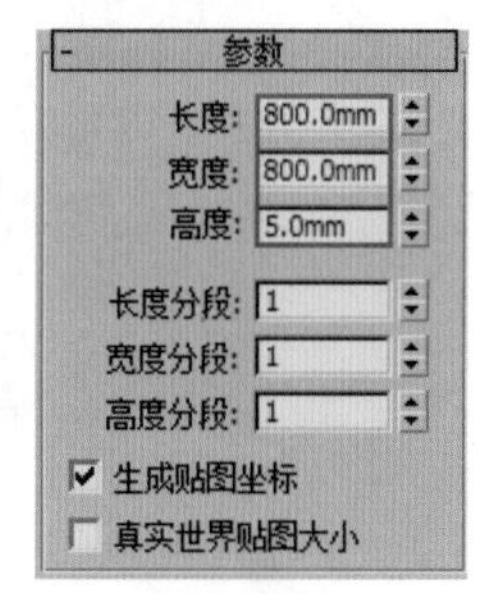

图4-33

（6）最终的模型效果，如图 4-34 所示。

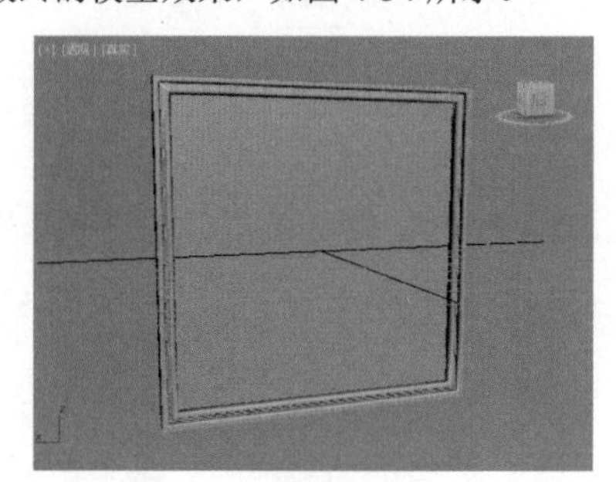

图4-34

4.2.4 创建矩形

【矩形】工具不仅能创建矩形，而且还可以创建带有圆角的矩形。其参数与【线】的参数基本一致，不再重复讲解，如图 4-35 所示。

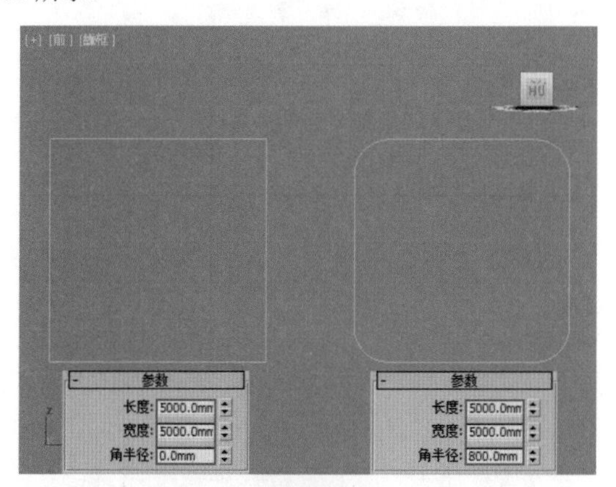

图4-35

典型实例：线和矩形制作书架

案例文件　案例文件 \Chapter 04\ 典型实例：线和矩形制作书架 .max
视频教学　视频文件 \Chapter 04\ 典型实例：线和矩形制作书架 .flv
技术掌握　掌握矩形工具和线工具的应用

书架通常是由几组简单的隔断结构组成的，它可以进行任意拼接，功能强大、美观实用。最终的渲染效果如图 4-36 所示。

图4-36

1. 建模思路

具体建模思路如图 4-37 所示。

图4-37

2. 制作步骤

（1）在创建面板中，执行 （创建）| （图形）| 样条线 | 矩形 操作，在前视图中创建一个矩形，如图 4-38 所示。单击修改，勾选【在渲染中启用】和【在视口中启用】，设置方式为【矩形】，【长度】为 400mm、【宽度】为 20mm，最后设置【参数】中的【长度】为 500mm、【宽度】为 2000mm，如图 4-39 所示。

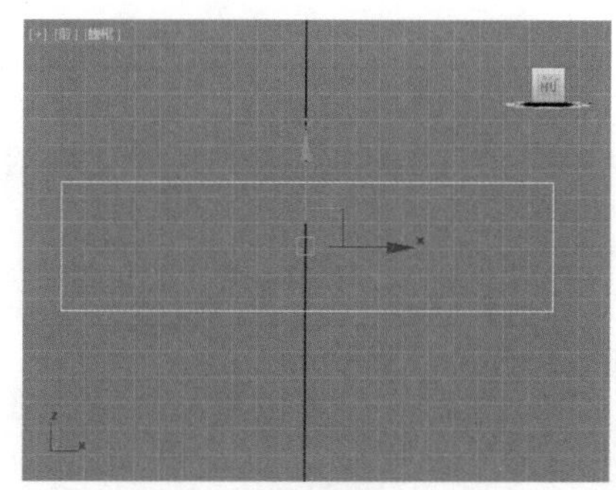

图4-38

（2）此时模型的效果，如图 4-40 所示。选择该图形，按住【Shift】键，沿 Z 轴向下移动复制，并设置【对象】为【实例】，【副本数】为 2，如图 4-41 所示。

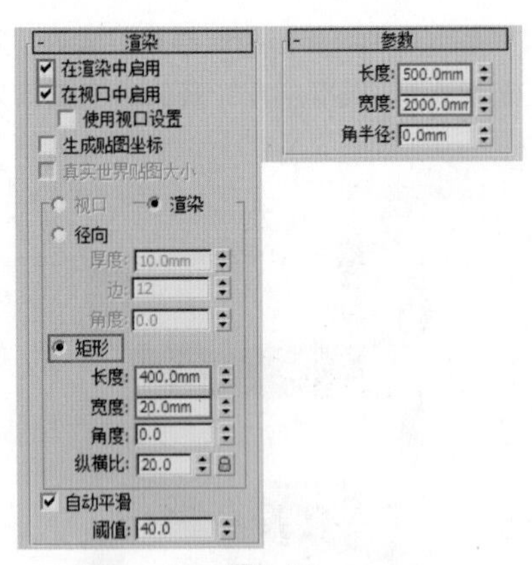

图4-39

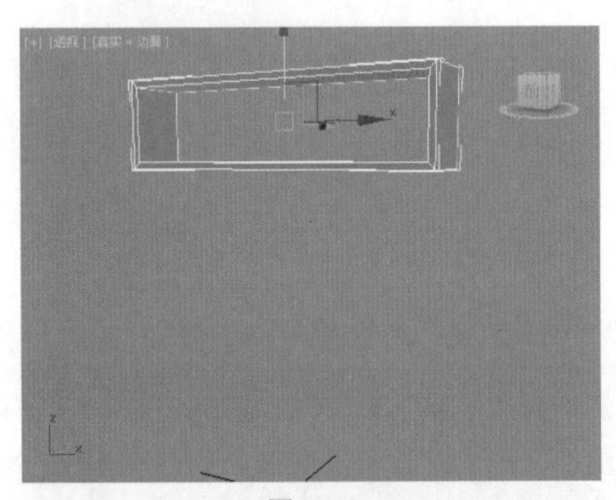

图4-40

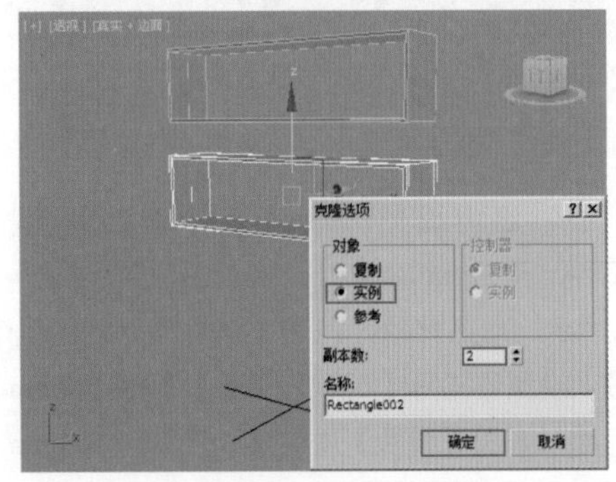

图4-41

（3）此时的模型，如图4-42所示。在前视图中绘制如图4-43所示的线。

图4-42

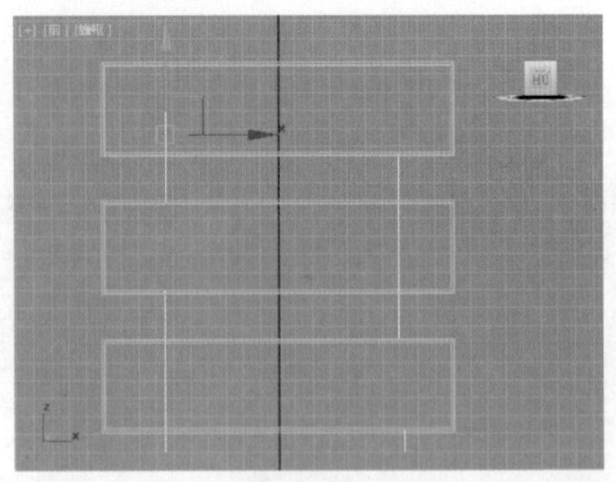

图4-43

（4）单击修改，勾选【在渲染中启用】和【在视口中启用】，设置方式为【矩形】、【长度】为400mm、【宽度】为40mm，如图4-44所示。此时的模型，如图4-45所示。

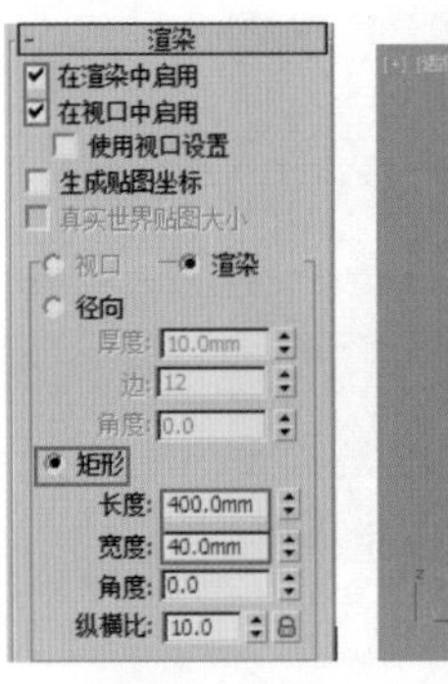

图4-44　　图4-45

（5）在前视图中创建一个长方体，如图4-46所示。摆放到合适的位置，如图4-47所示。

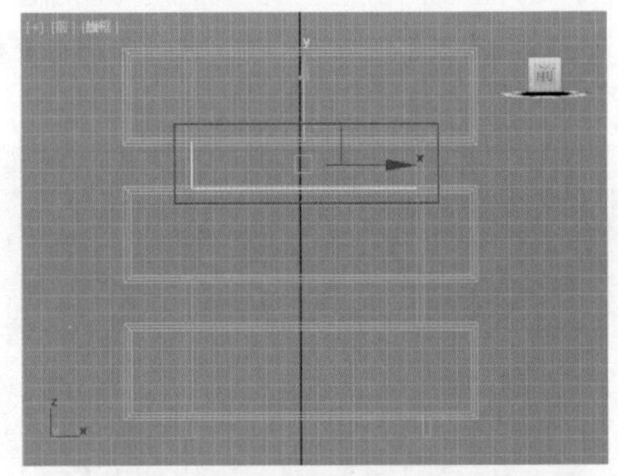

图4-46

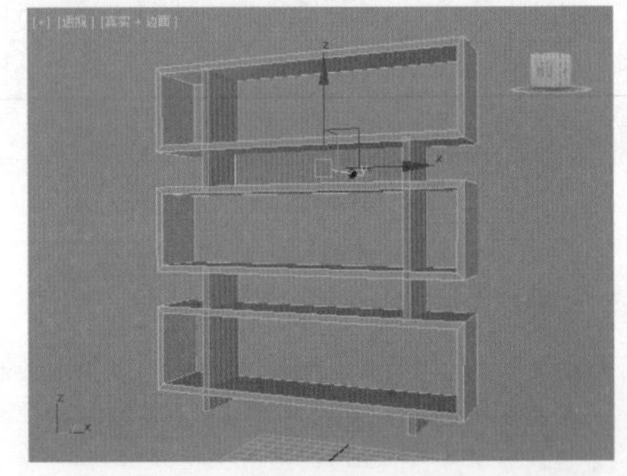

图4-47

（6）将长方体复制两份，如图 4-48 所示。最终的效果，如图 4-49 所示。

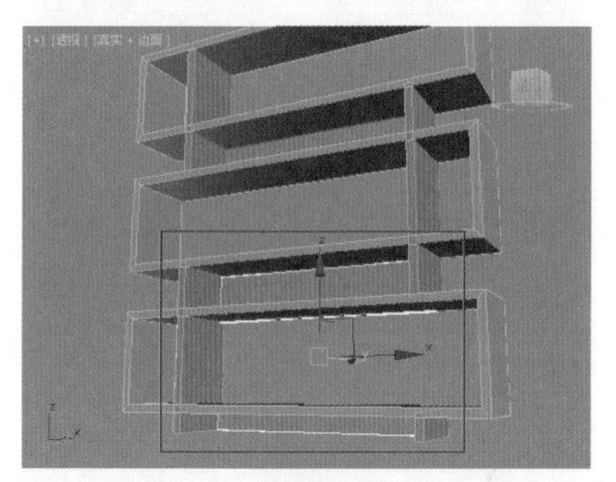
图4-48

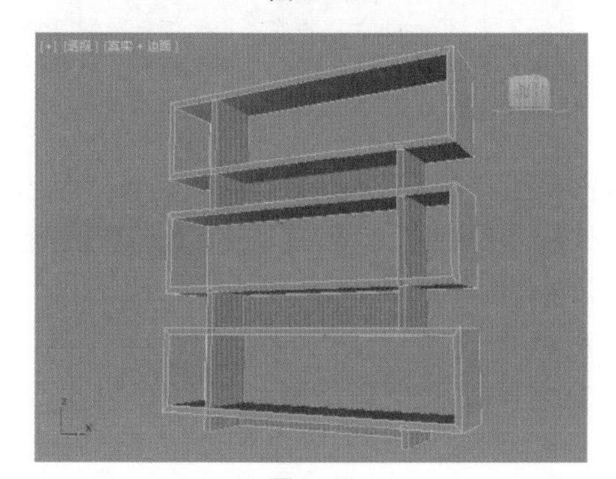
图4-49

4.2.5　创建圆形

使用【圆】工具可以绘制一个完美的圆形，如图 4-50 所示。

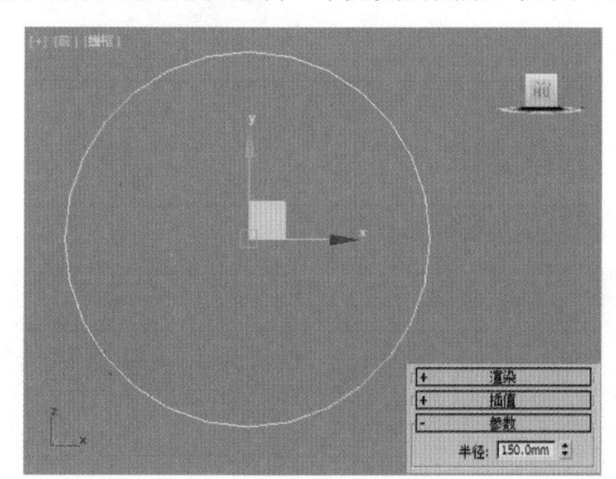

图4-50

4.2.6　创建文本

很多时候需要在 3ds Max 中“打字”，那么一定要记得那就是使用【文本】工具制作出来的。当然只使用【线】工具，也可以绘制出来，但是比较繁琐。使用【文本】工具并在视图中单击创建，然后修改其参数，如图 4-51 所示。文字效果，如图 4-52 所示。

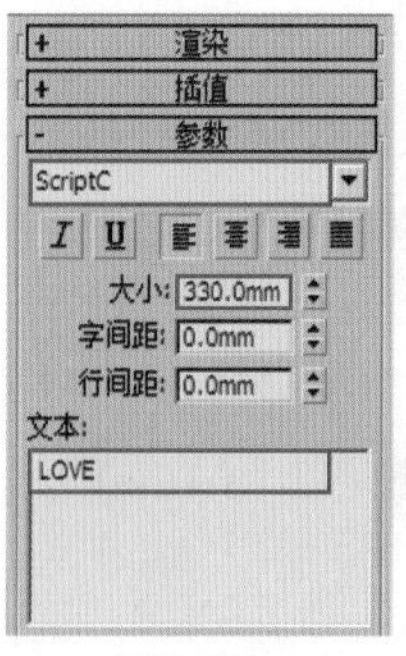

图4-51

图4-52

- 【斜体样式】按钮 I：单击该按钮可以将文本切换为斜体文本。
- 【下划线样式】按钮 U：单击该按钮可以将文本切换为下划线文本。
- 【左对齐】按钮：单击该按钮可以将文本对齐到边界框的左侧。
- 【居中】按钮：单击该按钮可以将文本对齐到边界框的中心。
- 【右对齐】按钮：单击该按钮可以将文本对齐到边界框的右侧。
- 【对正】按钮：分隔所有的文本行以填充边界框的范围。
- 大小：设置文本的高度。
- 字间距：设置文字间的间距。
- 行间距：调整文字行间的间距。
- 文本：在此可输入文本，若要输入多行文本，可以按【Enter】键切换到下一行。

典型实例：文本制作空心字

案例文件　案例文件 \Chapter 04\ 典型实例：文本制作空心字 .max
视频教学　视频文件 \Chapter 04\ 典型实例：文本制作空心字 .flv
技术掌握　掌握文本工具的应用

三维空心字是影视广告中常用的文字效果，制作方法很简单，主要使用文本工具调整参数即可得到。最终的渲染效果如图 4-53 所示。

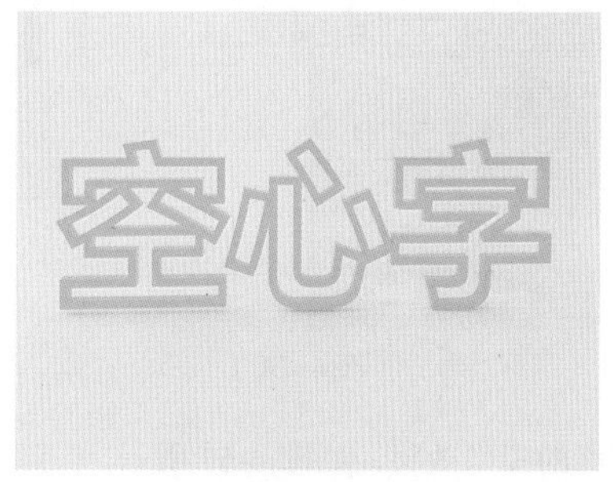

图4-53

1. 建模思路

具体建模思路如图 4-54 所示。

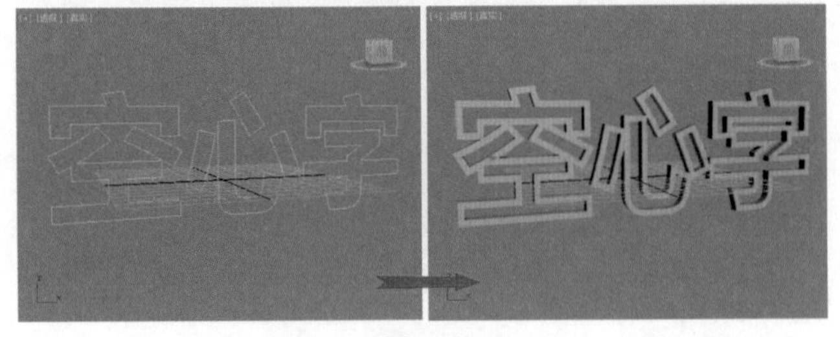

图4-54

2. 制作步骤

（1）在创建面板中，执行 （创建）| （图形）| 样条线 | 文本 操作，在前视图中创建一个文本，如图 4-55 所示。单击修改，勾选【在渲染中启用】和【在视口中启用】，设置方式为【矩形】、【长度】为 60mm、【宽度】为 35mm，最后设置【参数】中的【字体】为【微软雅黑 Bold】、【大小】为 1000mm，并在【文本】中输入“空心字”，如图 4-56 所示。

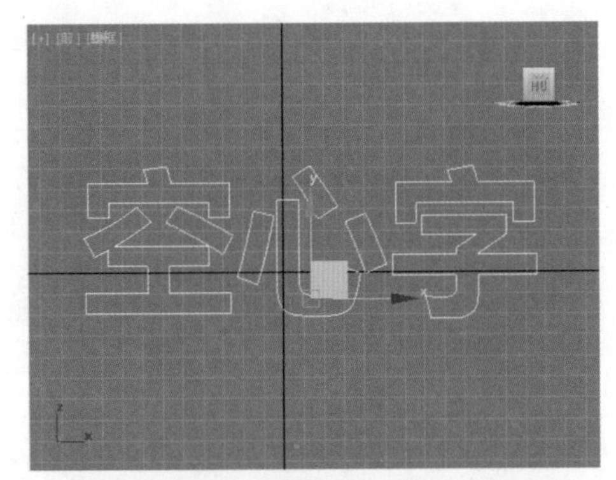

图4-55

图4-56

（2）最终的模型效果，如图 4-57 所示。

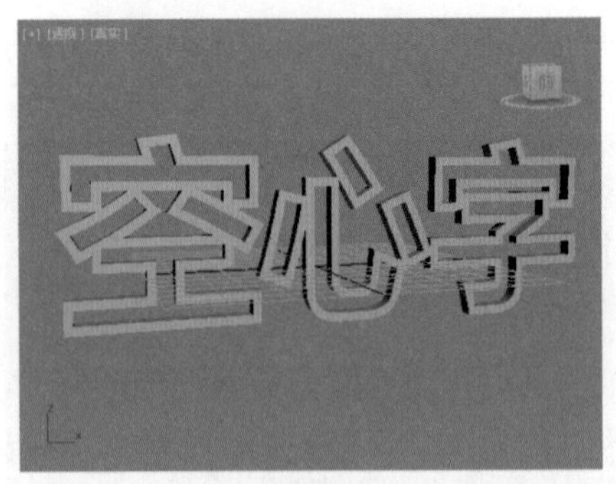

图4-57

典型实例：螺旋线制作钥匙扣

案例文件　案例文件 \Chapter 04\ 典型实例：螺旋线制作钥匙扣 .max
视频教学　视频文件 \Chapter 04\ 典型实例：螺旋线制作钥匙扣 .flv
技术掌握　掌握螺旋线工具、圆工具及星形工具的应用

钥匙扣是几个环形的结构环环相扣组合在一起的，它们都是由线性结构组成的，因此可以使用二维图形进行建模。最终的渲染效果如图 4-58 所示。

图4-58

1. 建模思路

具体建模思路如图 4-59 所示。

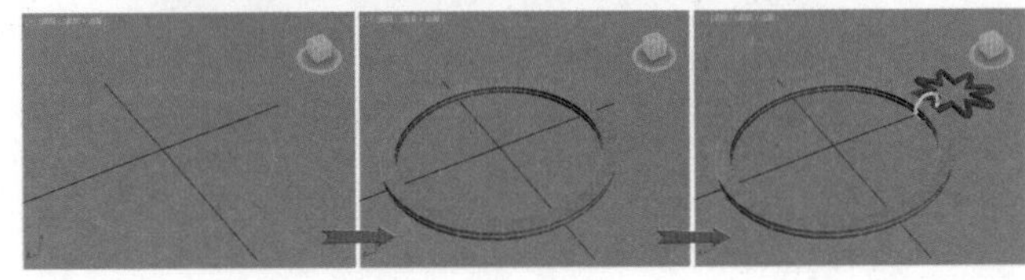
图4-59

2. 制作步骤

（1）在创建面板中，执行 （创建）| （图形）| 样条线 | 螺旋线 操作，在顶视图中创建一个螺旋线，如图 4-60 所示。单击修改，勾选【在渲染中启用】和【在视口中启用】，设置方式为【矩形】、【长度】为 20mm、【宽度】为 60mm，最后设置【参数】中的【半径 1】为 500mm、【半径 2】为 500mm、【高度】为 50mm、【圈数】为 2，如图 4-61 所示。

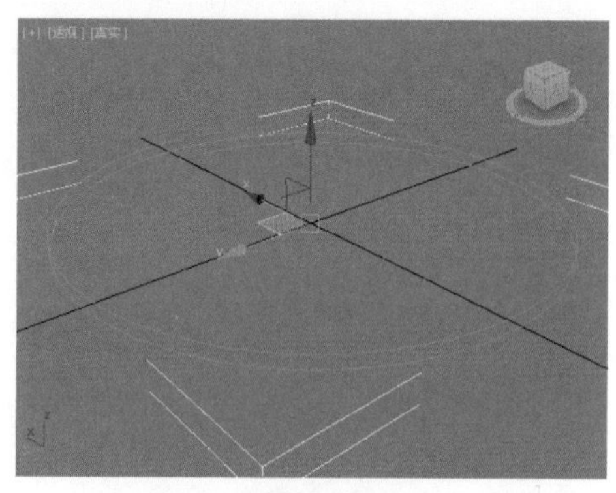

图4-60

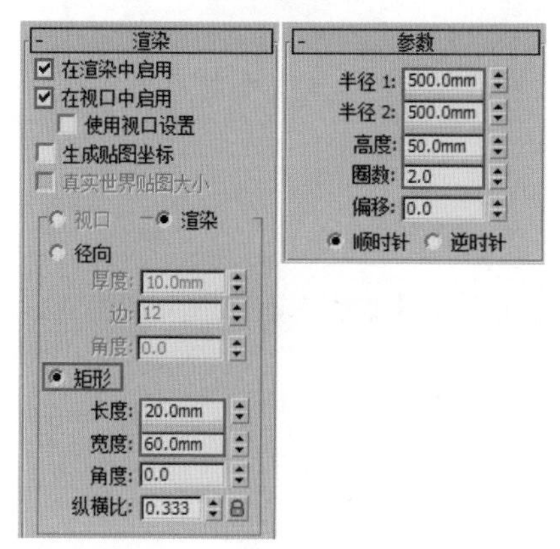

图4-61

（2）此时螺旋线的效果，如图 4-62 所示。

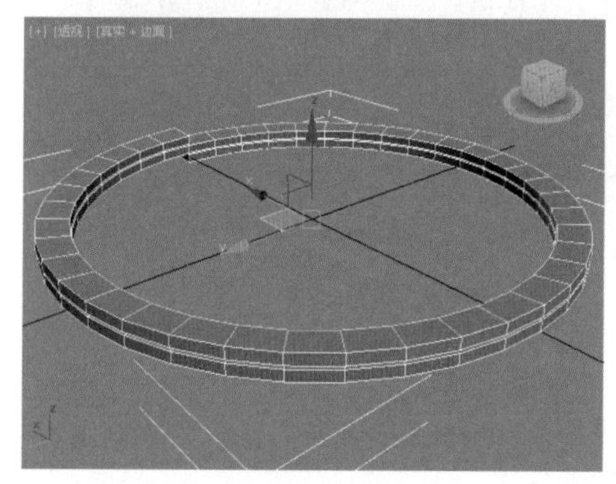

图4-62

（3）在前视图中绘制一个圆，如图 4-63 所示。

（4）单击修改，勾选【在渲染中启用】和【在视口中启用】，设置方式为【径向】、【厚度】为 15mm，最后设置【参数】中的【半径】为 70mm，如图 4-64 所示。

（5）此时模型的效果，如图 4-65 所示。

（6）在顶视图中绘制一个星形，如图 4-66 所示。单击修改，勾选【在渲染中启用】和【在视口中启用】，设置方式为【径向】、【厚度】为 30mm，最后设置【参数】中的【半径 1】为 280mm、【半径 2】为 110mm、【点】为 8、【圆角半径 1】为 100mm，如图 4-67 所示。

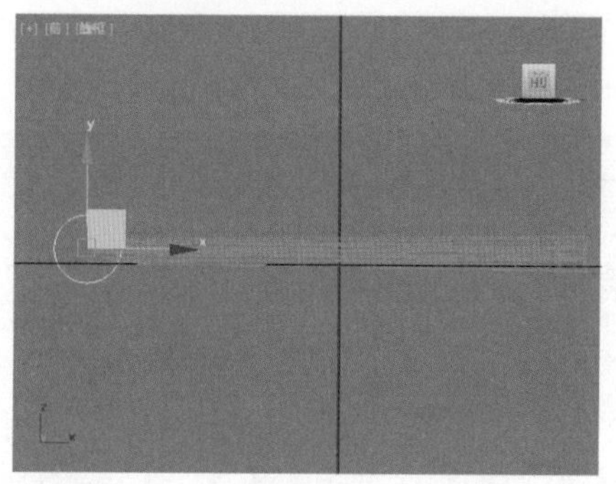

图4-63

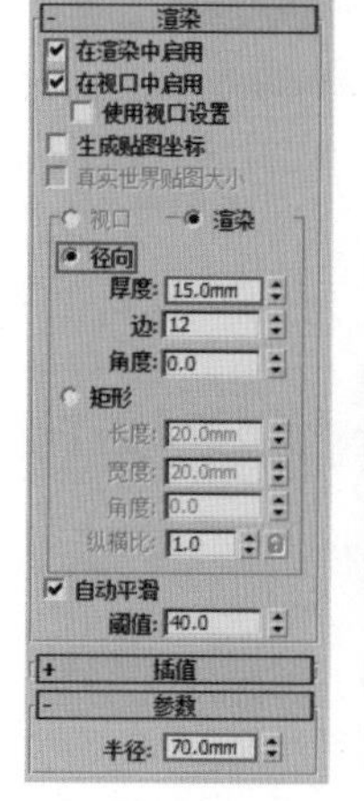

图4-64

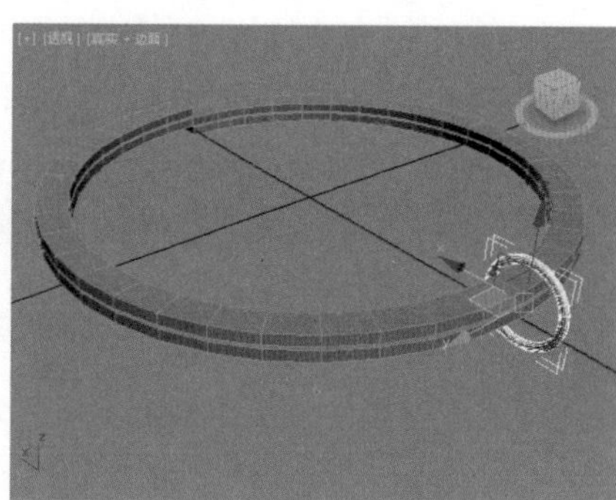

图4-65

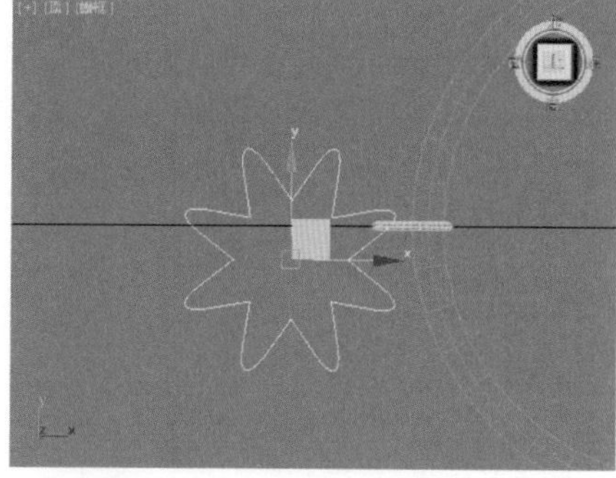

图4-66

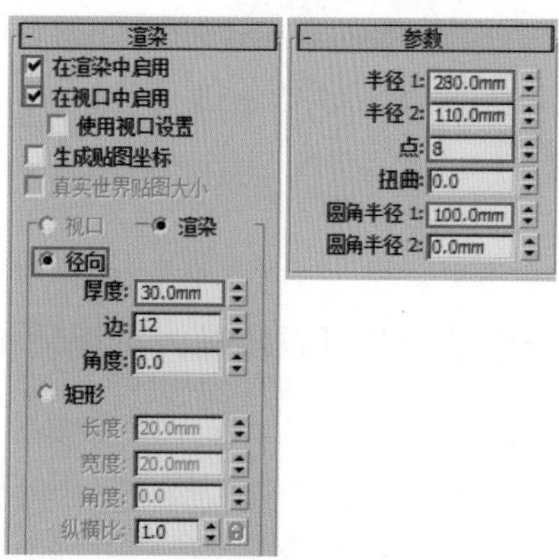

图4-67

（7）此时的星形模型，如图4-68所示。最终钥匙扣的模型效果，如图4-69所示。

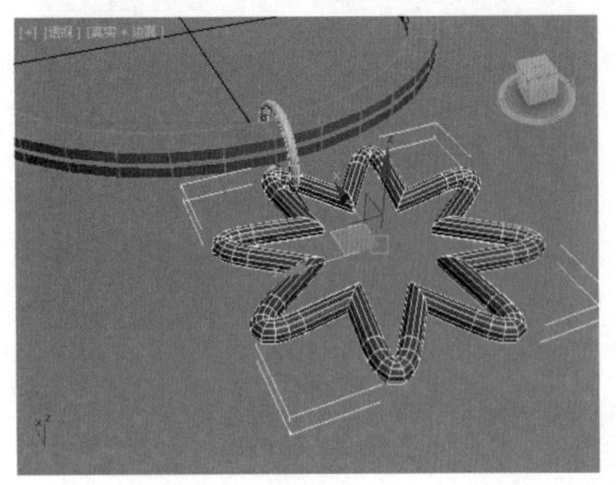

图4-68

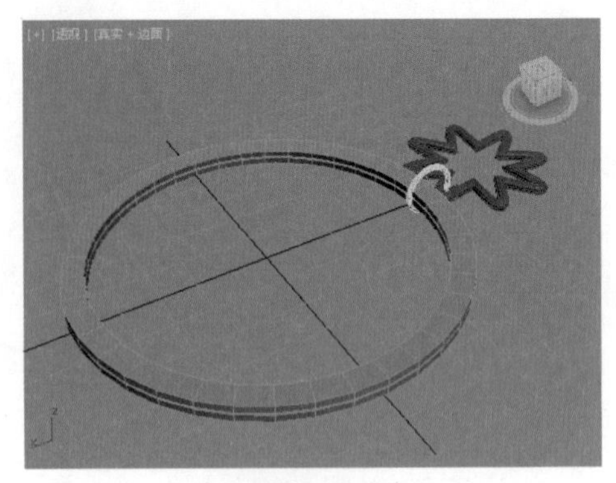

图4-69

4.3 扩展样条线

【扩展样条线】共有5种类型，分别是【墙矩形】、【通道】、【角度】、【T形】和【宽法兰】，如图4-70所示。

图4-71所示为这5种扩展样条线的效果。

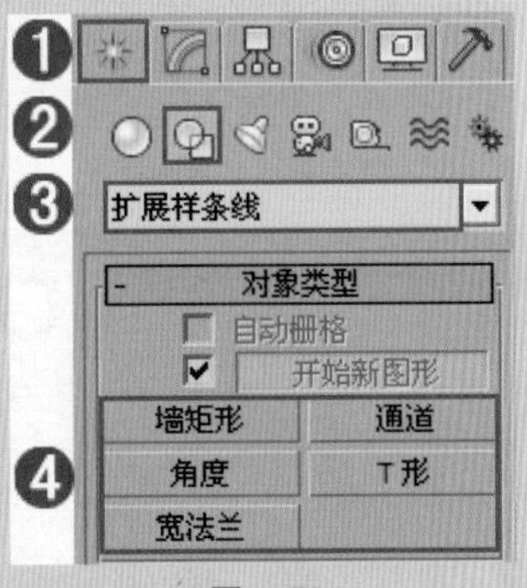

图4-70

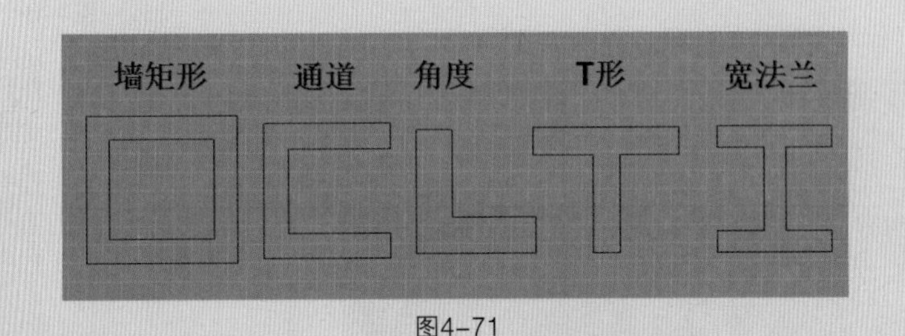

图4-71

4.4 可编辑样条线

学习到这里，我们会发现只有【线】工具的参数最多，其他样条线的参数很少，为什么？其实，所有的样条线都可以转换为线。来试一下吧！

4.4.1 任意图形都可以转换为可编辑样条线

选择二维图形，然后单击鼠标右键，接着在弹出的菜单中选择【转换为/转换为可编辑样条线】命令，如图4-72所示。（一定要记住，不要点错哦，需要转换的是可编辑样条线，而不是其他的形式。）

比如创建一个螺旋线，然后单击鼠标右键，接着在弹出的菜单中选择【转换为/转换为可编辑样条线】命令。对比转换前和转换后的参数，变化很大吧！如图4-73和图4-74所示。

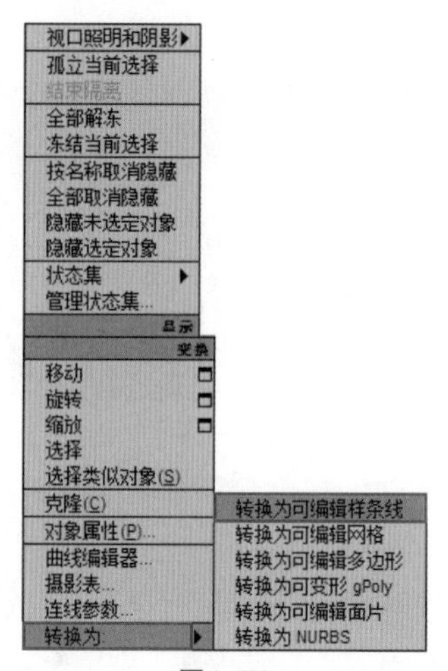

图4–72

图4–73

图4–74

4.4.2 可编辑样条线常用的工具

单击修改，可以看到可编辑样条线下面有 3 个级别，分别是【顶点】、【线段】和【样条线】，如图 4-75 所示。

图4–75

不选择任何级别时，参数面板如图 4-76 所示。

选择【顶点】级别时，参数面板如图 4-77 所示。

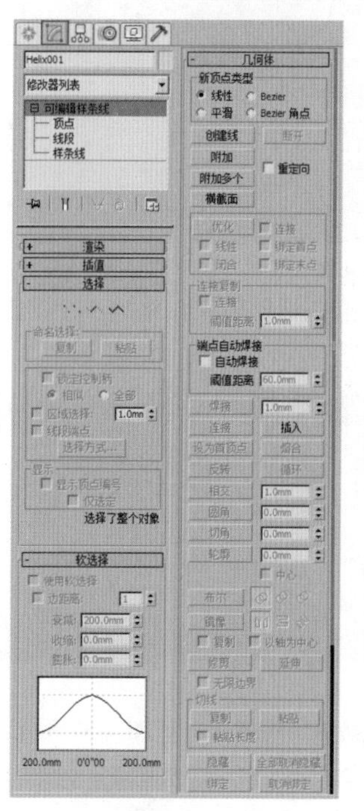

图4–76

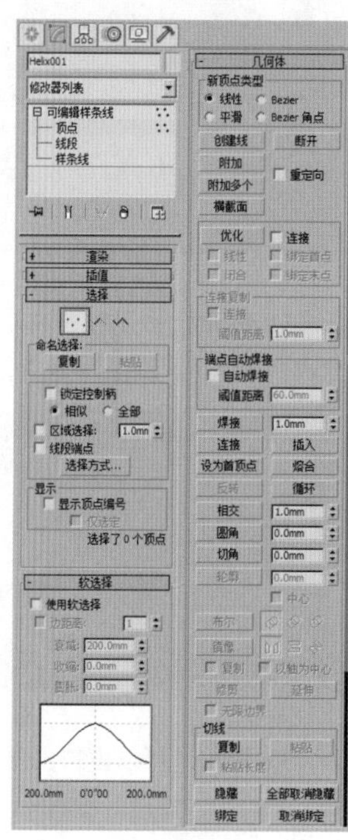

图4–77

选择【线段】级别时，参数面板如图 4-78 所示。

选择【样条线】级别时，参数面板如图 4-79 所示。

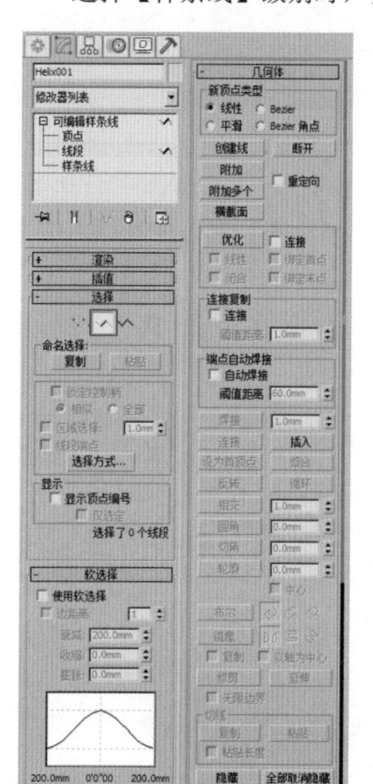

图4–78

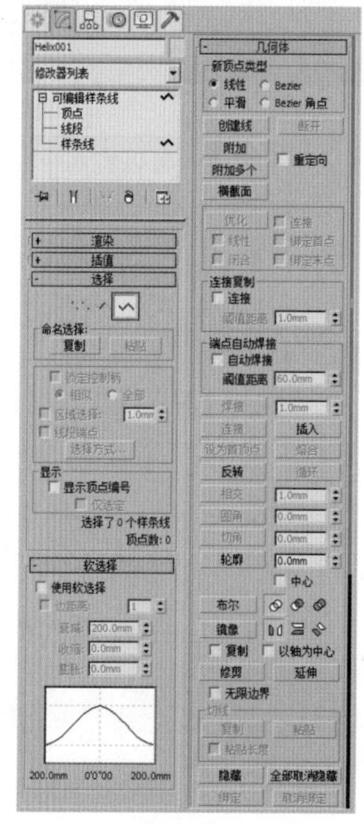

图4–79

在选择【顶点】级别时有以下的参数。

（1）优化。相当于“添加顶点”，单击即可在线上添加顶点，如图 4-80 所示。

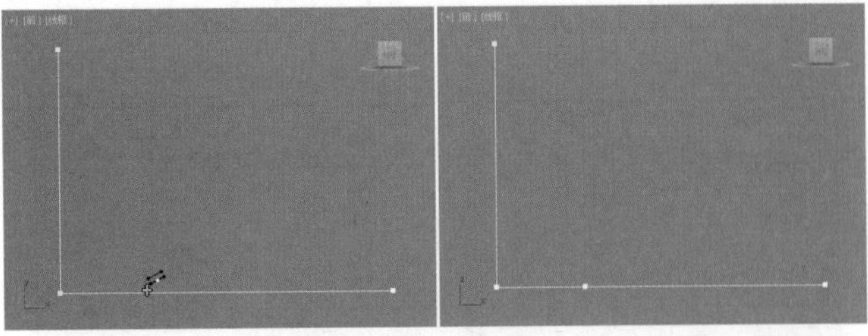

图4-80

（2）圆角。可以模拟出顶点圆滑的效果，此时一个顶点会变成两个顶点，如图 4-81 所示。

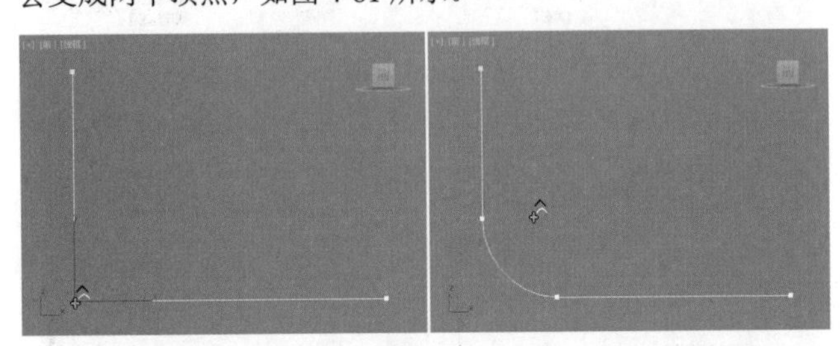

图4-81

（3）切角。可以模拟出顶点切角的效果，如图 4-82 所示。

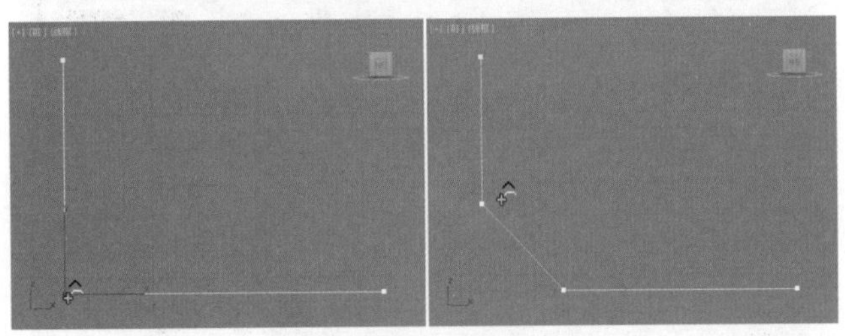

图4-82

（4）焊接。可以将两个顶点焊接到一起，如图 4-83 所示。

（5）熔合。可以将多个顶点熔合在一起，但是顶点的个数不会发生变化，如图 4-84 所示。

（6）附加。可以将两个或多个图形附加变成一个图形，如图 4-85 所示。

在选择【样条线】级别时，使用轮廓工具可以制作出轮廓的效果，如图 4-86 所示。

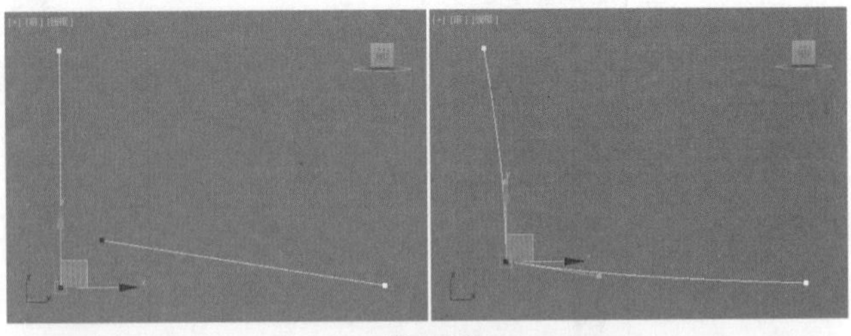

图4-83

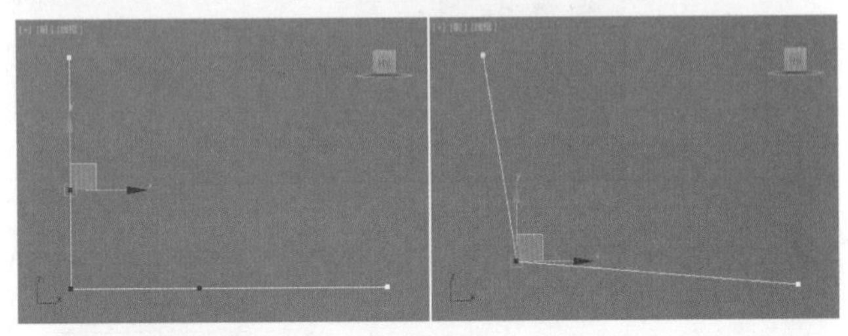

图4-84

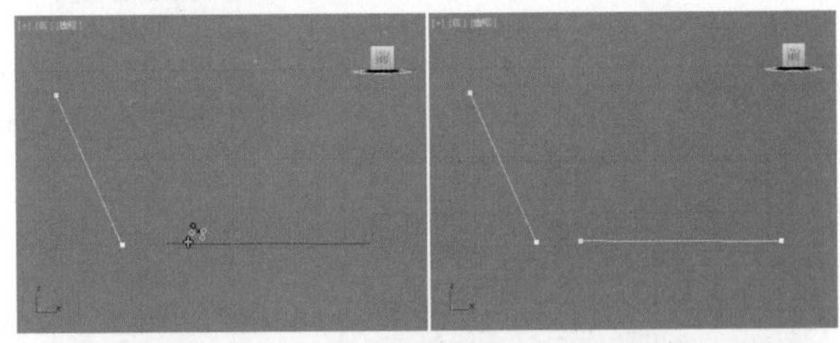

图4-85

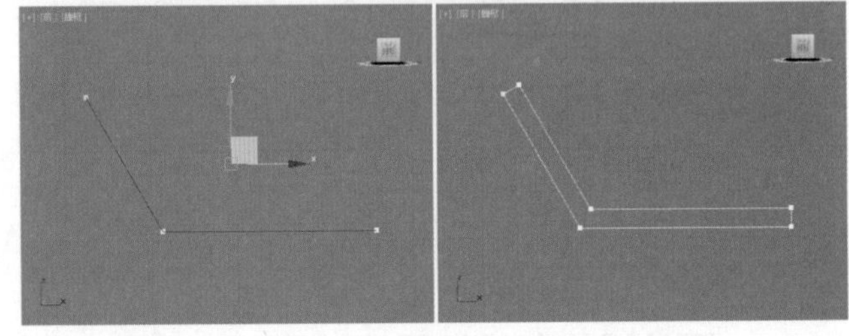

图4-86

4.5 Design教授研究所——样条线建模常见的几个问题

在 Design 教授研究所中，新的研究又出炉啦！据研究所数据统计，以下的 2 个问题，大多数的初学者都会遇到，一起来学习吧！

4.5.1 有没有更精确创建线的方法呢？

（1）单击使用【线】工具，如图 4-87 所示。

（2）单击主工具栏中（捕捉开关）按钮，然后可以在前视图中单击，如图 4-88 所示。

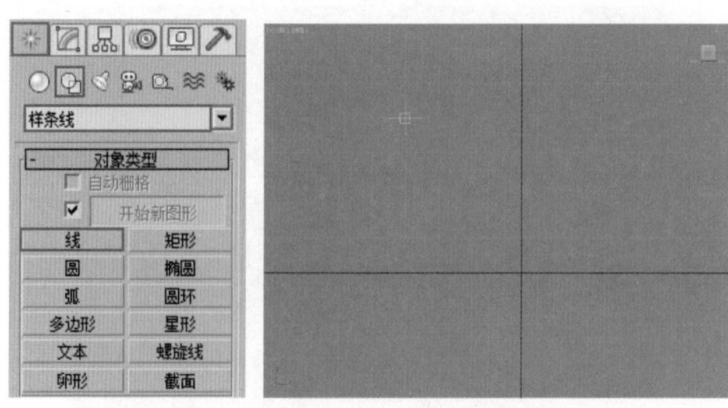

图4-87 图4-88

（3）继续移动鼠标，然后单击鼠标左键，即可在栅格点的位置创建，如图 4-89 所示。

图4-89

（4）同样的方法，继续创建，如图 4-90 所示。

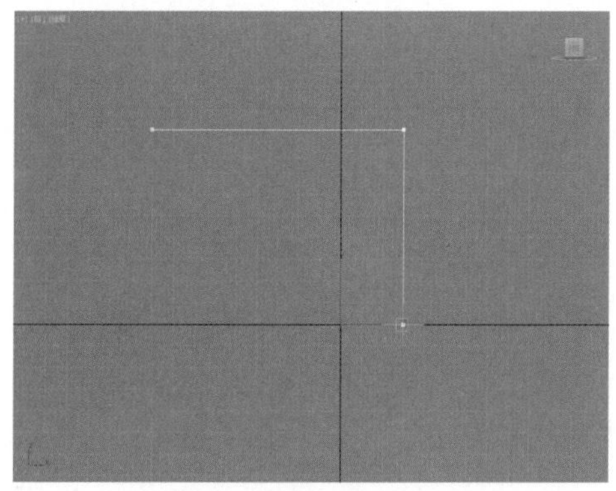

图4-90

4.5.2 有时候线是灰色的，而且怎么选择不了呢？

有时候会发现 3ds Max 视图中的线是灰色的，而且无法进行选择，最大的可能性就是线被冻结了，如图 4-91 所示为正常的线，而且可以进行选择，如图 4-92 所示。

图4-91

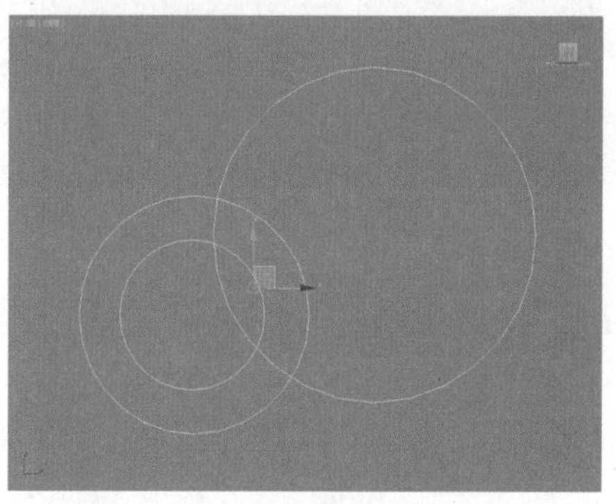

图4-92

下面进行冻结。选择需要冻结的线，然后单击右键，执行【冻结当前选择】选项，如图 4-93 所示。此时线无法进行选择了，如图 4-94 所示。

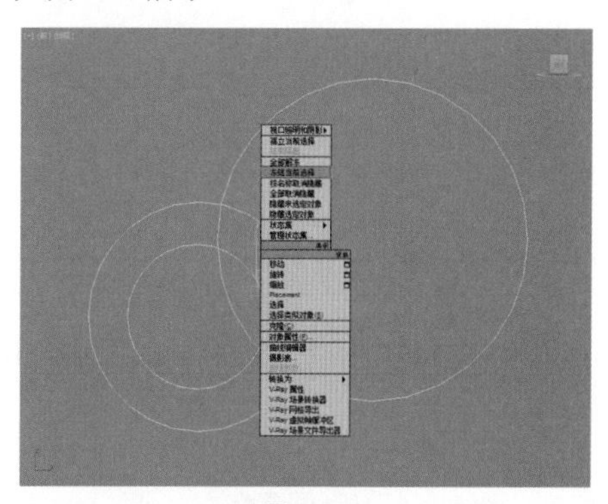

图4-93

图4-94

那么如何解冻呢？在视图空白处，单击右键执行【全部解冻】，如图 4-95 所示。此时三条线已经不是灰色的了，说明解冻成功，如图 4-96 所示。

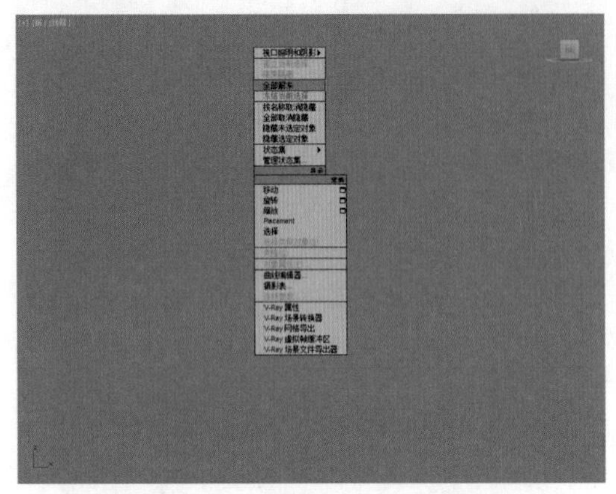

图4-95

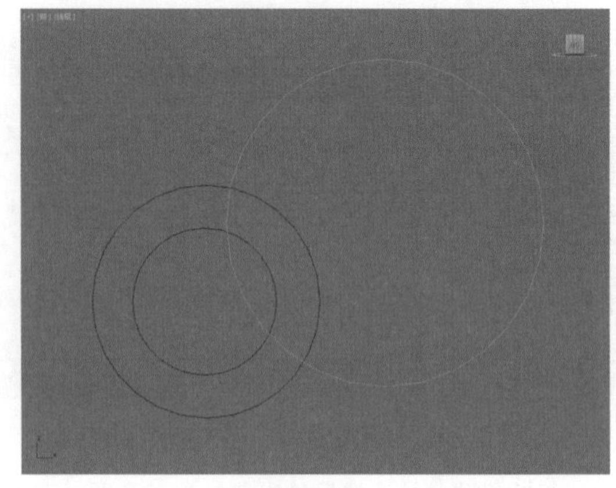

图4-96

本章小结

通过对本章的学习，我们可以掌握样条线建模的知识，如车线、矩形、圆等。不仅可以使用二维图形绘制各种线，而且还可以借助二维图形制作出三维的模型效果。

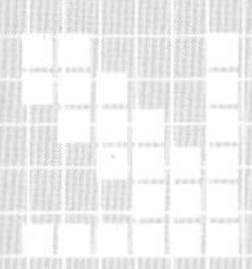

第 5 章　修改器建模

本章内容

修改器的概念
修改器参数的详解
常用修改器的使用方法

本章人物

Design 教授——擅长 3ds Max 技术和理论。
三弟——酷爱 3ds Max 软件，新手
麦克斯——三弟的同班同学，好友

我们将在这一章中讲解一种较为特殊的建模方式——修改器建模。为什么说它比较特殊？第 2 章和第 3 章中的建模方式是较为常见的，而本章中修改器建模最大的特点就是“变”，稍微有一点抽象。这个建模过程，像是在变魔术一样，非常有趣。

5.1 修改器建模很神奇

修改器建模很神奇，为什么这么说？因为这种建模方式产生的效果变化比较大，所以初学者都喜欢这么描述它，以便于更好地理解。其实在我心目中修改器建模是高端的、大气的、上档次的。这种感觉就像是我们疯狂设计学院的Design教授一样，虽然神秘莫测，但又和蔼可亲，一旦有疑难问题他就出现了，你说神奇吗？

5.1.1 “变变变”修改器建模其实就像是魔术

如果你在制作模型的时候，发现一个模型很特殊，外形好奇怪，那么你先要考虑是否可以使用修改器建模的方法去制作呢？这点很重要，选择正确的建模的方式，能节省很多的制作时间，而且模型的效果也比较精准。因此记住修改器建模的特点——“变变变！”你肯定又要问我，修改器建模特点我知道了，但是它到底能做什么模型呢？别急，继续往下看。

5.1.2 修改器建模能制作哪些模型

在学习修改器建模之前，我们需要先知道修改器建模到底能做哪些模型，这样可以有目的地去学习。修改器建模主要可以制作变形的模型，如图5-1所示；规则类的模型，如图5-2所示；特殊类的模型，如图5-3所示。列举的这三种只是大部分，而非全部，很多修改器可以制作稀奇古怪的东西，建议你自己挨个试一下。

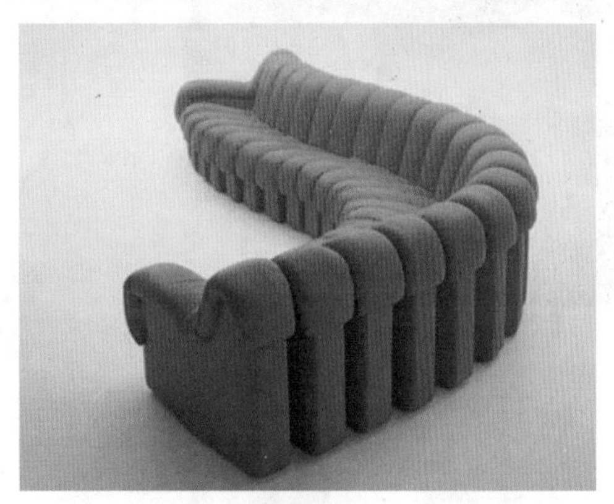

图5-1

图5-2

图5-3

5.2 修改器建模的使用方法

一个修改器可以理解为是一个图层，而修改器是可以添加多个的，因此效果上就会进行累积。而堆栈相当于是修改器的列表，可以将修改器放入其中，并且在堆栈中可以将修改器的位置上下调换。

5.2.1 修改器列表

在模型创建完成后，一般来说需要修改模型的参数，那么就需要进入到【修改】面板，在这里不仅可以修改参数，也可以为模型添加修改器。图5-4所示为修改器的面板。

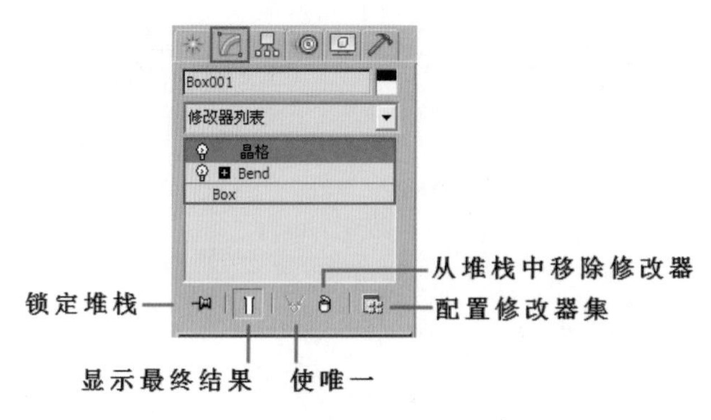

图5-4

- 锁定堆栈：比如场景中有很多添加了修改器的模型，但是我们只选择了某一个模型并激活该按钮，此时只可以对当前选择的模型调整参数。
- 显示最终结果：激活该按钮后，会在选定的对象上显示添加修改器后的最终效果。
- 使唯一：激活该按钮可将以【实例】方式复制的对象，设置为独立的对象。

（1）图5-5所示为以【实例】方式复制的模型。我们都知道一旦以【实例】方式将模型复制后，如果对其中一个模型的修改器参数进行修改，两个模型都会跟随产生相同的变化。

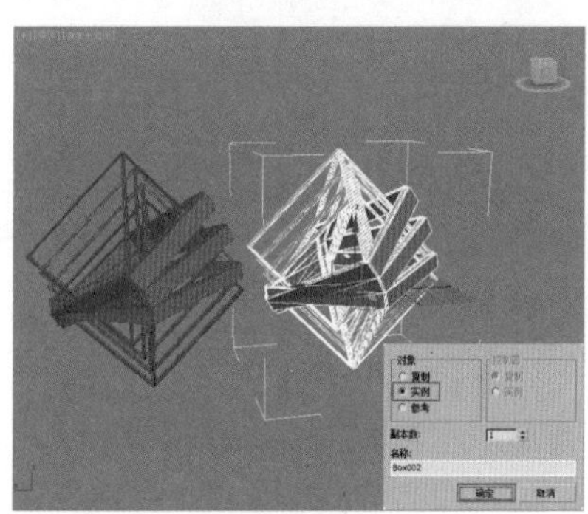

图5-5

（2）但是假如我们选择任意一个模型，单击【使唯一】按钮，如图5-6所示。

（3）此时发现假如再次修改任意一个模型的修改器参数时，两个模型间没有任何的关系了，如图5-7所示。

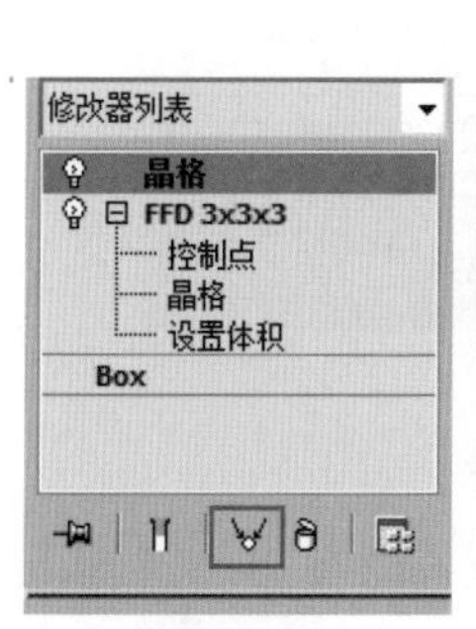

图5-6

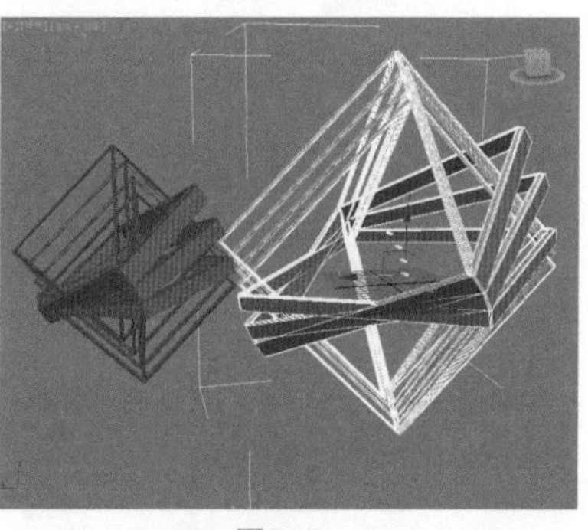

图5-7

删除修改器不可以按【Delete】键吗？
如果选择了修改器，并且按【Delete】键，那样会把模型都删除的，所以在删除修改器时需要谨慎。

- 从堆栈中移除修改器：单击该按钮可删除当前修改器。
- 配置修改器集：单击该按钮可弹出一个菜单，该菜单中的命令主要控制在【修改器】面板中如何显示和选择修改器。

5.2.2 麦克斯研究：为对象添加修改器

（1）使用修改器之前的第一步，一定要有已创建好的基础对象，如几何体、图形、多边形模型等，如图5-8所示，我们创建一个圆柱体模型，并设置合适的分段数值。

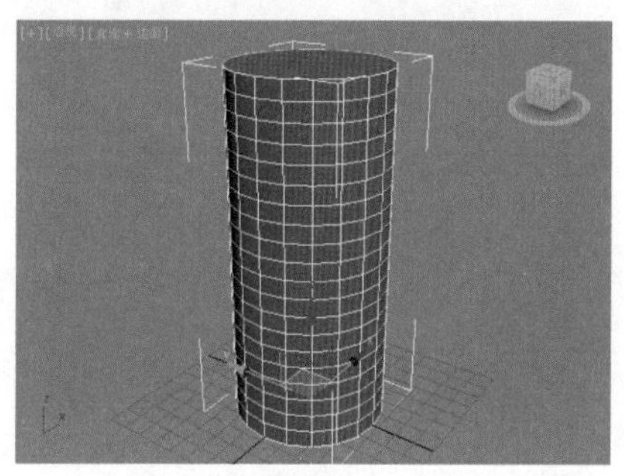

图5-8

（2）选择创建的长方体，然后单击【修改器】面板，接着单击【修改器列表】按钮，最后单击【弯曲】，如图5-9所示。

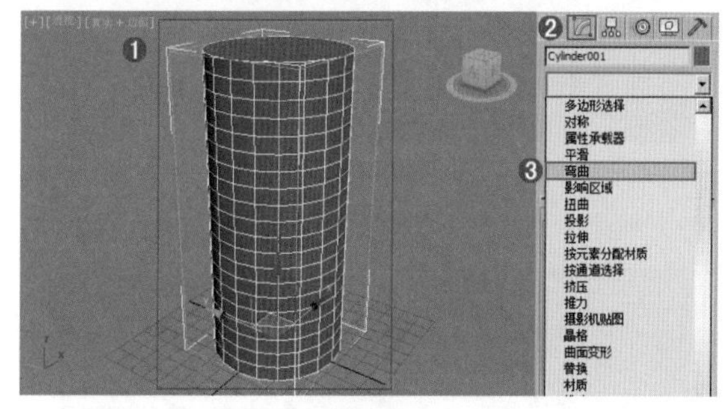

图5-9

（3）此时【弯曲】修改器已经添加给了圆柱体，然后我们单击【修改】，并将其参数进行适当设置，如图5-10所示。

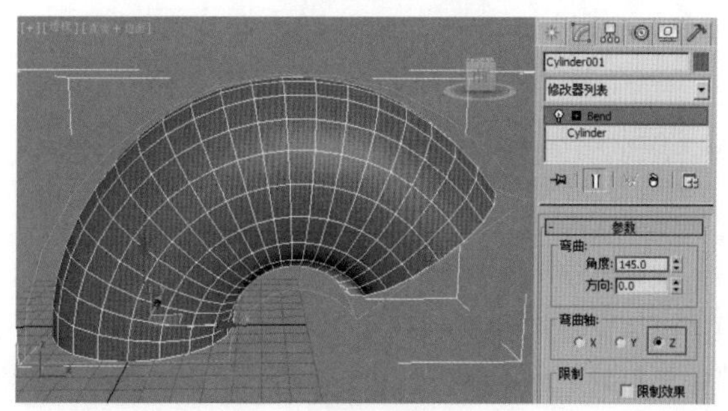

图5-10

5.2.3 你知道吗，可以同时添加好几个修改器

（1）创建一个模型，比如一个长方体，如图 5-11 所示。

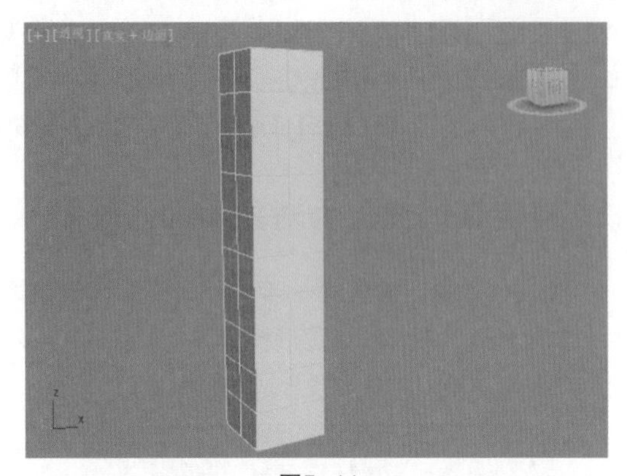

图5-11

（2）单击 （修改），并添加【扭曲】修改器，如图 5-12 所示。

图5-12

（3）继续添加【弯曲】修改器，如图 5-13 所示。

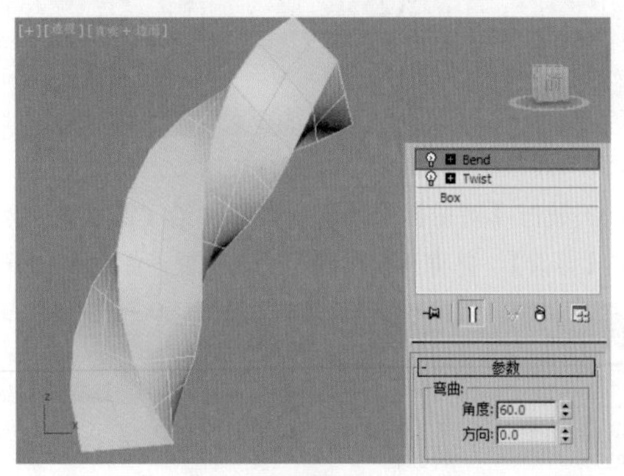

图5-13

（4）在说到这里的时候，就不得不提出一个小问题，在为模型添加多个修改器的时候，修改器添加的先后顺序不同，最终的模型效果也不同，如图 5-14 所示，假如把这两个修改器的添加顺序颠倒，效果差别很大。

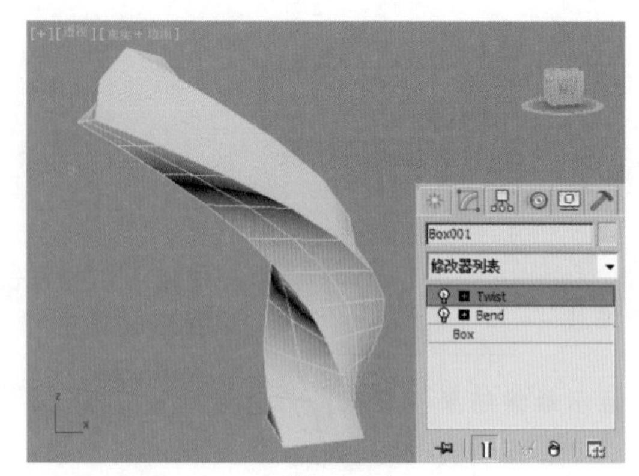

图5-14

5.2.4 三弟研究：启用与禁用修改器

（1）有时候我们加载了修改器后，发现它们占用了电脑太多的内存，操作不流畅，但是我们还不想删除该修改器。那么就可以暂时禁用修改器。图 5-15 所示为开启修改器的效果。

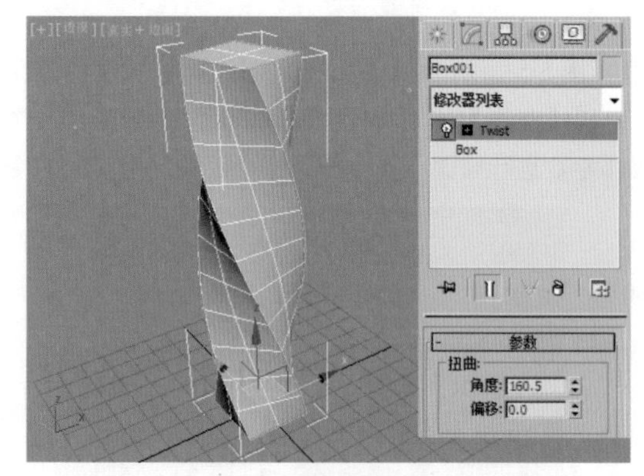

图5-15

（2）图 5-16 所示为禁用修改器的效果，禁用后的修改器不起作用，但是修改器没有被删除。

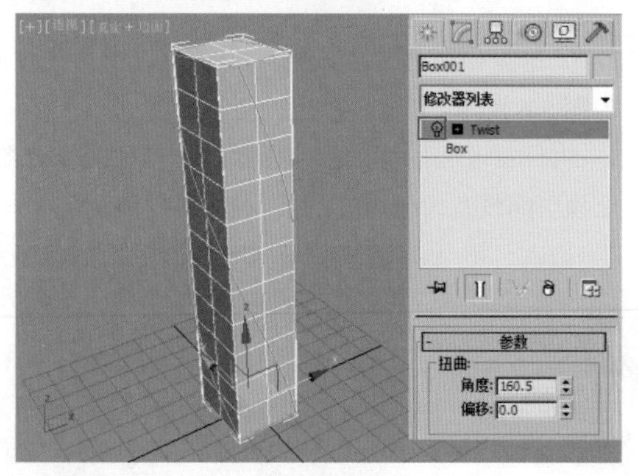

图5-16

5.2.5 编辑修改器

在修改器上单击右键会弹出一个菜单，这个菜单中的命

令可以用来编辑修改器，如图 5-17 所示。

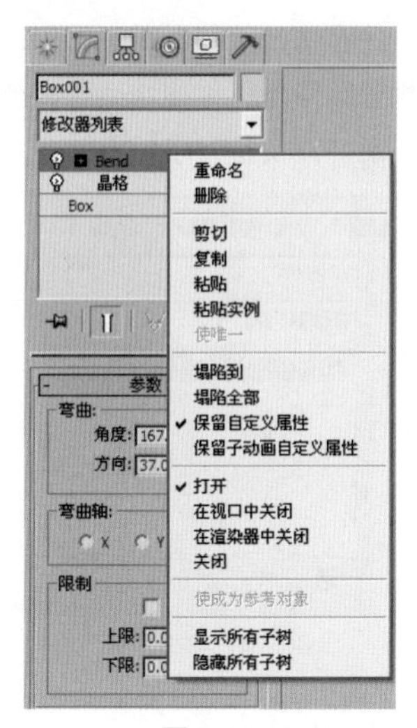

图5–17

可以复制一个模型的修改器到另一个模型上。在修改器上单击右键，然后在弹出的菜单中选择【复制】命令，接着在另外的物体上单击右键，并在弹出的菜单中选择【粘贴】命令，如图5-18所示。

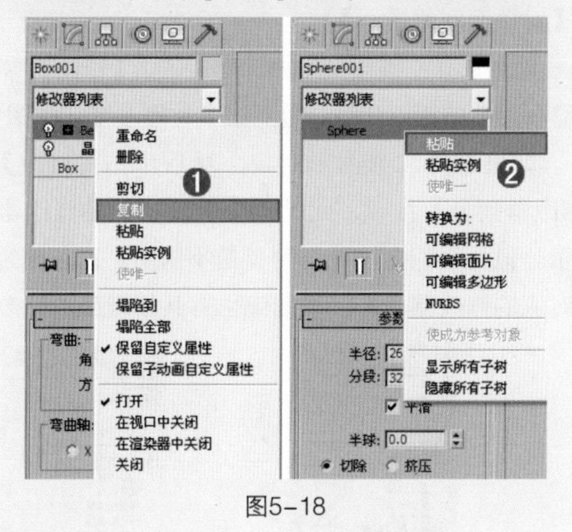

图5–18

5.2.6 塌陷修改器列表

什么是【塌陷修改器】?

塌陷修改器就是相当于将两个或多个修改器进行向下合并。这个操作类似于 Photoshop 中的图层向下合并。图 5-19 所示为对【晶格】修改器执行了【塌陷到】命令，可以看到【晶格】修改器以及下方的【FFD 3×3×3】修改器以及包括原始的模型【Box】，名称都消失不见了，取而代之的是【可编辑网格】。图 5-20 所示为对任意一个修改器执行【塌陷全部】命令，可以看到所有的修改器、原始的模型【Box】及名称都消失不见了，取而代之的是【可编辑网格】。

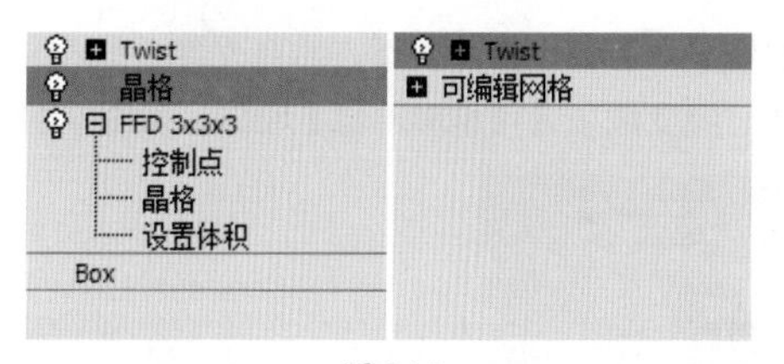

图5-19

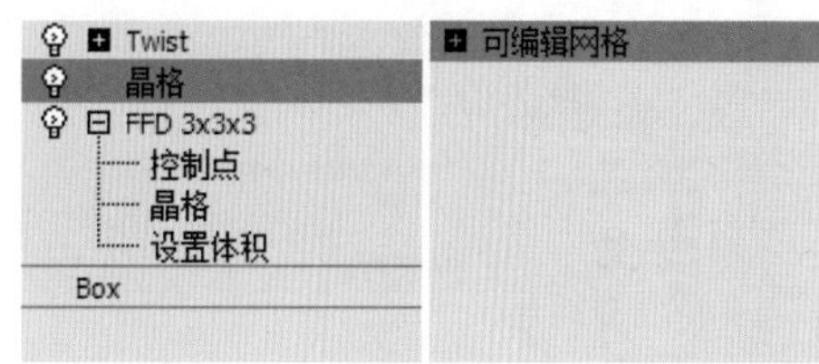

图5–20

【可编辑网格】和【可编辑多边形】都是可编辑对象，当模型被转换为可编辑对象后，模型本身的参数都消失了（比如 Box 的长度、宽度、高度），取而代之的是可以调节模型的【顶点】、【边】、【多边形】等级别的参数。具体的内容会在【多边形建模】章节进行详细讲解。

为什么要将修改器进行塌陷呢?

（1）如果添加修改器的模型已经编辑完成，并且不会再继续调整时，可以进行塌陷。

（2）过多的修改器会占用太多的内存，因此塌陷可以节省内存，使操作更流畅。

1. “塌陷到”命令

【塌陷到】命令，可以将选择的修改器及以下的修改器和模型本身进行塌陷。

（1）图 5-21 所示为一个球体，并依次加载【弯曲（Bend）】修改器、【噪波（Noise）】修改器、【扭曲（Twist）】修改器、【网格平滑】修改器。

图5–21

（2）此时单击【噪波（Noise）】修改器，在该修改器上单击右键，在弹出的菜单中选择【塌陷到】命令，此时会弹出一个警告对话框，提示是否对修改器进行【暂存】、【是】或【否】的操作，在这里我们可以选择【是】，如图 5-22 所示。

（3）当执行【塌陷到】操作以后，在修改器堆栈中只剩下位于【噪波（Noise）】修改器上方的【扭曲（Twist）】修改器和【网格平滑】修改器，而下方的修改器全部消失了，并且基础物体已经变成了【可编辑网格】物体，如图 5-23 所示。

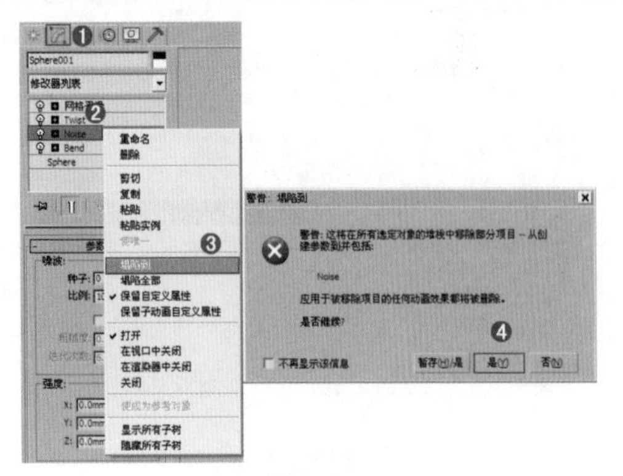

图5-22

图5-23

2. “塌陷全部”命令

【塌陷全部】命令，可以将所有的修改器和模型本身全部塌陷。

（1）若要塌陷全部的修改器，可在其中任意一个修改器上单击右键，然后在弹出的菜单中选择【塌陷全部】命令，最后单击【是】，如图 5-24 所示。

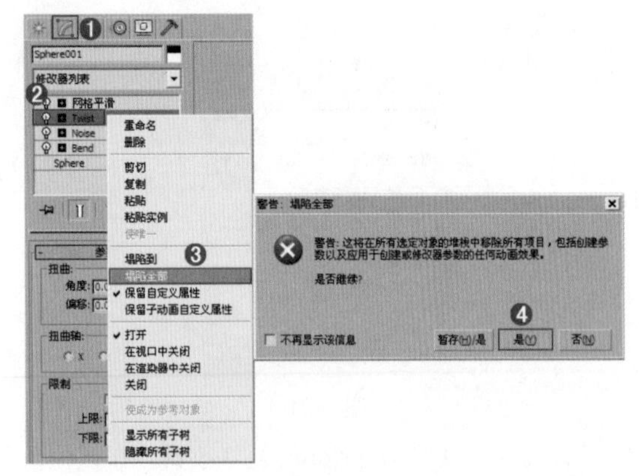

图5-24

（2）当塌陷全部的修改器后，修改器堆栈中就没有任何修改器，只剩下了【可编辑多边形】。因此这个操作与直接单击该模型右键【转换为可编辑多边形】的最终结果是一样的，如图 5-25 所示。虽然这个操作很霸气，一下子修改器就全没了，很干净利索、不留一点痕迹，但是这个操作很可怕啊，你想假如我做错了一件事情，一年以后后悔了，怎么办？没办法了。但是假如不执行该操作，你想修改什么就修改什么，所以有时候你看着不利索，其实是为了后面的方便。

图5-25

5.2.7 修改器的分类

修改器的类型很多，有几十余种，若安装了一些插件，修改器可能也会相应地增加。这些修改器被放置在 3 个不同类型的修改器集合中，分别是【选择修改器】、【世界空间修改器】和【对象空间修改器】。

如果选择三维模型对象，然后单击【修改】，接着单击【修改器列表】按钮，此时会看到很多种修改器，如图 5-26 所示。

如果选择二维图形对象，然后单击【修改】，接着单击【修改器列表】按钮，此时也会看到很多种修改器，如图 5-27 所示。但是我们会发现这两者是不同的。这是因为三维物体有相对应的修改器，而二维图像也有其相对应的修改器。

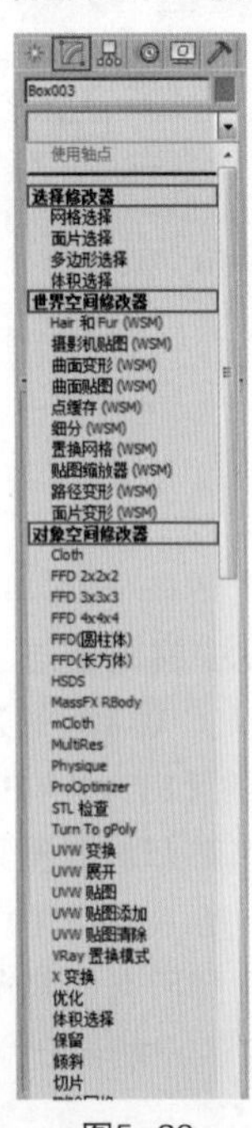

图5-26

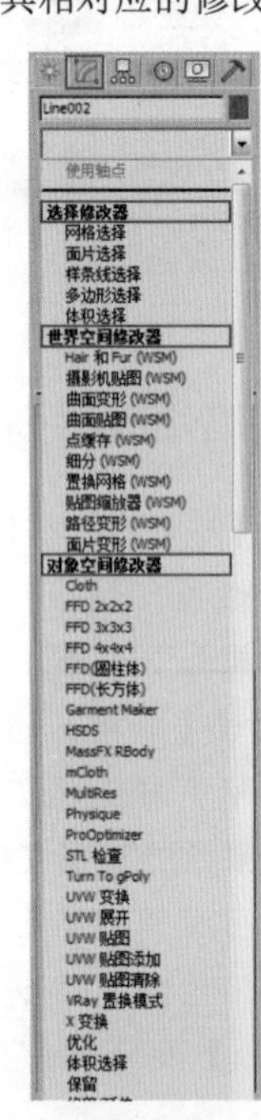

图5-27

- 选择修改器：该类修改器主要包括【网格选择】、【面片选择】、【多边形选择】、【体积选择】修改器类型。
- 世界空间修改器：该类修改器主要包括针对于世界空间类型的修改器。如【点缓存（WSM）】、【细分（WSM）】修改器等。
- 对象空间修改器：该类修改器主要包括针对于对象空间类型的修改器。如【优化】、【FFD 2×2×2】修改器等。这一类是最为重要的一种修改器。

5.3 最常用的修改器类型

通过上面的讲解，我们知道了修改器原来这么多，具体多少个我也不清楚，有时间你可以自己慢慢数。当然这么多修改器都有用吗？其实，肯定是有用的，但是不太多。而我们要讲的就是这些最有用的，最没用的我就不讲了，你肯定也不愿意学习最没用的。

5.3.1 【车削】修改器

【车削】修改器的原理是通过绕轴旋转一个图形来创建3D模型，概念比较抽象，但是动手试一下很容易理解。说了这么多你肯定还没理解，我举个直观的例子你试着再去理解，你拿出一只圆规，针垂直于纸面，然后旋转一圈，你想一下旋转这一圈而产生的三维模型就是车削后的效果。其参数设置面板如图5-28所示。图5-29所示为使用一条线并加载【车削】修改器，制作出的三维模型。

图5-28

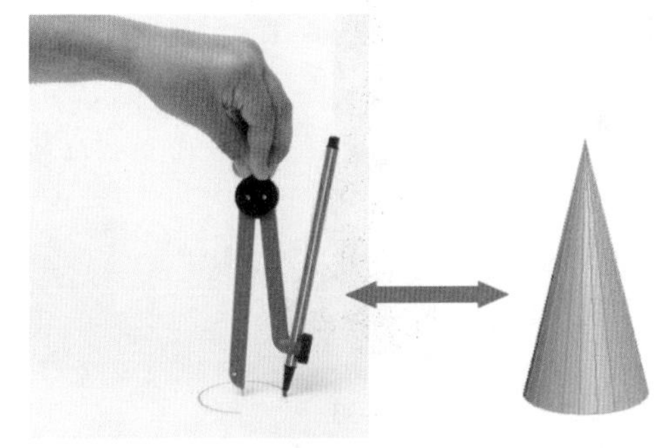

图5-29

- 度数：确定对象绕轴旋转多少度。图5-30和图5-31所示为设置为360和260的对比效果。

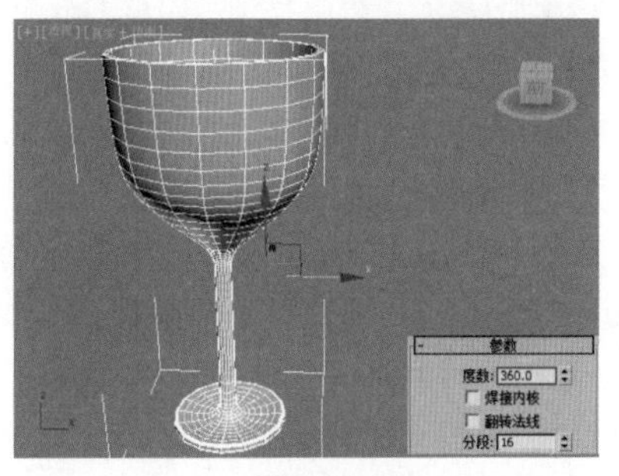

图5-30

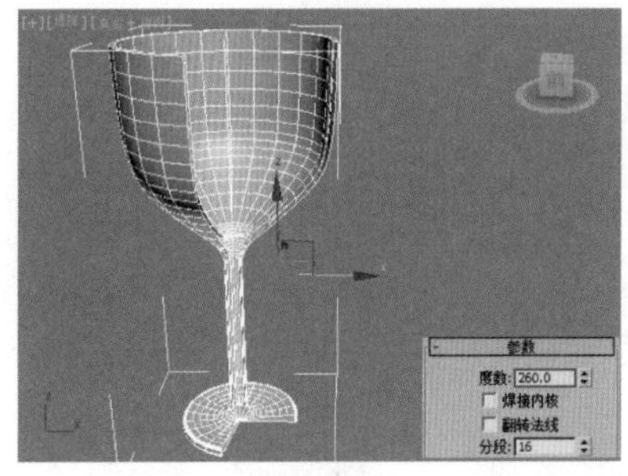

图5-31

- 焊接内核：通过将旋转轴中的顶点进行焊接来简化模型。
- 翻转法线：勾选该选项后，模型会产生内部外翻的效果。有时候我们发现车削之后的模型“发黑”，不妨可以勾选该选项试一下。
- 分段：该数值越大，模型越细致。图5-32和图5-33所示为设置【分段】为4和40的对比效果。

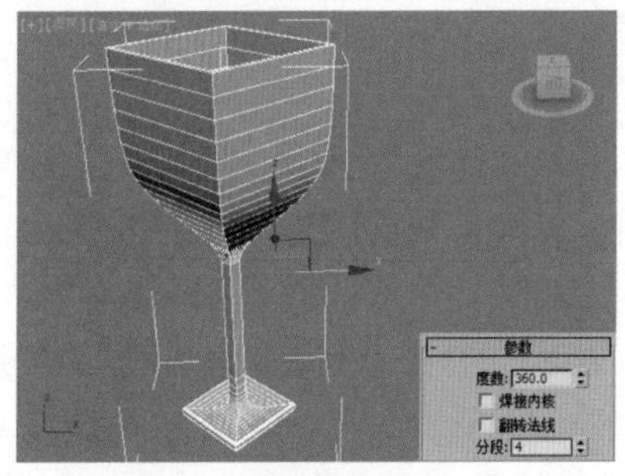

图5-32

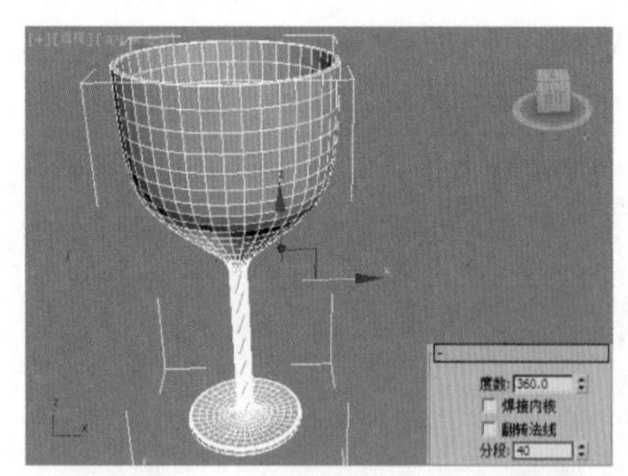

图5-33

- X/Y/Z：相对于对象的轴点，设置轴的旋转方向。这个参数很重要。
- 最小/中心/最大：将旋转轴与图形的最小、中心或最大范围对齐。这个参数很重要。
- 面片/网格/NURBS：这三个选项分别控制车削后的模型是面片模型、网格模型、还是NURBS模型效果。

Design教授，我的作品车削之后效果好奇怪，是怎么回事？

Design教授：使用样条线+车削修改器制作三维模型，比如高脚杯。特别需要注意的是【车削】的【方向】和【对齐】方式。图5-34和图5-35所示为不同的设置方式和效果。

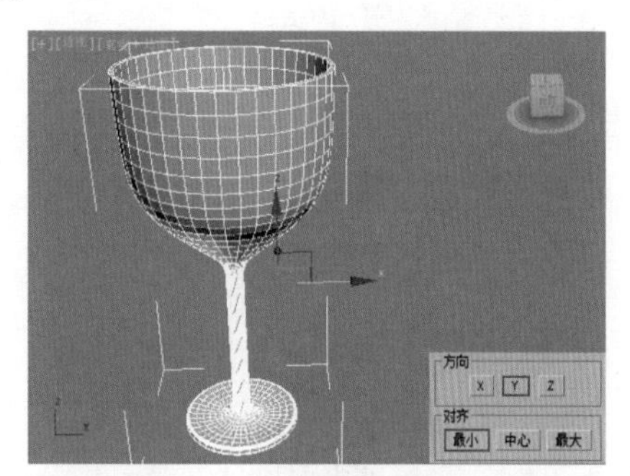

图5-34

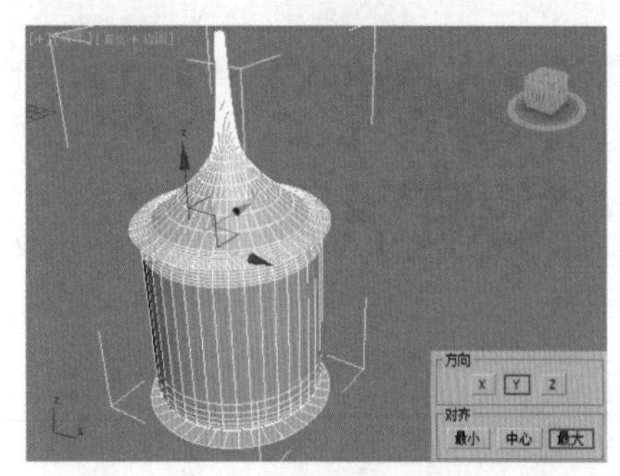

图5-35

哦，明白啦！但是我设置了正确的【方向】和【对齐】方式，有时候感觉还是不太对呢？比如图5-36所示的情况。

教授告诉你，遇到这种情况的时候，一定要知道是【车削】下的【轴】的位置不合理，试一下选择【轴】级别，然后移动一下轴的位置吧，发生变化了吧！如图5-37所示。

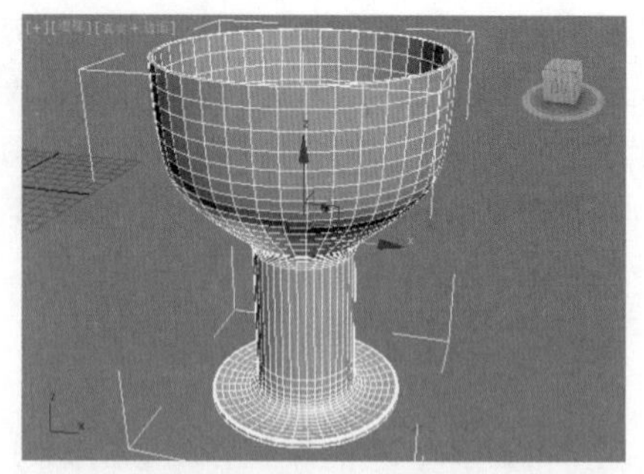

图5-36

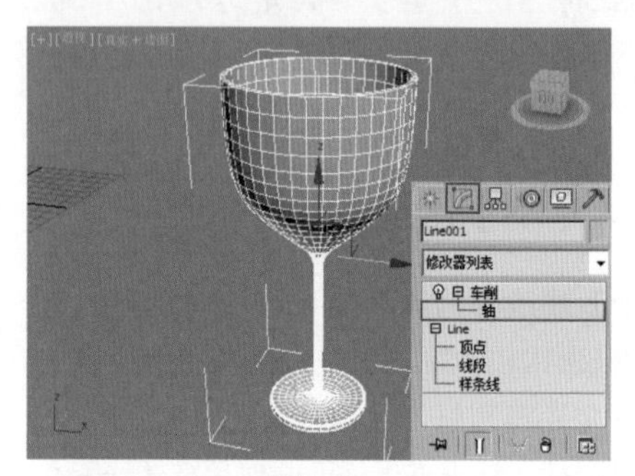

图5-37

典型实例：车削修改器制作烛台

案例文件　案例文件\Chapter 05\典型实例：车削修改器制作烛台.max
视频教学　视频文件\Chapter 05\典型实例：车削修改器制作烛台.flv
技术掌握　掌握车削修改器的使用

烛台是放置蜡烛的器具，多为欧式风格，非常细致华丽。不难发现烛台多以完全对称型为主要造型，根据这个特点可以选择车削修改器进行制作。最终的渲染效果如图5-38所示。

图5-38

1. 建模思路

具体建模思路如图5-39所示。

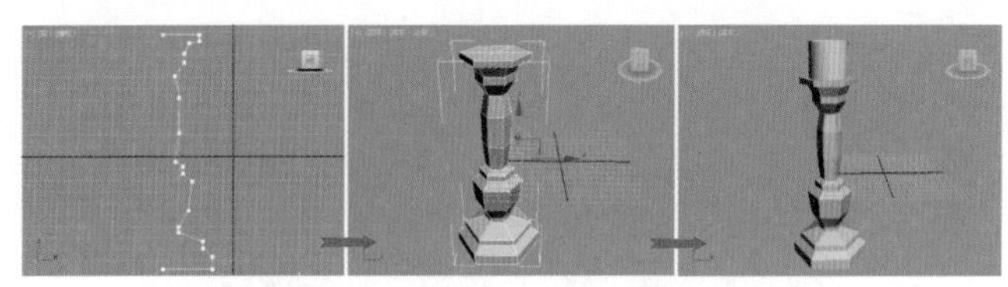

图5-39

2. 制作步骤

（1）在创建面板中，执行 （创建）| （图形）| 标准基本体 | 线 操作，在前视图中绘制一条线，如图 5-40 所示。

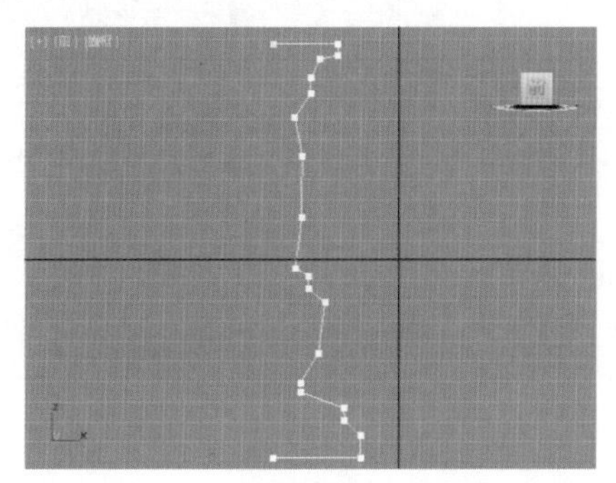

图5-40

（2）单击修改，为其添加【车削】修改器，设置【分段】为 6、【对齐】为【最小】，如图 5-41 所示。

图5-41

（3）此时烛台的效果，如图 5-42 所示。

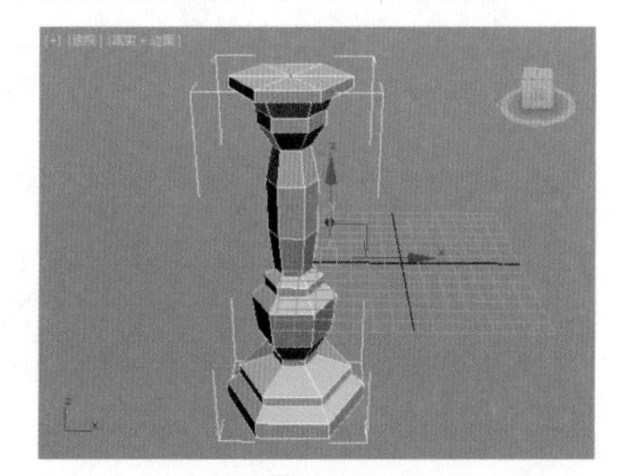

图5-42

（4）继续在前视图中绘制一条线，如图 5-43 所示。单击修改，为其添加【车削】修改器，设置【分段】为 50、【对齐】为【最小】，如图 5-44 所示。

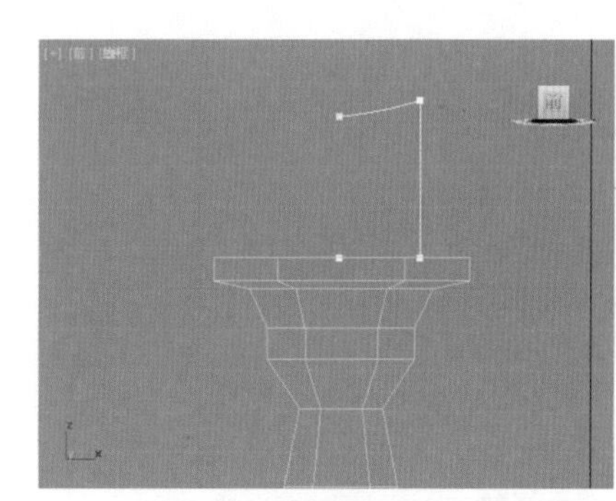

图5-43　　图5-44

（5）此时蜡烛模型的效果，如图 5-45 所示。最终的效果如图 5-46 所示。

图5-45

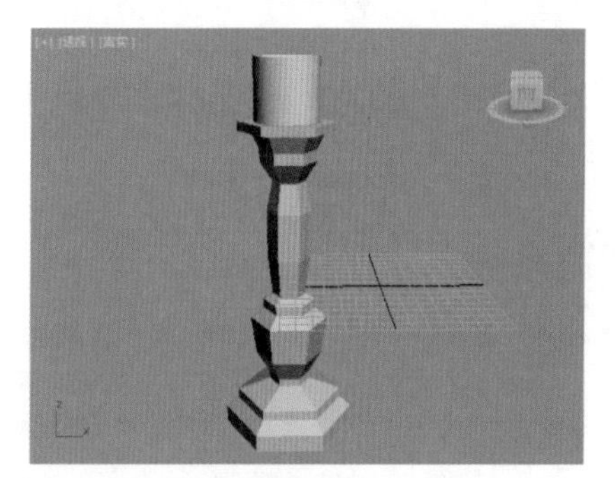

图5-46

典型实例：车削修改器制作酒瓶

案例文件　案例文件 \Chapter 05\ 典型实例：车削修改器制作酒瓶 .max
视频教学　视频文件 \Chapter 05\ 典型实例：车削修改器制作酒瓶 .flv
技术掌握　掌握样条线建模下线工具和车削修改器的运用

酒瓶是用来装酒的容器。现代酒瓶内涵丰富，已经超出了仅为盛酒容器的概念，赫然变为一种特有的包装艺术品和雅俗文化的载体，最终的渲染效果如图5-47所示。

图5-47

1. 建模思路

具体建模思路如图5-48所示。

图5-48

2. 制作步骤

（1）启动3ds Max 2016中文版，单击菜单栏中的【自定义】|【单位设置】命令，此时弹出【单位设置】对话框，将【显示单位比例】和【系统单位比例】设置为【毫米】，如图5-49所示。

（2）单击 （创建）|（图形）| 样条线 | 线 按钮，在前视图中绘制一条线，如图5-50所示。

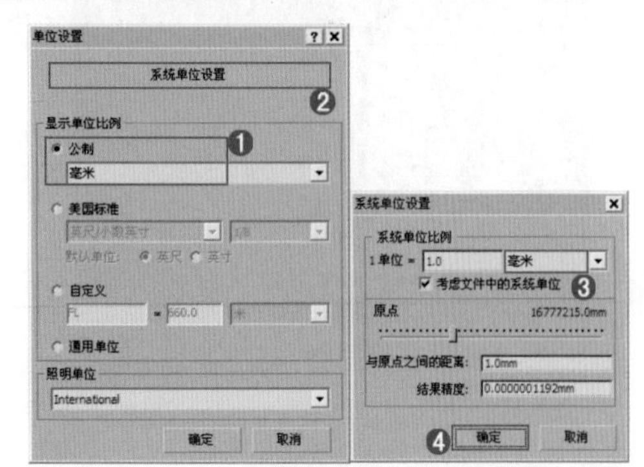

图5-49

（3）选择上一步创建的样条线，为其加载【车削】修改器，如图5-51所示。在【参数】卷展栏下勾选【焊接内核】，设置【分段】为50、设置【对齐】方式为【最大】，如图5-52所示。

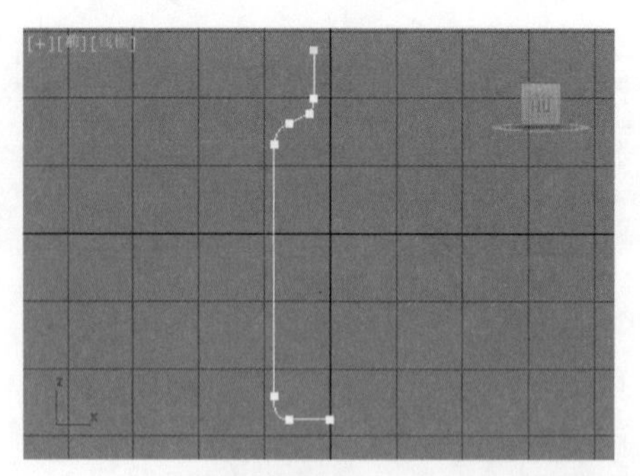

图5-50

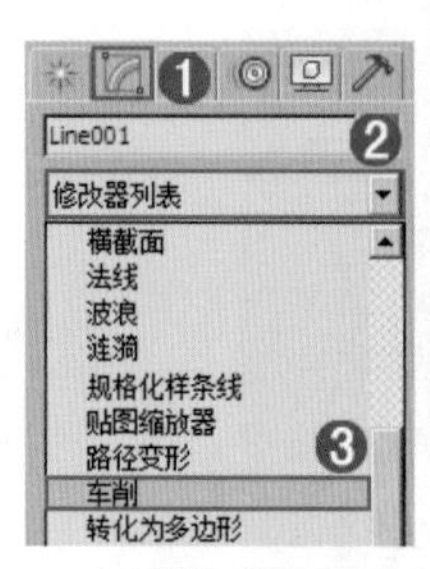

图5-51

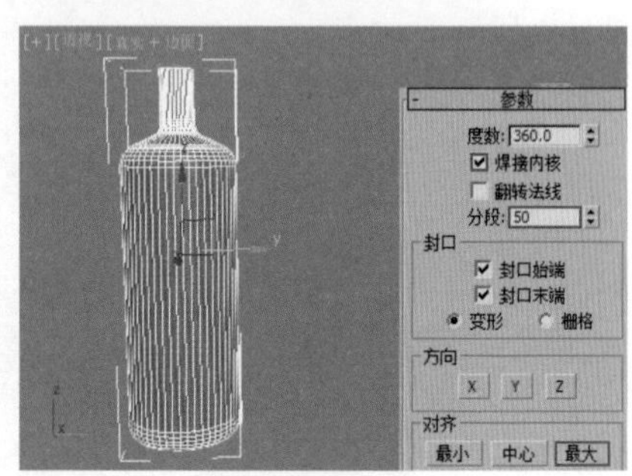

图5-52

提 示

车削的注意事项

在使用【车削】修改器制作模型时，一定要注意【对齐】的方式，设置【对齐】为【最小】时的效果，如图5-53所示。设置【对齐】为【中心】时的效果，如图5-54所示。当设置【对齐】为【最大】时的效果，如图5-55所示。

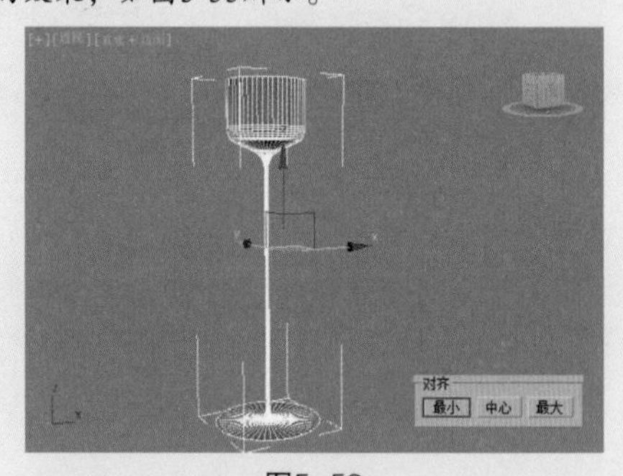

图5-53

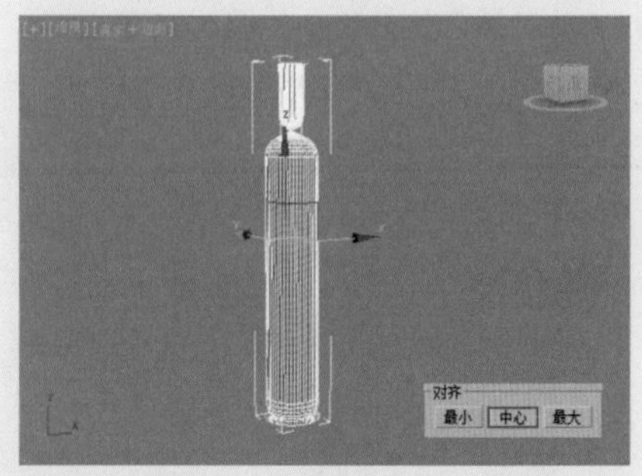

图5-54

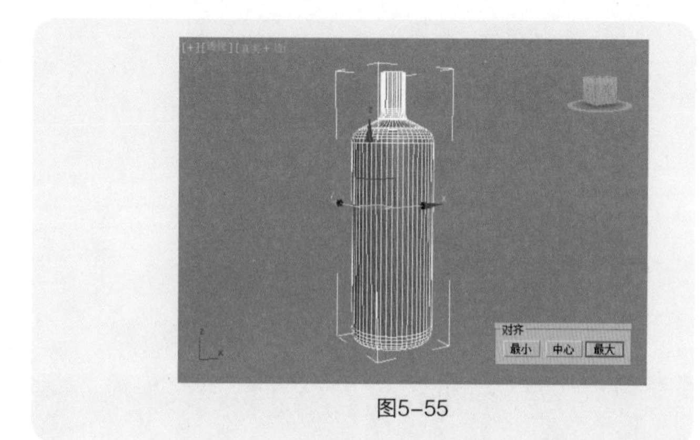

图5-55

（4）再次利用【线】工具在前视图中绘制一条线，如图5-56所示。局部的效果如图5-57所示。

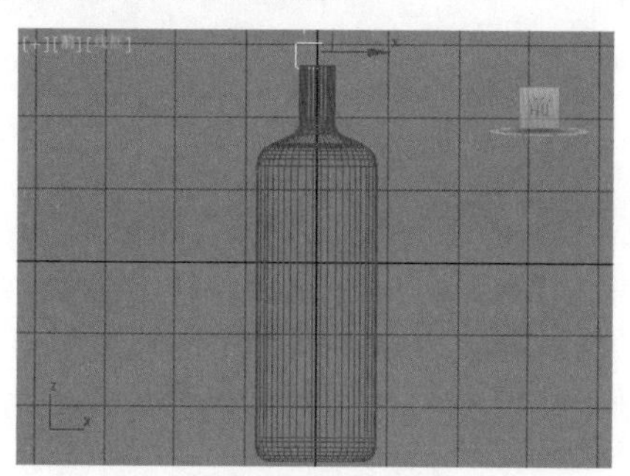

图5-56

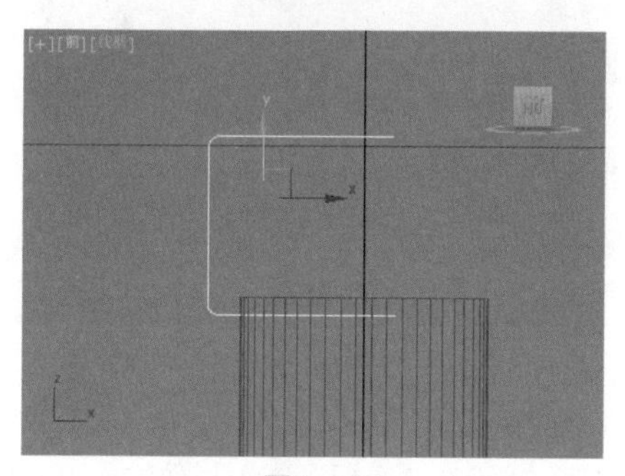

图5-57

（5）选择上一步创建的线，为其加载【车削】修改器，在【参数】卷展栏下勾选【焊接内核】，设置【分段】为50、设置【对齐】方式为【最大】，如图5-58所示。

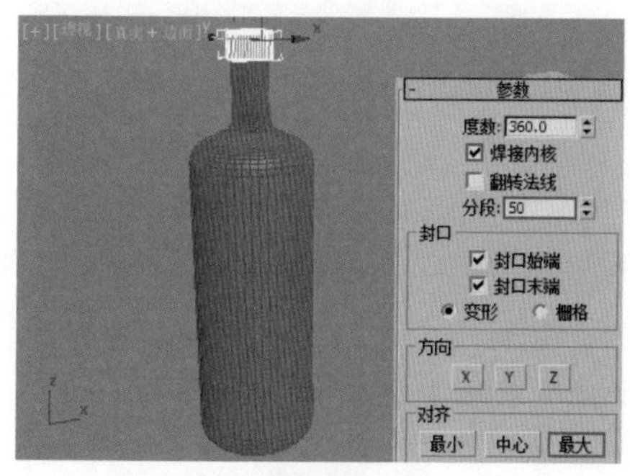

图5-58

Design教授，我又遇到麻烦了，有时候我车削后的模型是“开口”的，这是怎么回事？

Design教授：当两个顶点在Z轴方向不处于垂直线上时，添加车削修改器后的三维模型是有开口效果的，如图5-59所示。

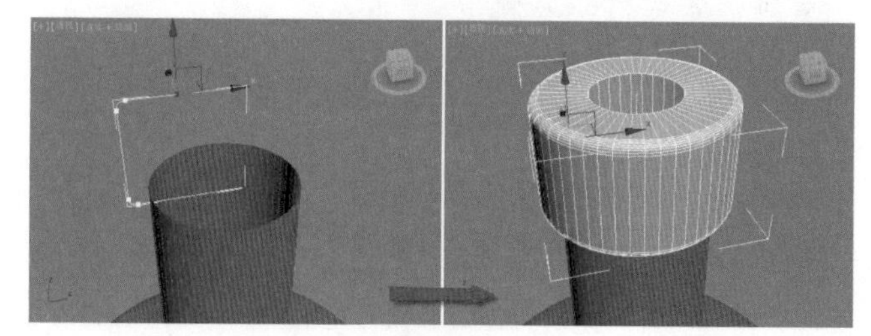

图5-59

当两个顶点在Z轴方向处于垂直线上时，添加车削修改器后的三维模型是没有开口效果的。好吧！Design教授只能帮到你这里了，如图5-60所示。

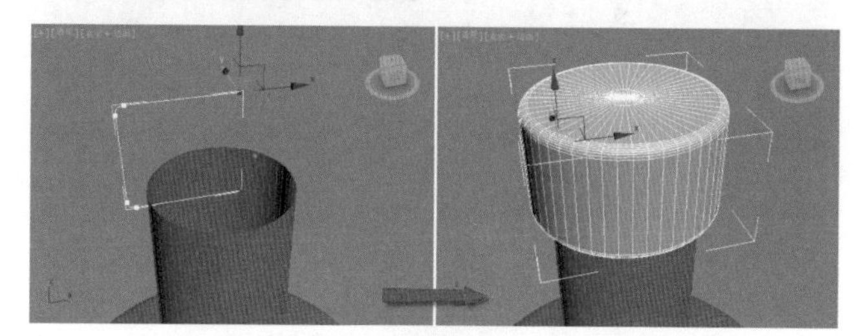

图5-60

（6）最终的模型效果，如图5-61所示。

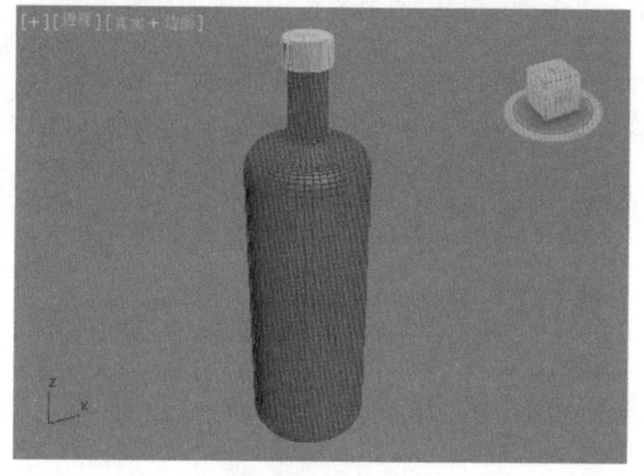

图5-61

5.3.2 【挤出】修改器

【挤出】修改器可以理解为把二维的图形变成有厚度的三维模型。其参数设置面板如图5-62所示。图5-63所示为使用样条线并加载【挤出】修改器制作的三维模型效果。

- 数量：控制挤出的厚度。
- 分段：控制挤出后模型的分段个数。

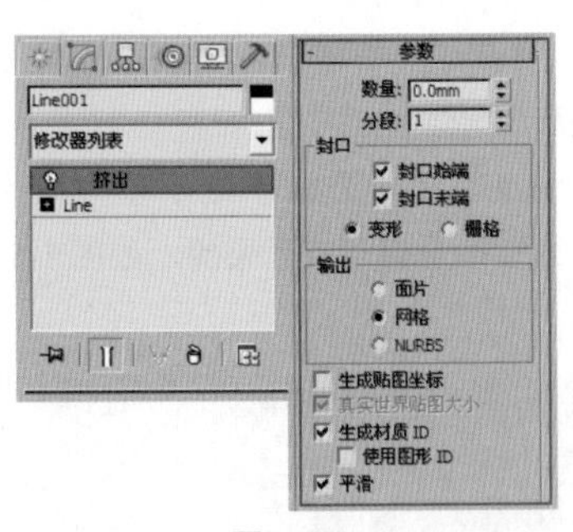

图5-62

图5-63

图5-66

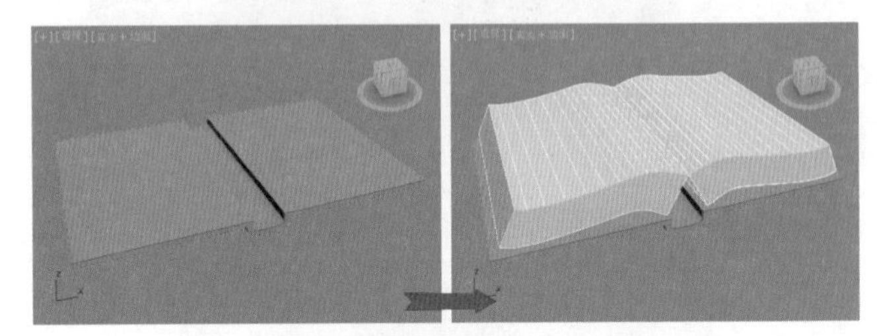

图5-67

独家秘笈——挤出修改器的妙用

三弟三弟，我发现闭合的图形和不闭合的图形加载挤出修改器后，效果不一样。

是吗？麦克斯真聪明！我试了一下确实是这样的。比如一个闭合的图形，加载了挤出修改器，它的效果如图 5-64 所示。

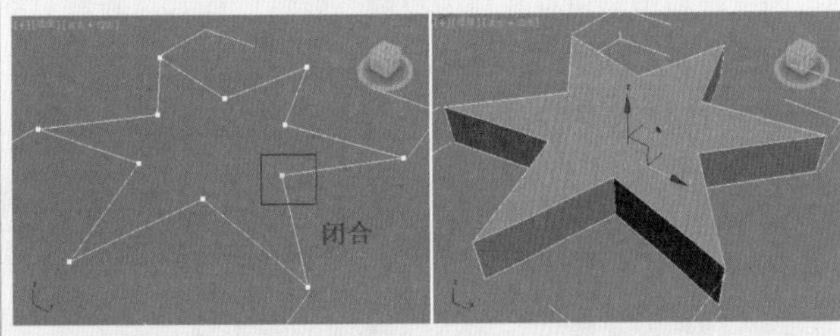

图5-64

一个没有闭合的图形，加载了挤出修改器后，它的效果是另外一个样的，如图 5-65 所示。

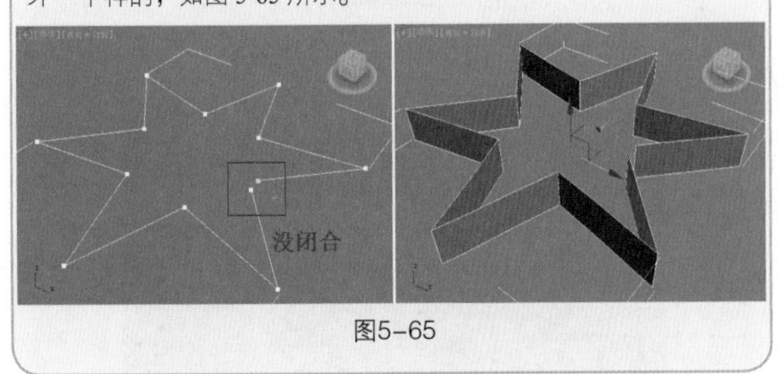

图5-65

典型实例：挤出修改器制作一本厚厚的书

案例文件　案例文件 \Chapter 05\ 典型实例：挤出修改器制作一本厚厚的书 .max

视频教学　视频文件 \Chapter 05\ 典型实例：挤出修改器制作一本厚厚的书 .flv

技术掌握　掌握线工具和挤出修改器的应用

书虽是空间的小配角，但它在家居的空间中，往往能够塑造出浓郁的文化气息。最终的渲染效果如图 5-66 所示。

1. 建模思路

具体建模思路如图 5-67 所示。

2. 制作步骤

（1）单击【创建】|【图形】|【样条线】|【线】，在前视图中绘制一条线，如图 5-68 所示。

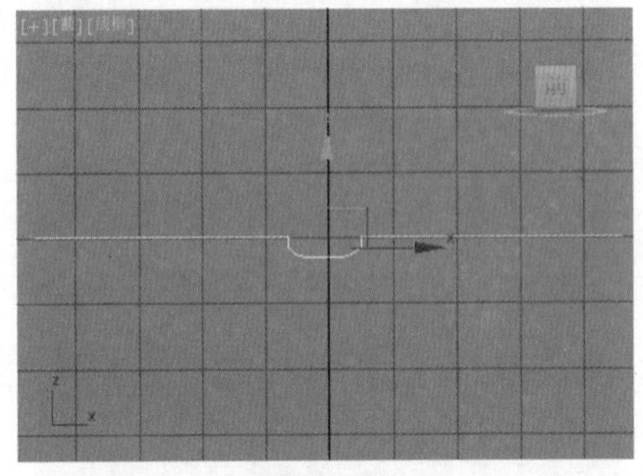

图5-68

（2）在修改面板下，进入【line】下的【样条线】级别，并选择样条线，接着在【轮廓】按钮后面输入 10mm，并按键盘上【Enter】键结束，如图 5-69 所示。这个步骤教授要强调一下，在轮廓后面输入数值并按【Enter】键结束后，数值会自动变成 0mm 了，可千万别以为刚才输入的不正确了呀！

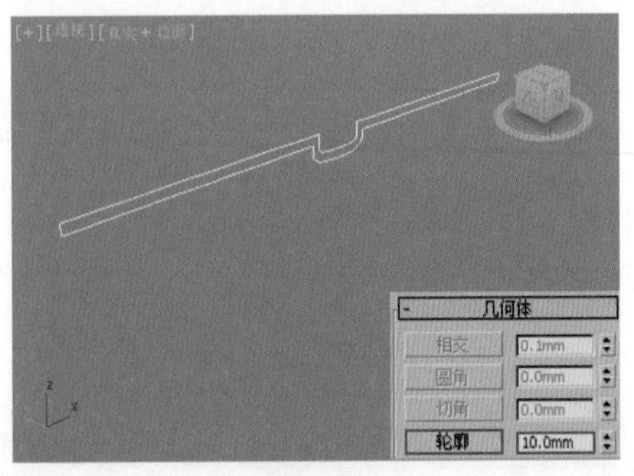

图5-69

（3）选择上一步创建的样条线，为其加载【挤出】修改器，如图 5-70 所示。在修改面板下展开【参数】卷展栏，设置【数量】为 65mm，如图 5-71 所示。

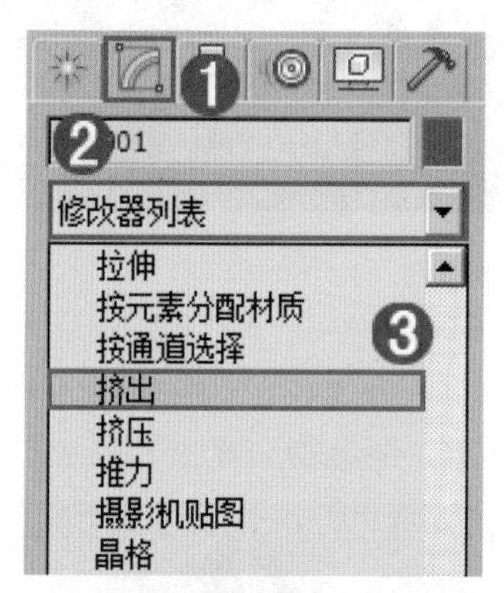

图5-70

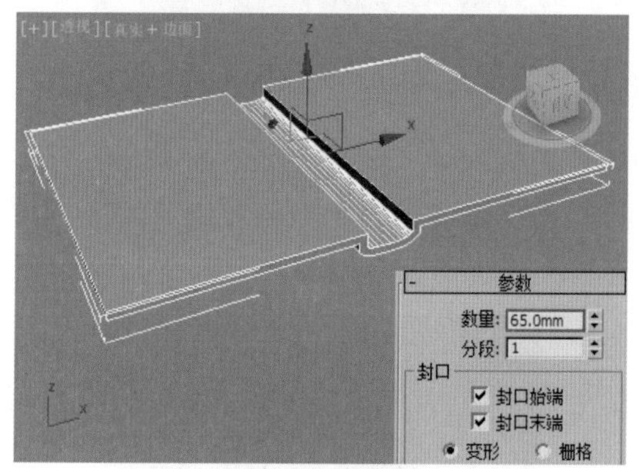

图5-71

（4）再次利用【线】工具在前视图中绘制一条线，如图 5-72 所示。

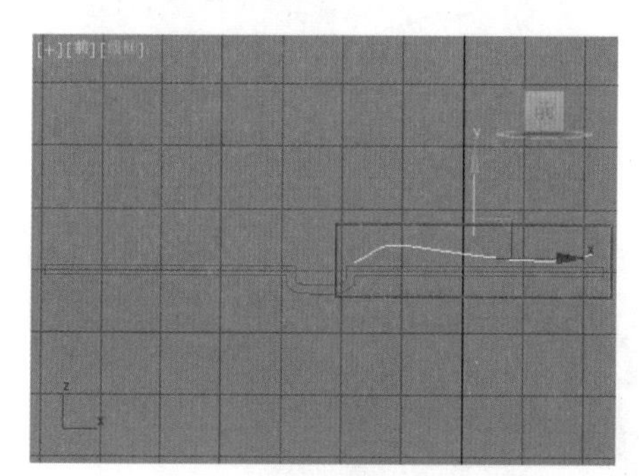
图5-72

（5）在修改面板下，进入【line】下的【样条线】级别，在【轮廓】按钮后面输入 10mm，并按键盘上的【Enter】键结束，如图 5-73 所示。

（6）选择上一步创建的线，为其加载【挤出】修改器，在【参数】卷展栏下设置【数量】为 60mm，如图 5-74 所示。

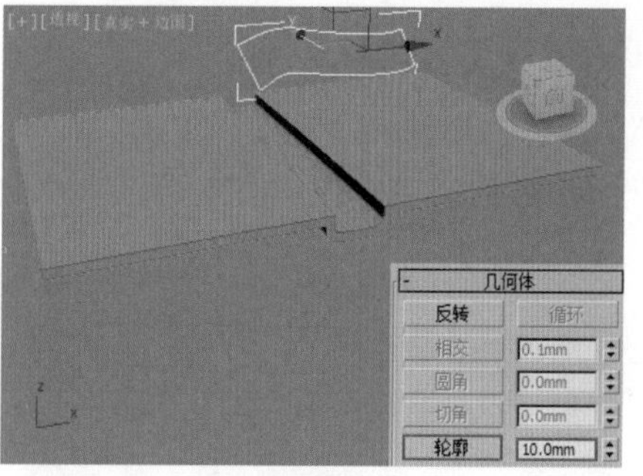

图5-73

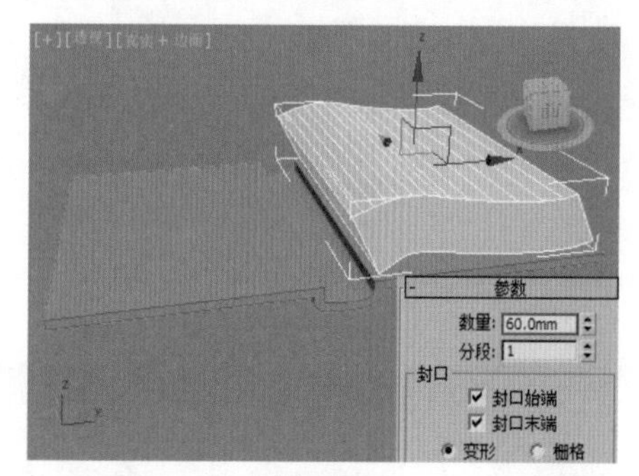

图5-74

（7）选择上一步创建的模型，单击【镜像】工具按钮，并设置【镜像轴】为【X】，设置【偏移】为 -44mm、【克隆当前选择】为【实例】，最后单击【确定】，如图 5-75 所示。

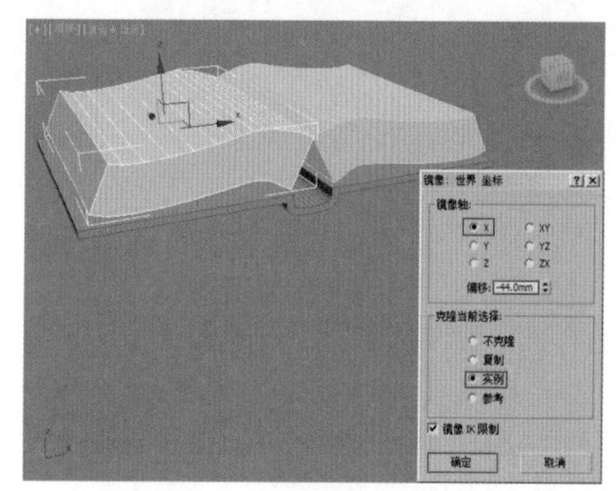
图5-75

（8）最终的模型效果，如图 5-76 所示。

图5-76

挤出的封口参数

提示 在封口选项组下取消勾选【封口末端】选项时，挤出后的模型末端端面消失了，如图5-77所示。而勾选【封口末端】选项时，末端端面是闭合的，如图5-78所示。

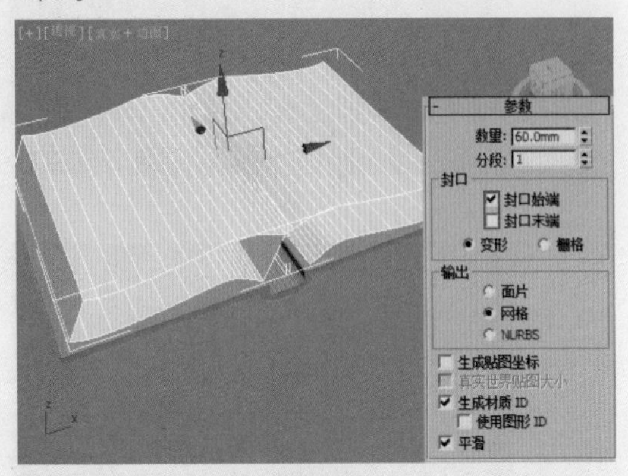

图5-77

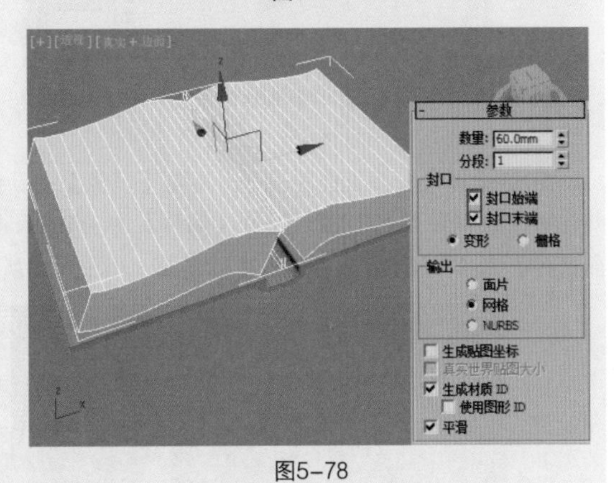

图5-78

典型实例：挤出修改器制作吊顶模型

案例文件 案例文件\Chapter 05\典型实例：挤出修改器制作吊顶模型.max
视频教学 视频文件\Chapter 05\典型实例：挤出修改器制作吊顶模型.flv
技术掌握 掌握挤出修改器的使用

吊顶的结构比较特殊，一般为带有图案的空心结构，常见的有方形、圆形等。最终的渲染效果如图5-79所示。

图5-79

1. 建模思路

具体建模思路如图5-80所示。

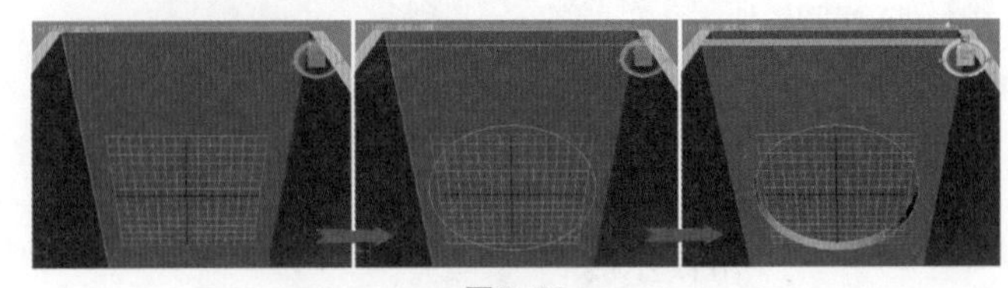

图5-80

2. 制作步骤

（1）在视图中使用【长方体】创建4个长方体，摆放到图5-81所示的位置。分别依次设置它们的参数，如图5-82所示。

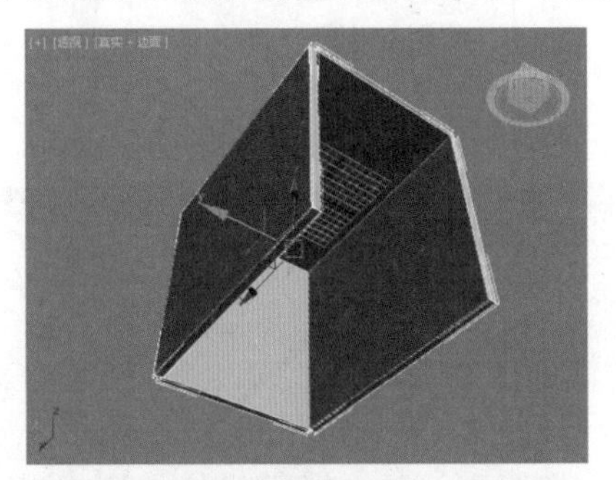

图5-81

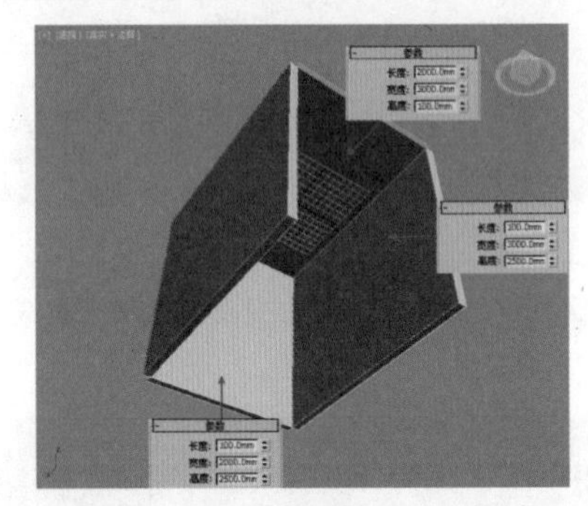

图5-82

（2）在视图中创建一个矩形，设置【长度】为2000mm、【宽度】为3000mm，如图5-83和图5-84所示。

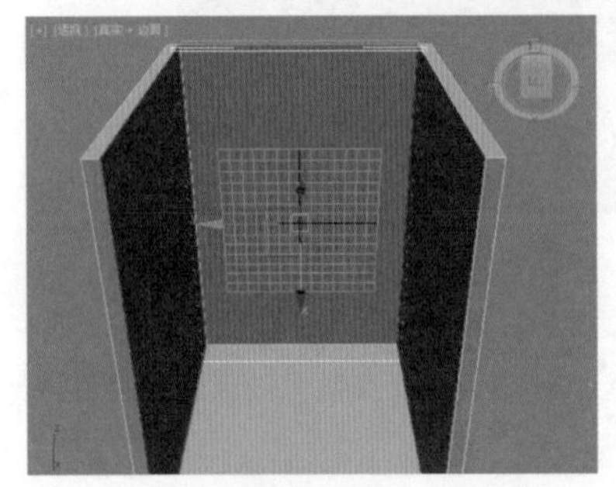

图5-83

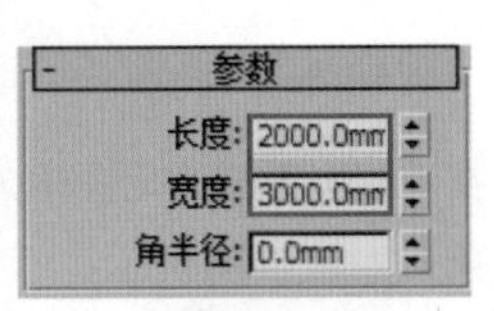

图5-84

（3）在视图中创建一个圆，设置【步数】为52、【半径】为800mm，如图5-85和图5-86所示。

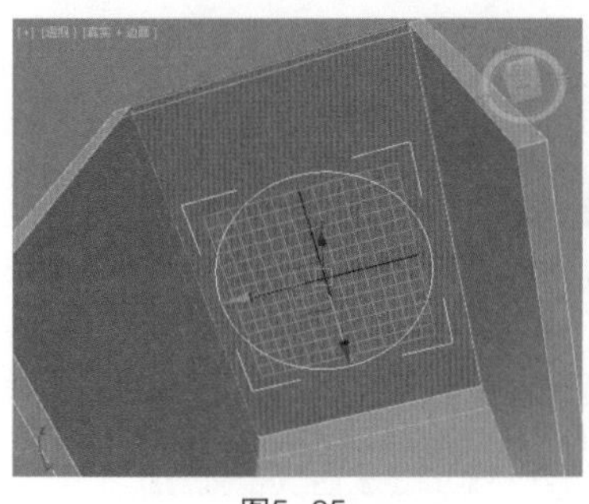

图5-85

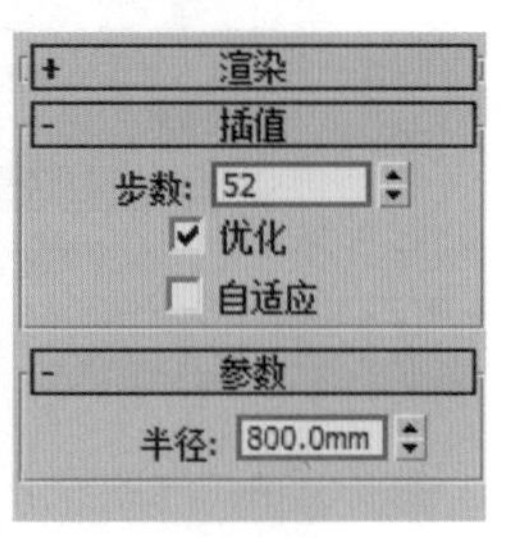

图5-86

（4）选择刚创建完成的矩形，单击右键执行【转换为】|【转换为可编辑样条线】，如图 5-87 所示。

（5）选择该矩形并单击修改，单击 附加 按钮，然后单击拾取刚才绘制的圆，如图 5-88 所示。

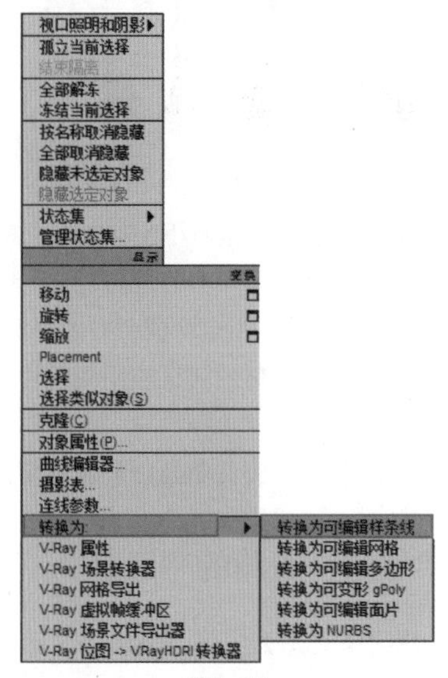

图5-87

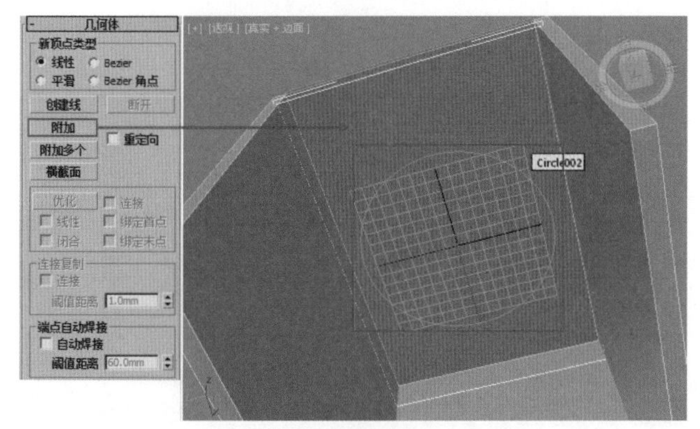

图5-88

（6）此时矩形和圆形合并为一个新的图形，如图 5-89 所示。单击修改，为其添加【挤出】修改器，设置【数量】为 100mm，如图 5-90 所示。

（7）最终的效果，如图 5-91 所示。

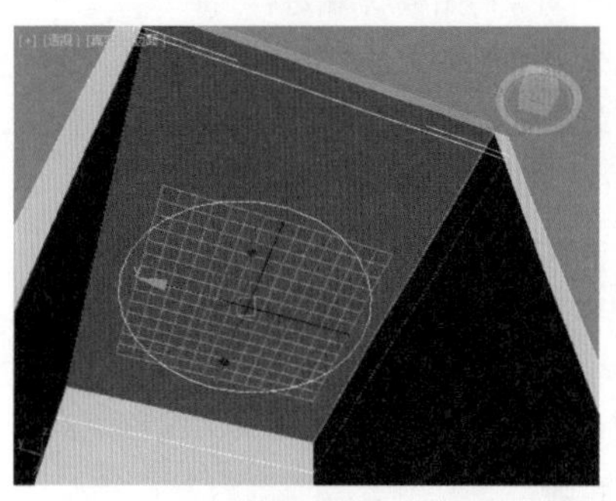

图5-89

图5-90

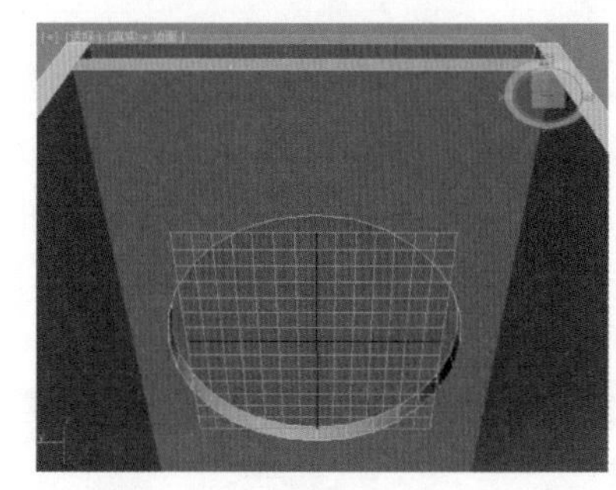

图5-91

5.3.3 【倒角】修改器

【倒角】你可以理解为一个长方体的一个边角倒了一点，那是不是就有了一点斜面，这样更好理解。【倒角】修改器相当于是在【挤出】修改器的基础上，增加了边缘轮廓的斜面效果。其参数设置面板如图 5-92 所示。与【挤出】修改器类似，【倒角】修改器也可以制作出三维的效果，如图 5-93 所示。

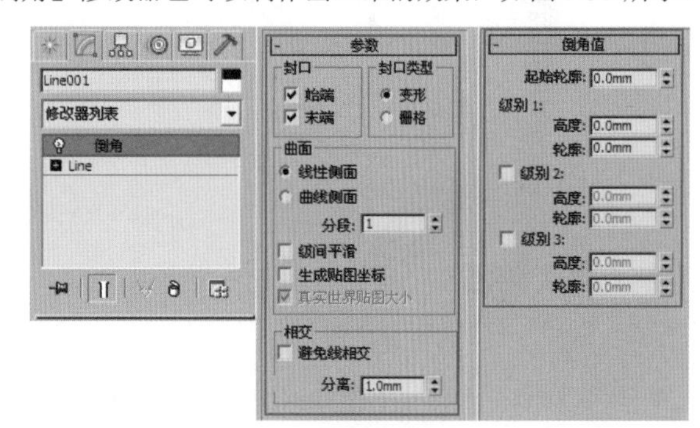

图5-92

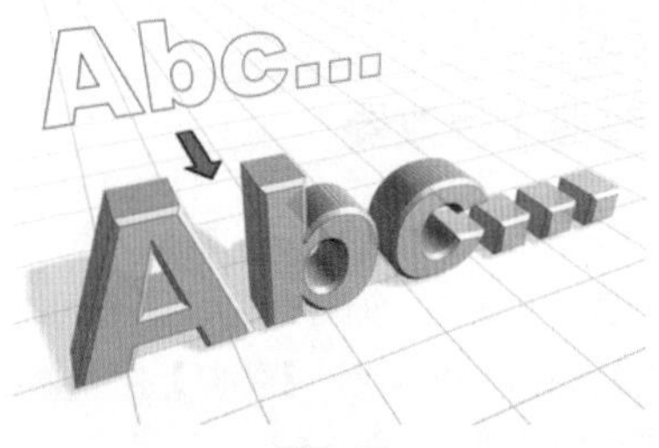

图5-93

- 始端/末端：用对象的始端/末端进行封口。
- 分段：在每个级别之间设置中级分段的数量。
- 级间平滑：启用此项后，会对侧面产生平滑的效果。
- 避免线相交：防止轮廓彼此相交。
- 起始轮廓：设置轮廓距离原始图形的偏移距离。
- 高度：设置级别1在起始级别之上的距离，也就是产生的高度。
- 轮廓：设置级别1的轮廓到起始轮廓的偏移距离，也就是产生的轮廓。

5.3.4 【倒角剖面】修改器

【倒角剖面】修改器的原理是一个图形添加该修改器后，拾取另一个图形，从而产生一个三维模型，如图 5-94 所示。图 5-95 所示为使用【倒角剖面】修改器制作三维模型的流程图。

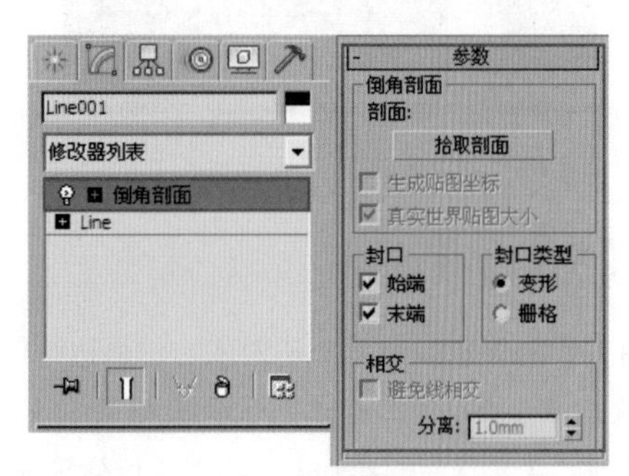

图5-94

图5-95

- 拾取剖面：选中一个图形或NURBS曲线作为剖面路径。具体的操作步骤是选择一条线，然后单击该按钮，最后再单击拾取另外一条线。

5.3.5 【弯曲】修改器

【弯曲】修改器就是把模型变弯曲了，当然它还可以限制模型弯曲的位置、角度、方向等，它是很好玩的一个修改器。其参数设置面板如图 5-96 所示。【弯曲】修改器可以模拟出三维模型弯曲变化的效果，如图 5-97 所示。

图5-96

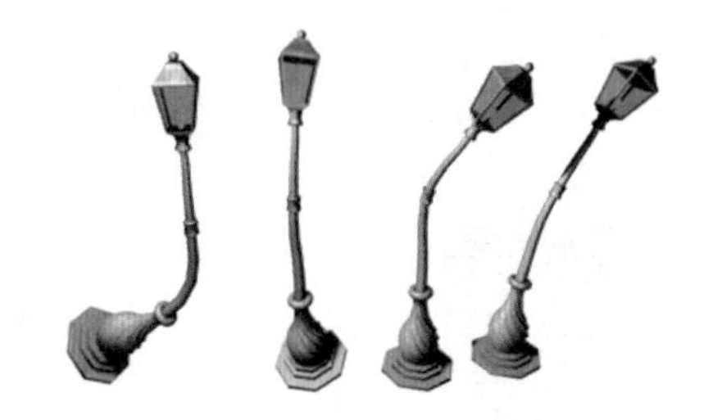
图5-97

- 【角度】：设置围绕垂直于坐标轴方向的弯曲量。
- 【方向】：控制模型弯曲的方向。
- 【弯曲轴X/Y/Z】：指定弯曲所在的坐标轴。
- 【限制效果】：对弯曲效果应用限制约束，这个参数很重要。
- 【上限/下限】：设置弯曲效果上限/下限的具体位置。

5.3.6 三弟琢磨：歪脖的“三弟”

（1）首先使用【文本】工具，输入“三弟”两个字，如图 5-98 所示。

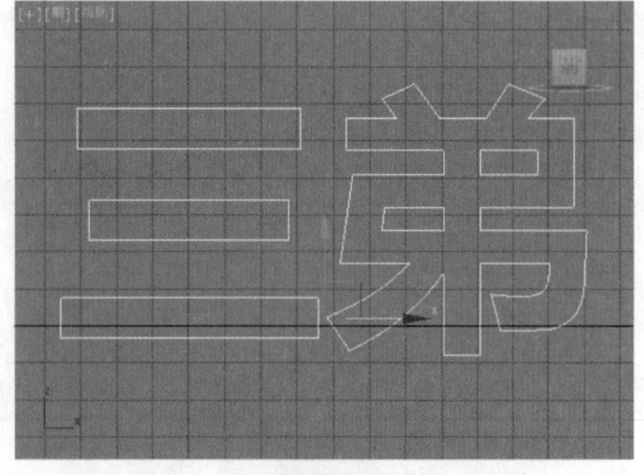

图5-98

（2）为文字加载【挤出】修改器，“三弟”就变成三维的了，如图 5-99 和图 5-100 所示。

（3）继续加载【弯曲】修改器，并设置参数，如图 5-101 所示。歪脖的“三弟”就完成啦，麦克斯快来看看吧！如图 5-102 所示。

图5-99

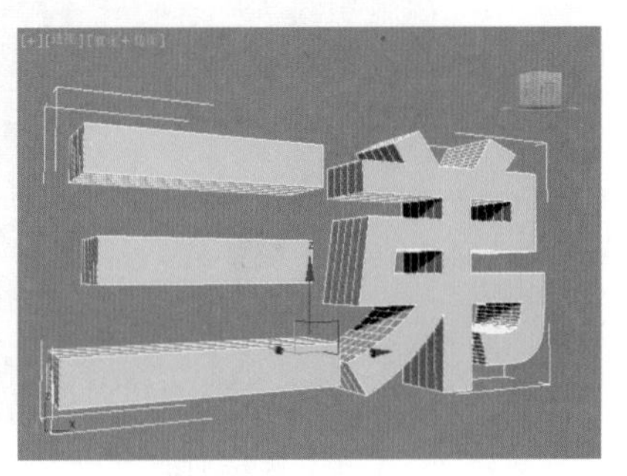

图5-100

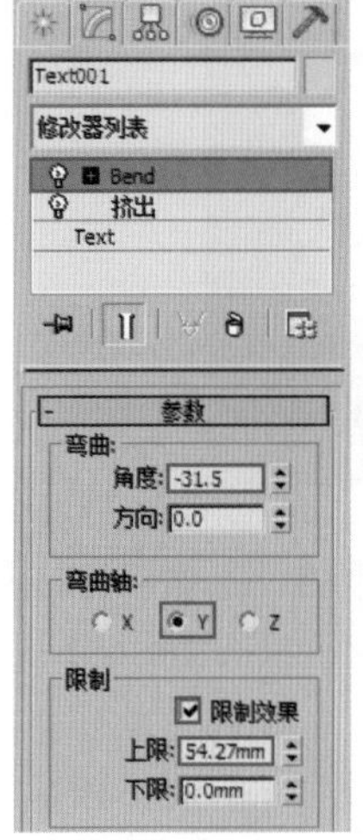

图5-101

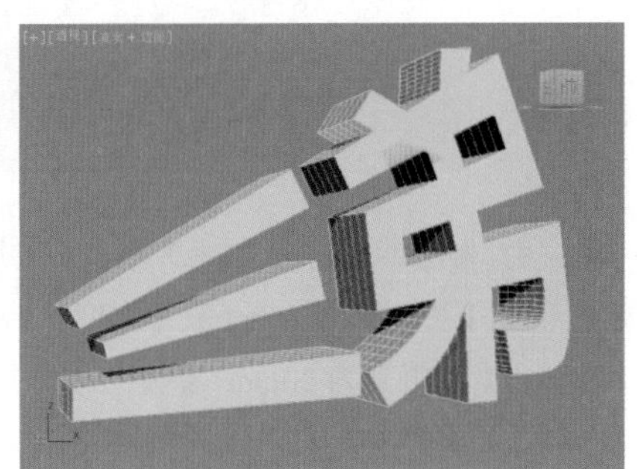

图5-102

5.3.7 【FFD】修改器就是自由变形

【FFD】修改器没有办法从字面意思上去理解，你就把它理解为“自由变形”就好啦！这种修改器使用晶格框包围住选中的几何体，然后通过调整晶格的控制点来改变封闭几何体的形状，它是一个很常用的修改器。其参数设置面板如图 5-103 所示。图 5-104 所示为模型加载【FFD】修改器，制作出模型变化的效果。

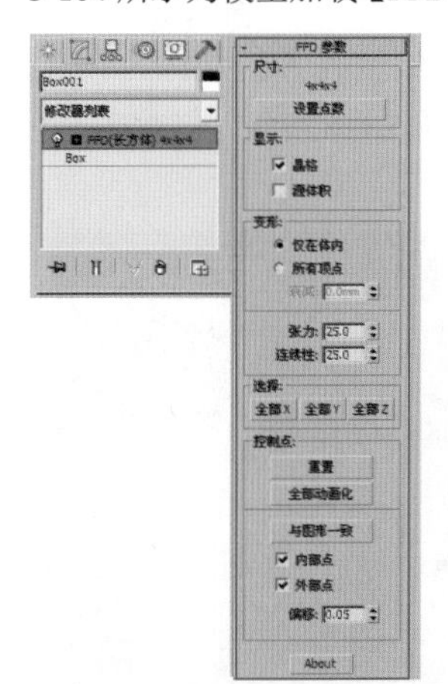

图5-103

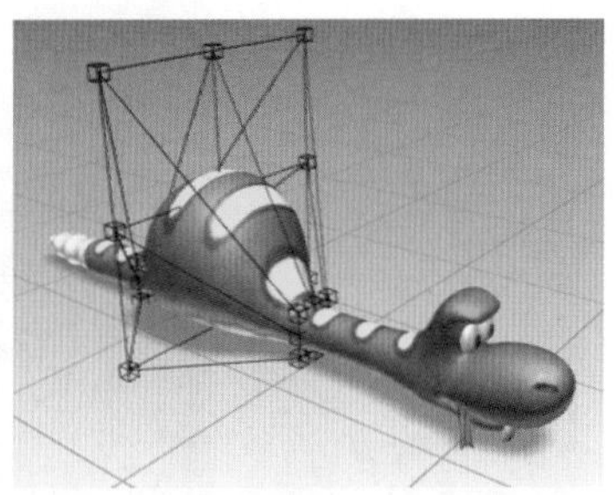

图5-104

3ds Max中有好几个FFD修改器

在修改器列表中共有5个FFD修改器，分别为FFD2×2×2（自由变形2×2×2）、FFD3×3×3（自由变形3×3×3）、FFD 4×4×4（自由变形4×4×4）、FFD（长方体）和FFD（圆柱体）修改器，这些都是自由变形修改器，它们的区别在于控制点的个数不同。

- 设置点数：设置晶格中当前控制点的个数（X、Y、Z代表三个方向上控制点的个数），例如4×4×4。
- 晶格：控制是否让连接控制点的线条形成网状栅格效果。
- 源体积：开启该选项可将控制点和晶格以未修改的状态显示出来。
- 仅在体内：只有位于源体积内的顶点会变形。
- 所有顶点：所有顶点都会变形。
- 张力/连续性：调整变形效果的张力和连续性参数。
- 全部X/全部Y/全部Z按钮：选中由这3个按钮指定轴向的所有控制点。

典型实例：FFD修改器制作单人沙发

案例文件	案例文件\Chapter 05\典型实例：FFD修改器制作单人沙发.max
视频教学	视频文件\Chapter 05\典型实例：FFD修改器制作单人沙发.flv
技术掌握	掌握FFD修改器及车削修改器的使用

单人沙发的模型是通过切角长方体模型添加 FFD 修改器进行模型的变化，从而实现更接近沙发的模型的。最终的渲染效果如图 5-105 所示。

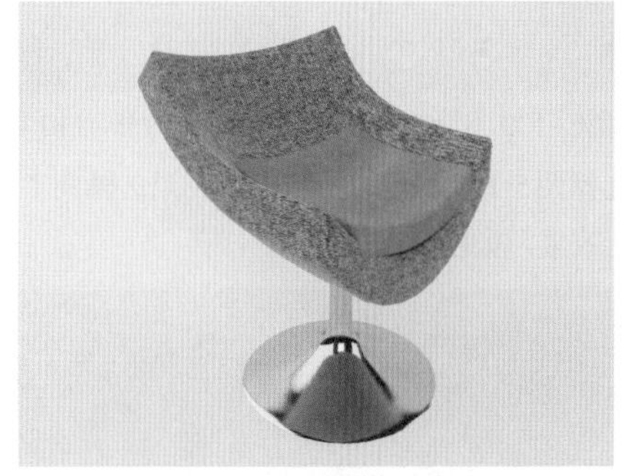

图5-105

1. 建模思路

具体建模思路如图 5-106 所示。

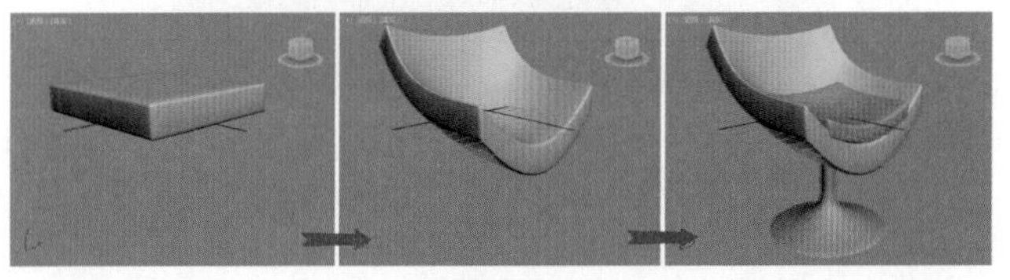

图5-106

2. 制作步骤

（1）在视图中创建一个切角长方体，如图 5-107 所示。设置【长度】为 1000mm、【宽度】为 1000mm、【高度】为 180mm、【圆角】为 20mm、【长度分段】为 10、【宽度分段】为 10、【高度分段】为 2、【圆角分段】为 3，如图 5-108 所示。

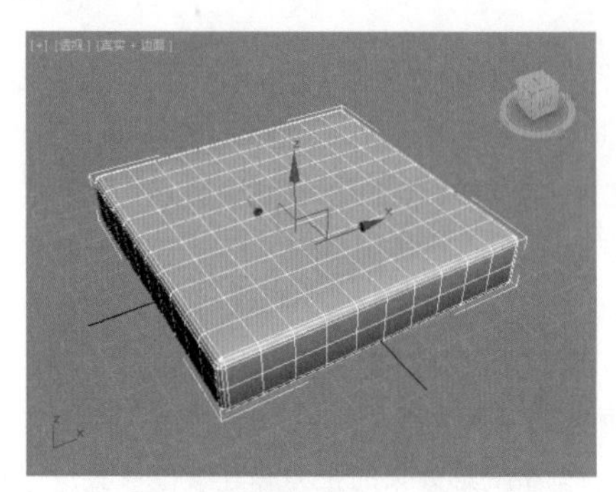

图5-107

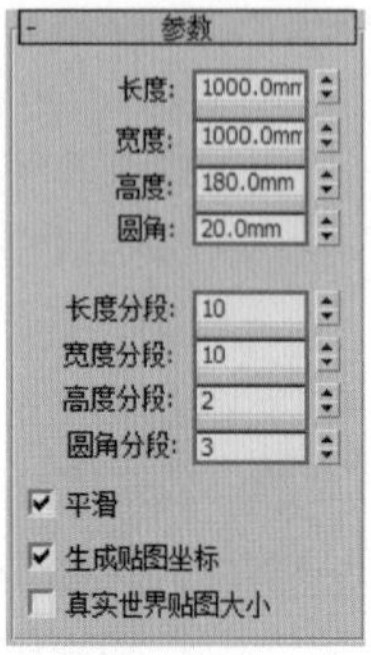

图5-108

（2）单击修改，为其添加【FFD4×4×4】修改器，如图 5-109 所示。单击进入【控制点】级别，如图 5-110 所示。

图5-109

图5-110

（3）选择图 5-111 所示的控制点，并沿 Z 轴向下进行移动。此时的模型效果，如图 5-112 所示。

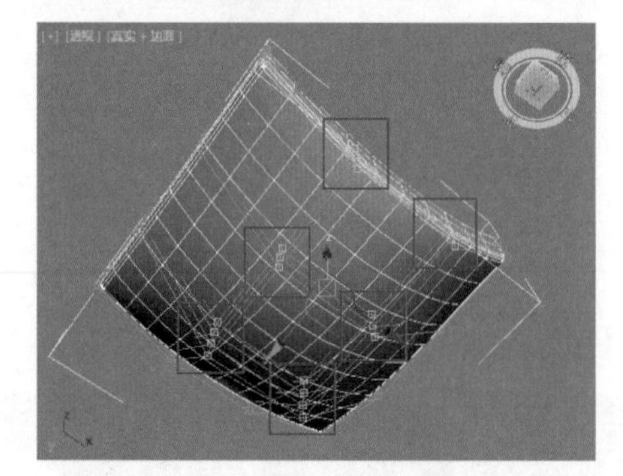

图5-111

（4）继续调整控制点的位置，此时模型的效果如图 5-113 所示。

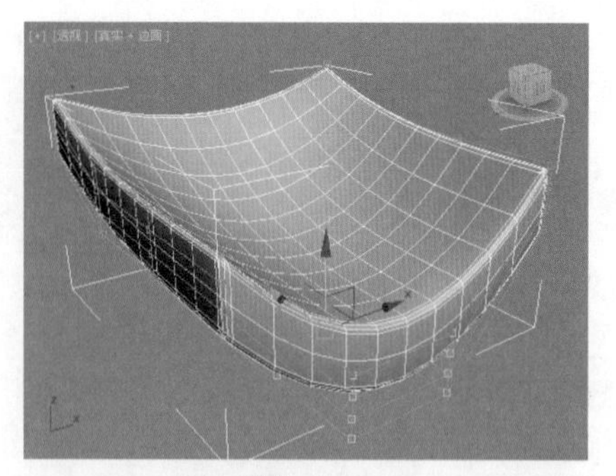

图5-112

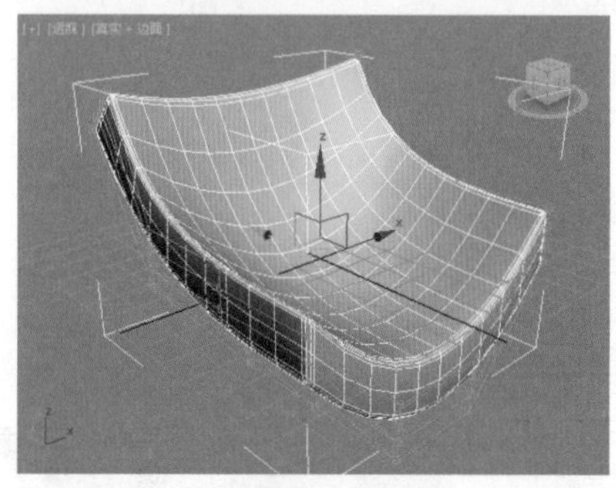

图5-113

（5）继续在视图中创建一个切角长方体，如图 5-114 所示。设置【长度】为 700mm、【宽度】为 700mm、【高度】为 100mm、【圆角】为 20mm、【长度分段】为 10、【宽度分段】为 10、【高度分段】为 2、【圆角分段】为 3，如图 5-115 所示。

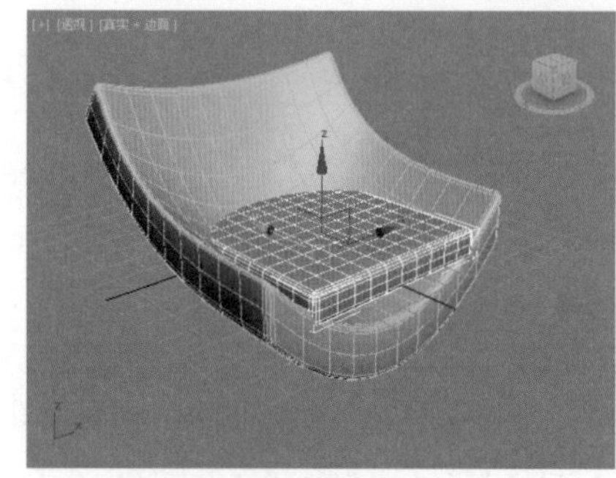

图5-114

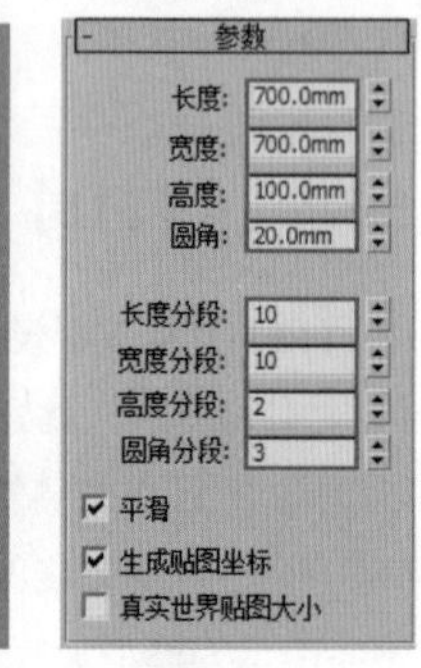

图5-115

（6）使用同样的方法，为坐垫模型添加【FFD 4×4×4】修改器并进入【控制点】级别，如图 5-116 所示。接着移动控制点的位置，如图 5-117 所示。

图5-116

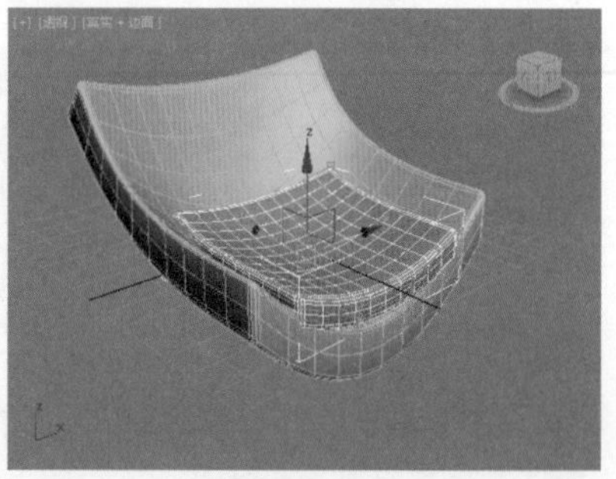

图5-117

（7）在前视图中绘制一条线，如图 5-118 所示。然后单击修改，为其添加【车削】修改器，设置【分段】为 52、【对齐】为【最小】，如图 5-119 所示。

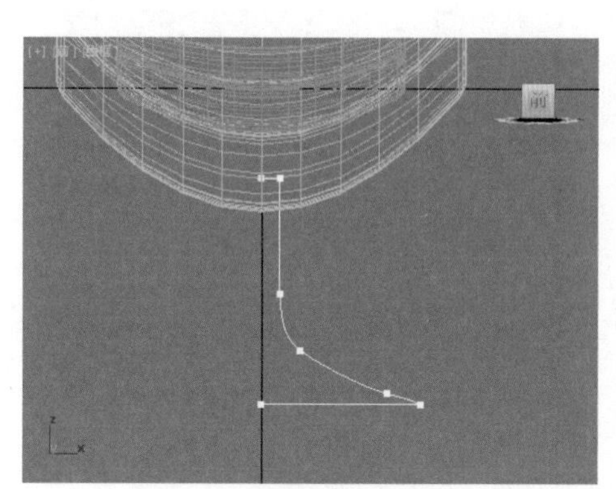

图5–118

图5–119

（8）此时沙发腿的模型如图 5-120 所示。最终的模型效果，如图 5-121 所示。

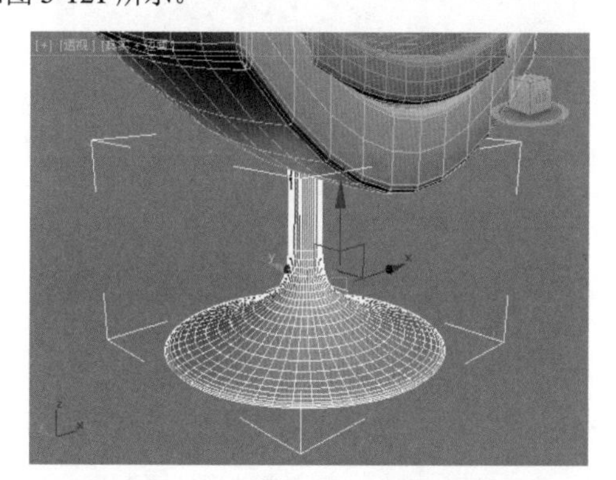

图5–120

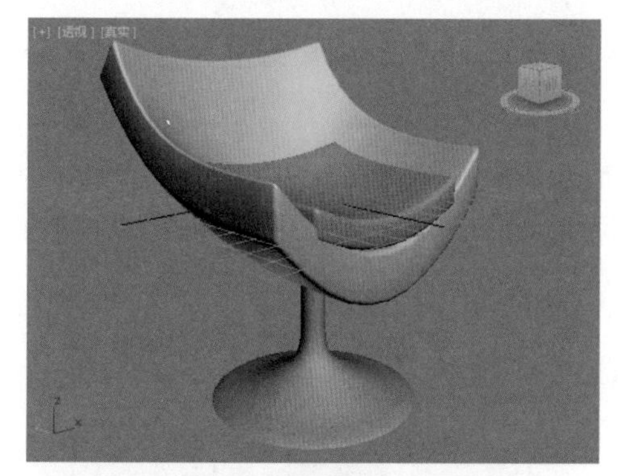

图5–121

5.3.8 【平滑】修改器真的很平滑吗？

在我们的理解中加载【平滑】修改器后，模型一定会变得很平滑，其实不是的。为“茶壶”模型加载了【平滑】修改器后，模型变得更尖锐了，如图 5-122 所示。

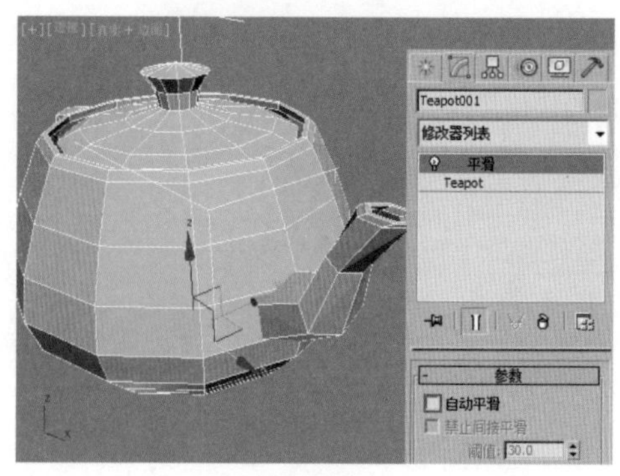

图5–122

但是当我们勾选【自动平滑】后，发现模型变得平滑了，如图 5-123 所示。所以说，【平滑】修改器很强大，既可以把模型变尖锐，也可以把模型变平滑，更重要的是这个修改器不增加模型的多边形个数，所以很省内存。

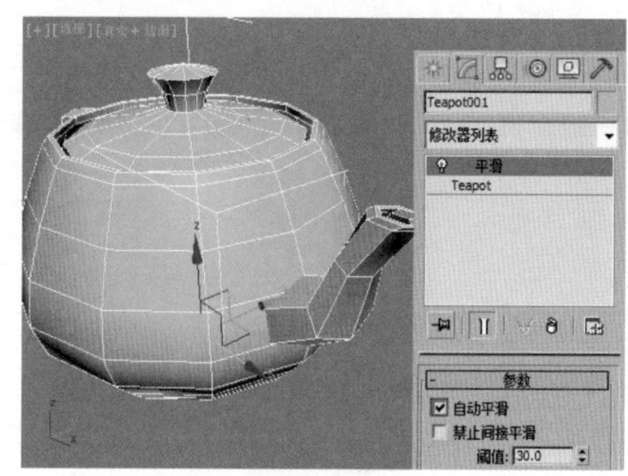

图5–123

典型实例：晶格修改器制作三维DNA模型

案例文件　案例文件 \Chapter 05\ 典型实例：晶格修改器制作三维 DNA 模型 .max

视频教学　视频文件 \Chapter 05\ 典型实例：晶格修改器制作三维 DNA 模型 .flv

技术掌握　掌握扭曲修改器、晶格修改器的应用

三维 DNA 模型是指将 DNA 三维模型化，使其在 360° 内的各个角度都可以查看，方便医用观察和教学使用。最终的渲染效果如图 5-124 所示。

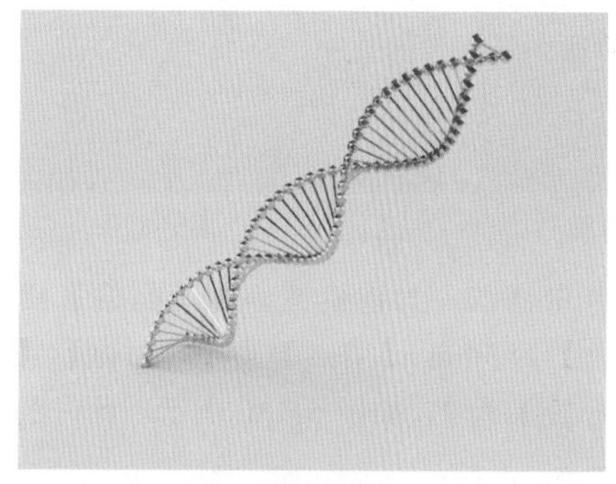

图5–124

1. 建模思路

具体的建模思路如图 5-125 所示。

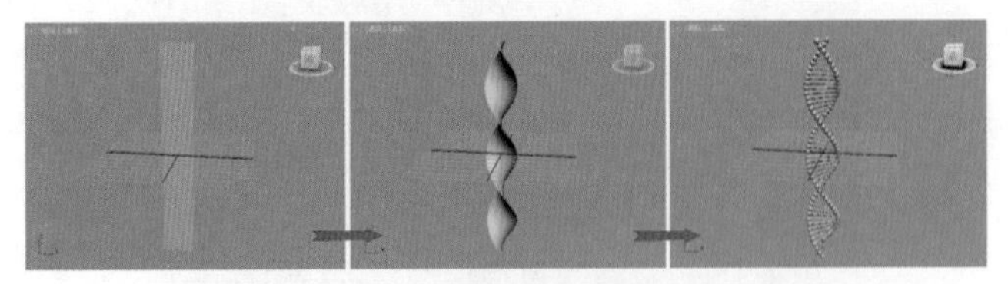

图5-125

2. 制作步骤

（1）在创建面板中，执行 （创建）|（几何体）| 标准基本体 | 平面 操作，在前视图中创建一个平面，如图 5-126 所示。单击修改，设置【长度】为 2000mm、【宽度】为 300mm、【长度分段】为 50、【宽度分段】为 1，如图 5-127 所示。

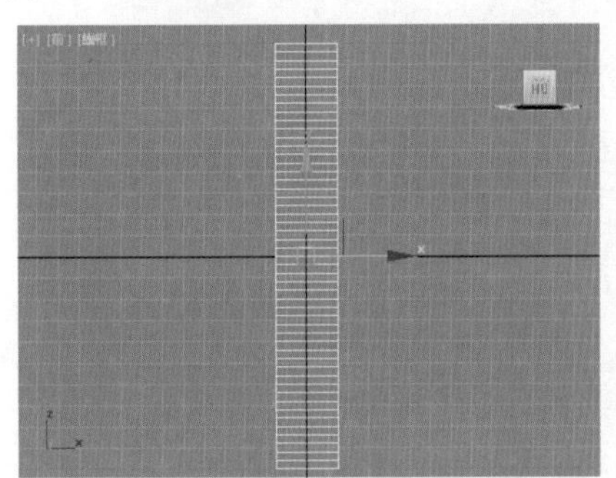

图5-126

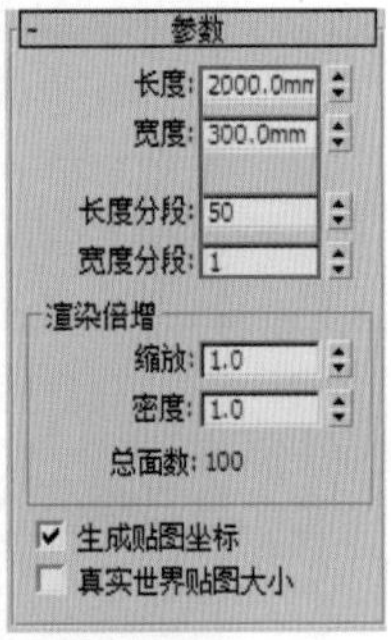

图5-127

（2）单击修改，为该模型添加【扭曲】修改器，并设置【角度】为 554.5，【扭曲轴】为 Y，如图 5-128 所示。此时的效果，如图 5-129 所示。

图5-128

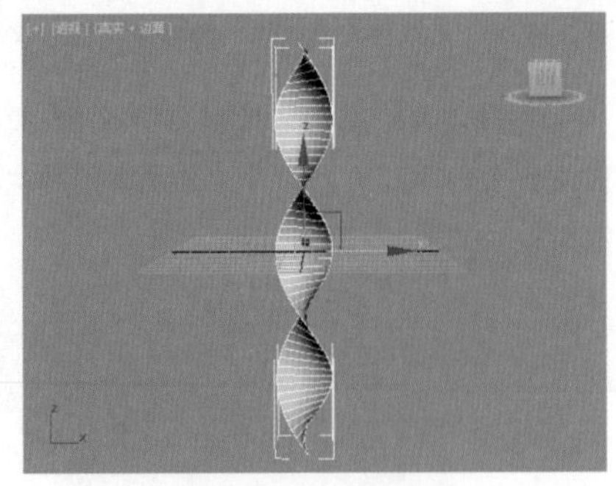

图5-129

（3）单击修改，为该模型添加【晶格】修改器，并设置【半径】为 5mm、【节点】为【八面体】、【半径】为 25mm、【分段】为 2，如图 5-130 所示。此时的效果，如图 5-131 所示。

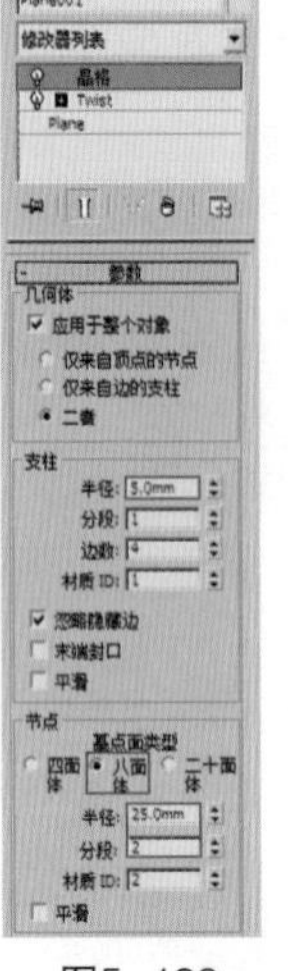

图5-130

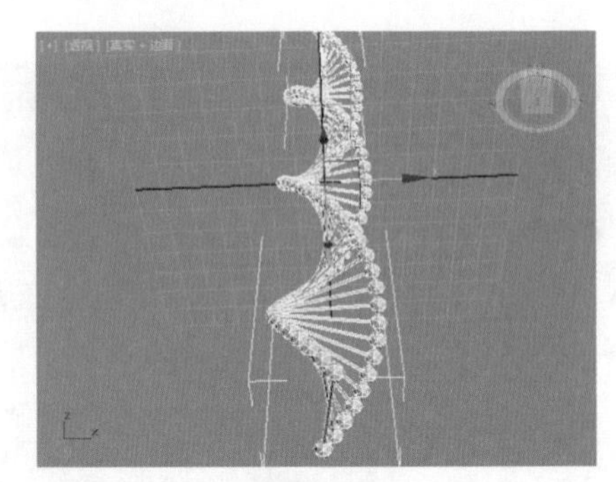

图5-131

（4）最终的模型效果，如图 5-132 所示。

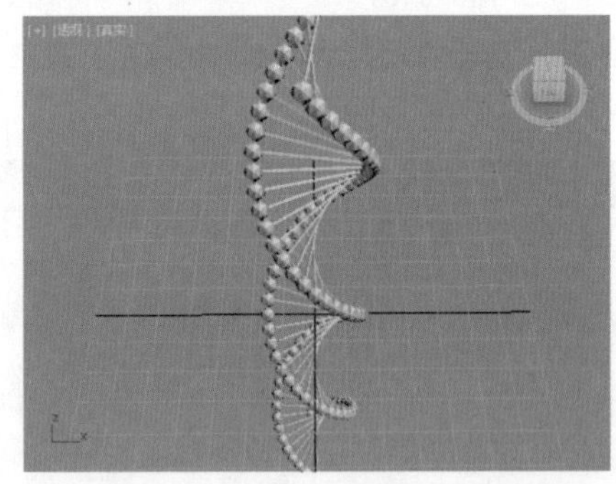

图5-132

典型实例：噪波修改器制作冰块

案例文件　案例文件 \Chapter 05\ 典型实例：噪波修改器制作冰块 .max
视频教学　视频文件 \Chapter 05\ 典型实例：噪波修改器制作冰块 .flv
技术掌握　掌握噪波修改器的应用

冰块是用水冷冻而成的方形食品，模型的制作难点在于冰块表面的凹凸质感。最终的渲染效果如图 5-133 所示。

图5-133

1. 建模思路

具体的建模思路如图5-134所示。

图5-134

2. 制作步骤

（1）在创建面板中，执行（创建）|（几何体）|扩展基本体|切角长方体操作，在视图中创建一个切角长方体，如图5-135所示。

（2）单击修改，设置【长度】为500mm、【宽度】为500mm、【高度】为500mm、【圆角】为30mm、【长度分段】为20、【宽度分段】为20、【高度分段】为20、【圆角分段】为5，如图5-136所示。

图5-135

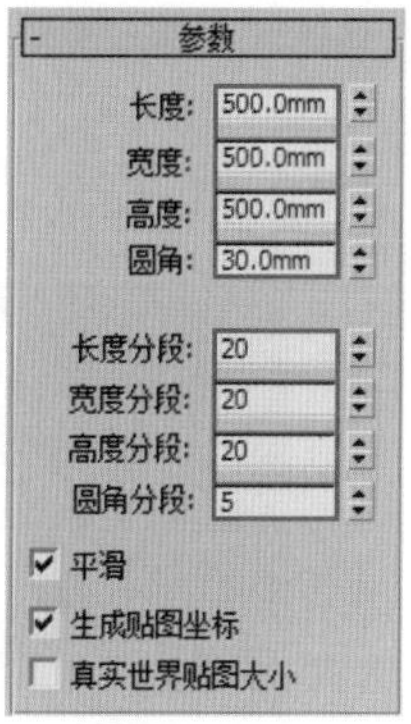

图5-136

（3）单击修改，为该模型添加【噪波】修改器，并设置【比例】为23.32、【强度】中的【X】为50mm、【Y】为60mm、【Z】为80mm，如图5-137所示。此时冰块的效果，如图5-138所示。

图5-137

（4）继续单击修改，为该模型添加【噪波】修改器，并设置【比例】为5、【强度】中的【X】为6mm、【Y】为6mm、【Z】为6mm，如图5-139所示。此时冰块的效果，如图5-140所示。

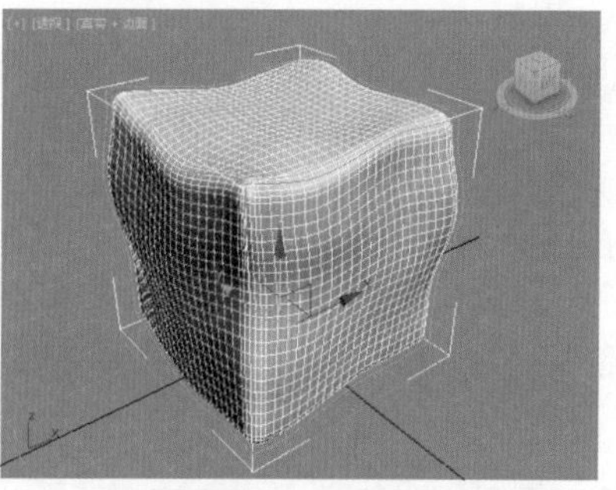

图5-138

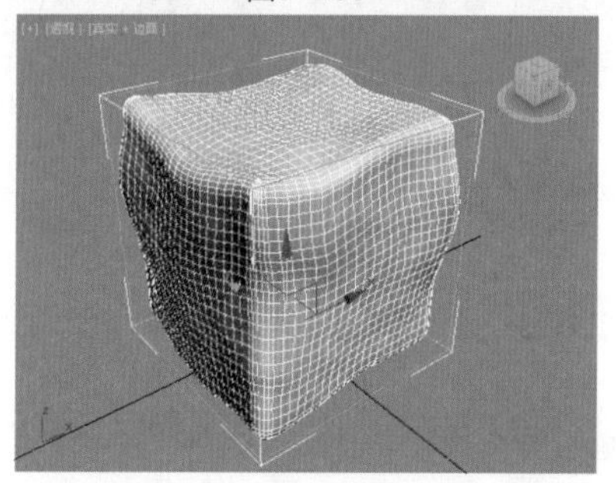

图5-139

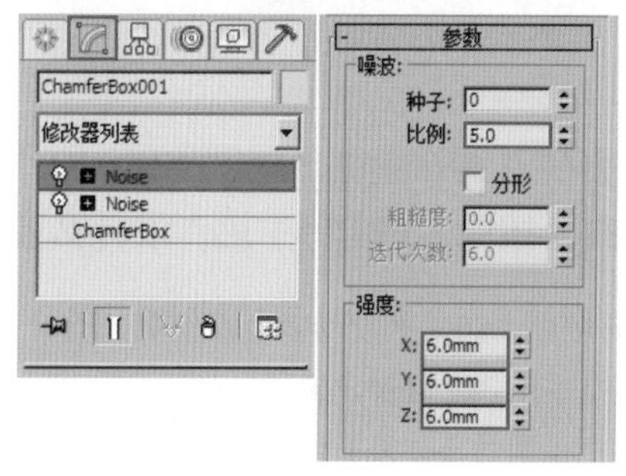

图5-140

> 提示
>
> 为什么要加两次噪波？
>
> 由于冰块表面的凹凸质感比较复杂，它应包括大噪波和小噪波，因此只为模型添加一次【噪波】修改器无法制作出更真实的凹凸噪波质感，不妨试试添加两次【噪波】修改器，设置不同的【比例】参数。这样大小相间的噪波就制作出来了。

（5）此时冰块的模型，如图5-141所示。使用同样的方法继续制作出剩余的冰块，如图5-142所示。

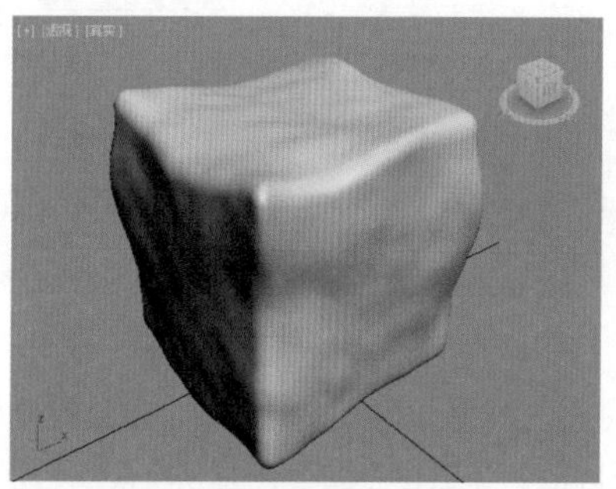

图5-141

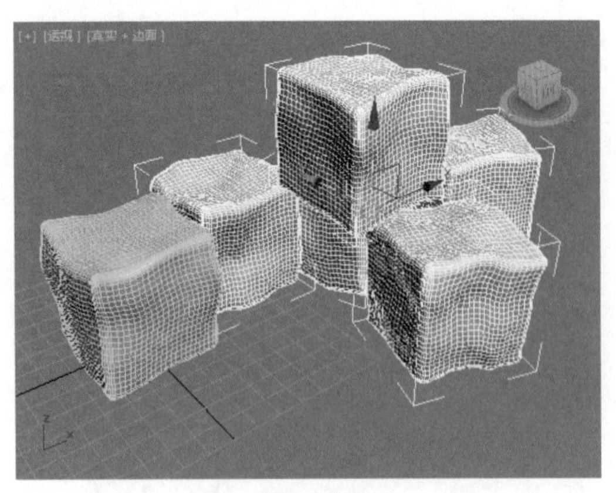

图5-142

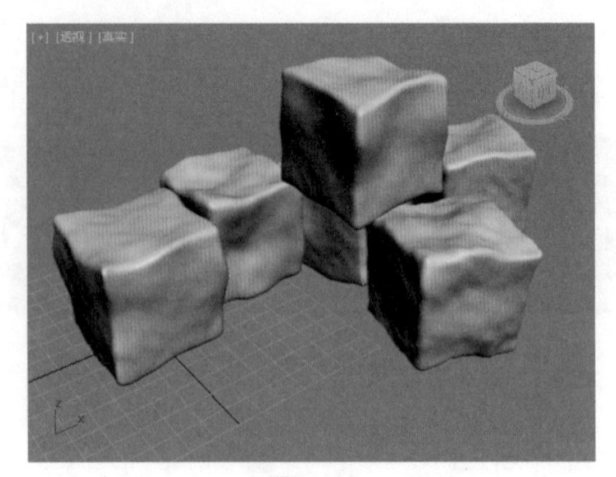

图5-143

（6）最终的效果，如图 5-143 所示。

5.4 Design教授研究所——修改器建模常见的几个问题

Design 教授研究所又有新研究了。关于修改器建模的 3 个问题，你可能会遇到哦！不妨先来看看吧，碰到这些问题时，即可迎刃而解、轻松应对了。

5.4.1 为什么我的模型加载了修改器（比如弯曲、扭曲、FFD等）后，没什么变化呢?

这个问题吧，80% 的初学者都会遇到，而且一旦遇到后就可能怀疑是不是 3ds Max 出错了？是不是软件的问题？其实不是。只要把模型的【分段】设置合理，就能很好地解决这个问题。图 5-144 所示为创建模型时，如果模型分段合理，那么加载修改器（比如扭曲修改器）后，模型效果是正确的。图 5-145 所示如果模型分段很少，那么加载修改器（比如扭曲修改器）后，模型效果是错误的。

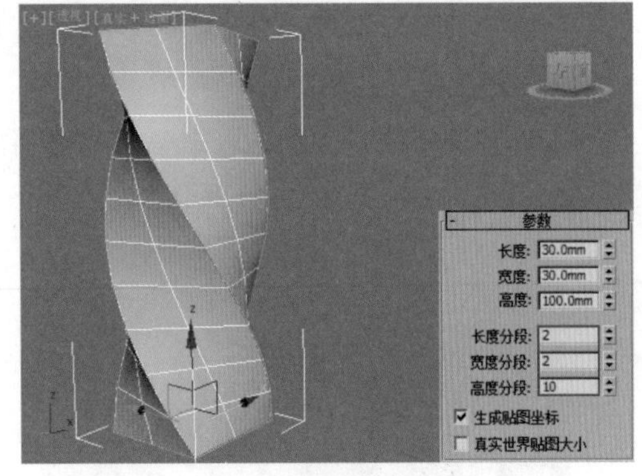

图5-144

由此可见，模型分段太少的时候，使用有些修改器后的效果是不正确的。当然也不要设置的分段太多，分段太多，会占用太多电脑的内存，操作会不流畅的。

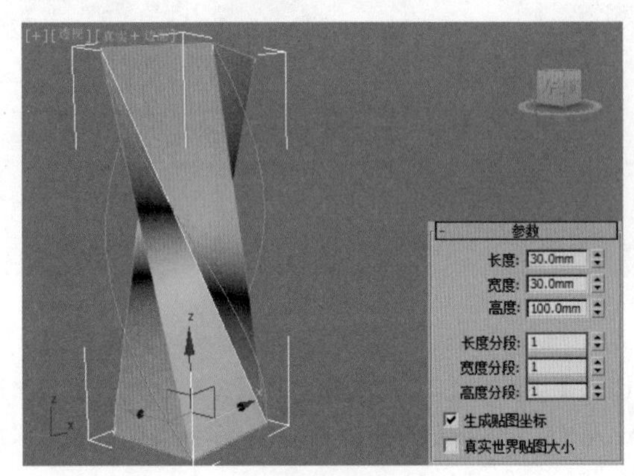

图5-145

5.4.2 二维和三维对象的修改器，并不是完全一样的

二维和三维对象的修改器确实是不完全一致的。比如可以为一个图形添加【车削】修改器，但是无法对一个模型添加该修改器。再比如可以为一个模型添加【弯曲】修改器，但是的确无法对一个图形添加该修改器。这个问题虽然我在前面提过一次，但是我感觉有必要再说一次。

5.4.3 修改器还有哪些需要注意的细节?

其实修改器的功能是很强大的，但是有一些功能是被隐藏的，我们一定要知道。比如一部分修改器，可以把其级别展开（如 FFD 修改器），展开后可以选择相应的级别进行调整，如图 5-146 和图 5-147 所示。

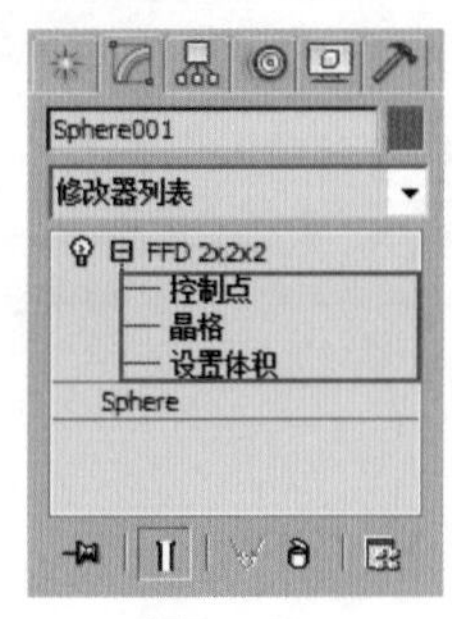

图5–146

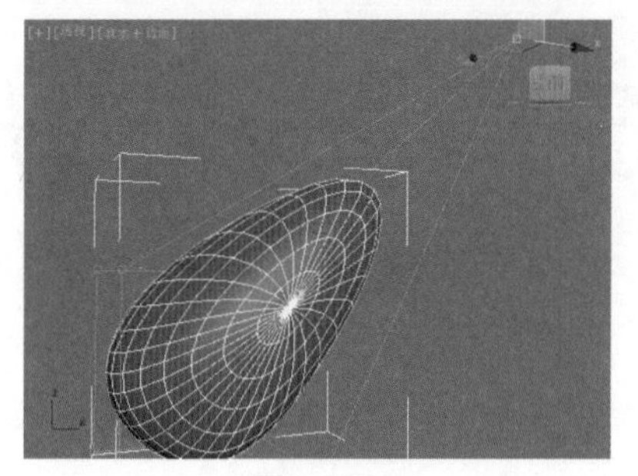

图5–147

本章小结

通过对本章的学习，我们已经掌握了修改器的知识。如车削修改器、弯曲修改器、倒角修改器和晶格修改器等，这些修改器不仅可以被三维模型所添加，而且部分修改器可以被二维图形所添加，使用它们可以快速地模拟出很多特殊的模型效果。修改器建模是非常方便的建模方式。

第 6 章　多边形建模，超级强大

本章内容

多边形建模的概念
多边形建模参数的详解
多边形建模制作多种模型

本章人物

Design 教授——擅长 3ds Max 技术和理论
三弟——酷爱 3ds Max 软件，新手
麦克斯——三弟的同班同学，好友

我们将在这一章中讲解一种最强大的建模方式——多边形建模。多边形建模经常用来制作室内设计模型、建筑设计模型、工业设计模型、角色设计模型等。由于多边形建模的参数较多，学习起来比较繁琐，因此在本章中特意把知识点进行了归纳总结，很容易掌握哦！

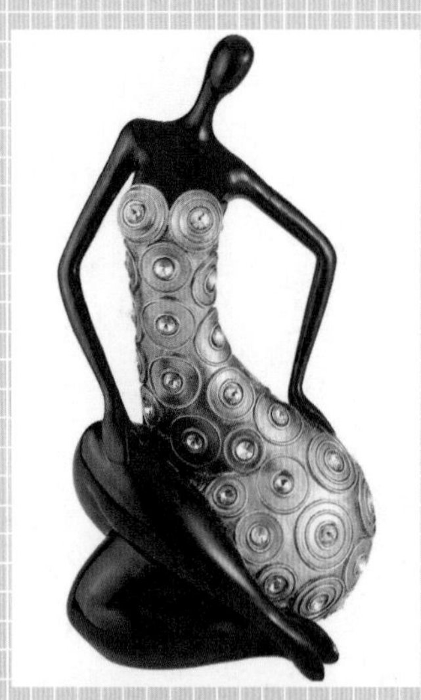

6.1 初识多边形建模

多边形建模是一种较为复杂的建模方式，其参数众多、功能强大，因此通常使用多边形建模制作复杂的模型。通过将模型转换为可编辑多边形，可进一步对模型的顶点、边、多边形等级别进行调整。

6.1.1 为什么说多边形建模是最强大的建模方式？

3ds Max 中包括很多种建模方式，比如几何体建模、修改器建模、样条线建模等，每一种建模方式都专门对应某一类型。修改器建模适合制作特殊的变形模型，样条线建模适合制作线性模型等。有没有一种建模方式可以适应更多的模型制作呢？多边形建模就刚好满足这个条件。80% 以上的模型都可以使用多边形建模制作出来，但是并不是说 80% 以上的模型都最适合使用多边形建模来制作。

6.1.2 首先要了解塌陷多边形对象

多边形建模不像几何体建模那样，直接可以创建出来。要想使用多边形建模，首先需要创建模型，并将模型转换为可编辑多边形，也可称之为塌陷多边形。

比如创建一个长方体，单击修改可看到长方体的基本参数。长方体只能修改长度、宽度、高度等参数，无法进行更多的调整，如图 6-1 所示。

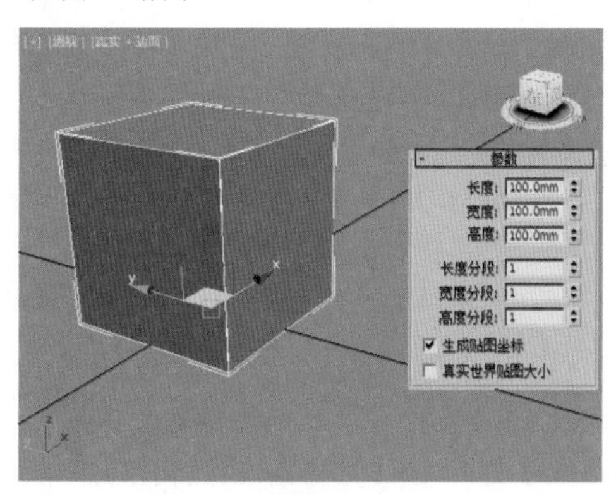

图6-1

但是如果选择模型并单击右键执行【转换为】|【转换为可编辑多边形】，如图 6-2 所示。

此时单击修改，可以看到模型已经被转换成为了可编辑多边形，如图 6-3 所示。可以对此时的模型调整顶点、边等具体细节，图 6-4 所示为移动边位置的效果。

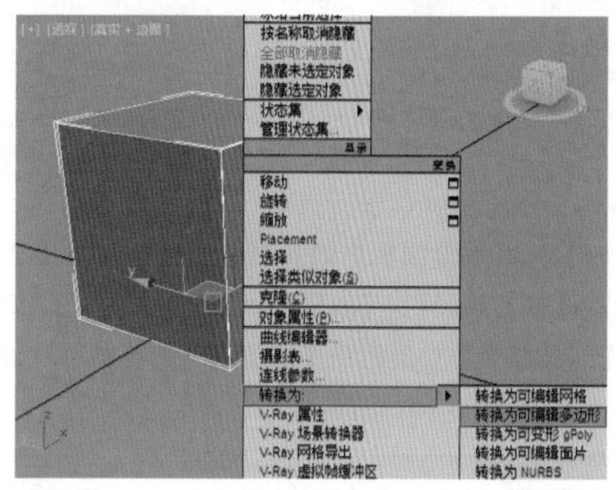

图6-2

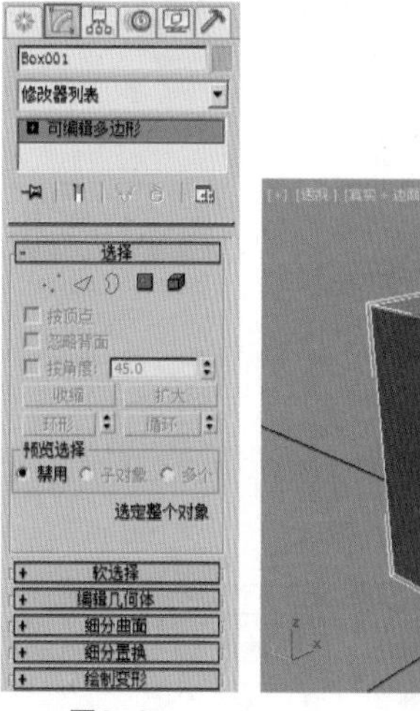

图6-3

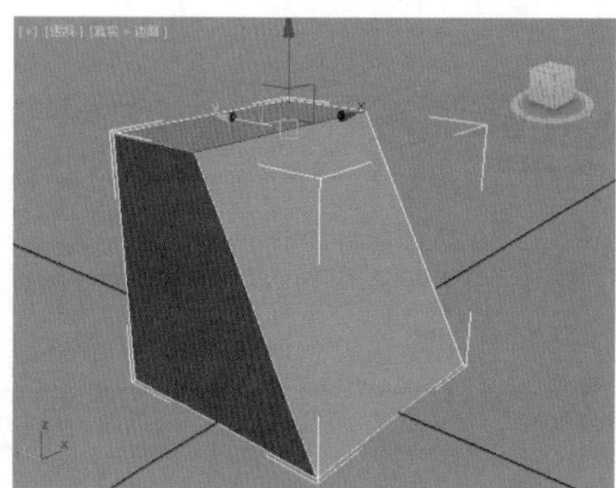

图6-4

6.2 编辑多边形对象

当模型被转换为可编辑多边形之后，单击修改就会出现更多的参数了。之后对这些参数进行的调整都会影响模型的效果，这些操作被称为多边形建模。

6.2.1 编辑多边形对象的各个菜单

模型转换为可编辑多边形后，首先可以看到分为【顶点】、【边】、【边界】、【多边形】和【元素】5 种子对象，如图 6-5 所示。多边形的参数设置面板包括 6 个卷展栏，如图 6-6 所示。

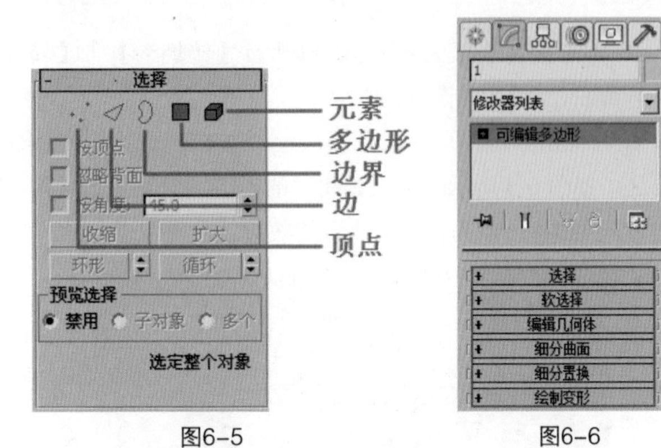

图6–5　　图6–6

多边形参数设置面板中的 6 个卷展栏分别是【选择】卷展栏、【软选择】卷展栏、【编辑几何体】卷展栏、【细分曲面】卷展栏、【细分置换】卷展栏和【绘制变形】卷展栏，如图 6-7、图 6-8、图 6-9、图 6-10、图 6-11 和图 6-12 所示。

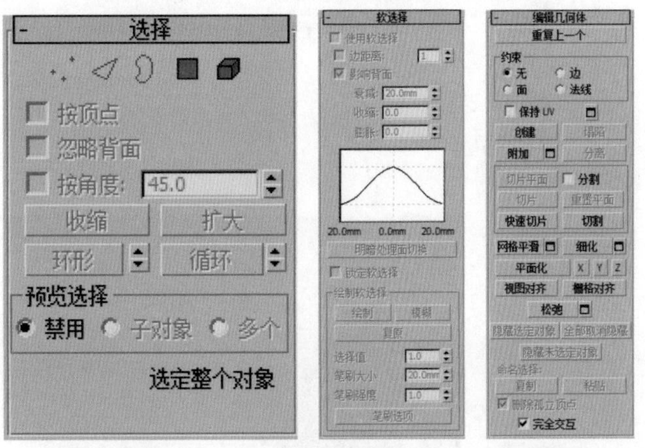

图6–7　　图6–8　　图6–9

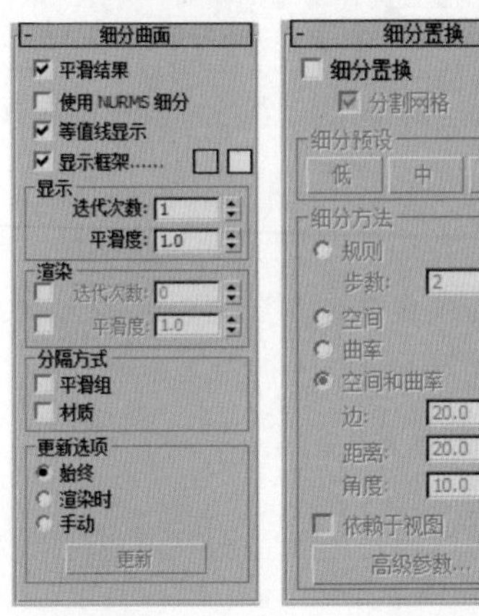

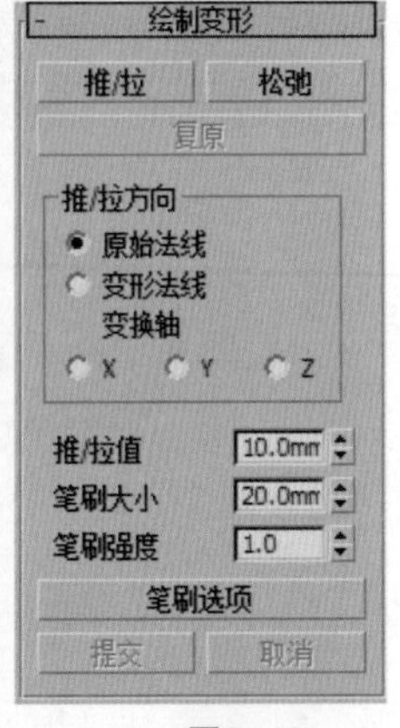

图6–10　　图6–11　　图6–12

1.【选择】卷展栏

【选择】卷展栏中的参数主要用来选择对象和子对象，如图 6-13 所示。

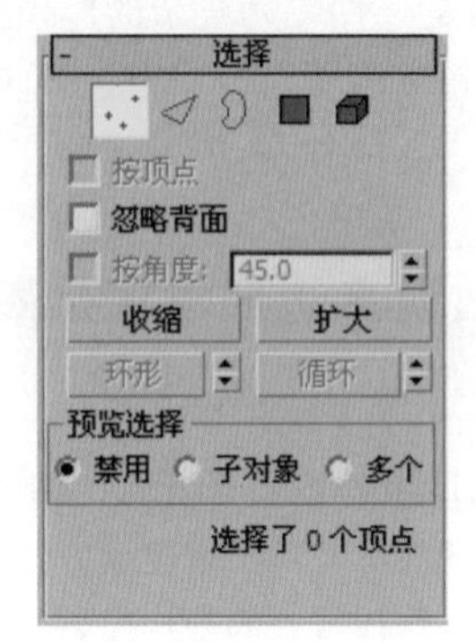

图6–13

- 次物体级别：包括【顶点】、【边】、【边界】、【多边形】和【元素】5种级别。
- 按顶点：除了【顶点】级别外，该选项可以在其他4种级别中使用。
- 忽略背面：勾选该选项后，只能选中法线指向当前视图的子对象。
- 按角度：启用该选项后，可以根据面的转折度数来选择子对象。
- 收缩按钮：单击该按钮可以在当前选择范围向内减少一圈对象。
- 扩大按钮：与【收缩】相反，单击该按钮可以在当前选择范围向外增加一圈对象。
- 环形按钮：在选中一部分子对象后单击该按钮可以自动选择平行于当前对象的其他对象。
- 循环按钮：在选中一部分子对象后单击该按钮可以自动选择与当前对象在同一曲线上的其他对象。
- 预览选择：选择对象之前，通过选择对应的选项可以预览光标滑过处的子对象，有【禁用】、【子对象】和【多个】3个选项可供选择。

2.【软选择】卷展栏

【软选择】是以选中的子对象为中心向四周扩散的，可以通过控制【衰减】、【收缩】和【膨胀】的数值来控制所选子对象区域的大小及对子对象控制能力的强弱，【软选择】卷展栏还包括了绘制软选择的工具，这一部分与【绘制变形】卷展栏的用法很接近，如图 6-14 所示。图 6-15 所示为勾选【使用软选择】，并选择多边形的效果。

3.【编辑几何体】卷展栏

【编辑几何体】卷展栏中提供了多种用于编辑多边形的

工具，这些工具在所有次物体级别下都可以使用，如图 6-16所示。

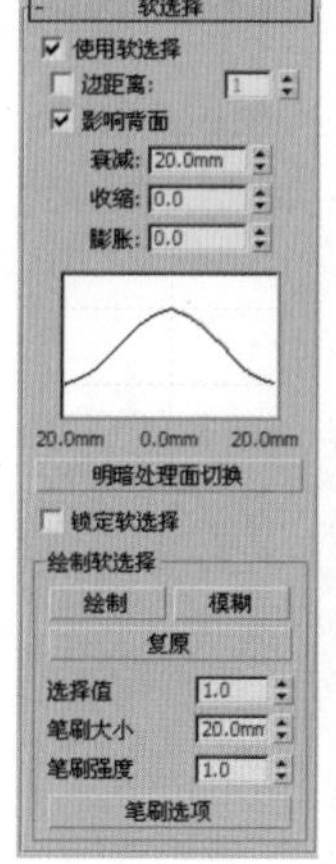

图6-14

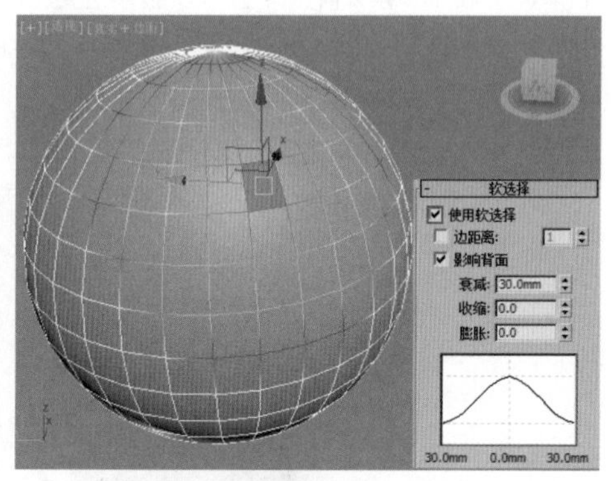

图6-15

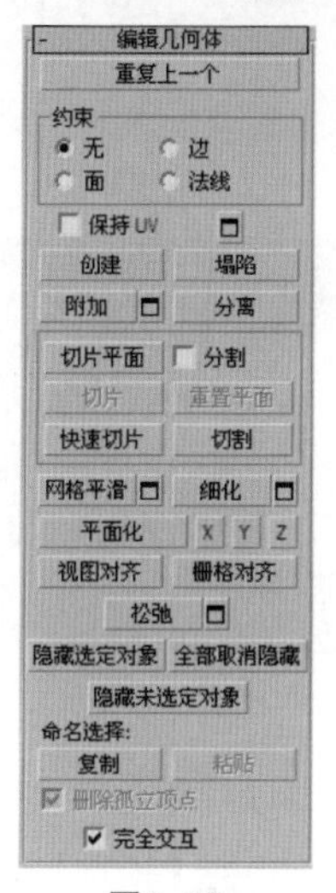

图6-16

❖ 重复上一个按钮：单击该按钮可以重复上一次使用的命令。

❖ 约束：使用现有的几何体来约束子对象的变换效果，共有【无】、【边】、【面】和【法线】4种方式可供选择。

❖ 保持UV：启用该选项后，可以在编辑子对象时不影响该对象的UV贴图。

❖ 创建按钮：创建新的几何体。

❖ 塌陷按钮：这个工具类似于焊接工具，但是不需要设置【阈值】参数就可以直接将物体塌陷在一起。

❖ 附加按钮：使用该工具可以将场景中其他的对象附加到选定的可编辑多边形中。

❖ 分离按钮：将选定的子对象作为单独的对象或元素分离出来。

❖ 切片平面按钮：使用该工具可以沿某一平面分开网格对象。

❖ 分割：启用该选项后，可以通过快速切片工具和切割工具，在划分边的位置处的点创建出两个顶点集合。

❖ 切片按钮：可以在切片平面位置处执行切割操作。

❖ 重置平面按钮：将执行过【切片】的平面恢复到之前的状态。

❖ 快速切片按钮：可以对对象进行快速切片，切片线沿着对象表面，所以可以更加准确地进行切片，如图6-17所示。

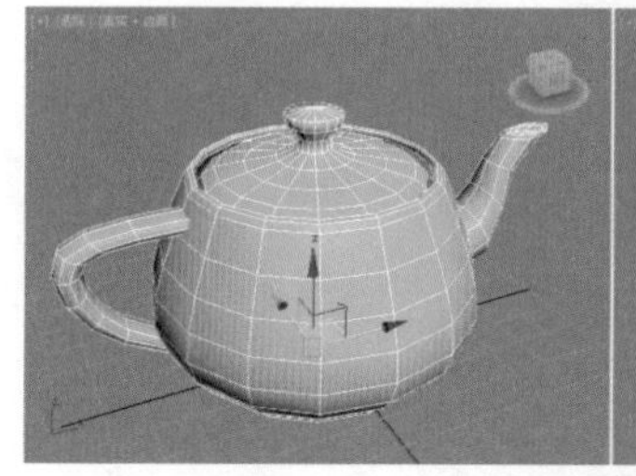

图6-17

❖ 切割按钮：可以在一个或多个多边形上创建新的边，如图6-18所示。

图6-18

❖ 网格平滑按钮：使选定的对象产生平滑的效果。

❖ 细化按钮：增加局部网格的密度，从而方便处理对象的细节。

❖ 平面化按钮：强制所有选定的子对象成为共面。

❖ 视图对齐按钮：使对象中的所有顶点与活动视图所在的平面对齐。

❖ 栅格对齐按钮：使选定对象中的所有顶点与活动视图所在的平面对齐。

❖ 松弛按钮：使当前选定的对象产生松弛现象。

❖ 隐藏选定对象按钮：隐藏所选定的子对象。

❖ 全部取消隐藏按钮：将所有隐藏的对象还原为可见对象。

❖ 隐藏未选定对象按钮：隐藏未选定的任何子对象。

❖ 命名选择：用于复制和粘贴子对象的命名选择集。

❖ 删除孤立顶点：启用该选项后，选择连续子对象时会删除孤立顶点。

❖ 完全交互：启用该选项后，如果更改数值，将直接在视图中显示最终的结果。

4.【细分曲面】卷展栏

【细分曲面】卷展栏中的参数可以将细分结果应用于多边形对象中，以便可以对分辨率较低的【框架】网格进行操作，同时还可以查看更为平滑的细分结果，如图 6-19 所示。

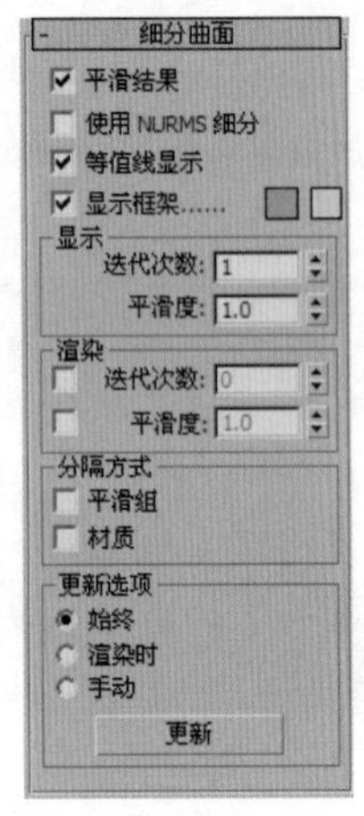

图6–19

- ❖ 平滑结果：对所有的多边形应用相同的平滑结果。
- ❖ 使用NURMS细分：通过NURMS方法应用平滑效果。
- ❖ 等值线显示：启用该选项后，只显示等值线。
- ❖ 显示框架：在修改或细分之前，切换可编辑多边形对象的两种颜色线框的显示方式。
- ❖ 显示：包含【迭代次数】和【平滑度】两个选项。
- ❖ 迭代次数：用于控制平滑多边形对象时所用的迭代次数。
- ❖ 平滑度：用于控制多边形的平滑程度。
- ❖ 渲染：用于控制渲染时的迭代次数与平滑度。
- ❖ 分隔方式：包括【平滑组】与【材质】两个选项。
- ❖ 更新选项：设置手动或渲染时的更新选项。

5.【细分置换】卷展栏

【细分置换】卷展栏中的参数主要用于细分可编辑的多边形，其中包括【细分预设】和【细分方法】等，如图 6-20 所示。

图6–20

6.【绘制变形】卷展栏

【绘制变形】卷展栏可以对物体上的子对象进行推、拉操作，或者在对象曲面上拖曳光标来影响顶点，如图 6-21 所示。在对象层级中，【绘制变形】可以影响选定对象中的所有顶点；在子对象层级中，【绘制变形】仅影响所选定的顶点。图 6-22 所示为在长方体上绘制的效果。

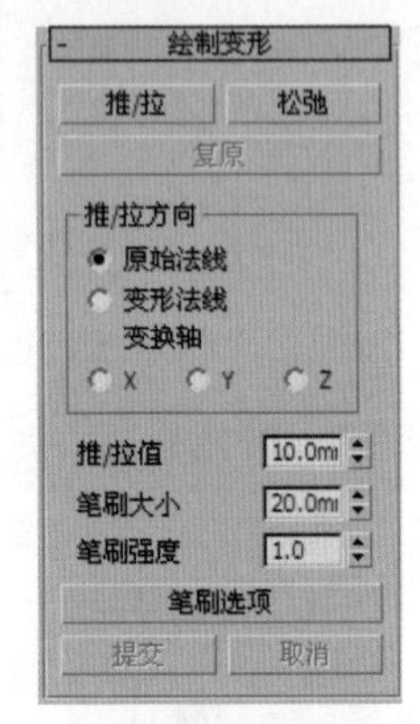

图6–21

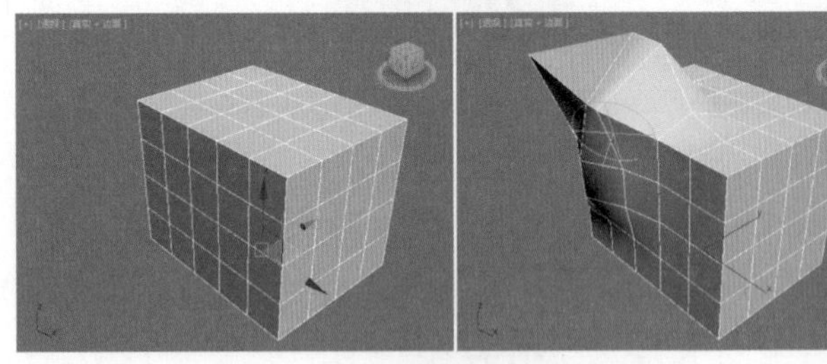
图6–22

7.【编辑顶点】卷展栏

进入可编辑多边形的【顶点】级别后，在【修改】面板中会增加【编辑顶点】卷展栏。该卷展栏可以用来处理关于点的所有操作，如图 6-23 所示。

图6–23

- ❖ 移除：使用该选项可以将顶点进行移除处理。
- ❖ 断开：选择顶点并单击该选项后可以将顶点断开，变为多个顶点。
- ❖ 挤出：使用该工具可以将顶点向后向内挤出，使其产生锥形的效果。

❖ 焊接：在一定的距离范围内两个或多个顶点，可以使用该选项焊接成为一个顶点。图6-24所示为使用【焊接】制作的效果。

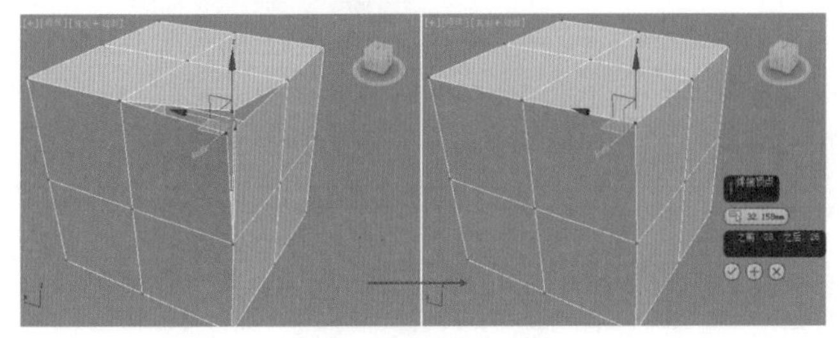

图6-24

❖ 切角：使用该选项可以将顶点切角为三角形的面效果。

❖ 目标焊接：选择一个顶点后，使用该工具可以将其焊接到相邻的目标顶点上。

❖ 连接：在选中的对角顶点之间创建新的边。

❖ 移除孤立顶点：删除不属于任何多边形的所有顶点。

❖ 移除未使用的贴图顶点：该选项可以将未使用的顶点进行自动删除。

❖ 权重：设置选定的顶点的权重，供NURMS细分选项和【网格平滑】修改器来使用。

8.【编辑边】卷展栏

进入可编辑多边形的【边】级别后，在【修改】面板中会增加【编辑边】卷展栏。该卷展栏可以用来处理有关边的所有操作，如图 6-25 所示。

图6-25

❖ 插入顶点：可以在选择的边上手动添加任意顶点。

❖ 移除：选择边以后，单击该按钮或按【Backspace】键可以移除边。如果按【Delete】键，则将删除边以及与边连接的面。

❖ 分割：沿着选定的边分割网格。对网格中心的单条边应用时，不会起任何作用。

❖ 挤出：直接使用这个工具可以在视图中挤出边。它是经常使用的工具，需要熟练掌握。图6-26所示为使用【挤出】制作的效果。

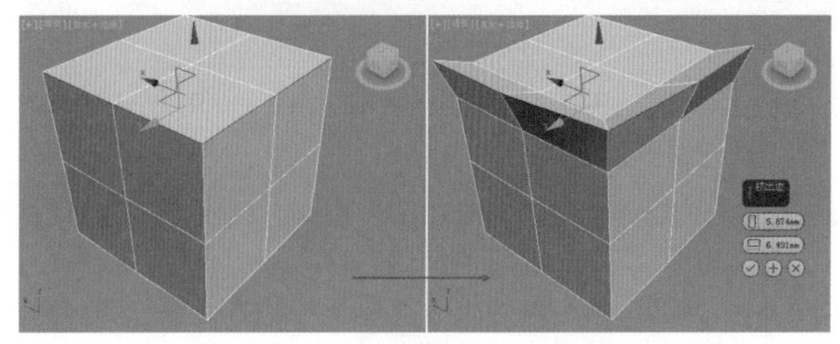

图6-26

❖ 焊接：组合【焊接边】对话框内指定的【焊接阈值】范围内的选定边。只能焊接附着在一个多边形上的边，也就是边界上的边。

❖ 切角：可以将选择的边进行切角处理以产生平行的多条边。切角是经常使用的工具，需要熟练掌握。图6-27所示为使用【切角】制作的效果。

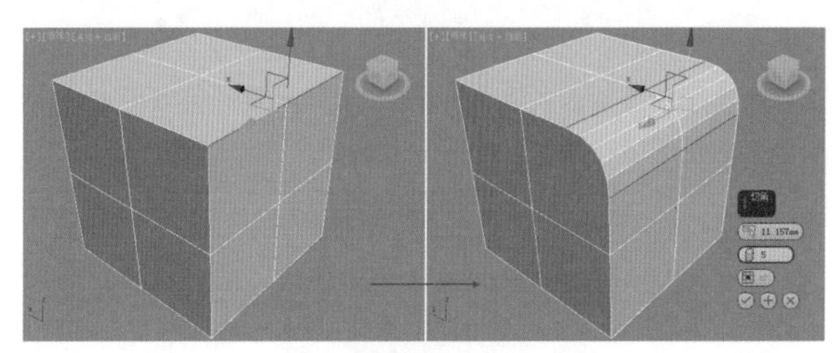

图6-27

❖ 目标焊接：用于选择边并将其焊接到目标边上。只能焊接附着在一个多边形上的边，也就是边界上的边。图6-28所示为使用【目标焊接】制作的效果。

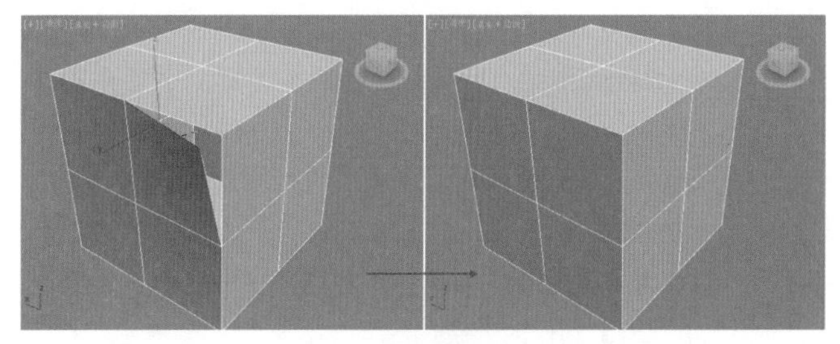

图6-28

❖ 桥：使用该工具可以连接对象的边，但只能连接边界边，也就是只在一侧有多边形的边。

❖ 连接：选择平行的多条边并使用该工具可以产生垂直的边。连接是经常使用的工具，需要熟练掌握。图6-29所示为使用【连接】制作的效果。

❖ 利用所选内容创建图形：可以将选定的边创建为样条线图形。

❖ 权重：设置选定边的权重，供NURMS细分选项和【网格平滑】修改器使用。

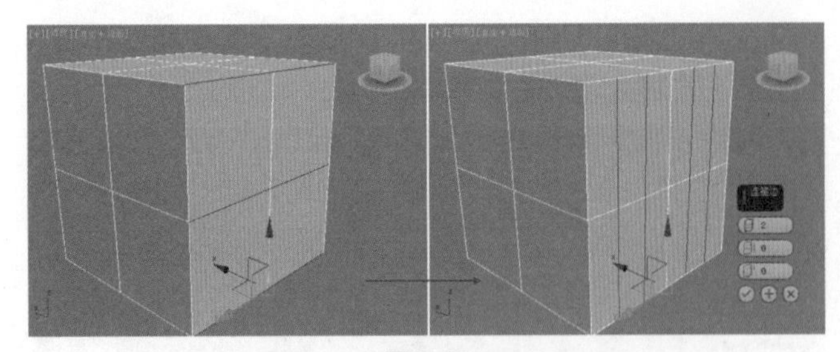

图6-29

- ❖ 折缝：指定对选定边或边执行的折缝操作量，供NURMS细分选项和【网格平滑】修改器来使用。
- ❖ 编辑三角形：用于指定绘制内边或对角线时多边形细分为三角形的方式。
- ❖ 旋转：用于指定单击对角线修改多边形细分为三角形的方式。使用该工具时，对角线可以在线框和边面视图中显示为虚线。

9.【编辑多边形】卷展栏

进入可编辑多边形的■【多边形】级别后，在【修改】面板中会增加【编辑多边形】卷展栏。该卷展栏可以用来处理有关多边形的所有操作，如图6-30所示。

图6-30

- ❖ 插入顶点：可以在选择的多边形上手动添加任意顶点。
- ❖ 挤出：挤出工具可以对选择的多边形进行挤出效果的处理。有【组】、【局部法线】、【按多边形】3种方式，它们的效果各不相同。图6-31所示为使用【挤出】制作的效果。

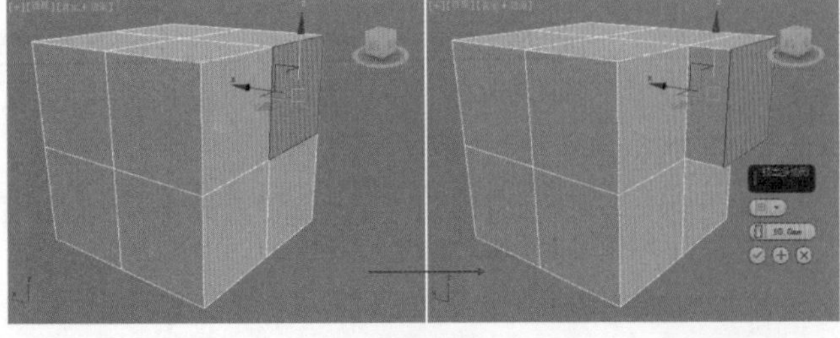

图6-31

- ❖ 轮廓：用于增加或减小每组连续选定的多边形外边。
- ❖ 倒角：与【挤出】相类似，但是比挤出更为复杂，它可以挤出多边形，也可以向内或向外缩放多边形。图6-32所示为使用【倒角】制作的效果。

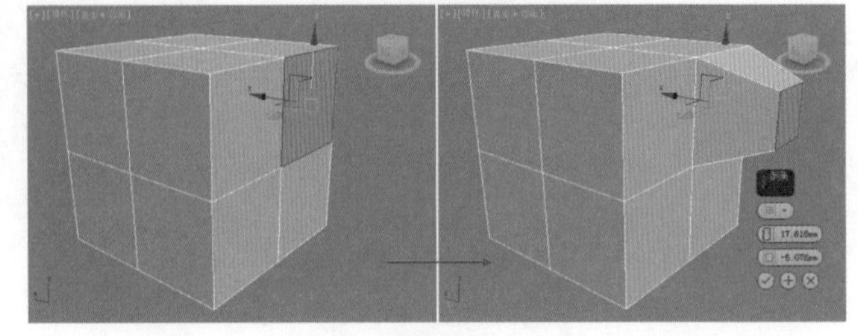

图6-32

- ❖ 插入：使用该选项可以制作出一个插入新多边形的效果。插入是经常使用的工具，需要熟练掌握。图6-33所示为使用【插入】制作的效果。

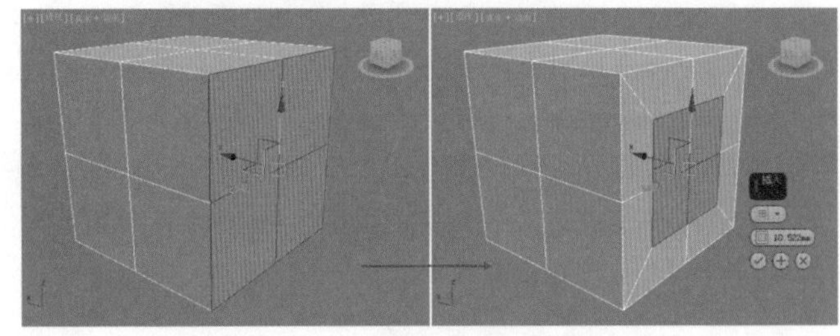

图6-33

- ❖ 桥：选择模型中正反两面相对的两个多边形，使用该工具可以制作出镂空的效果。
- ❖ 翻转：反转选定的多边形的法线方向，从而使其正面面向用户。
- ❖ 从边旋转：选择多边形后，使用该工具可以沿着垂直方向拖动任何边、旋转选定的多边形。
- ❖ 沿样条线挤出：沿样条线挤出当前选定的多边形。
- ❖ 编辑三角剖分：通过绘制内边修改多边形细分为三角形的方式。
- ❖ 重复三角算法：在当前选定的一个或多个多边形上执行最佳三角剖分。
- ❖ 旋转：使用该工具可以修改多边形细分为三角形的方式。

6.2.2 独家秘笈——“插入”工具的使用

【插入】是多边形建模中经常使用的工具。【插入】分为两种模式，分别为【组】方式和【按多边形】方式。

1.【组】方式

创建一个长方体并转换为可编辑多边形，然后进入【多边形】级别■，选择图6-34所示的4个多边形。然后设置方式为【组】，并设置相关的参数，如图6-35所示。

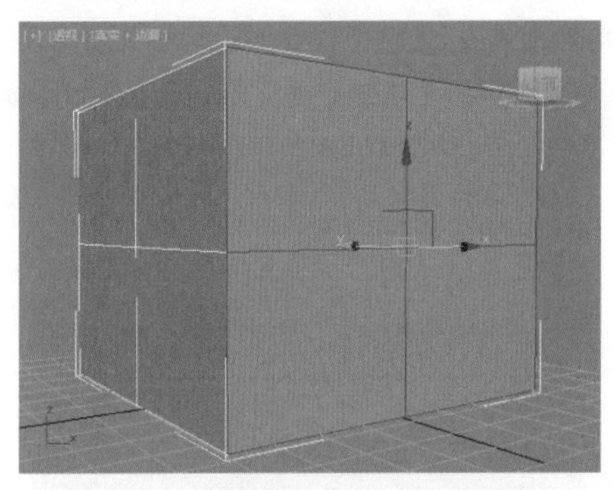

图6-34

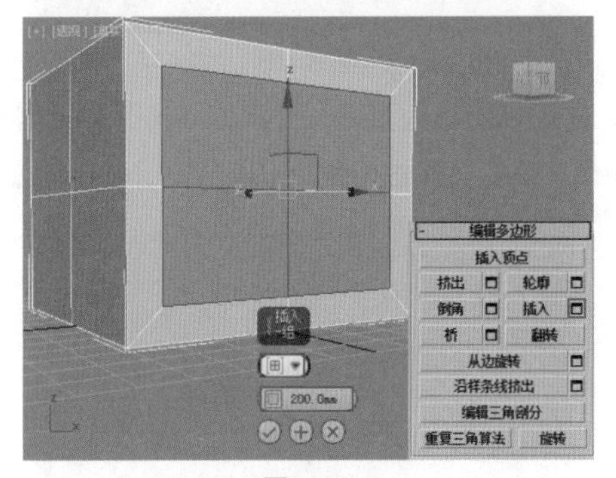

图6-35

2.【按多边形】方式

设置方式为【按多边形】，并设置相关的参数，如图 6-36 所示。此时可进一步调整多边形的效果，如图 6-37 所示。

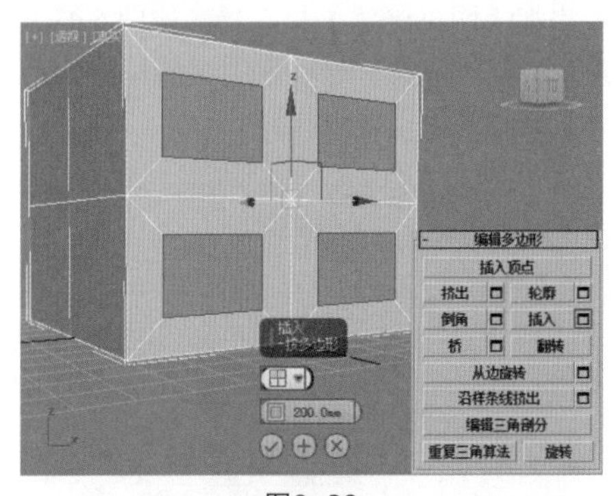

图6-36

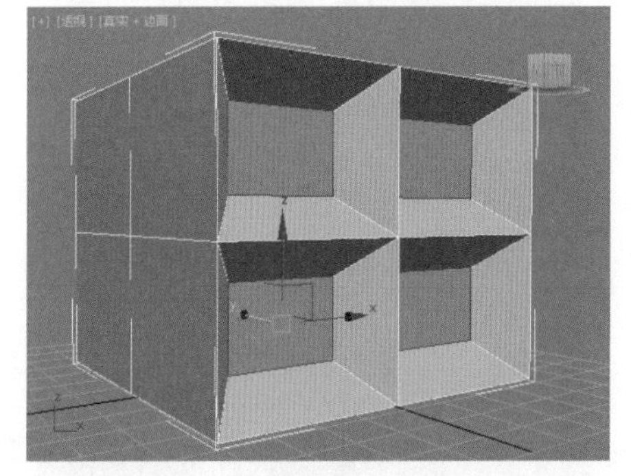

图6-37

6.2.3 独家秘笈——“挤出”工具的使用

【挤出】工具也是多边形建模中常用的工具。该参数不仅可以为正值，而且也可为负值，如图 6-38 所示选择 4 个多边形，当设置为正值时，产生了向外突出的效果，如图 6-39 所示。

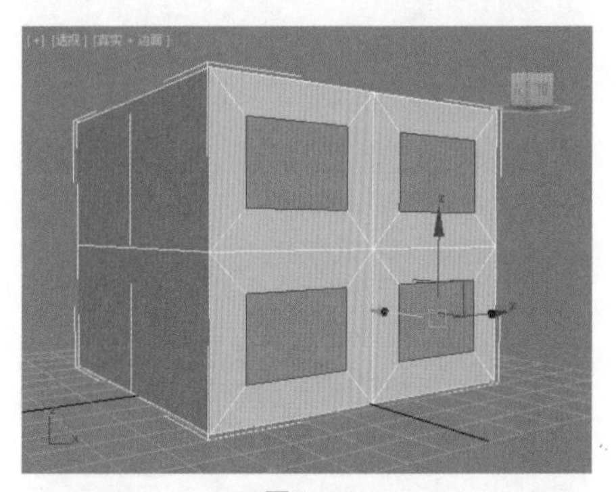

图6-38

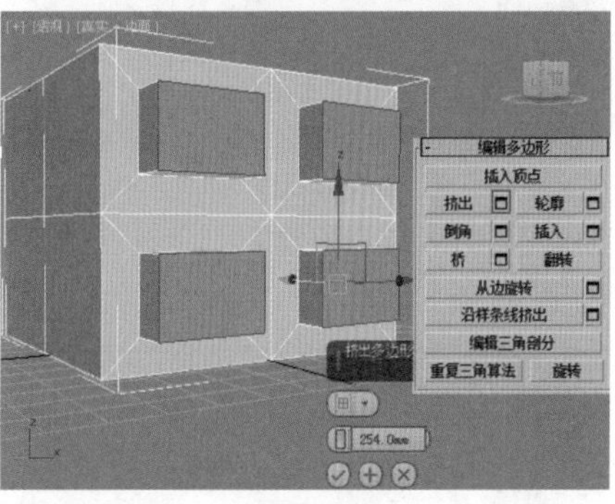

图6-39

当设置为负值时，产生了向内凹陷的效果，如图 6-40 所示。

图6-40

6.2.4 独家秘笈——“倒角”工具的使用

【倒角】工具的使用方法和【挤出】相类似，而且效果也很像。但是【挤出】只能向内或向外水平均匀地挤出，而【倒角】可以制作更丰富的带有收缩或放大的效果。

如图 6-41 所示选择 4 个多边形。单击【倒角】后的【设置】按钮，并设置相关的参数，如图 6-42 所示。

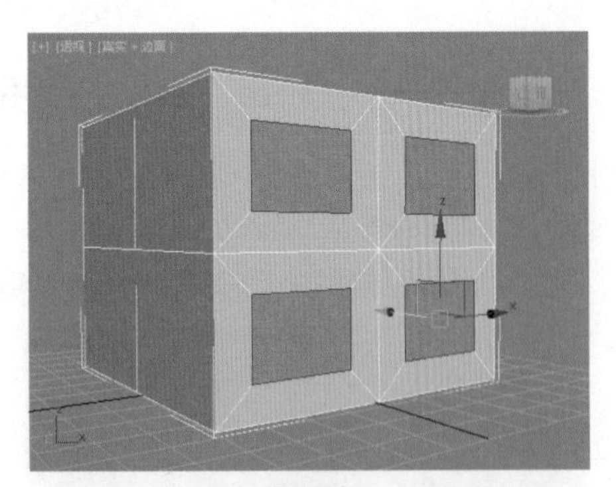

图6-41

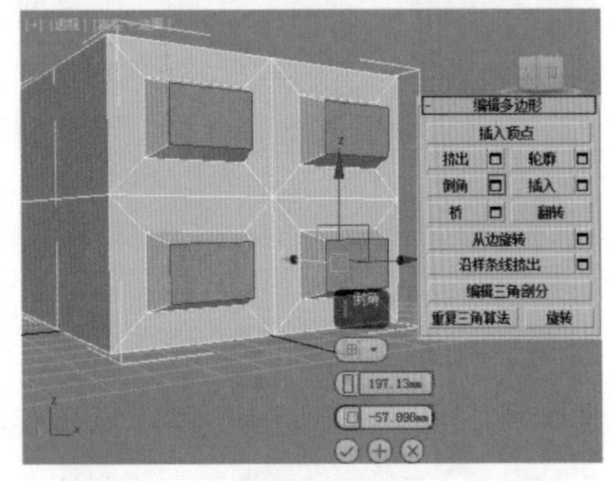

图6-42

此时为设置了一次倒角的效果，还可以继续进行【倒角】，单击⊕（应用并继续）按钮，如图 6-43 所示。

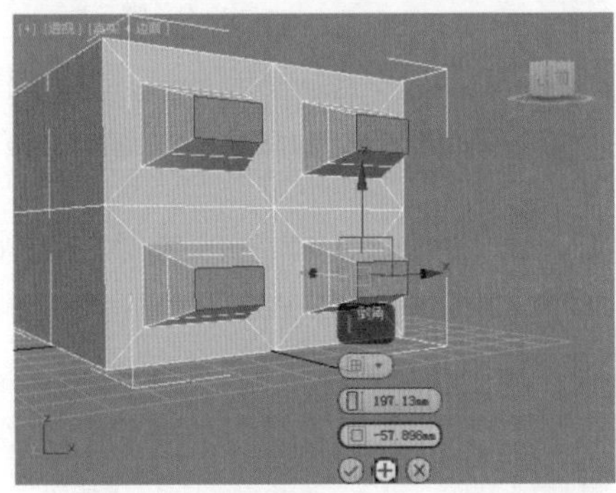

图6-43

6.2.5 独家秘笈——“切角”工具的使用

单击【边】按钮◁，此时可以应用【切角】工具，如图 6-44 所示。

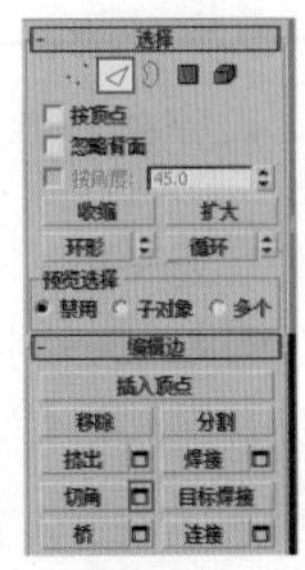

图6-44

【切角】工具的用途主要有两个。

（1）切角可以用于增加边附近的圆滑度，如图 6-45 所示。

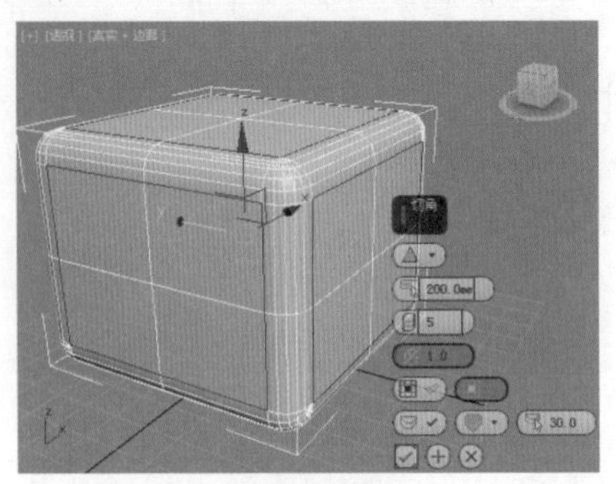

图6-45

（2）还可以用于模型添加【网格平滑】修改器步骤之前所需的操作。模型设置切角后的效果，如图 6-46 所示。

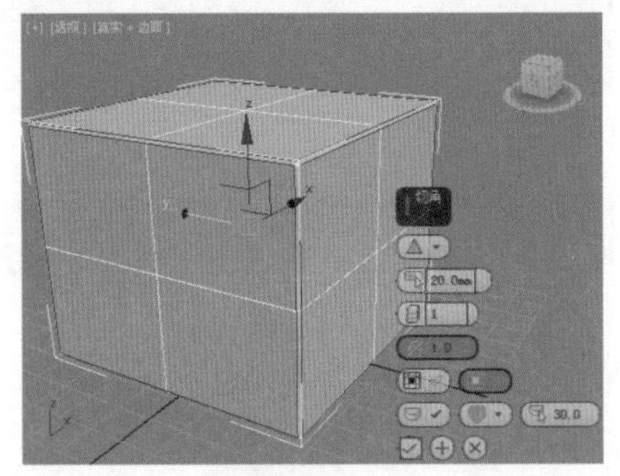

图6-46

再添加【网格平滑】修改器，如图 6-47 所示，这时会看到出现了很好的边缘平滑效果，如图 6-48 所示。

图6-47

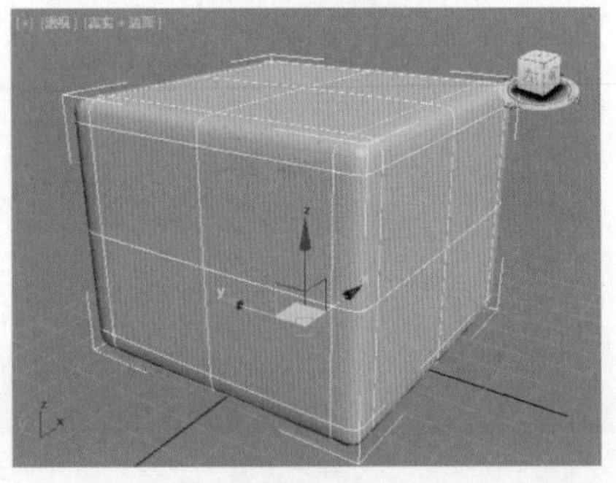

图6-48

6.3 多边形建模典型实例

典型实例：装饰画

案例文件　案例文件\Chapter 06\典型实例：装饰画.max
视频教学　视频文件\Chapter 06\典型实例：装饰画.flv
技术掌握　掌握多边形建模中的插入、倒角、分离工具及壳修改器的使用

装饰画是室内设计中常用的软装饰元素，常悬挂于墙面或放置于桌面上。最终的渲染效果如图6-49所示。

图6-49

1. 建模思路

具体的建模思路如图6-50所示。

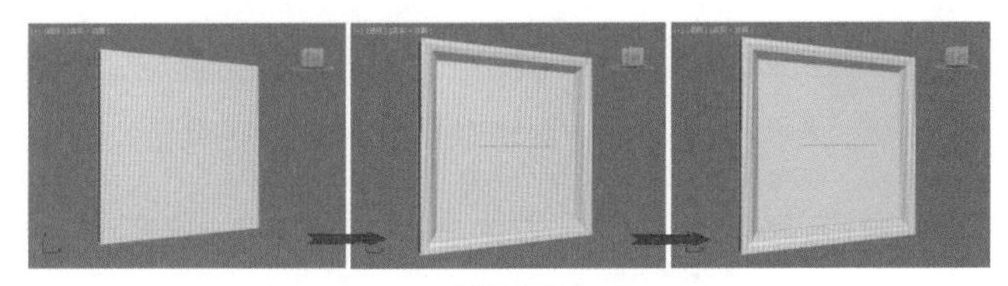

图6-50

2. 制作步骤

（1）在视图中创建一个长方体，设置【长度】为400mm、【宽度】为400mm、【高度】为30mm，如图6-51所示。选择该模型，单击右键执行【转换为】|【转换为可编辑多边形】，如图6-52所示。

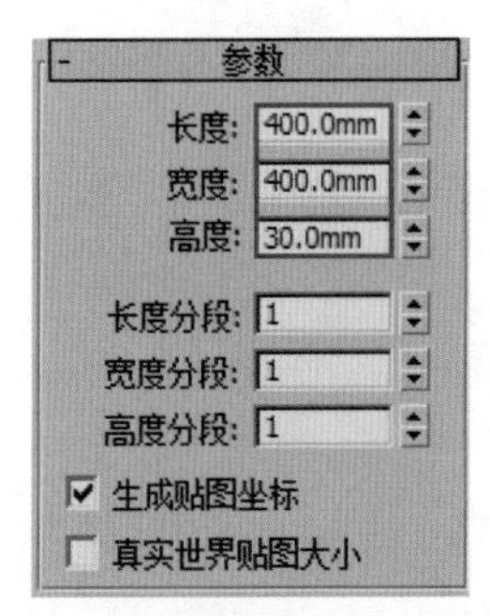

图6-51

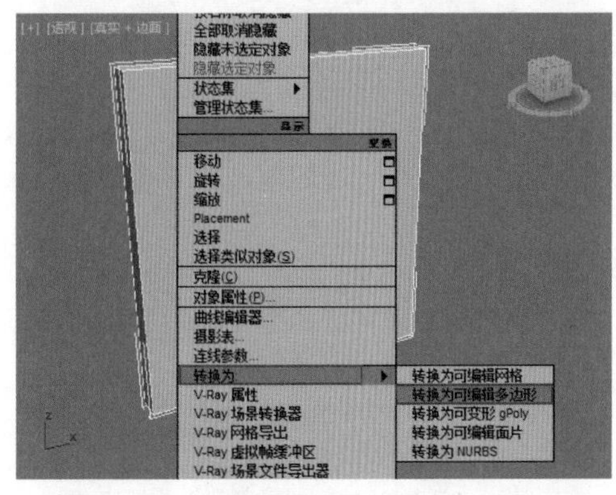

图6-52

（2）进入■【多边形】级别，选择图6-53所示的一个多边形。

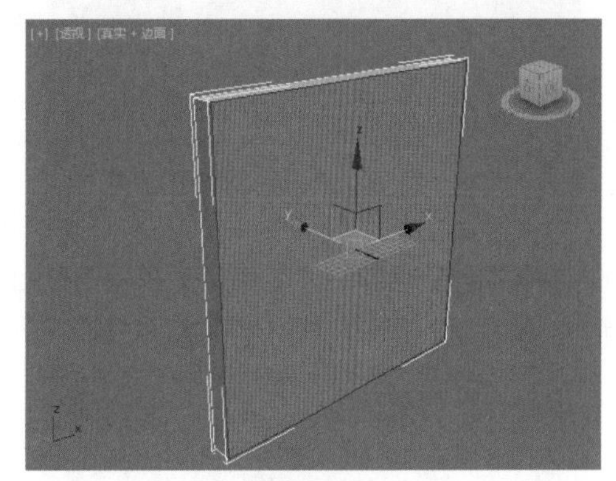

图6-53

（3）单击 插入 按钮后的■（设置）按钮，设置【数量】为10mm，如图6-54所示。

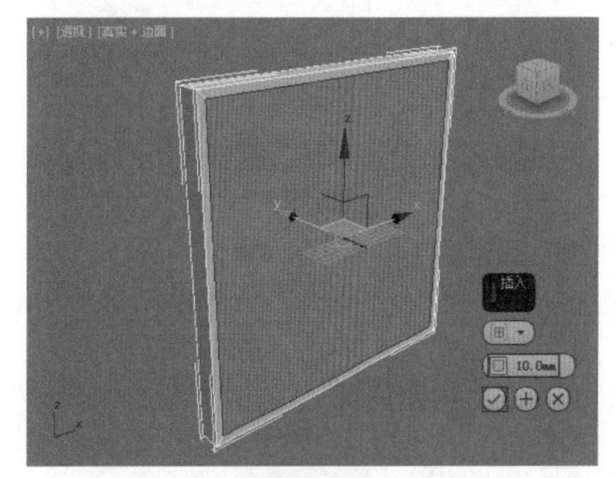

图6-54

（4）单击 倒角 按钮后的■（设置）按钮，设置【高度】为-2mm、【轮廓】为-10mm，如图6-55所示。

（5）继续单击 倒角 按钮后的■（设置）按钮，设置【高度】

为 -15mm、【轮廓】为 -15mm，如图 6-56 所示。

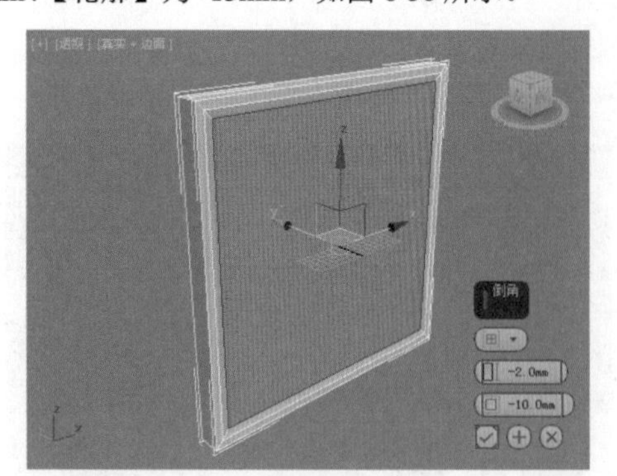

图6-55

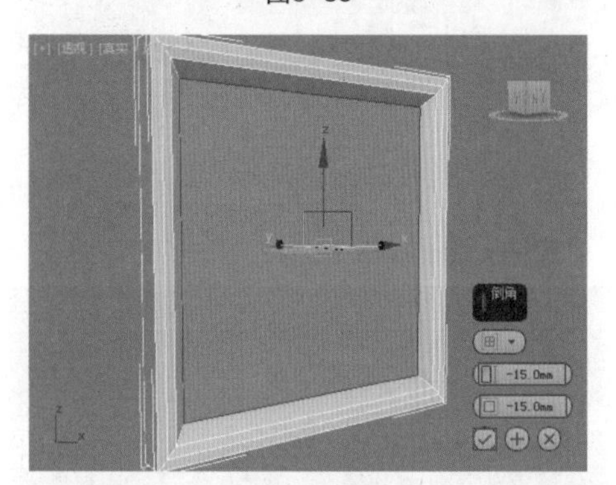

图6-56

（6）保持选择该多边形，如图 6-57 所示。单击 分离 按钮并在弹出的窗口中勾选【以克隆对象分离】，如图 6-58 所示。

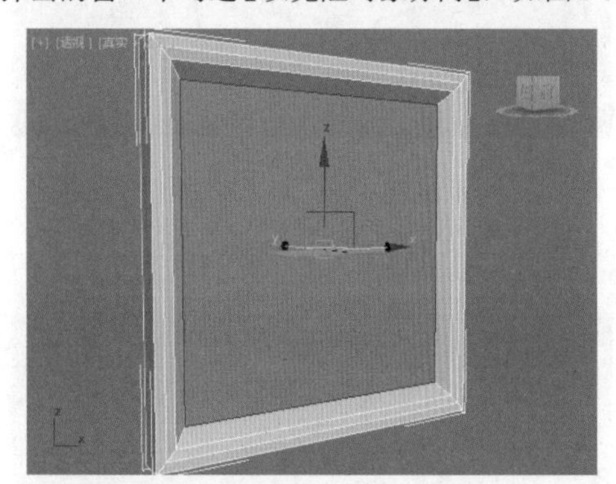

图6-57

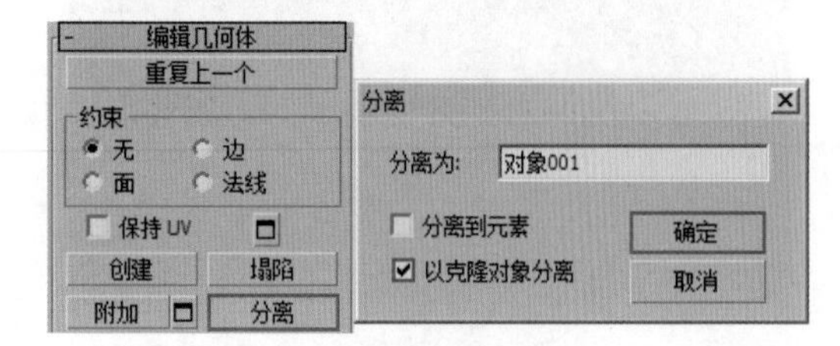

图6-58

（7）再次单击【多边形】级别，将其取消选择，如图 6-59 所示。选择分离出来的模型，单击修改并添加【壳】修改器，设置【外部量】为 2mm，如图 6-60 所示。

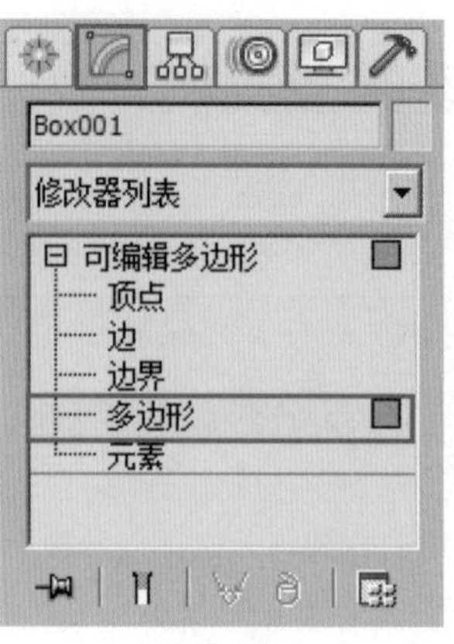

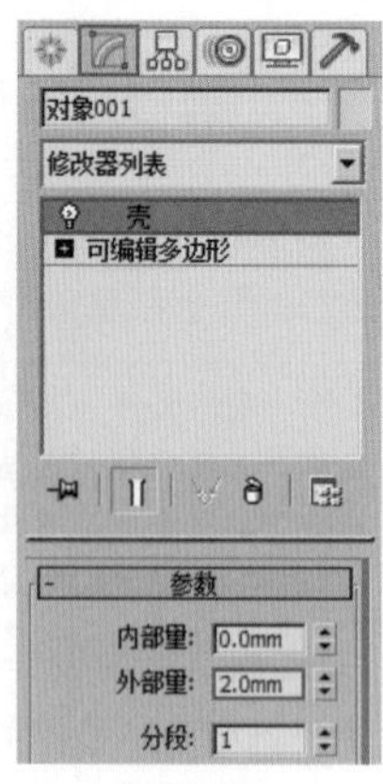

图6-59　图6-60

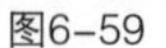

（8）最终的模型效果，如图 6-61 所示。

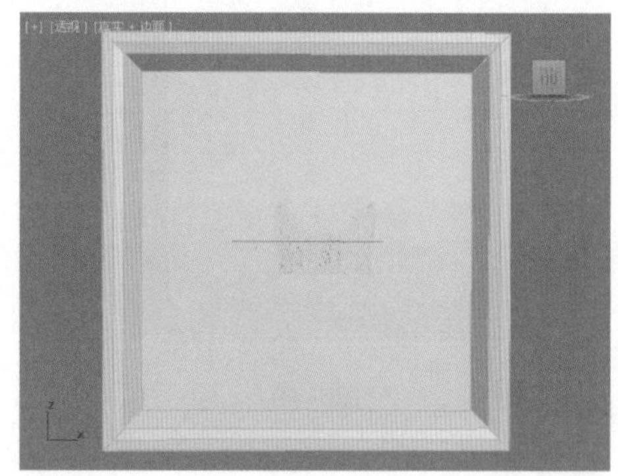

图6-61

典型实例：边几

案例文件	案例文件 \Chapter 06\ 典型实例：边几 .max
视频教学	视频文件 \Chapter 06\ 典型实例：边几 .flv
技术掌握	掌握多边形建模中的挤出、插入、连接工具的应用

在客厅中，摆放在两个沙发之间的茶几，被称为边几。它的形状多是正方形或是圆形的。最终的渲染效果如图 6-62 所示。

图6-62

1．建模思路

具体的建模思路如图 6-63 所示。

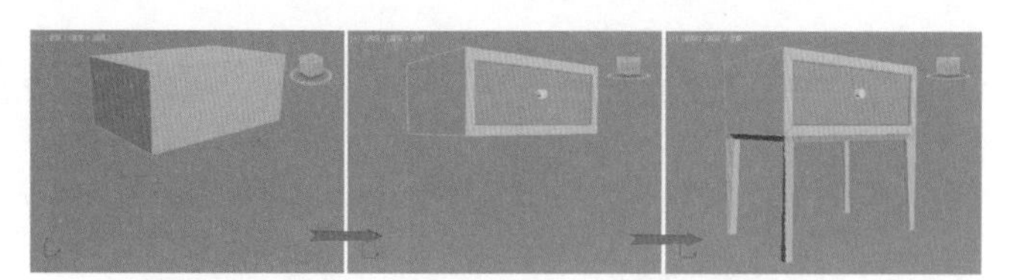

图6-63

2. 制作步骤

Part01 创建边几的柜体模型

（1）在创建面板中，执行 （创建）| （几何体）| 标准基本体 | 长方体 操作，在视图中创建一个长方体，如图 6-64 所示。单击修改，设置【长度】为 400mm、【宽度】为 600mm、【高度】为 250mm，如图 6-65 所示。

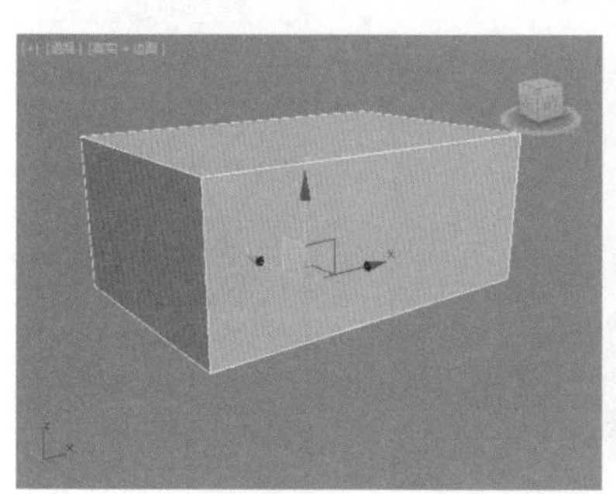

图6-64

参数

长度：400.0mm
宽度：600.0mm
高度：250.0mm
长度分段：1
宽度分段：1
高度分段：1
生成贴图坐标
真实世界贴图大小

图6-65

（2）选择长方体，单击右键执行【转换为】|【转换为可编辑多边形】，如图 6-66 所示。

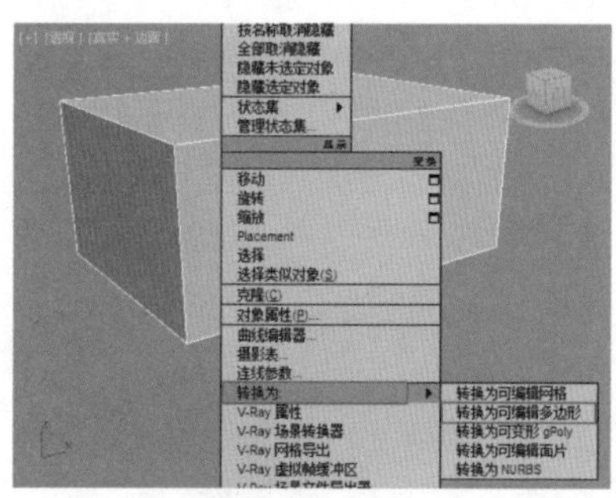

图6-66

（3）单击修改，进入 【多边形】级别，选择如图 6-67 所示的多边形。

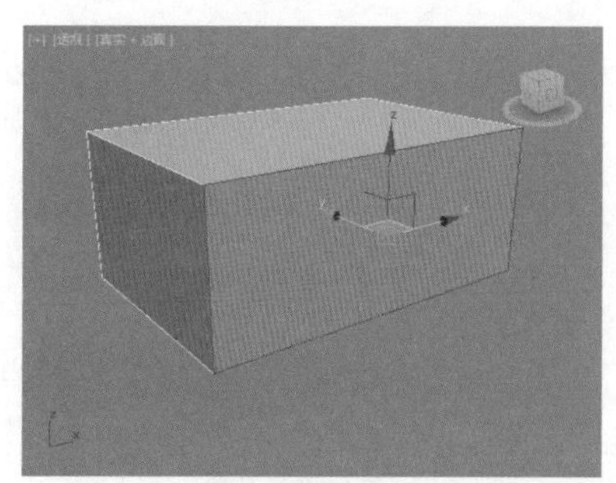

图6-67

（4）单击 插入 按钮后的 （设置）按钮，如图 6-68 所示。设置【插入数量】为 30mm，如图 6-69 所示。

图6-68

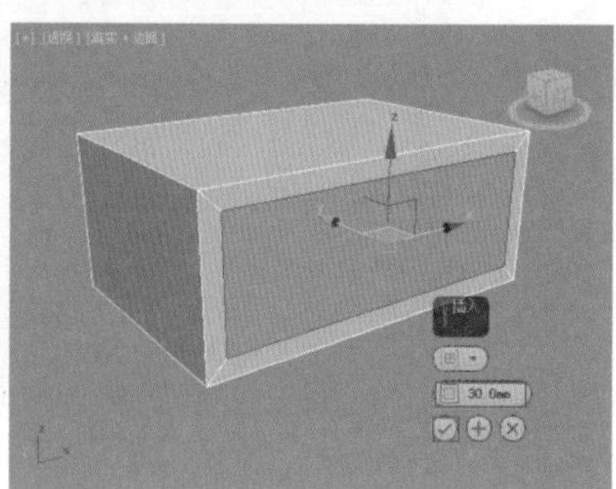

图6-69

（5）单击 挤出 按钮后的 （设置）按钮，如图 6-70 所示。设置【高度】为 -370mm，如图 6-71 所示。

图6-70

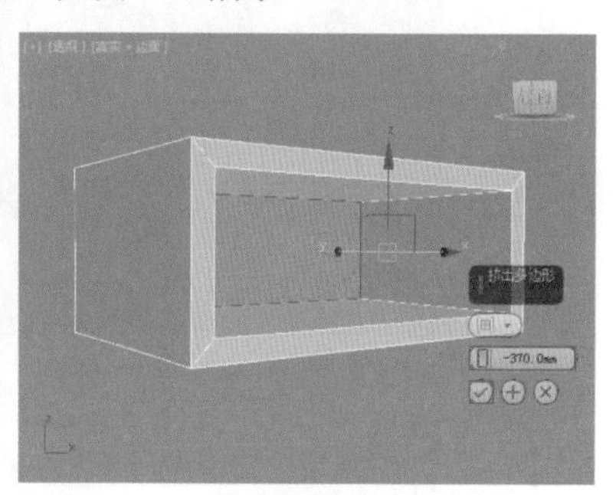

图6-71

（6）继续创建一个长方体，如图 6-72 所示。设置【长度】为 185mm、【宽度】为 535mm、【高度】为 350mm，如图 6-73 所示。

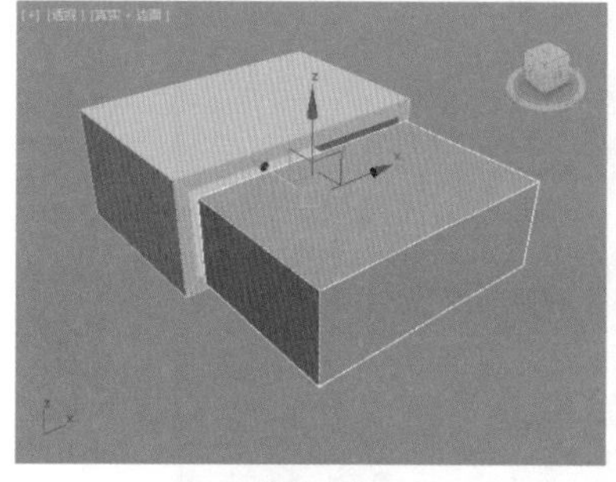

图6-72

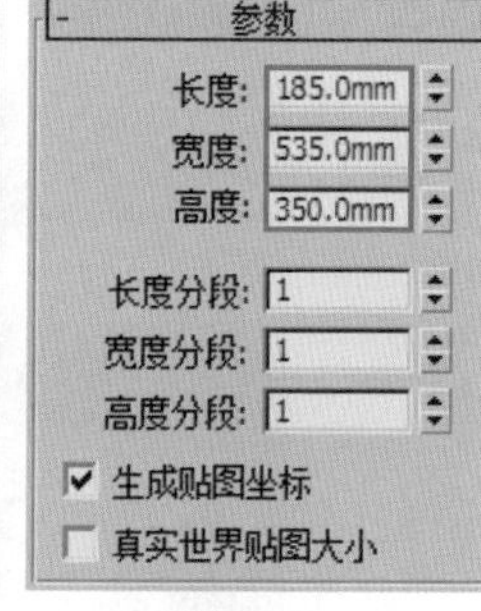

图6-73

（7）选择新创建的长方体，单击右键执行【转换为】|【转换为可编辑多边形】。单击修改，进入 【多边形】级别，选择图 6-74 所示的多边形。

（8）单击 插入 按钮后的 （设置）按钮，设置【数量】为 30mm，如图 6-75 所示。

（9）单击 挤出 按钮后的 （设置）按钮，设置【高度】为 -160mm，如图 6-76 所示。此时再次单击 （多边形）按钮，取消选择多边形，最后移动到边几模型内部，如图 6-77 所示。

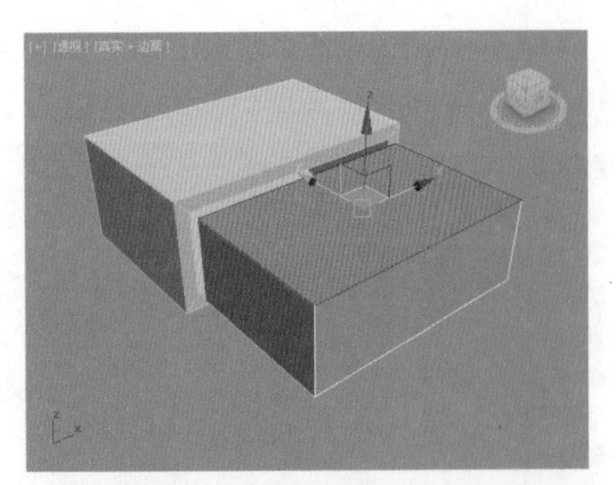

图6-74

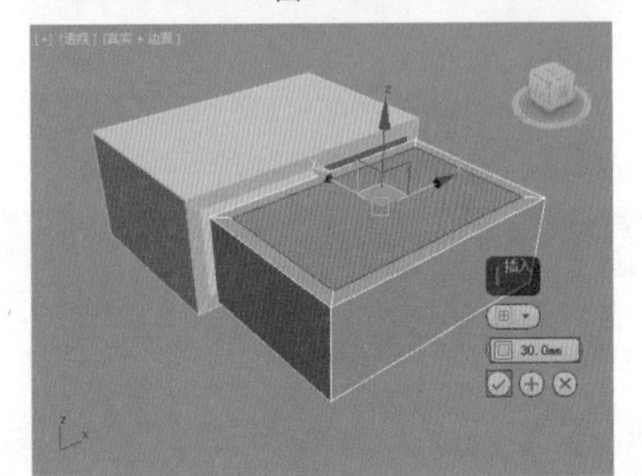

图6-75

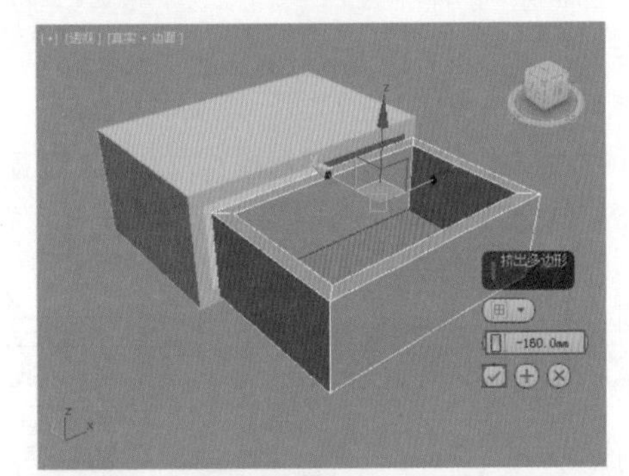

图6-76

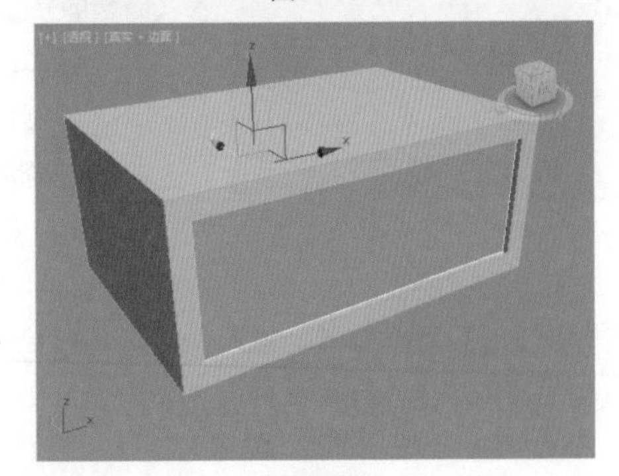

图6-77

Part02　创建边几的柜腿模型

（1）继续在抽屉模型的下方创建一个长方体，如图6-78所示。设置【长度】为400mm、【宽度】为600mm、【高度】为20mm，如图6-79所示。

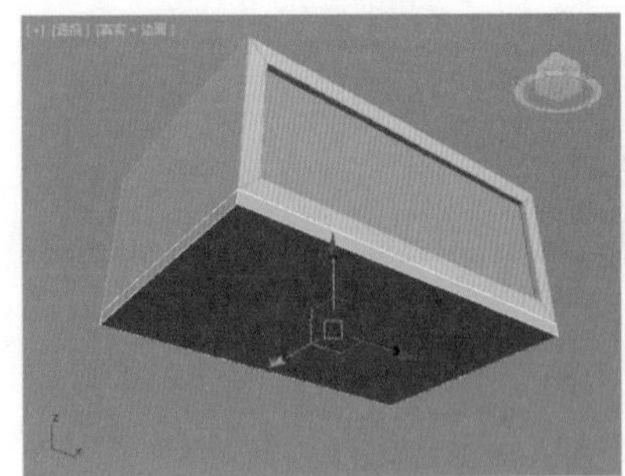

图6-78

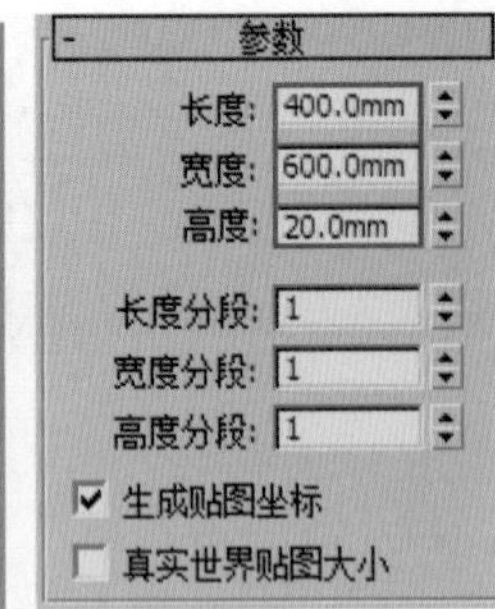

图6-79

（2）选择新创建的长方体，单击右键执行【转换为】|【转换为可编辑多边形】。单击（边）按钮，选择如图6-80所示的4条边。单击 连接 按钮后的（设置）按钮，如图6-81所示。

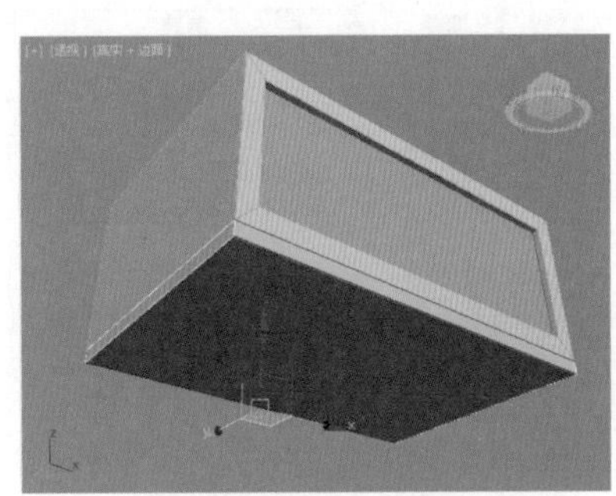

图6-80

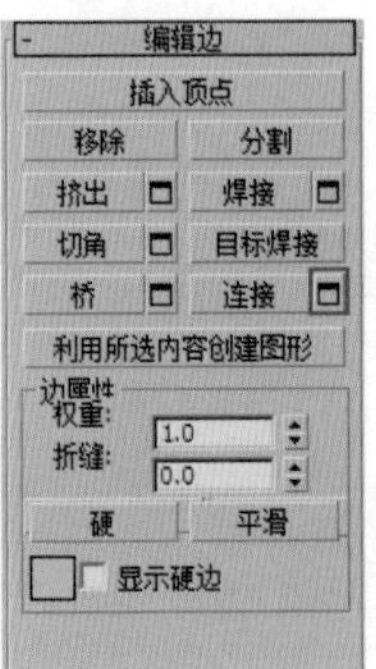

图6-81

（3）设置【分段】为2、【收缩】为90，如图6-82所示。

（4）选择图6-83所示的8条边。

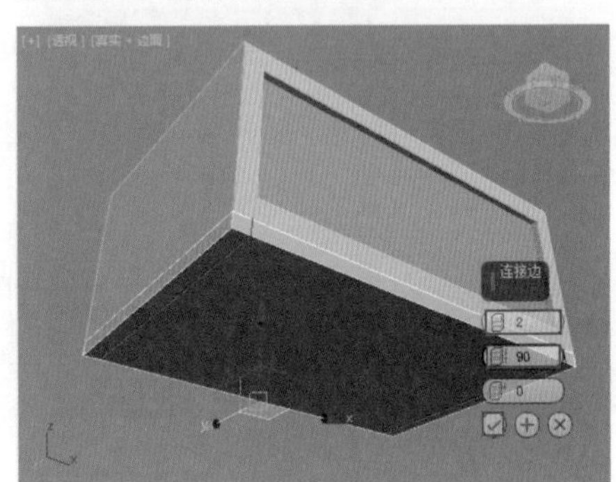

图6-82

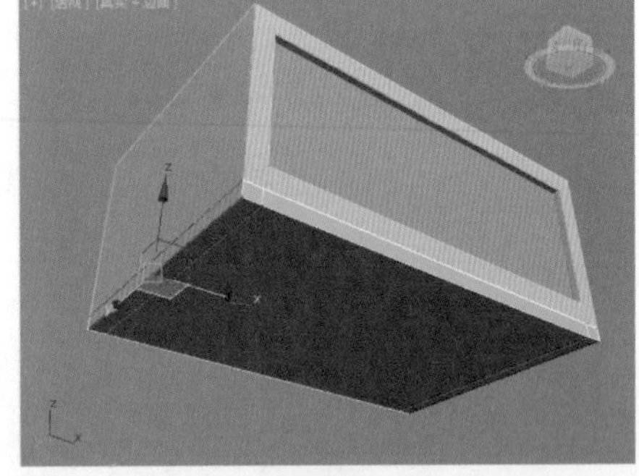

图6-83

（5）单击 连接 按钮后的 （设置）按钮，如图 6-84 所示。设置【分段】为 2、【收缩】为 85，如图 6-85 所示。

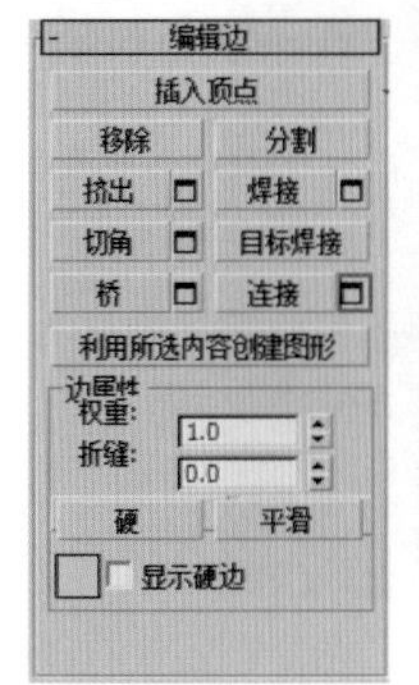

图6-84

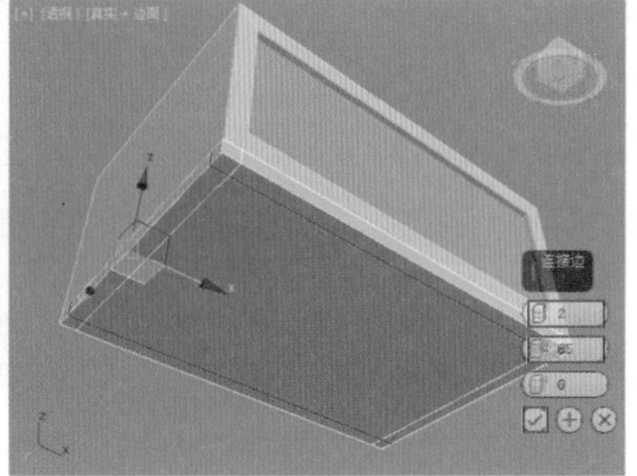

图6-85

（6）进入 【多边形】级别，选择图 6-86 所示的 4 个多边形。

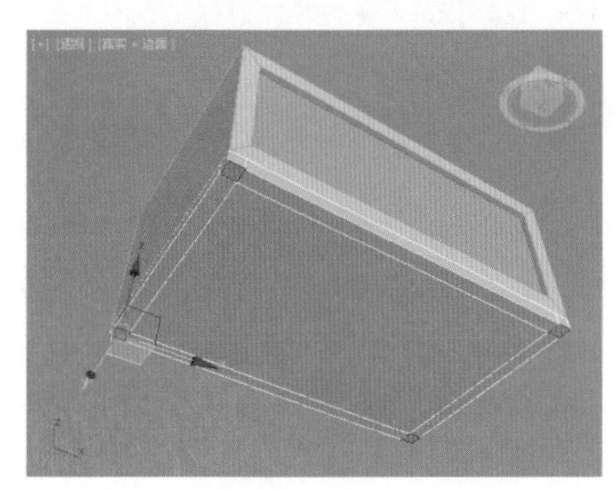

图6-86

（7）单击 挤出 按钮后的 （设置）按钮，设置【高度】为 350mm，如图 6-87 所示。

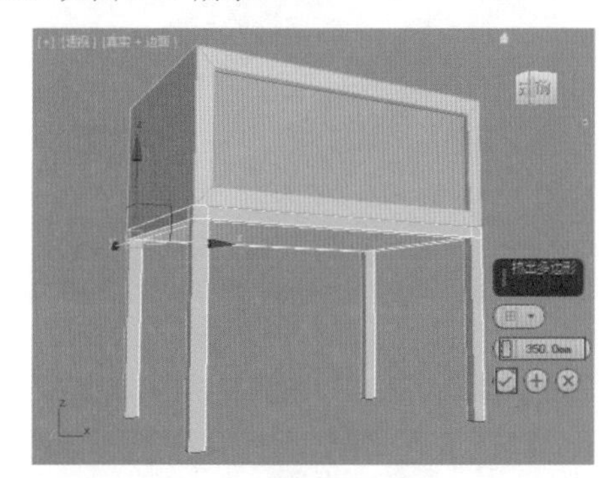

图6-87

（8）进入 （顶点）级别，选择图 6-88 所示的 12 个顶点。

（9）单击 （选择并均匀缩放）按钮，沿 XY 轴向内收缩，使得模型的顶部较大，如图 6-89 所示。

（10）创建一个圆柱体，如图 6-90 所示。设置【半径】为 15mm、【高度】为 20mm、【高度分段】为 1，如图 6-91 所示。

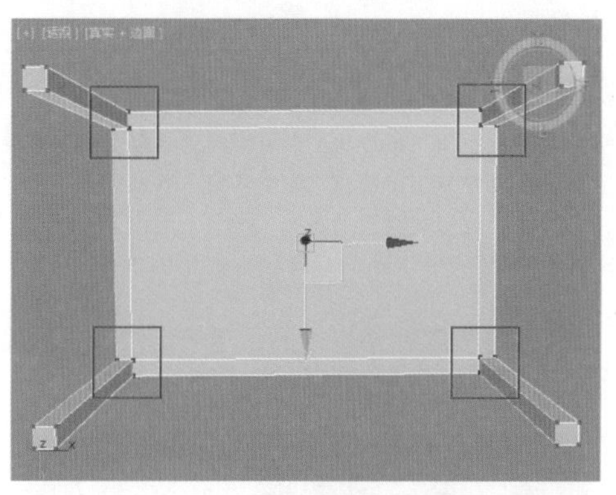

图6-88

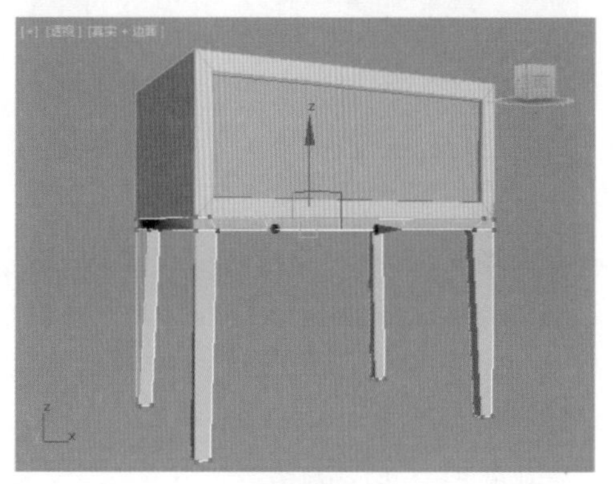

图6-89

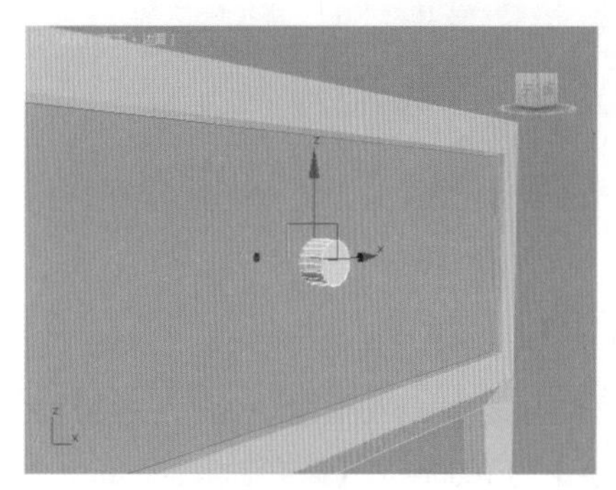

图6-90

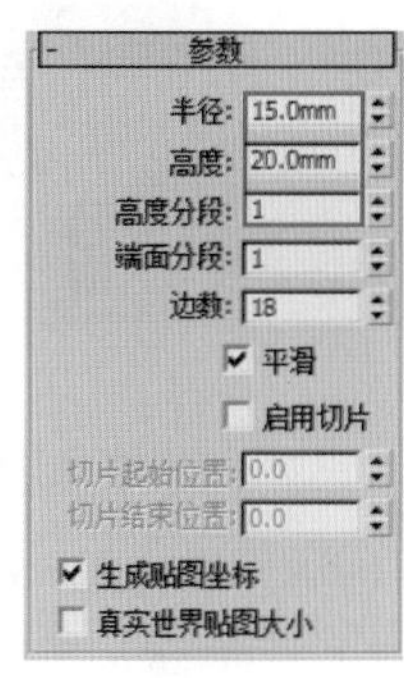

图6-91

（11）最终的效果如图 6-92 所示。

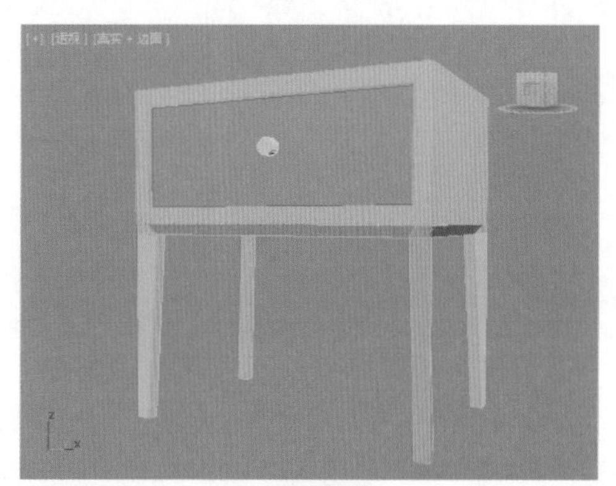

图6-92

典型实例：浴缸

案例文件　案例文件 \Chapter 06\ 典型实例：浴缸 .max
视频教学　视频文件 \Chapter 06\ 典型实例：浴缸 .flv
技术掌握　掌握多边形建模中的挤出、插入、连接、切角工具及网格平滑修改器的应用

浴缸通常是放置在浴室内的，用于沐浴。它的模型非常光滑。最终的渲染效果如图 6-93 所示。

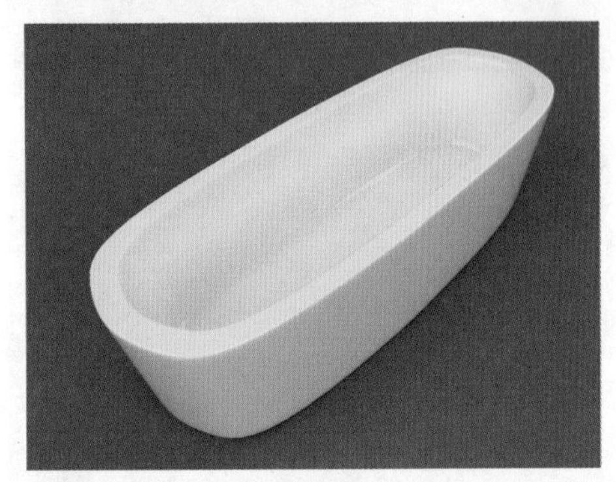

图6-93

1. 建模思路

具体的建模思路如图 6-94 所示。

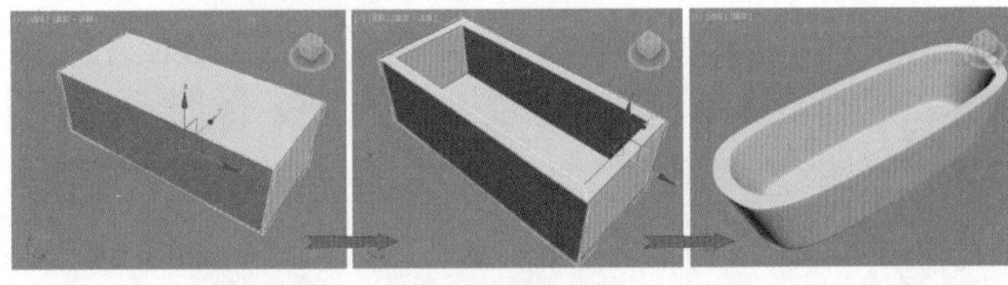

图6-94

2. 制作步骤

（1）在视图中创建一个长方体，如图 6-95 所示。设置【长度】为 700mm、【宽度】为 1600mm、【高度】为 500mm，如图 6-96 所示。

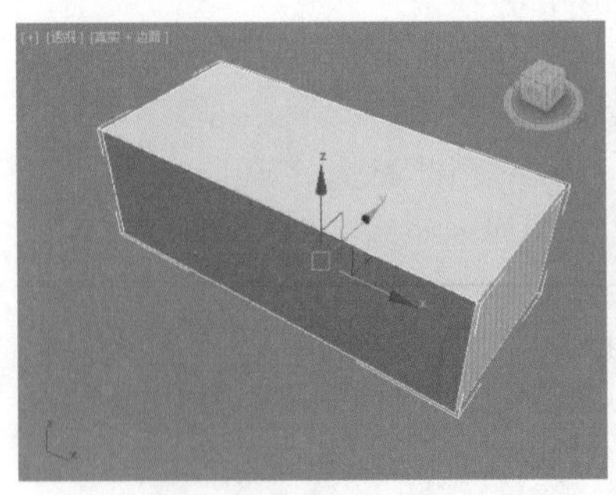

图6-95

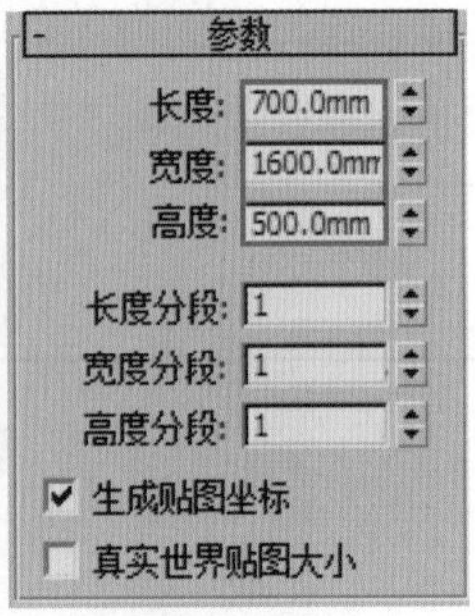

参数
长度: 700.0mm
宽度: 1600.0mm
高度: 500.0mm
长度分段: 1
宽度分段: 1
高度分段: 1
生成贴图坐标
真实世界贴图大小

图6-96

（2）选择该模型，单击右键执行【转换为】|【转换为可编辑多边形】，进入■【多边形】级别，选择图 6-97 所示的 1 个多边形。单击 插入 按钮后的■（设置）按钮，设置【数量】为 70mm，如图 6-98 所示。

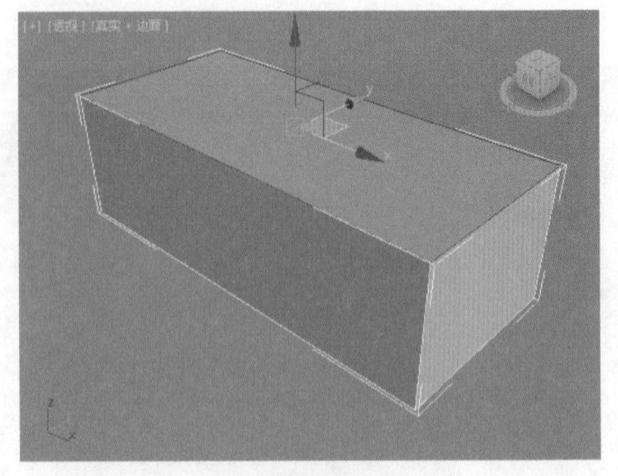

图6-97

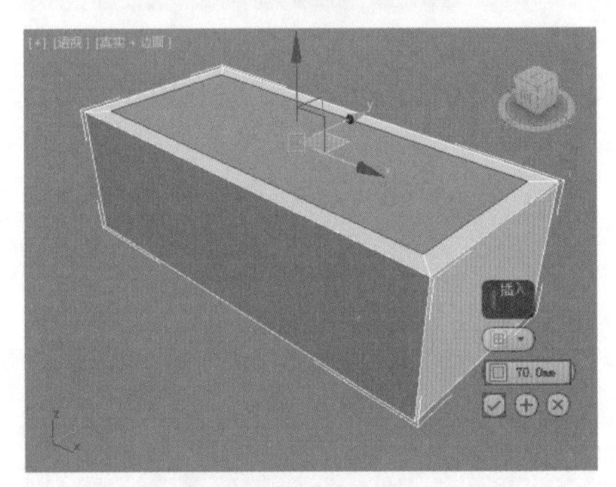

图6-98

（3）单击 挤出 按钮后的■（设置）按钮，设置【高度】为 -400mm，如图 6-99 所示。

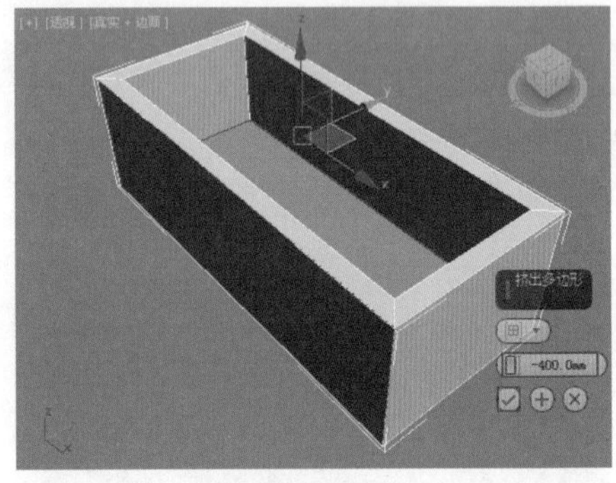

图6-99

（4）单击◁（边）按钮，选择图 6-100 所示的 4 条边。

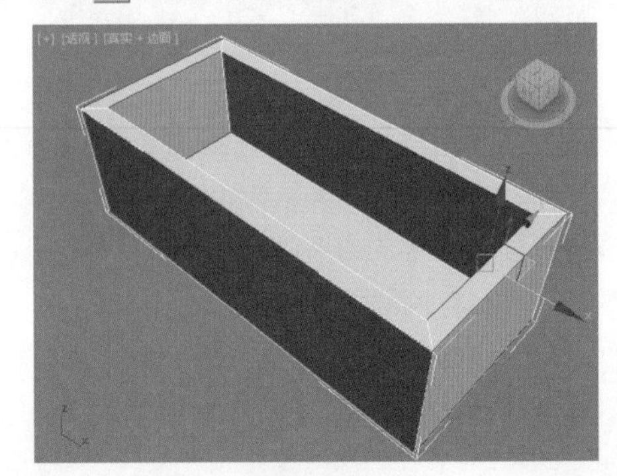

图6-100

（5）单击连接按钮后的■（设置）按钮，设置【分段】为3，如图6-101所示。

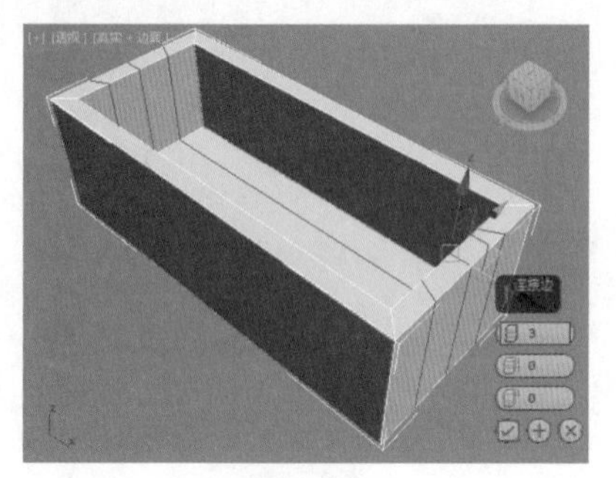

图6-101

（6）进入⁘（顶点）级别，选择图6-102所示的顶点，沿X轴向外缩放。

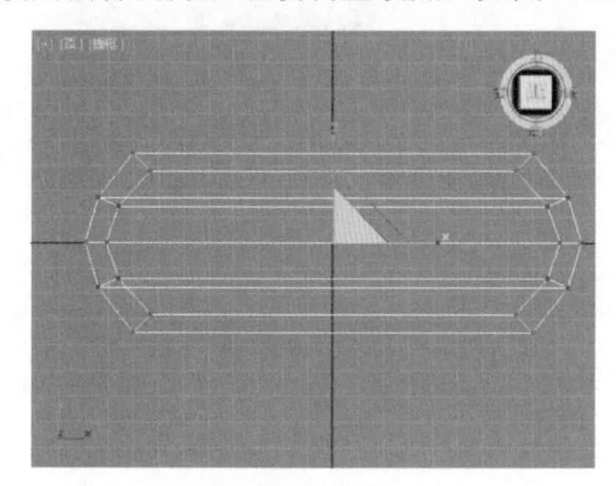

图6-102

（7）使用同样的方法继续调整顶点，如图6-103所示。

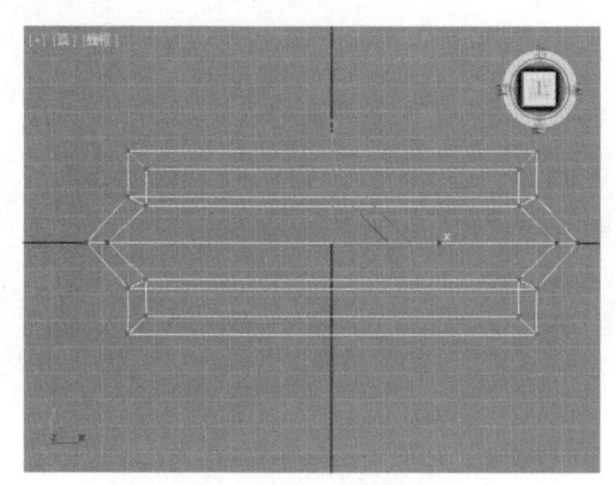

图6-103

（8）继续选择模型底部的顶点，沿XYZ轴向内缩放，如图6-104所示。

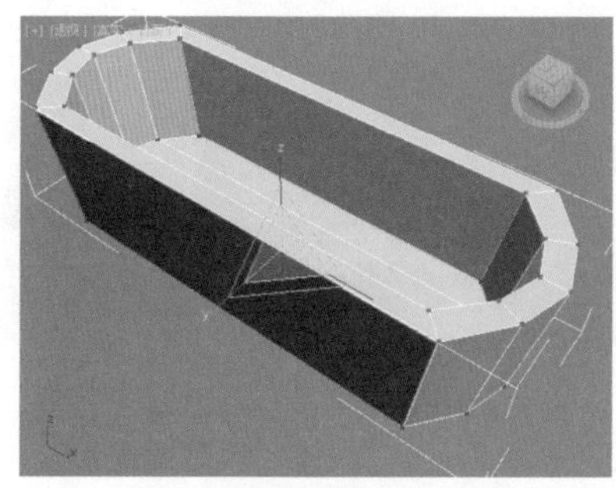

图6-104

（9）单击进入◁（边）级别，选择图6-105所示的边。单击切角按钮后的■（设置）按钮，设置【边切角量】为1mm，如图6-106所示。

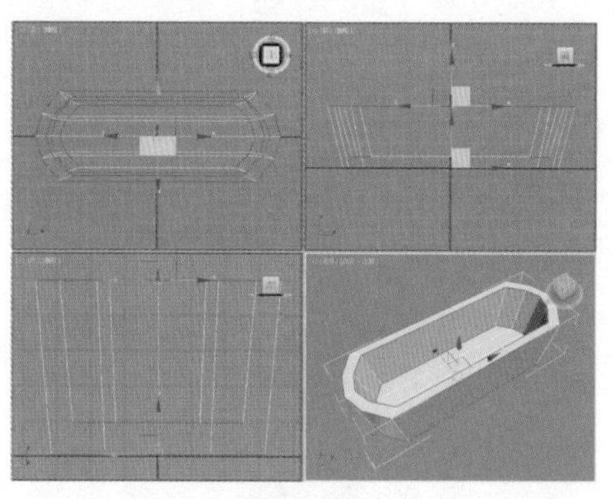

图6-105

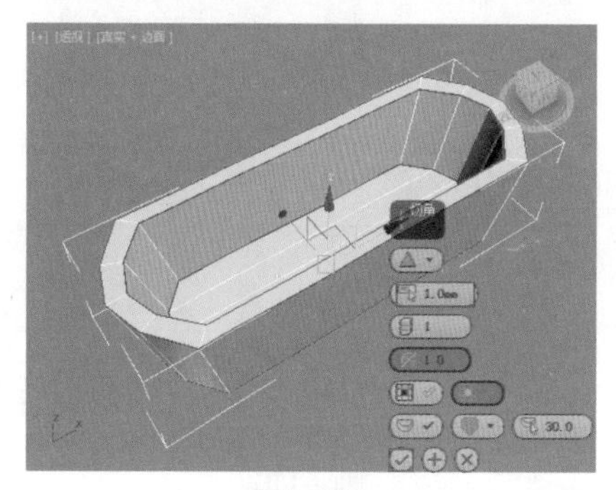

图6-106

（10）选择浴缸模型并为其添加【网格平滑】修改器，设置【迭代次数】为3，如图6-107所示。

（11）最终的效果如图6-108所示。

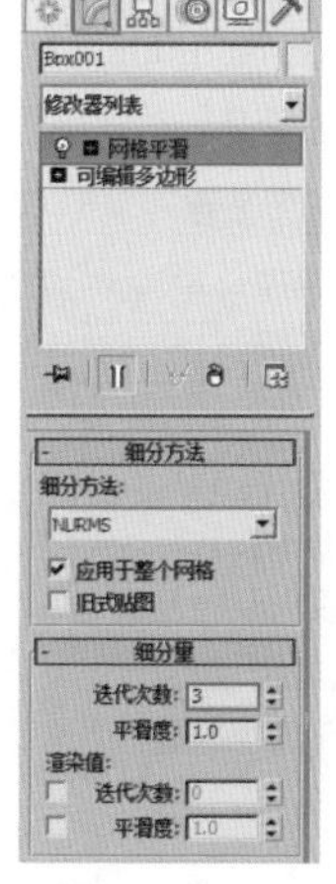

图6-107

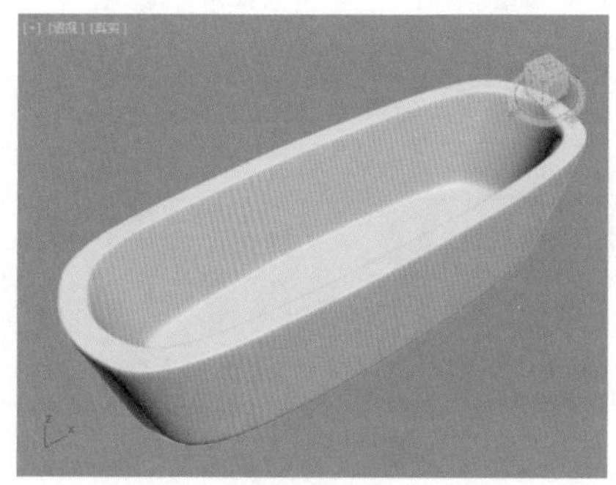

图6-108

典型实例：软包床

案例文件　案例文件\Chapter 06\典型实例：软包床.max
视频教学　视频文件\Chapter 06\典型实例：软包床.flv
技术掌握　掌握多边形建模中的挤出、切角工具及网格平滑修改器的应用软包床是指带有软包的床，一般软包使用皮质、绒布等材质。软包床由于结构比较精细，因此显得比较高档，深受人们喜欢。最终的渲染效果如图 6-109 所示。

图6-109

1. 建模思路

具体的建模思路如图 6-110 所示

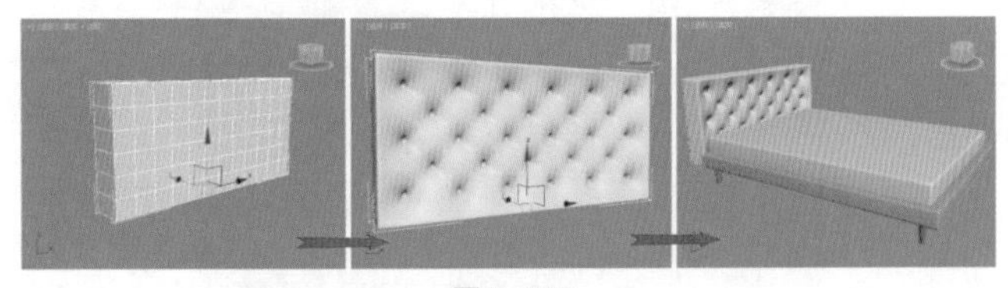

图6-110

2. 制作步骤

Part01 创建软包模型

（1）在视图中创建一个长方体，如图 6-111 所示。设置【长度】为 200mm、【宽度】为 1500mm、【高度】为 700mm、【宽度分段】为 12、【高度分段】为 6，如图 6-112 所示。

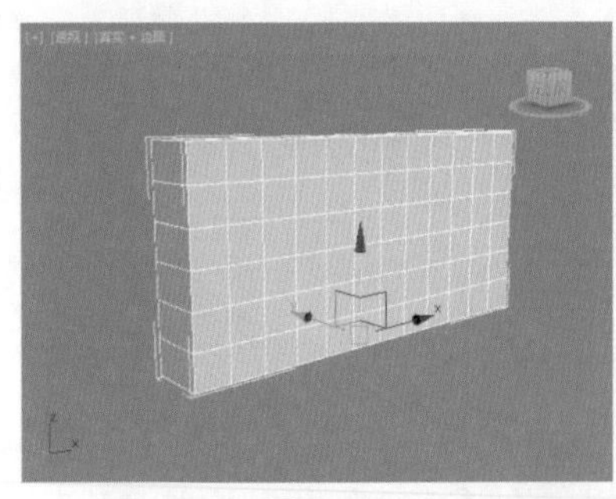

图6-111

图6-112

（2）选择该模型，单击右键执行【转换为】|【转换为可编辑多边形】，进入（顶点）级别，选择图 6-113 所示的顶点。

（3）单击 切角 按钮后的（设置）按钮，设置【顶点切角量】为 20mm，如图 6-114 所示。

（4）进入【多边形】级别，选择图 6-115 所示的多边形。

（5）单击 挤出 按钮后的（设置）按钮，设置【高度】为 -30mm，如图 6-116 所示。

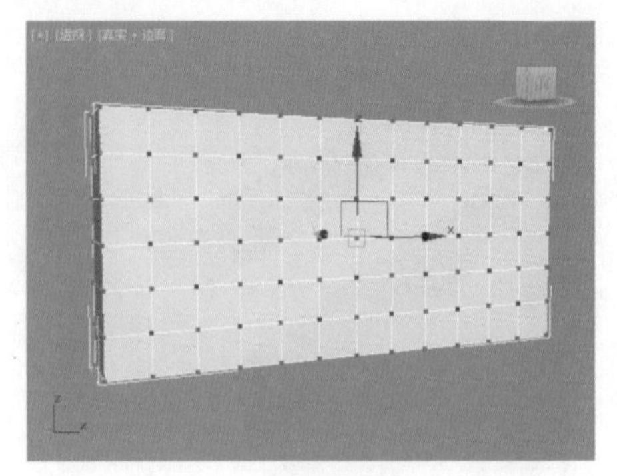

图6-113

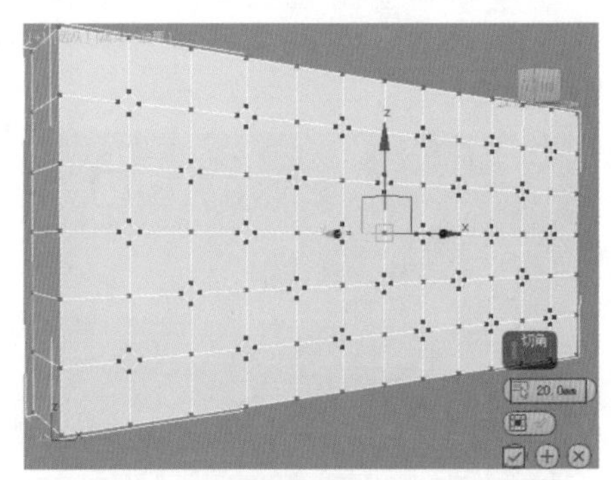

图6-114

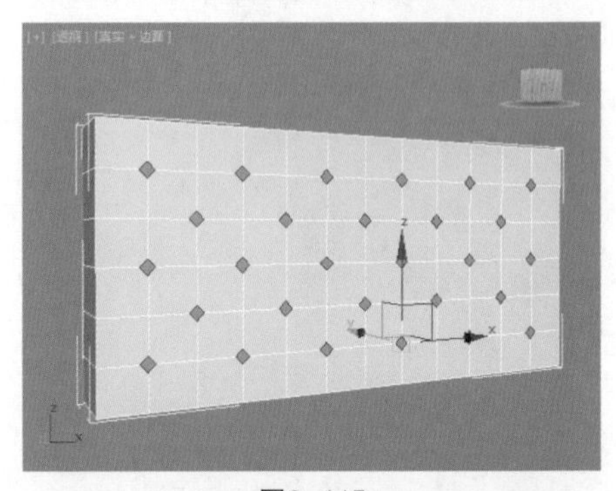

图6-115

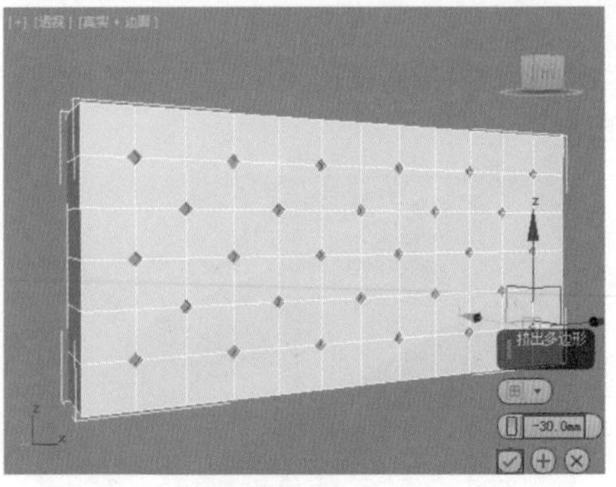

图6-116

（6）进入（顶点）级别，选择图 6-117 所示的顶点。沿 Y 轴进行移动，如图 6-118 所示。

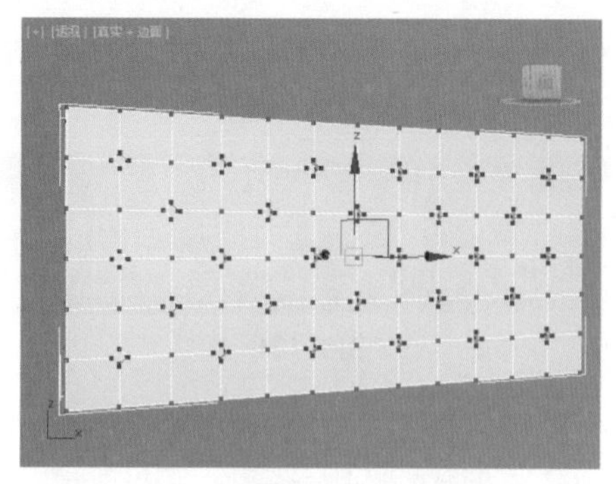

图6-117

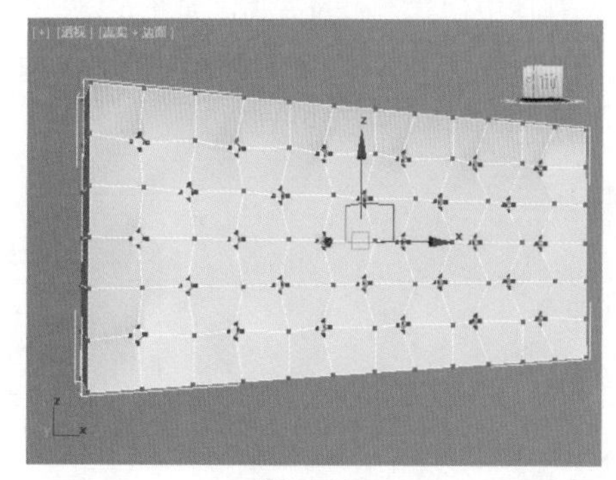

图6-118

（7）单击（边）级别，选择图 6-119 所示的边。单击切角按钮后的（设置）按钮，设置【边切角量】为 1mm，如图 6-120 所示。

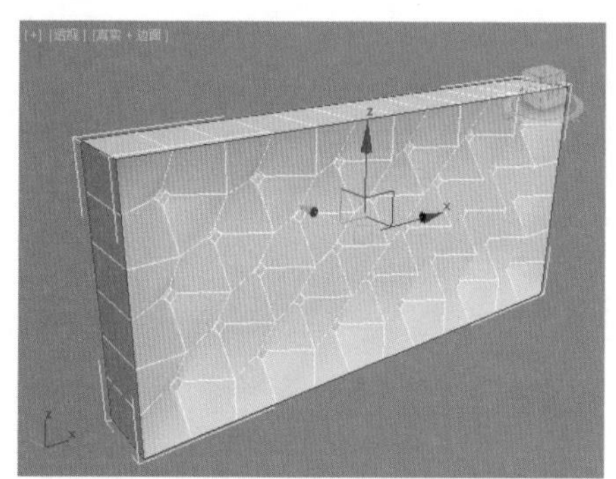

图6-119

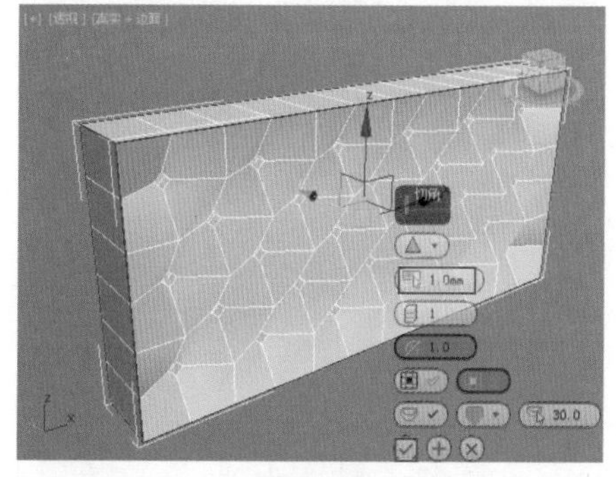

图6-120

（8）选择模型并为其添加【网格平滑】修改器，设置【迭代次数】为 2，如图 6-121 所示。此时的模型效果，如图 6-122 所示。

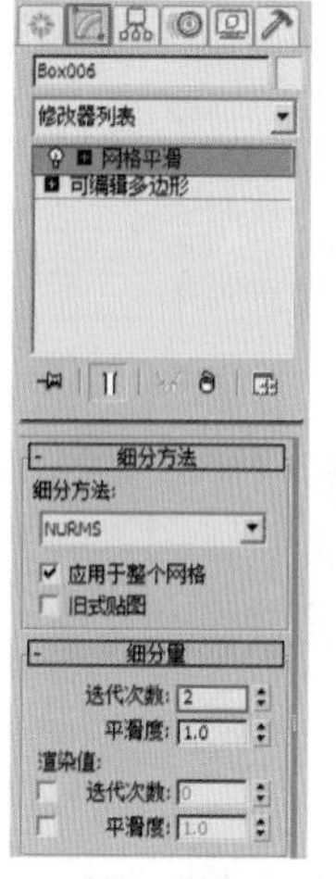

图6-121

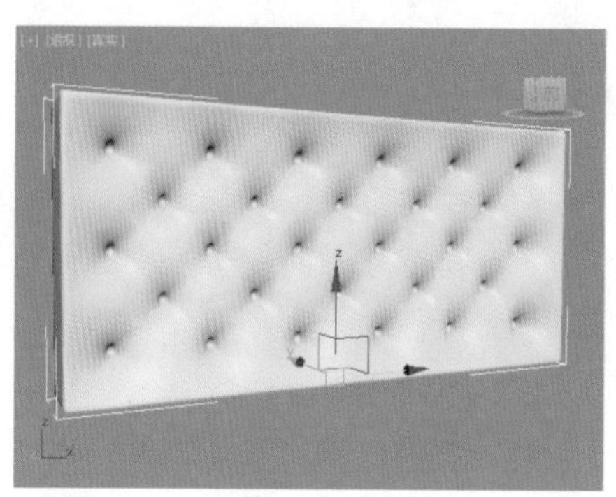

图6-122

Part02　创建床垫模型

（1）创建一个切角圆柱体，如图 6-123 所示。设置【长度】为 2000mm、【宽度】为 1500mm、【高度】为 120mm、【圆角】为 20mm、【长度分段】为 1、【圆角分段】为 5，如图 6-124 所示。

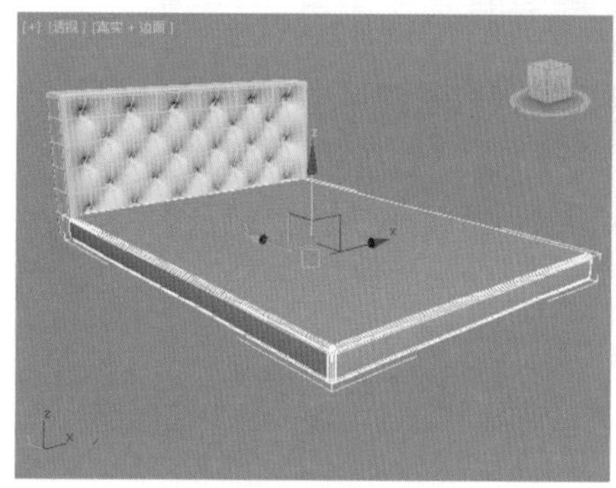

图6-123

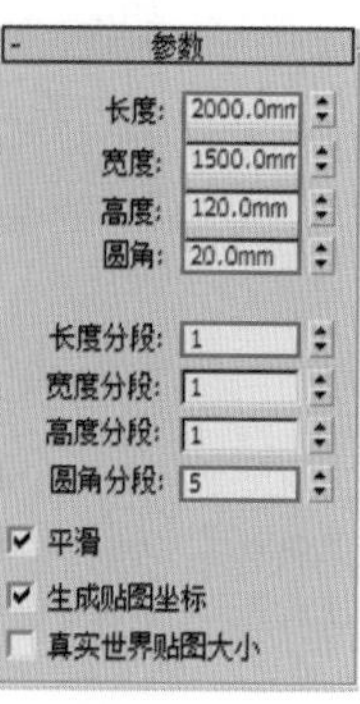

图6-124

（2）继续创建一个切角圆柱体，如图 6-125 所示。设置【长度】为 1900mm、【宽度】为 1400mm、【高度】为 150mm、【圆角】为 20mm、【圆角分段】为 5，如图 6-126 所示。

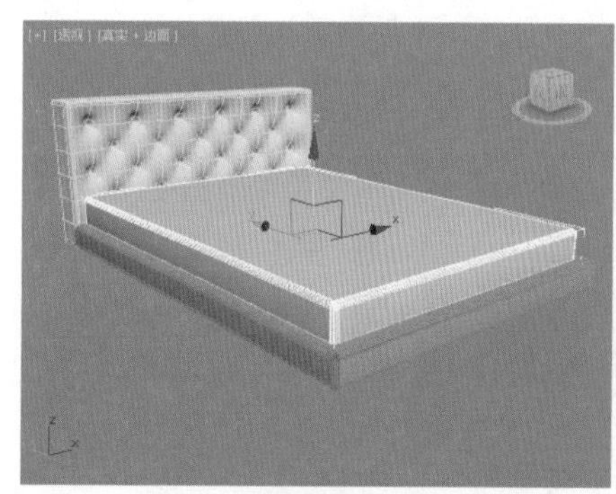

图6-125

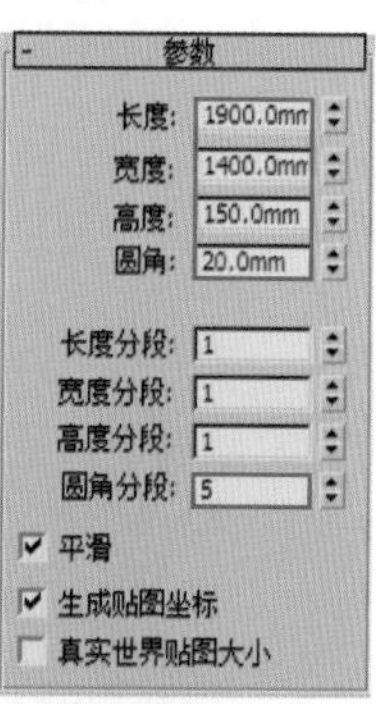

图6-126

（3）继续创建 4 个圆锥体，如图 6-127 所示。设置【半径 1】为 20mm、【半径 2】为 40mm、【高度】为 200mm、【边数】为 24、如图 6-128 所示。

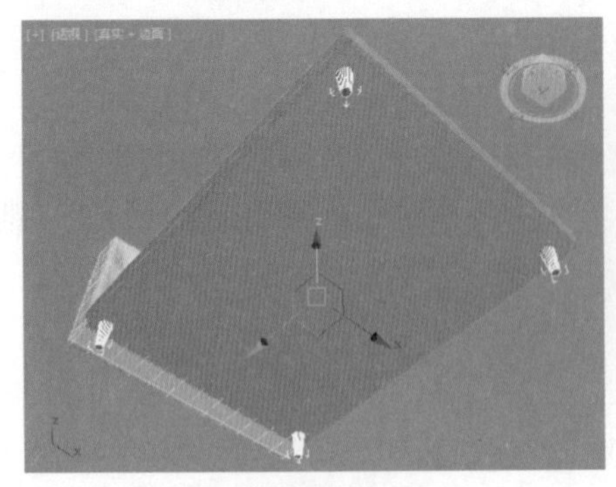

图6-127

图6-128

（4）最终的效果如图 6-129 所示。

图6-129

典型实例：别墅

案例文件　案例文件 \Chapter 06\ 典型实例：别墅 .max
视频教学　视频文件 \Chapter 06\ 典型实例：别墅 .flv
技术掌握　掌握多边形建模中的挤出、插入、连接工具及壳修改器的应用

别墅与普通住宅不同，它是一种改善型住宅，一般空间较大、举架较高。别墅的制作比较繁琐，因此需要有清晰的思路，建议在制作该模型时将模型进行拆分，一部分一部分地制作，而不是制作一个整体。最终的渲染效果如图 6-130 所示。

图6-130

1. 建模思路

具体的建模思路如图 6-131 所示。

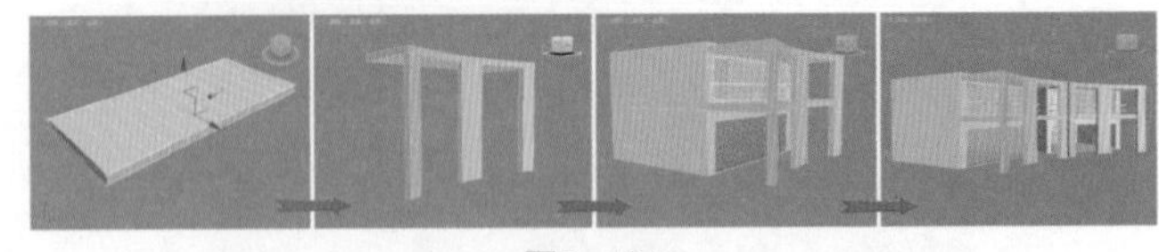

图6-131

2. 制作步骤

Part01　创建别墅中露天阳台的模型

（1）在视图中创建一个长方体，如图 6-132 所示。设置【长度】为 13800mm、【宽度】为 6000mm、【高度】为 500mm、【长度分段】为 12，如图 6-133 所示。

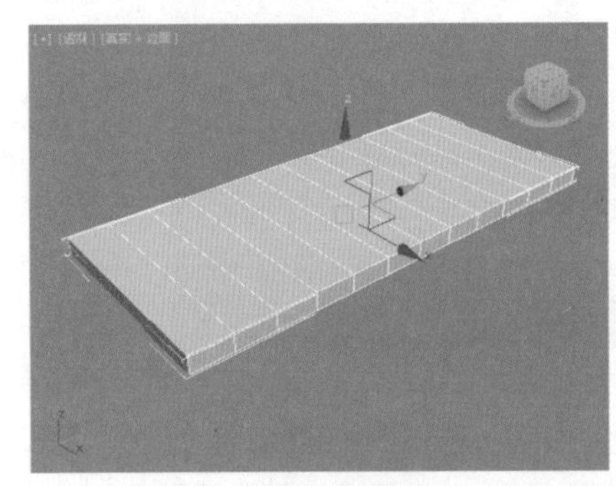

图6-132

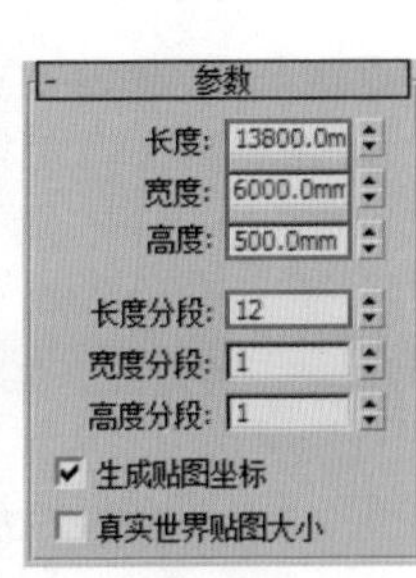

图6-133

（2）选择该模型，单击右键执行【转换为】|【转换为可编辑多边形】，如图 6-134 所示。进入 （顶点）级别，在顶视图中选择图 6-135 所示的顶点并移动其位置。

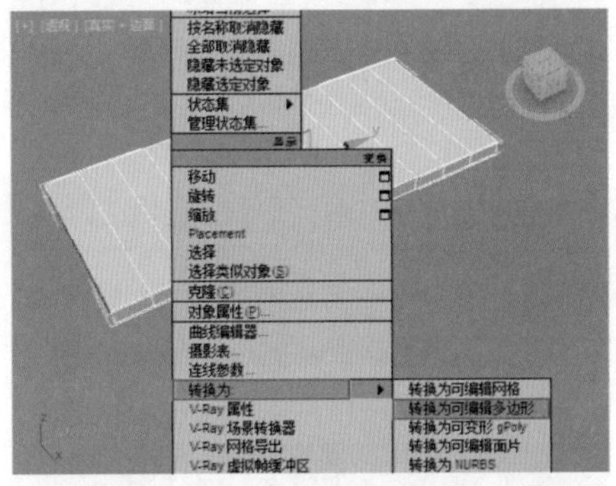

图6-134

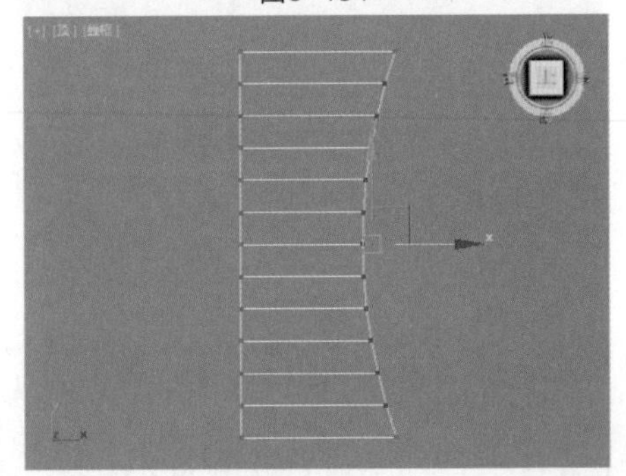

图6-135

（3）单击 （边）级别，选择图6-136所示的边。单击 连接 按钮后的 （设置）按钮，如图6-137所示。

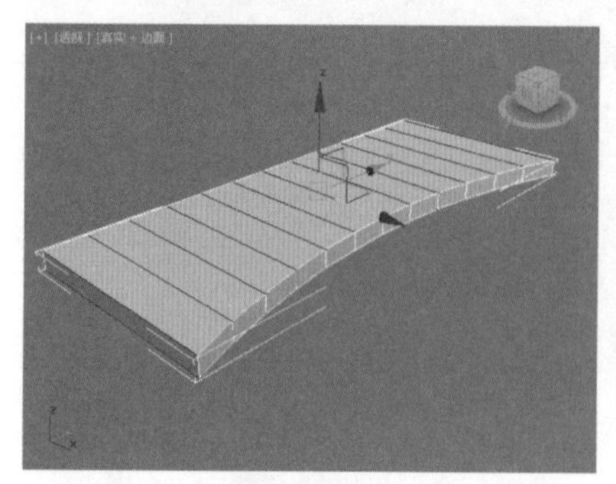

图6-136

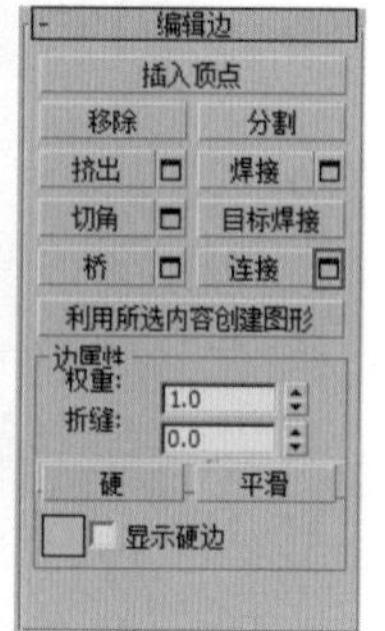

图6-137

（4）设置【滑块】为80，如图6-138所示。进入 【多边形】级别，选择图6-139所示的4个多边形。

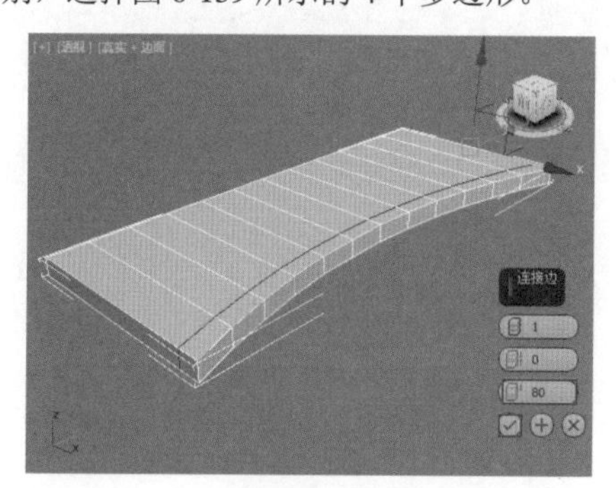

图6-138

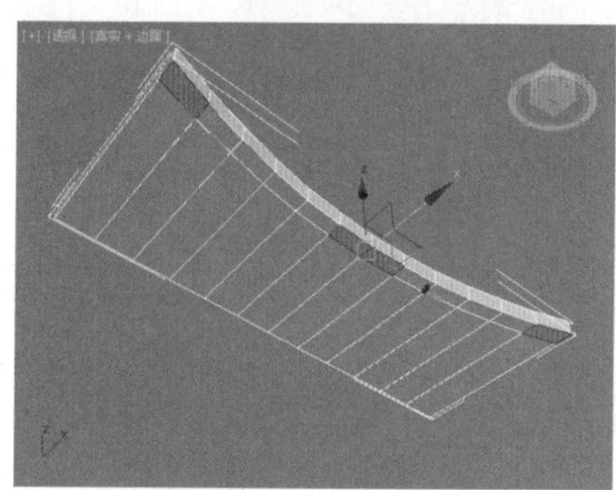

图6-139

（5）单击 挤出 按钮后的 （设置）按钮，设置【高度】为5800mm，如图6-140所示。

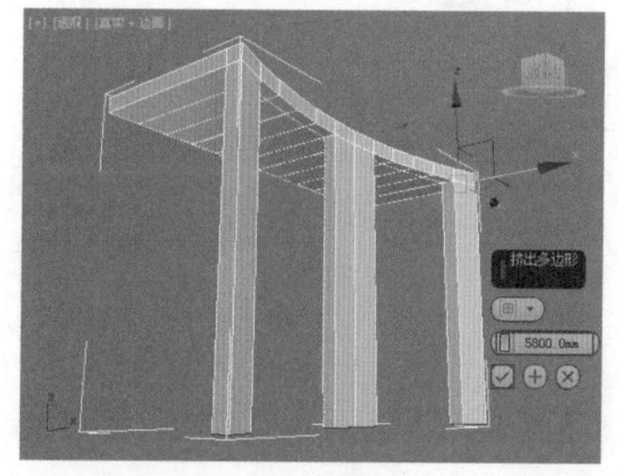

图6-140

Part02 创建别墅中楼体的模型

（1）在视图中创建一个长方体，如图6-141所示。设置【长度】为14000mm、【宽度】为12000mm、【高度】为10000mm、【高度分段】为2，如图6-142所示。

图6-141

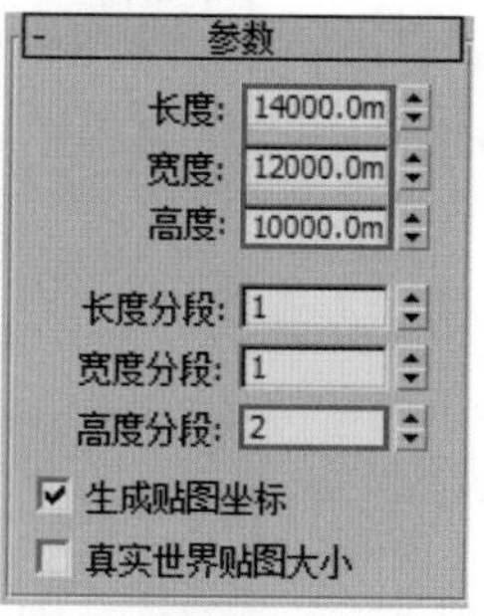

图6-142

（2）选择该模型，单击右键执行【转换为】|【转换为可编辑多边形】，进入 【多边形】级别，选择图6-143所示的两个多边形。

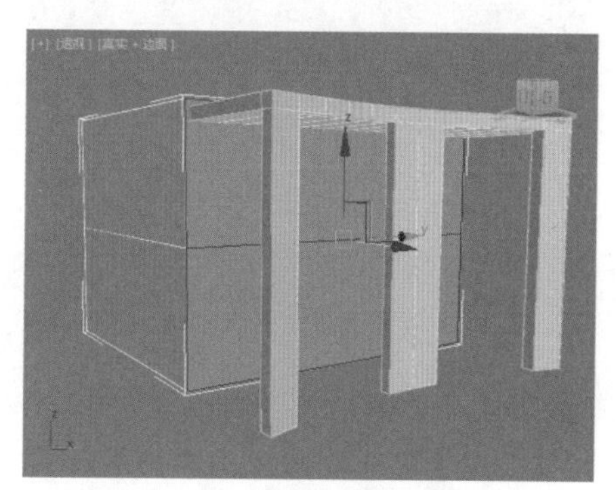

图6-143

（3）单击 插入 按钮后的 （设置）按钮，设置方式为【按多边形】，【数量】为900mm，如图6-144所示。

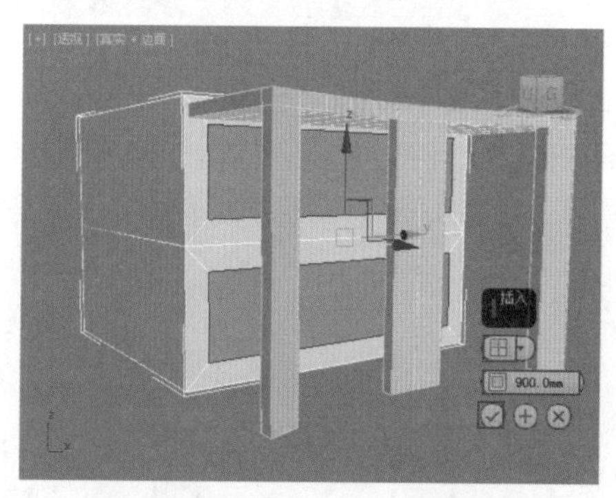

图6-144

（4）保持选择刚才的两个多边形，按键盘上的【Delete】键删除，如图6-145所示。

（5）进入 （顶点）级别，移动图6-146所示的顶点。

图6–145

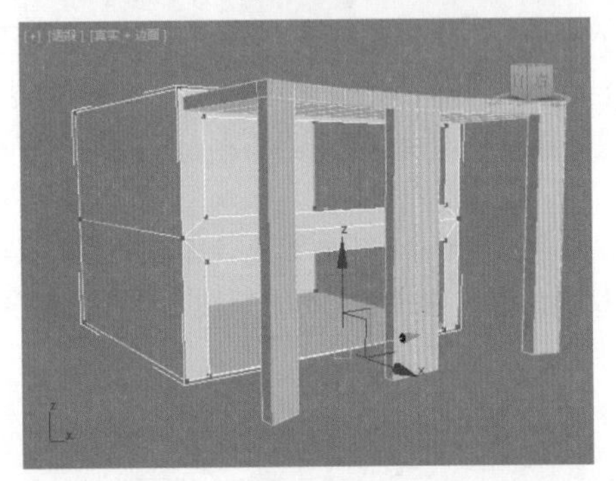

图6–146

（6）为该模型添加【壳】修改器并设置【内部量】为400mm，如图 6-147 所示。此时模型产生了厚度，如图 6-148 所示。

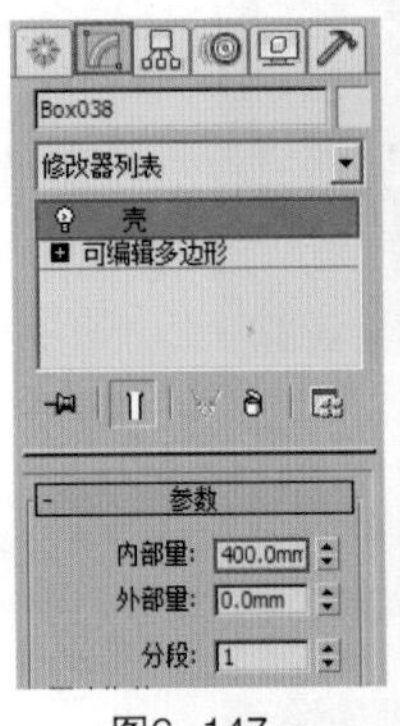

图6–147

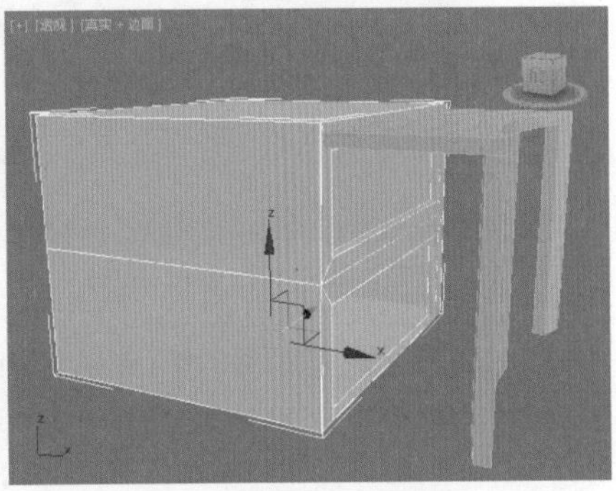

图6–148

（7）继续使用同样的方法制作另外一个模型，如图 6-149 所示。将该模型移动到楼体中间，作为二层地面，如图 6-150 所示。

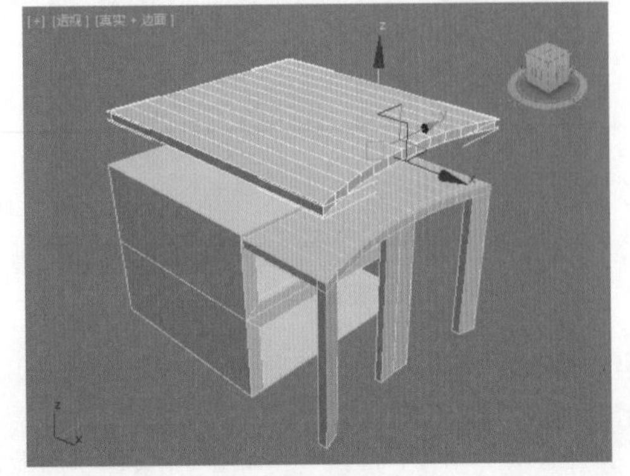

图6–149

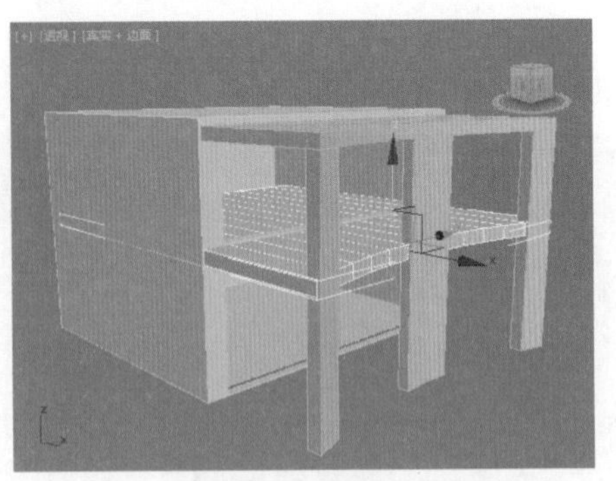

图6–150

Part03　创建二层栏杆、窗户和一层拉门的模型

（1）在顶视图中绘制一条线，如图 6-151 所示。

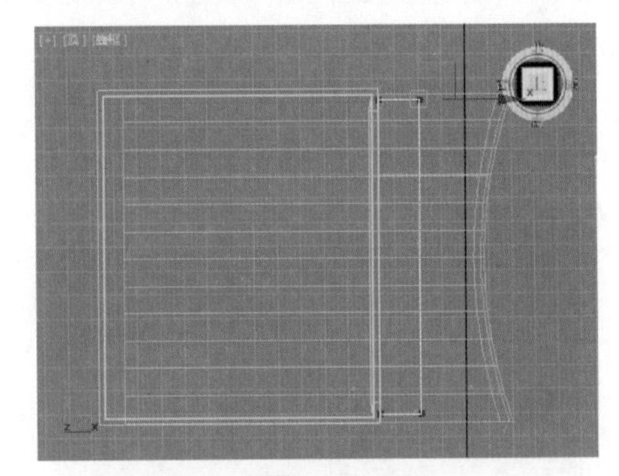

图6–151

（2）在创建面板中，执行（创建）|（几何体）| AEC 扩展 | 栏杆 操作，如图 6-152 所示。在视图中拖曳光标创建一个栏杆模型，如图 6-153 所示。

图6–152

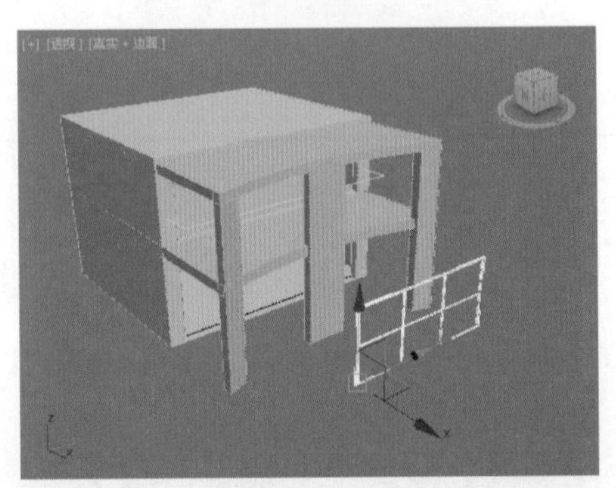

图6–153

（3）单击修改，然后单击【拾取栏杆路径】按钮并单击拾取刚才绘制的线，如图 6-154 所示。

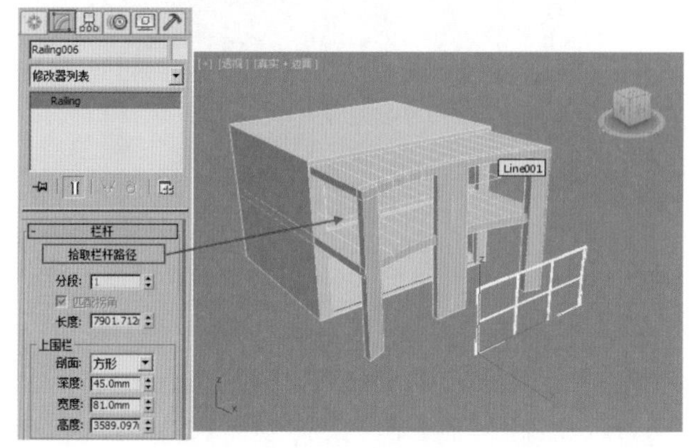

图6-154

（4）单击修改，设置【上围栏】的【剖面】为【圆形】、【深度】为150mm、【宽度】为150mm、【高度】为1600mm，设置【下围栏】的【深度】为 100mm、【宽度】为 100mm，设置【立柱】的【深度】为 100mm、【宽度】为 100mm，设置【栅栏】的【深度】为 100mm、【宽度】为 100mm，如图 6-155 所示。

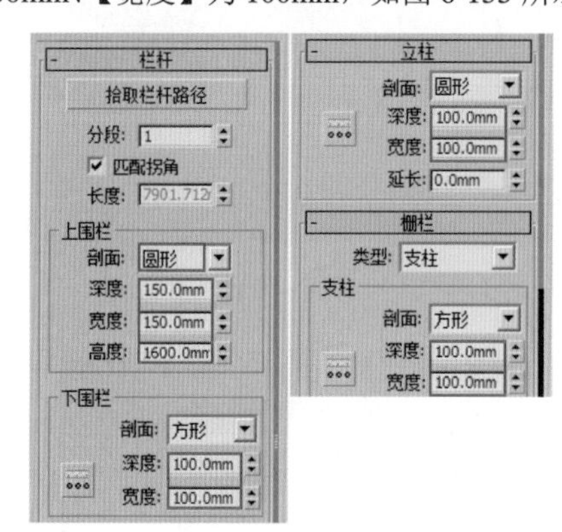

图6-155

（5）此时护栏的局部效果，如图 6-156 所示。此时的模型效果，如图 6-157 所示。

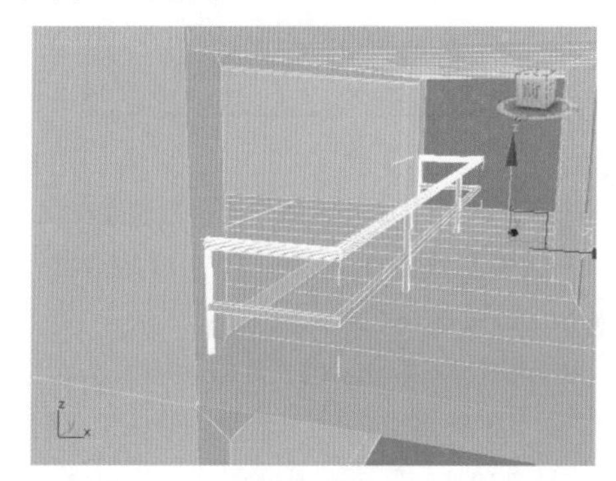

图6-156

（6）在视图中创建一个长方体，设置【长度】为 12200mm、【宽度】为 100mm、【高度】为 20mm，如图 6-158 所示。

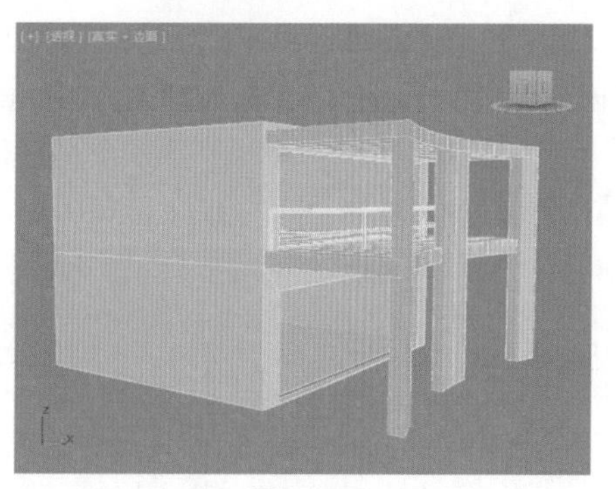

图6-157

（7）按住【Shift】键沿 Z 轴进行复制，设置【对象】为【实例】、【副本数】为 30，如图 6-159 所示。

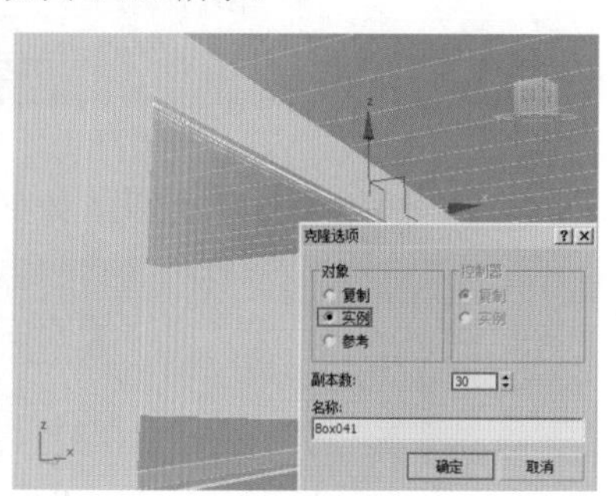

图6-158 图6-159

（8）复制模型之后的效果，如图 6-160 所示。

（9）在左视图中绘制一个矩形，命名为【Rectangle001】。在前视图中绘制一个闭合的图形，命名为【Line002】，如图 6-161 所示。

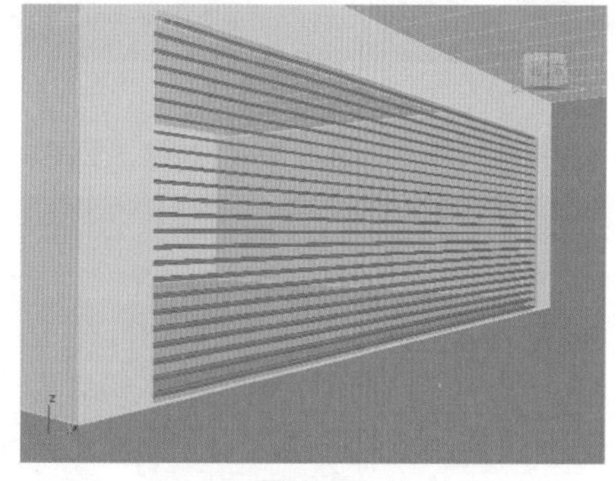

图6-160

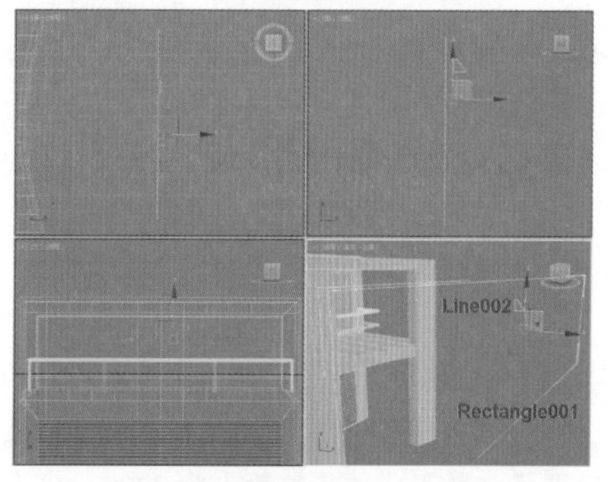

图6-161

（10）选中矩形【Rectangle001】，然后在创建面板中执行 （创建）|（几何体）| 复合对象 | 放样 操作，接着单击 获取图形 按钮，最后在视图中单击拾取图形【Line002】，如图 6-162 所示。

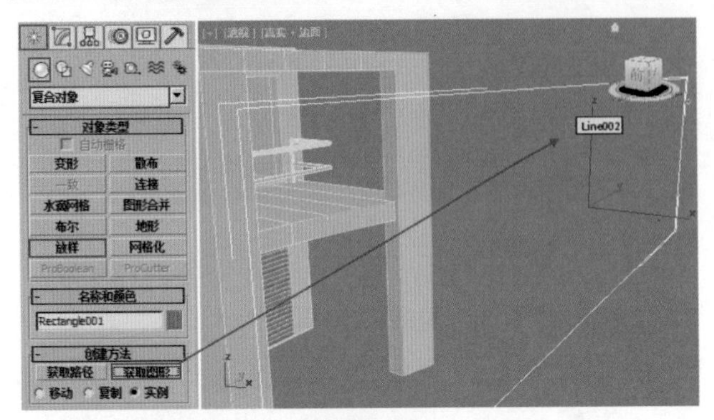

图6-162

（11）此时窗框模型的效果，如图 6-163 所示。

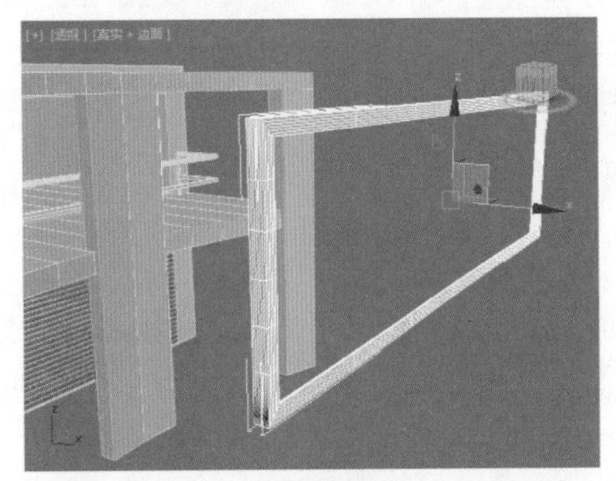

图6-163

（12）选中该模型并单击 （镜像）按钮，如图 6-164 所示。

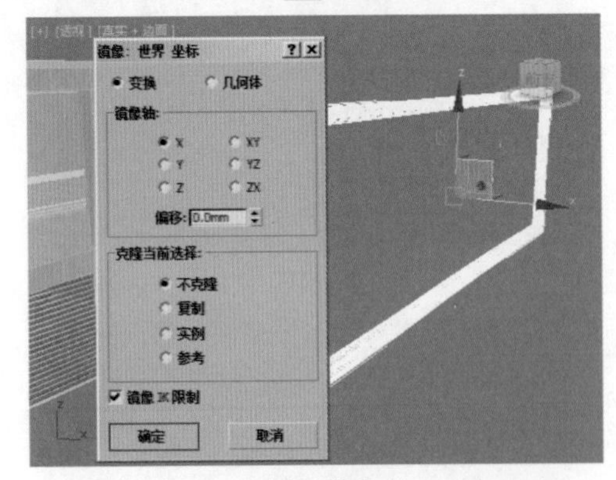

图6-164

（13）将窗框的位置进行移动，摆放到合适的位置，如图 6-165 所示。

（14）绘制一个矩形并勾选【在渲染中启用】和【在视口中启用】，设置方式为【矩形】、【长度】为 50mm、【宽度】为 100mm，设置【参数】中的【长度】为 3200mm、【宽度】为 6000mm，如图 6-166 所示。

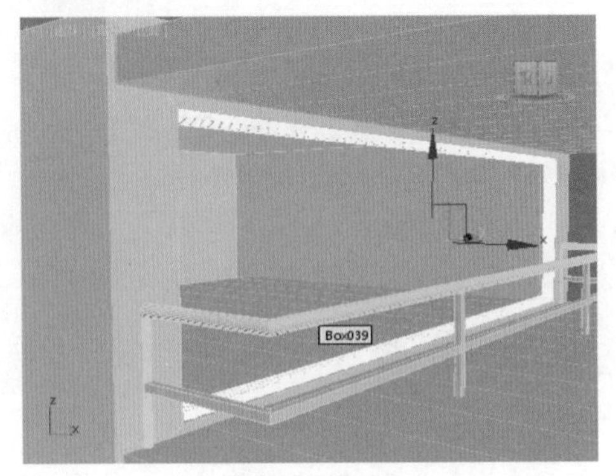

图6-165

（15）选择刚才的矩形，使用快捷键【Ctrl+V】，并设置【对象】为【复制】，将其复制一份，如图 6-167 所示。

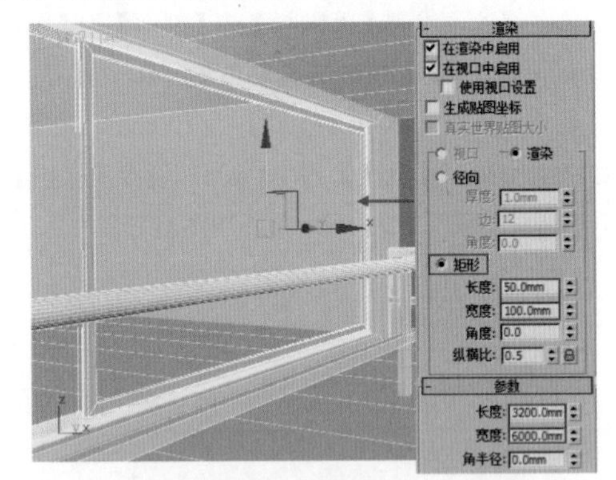

图6-166

图6-167

（16）选择复制的矩形并单击修改，取消【在渲染中启用】和【在视口中启用】。然后为其添加【挤出】修改器，设置【数量】为 20mm，如图 6-168 所示。

（17）执行快捷键【Alt+X】，将玻璃模型显示为透明，但是该功能仅限于在视图中显示为透明，而在渲染时是不透明的，如图 6-169 所示。

（18）选择矩形窗户框和玻璃，并按住【Shift】键沿 Y 轴复制一份，如图 6-170 所示。

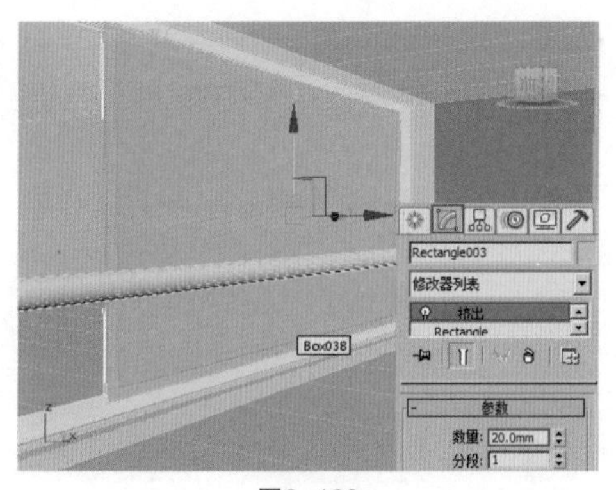

图6-168

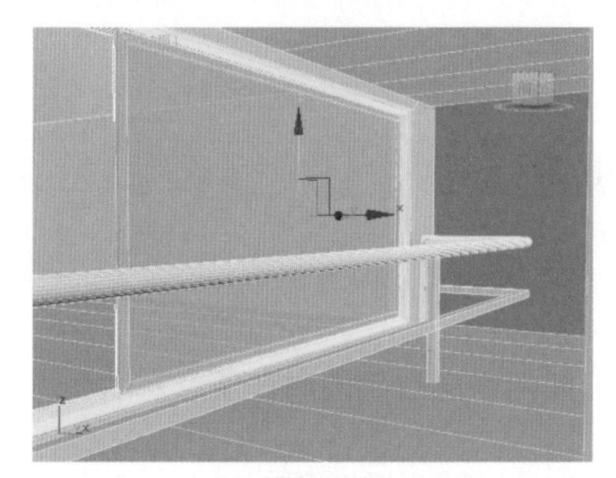

图6-169

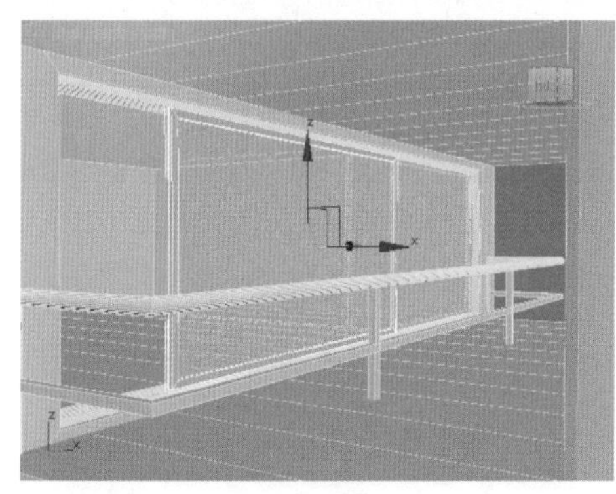

图6-170

（19）此时的模型效果，如图6-171所示。

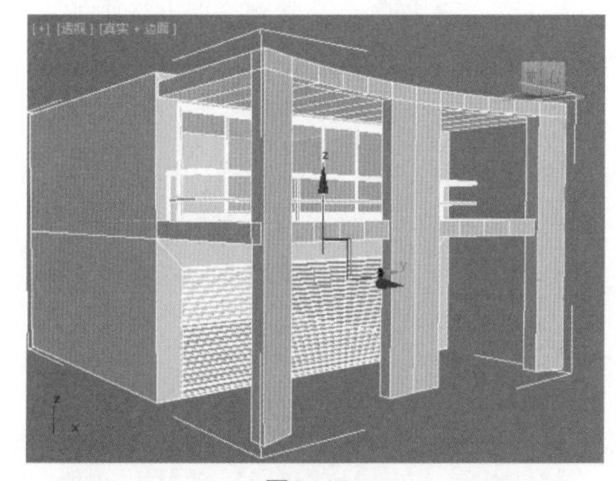

图6-171

Part04　复制别墅的模型

（1）选择所有的模型，并在菜单栏中执行【组】|【组】操作，命名为【组001】，如图6-172所示。

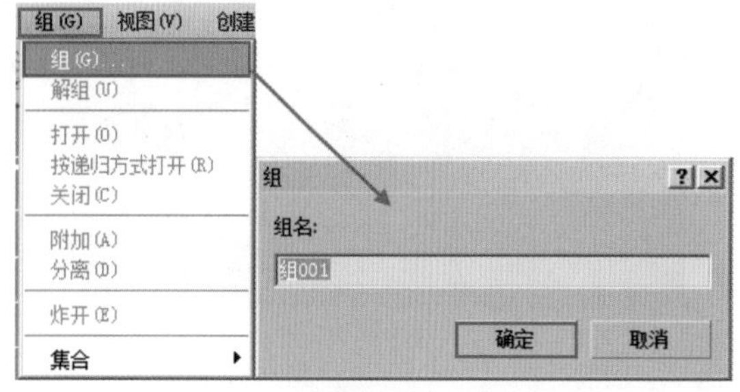

图6-172

（2）选择【组001】模型，按住【Shift】键沿Y轴进行移动复制，在弹出的窗口中设置【对象】为【实例】，如图6-173所示。

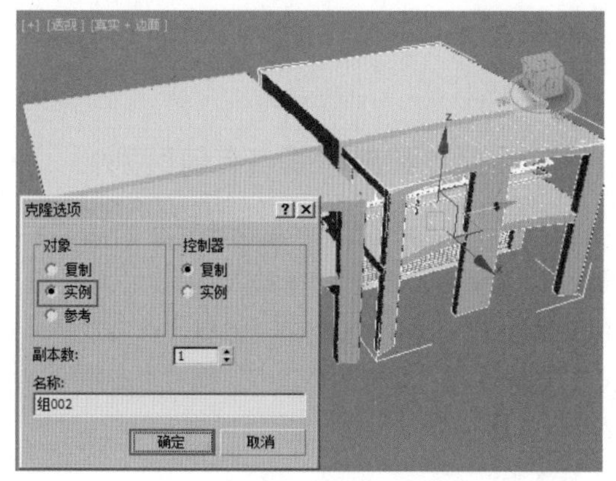

图6-173

（3）使用（选择并旋转）工具，沿Z轴旋转-30°，如图6-174所示。

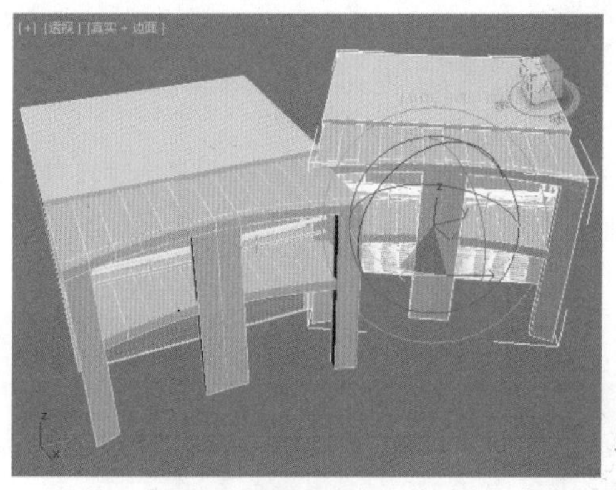

图6-174

（4）此时将别墅模型进行位置调整，如图6-175所示。最终的模型效果，如图6-176所示。

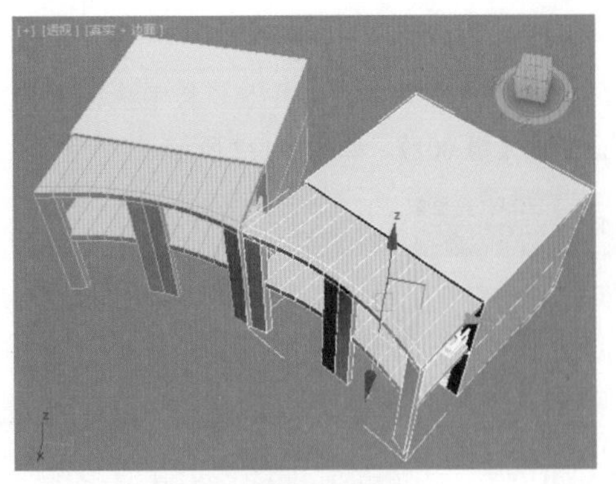

图6-175

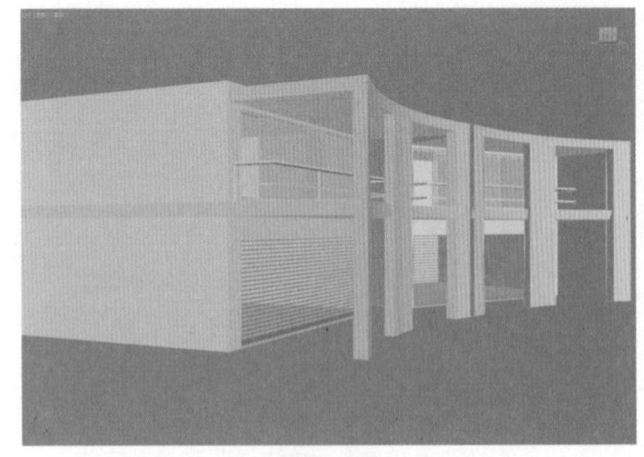

图6-176

6.4 Design教授研究所——多边形建模常见的几个问题

多边形建模是Design教授研究所最重视的建模方式，虽然有些难度，但是功能强大，熟练掌握可以制作各种精细的、效果震撼的模型。

6.4.1 移除顶点和删除顶点有何区别?

假如需要把顶点删除，那么可以按键盘【Delete】键或使用【移除顶点】工具，那两者有何区别呢?

（1）键盘【Delete】键删除顶点：选中一个或多个顶点以后，按【Delete】键可以删除该顶点，同时也会删除该点所在的多边形，如图6-177所示。

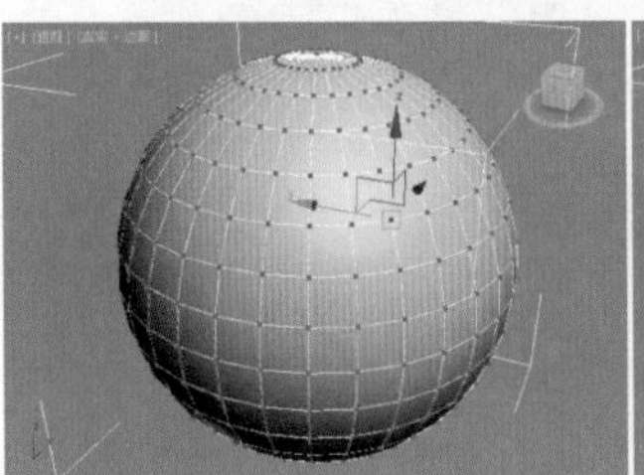

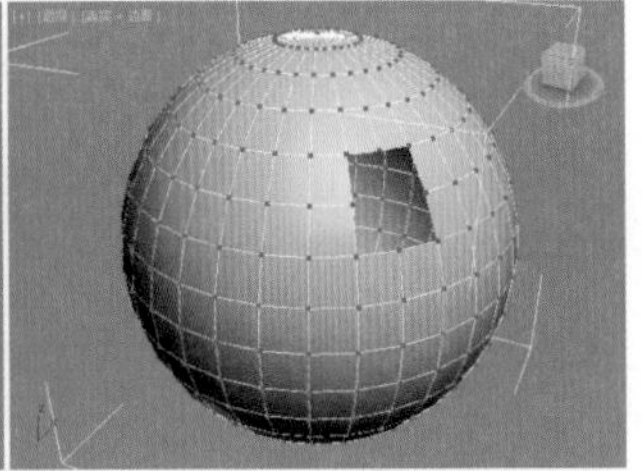

图6-177

（2）移除顶点工具：选中一个或多个顶点以后，单击 移除 按钮即可移除顶点但是顶点所在的多边形依然存在，如图6-178所示。

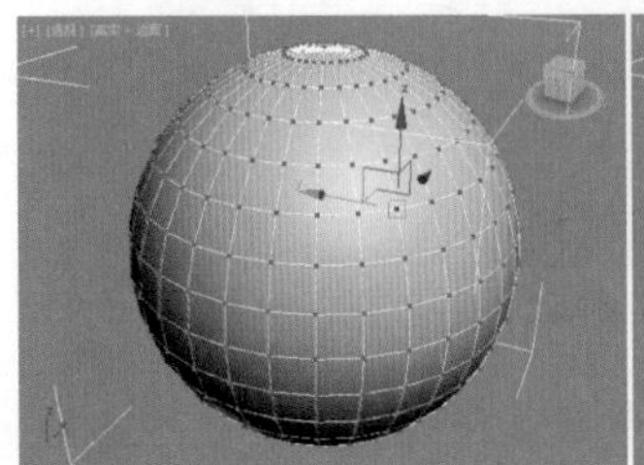

图6-178

6.4.2 如何快速准确地对齐顶点?

由于调整了模型表面的顶点，会产生顶点不在一个水平面上的情况。那么怎么将所选的顶点调整到一个水平面上呢?

图6-179所示为一个模型，其选中的顶点不在一个水平面上。

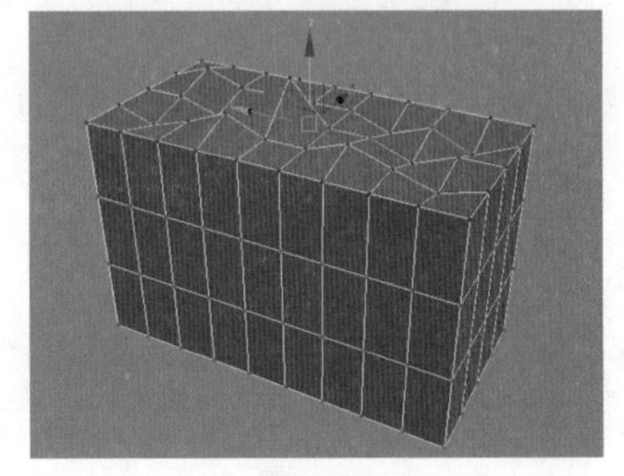

图6-179

单击（选中并均匀缩放工具）按钮，沿Z轴向下拖动，如图6-180所示。多次拖动，会看到模型上选中的顶点都在一个水平面上了，如图6-181所示。

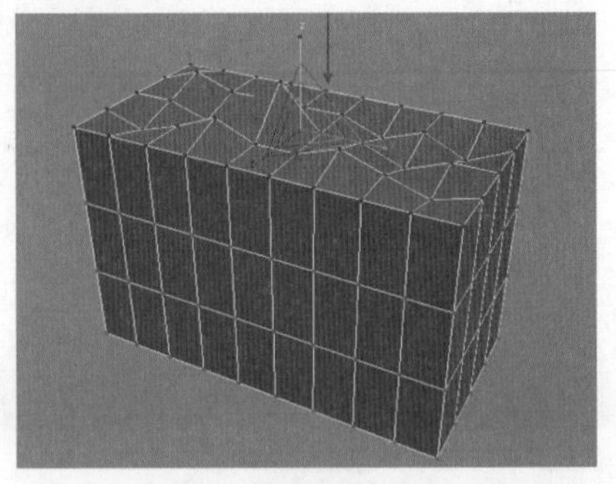

图6-180

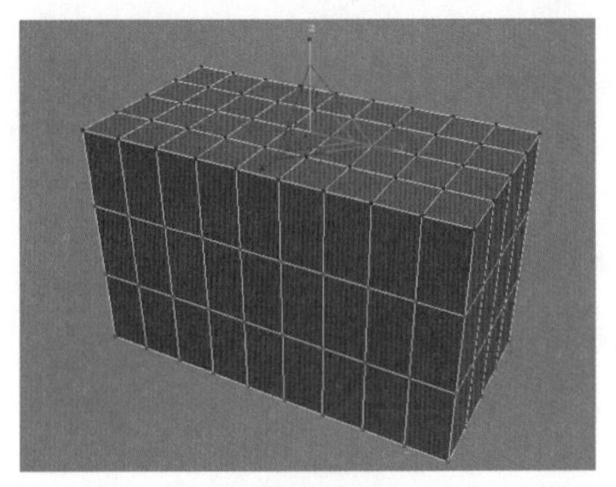

图6-181

6.4.3 模型很多时，只需要对某一个模型进行操作时，怎么快速只显示当前模型？

图 6-182 所示为一个复杂的场景，其中包括很多模型，比如我们只想对其中一个模型进行调整，但是其他模型依然会显示，这样操作不太流畅，而且容易误操作，因此我们需要只显示当前选中的模型。

图6-182

按快捷键【Alt+Q】，会发现只有选中的模型才能显示，其他的不显示了，如图 6-183 所示。

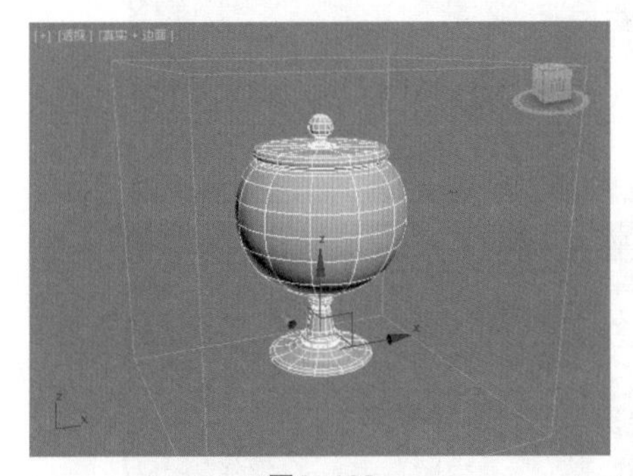

图6-183

同时看到 3ds Max 界面下方的 （孤立当前选择切换）按钮自动变亮了。单击该按钮也可以进行孤立和不孤立的显示。

6.4.4 模型过于复杂，怎么让操作更流畅？

当场景模型很复杂时，可以对部分过于复杂的模型进行处理，如图 6-184 所示。选中模型后单击右键，执行【对象属性】，如图 6-185 所示。

图6-184

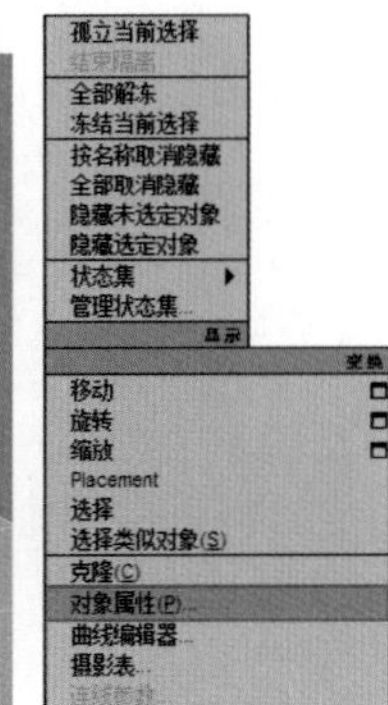

图6-185

在弹出的窗口中勾选【显示为外框】，如图 6-186 所示。此时模型显示为外框效果，并且操作更为流畅，如图 6-187 所示。

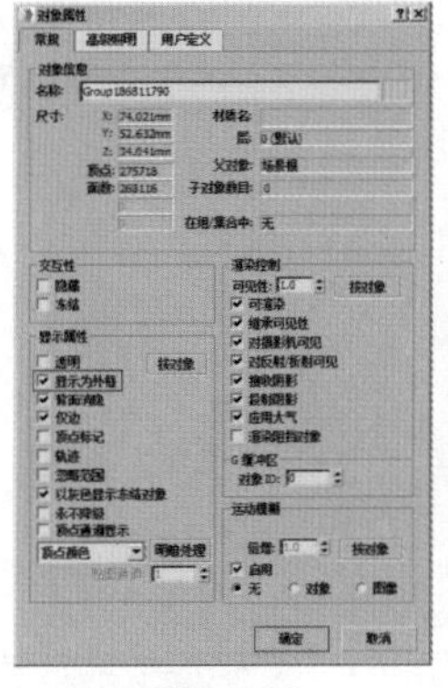

图6-186

图6-187

本章小结

通过对本章的学习，我们已经掌握了多边形建模的知识。它不仅可以制作常见的家具模型，而且还可以制作复杂的建筑模型，也可以制作工业模型、游戏模型等。不妨使用多边形建模制作几个属于自己的模型吧！

第 7 章 V-Ray 渲染器的设置，两套方案就搞定！

本章内容

渲染器的概念
多种渲染器的介绍
V-Ray 渲染器参数的详解及应用
测试渲染和最终渲染参数的详解

本章人物

Design 教授——擅长 3ds Max 技术和理论
三弟——酷爱 3ds Max 软件，新手
麦克斯——三弟的同班同学，好友

本章是全书中最枯燥的一章，为什么？因为全都是参数，密密麻麻的参数会令人烦躁。但是不要怕，我们特意准备了两套 V-Ray 渲染器参数，分别是测试渲染参数和最终渲染参数。不妨先记住这两组参数，其他部分慢慢理解吧。

7.1 认识渲染器

渲染器是用于渲染的工具，为什么 3ds Max 需要渲染才能得到最终的作品呢？与 Photoshop 不同，3ds Max 的视图效果并不是最终效果，只是模拟效果，它与最终渲染效果差别很大。因此需要借助于渲染器进行最终作品的渲染，这个过程是漫长的。我们设想在未来 3ds Max 的功能会越来越强大，并且伴随着计算机配置的提高，一定会出现实时渲染，也就是在视图中操作产生的效果就会是最终效果，到那个时候制作作品将无需反复测试，会更直观、更简单。

7.1.1 渲染器的类型

在 3ds Max 场景中创建完成作品后，它并没有结束，需要将作品渲染出来，才能得到最终的作品结构，因此就需要使用渲染器。3ds Max 2016 自带了 5 种渲染器，分别是默认扫描线渲染器、NVIDIA iray 渲染器、NVIDIA mental ray 渲染器、Quicksilver 硬件渲染器和 VUE 文件渲染器，如图 7-1 所示。除此之外还有很多外置的渲染器插件，比如 V-Ray 渲染器等。

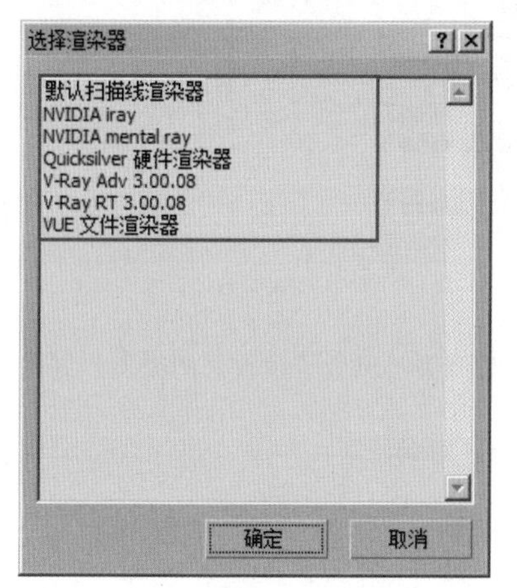

图7–1

1. 扫描线渲染器

默认扫描线渲染器是 3ds Max 自带的渲染器类型，存在于各个版本中。该渲染器的特点是渲染速度非常快，但是渲染质量比较差。如果想获得很好的渲染质量，那么不推荐使用该渲染器。图 7-2 所示为扫描线渲染器面板。

2. NVIDIA iray 渲染器

NVIDIA iray 渲染器是通过跟踪灯光路径来创建物理上精确的渲染的。该渲染器参数比较简单，几乎不需要进行设置。该渲染器最大的特点在于可以随时停止渲染，以得到当前渲染精度的作品，图 7-3 所示为 NVIDIA iray 渲染器面板。

3. NVIDIA mental ray 渲染器

NVIDIA mental ray 渲染器是一种通用渲染器，它与 V-Ray 渲染器都可以使用全局照明。该渲染器的功能相对比较强大，但是没有 V-Ray 渲染器应用那么广泛。图 7-4 所示为 NVIDIA mental ray 渲染器面板。

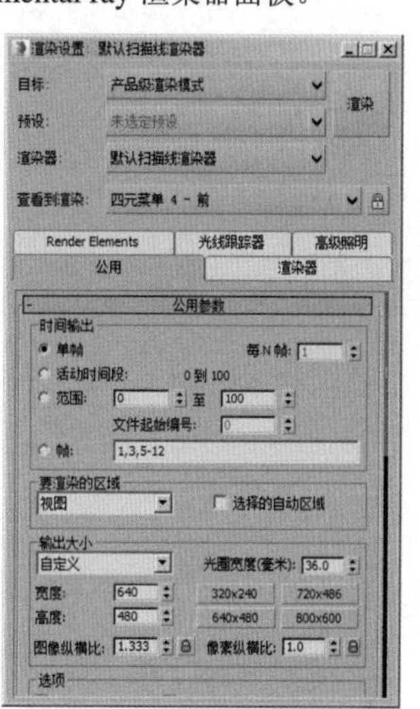

图7–2

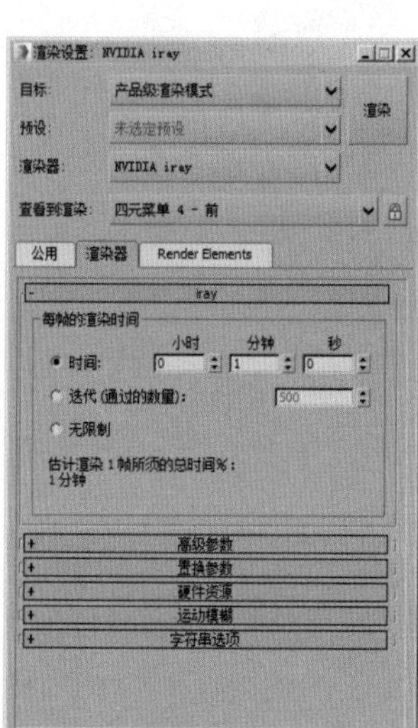

图7–3

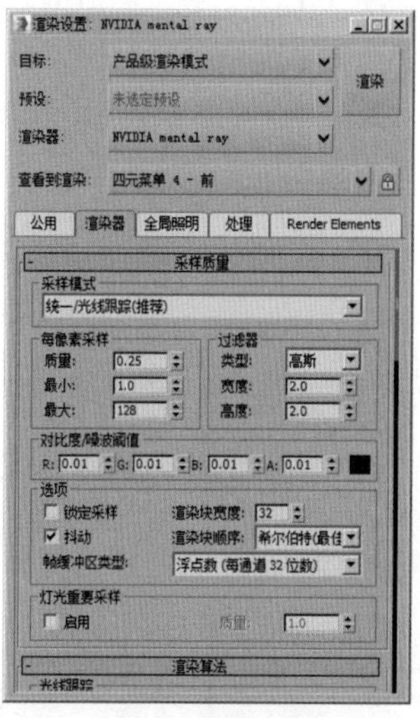

图7–4

4. Quicksilver 硬件渲染器

Quicksilver 硬件渲染器使用图形硬件生成渲染。Quicksilver 硬件渲染器的一个优点是它的速度非常快。图 7-5

所示为 Quicksilver 硬件渲染器面板。

5. VUE 文件渲染器

VUE 文件可以使用 VUE 文件渲染器渲染。图 7-6 所示为 VUE 文件渲染器面板。

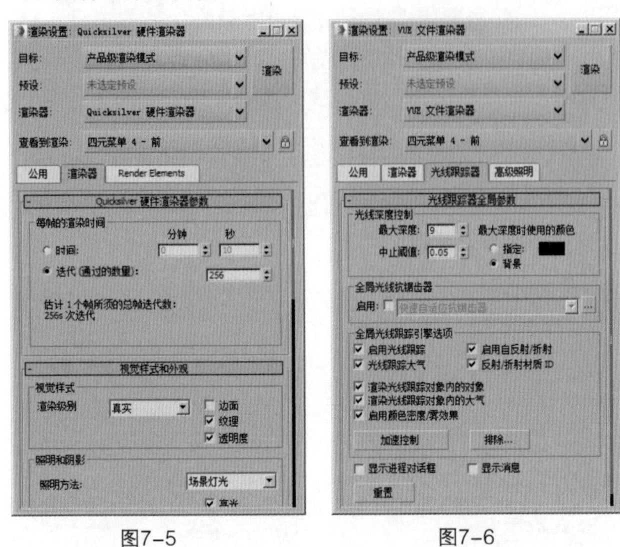

图7-5　　图7-6

6. V-Ray RT 渲染器

图 7-7 所示为 V-Ray RT 渲染器面板。它非常容易与 V-Ray 渲染器相混淆哦，一定记住 V-Ray 渲染器才是我们最常使用的。

7. V-Ray 渲染器

V-Ray 渲染器是功能非常强大的渲染器，其特点是有真实的全局照明，适合制作真实的物体反射、折射等属性。它常用于效果图设计、工业设计、影视设计、动画设计等。图 7-8 所示为 V-Ray 渲染器面板。

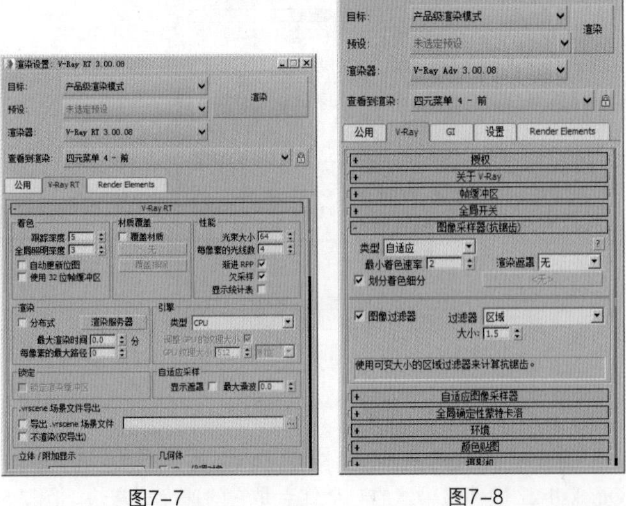

图7-7　　图7-8

7.1.2 渲染器的设置方法

（1）首先，单击（渲染设置）按钮，此时可以打开渲染设置面板。

（2）然后，在面板中单击【公用】选项卡，展开【指定渲染器】卷展栏，单击【选择渲染器】按钮，此时可以选择需要的渲染器类型，如图 7-9 所示。

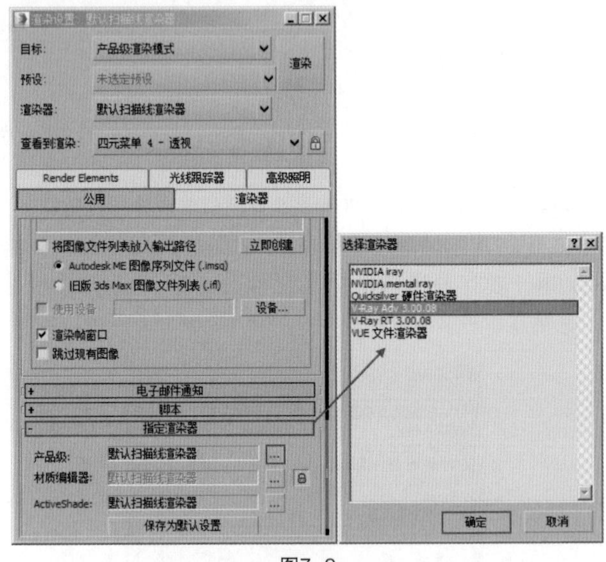

图7-9

（3）此时渲染器出现了设置好的类型，如图 7-10 所示。

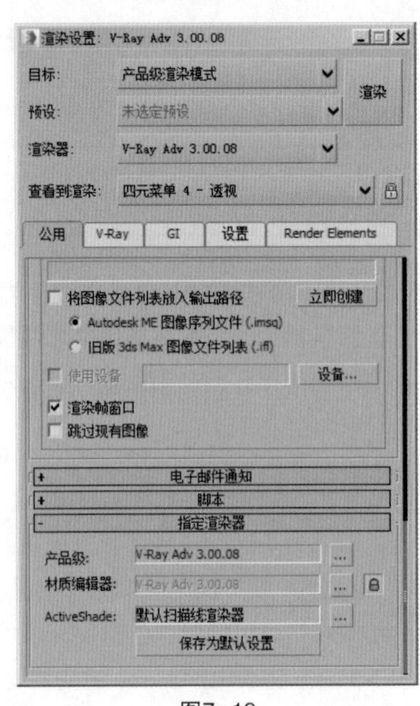

图7-10

7.2 V-Ray渲染器

V-Ray 渲染器功能非常强大，参数较多，知识较为琐碎，因此需要反复的练习。V-Ray 渲染器的参数主要包括【公用】、【V-Ray】、【GI】、【设置】和【Render Elements（渲染元素）】5 个选项卡，如图 7-11 所示。

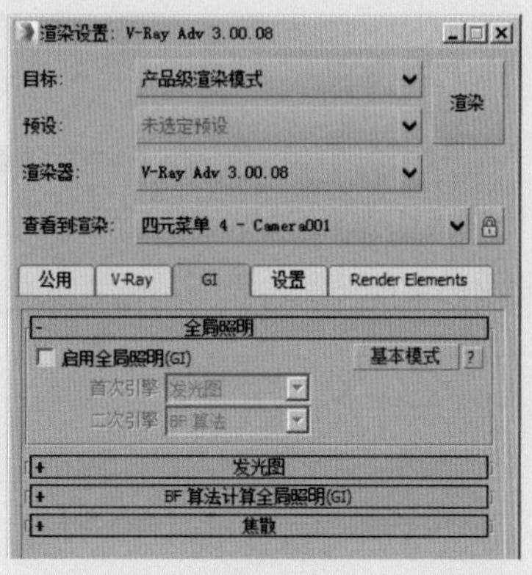

图7-11

7.2.1 公用

1. 公用参数

【公用参数】卷展栏主要为基本的渲染器参数，如渲染类型、渲染尺寸、文件保存路径等。其参数面板如图 7-12 所示。

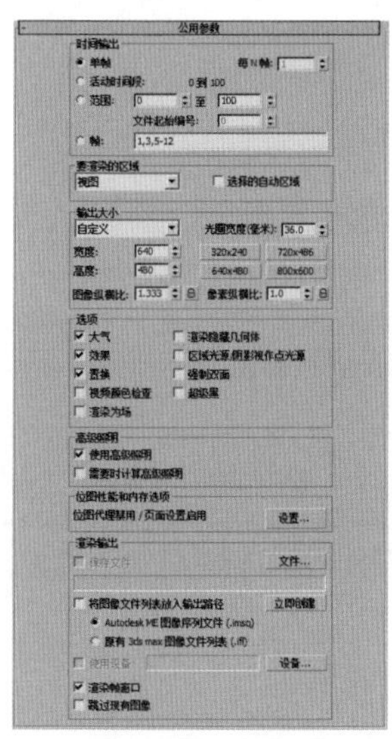

图7-12

- 单帧：仅当前帧。
- 活动时间段：活动时间段表示在时间滑块内的当前帧范围。
- 范围：指定两个数字之间（包括这两个数字）的所有帧。
- 帧：指定非连续帧，帧与帧之间用逗号隔开，或连续的帧范围用连字符相连。
- 要渲染的区域：分为视图、选定对象、区域、裁剪、放大。
- 选择的自动区域：该选项控制选择自动渲染的区域。
- 输出大小：下拉列表中可以选择几个标准的电影和视频的分辨率以及纵横比。
- 光圈宽度（毫米）：用于指定创建渲染输出的摄影机光圈宽度。
- 宽度/高度：以像素为单位指定图像的宽度和高度。
- 预设分辨率按钮（320x240、640x480等）：选择预设的分辨率。
- 图像纵横比：设置图像的纵横比。
- 像素纵横比：设置显示在其他设备上的像素纵横比。
- 🔒（【像素纵横比】左边的锁定按钮）：可以锁定像素纵横比。
- 大气：启用此选项后，渲染任何应用的大气效果，如体积雾。
- 效果：启用此选项后，渲染任何应用的渲染效果，如模糊。
- 置换：渲染任何应用的置换贴图。
- 视频颜色检查：检查超出NTSC或PAL安全阈值的像素颜色。
- 渲染为场：为视频创建动画时，将视频渲染为场而不是渲染为帧。
- 渲染隐藏几何体：渲染场景中所有的几何体对象，包括隐藏的对象。

- 区域光源/阴影视作点光源：将所有的区域光源或阴影当作从点对象发出的从而进行渲染。
- 强制双面：双面材质渲染可渲染所有曲面的两个面。
- 超级黑：超级黑渲染用于限制视频组合渲染的几何体的暗度。
- 使用高级照明：启用此选项后，3ds Max 在渲染过程中提供光能传递解决方案或光跟踪。
- 需要时计算高级照明：启用此选项后，当需要逐帧处理时，3ds Max可以计算光能传递。
- 设置：单击以打开【位图代理】对话框中的全局设置和默认值。
- 保存文件：启用此选项后，进行渲染时 3ds Max 会将渲染后的图像或动画保存到磁盘中。
- 文件：打开【渲染输出文件】对话框，指定输出文件名、格式以及路径。
- 将图像文件列表放入输出路径：启用此选项后，可创建图像序列文件并将其保存。
- 渲染帧窗口：在渲染帧窗口中显示渲染输出。

2. 电子邮件通知

使用此卷展栏可使渲染器发送电子邮件通知。其参数面板如图 7-13 所示。

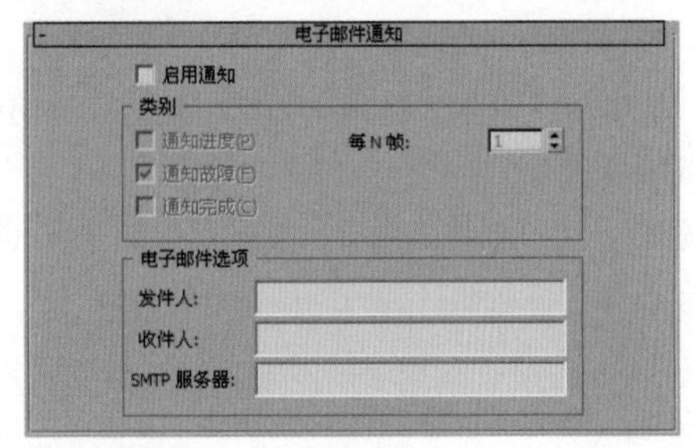

图7-13

3. 脚本

使用【脚本】卷展栏可以指定在渲染之前和之后要运行的脚本。其参数面板，如图 7-14 所示。

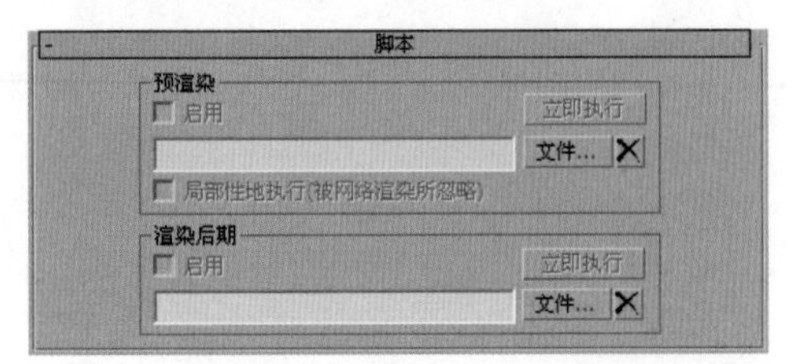

图7-14

- 启用：勾选该选项之后，启用脚本。
- 立即执行：单击可手动执行脚本。
- 文件：单击该按钮，选择要运行的预渲染脚本。
- ☒【删除文件】单击可删除脚本。

4. 指定渲染器

对于每个渲染类别，该卷展栏显示当前指定的渲染器名称和可以更改该指定的按钮。其参数面板，如图 7-15 所示。

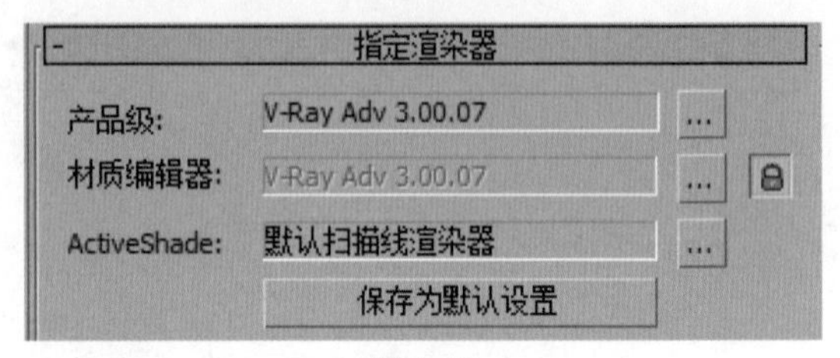

图7-15

- 选择渲染器按钮[...]：单击带有省略号的按钮可更改指定的渲染器。
- 产品级：用于选择渲染图形的渲染器。
- 材质编辑器：用于选择渲染【材质编辑器】中示例的渲染器。
- 锁定按钮[锁]：默认情况下，示例窗渲染器被锁定为与产品级渲染器相同的渲染器。
- 保存为默认设置：单击该选项可将当前指定渲染器保存为默认设置。

7.2.2 V-Ray

1. 授权

【V-Ray:: 授权】卷展栏下主要呈现的是 V-Ray 的注册信息，注册文件一般都放置在 C:\Program Files\Common Files\ChaosGroup\vrlclient.xml 中，如图 7-16 所示。

图7-16

2. 关于 V-Ray

在【关于 V-Ray】展卷栏下，可以看到关于 V-Ray 的官方网站地址、渲染器的版本等，如图 7-17 所示。

3. 帧缓冲区

【帧缓冲区】卷展栏下的参数可以代替 3ds Max 自身的帧缓冲窗口。这里可以设置渲染图像的大小以及渲染图像的保存等。其参数设置面板，如图 7-18 所示。

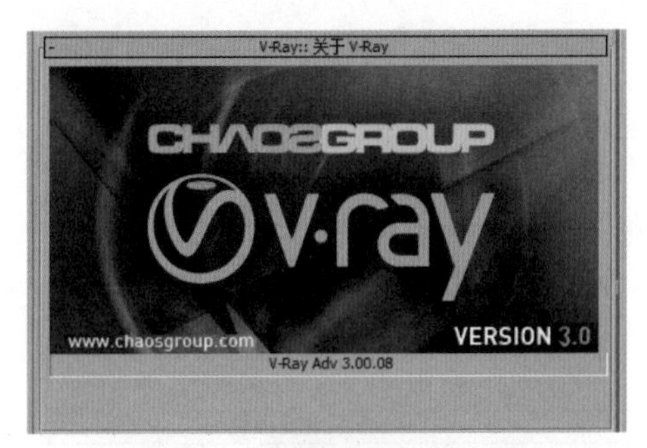

图7-17

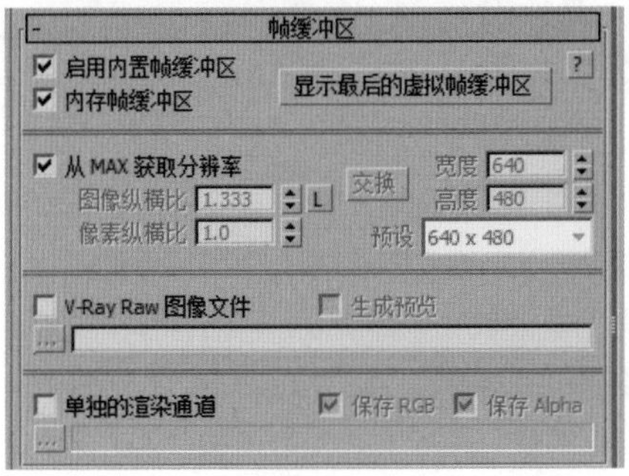

图7-18

- 启用内置帧缓冲区：勾选该选项后可以使用V-Ray自身的渲染窗口。
- 内存帧缓冲区：勾选该选项后，可将图像渲染到内存中，再由帧缓冲区窗口显示出来。这可以方便用户观察渲染过程。
- 从MAX获取分辨率：勾选该选项后，将从3ds Max的【渲染设置】对话框中的【公用】选项卡的【输出大小】选项组中获取渲染尺寸。
- 图像纵横比：控制渲染图像的长宽比。
- 宽度/高度：设置像素的宽度/高度。
- V-Ray Raw图像文件：控制是否将渲染后的文件保存到指定的路径中。
- 单独的渲染通道：控制是否单独保存渲染通道。
- 保存RGB/Alpha：控制是否保存RGB色彩/Alpha通道。
- ...按钮：单击该按钮可以保存RGB和Alpha文件。

4. 全局开关

【全局开关】展卷栏下的参数主要用来对场景中的灯光、材质、置换等进行全局设置，比如是否使用默认灯光、是否开启阴影、是否开启模糊等，其参数面板，如图 7-19 所示。

- 置换：控制是否开启场景中的置换效果。
- 强制背面消隐：【强制背面消隐】与【创建对象时背面消隐】选项相似，【强制背面消隐】是针对渲染而言的，勾选该选项后反法线的物体将不可见。
- 灯光：控制是否开启场景中的光照效果。当关闭该选项后，场景中放置的灯光将不起作用。

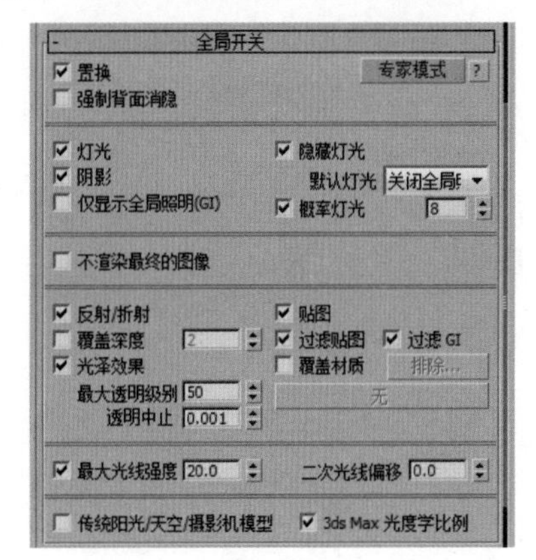

图7-19

- 隐藏灯光：控制场景是否让隐藏的灯光产生光照。该选项对于调节场景中的光照很方便。
- 阴影：控制场景是否产生阴影。
- 仅显示全局照明：当勾选该选项后，场景渲染结果只显示全局照明的光照效果。
- 概率灯光：控制场景是否使用3ds Max系统中的默认光照，一般情况下都不勾选它。
- 不渲染最终的图像：控制是否渲染最终图像。
- 反射/折射：控制是否开启场景中材质的反射和折射效果。
- 覆盖深度：控制整个场景中的反射、折射的最大深度。
- 光泽效果：是否开启反射或折射的模糊效果。
- 贴图：控制是否让场景中物体的程序贴图和纹理贴图渲染出来。
- 过滤贴图：这个选项用来控制V-Ray渲染时是否使用纹理贴图过滤。
- 过滤GI：控制是否在全局照明中过滤贴图。
- 最大透明级别：控制透明材质被光线追踪的最大深度。数值越大，效果越好，渲染越慢。
- 透明中止：控制V-Ray渲染器对透明材质的追踪终止值。
- 覆盖材质：当在通道中设置了一个材质后，场景中所有物体都将使用该材质进行渲染。
- 二次光线偏移：设置光线发生二次反弹的时候偏移的距离，它主要用于检查建模时有无重面。
- 传统阳光/天空/摄影机模型：该选项可以选择是否启用旧版阳光/天光/相机的模式。
- 3ds Max光度学比例：默认情况下是勾选该选项的，也就是默认使用3ds Max光度学比例。

5. 图像采样器（反锯齿）

【图像采样器】卷展栏主要控制图像的采样参数，可以理解为渲染的精细程度。其参数设置面板，如图 7-20 所示。

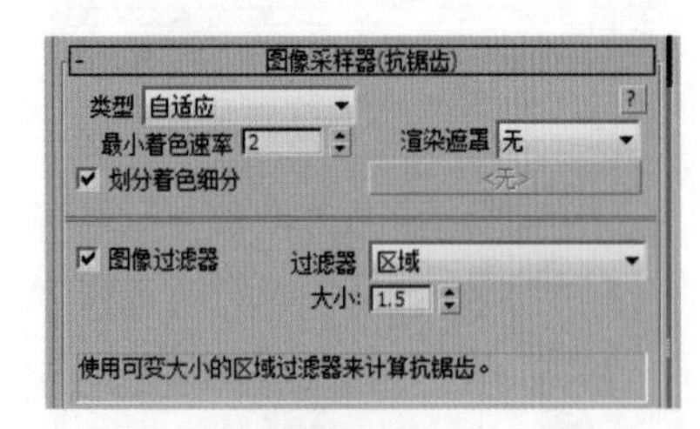

图7–20

- 类型：设置【图像采样器】的类型，包括【固定】、【自适应】、【自适应细分】和【渐进】。
- 固定：对每个像素使用一个固定的细分值。
- 自适应：可以根据每个像素以及与它相邻像素的明暗差异，对不同像素使用不同的样本数量。
- 自适应细分：适用在没有或者有少量模糊效果的场景中，这种情况下，它的渲染速度最快。
- 渐进：这个采样器适合渐进的效果，是新增的一个种类。
- 划分着色细分：当关闭抗锯齿过滤器后，它常用于测试渲染。它的渲染速度快、质量差。
- 图像过滤器：设置渲染场景中的抗锯齿过滤器。
- 区域：用区域大小来计算抗锯齿。
- 清晰四方形：用来自Neslon Max算法的清晰9像素重组过滤器。
- Catmull-Rom：它是一种具有边缘增强的过滤器，可以产生较清晰的图像效果。
- 图版匹配/MAX R2：使用3ds Max R2将摄影机和场景或【无光/投影】与未过滤的背景图像相匹配。
- 四方形：和【清晰四方形】相似，它能产生一定的模糊效果。
- 立方体：基于立方体的25像素过滤器，它能产生一定的模糊效果。
- 视频：适合制作视频动画的一种抗锯齿过滤器。
- 柔化：用于程度模糊效果的一种抗锯齿过滤器。
- Cook变量：一种通用过滤器，较小的数值可以得到清晰的图像效果。
- 混合：一种用混合值来确定图像清晰或模糊的抗锯齿过滤器。
- Blackman：一种没有边缘增强效果的抗锯齿过滤器。
- Mitchell-Netravali：一种常用的过滤器，能产生微量模糊的图像效果。
- V-RayLanczos/V-RaySincFilter：可以很好地平衡渲染速度和渲染质量。
- V-RayBox/V-RayTriangleFilter：以【盒子】和【三角形】的方式进行抗锯齿。
- 大小：设置过滤器的大小。

6. 自适应采样器

【自适应】采样器是一种高级的抗锯齿采样器。在【图像采样器】选项组下设置【类型】为【自适应】，此时系统会增加一个自适应图像采样器卷展栏，如图 7-21 所示。

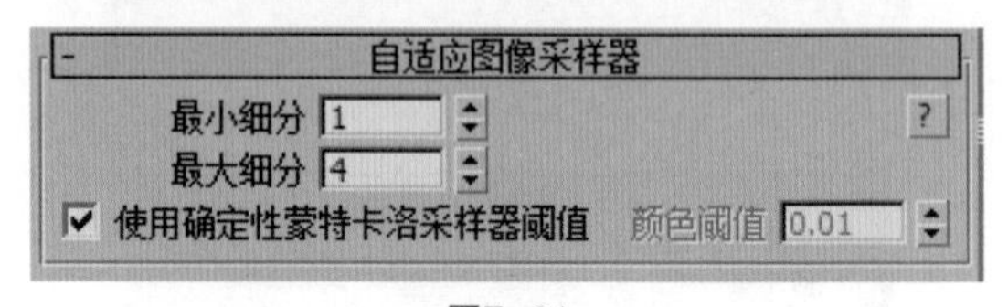

图7–21

- 最小细分：定义每个像素使用样本的最小数量。
- 最大细分：定义每个像素使用样本的最大数量。
- 使用确定性蒙特卡洛采样器阈值：若勾选该选项，【颜色阈值】将不起作用。
- 颜色阈值：色彩的最小判断值，当色彩的判断达到这个值以后，停止对色彩的判断。

7. 环境

【环境】卷展栏分为【全局照明（天光）环境】、【反射/折射环境】和【折射环境】3 个选项组，如图 7-22 所示。

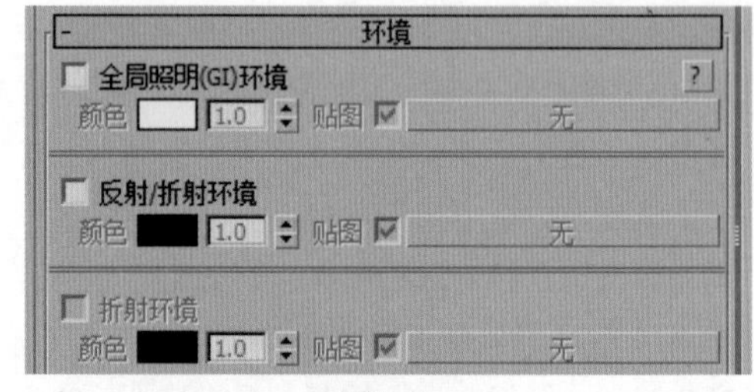

图7–22

（1）全局照明（天光）环境

- 开启：控制是否开启V-Ray的天光。
- 颜色：设置天光的颜色。
- 倍增：设置天光亮度的倍增。数值越大，天光的亮度越高。
- 贴图 None ：选择贴图来作为天光的光照。

（2）反射 / 折射环境

- 开启：当勾选该选项后，当前场景中的反射环境将由它来控制。
- 颜色：设置反射环境的颜色。
- 倍增：设置反射环境亮度的倍增。数值越大，反射环境的亮度越高。

❖ 贴图 None ：选择贴图来作为反射环境。

（3）折射环境

❖ 开启：当勾选该选项后，当前场景中的折射环境由它来控制。

❖ 颜色：设置折射环境的颜色。

❖ 倍增：设置折射环境亮度的倍增。数值越大，折射环境的亮度越高。

❖ 贴图 None ：选择贴图来作为折射环境。

8. 颜色贴图

【颜色贴图】卷展栏下的参数用来控制整个场景的色彩和曝光方式，其参数设置面板，如图 7-23 所示。

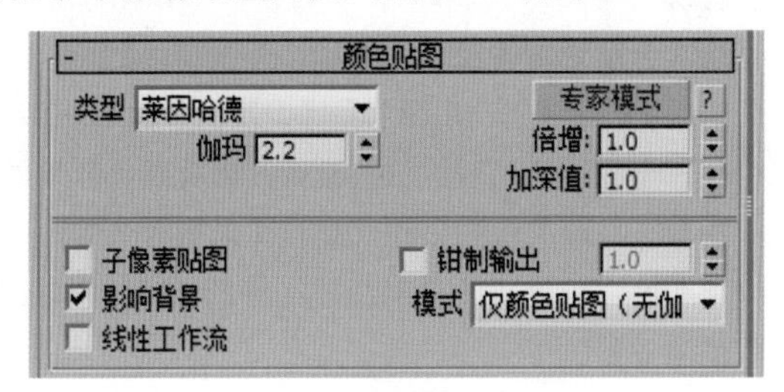

图7–23

❖ 类型：包括【线性倍增】、【指数】、【HSV指数】、【强度指数】、【伽马校正】、【强度伽马】、【莱因哈德】7种模式。

❖ 线性倍增：这种模式将基于最终色彩亮度来进行线性的倍增，它容易产生曝光效果，不建议使用。

❖ 指数：这种曝光采用指数模式，可以降低靠近光源处表面的曝光效果，从而产生柔和的效果。

❖ HSV指数：与【指数】曝光相似，不同在于可保持场景的饱和度。

❖ 强度指数：这种方式是上面两种指数曝光的结合，既抑制了曝光效果，又保持了物体的饱和度。

❖ 伽马校正：采用伽马来修正场景中的灯光衰减和贴图色彩，其效果和【线性倍增】曝光模式类似。

❖ 强度伽马：这种曝光模式不仅拥有【伽马校正】的优点，同时还可以修正场景中灯光的亮度。

❖ 莱因哈德：这种曝光方式可以把【线性倍增】和【指数】曝光混合起来。

❖ 子像素贴图：勾选该选项后，物体的高光区与非高光区的界限处不会有明显的黑边。

❖ 钳制输出：勾选该选项后，在渲染图中有些无法表现出来的色彩会通过限制来自动纠正。

❖ 影响背景：控制是否让曝光模式影响背景。当关闭该选项后，背景不受曝光模式的影响。

9. 摄影机

【摄影机】可以制作景深和运动模糊等效果，其参数面板，如图 7-24 所示。

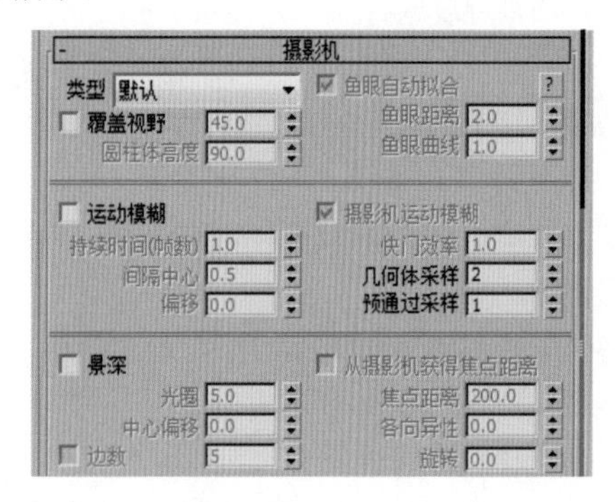

图7–24

（1）类型

【类型】可以选择不同的相机类型，比如球形、长方形，其具体参数如图 7-25 所示。

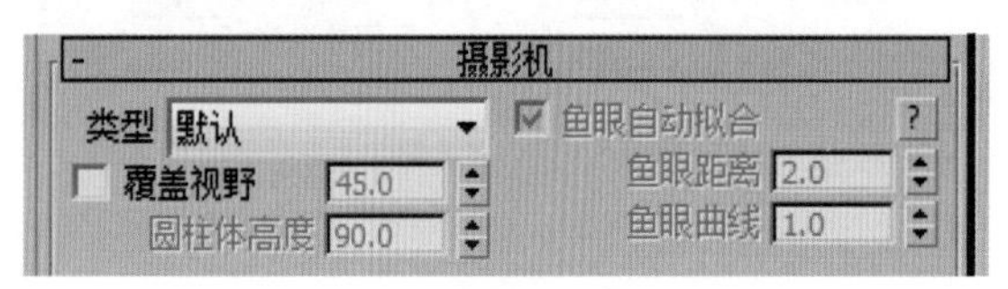

图7–25

❖ 类型：V-Ray支持7种摄影机类型，分别是【默认】、【球形】、【圆柱（点）】、【圆柱（正交）】、【盒】、【鱼眼】和【变形球（旧式）】。

❖ 覆盖视野：替代3ds Max中默认的摄影机视角。

❖ 视野：这个值可以替换3ds Max默认的视角值。

❖ 圆柱体高度：仅当使用【圆柱（正交）】摄影机时，该选项才可用，它用于设定摄影机的高度。

❖ 鱼眼自动拟合：当使用【鱼眼】和【变形球（旧式）】摄影机时，该选项才可用。

❖ 鱼眼距离：该值越大，表示摄影机到反射球之间的距离越大。

❖ 鱼眼曲线：用来控制渲染图形的扭曲程度。该值越小，扭曲的程度越大。

（2）景深

【景深】选项组主要用来模拟摄影中的景深效果，其参数面板如图 7-26 所示。

图7–26

❖ 景深：控制是否开启景深。
❖ 从摄影机获得焦点距离：当勾选该选项后，焦点由摄影机的目标点来确定。
❖ 光圈：光圈值越小，景深越大；光圈值越大，景深越小，模糊程度越高。
❖ 中心偏移：这个参数主要用来控制模糊效果的中心位置。
❖ 边数：这个选项用来模拟物理世界中摄影机光圈的多边形形状。
❖ 焦点距离：设置摄影机到焦点的距离，焦点处的物体最清晰。
❖ 各向异性：控制多边形的各向异性，该值越大，形状越扁。
❖ 旋转：控制光圈多边形的旋转。

（3）运动模糊

【运动模糊】选项组中包括了设置运动模糊效果的参数，其参数面板如图 7-27 所示。

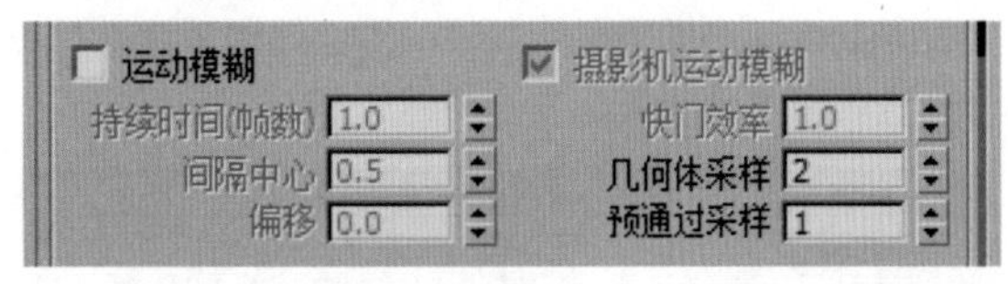

图7-27

❖ 运动模糊：勾选该选项后，可以开启运动模糊特效。
❖ 持续时间（帧数）：控制运动模糊每一帧的持续时间，该值越大，模糊程度越高。
❖ 间隔中心：用来控制运动模糊的时间间隔中心。
❖ 偏移：用来控制运动模糊的偏移。
❖ 快门效率：控制快门的效率。
❖ 几何体采样：这个值常用在制作物体的旋转动画上。
❖ 预通过采样：控制在不同时间段上模糊样本的数量。

7.2.3 GI

【GI】又称为全局照明，V-Ray 渲染器之所以效果逼真，与该功能的强大密不可分。其参数面板如图 7-28 所示。

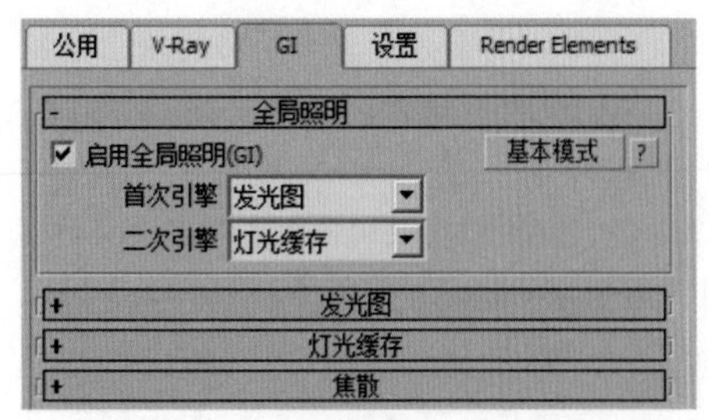

图7-28

1. 全局照明

【全局照明】的原理是光线照射到地面上，然后向四周反射光线，接着光线再次被反射到地面上。经过这样的光线反射过程，场景中的每个物体表面的照射都会变得更真实、柔和，也更符合真实空间中的光的传播方式，如图 7-29 所示。

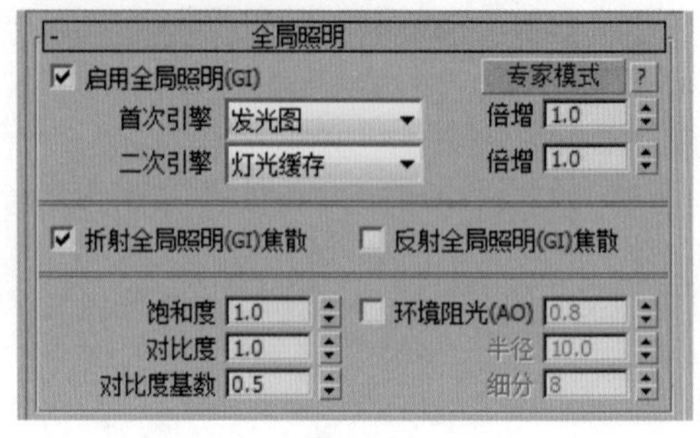

图7-29

❖ 启用全局照明：勾选该选项后，将开启GI效果。
❖ 首次引擎/二次引擎：控制首次和二次引擎的方式，通常分别设置【发光图】和【灯光缓存】。
❖ 倍增：控制【首次引擎】和【二次引擎】光的倍增值。
❖ 反射全局照明焦散：控制是否开启反射焦散效果。
❖ 折射全局照明焦散：控制是否开启折射焦散效果。
❖ 饱和度：可以用来控制色溢，降低该数值可以降低色溢的效果。
❖ 对比度：控制色彩的对比度。
❖ 对比度基数：控制【饱和度】和【对比度】的基数。
❖ 环境阻光：该选项可以控制环境阻光（AO）贴图的效果。
❖ 半径：控制环境阻光（AO）的半径。
❖ 细分：控制环境阻光（AO）的细分。

2. 发光图

【发光图】是计算场景中物体的漫反射表面发光的时候会采取的一种有效的方法。它是一种常用的全局照明引擎，它只存在于【首次引擎】中，其参数设置面板，如图 7-30 所示。

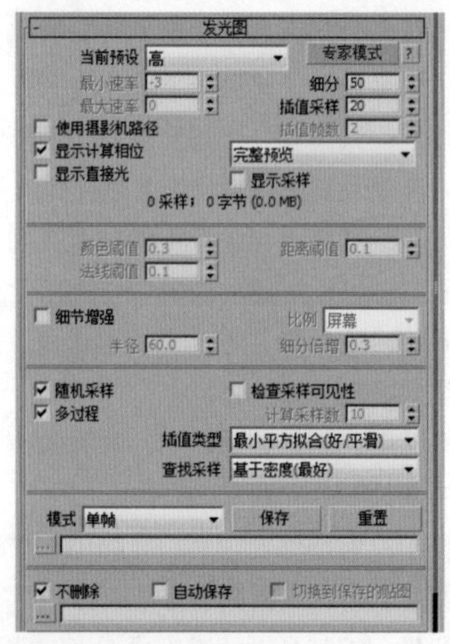

图7-30

（1）基本参数

【基本参数】选项组主要用来选择当前预设的类型及控制样本的数量、采样的分布等，其具体参数如图 7-31 所示。

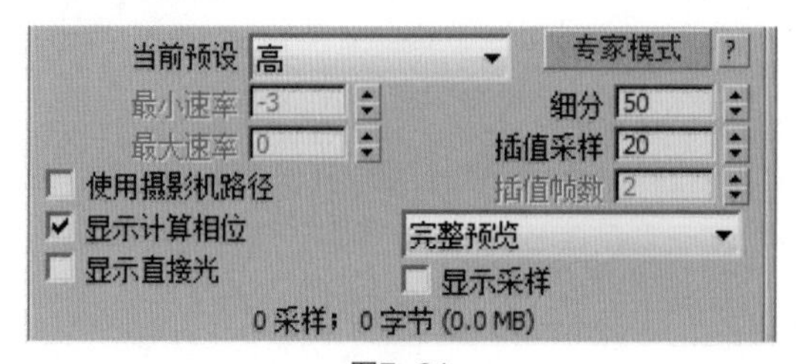

图7–31

- 当前预设：发光图的预设类型，共有以下8种形式。
- 自定义：选择该模式后，可以手动调节参数。
- 非常低：这是一种精度非常低的模式，主要用于测试阶段。
- 低：一种精度比较低的模式。
- 中：这是一种中级品质的预设模式。
- 中-动画：这种模式可用于渲染动画效果，可以解决动画闪烁的问题。
- 高：它是一种高精度模式，一般用在光子贴图中。
- 高-动画：比中等品质效果更好的一种动画渲染预设模式。
- 非常高：它是预设模式中精度最高的一种，可以用来渲染高品质的效果图。
- 最小/最大速率：控制场景中平坦面积比较大/细节比较多弯曲较大的面的受光效果。
- 细分：数值越大，表示光线越多，精度也就越高，渲染的品质也就越好。
- 插值采样：这个参数是对样本进行模糊处理后，数值越大表明渲染越精细。
- 插值帧数：该数值用于控制插值的帧数。
- 使用摄影机路径：勾选该选项后，将会使用相机的路径。
- 显示计算相位：勾选该选项后，可看到渲染帧里的GI预计算过程，建议勾选。
- 显示直接光：在预计算的时候显示直接光，以方便用户观察直接光照的位置。
- 显示采样：显示采样的分布以及分布的密度，帮助用户分析GI的精度够不够。

（2）选项

【选项】组中的参数主要用来控制渲染过程的显示方式和样本是否可见，其参数面板如图 7-32 所示。

图7–32

- 颜色阈值：这个值让渲染器分辨平坦区域。
- 法线阈值：这个值让渲染器分辨交叉区域。
- 距离阈值：这个值让渲染器分辨弯曲表面区域。该值越大，区分能力越强。

（3）细节增强

有时候由于场景中模型的细节非常多，需要渲染特别精细的细节转折效果，那么不妨试试打开【细节增强】。假如不需要特别强调细节，那么不建议渲染，因为渲染速度太慢啦！其参数面板如图 7-33 所示。

图7–33

- 细节增强：控制是否开启【细节增强】功能，勾选后细节非常精细，但是渲染速度非常慢。
- 比例：指定细分半径的单位依据，有【屏幕】和【世界】两个单位选项。【屏幕】是指用渲染图的最后尺寸来作为单位；【世界】是用3ds Max系统中的单位来定义的。
- 半径：【半径】值越大，使用【细节增强】功能的区域也就越大，渲染的时间也就越长。
- 细分倍增：控制细部的细分。该值较低小，细部就会产生杂点，渲染速度就会比较快。

（4）高级选项

【高级选项】中的参数主要是对样本的相似点进行插值、查找，其参数面板如图 7-34 所示。

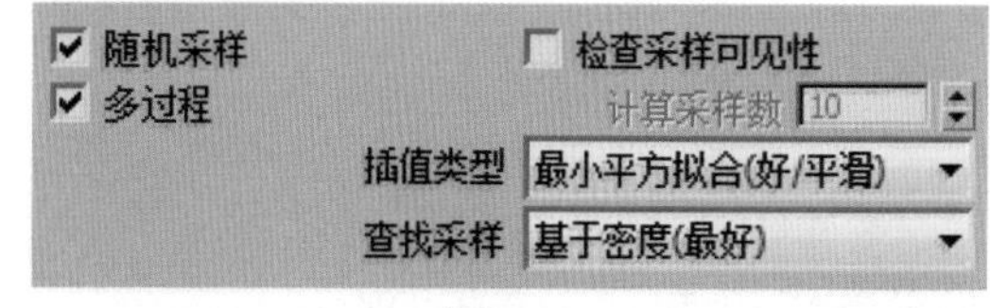

图7–34

- 随机采样：控制【发光图】的样本是否随机分配。
- 多过程：当勾选该选项后，V-Ray会根据【最大速率】和【最小速率】进行多次计算。
- 检查采样可见性：在场景中灯光可能会产生漏光的现象，勾选该选项后可以解决这个问题。
- 计算采样数：用在计算【发光图】的过程中，主要用来计算已经被查找到的插补样本的使用数量。

- 插值类型：V-Ray提供了4种样本插值方式，为【发光图】样本的相似点进行插值。
- 查找采样：它主要控制哪些位置的采样点适合作为基础插值的采样点。

（5）模式

【模式】选项组下的参数主要用来提供【发光图】的使用模式，其参数面板如图 7-35 所示。

图7-35

- 模式：一共有以下8种模式。
- 单帧：一般用来渲染静帧图像。
- 多帧增量：用于渲染仅有摄影机移动的动画。当V-Ray计算完第一帧的光子后，后面的帧根据第一帧里没有的光子信息进行计算，这节约了渲染时间。
- 从文件：当渲染完光子以后，可以将其保存起来。这个选项就是用来调用保存的光子图进行动画计算的。
- 添加到当前贴图：当渲染完一个角度的时候，可以把摄影机转到另一个角度再重新计算新角度的光子，最后把这两次的光子叠加起来，这样的光子信息会更丰富、更准确，同时也可以进行多次叠加。
- 增量添加到当前贴图：这个模式和【添加到当前贴图】相似，只不过它不是重新计算新角度的光子，只是对没有计算过的区域进行新的计算。
- 块模式：把整个图分成块来计算，渲染完一个块后再进行下一个块的计算。但是在低GI的情况下，渲染出来的块会出现错位的情况。它主要用于网络渲染，其速度比其他方式快。
- 动画（预通过）：适合动画预览，使用这种模式要预先保存好光子贴图。
- 动画（渲染）：适合最终动画渲染，这种模式要预先保存好光子贴图。
- 保存按钮：将光子图保存到硬盘中。
- 重置按钮：将光子图从内存中清除。
- 文件：设置光子图所保存的路径。
- 浏览按钮：从硬盘中调用需要的光子图进行渲染。

（6）渲染结束后光子图的处理

【渲染结束后】选项组下的参数主要用来控制光子图在渲染完成以后如何处理，其参数面板如图 7-36 所示。

图7-36

- 不删除：当光子渲染完成以后，不把光子从内存中删掉。
- 自动保存：当光子渲染完成以后，自动保存在硬盘中，单击浏览按钮就可以选择保存的位置了。
- 切换到保存的贴图：当勾选了【自动保存】选项后，在渲染结束时会自动进入【从文件】模式并调用光子贴图。

3. 灯光缓存

【灯光缓存】是从摄影机开始追踪光线到光源的，摄影机追踪光线的数量就是【灯光缓存】最后的精度。其参数设置面板，如图 7-37 所示。

图7-37

（1）计算

【计算】选项组用来设置【灯光缓存】的基本参数，比如细分、采样大小、比例等。其参数面板如图 7-38 所示。

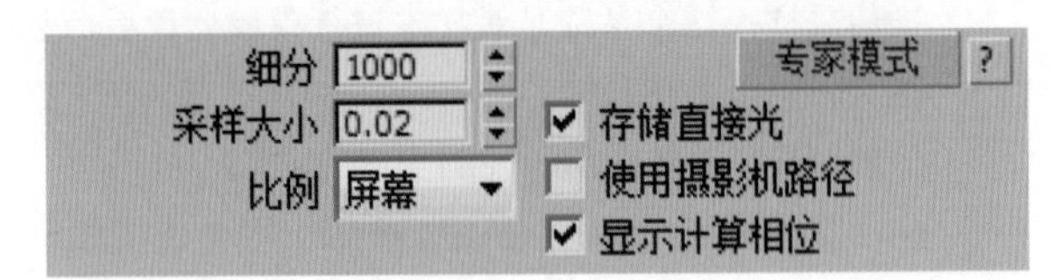

图7-38

- 细分：用来决定【灯光缓存】的样本数量。该值越大，渲染的效果越好，渲染也就越慢。
- 采样大小：控制【灯光缓存】的样本大小，小的样本可以得到更多的细节。
- 比例：在效果图中使用【屏幕】选项，在动画中使用【世界】选项。
- 存储直接光：勾选该选项以后，【灯光缓存】将存储直接的光照信息。
- 使用摄影机路径：勾选改选项后将使用摄影机作为计

算的路径。

- 显示计算相位：勾选该选项以后，可以显示【灯光缓存】的计算过程，方便观察。

（2）反弹

【反弹】选项组可以控制反弹、自适应跟踪、仅使用方向等参数。其参数面板如图 7-39 所示。

图7-39

- 反弹：控制反弹的数量。
- 自适应跟踪：这个选项的作用在于记录场景中灯光的位置，并在光的位置上采用更多的样本，同时模糊特效也会处理得更快，但是这会占用很多的内存资源。
- 仅使用方向：勾选【自适应跟踪】后，该选项被激活。

（3）重建

【重建】选项组主要是对【灯光缓存】的样本以不同的方式进行模糊处理的。其参数面板如图 7-40 所示。

图7-40

- 预滤器：当勾选该选项以后，可以对【灯光缓存】的样本进行提前过滤。查找到样本边界，然后对其进行模糊处理。后面的值越大，对样本进行模糊处理的程度越深。
- 使用光泽光线：控制是否使用平滑的灯光缓存，开启该功能后会使渲染效果更加平滑，但会影响到细节效果。
- 过滤器：该选项是在渲染最后成图时，对样本进行过滤的，其下拉列表中共有以下3个选项。
- 无：对样本不进行过滤。
- 最近：当使用这个过滤方式时，过滤器会对样本的边界进行查找，然后对色彩进行均化处理，从而得到一个模糊的效果。
- 固定：这个方式和【最近】方式的不同点在于，它利用距离的判断来对样本进行模糊处理。
- 插值采样：这个参数是对样本进行模糊处理的，较大的值可以得到比较模糊的效果，较小的值可以得到比较清晰的效果。
- 折回：控制折回的阈值。

（4）模式

该参数与发光图中的光子图使用的模式基本一致。其参数面板如图 7-41 所示。

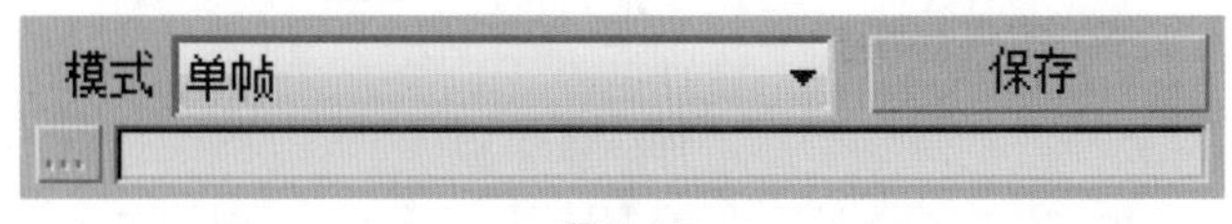

图7-41

- 模式：设置光子图的使用模式，共有以下4种模式。
- 单帧：一般用来渲染静帧图像。
- 穿行：这个模式用在动画设计中，它把第一帧到最后一帧的所有样本都融合在一起。
- 从文件：使用这种模式，V-Ray要导入一个预先渲染好的光子贴图，该功能只渲染光影追踪。
- 渐进路径跟踪：与【自适应】相同是一个精确的计算方式。
- 保存到文件按钮：将保存在内存中的光子贴图再次进行保存。
- 浏览按钮：从硬盘中浏览保存好的光子图。

（5）在渲染结束后

【在渲染结束后】主要用来控制光子图在渲染完成以后如何处理的。其参数面板如图 7-42 所示。

图7-42

- 不删除：当光子渲染完成以后，不把光子从内存中删掉。
- 自动保存：当光子渲染完成以后，自动保存在硬盘中，单击浏览按钮可以选择保存的位置。

7.2.4 设置

【设置】选项卡主要包括【默认置换】和【系统】两个卷展栏。其参数面板如图 7-43 所示。

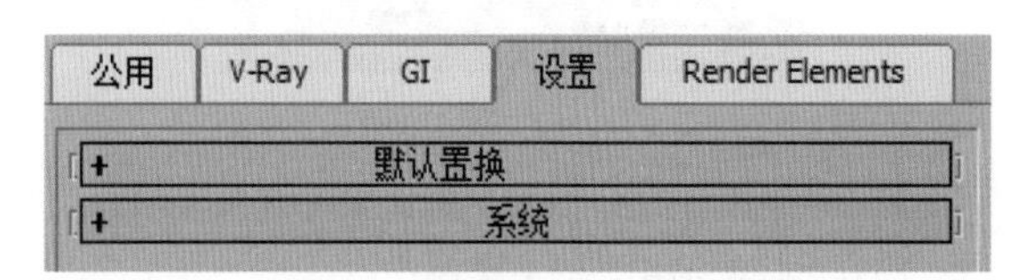

图7-43

1. 默认置换

【默认置换】卷展栏下参数的作用是用灰度贴图来模拟物体表面的凸凹效果的，它对材质中的置换起作用，而不作用于物体表面，其参数设置面板，如图 7-44 所示。

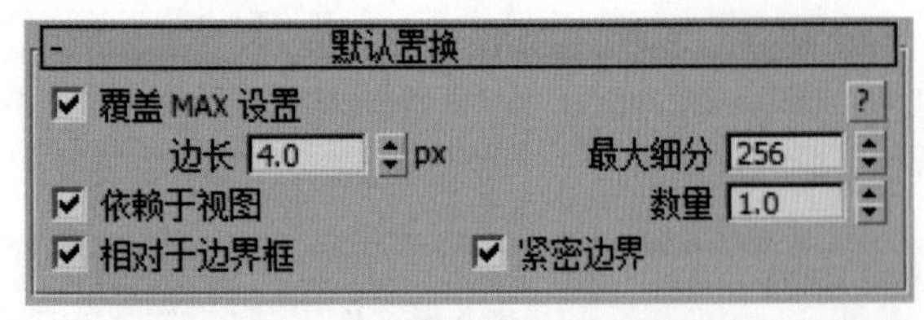

图7-44

- 覆盖MAX设置：控制是否使用【默认置换】卷展栏下的参数来替代3ds Max中的置换参数。
- 边长：设置3D置换中产生最小的三角面长度。该数值越小，精度越高，渲染速度也就越慢。
- 依赖于视图：控制是否将渲染图像中的像素长度设置为【边长】的数值。
- 相对于边界框：控制是否在置换时关联边界。
- 最大细分：设置物体表面置换后可产生的最大细分值。
- 数量：设置置换的强度总量。数值越大，置换效果越明显。
- 紧密边界：控制是否对置换进行预先计算。

2. 系统

【系统】卷展栏下的参数不仅对渲染速度有影响，而且还会影响渲染的显示和提示功能，同时还可以完成联机渲染，其参数设置面板，如图 7-45 所示。

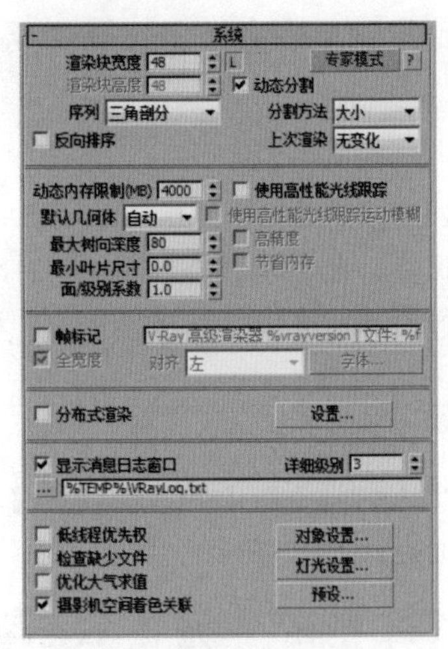

图7-45

- 渲染块宽度/高度：设置渲染块宽度/高度方向的尺寸。
- 序列：控制渲染块的渲染顺序。
- 反向排序：当勾选该选项以后，渲染的顺序将和设定的顺序相反。
- 动态分割：控制是否进行动态分割。
- 上次渲染：在渲染开始时，确定在3ds Max默认的帧缓冲区域内以哪种方式处理渲染图像。
- 动态内存限制（MB）：控制动态内存的总量。
- 默认几何体：控制内存的使用方式，共有3种方式。
- 最大树向深度：控制根节点的最大分支数量。
- 最小叶片尺寸：控制叶节点的最小尺寸，当达到叶节点的尺寸以后，系统停止计算场景。
- 面/级别系数：控制一个节点中最大三角面的数量，在未超过临近点时计算速度很快。
- 使用高性能光线跟踪：控制是否使用高性能光线跟踪。
- 使用高性能光线跟踪运动模糊：控制是否使用高性能光线跟踪运动模糊。
- 高精度：控制是否使用高精度效果。
- 节省内存：控制是否需要节省内存。
- 帧标记：当勾选该选项后，可以显示水印。
- 全宽度：水印的最大宽度。
- 对齐：控制水印里字体的排列位置，有【左】、【中】、【右】3个选项。
- 字体按钮：修改水印里字体的属性。
- 分布式渲染：当勾选该选项后，可以开启【分布式渲染】功能。
- 设置...按钮：控制网络中计算机的添加、删除等功能。
- 显示消息日志窗口：勾选该选项后，可以显示【V-Ray日志】的窗口。
- 详细级别：控制【V-Ray日志】的显示内容，共有4个级别。
- ...：可以选择保存【V-Ray日志】文件的位置。
- 检查缺少文件：勾选该选项后，V-Ray会寻找场景中丢失的文件并保存到C:\VRayLog.txt中。
- 对象设置...按钮：在该对话框中设置场景物体的局部参数。
- 灯光设置...按钮：在该对话框中设置场景灯光的一些参数。
- 预设按钮：在对话框中保持当前V-Ray渲染参数的属性。

7.2.5 Render Elements（渲染元素）

通过添加【渲染元素】，可以对某一级别单独进行渲染并在后期进行调节、合成、处理，这会非常方便。其面板参数如图 7-46 所示。

图7–46

- 添加…：单击该按钮可将新元素添加到列表中。此按钮会显示【渲染元素】对话框。
- 合并…：单击该按钮可合并来自于其他 3ds Max Design 场景中的渲染元素。
- 删除：单击该按钮可从列表中删除选定的对象。
- 激活元素：启用该选项后，单击【渲染】可对元素进行渲染。默认设置为启用。
- 显示元素：启用此选项后，每个渲染元素会显示在各自的窗口中。
- 元素渲染列表：这个可滚动的列表显示要单独进行渲染的元素以及它们的状态。
- 选定元素参数：这些参数用来控制编辑列表中选定的元素。

7.3 设置测试渲染参数

（1）按【F10】键，在打开的【渲染设置】对话框中，选择【公用】选项卡，将输出的尺寸设置得小一些，如图 7-47 所示。

（2）选择【V-Ray】选项卡，展开【图像采样器（反锯齿）】卷展栏，设置【类型】为【固定】，接着设置【抗锯齿过滤器】类型为【区域】。展开【颜色贴图】卷展栏，设置【类型】为【指数】，勾选【子像素映射】和【钳制输出】，如图 7-48 所示。

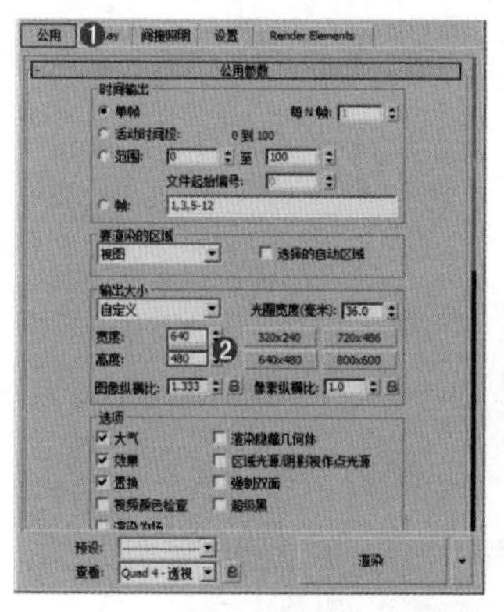

图7–47

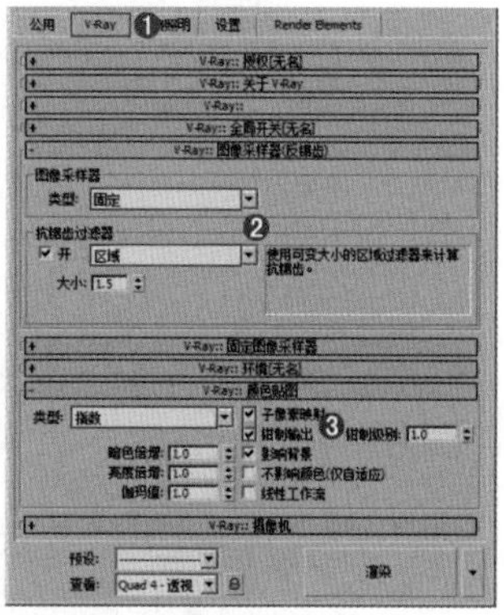

图7–48

（3）选择【间接照明】选项卡，设置【首次反弹】为【发光图】，设置【二次反弹】为【灯光缓存】。展开【发光图】卷展栏，设置【当前预置】为【非常低】，设置【半球细分】为 30、【插值采样】为 20，勾选【显示计算相位】和【显示直接光】。展开【灯光缓存】卷展栏，设置【细分】为 300，勾选【存储直接光】和【显示计算相位】，如图 7-49 所示。

（4）选择【设置】选项卡，展开【DMC 采样器】卷展栏，设置【适应数量】为 0.95、【噪波阈值】为 0.05，最后取消勾选【显示窗口】，如图 7-50 所示。

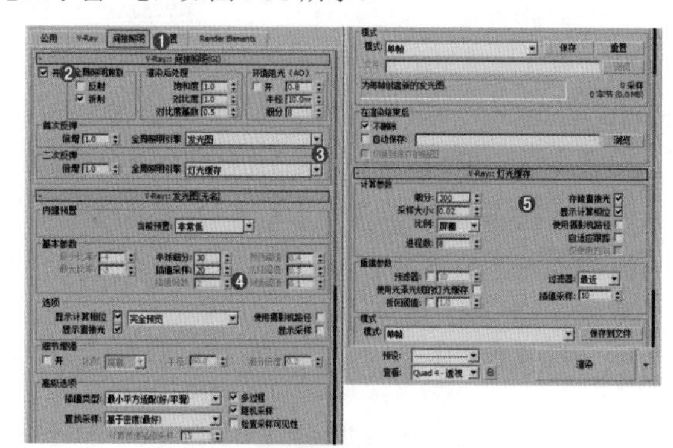

图7–49

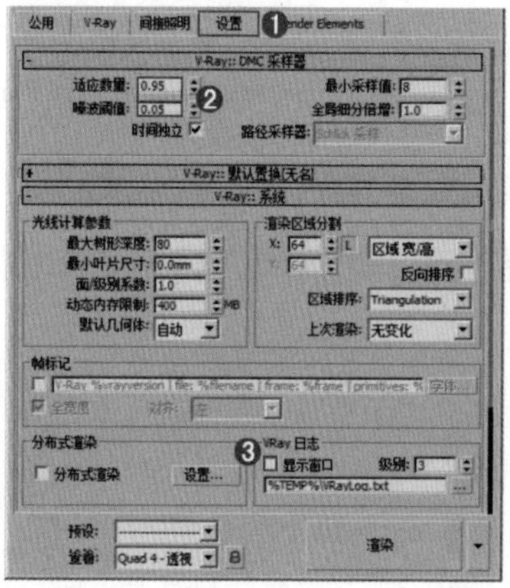

图7–50

7.4 设置最终渲染参数

（1）单击【公用】选项卡，设置输出的尺寸大一些，如图 7-51 所示。

（2）选择【V-Ray】选项卡，展开【图像采样器（反锯齿）】卷展栏，设置【类型】为【自适应确定性蒙特卡洛】，接着在【抗锯齿过滤器】选项组下勾选【开】，并选择【Catmull-Rom】。展开【颜色贴图】卷展栏，设置【类型】为【指数】，勾选【子像素映射】和【钳制输出】，如图 7-52 所示。

图7-51

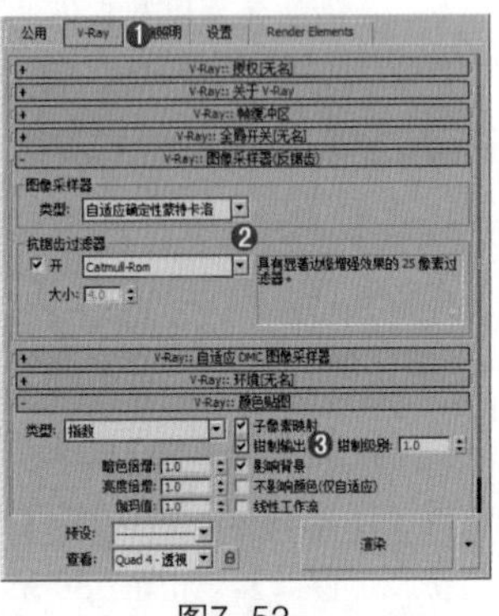
图7-52

（3）选择【间接照明】选项卡，设置【首次反弹】为【发光图】，设置【二次反弹】为【灯光缓存】。展开【发光图】卷展栏，设置【当前预置】为【低】、【半球细分】为 60、【插值采样】为 30，勾选【显示计算相位】和【显示直接光】。展开【灯光缓存】卷展栏，设置【细分】为 1000，勾选【存储直接光】和【显示计算相位】，如图 7-53 所示。

（4）选择【设置】选项卡，设置【适应数量】为 0.85、【噪波阈值】为 0.005，最后取消勾选【显示窗口】，如图 7-54 所示。

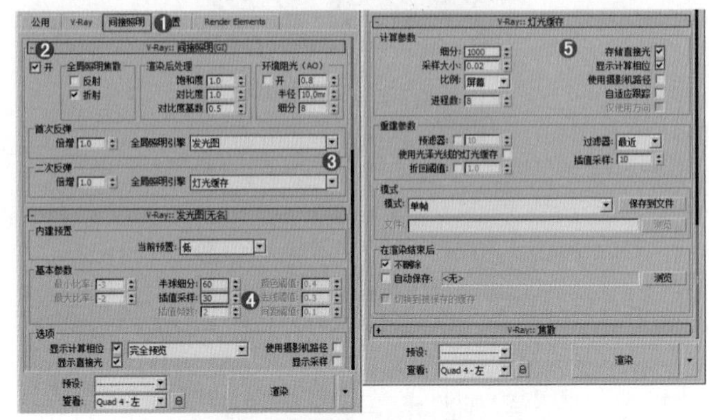
图7-53

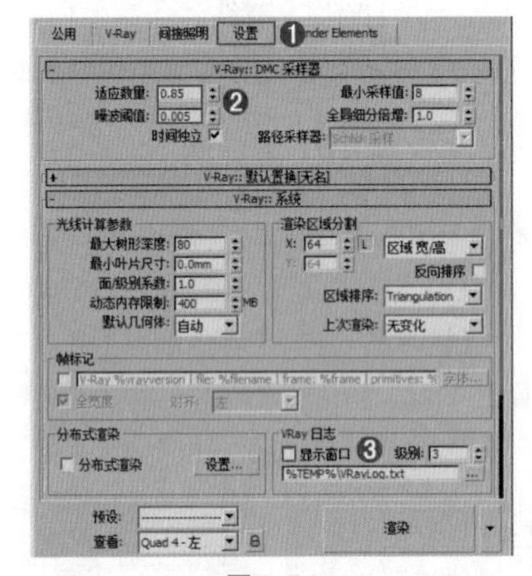
图7-54

7.5 Design教授研究所——渲染器常见的几个问题

在 Design 教授研究所，新的研究又出炉啦！渲染器全是参数，但是教授给大家推荐了两组参数方案，熟记于心然后再慢慢理解吧！记住以后，几乎可以应对所有场景啦！但是教授还是总结了两个常见问题，大家学习一下吧！

7.5.1 作品在渲染之前和之后，应该怎样处理？

方法 1：

（1）假如场景中的背景没有任何物体遮挡，那么此方法会起到作用，如图 7-55 所示。

（2）将此场景进行渲染，得到如图 7-56 所示的效果。

（3）由于场景背景处没有任何模型遮挡，所以渲染完成后单击 ◐（显示 Alpha 通道）按钮，可以看到出现了黑白效果，黑色代表无任何物体，白色代表有物体，如图 7-57 所示。

图7-55

图7-56

（4）此时可以将刚才的原始渲染图像单击（保存图像）按钮，设置【保存类型】为.png并单击【保存】，如图7-58所示。

图7-57

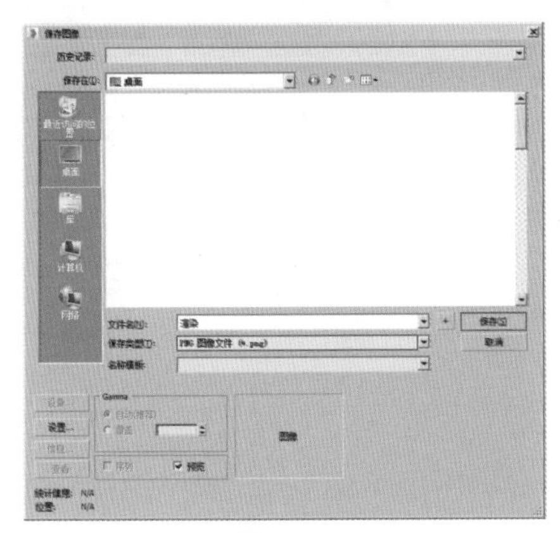

图7-58

方法2：

（1）也可以在渲染之前，添加渲染元素，比如添加VRayAlpha，如图7-59所示。

（2）渲染后不仅会出现刚才的渲染图像，而且还会出现另外一个渲染窗口，如图7-60所示。

（3）通过这个黑白图像，可以在Photoshop中设置合适的背景。除此之外，还可以添加其他的渲染元素哦！你不妨试试VRayWireColor（VRay线框颜色）、VRayZDepth（VRayZ深度）等。

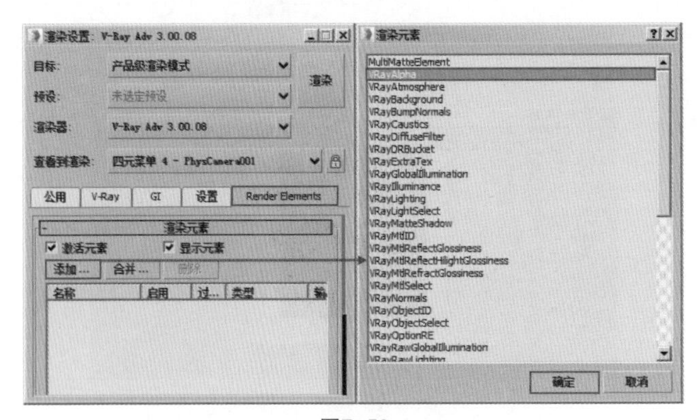

图7-59

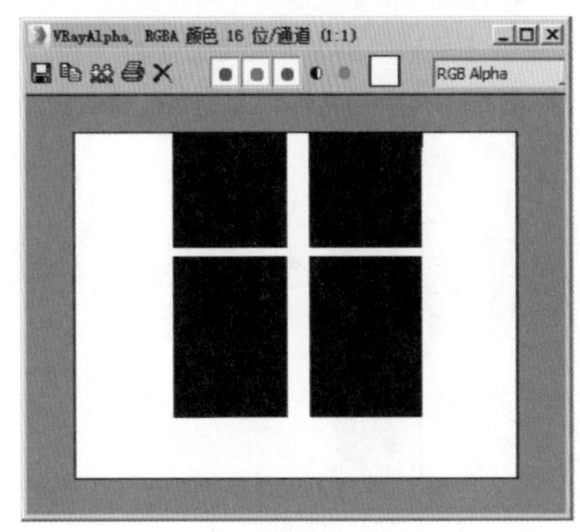

图7-60

7.5.2 渲染动画和单帧参数有何不同？

在渲染作品时，根据作品不同的形式，渲染要求也不同。

1. 渲染单帧

方法1：在渲染设置中，默认设置【时间输出】为【单帧】，如图7-61所示。然后可以直接单击渲染，最后单击（保存图像）按钮保存，如图7-62所示。

图7-61

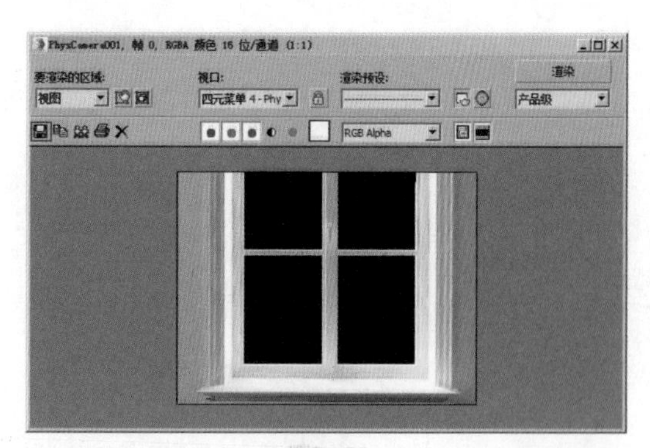

图7-62

方法 2：也可以在渲染设置中，默认设置【时间输出】为【单帧】，并单击【渲染输出】下的【文件】，最后设置保存的路径、格式、名称，并单击【保存】，如图 7-63 所示。

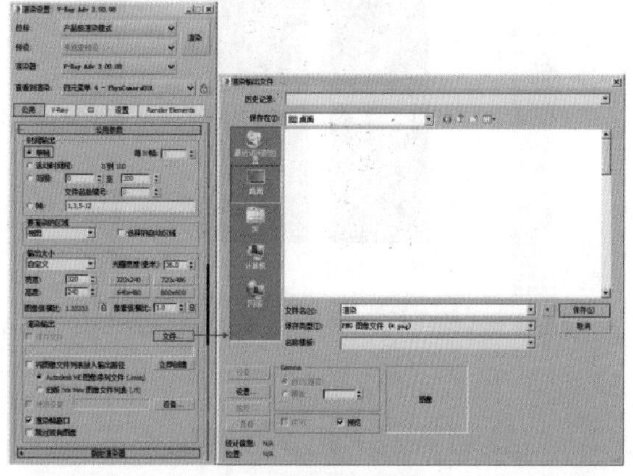

图7-63

当渲染完成后，在刚才设置的文件路径下会出现渲染的文件。因此不用再重复单击（保存图像）按钮保存了，如图 7-64 所示。

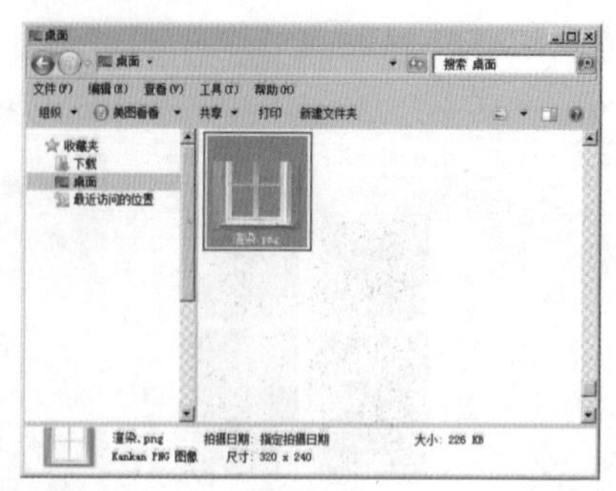

图7-64

2. 渲染动画

在渲染设置中，设置【时间输出】为【活动时间段】，然后单击【渲染输出】下的【文件】，一定要新建一个文件夹，将动画序列保存到这个文件夹中，如图 7-65 所示。此时在该路径下的文件夹中可以看到渲染的序列动画，以便后期软件合成处理来使用，如图 7-66 所示。

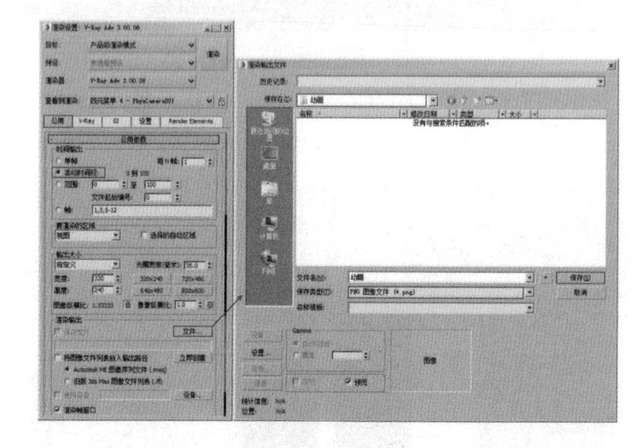

图7-65

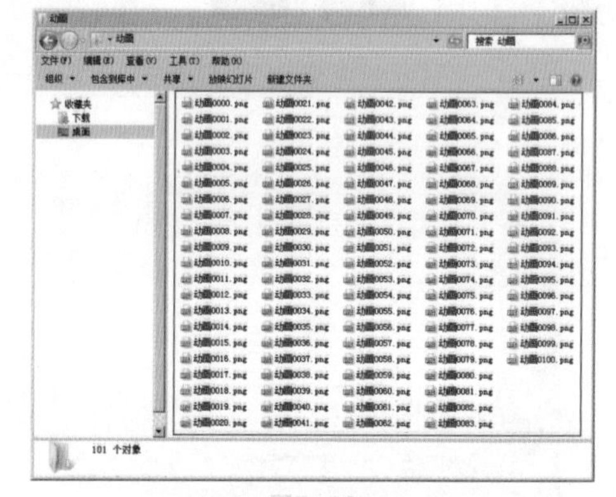

图7-66

本章小结

通过对本章的学习，我们已经掌握了渲染器的相关知识，包括渲染器知识、V-Ray 渲染器各个参数的详解以及特别推荐的两组渲染参数标准的设置方式。虽然本章全是参数，很难理解，但是不妨先努力记住推荐方案，这样就可以模拟真实的效果了。

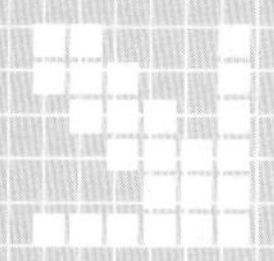

第 8 章　灯光技术决定了效果的逼真程度

本章内容

灯光的概念
灯光的常用类型
灯光的使用方法

本章人物

Design 教授——擅长 3ds Max 技术和理论
三弟——酷爱 3ds Max 软件，新手
麦克斯——三弟的同班同学，好友

灯光是本书中很重要的章节，需要认真学习哦！制作 3D 作品，在完成建模流程后就需要为场景设计灯光了。本章的重点知识为 VRay 灯光，还需要掌握 VR- 灯光和 VR- 太阳，这两类灯光是必须要正确熟练应用的。然后结合其他灯光类型，还制作出丰富的、真实的、有氛围的灯光环境。

8.1 初识灯光

灯光，分开可以认为是灯和光，它是现实中的灯和自然产生的光的综合表达。在 3ds Max 中可以通过使用不同的灯光类型，模拟真实的、奇幻的灯光效果。图 8-1 所示为现实中的灯，图 8-2 所示为现实灯与自然光结合的效果。

图8-1

图8-2

8.2 独家秘笈——灯光创建的思路流程

方法 1：按照主光、辅助光、点缀光的顺序创建灯光，如图 8-3、图 8-4 和图 8-5 所示。

图8-3

图8-4

图8-5

方法 2：从外向内的顺序创建灯光，如图 8-6、图 8-7 和图 8-8 所示。

图8-6

图8-7

图8-8

8.3 “标准灯光”不要忽略

执行 （创建）| （灯光）| 标准 操作，可以选择创建相应的标准灯光，如图 8-9 所示。标准灯光包括 8 种类型，图 8-10 所示为 8 种灯光的效果。其中【目标聚光灯】、【目标平行光】和【泛光】是比较常用的灯光。

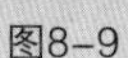
图8–9

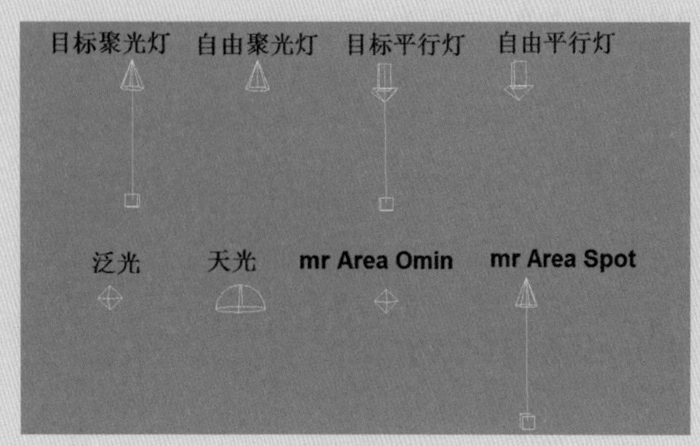

图8–10

8.3.1 目标聚光灯和自由聚光灯

【目标聚光灯】是从一个点沿某个方向照射光线，常用来模拟类似于汽车灯光、手电筒灯光、吊顶灯光等。【目标聚光灯】的参数主要包括【常规参数】、【强度 / 颜色 / 衰减】、【聚光灯参数】、【高级效果】、【阴影参数】、【光线跟踪阴影参数】、【大气和效果】和【mental ray 间接照明】，如图 8-11 所示。

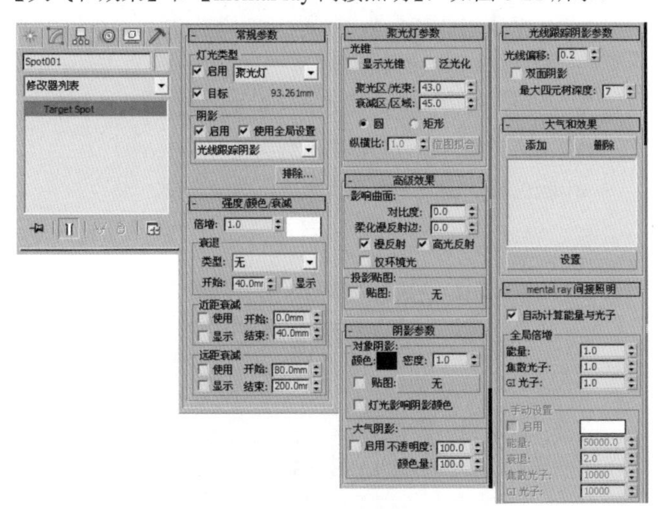

图8–11

1. 常规参数

【常规参数】卷展栏，其参数面板如图 8-12 所示。

- ❖ 灯光类型：共有3种类型可供选择，分别是【聚光灯】、【平行光】和【泛光灯】。
- ❖ 启用：控制是否开启灯光。

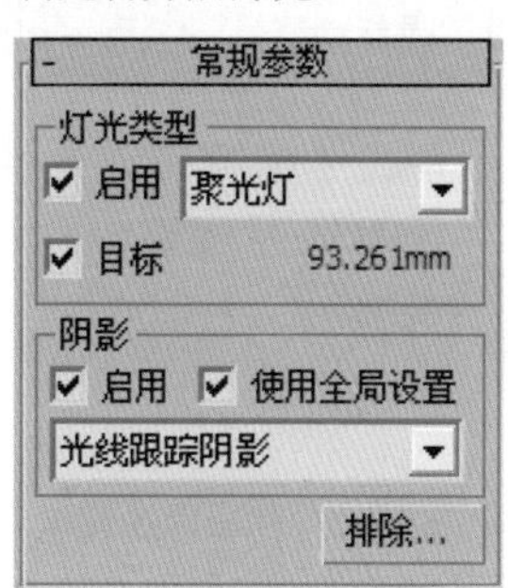

图8–12

- ❖ 目标：如果启用该选项后，灯光将成为目标。
- ❖ 阴影：控制是否开启灯光阴影。
- ❖ 阴影类型：切换阴影的类型以得到不同的阴影效果。
- ❖ 排除... 按钮：将选定的对象排除于灯光效果之外。

2. 强度 / 颜色 / 衰减

【强度 / 颜色 / 衰减】卷展栏，其参数面板如图 8-13 所示。

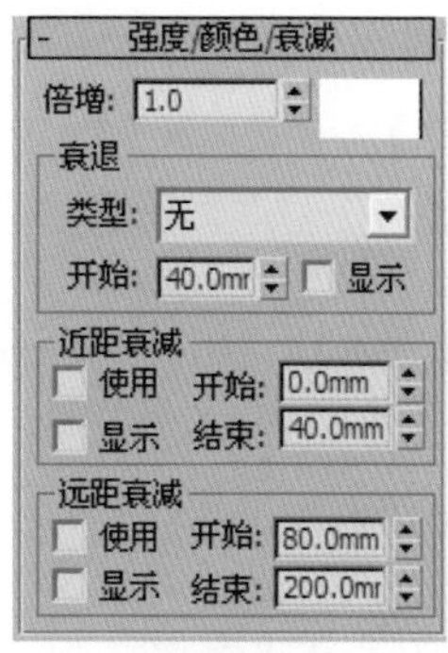

图8–13

- ❖ 倍增：控制灯光的强弱程度。
- ❖ 颜色：用来设置灯光的颜色。
- ❖ 衰退：该选项组中的参数用来设置灯光衰退的类型和起始距离。
- ❖ 类型：指定灯光的衰退方式。
- ❖ 开始：设置灯光开始衰退的距离。
- ❖ 显示：在视口中显示灯光衰退的效果。
- ❖ 近距衰减/远距衰减：该选项组用来设置灯光近距离衰退/远距离衰退的参数。
- ❖ 使用：启用灯光近距离衰退/远距离衰退。
- ❖ 显示：在视口中显示近距离衰退/远距离衰退的范围。
- ❖ 开始：设置灯光开始淡出的距离。
- ❖ 结束：设置灯光达到衰退最远处的距离。

3. 聚光灯参数

【聚光灯参数】卷展栏，其参数面板如图 8-14 所示。

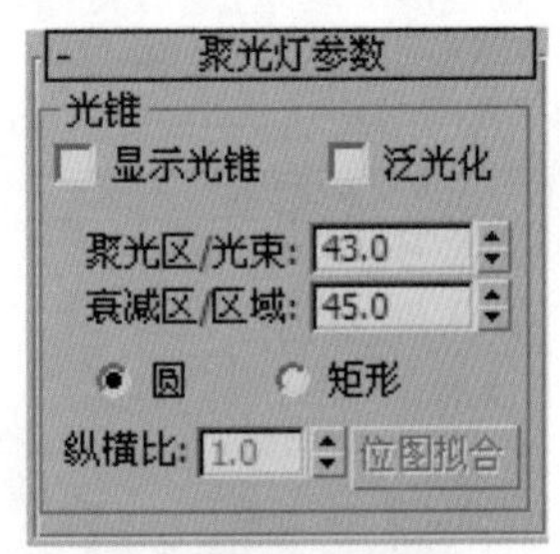

图8-14

- ❖ 显示光锥：控制是否开启圆锥体显示效果。
- ❖ 泛光化：开启该选项后，灯光将向各个方向投射光线。
- ❖ 聚光区/光束：用来调整灯光圆锥体的角度。
- ❖ 衰减区/区域：设置灯光衰减区的角度。
- ❖ 圆/矩形：指定聚光区和衰减区的形状。
- ❖ 纵横比：设置矩形光束的纵横比。
- ❖ 位图拟合按钮：若灯光的【显示光锥】设置为【矩形】，可以用该按钮来设置光锥的【纵横比】，以匹配特定的位图。

4. 高级效果

展开【高级效果】卷展栏，其参数面板如图 8-15 所示。

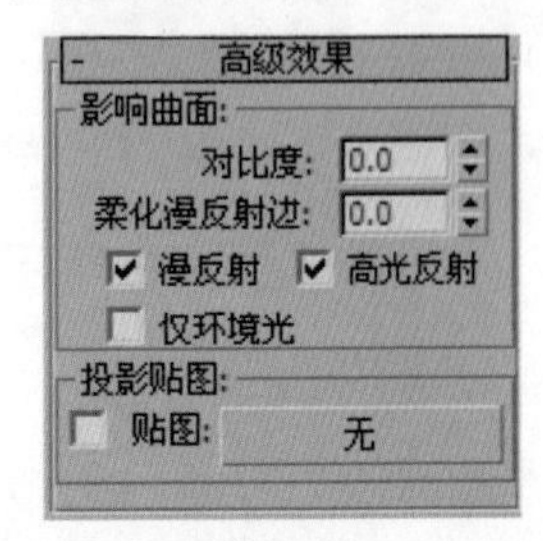

图8-15

- ❖ 对比度：调整曲面的漫反射区域和环境光区域之间的对比度。
- ❖ 柔化漫反射边：增加【柔化漫反射边】的值可以柔化曲面的漫反射部分与环境光之间的边缘。
- ❖ 漫反射：启用此选项后，灯光将影响对象曲面的漫反射属性。
- ❖ 高光反射：启用此选项后，灯光将影响对象曲面的高光属性。
- ❖ 仅环境光：启用此选项后，灯光仅影响照明的环境光组件。
- ❖ 贴图：为阴影加载贴图。

5. 阴影参数

展开【阴影参数】卷展栏，其参数面板如图 8-16 所示。

图8-16

- ❖ 颜色：用于设置阴影的颜色，默认为黑色。
- ❖ 密度：用于设置阴影的密度。
- ❖ 贴图：为阴影指定贴图。
- ❖ 灯光影响阴影颜色：开启该选项后，灯光颜色将与阴影颜色混合在一起。
- ❖ 启用：启用该选项后，大气可以穿过灯光投射阴影。
- ❖ 不透明度：调节阴影的不透明度。
- ❖ 颜色量：调整颜色和阴影颜色的混合量。

6. 光线跟踪阴影参数

【光线跟踪阴影参数】卷展栏，参数如图 8-17 所示。

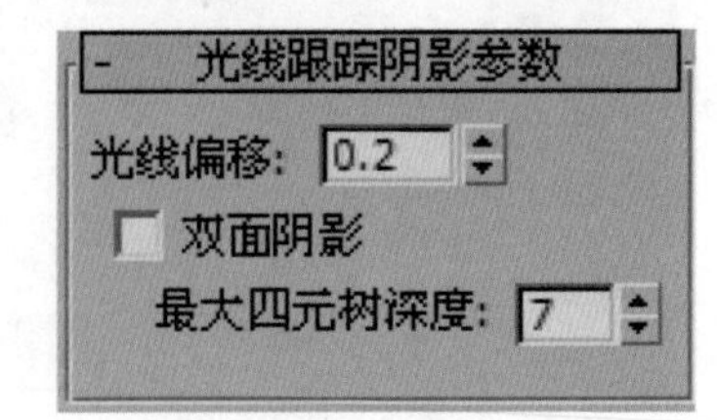

图8-17

- ❖ 光线偏移：将阴影移向或移离投射阴影的对象。
- ❖ 双面阴影：启用该选项后，计算阴影时背面将不能被忽略。
- ❖ 最大四元树深度：使用光线跟踪器调整四元树的深度。

【自由聚光灯】没有目标点，其他参数与【目标聚光灯】一样，因此就不做更多解释啦！如图 8-18 所示。

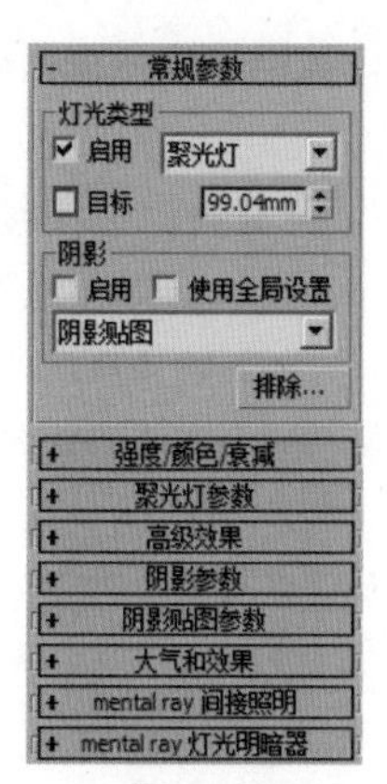

图8-18

8.3.2 目标平行光和自由平行光

【目标平行光】常用来模拟日光照射的效果。【目标平行光】的参数和【目标聚光灯】的参数也非常相似，如图8-19所示。

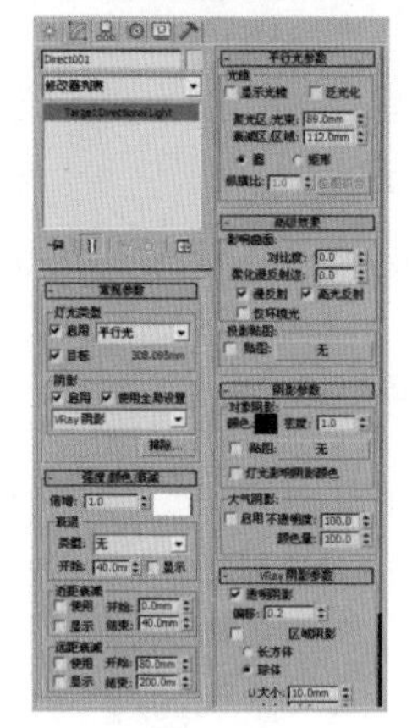

图8-19

【自由平行光】能产生一个平行的照射区域，如图8-20所示。

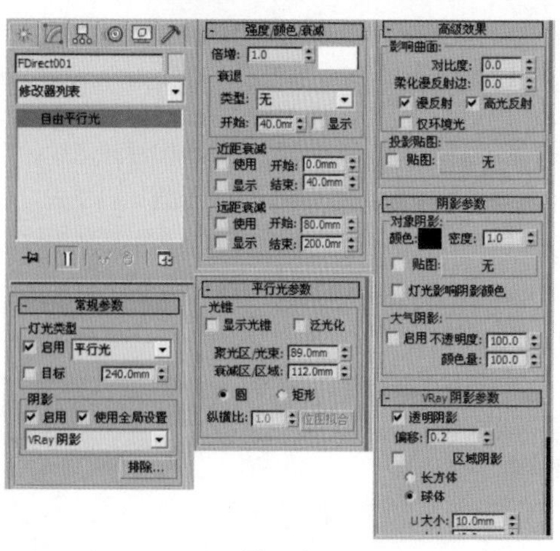

图8-20

8.3.3 泛光

【泛光】又称为点光，它是以点为中心向外均匀发散光线的灯光，常用它模拟烛光、灯泡等光线效果。【泛光】参数如图8-21所示。

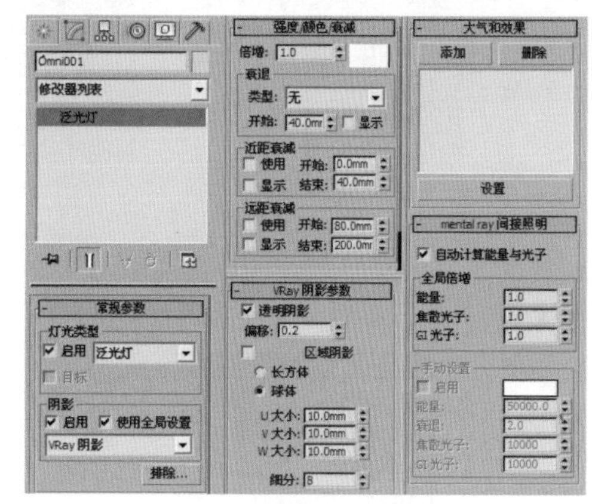

图8-21

8.4 光度学灯光最难，但是最好用

【光度学】灯光是3ds Max中默认的灯光。包括3种类型，分别是【目标灯光】、【自由灯光】和【mr天空入口】。其中【目标灯光】、【自由灯光】比较常用，【mr天空入口】就不做更多讲解了，因为本书不对mr渲染器进行讲解。【光度学】的类型如图8-22所示。

图8-22

8.4.1 目标灯光

【目标灯光】是 3ds Max 中较为复杂的灯光之一，该灯光常用来模拟室内设计中射灯的效果。虽然设置比较复杂，但是大家一定要学会这个灯光的应用方法哦，它会为作品增色好多！

单击 目标灯光 按钮，在视图中创建一盏目标灯光，其参数面板如图 8-23 所示。

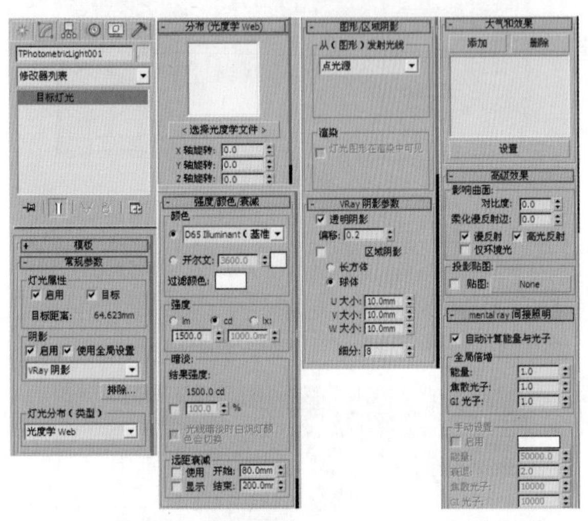

图8–23

1. 常规参数

展开【常规参数】卷展栏，其参数面板如图 8-24 所示。

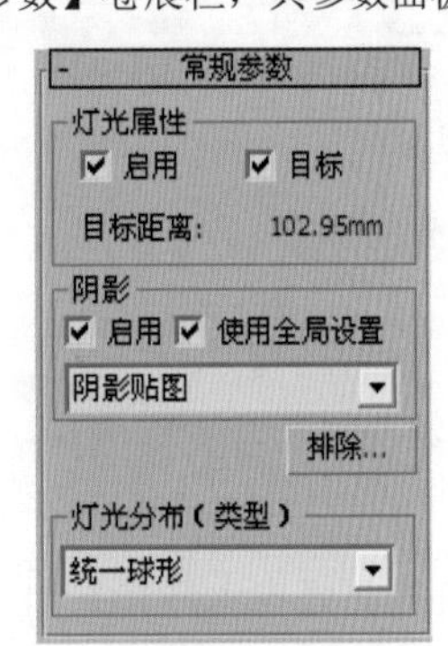

图8–24

（1）灯光属性

- 启用：控制是否开启灯光。
- 目标：启用该选项后，目标灯光才有目标点，如果禁用该选项，目标灯光将变成自由灯光。
- 目标距离：用来显示目标的距离。

（2）阴影

- 启用：控制是否开启灯光的阴影效果。
- 使用全局设置：如果启用该选项后，该灯光投射的阴影将影响整个场景的阴影效果；如果关闭该选项，则必须选择渲染器使用何种方式来生成特定的灯光阴影。
- 阴影类型：设置渲染器渲染场景时使用的阴影类型，包括【mental ray阴影贴图】、【高级光线跟踪】、【区域阴影】、【阴影贴图】、【光线跟踪阴影】、【VRay阴影】和【VRay阴影贴图】，如图8-25所示。

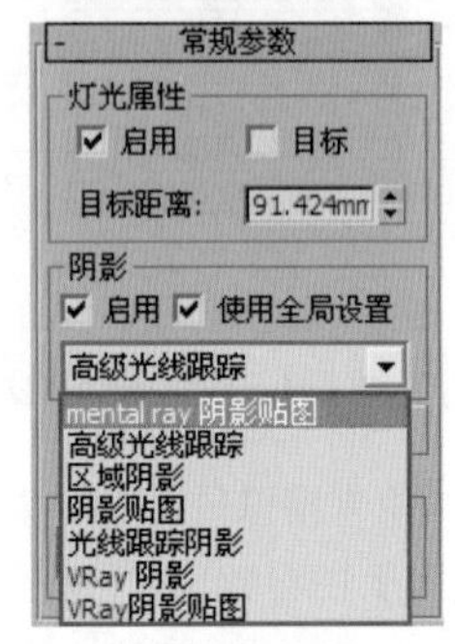

图8–25

- 排除... 按钮：将选定的对象排除于灯光效果之外。

（3）灯光分布（类型）

- 灯光分布（类型）：设置灯光的分布类型，包含【光度学Web】、【聚光灯】、【统一漫反射】和【统一球形】4种类型。

2. 强度 / 颜色 / 衰减

展开【强度 / 颜色 / 衰减】卷展栏，其参数面板如图 8-26 所示。

图8–26

- 灯光：挑选公用灯光，以近似灯光的光谱特征D50 Illuminant（基准白色）、荧光（冷色调白色）、HID高压钠灯作为对比效果。
- 开尔文：通过调整色温微调器来设置灯光的颜色。
- 过滤颜色：使用颜色过滤器来模拟置于光源上的过滤色效果。

- 强度：控制灯光的强弱程度。
- 结果强度：用于显示暗淡所产生的强度。
- 暗淡百分比：启用该选项后，该值被指定用于降低灯光强度的【倍增】。
- 光线暗淡时白炽灯颜色会切换：启用该选项之后，灯光可以在暗淡时通过产生更多的黄色来模拟白炽灯。
- 使用：启用灯光的远距离衰减。
- 显示：在视口中显示远距离衰减的范围设置。
- 开始：设置灯光开始淡出的距离。
- 结束：设置灯光减为零时的距离。

3. 图形 / 区域阴影

展开【图形 / 区域阴影】卷展栏，其参数面板如图 8-27 所示。

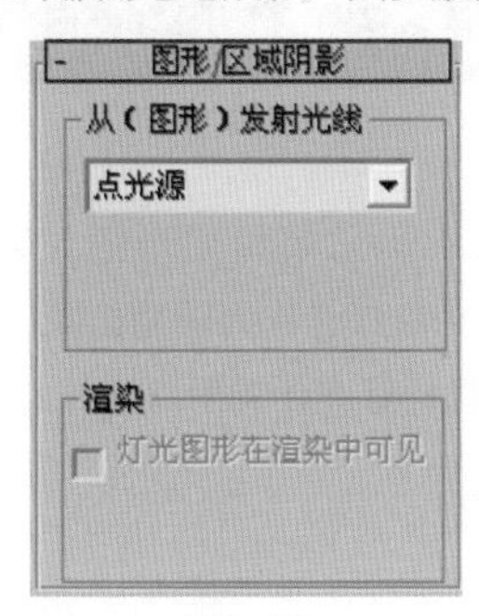

图8-27

- 从（图形）发射光线：选择阴影生成的图形类型，包括【点光源】、【线】、【矩形】、【圆形】、【球体】和【圆柱体】6种类型。
- 灯光图形在渲染中可见：启用该选项后，如果灯光对象位于视野范围之内，那么灯光图形在渲染中会显示为自供照明（发光）的图形。

4. 阴影贴图参数

展开【阴影贴图参数】卷展栏，其参数如图 8-28 所示。

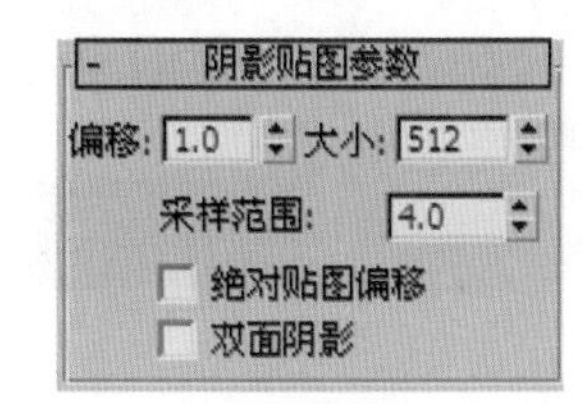

图8-28

- 偏移：将阴影移向或移离投射阴影的对象。
- 大小：用于设置计算灯光阴影贴图的大小。
- 采样范围：决定阴影内平均有多少个区域。
- 绝对贴图偏移：启用该选项后，该偏移在固定比例的基础上会以3ds Max为单位来表示。
- 双面阴影：启用该选项后，计算阴影时物体的背面也将产生阴影。

5. VRay 阴影参数

展开【VRay 阴影参数】卷展栏，其参数如图 8-29 所示。

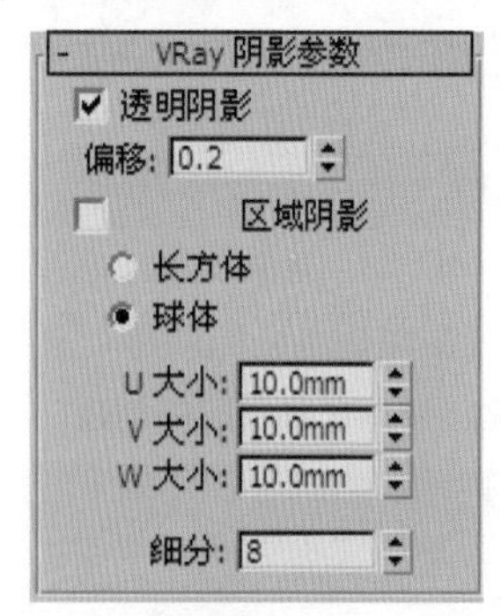

图8-29

- 透明阴影：控制透明物体的阴影，必须使用VRay材质并选择材质中的【影响阴影】才能产生效果。
- 偏移：控制阴影与物体的偏移距离，一般可设置为默认值。
- 区域阴影：控制物体阴影效果，使用时它会降低渲染速度，有【长方体】和【球体】两种模式。
- 长方体/球体：用来控制阴影的方式，一般默认设置为球体。
- U/V/W大小：值越大阴影越模糊，并且还会产生杂点，降低渲染速度。
- 细分：该数值越大，阴影越细腻，噪点越少，渲染速度就越慢。

8.4.2 独家秘笈——怎么设置一个带光域网的目标灯光?

目标灯带是室内外效果图设计中最常使用的灯光类型之一，但是其设置方法比较繁琐，因此总结了一套标准化的步骤，大家一定要记住哦!

（1）单击 （创建）|（灯光）| 光度学 | 目标灯光，如图 8-30 所示。在弹出的窗口中选择【是】，如图 8-31 所示。

图8-30

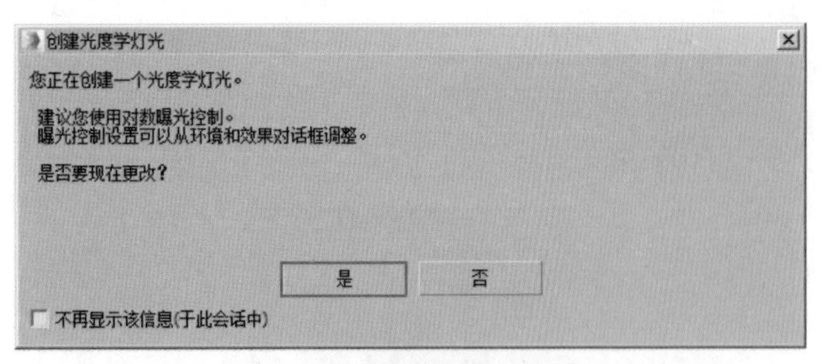

图8-31

（2）此时在视图中拖曳光标创建一盏目标灯光，一般不要在透视图中创建，推荐在前视图中创建，如图 8-32 所示。

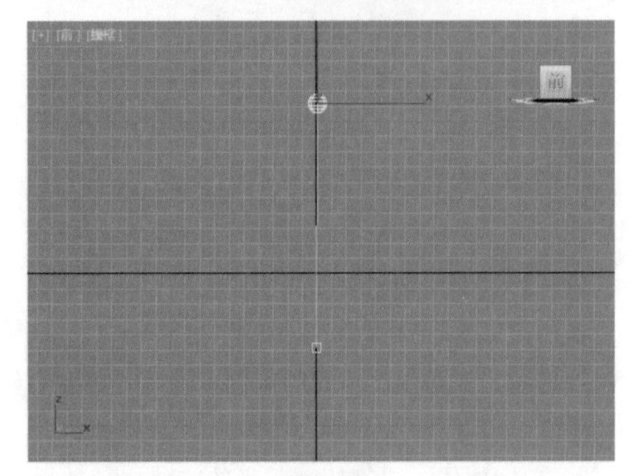

图8-32

（3）单击修改，勾选【启用】，并且设置类型为【VR- 阴影】，这会使渲染时阴影很真实。接着设置【灯光分布（类型）】为【光度学 Web】，单击【选择光度学文件】，加载一个 .ies 格式的光域网文件。最后设置其他的参数，比如颜色、强度、阴影等，如图 8-33 所示。

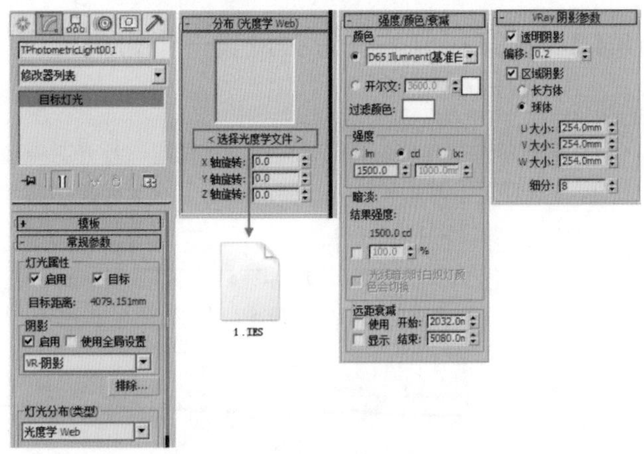

图8-33

典型实例：射灯

案例文件　案例文件 \Chapter 08\ 典型实例：射灯 .max
视频教学　视频文件 \Chapter 08\ 典型实例：射灯 .flv
技术掌握　掌握目标灯光及 VR- 灯光的应用方法

射灯是指室内墙体附近安装的一类灯光，它不仅起到照明的作用，而且还起到装饰的效果。本案例使用【目标灯光】作为射灯灯光。最终的渲染效果如图 8-34 所示。

图8-34

1. 建模思路

Part01　创建 VR- 灯光作为辅助光源。

Part02　创建目标灯光作为射灯光源。

2. 制作步骤

Part01　创建 VR- 灯光作为辅助光源

（1）打开本书配套光盘中的【场景文件 /Chapter08/04.max】文件，如图 8-35 所示。

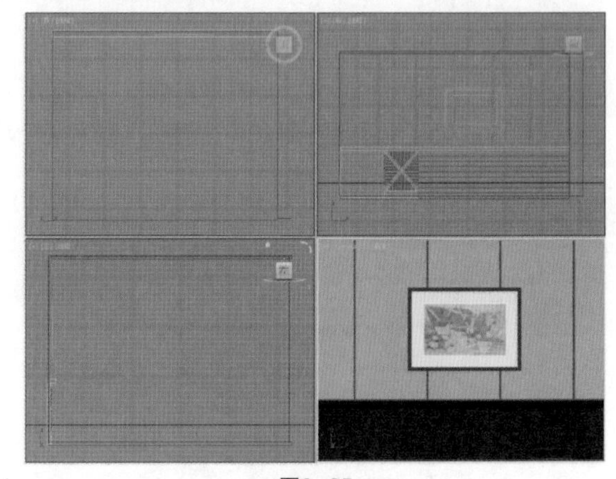

图8-35

（2）在创建面板中，执行（创建）|（灯光）| VRay | VR-灯光操作，在前视图中创建一盏 VR- 灯光，位置如图 8-36 所示。

（3）单击修改设置【倍增】为 2,【颜色】为浅蓝色,【1/2 长】为 3003mm,【1/2 宽】为 1701mm，勾选【不可见】，如图 8-37 所示。

（4）单击（渲染产品）按钮进行渲染，如图 8-38 所示。

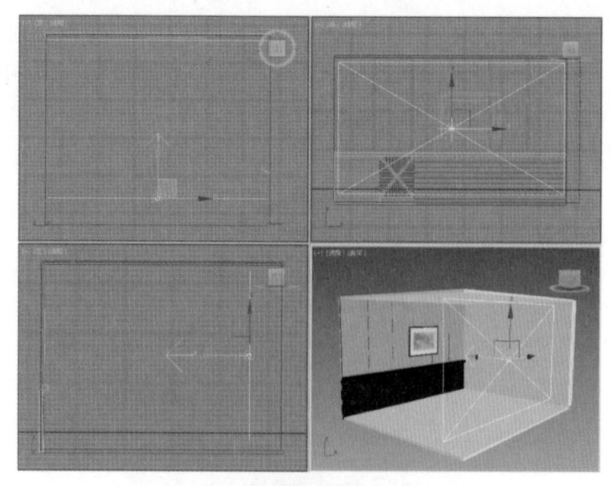

图8-36

图8-37

图8-38

Part02 创建目标灯光作为射灯光源

（1）在创建面板中，执行（创建）|（灯光）|光度学|目标灯光操作，在前视图中创建6盏目标灯光，放置到墙体附近，如图8-39所示。

（2）单击修改，勾选【启用】，设置方式为【VR-阴影】，设置【灯光分布（类型）】为【光度学Web】，添加【中间亮.ies】文件，接着设置【过滤颜色】为浅黄色、【强度】为5000，勾选【区域阴影】，设置【U/V/W大小】均为100mm、【细分】为20，如图8-40所示。

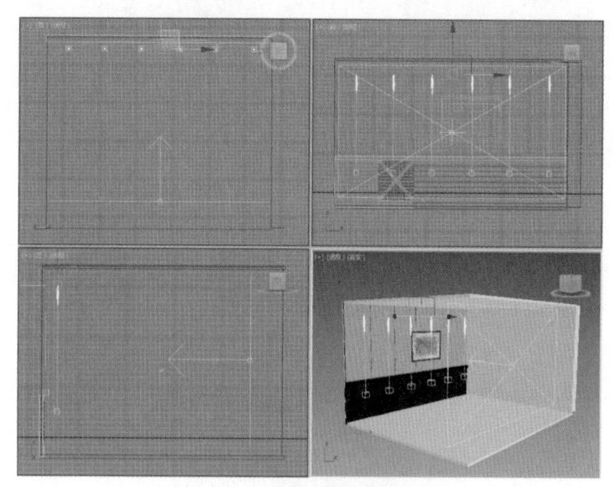

图8-39

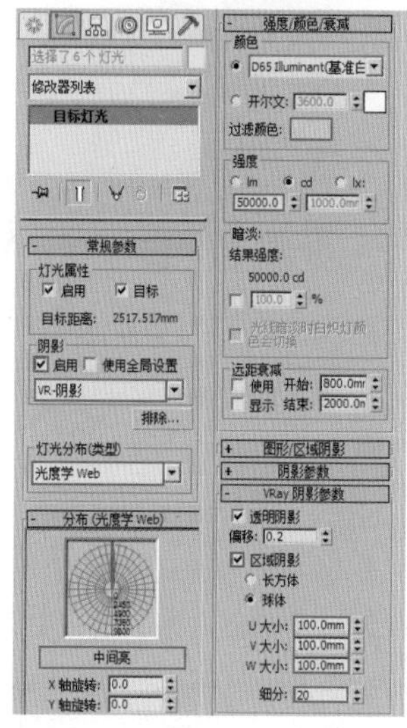

图8-40

（3）单击（渲染产品）按钮进行渲染，如图8-41所示。

图8-41

8.4.3 自由灯光

【自由灯光】和【目标灯光】的区别在于【自由灯光】没有目标点。在【自由灯光】参数中勾选【目标】选项，就会发现【自由灯光】变成了【目标灯光】，如图 8-42 和图 8-43 所示。

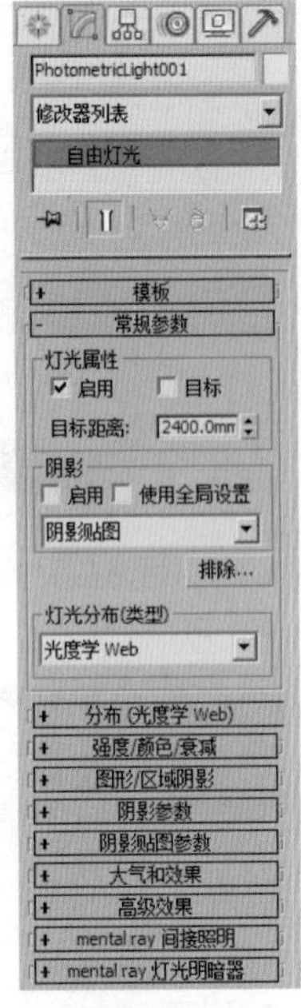
图8-42

图8-43

8.5 VRay灯光效果最真实

执行 （创建）| （灯光）| VRay 操作，可以选择创建相应的 VRay 灯光，如图 8-44 所示。VRay 灯光包括 4 种类型，分别为【VR- 灯光】、【VRayIES】、【VR- 环境灯光】和【VR- 太阳】，图 8-45 所示为 4 种灯光的效果。其中【VR- 灯光】和【VR- 太阳】是最常用的灯光，它们的效果非常逼真。

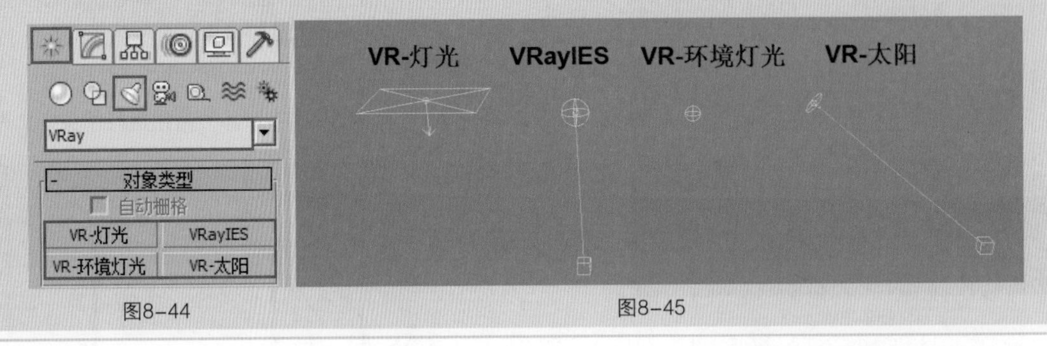

图8-44　　图8-45

8.5.1 VR-灯光

【VR- 灯光】是最常用、效果最好的灯光，大家一定要学会该灯光的使用方法。【VR- 灯光】常用于室内设计中，模拟产生柔和的光线。它常放置于顶棚灯槽内模拟灯带、放置于窗口模拟窗口自然光线、放置于灯罩内模拟灯泡灯光。图 8-46 所示为其参数。

图8-46

1. 常规

❖ 开：控制是否开启VR灯光。

❖ 排除按钮：用来排除灯光对物体的影响。

❖ 类型：指定VR灯光的类型，共有【平面】、【穹顶】、【球体】和【网格】4种类型，如图8-47所示。图8-48所示为各种类型的效果。

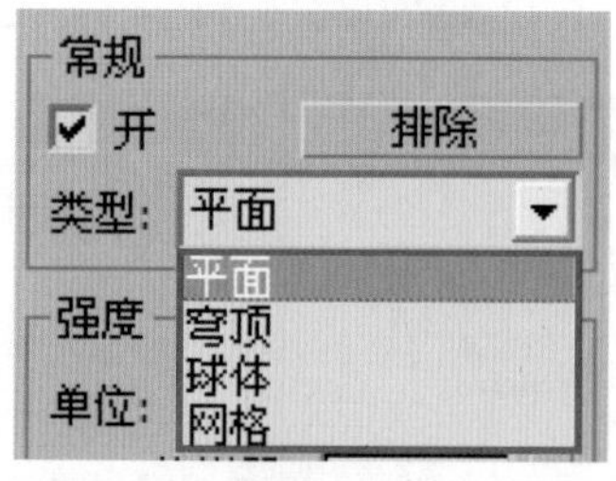

图8-47

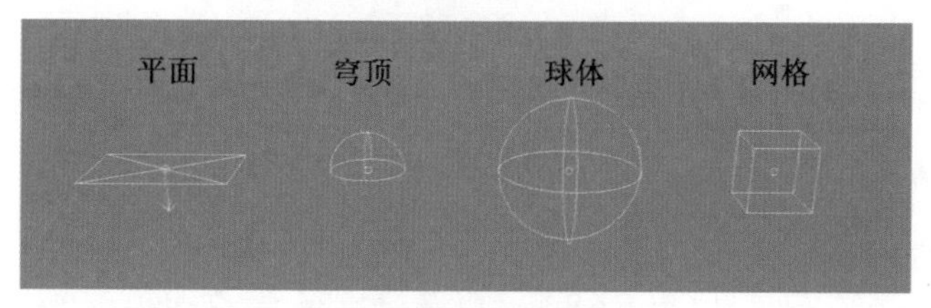

图8-48

❖ 平面：将VR灯光设置成平面形状。

❖ 穹顶：将VR灯光设置成穹顶状，类似于3ds Max中的天光物体，光线来自于光源Z轴的半球体状圆顶处。

❖ 球体：将VR灯光设置成球体形状。

❖ 网格：它是一种以网格为基础的灯光。

2．强度

❖ 单位：它指定了VR灯光的发光单位，共有【默认（图像）】、【发光率（lm）】、【亮度lm/ m^2/sr】】、【辐射率（W）】和【辐射（W/m^2/sr）】5种模式，如图8-49所示。

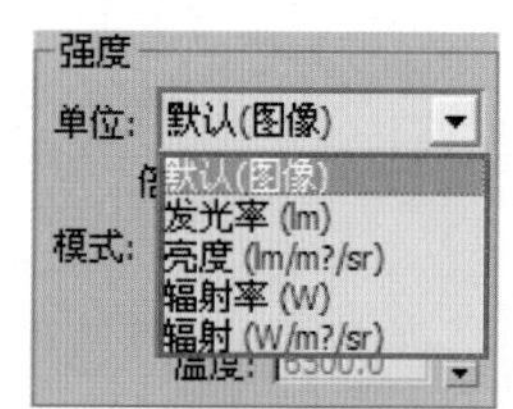

图8-49

❖ 默认（图像）：VRay默认的单位，依靠灯光的颜色和亮度来控制灯光最后的强弱。如果忽略曝光类型等因素，灯光色彩将是物体表面受光的最终色彩。

❖ 发光率（lm）：当选择这个单位后，灯光的亮度将和灯光的大小无关。

❖ 亮度（lm/ m^2/sr）：当选择这个单位后，灯光的亮度和它的大小有关系。

❖ 辐射率（W）：当选择这个单位后，灯光的亮度和灯光的大小无关。注意，这里的W和物理上的瓦特不一样，比如这里的100W大约等于物理上的2～3瓦特。

❖ 辐射（W/m^2/sr）：当选择这个单位后，灯光的亮度和它的大小有关系。

❖ 颜色：指定灯光的颜色。

❖ 倍增器：设置灯光的强度。

3．大小

❖ 1/2长：设置灯光的长度。

❖ 1/2宽：设置灯光的宽度。

4．选项

❖ 投射阴影：控制是否对物体的光照产生阴影。

❖ 双面：用来控制灯光的双面是否都产生照明效果。

❖ 不可见：这个选项用来控制最终渲染时是否显示VR灯光的形状。

❖ 不衰减：在物理世界中，所有的光线都是有衰减的。

❖ 天光入口：这个选项是把VRay灯光转换为天光的，这时的VR灯光就变成了【间接照明（GI）】，失去了直接照明。

❖ 存储发光图：勾选这个选项，同时【间接照明（GI）】里的【首次反弹】选择为【发光图】时，VR灯光的光照信息将保存在【发光图】中。

❖ 影响漫反射：此选项决定灯光是否影响物体材质属性的漫反射。

❖ 影响高光：此选项决定灯光是否影响物体材质属性的高光。

❖ 影响反射：勾选该选项后，灯光将对物体的反射区进行照射，物体可以对光源进行反射。

5．采样

❖ 细分：该参数控制VR灯光的采样细分。数值越小，渲染杂点越多，渲染速度越快。

❖ 阴影偏移：这个参数用来控制物体与阴影的偏移距离，较大的数值会使阴影向灯光的方向偏移。

❖ 中止：控制灯光中止的数值，一般情况下不用修改该参数。

典型实例：吊灯

案例文件	案例文件 \Chapter 08\ 典型实例：吊灯 .max
视频教学	视频文件 \Chapter 08\ 典型实例：吊灯 .flv
技术掌握	掌握 VR－灯光（球体）的应用

本案例模拟了水晶吊灯的灯光效果，根据灯光的自然照射形态，需要选择 VR- 灯光（球体）进行模拟。本例的难点

在于灯光的复制比较繁琐。最终的渲染效果如图 8-50 所示。

图8-50

1. 建模思路

Part01 设置 VRay 渲染器。

Part02 创建吊灯灯光。

Part03 创建辅助灯光。

2. 制作步骤

Part01 设置 VRay 渲染器

（1）打开本书配套光盘中的【场景文件 /Chapter08/01.max】文件，如图 8-51 所示。

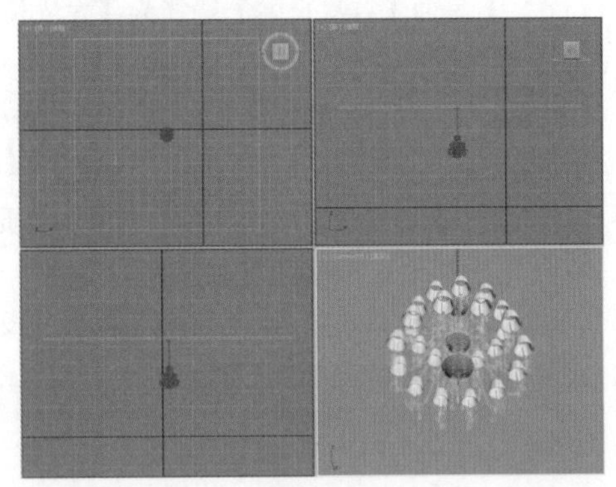

图8-51

（2）单击 （渲染设置）按钮，在渲染设置窗口中单击进入【公用】选项卡，展开【指定渲染器】卷展栏，单击【产品级】后面的 （选择渲染器）按钮，并选择【V-Ray Adv 3.00.08】，如图 8-52 所示。

（3）单击进入【公用】选项卡，设置【宽度】为 800、【长度】为 600，如图 8-53 所示。

（4）单击进入【V-Ray】选项卡，设置【类型】为【自适应】、【过滤器】为【Catmull-Rom】。展开【颜色贴图】卷展栏，设置【类型】为【指数】，勾选【子像素贴图】和【钳制输出】，如图 8-54 所示。

（5）单击进入【GI】选项卡，勾选【启用全局照明】，设置【首次引擎】为【发光图】、【二次引擎】为【灯光缓存】。设置【当前预设】为【低】，勾选【显示计算相位】和【显示直接光】，如图 8-55 所示。

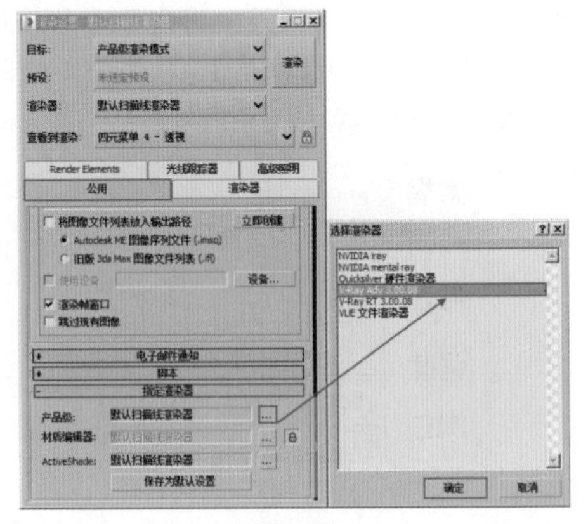

图8-52

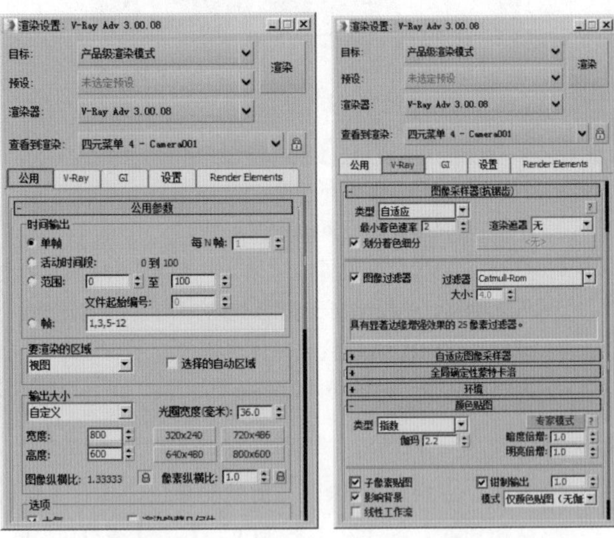

图8-53 图8-54

（6）单击进入【设置】选项卡，取消勾选【显示消息日志窗口】，如图 8-56 所示。

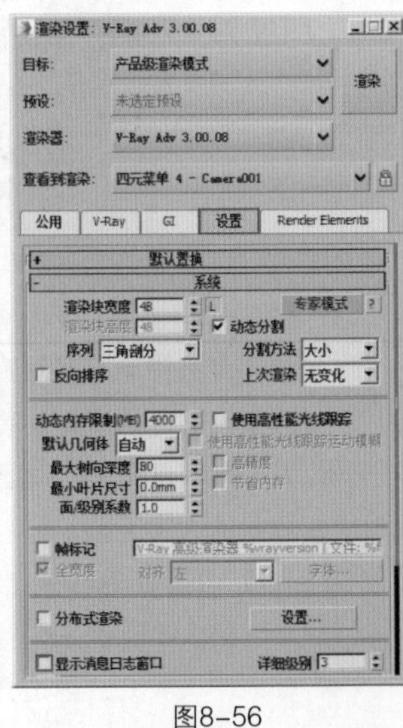

图8-55 图8-56

Part02 创建吊灯灯光

（1）在创建面板中，执行（创建）|（灯光）| VRay | VR-灯光 操作，如图 8-57 所示。在视图中创建一盏 VR- 灯光，并放置到一个灯罩内部，如图 8-58 所示。

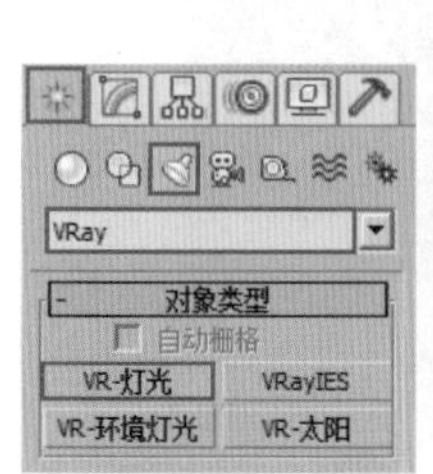

图8-57

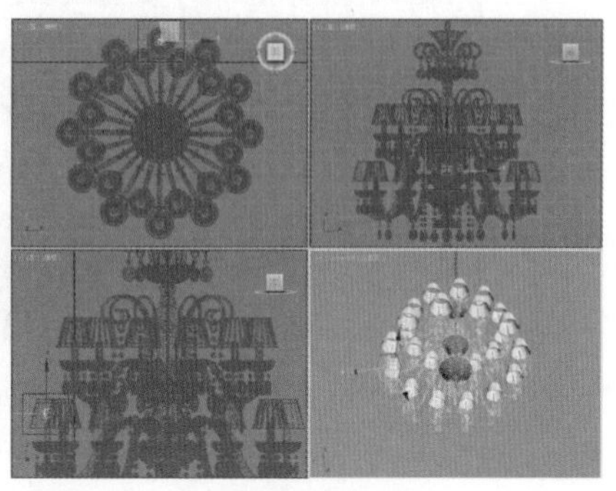

图8-58

（2）选择该灯光，单击修改，设置【类型】为【球体】、【倍增】为 100、【颜色】为浅黄色、【半径】为 18mm，勾选【不可见】，设置【细分】为 20，如图 8-59 所示。

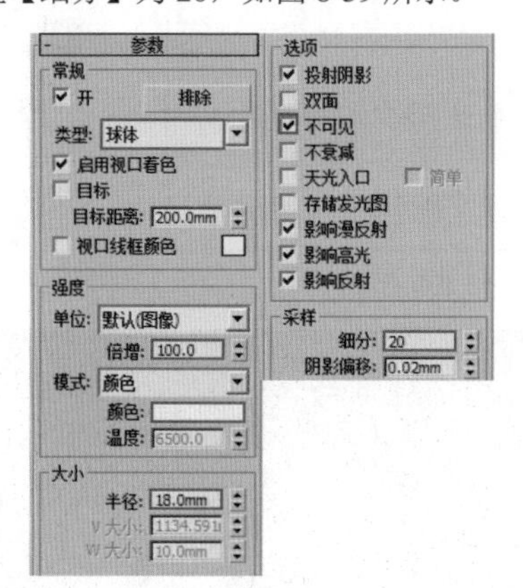

图8-59

（3）选择该灯光并复制 23 盏分别放置到每一个灯罩内部，如图 8-60 所示。

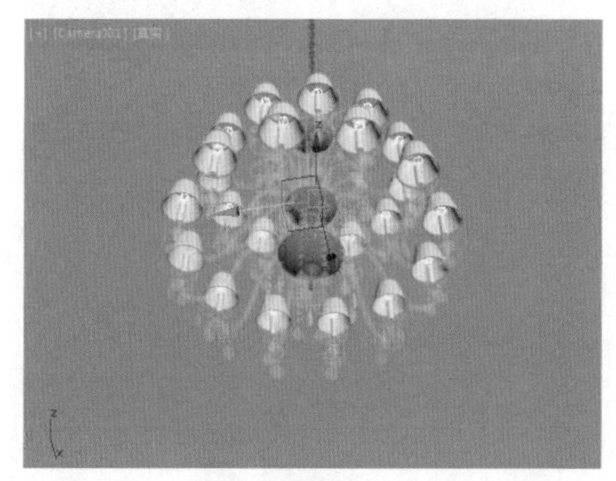

图8-60

Part03 创建辅助灯光

（1）在左视图中创建一盏 VR- 灯光，位置如图 8-61 所示。

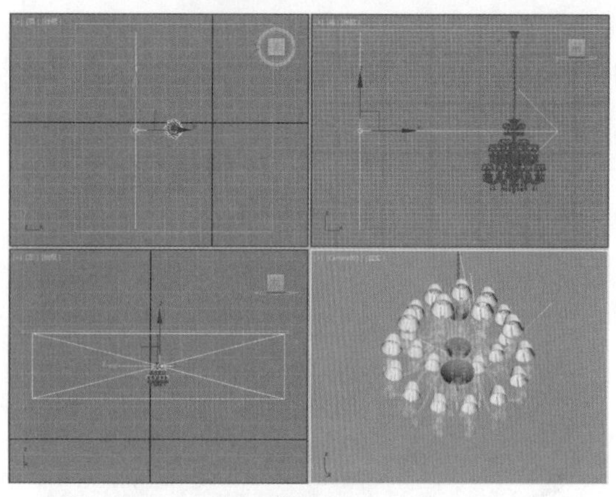

图8-61

（2）单击修改，设置【倍增】为 1、【颜色】为浅蓝色、【1/2 长】为 8000mm、【1/2 宽】为 2000mm、勾选【不可见】，设置【细分】为 30，如图 8-62 所示。

图8-62

（3）单击（渲染产品）按钮进行渲染，如图 8-63 所示。

图8-63

典型实例：顶棚灯带

案例文件　案例文件 \Chapter 08\ 典型实例：顶棚灯带 .max
视频教学　视频文件 \Chapter 08\ 典型实例：顶棚灯带 .flv
技术掌握　掌握 VR－灯光、VR－太阳灯光的应用顶棚灯带是在指室内吊顶的灯槽内放置的灯带灯光，它的制作难点在于两层灯带及 VR- 灯光的复制方法。最终的渲染效果如图 8-64 所示。

图8-64

1. 建模思路

Part01　创建 VR- 太阳作为主光源。

Part02　创建窗口处辅助光源。

Part03　创建吊顶灯带光源。

2. 制作步骤

Part01　创建 VR- 太阳作为主光源

（1）打开本书配套光盘中的【场景文件 /Chapter08/02.max】文件，如图 8-65 所示。

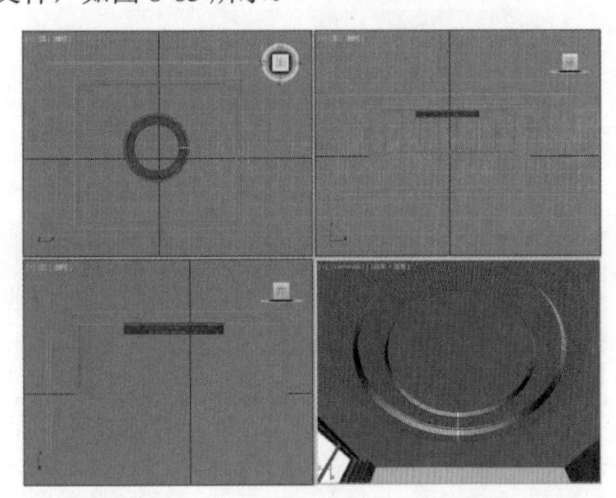

图8-65

（2）在创建面板中，执行（创建）|（灯光）| VRay | VR-太阳操作，如图 8-66 所示。

（3）在弹出的窗口中选择【是】，如图 8-67 所示。

（4）设置【强度倍增】为 0.08、【大小倍增】为 10、【阴影细分】为 20，如图 8-68 所示。

（5）单击（渲染产品）按钮进行渲染，如图 8-69 所示。

Part02　创建窗口处辅助光源

（1）在前视图中创建一盏 VR- 灯光，放置到窗户外面，照射方向为从外向内照射，如图 8-70 所示。

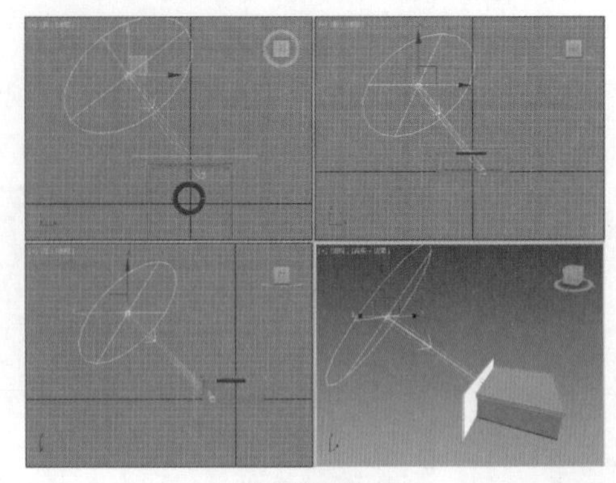

图8-66

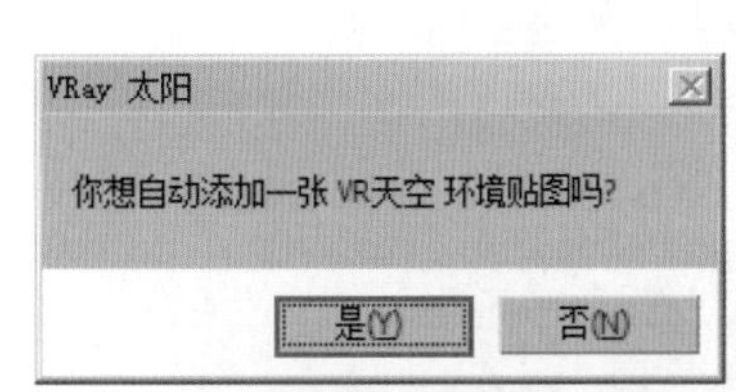

图8-67

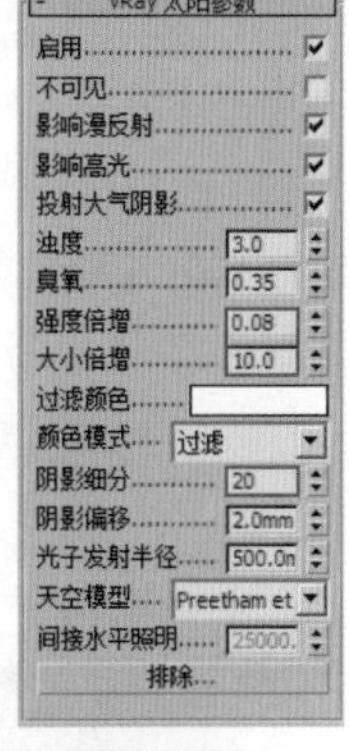

图8-68

图8-69

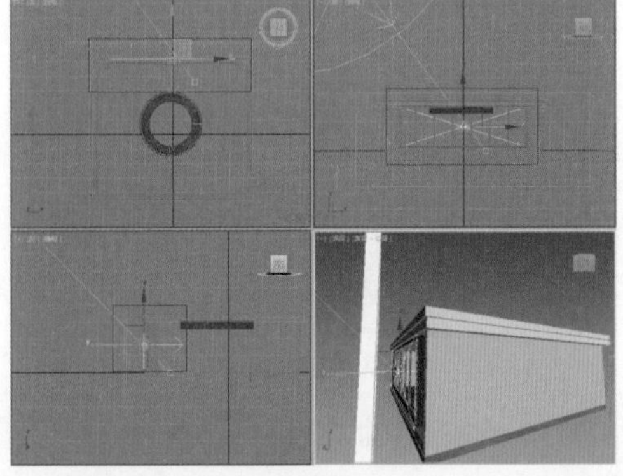

图8-70

（2）单击修改，设置【倍增】为4、【颜色】为蓝色、【1/2长】为4500mm、【1/2宽】为1400mm，勾选【不可见】，设置【细分】为30，如图8-71所示。

图8–71

（3）单击（渲染产品）按钮进行渲染，如图8-72所示。

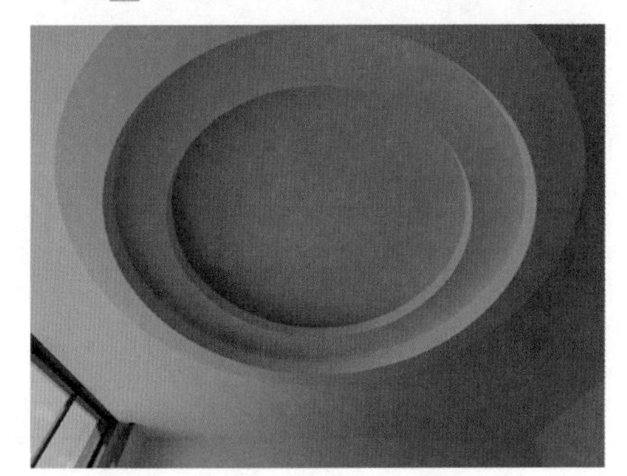

图8–72

Part03 创建吊顶灯带光源

（1）在顶视图中创建一盏VR-灯光，放置到吊顶的灯槽内，照射方向为从下向上照射，如图8-73所示。

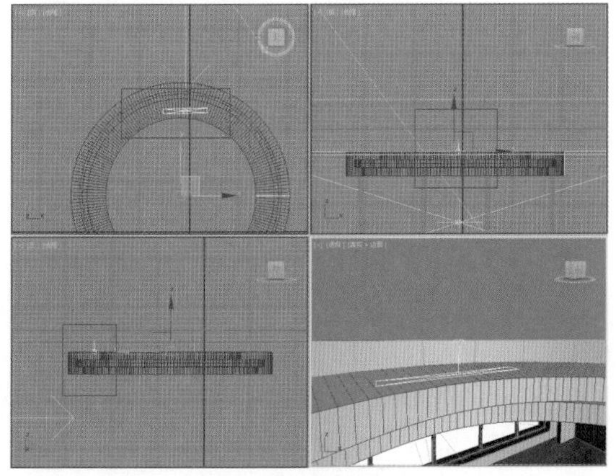

图8–73

（2）单击修改，设置【倍增】为30、【颜色】为浅黄色、【1/2长】为450mm、【1/2宽】为50mm，勾选【不可见】，设置【细分】为30，如图8-74所示。

图8–74

（3）选择刚创建的VR-灯光，然后在创建面板中执行（层次）| 仅影响轴，将轴移动到吊顶中心，如图8-75所示。

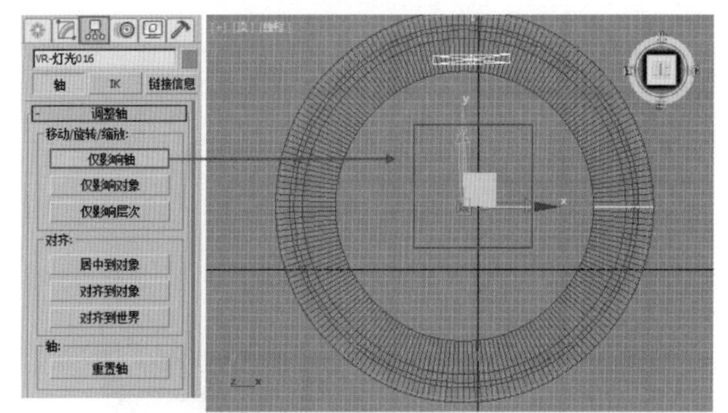

图8–75

（4）再次单击仅影响轴按钮，取消该命令。单击（选择并旋转）按钮，沿Z轴旋转复制-30°，如图8-76所示。

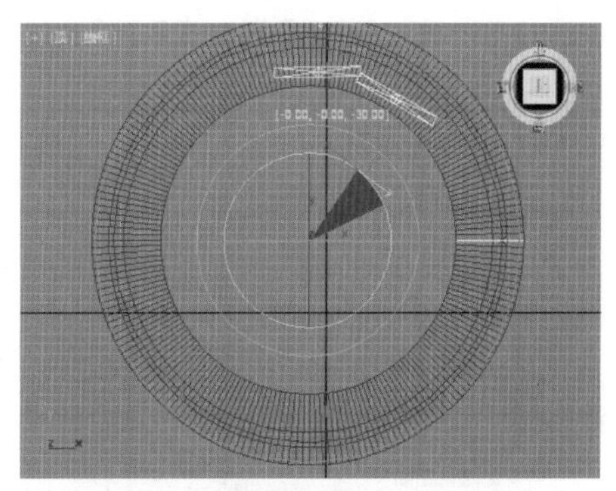

图8–76

（5）在弹出的窗口中设置【对象】为【实例】、【副本数】为11，如图8-77所示。

（6）复制之后的效果，如图8-78所示。

图8-77

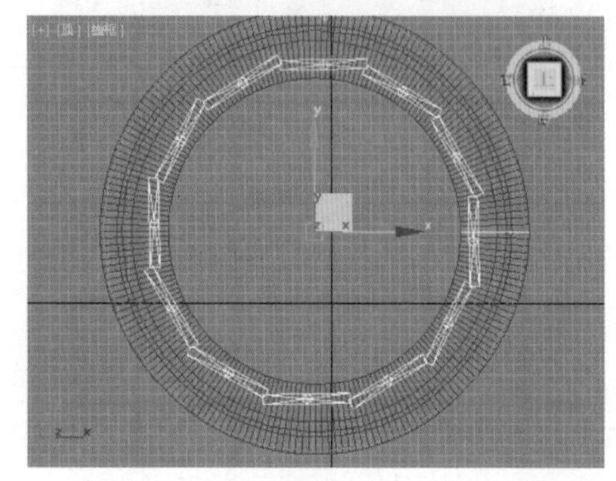

图8-78

（7）用同样的方法创建12盏VR-灯光，并放置到吊顶的灯槽内，如图8-79所示。

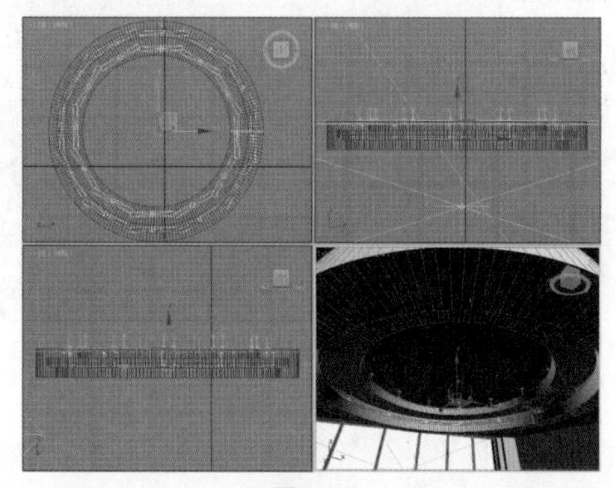

图8-79

（8）单击修改，设置【倍增】为30、【颜色】为浅黄色、【1/2长】为500mm、【1/2宽】为50mm，勾选【不可见】，设置【细分】为30，如图8-80所示。

图8-80

（9）单击（渲染产品）按钮进行渲染，如图8-81所示。

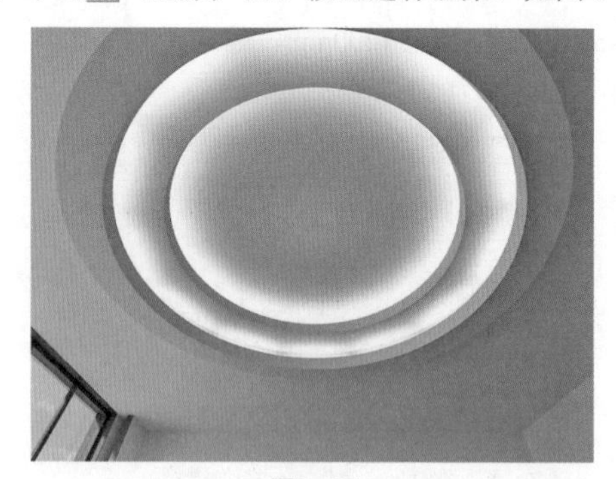

图8-81

典型实例：台灯

案例文件	案例文件\Chapter 08\典型实例：台灯.max
视频教学	视频文件\Chapter 08\典型实例：台灯.flv
技术掌握	掌握VR－灯光（球体）及VR－灯光的应用

台灯是室内设计中最常见的装饰之一，它集功能性和美观性为一体。本例的难点在于把握色调冷暖的对比。最终的渲染效果如图8-82所示。

图8-82

1. 建模思路

Part01　创建VR-灯光（球体）作为台灯。

Part02　创建VR-灯光作为夜晚蓝色光源。

2. 制作步骤

Part01　创建VR-灯光（球体）作为台灯

（1）打开本书配套光盘中的【场景文件/Chapter08/05.max】文件，如图8-83所示。

（2）创建一盏VR-灯光（球体），放置到台灯的灯罩内部，如图8-84所示。

（3）选择该灯光，单击修改，设置【类型】为【球体】、【倍增】为100、【颜色】为橙色、【半径】为50mm，勾选【不可见】，设置【细分】为30，如图8-85所示。

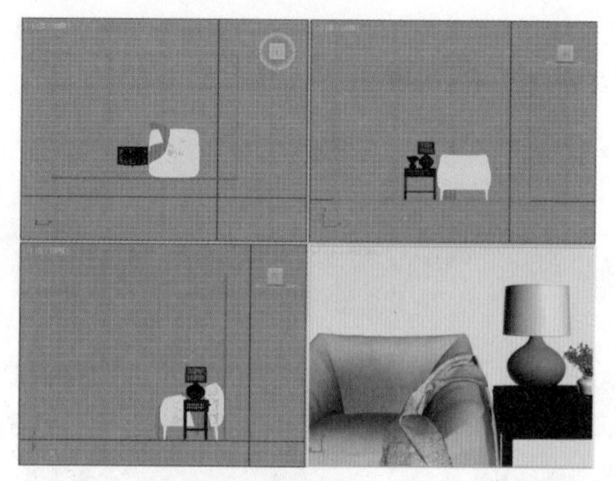

图8-83

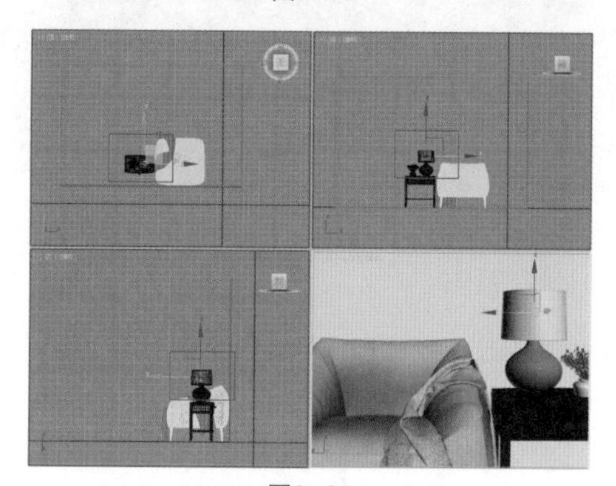

图8-84

（4）单击 （渲染产品）按钮进行渲染，如图8-86所示。

图8-85

图8-86

Part02 创建VR-灯光作为夜晚蓝色光源

（1）在视图中创建一盏VR-灯光，位置如图8-87所示。

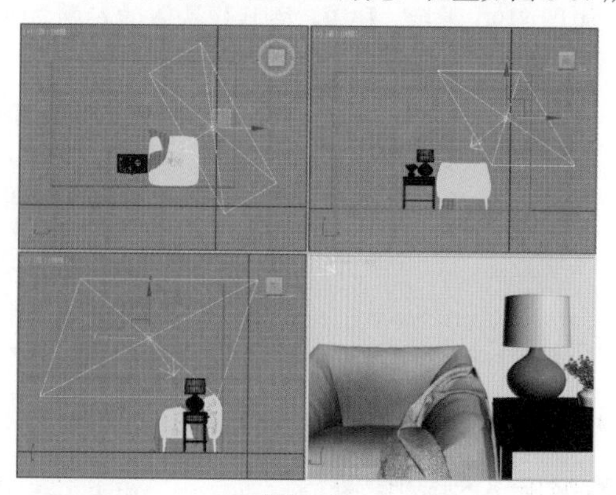

图8-87

（2）单击修改，设置【倍增】为4、【颜色】为蓝色、【1/2长】为1432mm、【1/2宽】为958mm，勾选【不可见】,【细分】为30，如图8-88所示。

图8-88

（3）单击 （渲染产品）按钮进行渲染，如图8-89所示。

图8-89

8.5.2 VR-太阳

【VR-太阳】可以快速地模拟真实的太阳光线的效果，【VR-太阳】与地面的水平夹角决定了该灯光产生时刻的效果，夹角越小越接近于黄昏，夹角越接近 90° 越接近于正午。创建【VR- 太阳】，会弹出【VR- 太阳】对话框，此时单击【是】即可，如图 8-90 所示。【VR- 太阳】具体的参数如图 8-91 所示。

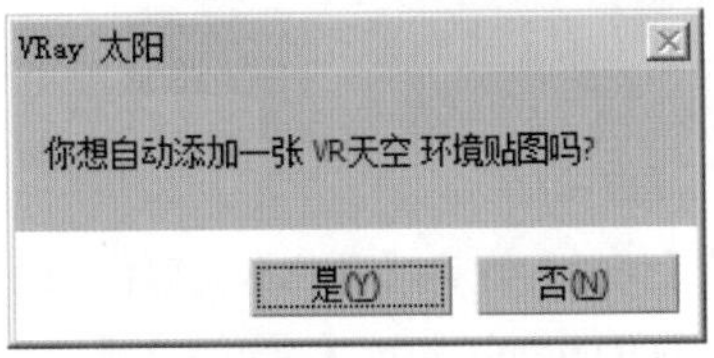

VRay 太阳

你想自动添加一张 VR天空 环境贴图吗?

是(Y)　否(N)

图8-90

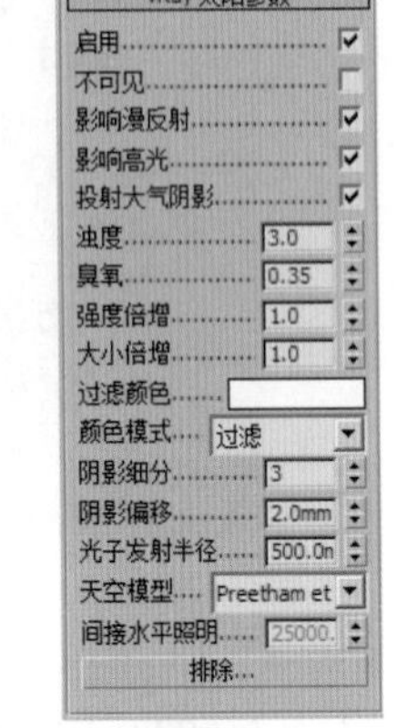

图8-91

- 启用：控制灯光是否开启。
- 不可见：控制灯光是否可见。
- 影响漫反射：该选项用来控制是否影响漫反射。
- 影响高光：该选项用来控制是否影响高光。
- 投射大气阴影：该选项用来控制是否投射大气阴影效果。
- 浊度：控制空气中的清洁度，数值越大阳光就越暖。
- 臭氧：用来控制大气臭氧层的厚度，数值越大颜色越浅，数值越小颜色越深。
- 强度倍增：该数值用来控制灯光的强度，数值越大灯光越亮，数值越小灯光越暗。
- 大小倍增：该数值用来控制太阳的大小，数值越大太阳就越大，就会产生越虚的阴影效果。
- 过滤颜色：用来控制灯光的颜色。
- 阴影细分：该数值用来控制阴影的细腻程度，数值越大阴影噪点越少，数值越小阴影噪点越多。
- 阴影偏移：该数值用来控制阴影的偏移位置。
- 光子发射半径：用来控制光子发射半径的大小。
- 天空模型：该选项控制天空模型的方式，包括【Preetham et al.】、【CIE清晰】和【CIE阴天】3种方式。
- 间接水平照明：该选项只有在天空模型选择为【CIE清晰】或【CIE阴天】时才可以使用。

典型实例：黄昏

案例文件　案例文件 \Chapter 08\ 典型实例：黄昏 .max
视频教学　视频文件 \Chapter 08\ 典型实例：黄昏 .flv
技术掌握　掌握 VR－太阳及 VR－灯光的使用

黄昏是指太阳落山期间的时间状态，它表现出来的效果是光线呈现暖暖的橙色，而且物体的阴影比较长。最终的渲染效果如图 8-92 所示。

图8-92

1. 建模思路

Part01　创建 VR- 太阳作为黄昏的主光源。
Part02　创建窗口处和室内辅助光源。

2. 制作步骤

Part01　创建 VR- 太阳作为黄昏的主光源

（1）打开本书配套光盘中的【场景文件 /Chapter08/03.max】文件，如图 8-93 所示。

（2）在创建面板中，执行（创建）|（灯光）| VRay | VR-太阳 操作，然后在视图中进行创建，位置如图 8-94 所示。

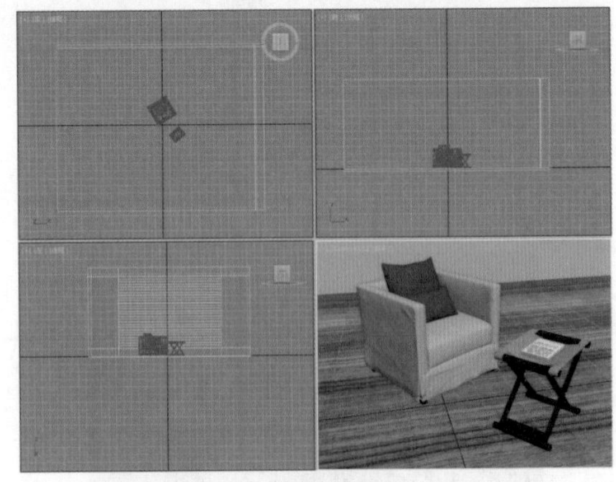

图8-93

（3）在弹出的窗口中选择【是】，如图 8-95 所示。

（4）设置【强度倍增】为 0.15、【大小倍增】为 5、【过滤颜色】为橙色、【阴影细分】为 20，如图 8-96 所示。

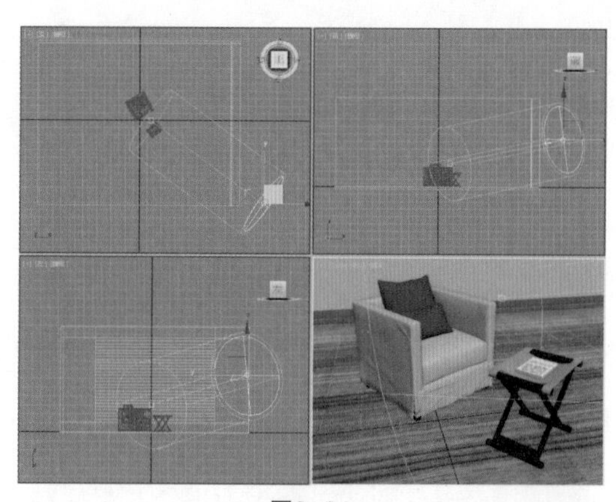

图8-94

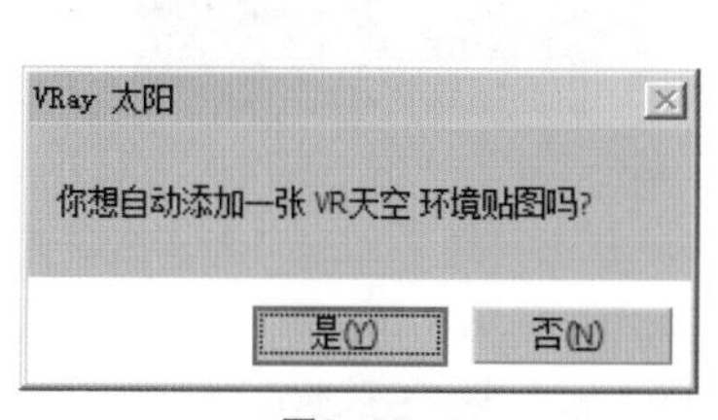

图8-95

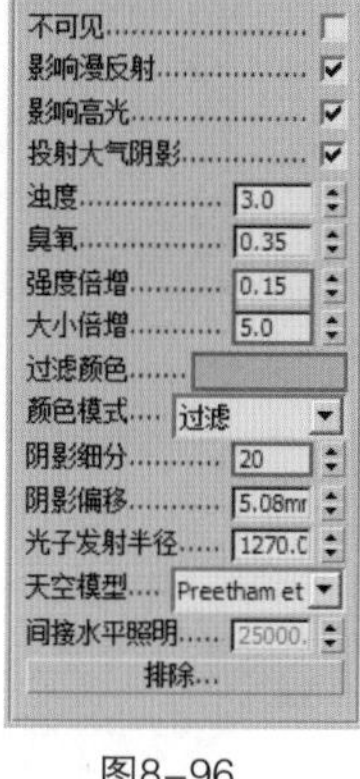

图8-96

（5）单击 （渲染产品）按钮进行渲染，如图 8-97 所示。

图8-97

Part02　创建窗口处和室内辅助光源

（1）在左视图中创建一盏 VR- 灯光，放置到窗户外面，照射方向为从外向内照射，如图 8-98 所示。

（2）单击修改，设置【倍增】为 8、【颜色】为橙色、【1/2 长】为 3000mm、【1/2 宽】为 1000mm，勾选【不可见】，设置【细分】为 20，如图 8-99 所示。

（3）在前视图中创建一盏 VR- 灯光，作为室内的辅助光源，灯光位置如图 8-100 所示。

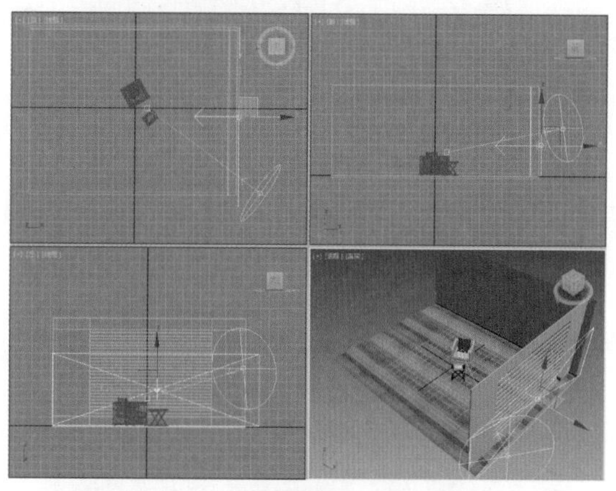

图8-98

图8-99

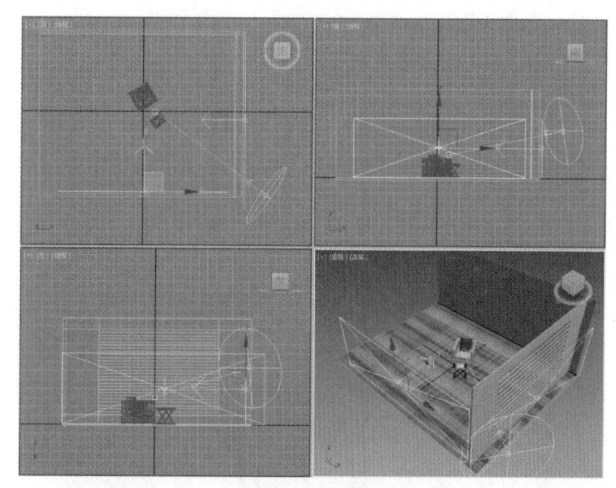

图8-100

（4）单击修改，设置【倍增】为 2、【颜色】为橙色、【1/2 长】为 3000mm、【1/2 宽】为 1000mm，勾选【不可见】，设置【细分】为 20，如图 8-101 所示。

（5）单击 （渲染产品）按钮进行渲染，如图 8-102 所示。

图8-101

图8-102

典型实例：太阳光

案例文件　案例文件 \Chapter 08\ 典型实例：太阳光 .max
视频教学　视频文件 \Chapter 08\ 典型实例：太阳光 .flv
技术掌握　掌握 VR- 太阳及 VR- 灯光的使用方法

太阳光是太阳正午产生的强烈刺激的光照，它照射到地面上会产生过度生硬的阴影。需要注意的是 VR- 太阳的位置，VR- 太阳与地面的水平夹角决定了太阳光照的时刻，夹角越小越接近于黄昏、夹角越接近 90° 越接近正午。最终的渲染效果，如图 8-103 所示。

图8-103

1. 建模思路

Part01　创建 VR- 太阳作为太阳光。

Part02　创建 VR- 灯光作为窗口处辅助光源。

2. 制作步骤

Part01　创建 VR- 太阳作为太阳光

（1）打开本书配套光盘中的【场景文件 /Chapter08/06.max】文件，如图 8-104 所示。

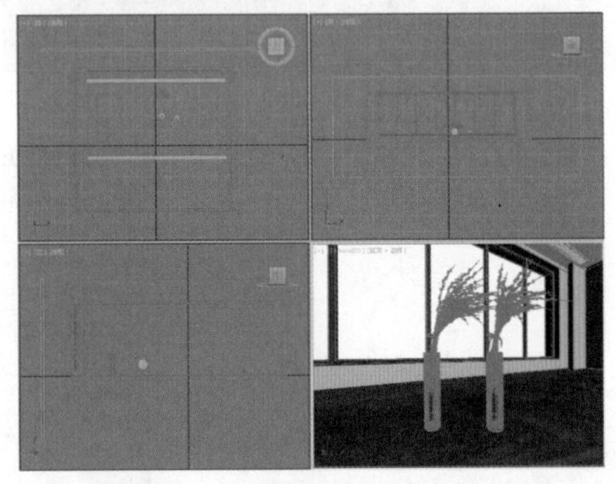

图8-104

（2）在创建面板中，执行 （创建）| （灯光）| VRay | VR-太阳 操作，如图 8-105 所示。

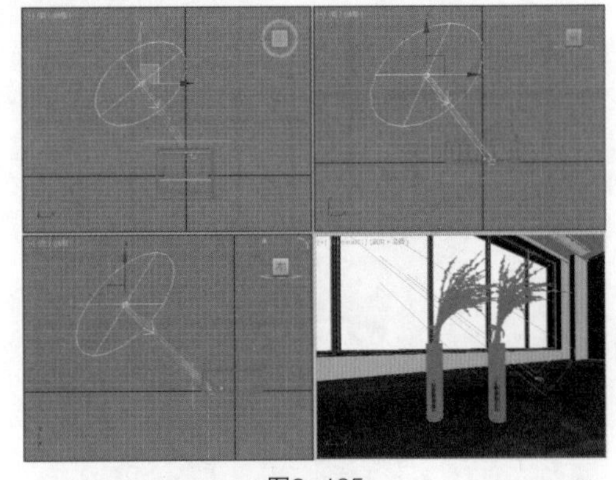

图8-105

（3）在弹出的窗口中选择【是】，如图 8-106 所示。

（4）设置【强度倍增】为 0.08、【大小倍增】为 10、【阴影细分】为 20，如图 8-107 所示。

（5）单击 （渲染产品）按钮进行渲染，如图 8-108 所示。

Part02　创建 VR- 灯光作为窗口处辅助光源

（1）在前视图中创建一盏 VR- 灯光，将其放置到窗户外面，照射方向为从外向内照射，如图 8-109 所示。

（2）单击修改，设置【倍增】为 4、【颜色】为浅蓝色、【1/2 长】为 4500mm、【1/2 宽】为 1400mm，勾选【不可见】，设置【细分】为 30，如图 8-110 所示。

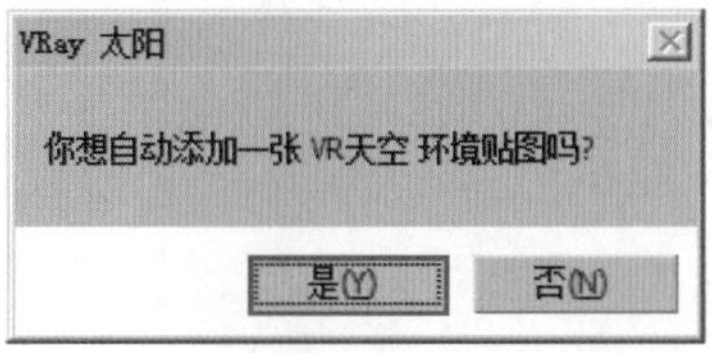

VRay 太阳

你想自动添加一张 VR天空 环境贴图吗?

是(Y) 否(N)

图8-106

图8-107

图8-108

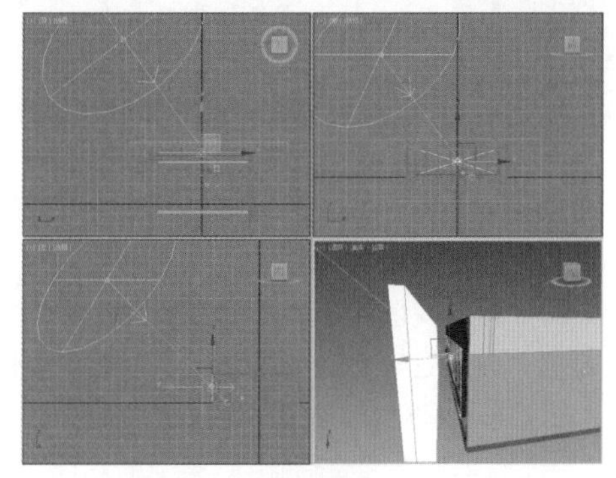

图8-109

图8-110

（3）单击 （渲染产品）按钮进行渲染，如图 8-111 所示。

图8-111

8.5.3 VRayIES

【VRayIES】是一个 V 型射线特定光源插件。它可用来加载 IES 灯光，能使现实世界的光分布得更加逼真。图 8-112 所示为其参数。

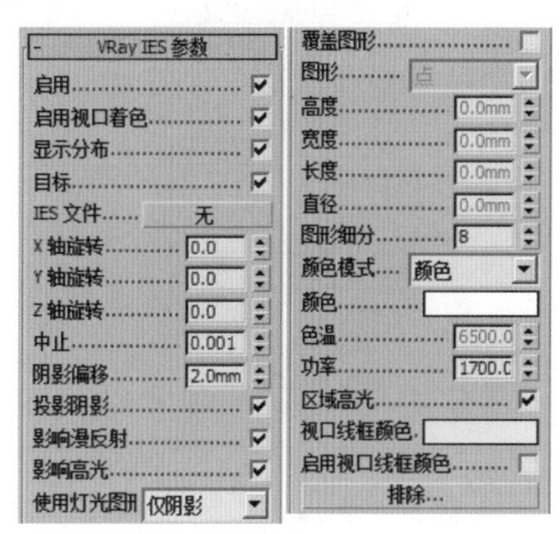

图8-112

- 启用：控制灯光是否开启。
- 启用视口着色：勾选该选项后，可以启用视口的着色功能。
- 显示分布：勾选该选项后，可以显示灯光的分布情况。
- 目标：该参数控制VRayIES灯光是否具有目标点。
- IES文件（按钮） 无 ：指定定义的光分布。
- X/Y/Z轴旋转：用来设置X/Y/Z三个轴向的旋转数值。
- 中止：这个参数指定了一个光的强度，低于该值将无法计算的门槛。
- 阴影偏移：该参数控制阴影偏离投射对象的距离。
- 投影阴影：该选项用于控制是否开启光投射阴影。关闭此选项禁用光线的阴影投射。
- 影响漫反射：该选项控制是否影响漫反射。
- 影响高光：该选项控制是否影响高光。
- 使用灯光图形：勾选此选项后，被IES光指定的光的形状在计算阴影时将被考虑。

- ❖ 图形细分：这个值控制VRay需要计算照明的样本数量。
- ❖ 颜色模式：该选项控制颜色模式，分为【颜色】和【温度】两种。
- ❖ 颜色：该选项控制光的颜色。
- ❖ 色温：当【颜色模式】设置为【温度】时，该参数决定了光的颜色温度（开尔文）。
- ❖ 功率：该选项控制灯光功率的强度。
- ❖ 区域高光：该参数默认为开启，但是当该选项关闭时，光将呈现出一个点光源在镜面反射的效果。
- ❖ 排除...：该选项可以将任意一个或多个物体进行排除处理，使其不受到灯光的照射影响。

8.5.4 VR环境灯光

【VR 环境灯光】与【标准灯光】下的【天光】类似，主要用来控制整体环境的效果。其参数面板，如图 8-113 所示。

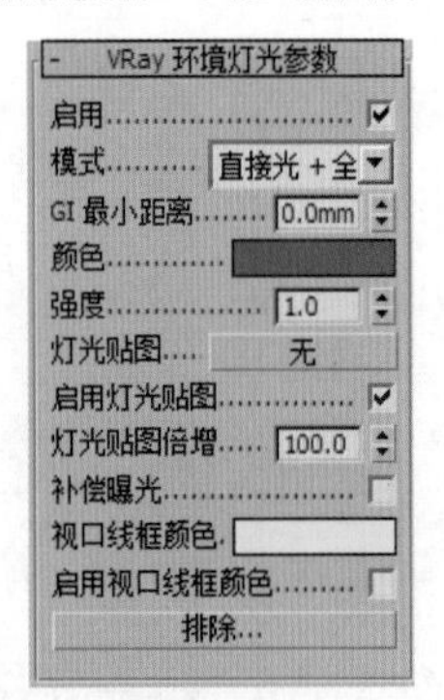

图8-113

- ❖ 启用：控制灯光是否开启。
- ❖ 模式：在该选项中可以控制选择的模式。
- ❖ GI最小距离：该选项用来控制GI的最小距离。
- ❖ 颜色：指定哪些射线是由VR环境灯光影响的。
- ❖ 强度：控制VR环境灯光的强度。
- ❖ 灯光贴图：指定VR环境灯光的贴图。
- ❖ 启用灯光贴图：该选项用来控制是否开启灯光贴图功能。
- ❖ 灯光贴图倍增：该数值控制灯光贴图倍增的强度。
- ❖ 补偿曝光：VR环境灯光和VR物理摄影机一起使用时，此选项生效。

8.5.5 独家秘笈——某种情况下，我该选择哪种灯光？有何依据？

学到这里，你是不是会使用很多灯光了呢？但是多个灯光搭配在一起怎么使用？怎么判断什么时候用什么灯光？是不是很容易困惑呢？

（1）灯光形状。首先要确定该位置的灯光形状。比如窗口位置的灯光，可以确定它的形状为长方形，那么自然会想到 VR- 灯光（平面），如图 8-114 所示。再比如灯罩内灯泡发出的灯光，可以确定它的形状类似球体，那么自然会想到 VR- 灯光（球体），如图 8-115 所示。

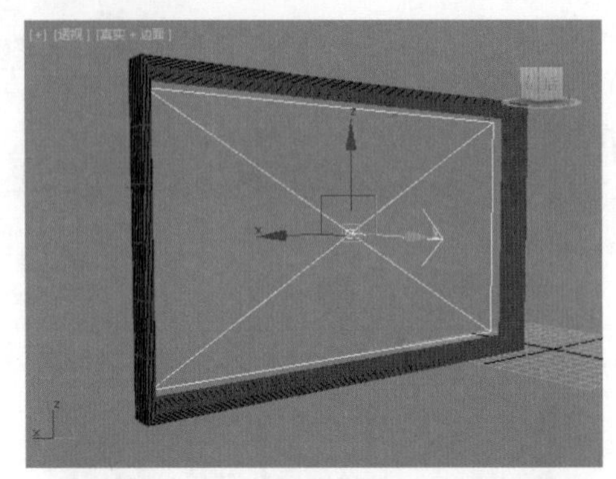

图8-114

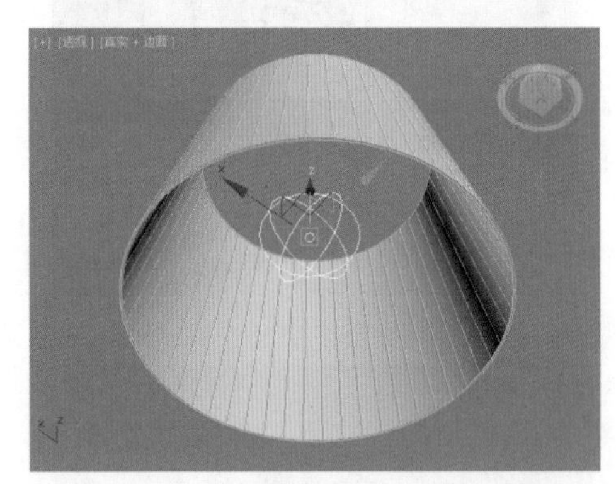

图8-115

（2）灯光发射效果。还可以通过灯光的发射效果来确定使用灯光的类型。比如根据灯罩内的灯光的特点，可以确定它是由一个点向外均匀发散的，那么首先想到可以是 VR- 灯光（球体）、泛光。而且这两种灯光确实也都可以模拟灯罩内灯光的效果，如图 8-116 所示。比如根据射灯的照射效果，可以确定它是由一个点沿一个方向照射的，它具有指向性、聚光效果，那么首先应想到目标聚光灯，如图 8-117 所示。

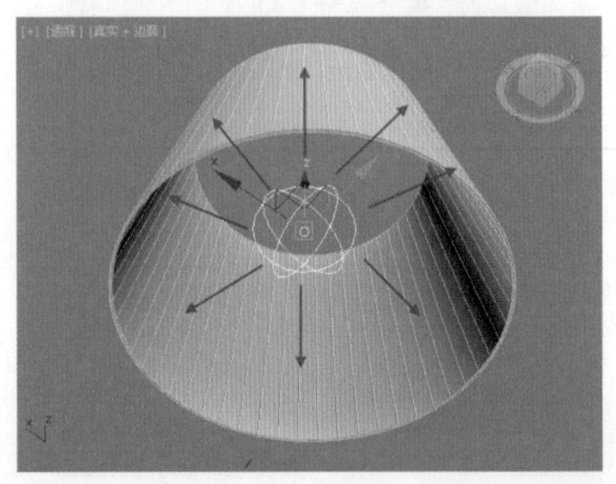

图8-116

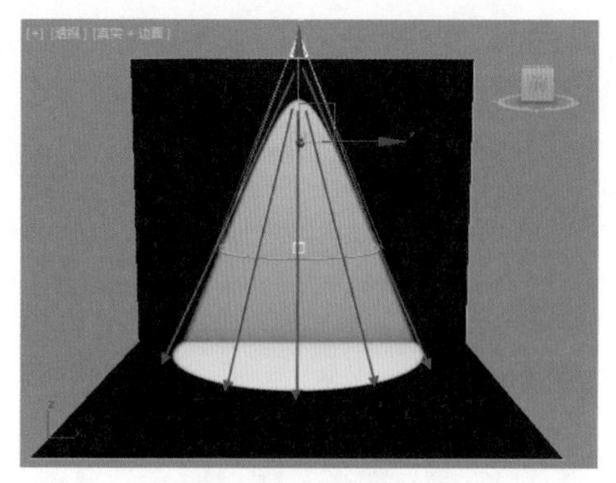

图8-117

（3）更高层次的学习是要充分考虑灯光的颜色、强度等因素，这会令画面的层次感更强。创建灯光要遵循从主到次，先创建主光源、再创建次光源的顺序，这样才不会混乱。充分考虑颜色的冷暖对比，画面层次感会更真实、舒服。

综合实例：夜晚

案例文件　案例文件 \Chapter 08\ 综合实例：夜晚 .max
视频教学　视频文件 \Chapter 08\ 综合实例：夜晚 .flv
技术掌握　掌握 VR－灯光、VR－灯光（球体）及目标灯光的综合应用

夜晚室内的灯光效果比较复杂，不仅有室内的灯光，而且还有室外夜晚自然的光线。把握每个灯光的颜色、强度，并且搭配在一起不混乱、层次分明就显得非常关键了。最终的渲染效果如图 8-118 所示。

图8-118

1. 建模思路

Part01　创建 VR- 灯光作为室外夜晚的光线。

Part02　创建目标灯光作为射灯。

Part03　创建 VR- 灯光（球体）作为地灯。

2. 制作步骤

Part01　创建 VR- 灯光作为室外夜晚的光线

（1）打开本书配套光盘中的【场景文件 /Chapter08/07.max】文件，如图 8-119 所示。

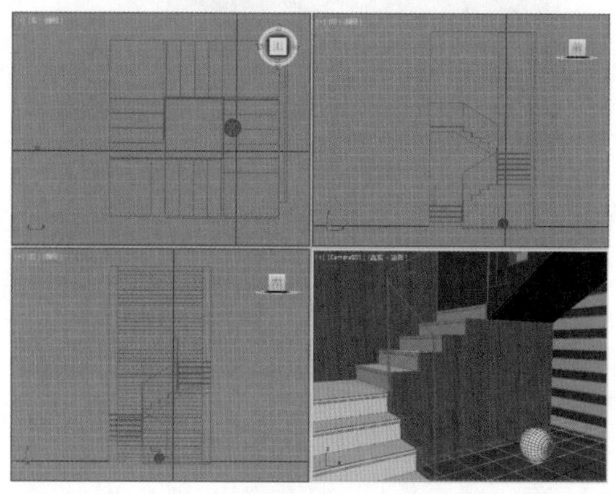

图8-119

（2）创建一盏 VR- 灯光，并将其放置到建筑物外面，从外向内进行照射，如图 8-120 所示。

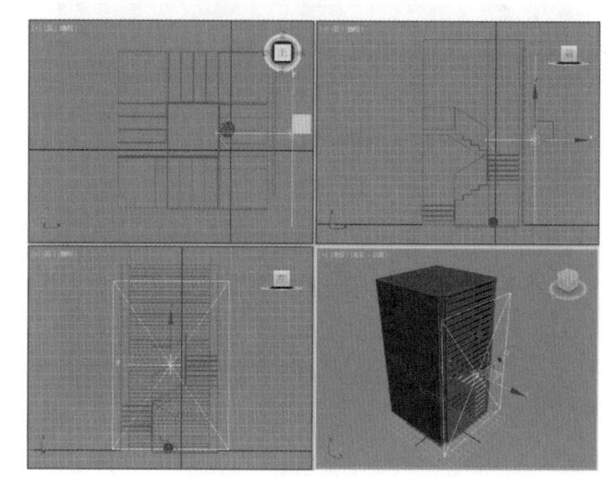

图8-120

（3）单击修改，设置【倍增】为 20、【颜色】为蓝色、【1/2 长】为 1800mm、【1/2 宽】为 2500mm，勾选【不可见】，设置【细分】为 20，如图 8-121 所示。

图8-121

（4）单击（渲染产品）按钮进行渲染，如图 8-122 所示。

图8-122

Part02　创建目标灯光作为射灯

（1）在创建面板中，执行 （创建）| （灯光）| 光度学 | 目标灯光，在前视图中创建 3 盏目标灯光，并将其放置到墙体附近，如图 8-123 所示。

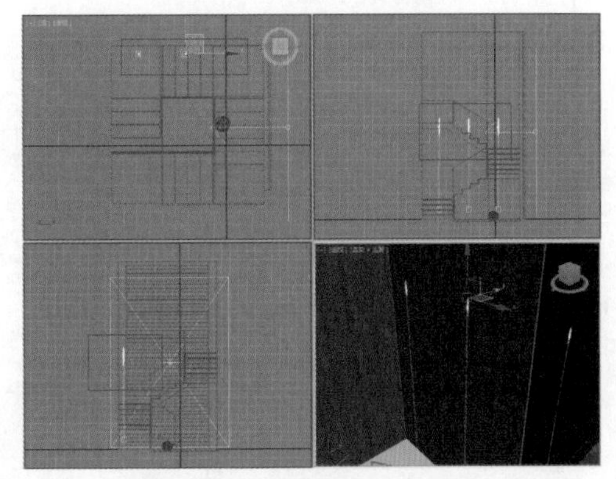

图8-123

（2）单击修改，勾选【启用】，设置方式为【VR- 阴影】，设置【灯光分布（类型）】为【光度学 Web】，添加【中间亮 .ies】文件，接着设置【过滤颜色】为浅黄色、【强度】为 340000，设置【U/V/W 大小】均为 254mm，如图 8-124 所示。

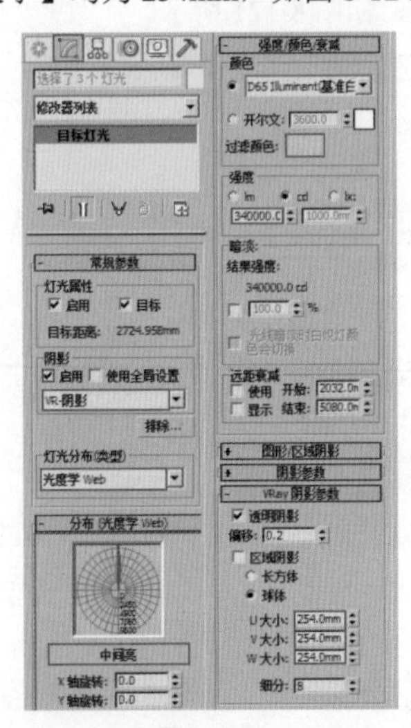

图8-124

（3）单击 （渲染产品）按钮进行渲染，如图 8-125 所示。

图8-125

Part03　创建 VR- 灯光（球体）作为地灯

（1）创建一盏 VR- 灯光（球体），并放置到地灯的灯罩内部，如图 8-126 所示。

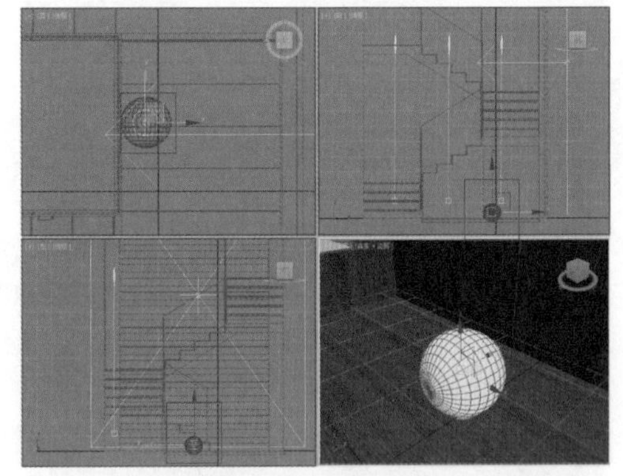

图8-126

（2）选择该灯光，单击修改，设置【类型】为【球体】、【倍增】为 60、【颜色】为橙色、【半径】为 75mm，勾选【不可见】，设置【细分】为 20，如图 8-127 所示。

图8-127

（3）单击 （渲染产品）按钮进行渲染，如图 8-128 所示。

图8-128

8.6 Design教授研究所——灯光常见的几个问题

在 Design 教授研究所，新的研究又出炉啦！在学会了一系列灯光的制作技巧后，我们是不是可以制作出自己想要的灯光效果了呢？其实灯光需要反复的练习、理解，再练习、再理解，这样才能制作出更逼真的灯光效果。

8.6.1 为什么灯光的阴影感觉不太对?

有时候灯光创建完成以后，该灯光根本就没有阴影效果，这是为什么呢？

（1）有些灯光在创建完成后，不会自动开启阴影，需要手动开启，比如【目标聚光灯】默认是取消阴影的，如图 8-129 所示。

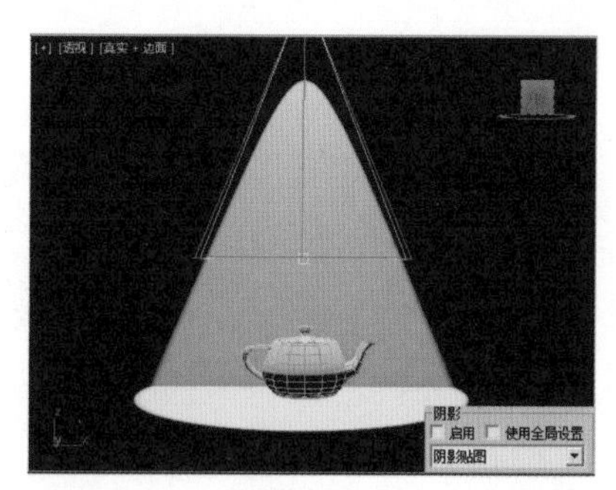

图8-129

（2）那么在渲染时，该灯光就不会产生阴影，如图 8-130 所示。

（3）只需要勾选【阴影】选项，即可产生阴影效果，如图 8-131 所示。

有时候灯光产生的阴影太柔和或太尖锐，怎么调整呢？

（1）默认的阴影类型为【阴影贴图】，它产生的阴影效果不是太好，如图 8-132 所示，参数如图 8-133 所示。

图8-130

图8-131

图8-132

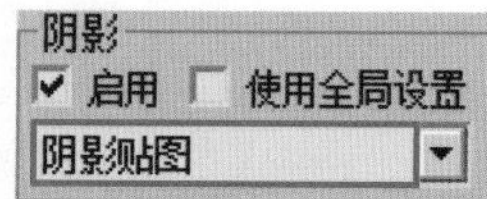

图8-133

（2）建议使用【VR-阴影】类型。效果如图 8-134 所示，参数如图 8-135 所示。

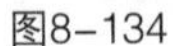

图8-134

图8-135

（3）为了让阴影更柔和，可以勾选【区域阴影】参数。效果如图 8-136 所示，参数如图 8-137 所示。

图8-136

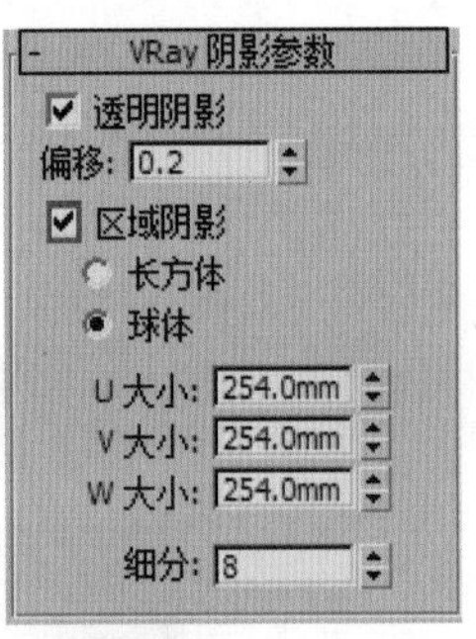

图8-137

（4）可以通过增大【U/V/W 大小】控制阴影的柔和程度，数值越大越柔和。效果如图 8-138 所示，参数如图 8-139 所示。

图8-138

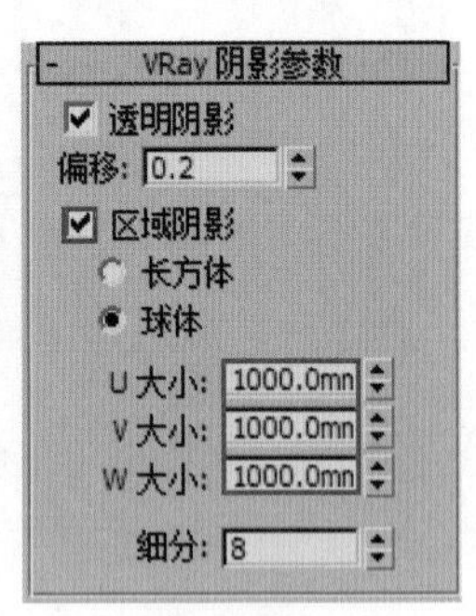

图8-139

8.6.2 为什么我的灯光没有层次呢？

灯光没有层次主要有 3 个原因。

1. 黑、白、灰层次太弱

作品中的黑、白、灰三个层次太过于接近，没有形成鲜明的对比，画面显得过于“灰”了，从而缺乏层次。这主要是由于灯光的强度造成的，改变各个灯光的强度，可以解决此问题。

2. 色彩层次不明显

色彩太过于雷同。比如制作夜晚的效果，一味地使用蓝色，将会导致画面笼罩在蓝色氛围中，缺乏层次感。这时室外灯光应该设置为蓝色，室内为黄色，冷暖产生对比，画面更真实、效果更明显。

3. 阴影过于柔和

阴影过于柔和将会导致物体仿佛“轻飘飘的”在地面上，因而从视觉上感觉没有层次感。

本章小结

通过对本章的学习，我们已经掌握了灯光的知识。大家不妨动手试一下，模拟一下自己房间中灯光的效果，清晨、正午、黄昏、夜晚四种效果分别试一试吧，完成后你一定会对灯光有了更深的理解。

第 9 章　摄影机技术

本章内容

摄影机的概念
5 种摄影机类型的参数详解
摄影机的应用方法

本章人物

Design 教授——擅长 3ds Max 技术和理论
三弟——酷爱 3ds Max 软件，新手
麦克斯——三弟的同班同学，好友

我们将在这一章中讲解摄影机知识。摄影机是 3ds Max 中相对简单的功能，工具比较少、操作方式简单易学，但是其功能是不容忽视的。摄影机最基本的功能就是固定画面视角，还可以控制作品的最终渲染效果，比如产生更亮、更暗等效果。还可以通过摄影机制作出透视感更强、更宏伟的建筑，更炫酷、更好玩的运动模糊效果等。

9.1 3ds Max摄影机和现实摄影机有何相似点？

3ds Max 中的摄影机工具是基于现实的摄影机而设置的。它模拟了摄影机的很多强大的功能，尤其是后面会讲解到的【VR- 物理摄影机】，它与现实摄影机非常相似。

图 9-1 所示为单反相机，图 9-2 所示为单反成像原理。

图9–1

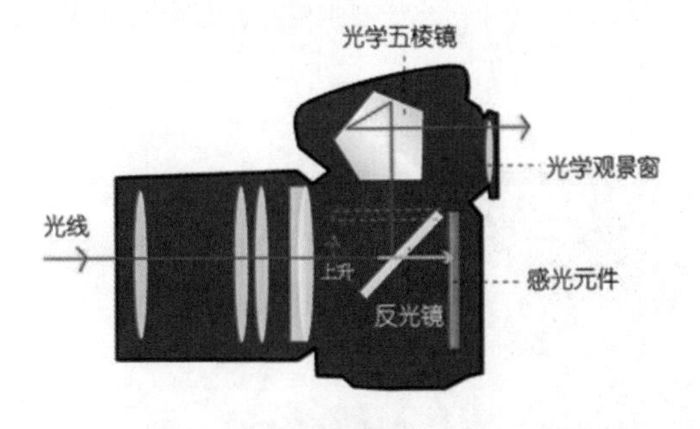

图9–2

单反相机包括很多行业术语，这在 3ds Max 的摄影机工具中同样适用，具体参数解释如下。

- 焦距：指平行光入射时从透镜光心到光聚集的焦点之间的距离。
- 光圈：控制镜头通光量大小的装置。光圈大小用f值来表示，序列如下：f/1, f/2, f/64 （f 值越小，光圈越大）。
- 快门：控制曝光时间长短的装置。一般可分为镜间快门和点焦平面快门。
- 快门速度：控制快门开启的时间。
- 景深：影像相对清晰的范围。
- 感光度（ISO）：表示感光材料感光快慢的程度。
- 色温：各种不同的光含有不同的色素称为色温。
- 白平衡：由于不同的光照条件下光谱特性的不同，所以拍出的照片常常会偏色。
- 曝光：光到达胶片表面使胶片感光的过程。
- 曝光补偿：补充曝光使照片更明亮或者更昏暗的一种拍摄手法。

9.2 标准摄影机

【标准摄影机】是 3ds Max 中默认的摄影机类型。【标准摄影机】包括 3 种类型，分别是【物理摄影机】、【目标摄影机】和【自由摄影机】，如图 9-3 所示。【物理摄影机】不仅可以手动创建，而且还可以通过快捷键进行创建。

图9–3

9.2.1 物理摄影机

【物理摄影机】是 3ds Max 2016 新增的一项功能，【物理摄影机】是 Autodesk 与 VRay 制造商 Chaos Group 共同开发的，它为美工人员提供了一些新的选择，可以模拟用户更为熟悉的真实摄影机的参数设置，例如快门速度、光圈、景深和曝光等。借助于增强的控件和额外的视口内反馈新的物理摄影机让创建逼真的图像和动画变得更加容易，如图 9-4 所示。

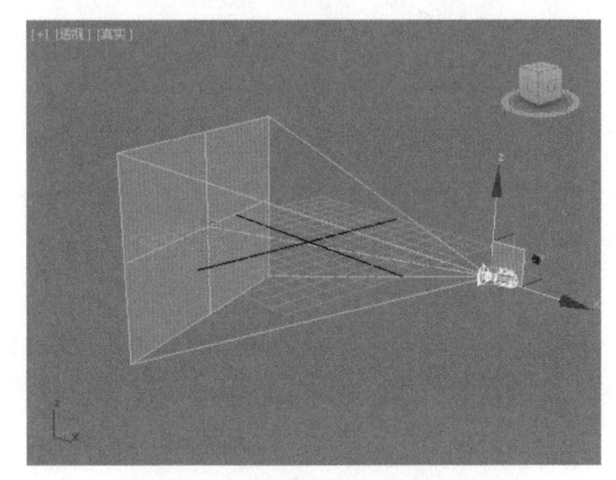

图9-4

图 9-5 所示为【物理摄影机】的参数面板。

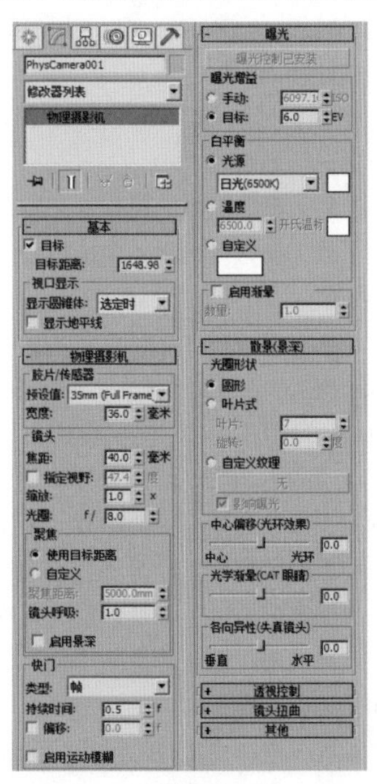

图9-5

1. 快捷键创建摄影机

（1）在透视图中确定一个适合的角度，如图 9-6 所示。

（2）然后按快捷键【Ctrl+C】，可以创建一台摄影机，如图 9-7 所示。

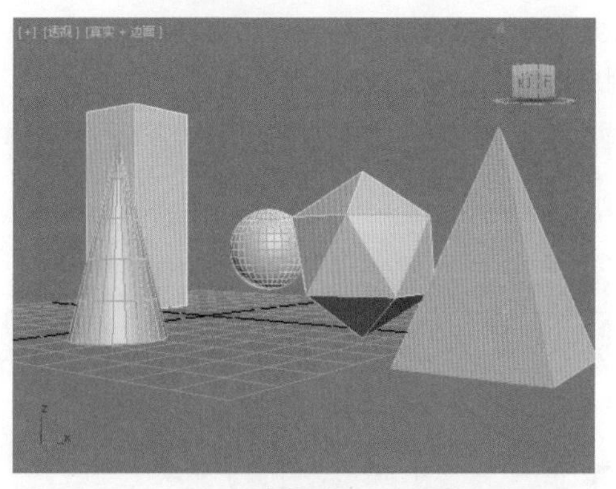

图9-6

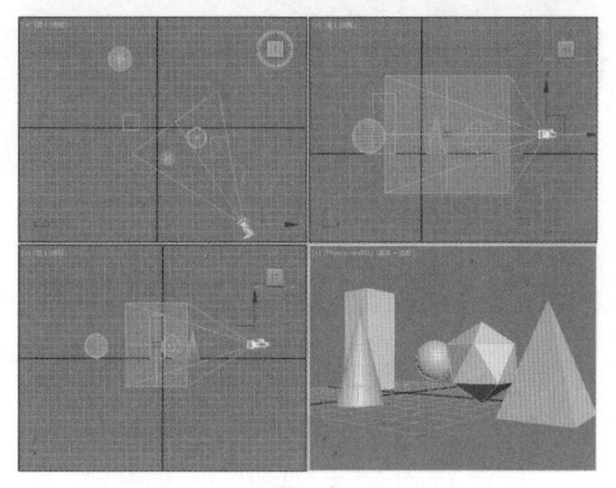

图9-7

2. 手动创建摄影机

（1）执行（创建）/（摄影机）/标准/物理，如图9-8所示。

图9-8

（2）可以在视图中拖动鼠标即可创建目标摄影机，如图9-9所示。

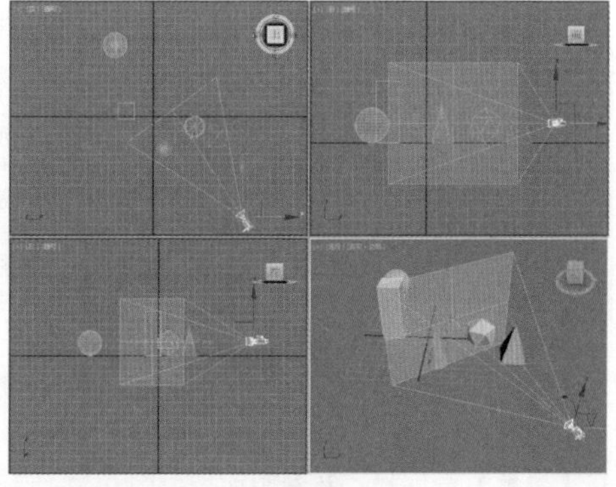

图9-9

（3）此时摄影机就创建完成了，最后按快捷键【C】可以切换到摄影机的角度，如图 9-10 所示。

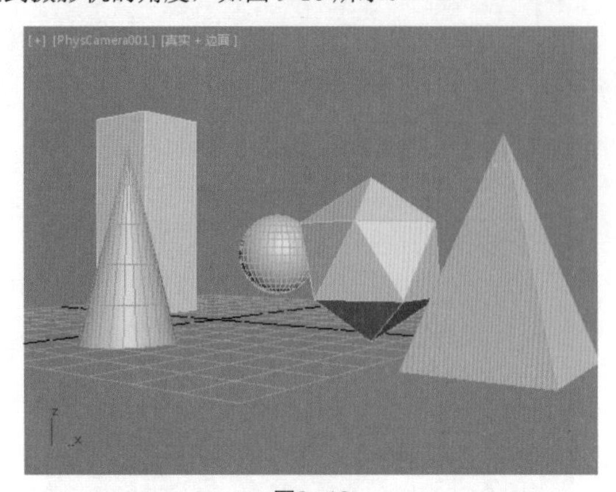

图9–10

9.2.2 目标摄影机

执行 （创建）/ （摄影机）/ 标准 / 目标操作，如图 9-11 所示。在视图中拖动鼠标即可创建一台摄影机，它包含了摄影机和目标点，如图 9-12 所示。

图9–11

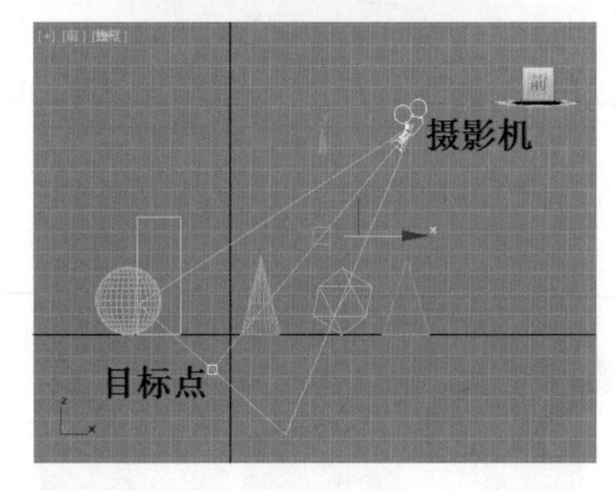

图9–12

1. 参数

展开【参数】卷展栏，其参数面板如图 9-13 所示。

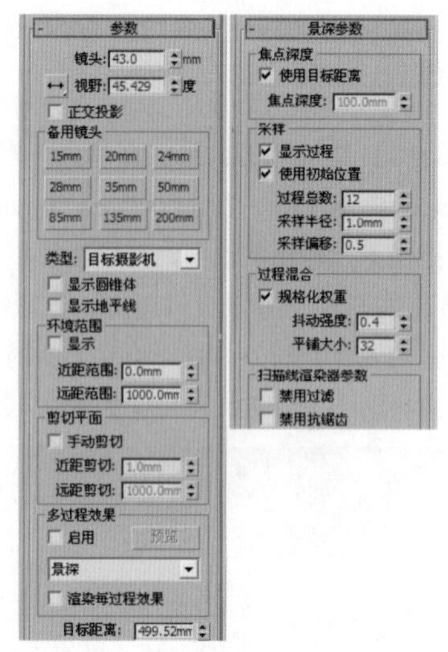

图9–13

- 镜头：以mm为单位来设置摄影机的焦距。
- 视野：设置摄影机可查看区域的宽度范围，包括 、垂直 和对角线 。
- 正交投影：启用该选项后，摄影机视图为用户视图；关闭该选项后，摄影机视图为透视图。
- 备用镜头：系统预置的摄影机镜头包括15mm、20mm、24mm、28mm、35mm、50mm、85mm、135mm和200mm9种。
- 类型：切换摄影机的类型，包括【目标摄影机】和【自由摄影机】两种。
- 显示圆锥体：显示摄影机视野定义的锥形光线。
- 显示地平线：在摄影机视图中的地平线上显示一条深灰色的线条。
- 显示：显示出在摄影机锥形光线内的矩形。
- 近距/远距范围：设置大气效果的近距范围和远距范围。
- 手动剪切：启用该选项可定义剪切的平面。
- 近距/远距剪切：设置近距和远距平面。
- 多过程效果：该选项组中的参数主要用来设置摄影机的景深和运动模糊效果。
- 启用：启用该选项后，可以预览渲染效果。
- 多过程效果类型：包括【景深（mental ray）】、【景深】和【运动模糊】。
- 渲染每过程效果：启用该选项后，会将渲染效果应用于多重过滤效果的每个过程中。
- 目标距离：当使用【目标摄影机】时，设置摄影机与其目标之间的距离。

2. 景深参数

在【景深参数】卷展栏中可以设置景深的相关参数。其参数面板如图 9-14 所示。

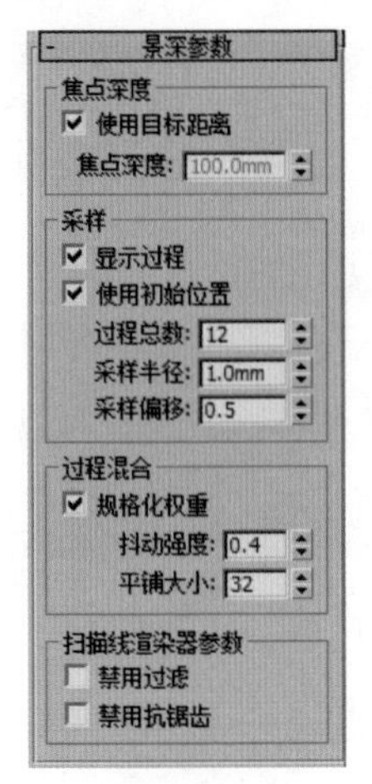

图9–14

- 使用目标距离：启用该选项后，3ds Max在景深效果时会应用目标的距离。
- 焦点深度：当关闭【使用目标距离】选项后，该选项可以用来设置摄影机的偏移深度。
- 显示过程：启用该选项后，【渲染帧窗口】对话框中将显示多个渲染通道。
- 使用初始位置：启用该选项后，第一个渲染过程将位于摄影机的初始位置。
- 过程总数：设置生成景深效果的过程数。
- 采样半径：设置生成的模糊半径。数值越大，模糊越明显。
- 采样偏移：设置偏移采样的模糊效果。
- 规格化权重：启用该选项后可以获得平滑的效果。
- 抖动强度：设置渲染通道的抖动程度。
- 平铺大小：设置图案的大小。
- 禁用过滤：启用该选项后，系统将禁用过滤的整个过程。
- 禁用抗锯齿：启用该选项后，系统将禁用抗锯齿功能。

3. 运动模糊参数

在【运动模糊参数】卷展栏中可以控制运动模糊的程度和效果，如图 9-15 所示。

- 显示过程：启用该选项后，【渲染帧窗口】对话框中将显示多个渲染通道。
- 过程总数：设置生成效果的过程数。增大该值可以提高效果，但这会增加渲染时间。
- 持续时间（帧）：在制作动画时，该选项用来设置应用运动模糊的帧数。
- 偏移：设置模糊的偏移距离。

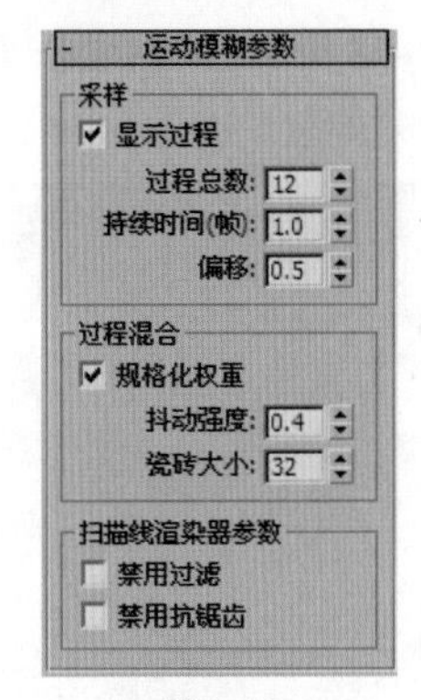

图9–15

- 规格化权重：启用该选项后，可以获得平滑的结果。
- 抖动强度：设置渲染通道的抖动程度。
- 瓷砖大小：设置图案的大小。
- 禁用过滤：启用该选项后，系统将禁用过滤的整个过程。

4. 剪切平面参数

【剪切平面】通常用来控制摄影机的可见范围。假如场景空间太小或摄影机的位置太靠后，从而造成摄影机的视图显示效果不合适，那么就可以使用该功能了。图 9-16 所示为创建的摄影机。按【C】键切换为摄影机视图，效果如图 9-17 所示。

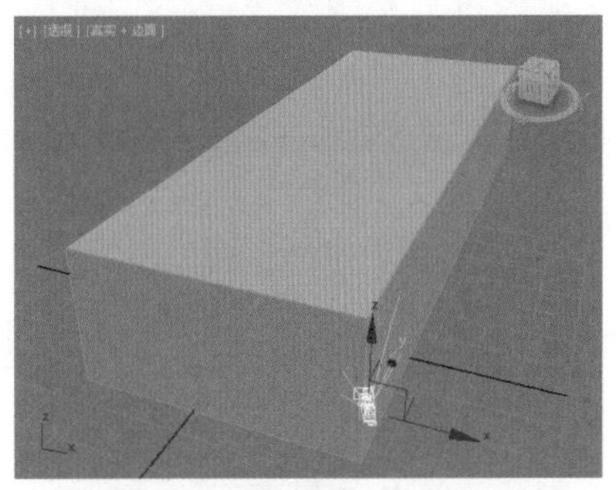

图9–16

图9–17

很明显摄影机视图的显示效果不合适，那么单击修改，勾选【手动剪切】，设置【近距剪切】为 300mm、【远距剪切】

为 10000mm，如图 9-18 所示。此时再按【C】键可以看到摄影机视图显示正确啦！如图 9-19 所示。

图9-18

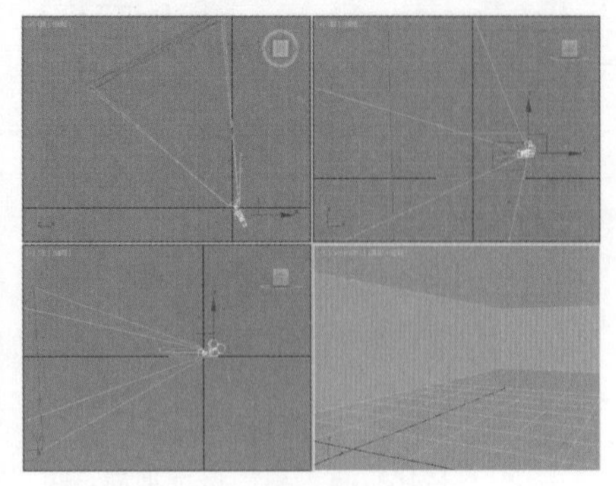

图9-19

5. 摄影机校正

摄影机在创建之后，可能会出现摄影机视图的轻微变形，如图 9-20 所示。此时就需要选择摄影机，并单击右键执行【应用摄影机校正修改器】命令，如图 9-21 所示。

图9-20

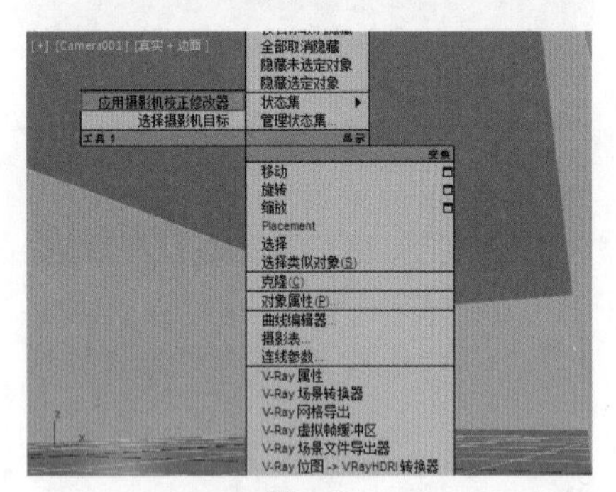

图9-21

此时摄影机的视图效果已经被矫正成功了，如图 9-22 所示。可以看到摄影机被添加了【摄影机校正】修改器，如图 9-23 所示。

- 数量：设置两点透视的校正数量。
- 方向：偏移方向。
- 推测：单击使【摄影机校正】修改器设置第一次推测的数量值。

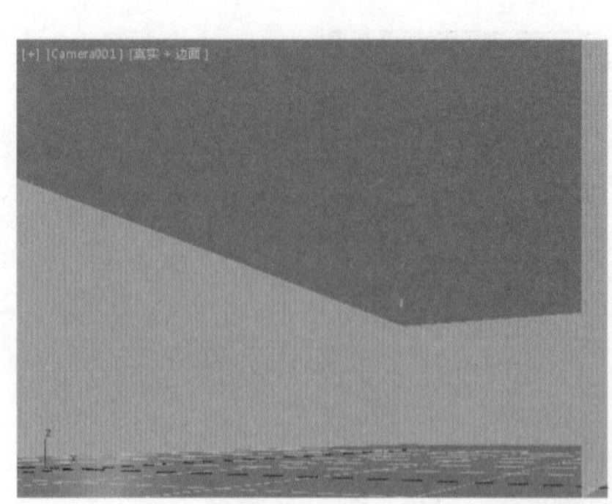

图9-22

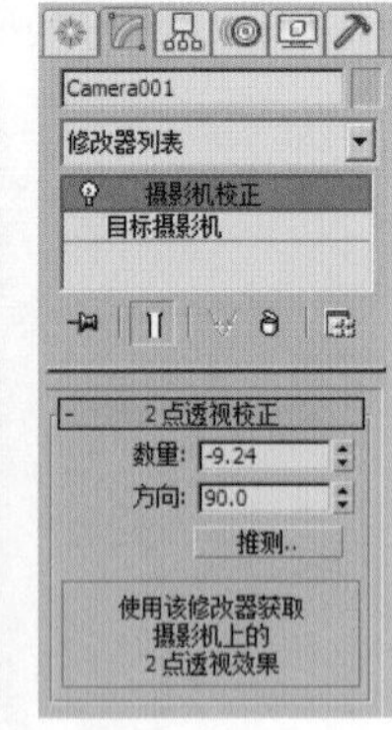

图9-23

9.2.3 独家秘笈——让空间看起来更大

当我们站在一个 5m^2 的房间里进行体验时，每个人对房间的感受基本是一致的，太过拥挤。但是你想过没有，能不能在不改变面积的前提下，“增大”房间的视觉感受面积。

（1）在 3ds Max 中可以轻松解决这一问题。比如创建这样一个小房间，如图 9-24 所示。

（2）单击 3ds Max 界面右下方的 （视野）按钮，向后拖动，如图 9-25 所示。

图9-24

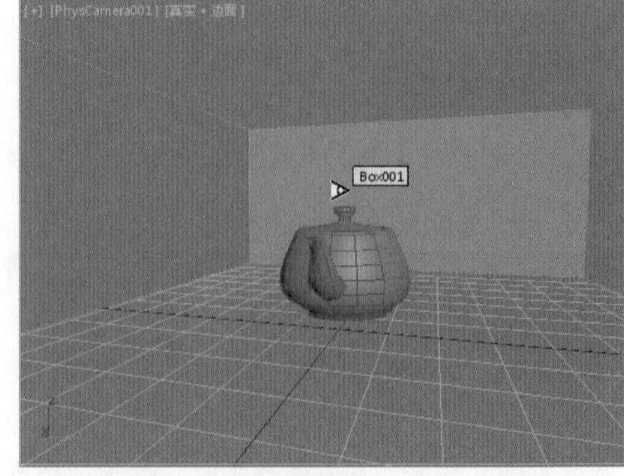

图9-25

（3）然后单击 （推拉摄影机）按钮并向前拖动，如图 9-26 所示。

（4）继续单击▷（视野）按钮并向后拖动，如图 9-27 所示。

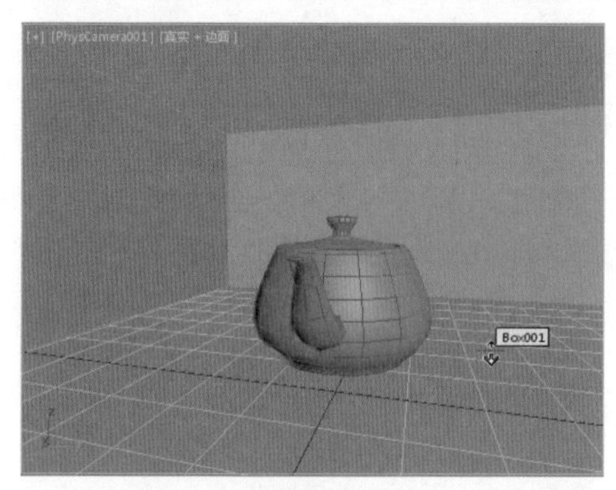

图9-26

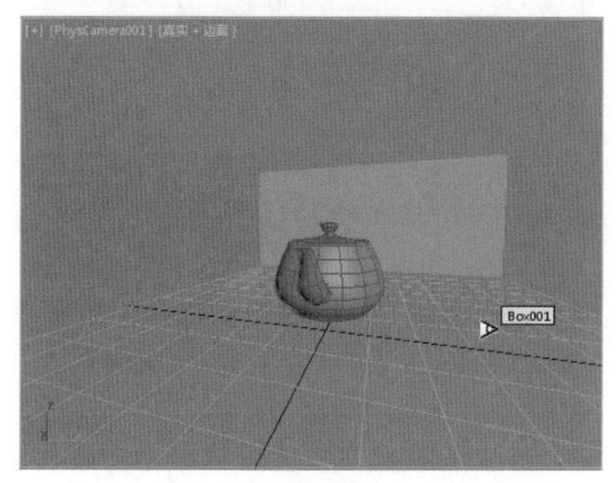

图9-27

整个空间看起来是不是更大了呢？这是室内设计中让空间“变大”的最常用的手法。

9.2.4 自由摄影机

【自由摄影机】与【目标摄影机】是非常相似的，但是【自由摄影机】没有目标点，如图 9-28 和图 9-29 所示。

【自由摄影机】的参数，如图 9-30 所示。

图9-28

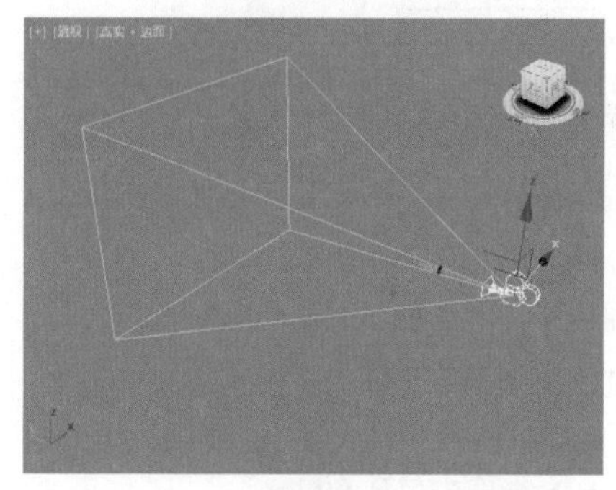

图9-29

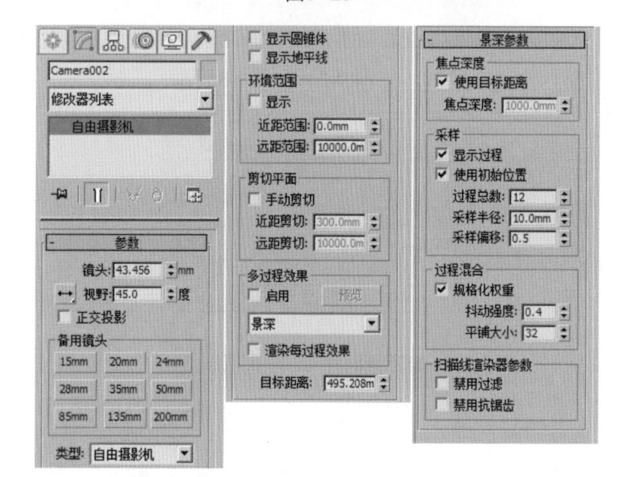

图9-30

9.3 VRay摄影机

【VRay 摄影机】包括两种类型，分别是【VR- 穹顶摄影机】和【VR- 物理摄影机】，如图 9-31 所示。VRay 摄影机比标准摄影机更加智能和强大。

图9-31

9.3.1 VR-穹顶摄影机

【VR-穹顶摄影机】常用于渲染半球的圆顶效果，其参数面板如图9-32所示。VR-穹顶摄影机的参数面板，如图9-33所示。

图9-32

图9-33

- 翻转X：让渲染的图像在X轴上反转。
- 翻转Y：让渲染的图像在Y轴上反转。
- fov：设置视角的大小。

9.3.2 VR-物理摄影机

【VR-物理摄影机】与单反相机的功能类似，其参数包括白平衡、快门速度等，如图9-34和图9-35所示。

图9-34

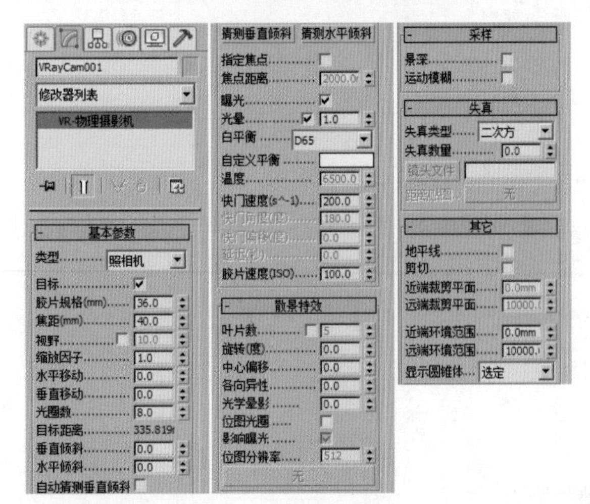

图9-35

1. 基本参数

- 类型：【VR-物理摄影机】内置了以下3种类型的摄影机。
- 照相机：用来模拟一台常规快门的静态画面的照相机。
- 摄影机（电影）：用来模拟一台圆形快门的电影摄影机。
- 摄像机（DV）：用来模拟带CCD矩阵的快门摄像机。
- 目标：当勾选该选项后，摄影机的目标点将放在焦平面上；关闭该选项后，可以通过【目标距离】选项来控制摄影机到目标点的距离。
- 胶片规格（mm）：控制摄影机所看到的景色范围。数值越大，看到的景色越多。
- 焦距（mm）：控制摄影机的焦长。
- 缩放因子：控制摄影机视图的缩放。该值越大，摄影机视图拉得越近。
- 光圈数：设置摄影机光圈的大小，主要用来控制最终渲染的亮度。数值越小，渲染越亮。
- 目标距离：摄影机到目标点的距离，默认情况下是关闭的。当关闭摄影机的【目标】选项后，可以用【目标距离】来控制摄影机到目标点的距离。
- 垂直移动：控制摄影机在垂直方向上的变形，主要用于纠正三点透视到两点透视。
- 指定焦点：开启这个选项后，可以手动控制焦点。
- 焦点距离：控制焦距的大小。
- 曝光：当勾选这个选项后，【VR-物理摄影机】中的【光圈】、【快门速度】和【胶片感光度】设置才会起作用。
- 光晕：模拟真实摄影机里的渐晕效果，勾选【光晕】可以模拟图像四周黑色渐晕的效果。
- 白平衡：和真实摄影机的功能一样，控制图像的色偏。
- 快门速度（s^-1）：控制光的进光时间，该值越小，进光时间越长，图像就越亮；该值越大，进光时间就越短。
- 快门角度（度）：当摄影机选择【摄影机（电影）】类型的时候，该选项才被激活，其作用和上面【快门速度】的作用一样，主要用来控制图像的亮暗。
- 快门偏移（度）：当摄影机选择【摄影机（电影）】类型的时候，该选项才被激活，主要用来控制快门角度的偏移。
- 延迟（秒）：当摄影机选择【摄像机（DV）】类型的时候，该选项才被激活，作用和上面【快门速度】的作用一样，主要用来控制图像的亮暗，该值越大，表示光越充足，图像也就越亮。
- 胶片速度（ISO）：控制图像的亮暗，该值越大，表示ISO的感光系数越强，图像也就越亮。

2. 散景特效

【散景特效】常用于产生夜晚。由于画面背景是灯光，所以会产生一个个彩色的光斑点效果，并且伴随一定的模糊效果。

- 叶片数：控制散景产生的小圆圈的边数，默认值为5，这表示散景的小圆圈为正五边形。
- 旋转（度）：散景小圆圈的旋转角度。
- 中心偏移：散景偏移源物体的距离。
- 各向异性：控制散景的各向异性，数值越大，散景的小圆圈拉得越长，即变成椭圆。

3. 采样

- 景深：控制是否产生景深。如果想要得到景深，就需要开启该选项。
- 运动模糊：控制是否产生动态模糊效果。

典型实例：景深模糊效果

案例文件　案例文件 \Chapter 09\ 典型实例：景深模糊效果 .max
视频教学　视频文件 \Chapter 09\ 典型实例：景深模糊效果 .flv
技术掌握　掌握景深的应用

本案例应用目标摄影机的固定镜头，并通过设置渲染器的参数调整景深的模糊效果。最终的渲染效果如图 9-36 所示。

图9-36

制作步骤

（1）打开本书配套光盘中的【场景文件 /Chapter 09/01.max】文件，如图 9-37 所示。

（2）渲染此时的效果，如图 9-38 所示。

（3）创建一台目标摄影机，位置如图 9-39 所示（注意离目标点越近越清晰，越远则越模糊）。

（4）进入【渲染设置】面板，单击【V-Ray】选项卡，展开【摄影机】卷展栏，勾选【景深】并勾选【从摄影机获得焦点距离】，设置【光圈】为 100mm，如图 9-40 所示。

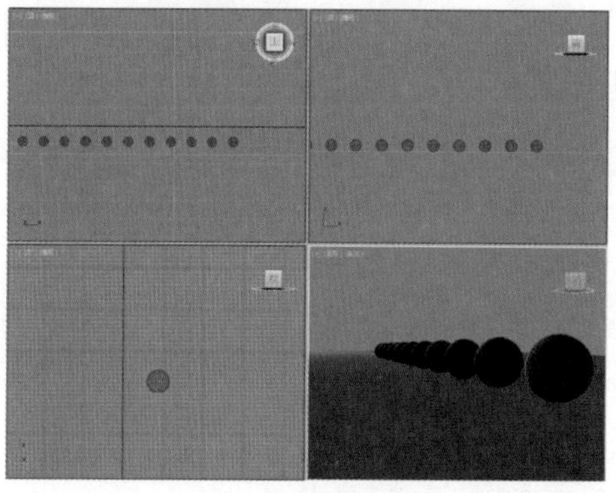

图9-37

图9-38

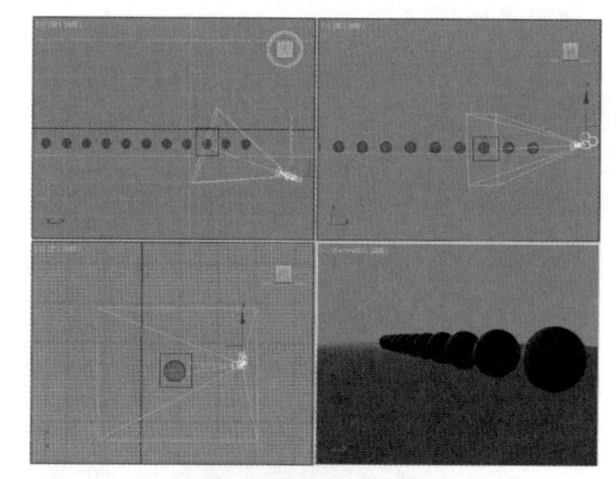

图9-39

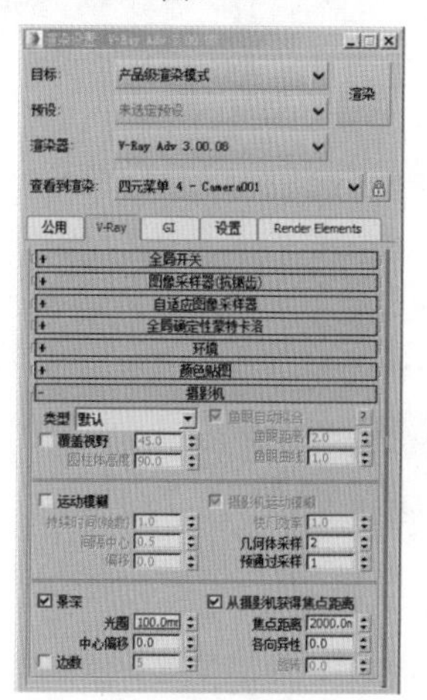

图9-40

（5）渲染此时的效果，可以看到出现了景深模糊的效果，如图 9-41 所示。

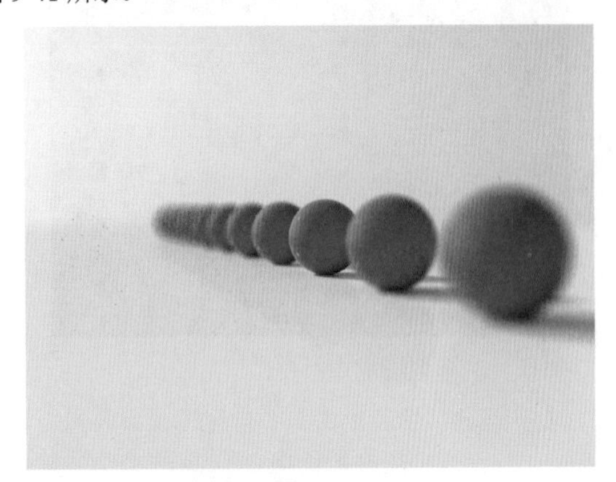

图9-41

典型实例：运动模糊

案例文件　案例文件 \Chapter 09\ 典型实例：运动模糊 .max
视频教学　视频文件 \Chapter 09\ 典型实例：运动模糊 .flv
技术掌握　掌握运动模糊的应用

本案例需要为汽车制作动画并创建摄影机，最后通过设置 VRay 渲染器的参数产生运动模糊的效果。最终的渲染效果如图 9-42 和图 9-43 所示。

图9-42

图9-43

制作步骤

（1）打开本书配套光盘中的【场景文件 /Chapter 09/02.max】文件，如图 9-44 所示。

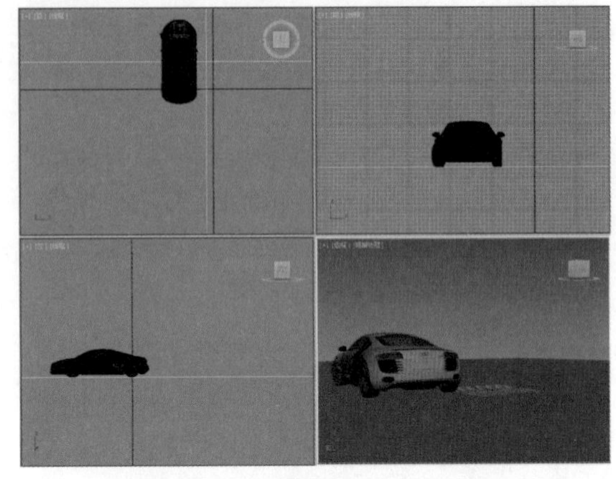

图9-44

（2）在场景中我们事先制作了一个汽车位移动画，如图 9-45 和图 9-46 所示。

图9-45

图9-46

（3）创建一台目标摄影机，位置如图 9-47 所示。单击修改，设置【镜头】为 43.456mm、【视野】为 45°，如图 9-48 所示。

（4）进入【渲染设置】面板，单击【V-Ray】选项卡，展开【摄影机】卷展栏，勾选【运动模糊】和【摄影机运动模糊】，设置【持续时间（帧数）】为 2，如图 9-49 所示。

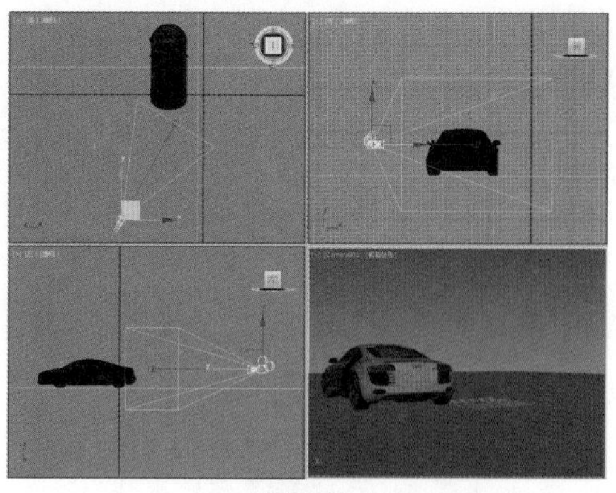

图9-47

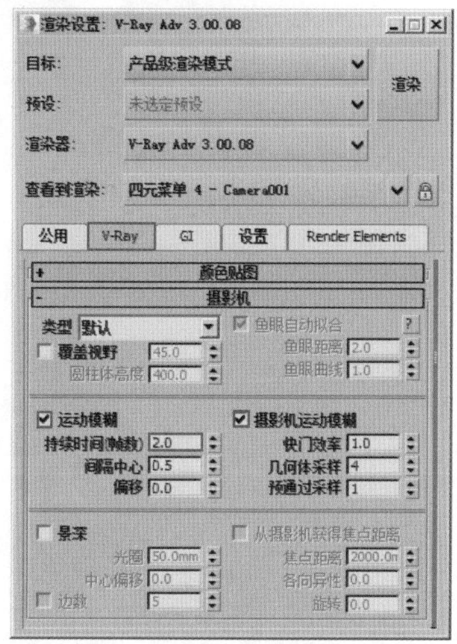

图9-48　　图9-49

（5）拖动时间线，在第零帧和第十帧处进行渲染，这时可以看到出现了汽车运动模糊的效果，如图 9-50 和图 9-51 所示。

图9-50

典型实例：景深模糊制作花朵景深

案例文件　案例文件 \Chapter 09\ 典型实例：景深模糊制作花朵景深 .max

视频教学　视频文件 \Chapter 09\ 典型实例：景深模糊制作花朵景深 .flv

技术掌握　掌握景深的应用

图9-51

本案例通过对摄影机目标点位置的调整，设置出景深的效果。最终的渲染效果如图 9-52 所示。

图9-52

制作步骤

（1）打开本书配套光盘中的【场景文件 /Chapter 09/03.max】文件，如图 9-53 所示。

图9-53

（2）渲染此时的效果，如图 9-54 所示。

（3）创建一台目标摄影机，位置如图 9-55 所示（注意离目标点越近越清晰，越远则越模糊）。

（4）单击修改，设置【镜头】为 43.456mm、【视野】为

45°，如图 9-56 所示。

图9–54

图9–55

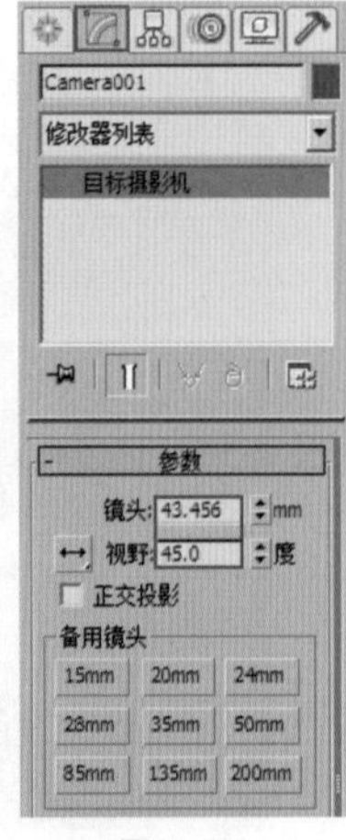

图9–56

（5）进入【渲染设置】面板，点击【V-Ray】选项卡，展开【摄影机】卷展栏，勾选【景深】和【从摄影机获得焦点距离】，设置【光圈】为 6mm，如图 9-57 所示。

（6）渲染此时的效果，可以看到出现了景深模糊的效果，如图 9-58 所示。

图9–57

图9–58

9.4 Design教授研究所——摄影机常见的几个问题

在 Design 教授研究所，新的研究又出炉啦！摄影机是 3ds Max 中非常简单的部分，但是有一些小问题可能还是会困扰你哦！

9.4.1 为什么我的摄影机视图被墙遮挡了？

由于房间中的空间很小，所以在创建摄影机时我们可以把摄影机的位置向后调整，这样会显得房间更大些，但是摄影机逐渐靠后甚至都在墙外面了，怎么办呢？

（1）图 9-59 所示为目标摄影机的位置。

（2）按快捷键【C】，切换至摄影机视图，很明显在摄影机视图中由于目标摄影机在墙外面，所以只能看到墙面了，如图 9-60 所示。

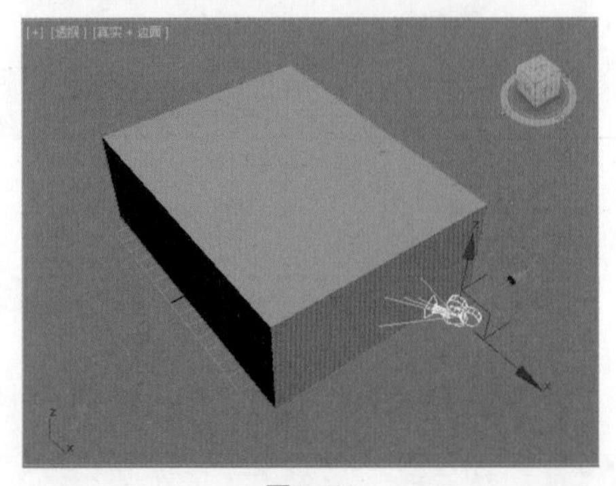

图9–59

图9-60

（3）单击修改，勾选【手动剪切】，设置【近距剪切】为1000mm、【远距剪切】为5800mm，如图9-61所示。

（4）此时可以看见室内了，而且空间还比较大呢！如图9-62所示。

图9-61

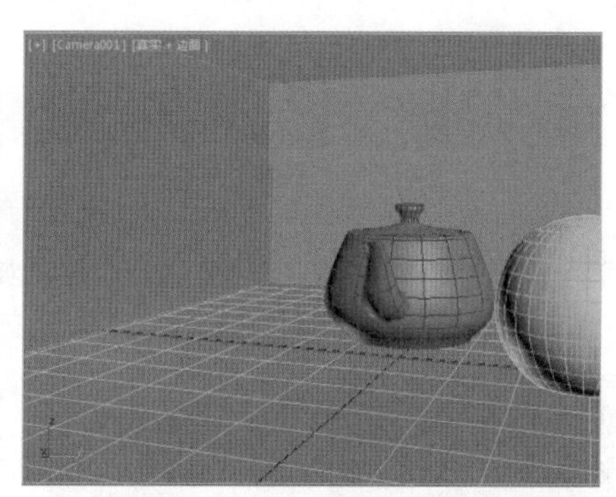

图9-62

（5）为什么要设置刚才的数值，数值设置多少最合理呢？看一下图9-63所示的图形，你就明白啦，其实【近距剪切】和【远距剪切】就是你想看到的空间范围。

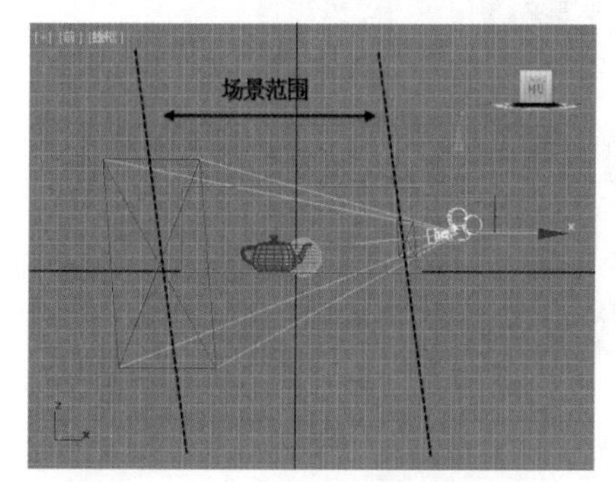

图9-63

9.4.2 为什么我无法创建垂直水平的视角？

很多时候在创建了摄影机后，当我们切换至摄影机视图时会发现视角无论怎么调整，总是有点奇怪，无法变得垂直水平。那怎么快速地校正这个小问题呢？一起来看看吧。

（1）在场景中创建一个目标摄影机，并按【C】键切换到摄影机视图，如图9-64所示。

（2）选择摄影机，然后单击右键，选择【应用摄影机校正修改器】，如图9-65所示。

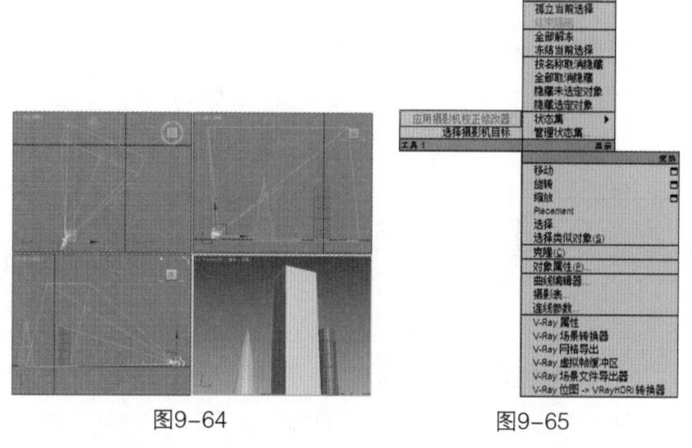

图9-64　图9-65

（3）此时摄影机的视角是不是变得水平和垂直了呢？如图9-66所示。

图9-66

本章小结

通过对本章的学习，我们已经掌握了摄影机的相关知识，主要包括摄影机的理论知识，摄影机的创建方法及摄影机的参数调整。现在我们知道了不仅可以通过摄影机固定一个完美的视角，而且还可以通过摄影机制作很多的特效效果。

第 10 章　材质和贴图，按我的套路来很简单

本章内容

材质和贴图的概念及区别
常用的材质和贴图类型
综合应用材质和贴图制作各种质感

本章人物

Design 教授——擅长 3ds Max 技术和理论
三弟——酷爱 3ds Max 软件，新手
麦克斯——三弟的同班同学，好友

我们将在这一章中讲解材质和贴图。材质和贴图的知识点非常繁琐，种类很多，因此需要花费很多时间来学习。在本章中我们特别对大量知识点进行了归纳和总结，可以让你快速地掌握材质和贴图的设置思路、应用方法，并且可以达到举一反三的目的。

10.1 初识材质

材质是 3ds Max 中比较关键的部分，简单的模型经过设置精美的材质，依然可以制作出超乎想象的质感。它可以极其粗糙也可以光滑柔顺，可以清澈见底也可以浑浊不堪，可以波纹荡漾也可以平静如镜。这些效果都是利用材质可以达到的，可见材质的重要性。

10.1.1 什么是材质

材质，材料质地之意，从字面意思上很好理解它。在 3ds Max 中也有材质这个专业术语，它指的就是模型的材料和质地。例如一枚具有年代感的戒指，它是金属材质的、带有一定的反射、具有凹凸的纹理质感，这就是该材质的特点。根据这些特点，可以在 3ds Max 中进行参数的设置，从而制作出符合实际质感要求的材质效果，这也就是材质的制作思路。图 10-1、图 10-2、图 10-3 和图 10-4 所示为材质质感的效果。

图10-1

图10-2

图10-3

图10-4

10.1.2 熟悉一下设置材质的步骤

材质的制作主要分为 3 个步骤。

（1）确定材质的特点。确定材质属于什么质感，比如透明、反光、光滑等。

（2）确定材质的类型。根据其特点选择合适的材质类型。

（3）根据特点逐一设置材质参数。根据其特点逐一设置每部分的参数，例如该材质带有发射和折射效果，并且带有凹凸的质感，依次设置后，该材质的渲染效果就会越来越逼真。

10.2 精简材质编辑器

3ds Max 中材质的设置过程都是在材质编辑器中完成的。【精简材质编辑器】是 3ds Max 最原始的材质编辑器，它以层级的方式进行设置。

10.2.1 菜单栏

菜单栏可以控制模式、材质、导航、选项、实用程序的相关参数，如图 10-5 所示。

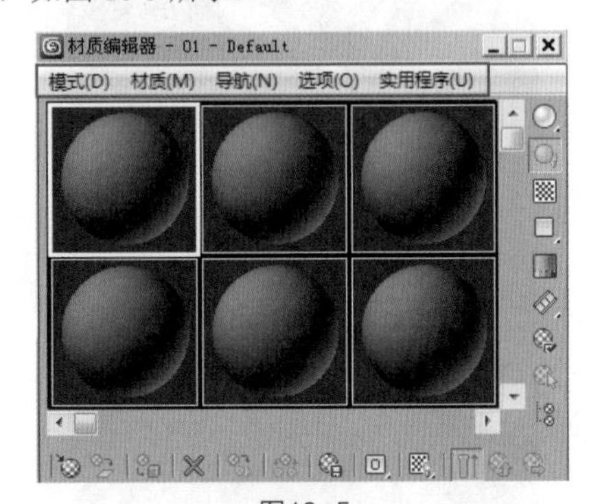

图10-5

打开材质编辑器有 3 种方法。

（1）按快捷键【M】，可以快速打开【材质编辑器】。（这种方法有些时候不可以使用）

（2）在界面右上方的主工具栏中单击 （材质编辑器）按钮。

（3）在菜单栏中执行【渲染】/【材质编辑器】/【精简材质编辑器】，如图 10-6 所示。

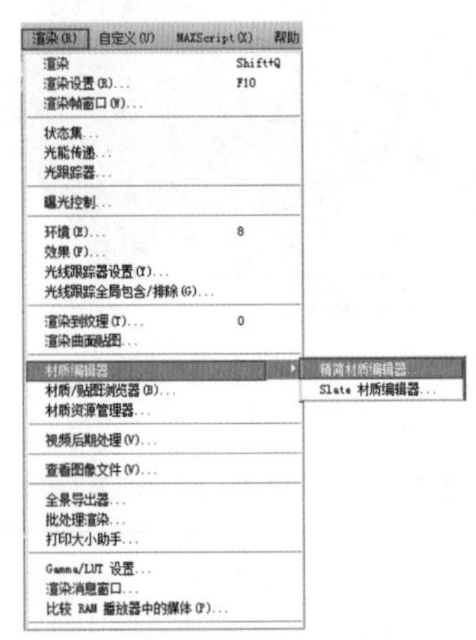

图10-6

1.【模式】菜单

【模式】菜单用于切换材质编辑器的方式。它包括【精简材质编辑器】和【Slate 材质编辑器】两种。它们可以任意切换，如图 10-7 和图 10-8 所示。

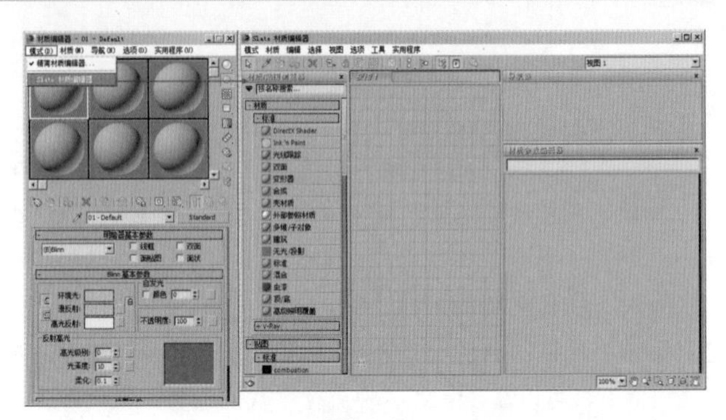

图10-7

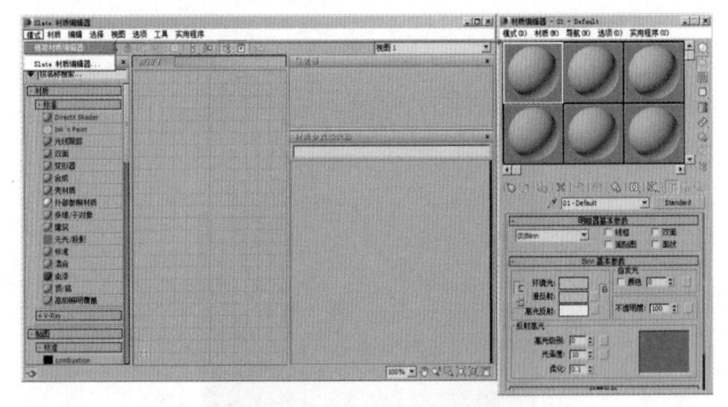

图10-8

2.【材质】菜单

展开【材质】菜单，其参数面板如图 10-9 所示。

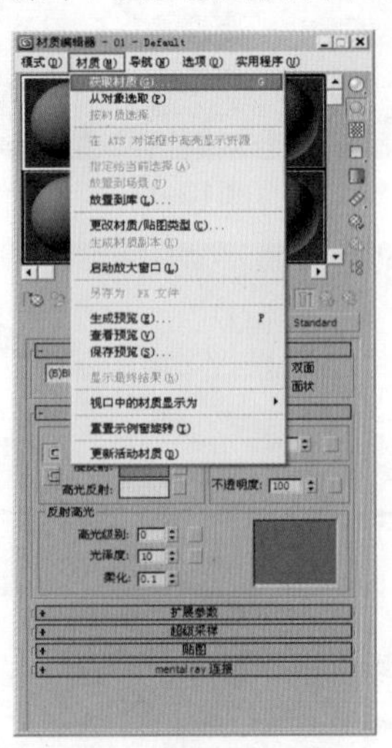

图10-9

3.【导航】菜单

展开【导航】菜单，其参数面板如图 10-10 所示。

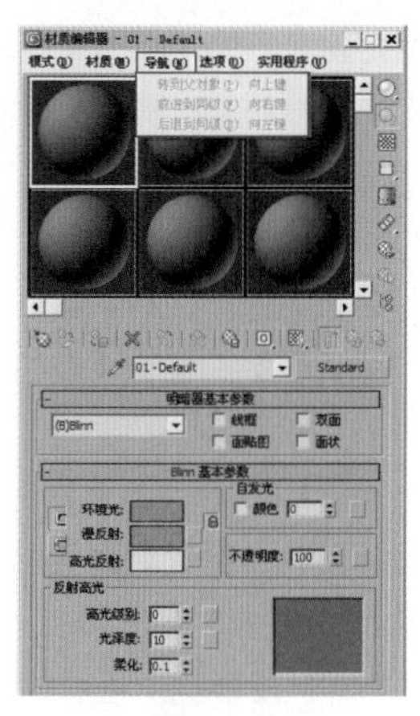

图10-10

4.【选项】菜单

展开【选项】菜单，其参数面板如图 10-11 所示。

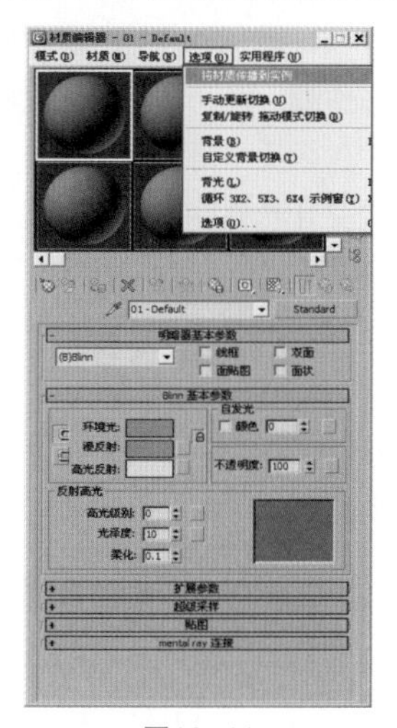

图10-11

5.【实用程序】菜单

展开【实用程序】菜单，其参数面板如图 10-12 所示。

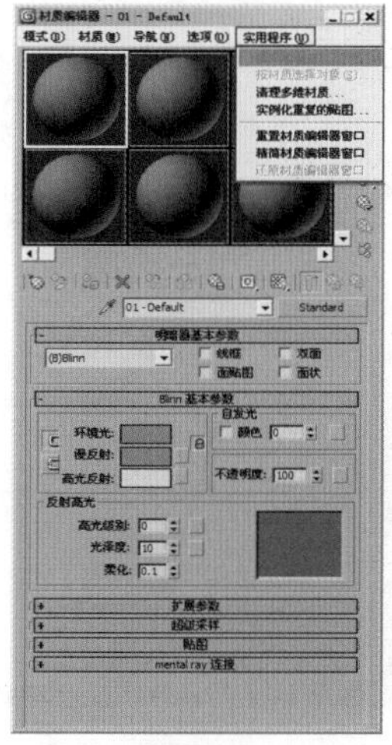

图10-12

- 渲染贴图：对贴图进行渲染。
- 按材质选择对象：可以基于【材质编辑器】对话框中的活动材质来选择对象。
- 清理多维材质：对【多维/子对象】的材质进行分析，然后在场景中显示所有未分配任何ID的材质。
- 实例化重复的贴图：在整个场景中查找具有重复【位图】贴图的材质并提供将它们关联化的选项。
- 重置材质编辑器窗口：用默认的材质类型替换【材质编辑器】对话框中的所有材质。
- 精简材质编辑器窗口：将【材质编辑器】对话框中所有未使用的材质设置为默认类型。
- 还原材质编辑器窗口：利用缓冲区的内容还原编辑器的状态。

10.2.2 材质球示例窗

【材质球示例窗】用来显示材质效果，它可以很直观地显示出材质的基本属性，如反光、纹理和凹凸等，如图 10-13 所示。

图10-13

【材质球示例窗】中一共有 24 个材质球，可以设置 3 种显示方式，但是无论使用哪种显示方式，材质球的总数都为 24 个。右键单击材质球，可以调出多种参数，如图 10-14 所示。

图10-14

- 拖动/复制：将拖动示例窗设置为复制模式。启用此选项后，拖动示例窗时，材质会从一个示例窗复制到另一个上，或者从示例窗复制到场景的对象中，或复制到材质按钮上。
- 拖动/旋转：将拖动示例窗设置为旋转模式。
- 重置旋转：将采样对象重置为它默认的方向。
- 渲染贴图：渲染当前贴图，创建位图或 AVI 文件。

❖ 选项：显示【材质编辑器选项】对话框。这相当于单击【选项】按钮。
❖ 放大：生成当前示例窗的放大视图。
❖ 按材质选择：根据示例窗中的材质选择对象。除非活动示例窗包含场景中使用的材质，否则此选项不可用。
❖ 在 ATS 对话框中高亮显示资源：如果活动材质使用的是已跟踪的资源的贴图，则打开【资源跟踪】对话框，同时资源高亮显示。
❖ 3 X 2 示例窗：以 3 X 2 阵列显示示例窗。
❖ 5 X 3 示例窗：以 5 X 3 阵列显示示例窗。
❖ 6 X 4 示例窗：以 6 X 4 阵列显示示例窗。

10.2.3 工具栏按钮

下面讲解【材质编辑器】对话框中的两排材质工具按钮，如图 10-15 所示。

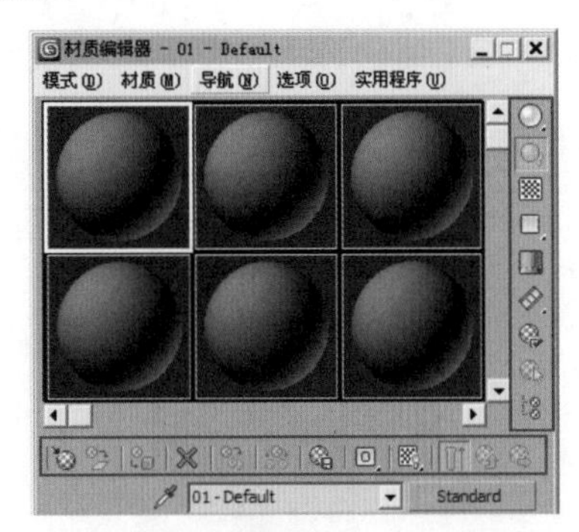

图10–15

❖ 【获取材质】按钮：为选定的材质打开【材质/贴图浏览器】面板。
❖ 【将材质放入场景】按钮：编辑好材质后，单击该按钮可更新已应用于对象中的材质。
❖ 【将材质指定给选定对象】按钮：将材质指定给选定的对象。
❖ 【重置贴图/材质为默认设置】按钮：删除修改的所有属性，将材质属性恢复到默认值。
❖ 【生成材质副本】按钮：在选定的示例图中创建当前材质的副本。
❖ 【使唯一】按钮：将实例化的材质设置为独立的材质。
❖ 【放入库】按钮：重新命名材质并将其保存到当前打开的库中。
❖ 【材质ID通道】按钮：为后期制作效果设置唯一的ID通道。
❖ 【在视口中显示标准贴图】按钮：在视口的对象上显示2D材质贴图。
❖ 【显示最终结果】按钮：在示例图中显示材质以及应用的所有层次。
❖ 【转到父对象】按钮：将当前材质上移一级。
❖ 【转到下一个同级项】按钮：选定同一层级中的下一贴图或材质。
❖ 【采样类型】按钮：控制示例窗显示的对象类型，默认为【球体类型】，还有【圆柱体】和【立方体】类型。
❖ 【背光】按钮：打开或关闭选定的示例窗中的背景灯光。
❖ 【背景】按钮：在材质后面显示方格背景图像，这在观察透明材质时非常有用。
❖ 【采样UV平铺】按钮：将示例窗中的贴图设置为UV平铺显示。
❖ 【视频颜色检查】按钮：检查当前材质中NTSC和PAL制式不支持的颜色。
❖ 【生成预览】按钮：用于产生、浏览和保存材质预览渲染。
❖ 【选项】按钮：打开【材质编辑器选项】对话框，该对话框中包含【启用材质动画】、【加载自定义背景】、【定义灯光亮度或颜色】以及【设置示例窗数目】等一些参数。
❖ 【按材质选择】按钮：选定使用当前材质的所有对象。
❖ 【材质/贴图导航器】按钮：单击该按钮可以打开【材质/贴图导航器】对话框，在该对话框中会显示当前材质的所有层级。

独家秘笈——如何能快速找到模型对应的材质?

当材质编辑器中材质太多时，我们很难从中准确地找到某个模型对应的材质。那么怎么能快速找到它呢?

只需要在材质编辑器中单击一个空白材质球，然后单击（从对象拾取材质）按钮，然后在场景中单击拾取所需的模型，如图 10-16 所示。

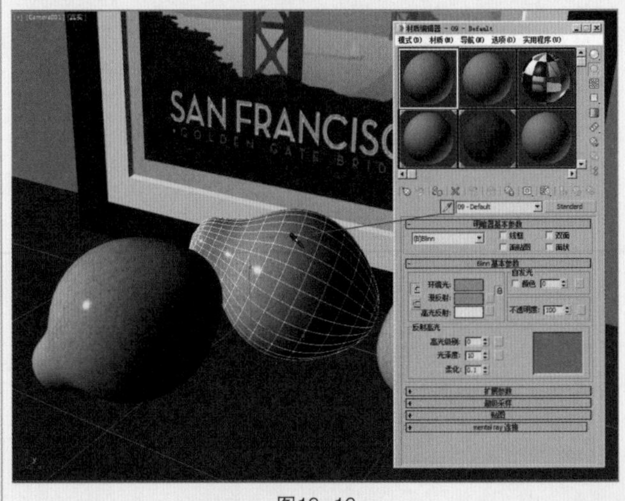

图10–16

此时该材质球就会出现我们需要的模型对应的材质了，如图 10-17 所示。

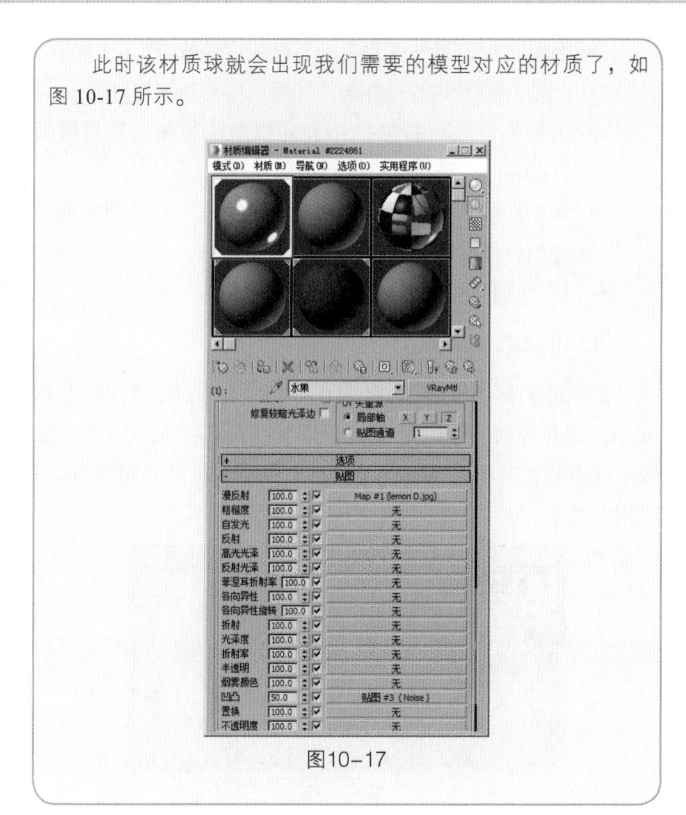

图10-17

10.2.4 参数控制区

1. 明暗器基本参数

展开【明暗器基本参数】卷展栏，共有 8 种明暗器类型可供选择，同时还可以设置【线框】、【双面】、【面贴图】和【面状】等参数，如图 10-18 所示。

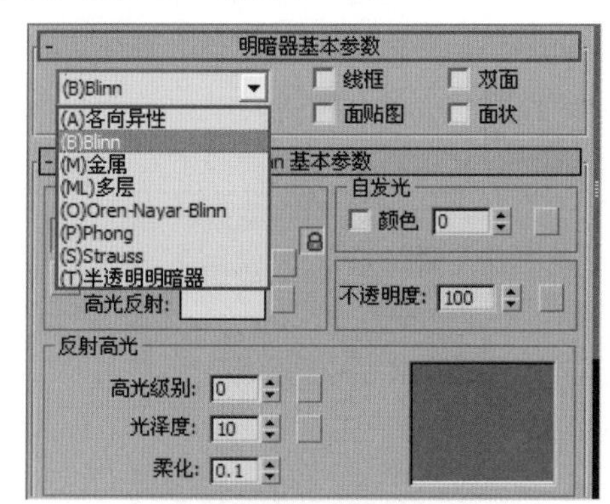

图10-18

明暗器列表：明暗器包含 8 种类型。

❖ （A）各向异性：各向异性明暗器使用椭圆，“各向异性”高光创建表面。如果为头发、玻璃或磨砂金属建模，这些高光是很有用的，如图10-19所示。

❖ （B）Blinn：Blinn 明暗处理是 Phong 明暗处理的细微变化。它们最明显的区别是Blinn高光显示弧形，如图10-20所示。

❖ （M）金属：金属明暗处理能提供效果逼真的金属表面以及各种看上去像有机体的材质，如图10-21所示。

❖ （ML）多层：【（ML）多层】明暗器与【（A）各向异性】明暗器很相似，但【（ML）多层】可以控制两个高亮区，因此【（ML）多层】明暗器拥有对材质更多的控制。第一高光反射层和第二高光反射层具有相同的参数控制，可以对这些参数使用不同的设置。

❖ （O）Oren-Nayar-Blinn：与【（B）Blinn】明暗器几乎相同，通过它附加【漫反射级别】和【粗糙度】两个参数可以实现无光的效果。此明暗器适合无光曲面，如布料、陶瓦等，如图10-22所示。

❖ （P）Phong：Phong 明暗处理可以平滑面与面之间的边缘，也可以真实地渲染有光泽和规则曲面的高光，如图10-23所示。

❖ （S）Strauss：这种明暗器适用于金属和非金属表面，与【（M）金属】明暗器十分相似，如图10-24所示。

❖ （T）半透明明暗器：这种明暗器与【（B）Blinn】明暗器类似，它与【（B）Blinn】明暗器相比较，最大的区别在于它能够设置半透明效果，使光线能够穿透这些半透明的物体，并且在穿过物体内部时离散。

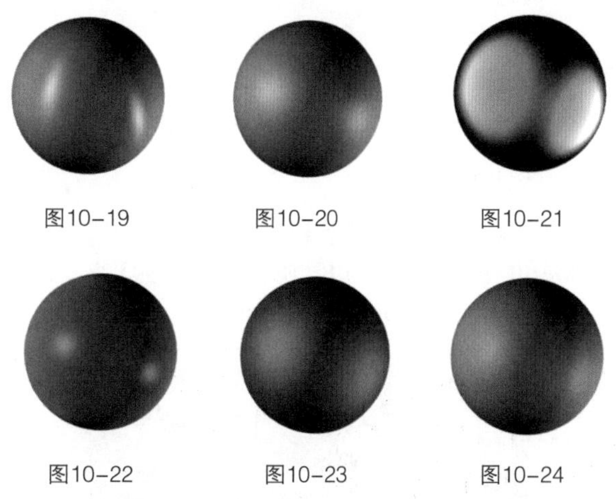

图10-19 图10-20 图10-21

图10-22 图10-23 图10-24

❖ 线框：以线框模式渲染材质，用户可以在扩展参数上设置线框的大小。

❖ 双面：将材质应用到选定的面上，使材质成为双面。

❖ 面贴图：将材质应用到几何体的各个面上。如果材质是贴图材质，则不需要贴图坐标，因为贴图会自动应用到对象的每一个面上。

❖ 面状：使对象产生不光滑的明暗效果，它把对象的每个面作为平面来渲染，可以用在制作加工过的钻石、宝石或任何带有硬边的表面。

2. Blinn 基本参数

展开【Blinn 基本参数】卷展栏，可看到有【环境光】、【漫反射】、【高光反射】、【自发光】、【不透明度】、【高光级别】、【光泽度】和【柔化】等参数，如图 10-25 所示。

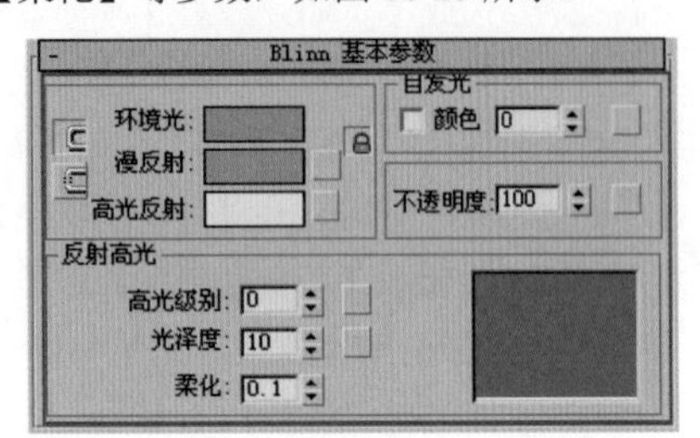

图10-25

- ❖ 环境光：环境光用于模拟间接光，比如室外场景中的大气光线。它也可以用来模拟光能传递。
- ❖ 漫反射：又被称为物体的【固有色】，也就是物体本身的颜色。
- ❖ 高光反射：物体发光表面高亮显示部分的颜色。
- ❖ 自发光：使用【漫反射】颜色替换曲面上的任何阴影，从而创建出白炽效果。
- ❖ 不透明度：控制材质的不透明度。
- ❖ 高光级别：控制反射高光的强度。数值越大，反射强度越高。
- ❖ 光泽度：控制镜面高亮区域的大小，即反光区域的尺寸。数值越大，反光区域越小。
- ❖ 柔化：影响反光区和不反光区衔接的柔和度。

3. 扩展参数

【扩展参数】卷展栏对于【标准】材质中所有的明暗处理类型都是相同的。它具有与【透明度】和【反射】相关的控件，还有【线框】模式的选项，如图 10-26 所示。

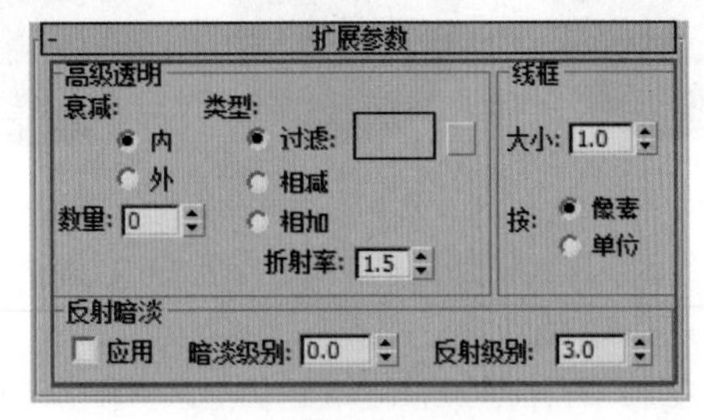

图10-26

- ❖ 内：向对象的内部增加不透明度，就像在玻璃瓶中一样。
- ❖ 外：向对象的外部增加不透明度，就像在烟雾云中一样。
- ❖ 数量：指定最外或最内的不透明度的数量。
- ❖ 类型：利用这些控件选择如何应用不透明度。
- ❖ 折射率：设置折射贴图和光线跟踪所使用的折射率（IOR）。
- ❖ 大小：设置线框模式中线框的大小。可以按像素或当前单位进行设置。
- ❖ 按：选择度量线框的方式。

4. 超级采样

【超级采样】卷展栏可用于建筑、光线跟踪、标准和 Ink 'n Paint 等材质中。该卷展栏用于选择超级采样方法。超级采样需要在材质上执行一个附加的抗锯齿过滤，如图 10-27 所示。

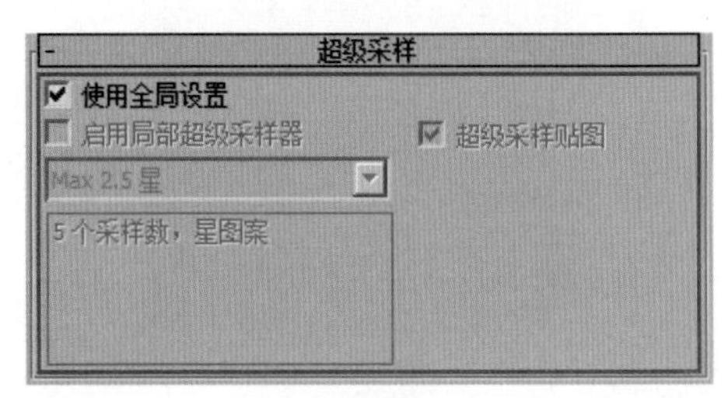

图10-27

- ❖ 使用全局设置：启用此选项后，对材质使用【默认扫描线渲染器】卷展栏中设置的超级采样选项。

5. 贴图

【贴图】卷展栏可以在任意通道上加载贴图。【数量】控制贴图影响材质的数量，它用完全强度的百分比来表示。例如 100% 的漫反射贴图是完全不透光的，这会遮住基础材质；当为 50% 时，它为半透明，将显示基础材质（漫反射、环境光和其他无贴图的材质颜色）。其参数面板，如图 10-28 所示。

图10-28

10.3 材质/贴图浏览器

在安装 VRay 渲染器后，可看到材质类型大致分为 34 种。单击【材质类型】按钮 Standard ，在弹出的【材质 / 贴图浏览器】对话框中可以观察到这 34 种材质类型，如图 10-29 所示。

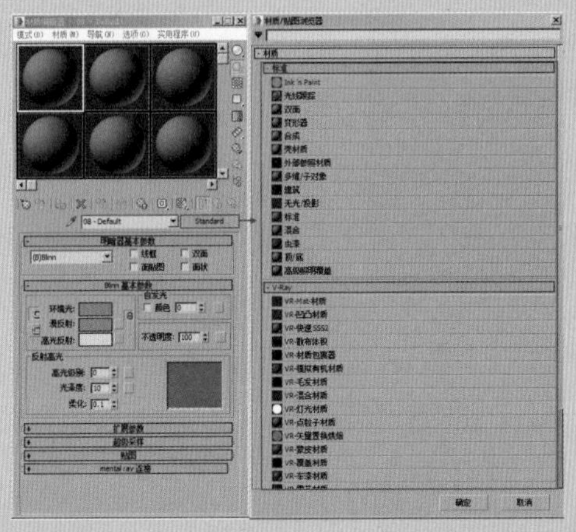

图10-29

10.4 标准材质

【标准材质】是 3ds Max 中最基本的材质。它可以完成一些基本的材质效果的制作。单击【材质类型】按钮 Standard ，然后选择【标准】，最后单击【确定】即可，如图 10-30 所示。

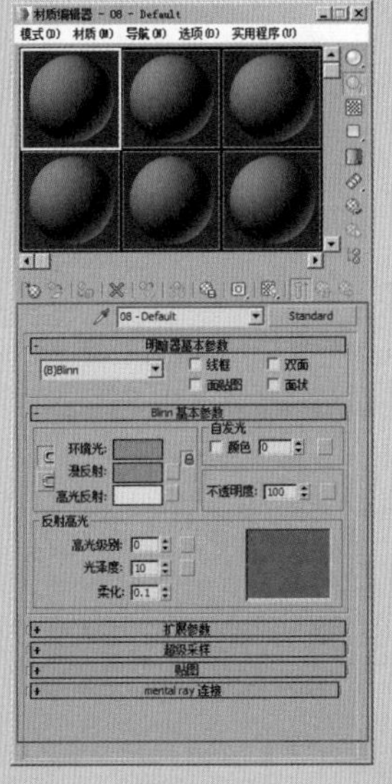

图10-30

典型实例：乳胶漆墙面

案例文件　案例文件 \Chapter 10\ 典型实例：乳胶漆墙面 .max
视频教学　视频文件 \Chapter 10\ 典型实例：乳胶漆墙面 .flv
技术掌握　掌握标准材质的应用

乳胶漆材质是室内设计中最常用的材质之一。由于该材质的效果比较单一，因此无需使用 VRayMtl 材质进行模拟，使用标准材质即可。最终的渲染效果如图 10-31 所示。

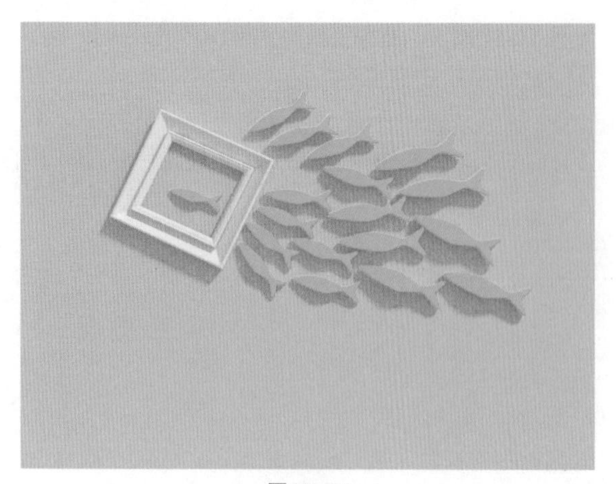

图10-31

制作步骤

（1）打开本书配套光盘中的【场景文件 /Chapter 10/01.max】文件，如图 10-32 所示。

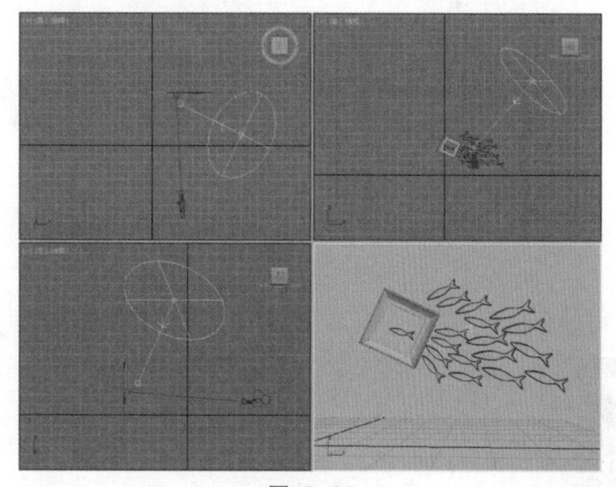

图10-32

（2）在主工具栏中单击（材质编辑器）按钮，然后单击一个空白材质球，默认设置为【Standard（标准）】材质，命名为【乳胶漆墙面】。设置【漫反射】颜色为黄色，如图 10-33 所示。

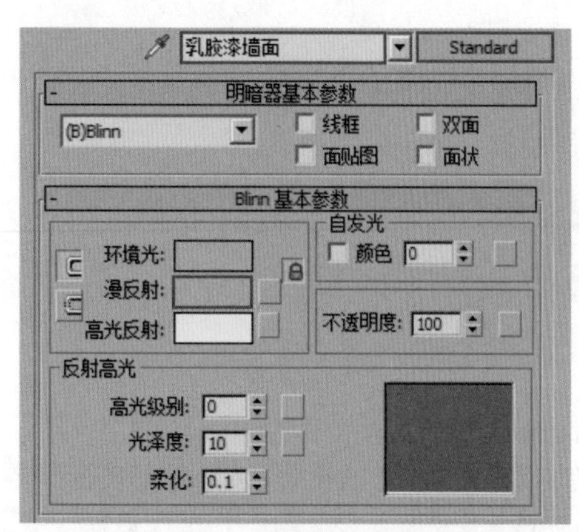

图10-33

（3）双击该材质球，可以看到此时的材质效果，如图 10-34 所示。

（4）然后选择墙面模型，并单击（将材质指定给选定对象）按钮，将该材质赋予给墙面模型，如图 10-35 所示。

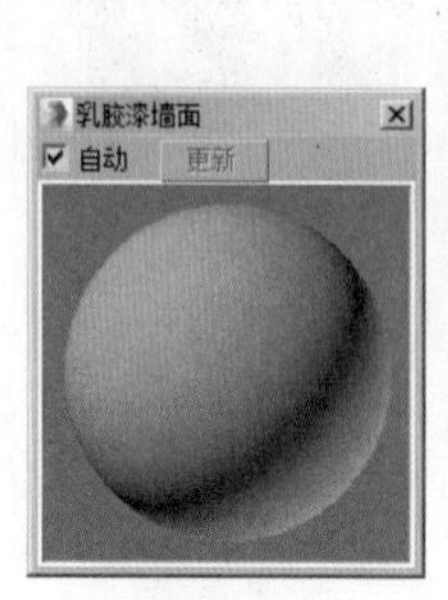

图10-34

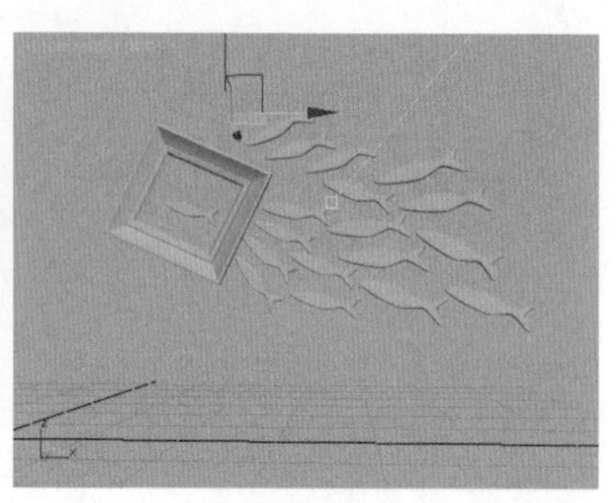

图10-35

（5）继续将剩余模型的材质制作完成，并且分别赋予给相应的模型，如图 10-36 所示。

（6）最终的渲染效果，如图 10-37 所示。

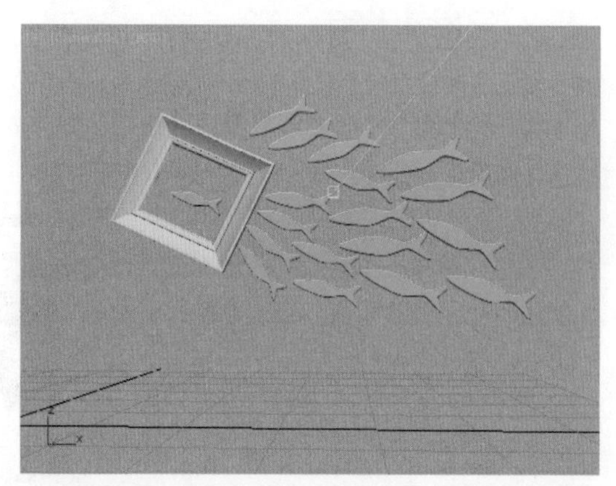

图10-36

图10-37

10.5 归纳VRayMtl材质制作各种效果的方法，很好理解吧！

VRayMtl 是目前应用最为广泛的材质类型，该材质可以模拟超级真实的反射和折射等效果，因此深受用户欢迎。该部分也是本章中最为重要的知识点，需要熟练掌握，如图 10-38 所示。

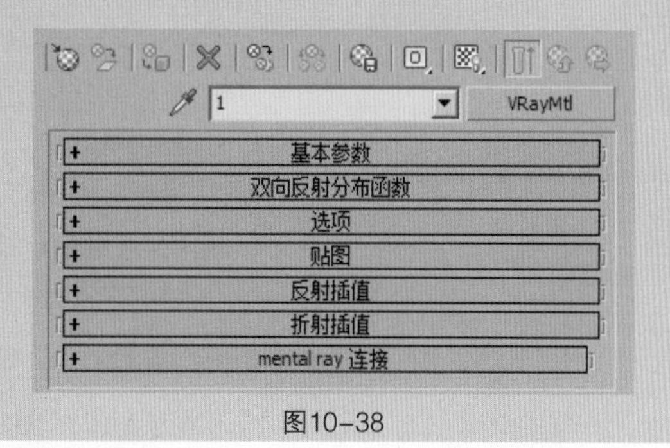

图10-38

10.5.1 VRayMtl材质参数详解

1. 基本参数

展开【基本参数】卷展栏，其参数面板如图 10-39 所示。

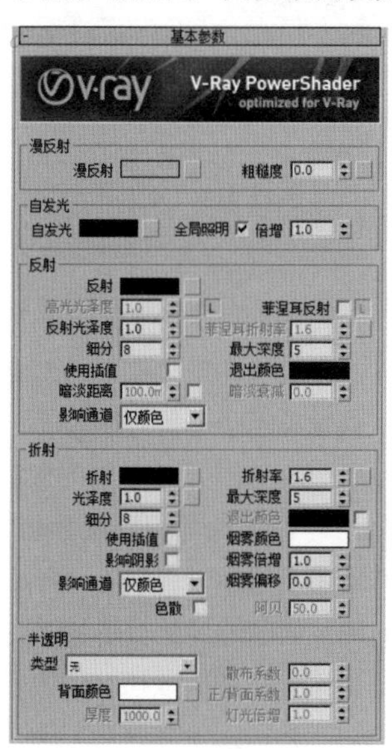

图10-39

（1）漫反射

❖ 漫反射：物体的固有色。单击右边的 按钮可以选择不同的贴图类型。

❖ 粗糙度：数值越大，粗糙效果越明显，可以用该选项来模拟绒布的效果。

（2）自发光

❖ 自发光：该选项用于控制自发光的颜色。

❖ 全局照明：该选项控制是否开启全局照明。

❖ 倍增：该选项用于控制自发光的强度。

（3）反射

❖ 反射：反射的颜色控制反射的强度，颜色越深反射越弱、颜色越浅反射越强。

❖ 高光光泽度：控制材质高光的大小，默认情况下和【反射光泽度】一起关联控制，可以单击旁边的 L （锁）按钮来解除锁定，从而单独调整高光的大小。

❖ 反射光泽度：该选项可以产生【反射模糊】的效果，数值越小反射模糊效果越强烈。

❖ 细分：用来控制反射的品质，数值越大效果越好。但是，渲染速度会越慢。

❖ 使用插值：当勾选该参数后，VRay能够使用类似于【发光贴图】的缓存方式来加快反射模糊的计算。

❖ 暗淡距离：该选项用来控制暗淡距离的数值。

❖ 影响通道：该选项用来控制是否影响通道。

❖ 菲涅耳反射：勾选该选项后，反射强度会与物体的入射角度有关系，入射角度越小，反射越强烈。当垂直入射的时候，反射强度最弱。

❖ 菲涅耳折射率：在【菲涅耳反射】中，菲涅耳现象的强弱衰减率可以用该选项来调节。

❖ 最大深度：是指反射的次数，数值越大效果越真实，但渲染的时间也更长。

❖ 退出颜色：当物体的反射次数达到最大次数后就会停止计算反射，这时由于反射的次数不够，造成反射区域就用退出色来代替。

❖ 暗淡衰减：该选项用来控制暗淡衰减的数值。

（4）折射

❖ 折射：折射的颜色控制折射的强度，颜色越深折射越弱、颜色越浅折射越强。

❖ 光泽度：用来控制物体的折射模糊程度，如制作磨砂玻璃。数值越小，模糊程度越明显。

❖ 细分：用来控制折射模糊的品质，数值越大效果越好。但是，渲染速度会越慢。

❖ 使用插值：当勾选该选项后，VRay能够使用类似于【发光贴图】的缓存方式来加快【光泽度】的计算。

❖ 影响阴影：该选项控制透明物体产生的阴影。

❖ 影响通道：该选项控制是否影响通道的效果。

❖ 色散：该选项控制是否使用色散。

❖ 折射率：设置物体的折射率。

❖ 最大深度：该选项控制反射的最大深度的数值。

❖ 退出颜色：该选项控制退出的颜色。

❖ 烟雾颜色：该选项控制折射物体的颜色，可以通过调节该选项的颜色产生出彩色的折射效果。

❖ 烟雾倍增：可以理解为烟雾的浓度。数值越大，雾越浓，光线穿透物体的能力越差。

❖ 烟雾偏移：控制烟雾的偏移，较低的值会使烟雾向摄影机的方向偏移。

（5）半透明

❖ 类型：半透明效果的类型有3种，一种是【硬（蜡）模型】，比如蜡烛；一种是【软（水）模型】，比如海水；还有一种是【混合模型】。

❖ 背面颜色：用来控制半透明效果的颜色。

❖ 厚度：用来控制光线在物体内部被追踪的深度，也可以理解为光线的最大穿透能力。较大的数值，会让整个物体都被光线穿透；较小的值，可以让物体比较薄的地方产生半透明的现象。

❖ 散布系数：用来控制物体内部的散射总量。

❖ 正/背面系数：控制光线在物体内部的散射方向。

❖ 灯光倍增：设置光线穿透能力的倍增值。数值越大，散射效果越强。

2. 双向反射分布函数

展开【双向反射分布函数】卷展栏中，其参数面板如图10-40所示。

❖ 明暗器列表：包含3种明暗器类型，分别是【多面】、【反射】和【沃德】。【多面】适合硬度很高的物体，高光区很小；【反射】适合大多数物体，高光区适中；【沃德】适合表面柔软或粗糙的物体，高光区最大。

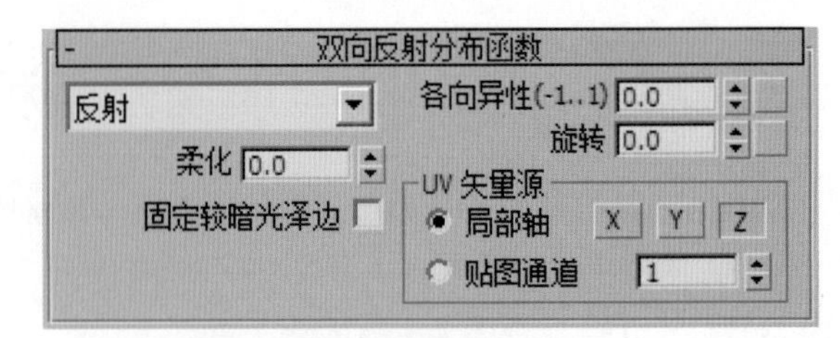

图10-40

❖ 各向异性：控制高光区域的形状，可以用该参数来设置拉丝效果。

❖ 旋转：控制高光区的旋转方向。

❖ UV矢量源：控制高光形状的轴向，也可以通过贴图通道来设置。

3. 选项

展开【选项】卷展栏，其参数面板如图10-41所示。

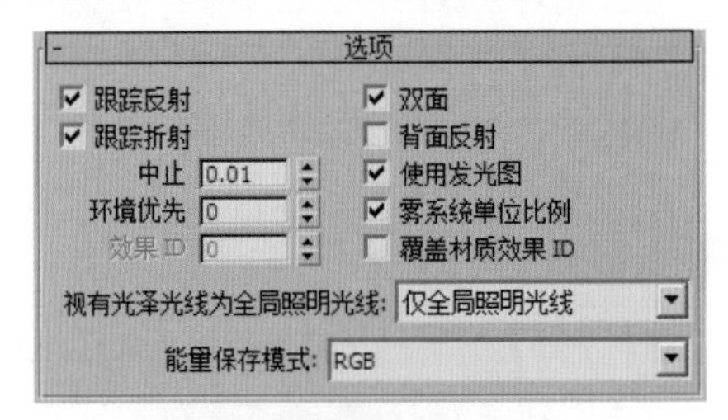

图10-41

❖ 跟踪反射：控制光线是否追踪反射。如果不勾选该选项，VRay将不渲染反射效果。

❖ 跟踪折射：控制光线是否追踪折射。如果不勾选该选项，VRay将不渲染折射效果。

❖ 中止：中止被选定材质的反射和折射的最小阈值。

❖ 环境优先：控制【环境优先】的数值。

❖ 效果ID：该选项用于设置效果的ID。

❖ 双面：控制VRay渲染的面是否为双面。

❖ 背面反射：勾选该选项后，将强制VRay计算反射物体背面产生的反射效果。

❖ 使用发光图：控制选定的材质是否使用【发光图】。

❖ 雾系统单位比例：该选项控制是否启用雾系统的单位比例。

❖ 覆盖材质效果ID：该选项控制是否启用覆盖材质效果的ID。

❖ 视有光泽光线为全局照明光线：在效果图制作中该选项一般都默认设置为【仅全局光线】。

❖ 能量保存模式：在效果图制作中该选项一般都默认设置为RGB模型，因为这样可以得到彩色的效果。

4. 贴图

展开【贴图】卷展栏中，其参数面板如图10-42所示。

图10-42

❖ 凹凸：主要用于制作物体的凹凸效果，在后面的通道中可以加载凹凸贴图。

❖ 置换：主要用于制作物体的置换效果，在后面的通道中可以加载置换贴图。

❖ 不透明度：主要用于制作透明物体，例如窗帘、灯罩等。

❖ 环境：主要是针对上面的一些贴图而设定的，比如反射、折射等，在其贴图的效果上加入了环境贴图效果。

5. 反射插值和折射插值

展开【反射插值】和【折射插值】卷展栏，参数面板如图 10-43 所示。该卷展栏下的参数只有在【基本参数】卷展栏中【反射】或【折射】选项组下勾选【使用插值】选项时才起作用。

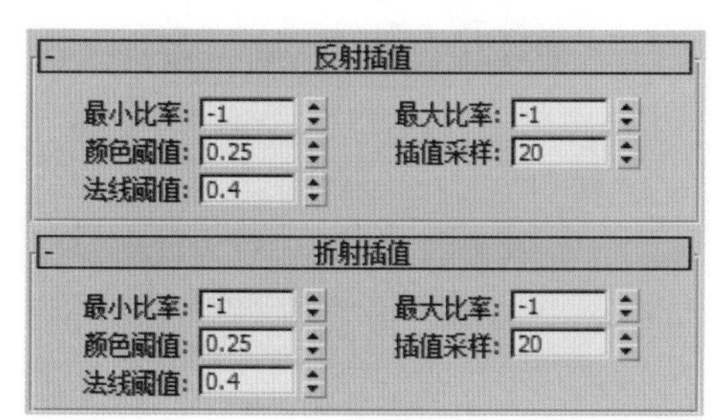

图10-43

❖ 最小比率：在反射/折射对象不丰富的区域使用该参数所设置的数值进行插值。数值越大，精度就越高。

❖ 最大比率：在反射/折射对象比较丰富的区域使用该参数所设置的数值进行插值。数值越大，精度就越高。

❖ 颜色阈值：指的是插值算法的颜色敏感度。数值越大，敏感度就越低。

❖ 法线阈值：指的是物体的交接面或细小的表面的敏感度。数值越大，敏感度就越低。

❖ 插值采样：用于设置反射/折射插值时所用的样本数量。数值越大，平滑效果越模糊。

10.5.2 独家秘笈——无反射无折射材质的制作

无反射无折射材质的设置非常简单，通常可用于模拟墙面等效果。设置材质为【VRayMtl 材质】，无需设置【反射】和【折射】颜色，参数如图 10-44 所示。渲染效果，如图 10-45 所示。材质球，如图 10-46 所示。

图10-44

图10-45

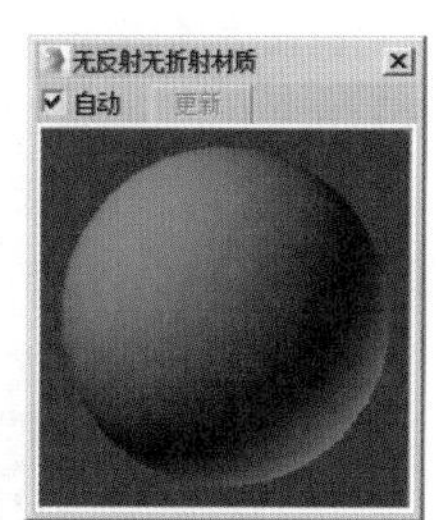

图10-46

10.5.3 思维扩展：无反射无折射、有凹凸材质的制作

无反射无折射、有凹凸的材质，通常用于模拟裂缝墙面、壁纸等效果。设置材质为【VRayMtl 材质】，无需设置【反射】和【折射】颜色，但是需要在【凹凸】通道上加载贴图，参数如图 10-47 所示。渲染效果，如图 10-48 所示。材质球，如图 10-49 所示。

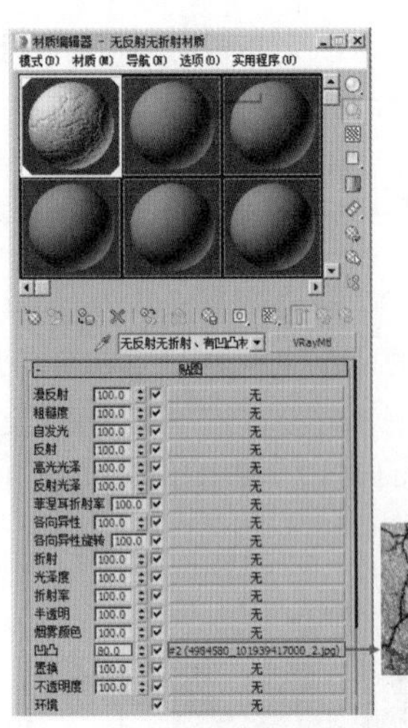
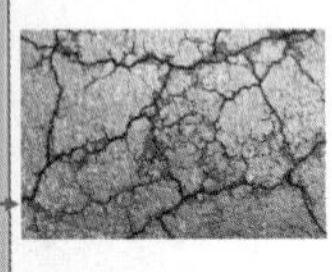

图10-47

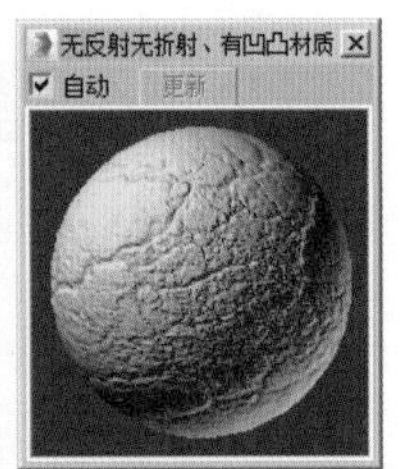

图10-48　　图10-49

10.5.4　独家秘笈——反射类材质的制作

反射类的材质，通常用于模拟不锈钢金属、镜子等效果。设置材质为【VRayMtl 材质】，需设置【漫反射】为灰色、【反射】为灰色，需要注意的是设置【反射】越浅反射的能力越强（反射为白色那么就是镜子材质了），其参数如图 10-50 所示。渲染效果，如图 10-51 所示。材质球，如图 10-52 所示。

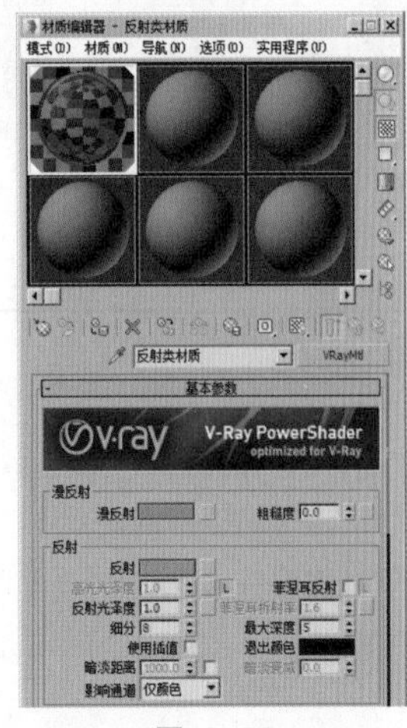

图10-50

图10-51　　图10-52

10.5.5　思维扩展：模糊反射类材质的制作

模糊反射类的材质，通常用于模拟磨砂金属等效果。设置材质为【VRayMtl 材质】，在反射类材质设置的基础上，设置【反射光泽度】（数值越小越模糊），参数如图 10-53 所示。渲染效果，如图 10-54 所示。材质球，如图 10-55 所示。

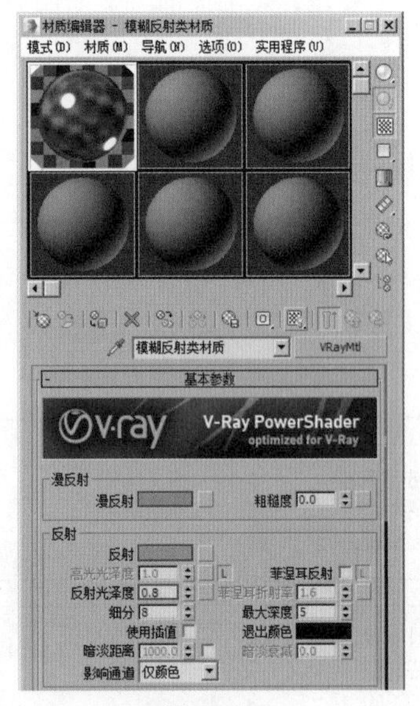

图10-53

图10-54　　图10-55

10.5.6　独家秘笈——无色、带有折射类材质的制作

无色、带有折射类的材质，通常用于模拟普通玻璃、水等效果。设置材质为【VRayMtl材质】，需设置【漫反射】为白色、【反射】为深灰色、【折射】为白色，参数如图10-56所示。渲染效果，如图10-57所示。材质球，如图10-58所示。

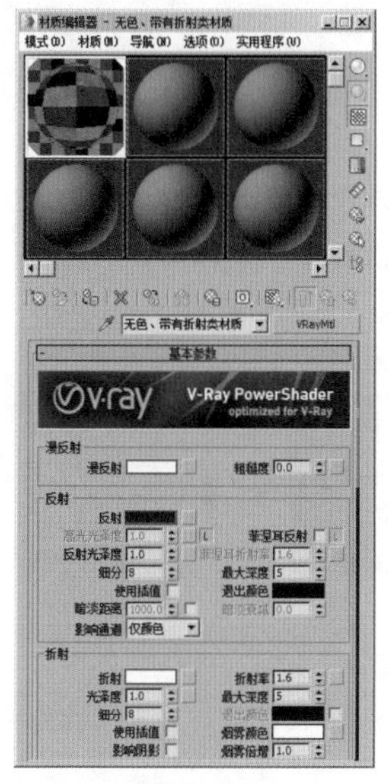

图10-56

图10-57

图10-58

10.5.7　思维扩展：有色、带有折射类材质的制作

有色、带有折射类的材质，通常用于模拟有色玻璃、有色液体等效果。这需在无色、带有折射类材质设置的基础上，设置【烟雾颜色】和【烟雾倍增】，参数如图10-59所示。渲染效果，如图10-60所示。材质球，如图10-61所示。

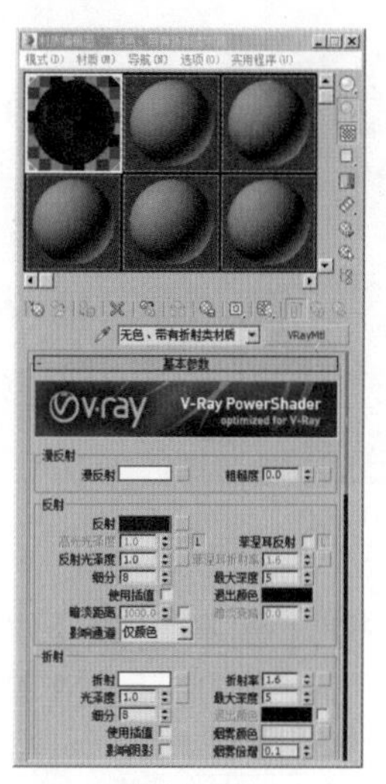

图10-59

图10-60

图10-61

10.5.8　思维扩展：带有反射、折射、有色、有凹凸材质的制作

带有反射、折射、有色、有凹凸质感的材质，通常用于模拟有色饮料冰块等效果。它需在有色、带有折射类材质设置的基础上，设置【凹凸】，参数如图10-62所示。渲染效果，如图10-63所示。材质球，如图10-64所示。

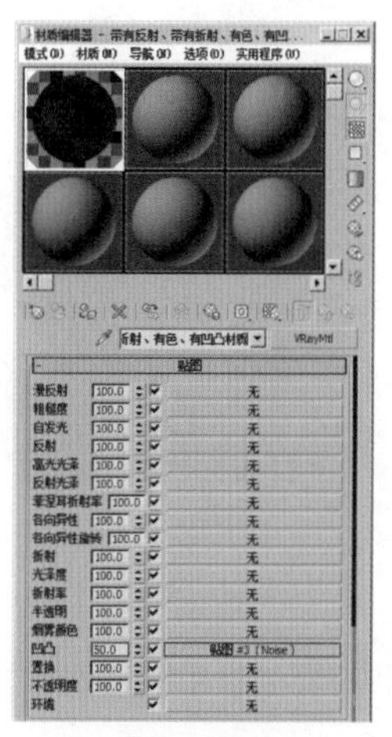

图10-62

图10-63

图10-64

10.5.9 想一想，是不是以上内容超级有用呢？几乎可以使用VRay材质制作80%的材质啦！

按照上面所讲的内容，我们是不是对 VRayMtl 材质有了全新的认识啦？ VRayMtl 材质的强大超乎想象，利用漫反射、反射、折射、凹凸等属性，可以制作出很多材质效果。比如地板材质、花瓶材质、水材质、金材质、镜子材质等。不妨自己试试吧！

典型实例：雕花玻璃杯

案例文件	案例文件 \Chapter 10\ 典型实例：雕花玻璃杯 .max
视频教学	视频文件 \Chapter 10\ 典型实例：雕花玻璃杯 .flv
技术掌握	掌握 VrayMtl 材质及凹凸通道的应用

雕花玻璃杯是指玻璃杯的表面具有凹凸的质感，这样会非常细致美丽。制作这类效果，可以在建模时制作凹凸的纹理模型，但是这种方法很繁琐，因此可以使用在凹凸通道上加载贴图的方法进行制作。最终的渲染效果如图 10-65 所示。

图10-65

制作步骤

（1）打开本书配套光盘中的【场景文件 /Chapter 10/02.max】文件，如图 10-66 所示。

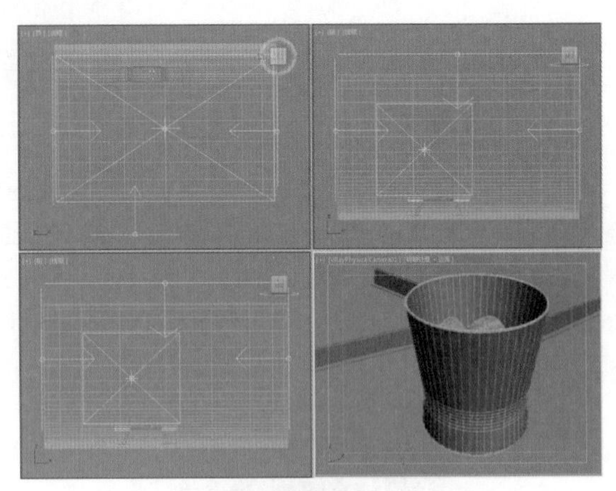

图10-66

（2）在主工具栏中单击 （材质编辑器）按钮，单击一个空白材质球，然后单击 Standard 按钮，在弹出的窗口中选择【VRayMtl】，如图 10-67 所示。

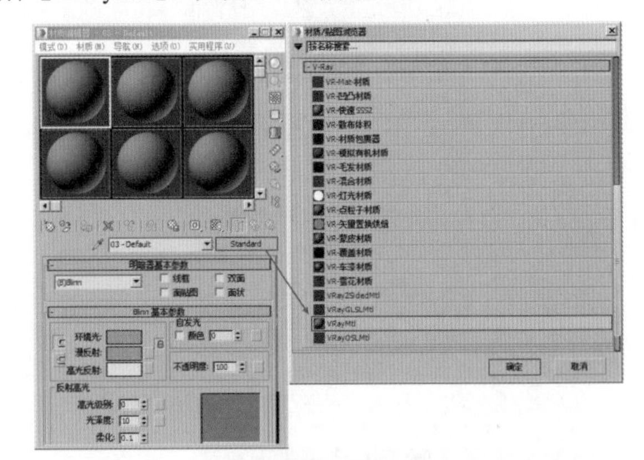

图10-67

（3）此时的材质球被设置为【VRayMtl】材质，命名为【雕花玻璃杯】，如图 10-68 所示。

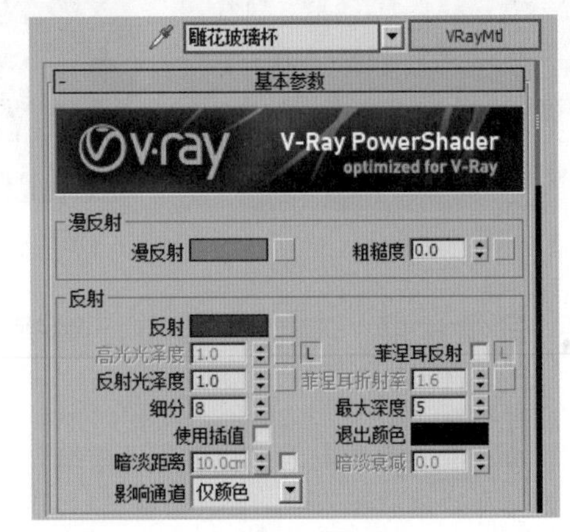

图10-68

（4）设置【漫反射】为灰色、【反射】为深灰色、【折射】为白色，如图 10-69 所示。

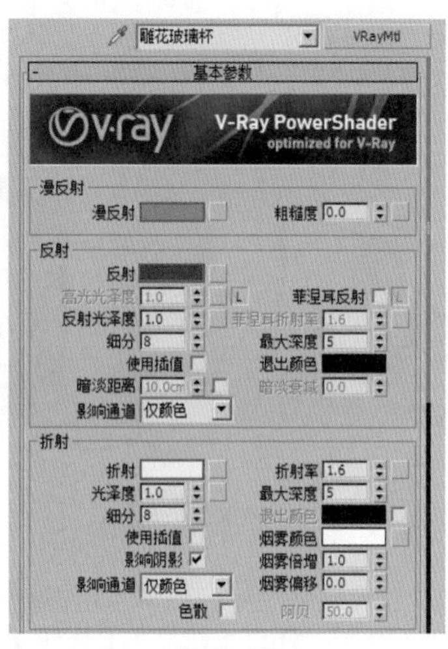

图10-69

（5）展开【贴图】卷展栏，在【凹凸】通道上加载光盘中的【古典花纹 0025.jpg】贴图文件，如图 10-70 所示。

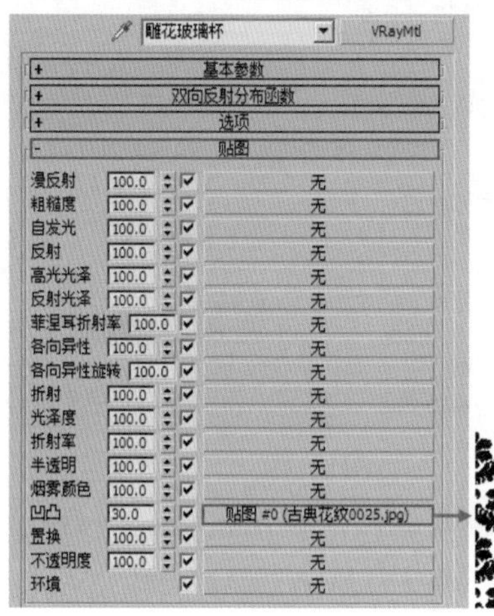

图10-70

（6）此时选择玻璃杯模型，并单击（将材质指定给选定对象）按钮，将该材质赋予给玻璃杯模型，这时可以看到玻璃杯变成了透明的，如图 10-71 所示。

图10-71

（7）双击该材质球，可以看到此时材质的效果，如图 10-72 所示。

（8）继续将剩余模型的材质制作完成，并且分别赋予给相应的模型，如图 10-73 所示。

图10-72　　图10-73

（9）最终的渲染效果，如图 10-74 所示。

图10-74

典型实例：金属材质

案例文件	案例文件 \Chapter 10\ 典型实例：金属材质 .max
视频教学	视频文件 \Chapter 10\ 典型实例：金属材质 .flv
技术掌握	利用 VRayMtl 材质制作不同属性的金属质感

金属分为很多种，常见的有不锈钢金属、磨砂金属、拉丝金属等。在制作这类材质时，首先需要设置参数模拟出普通金属的效果，然后根据该材质的特有属性再进行细致的修改。最终的渲染效果如图 10-75 所示。

图10-75

1. 思路

Part01　不锈钢金属材质的制作。

Part02　磨砂金属材质的制作。

2. 制作步骤

Part01　不锈钢金属材质的制作

（1）打开本书配套光盘中的【场景文件 /Chapter 10/03.max】文件，如图 10-76 所示。

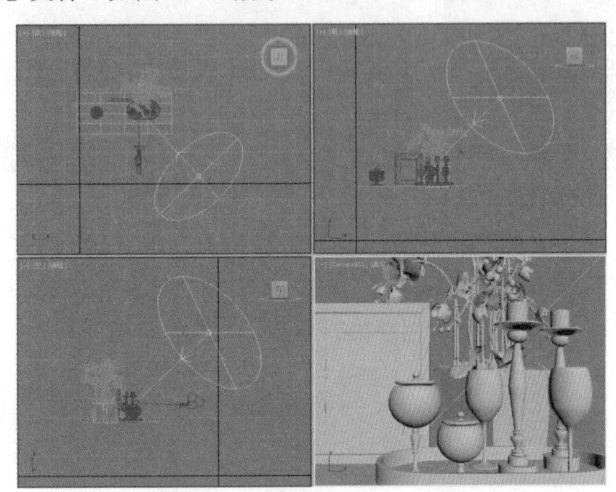

图10-76

（2）在主工具栏中单击（材质编辑器）按钮，单击一个空白材质球，然后单击 Standard 按钮，在弹出的窗口中选择【VRayMtl】，命名为【不锈钢金属】。设置【漫反射】为深灰色、【反射】为灰色，如图 10-77 所示。

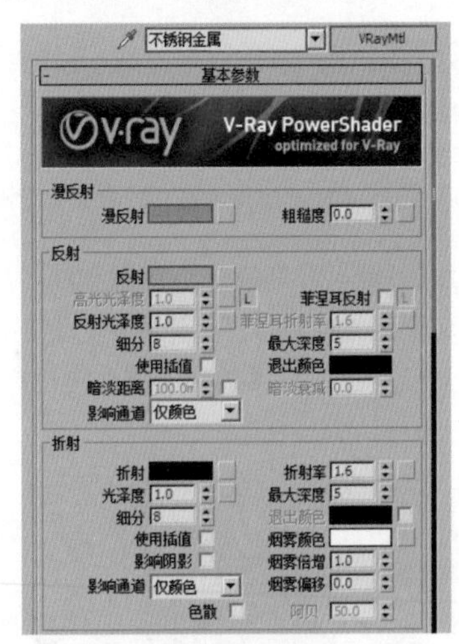

图10-77

（3）此时选择左侧的装饰模型并单击（将材质指定给选定对象）按钮，将该材质赋予给装饰模型，如图 10-78 所示。

（4）双击该材质球，可以看到此时的材质效果，如图 10-79 所示。

图10-78　图10-79

Part02　磨砂金属材质的制作

（1）单击一个空白材质球，再单击 Standard 按钮，在弹出的窗口中选择【VRayMtl】，命名为【磨砂金属】。设置【漫反射】为深灰色、【反射】为浅灰色、【高光光泽度】为 0.9、【反射光泽度】为 0.82，如图 10-80 所示。

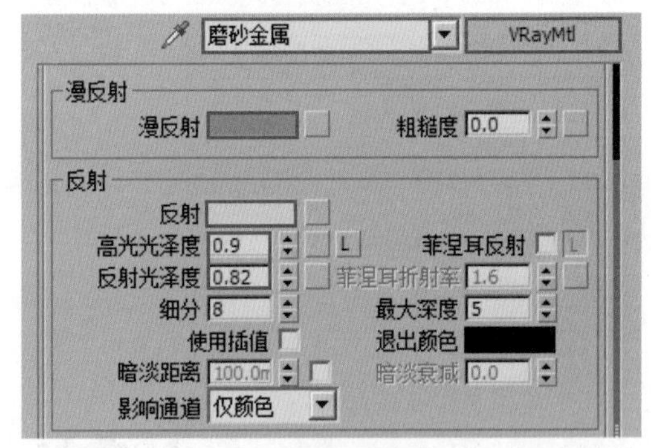

图10-80

（2）选择右侧的烛台模型并单击（将材质指定给选定对象）按钮，将该材质赋予给烛台模型，如图 10-81 所示。

（3）双击该材质球，可以看到此时的材质效果，如图 10-82 所示。

图10-81　图10-82

（4）继续将剩余模型的材质制作完成，并且分别赋予给相应的模型，如图 10-83 所示。

（5）最终的渲染效果，如图 10-84 所示。

图10-83

图10-84

典型实例：木地板材质

案例文件　案例文件 \Chapter 10\ 典型实例：木地板材质 .max
视频教学　视频文件 \Chapter 10\ 典型实例：木地板材质 .flv
技术掌握　掌握 VRayMtl 的使用及带有模糊的反射质感的制作

木地板根据其材料的不同，分为很多种类型。根据其表面属性的不同，分为剖光木地板、哑光木地板。本例的难点在于带有模糊的反射质感的制作。最终的渲染效果如图 10-85 所示。

图10-85

制作步骤

（1）打开本书配套光盘中的【场景文件 /Chapter 10/04.max】文件，如图 10-86 所示。

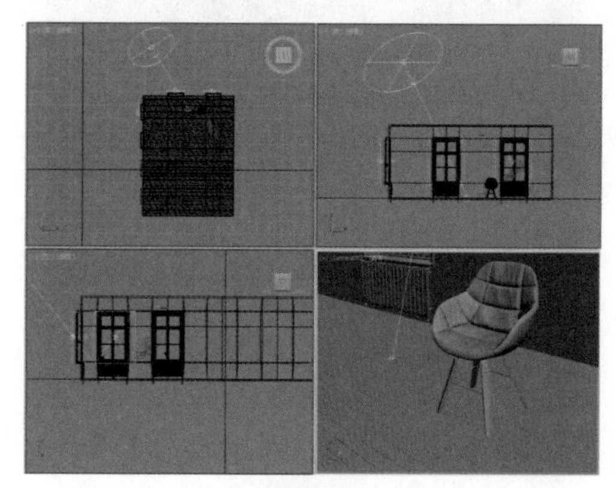

图10-86

（2）在主工具栏中单击（材质编辑器）按钮并单击一个空白材质球，然后单击 Standard 按钮，在弹出的窗口中选择【VRayMtl】，命名为【木地板材质】。在【漫反射】通道上加载光盘中的【AI35_004_014_DIFF_009.jpg】贴图文件，设置【模糊】为 0.2、【反射】为深灰色、【反射光泽度】为 0.9、【细分】为 30，如图 10-87 所示。

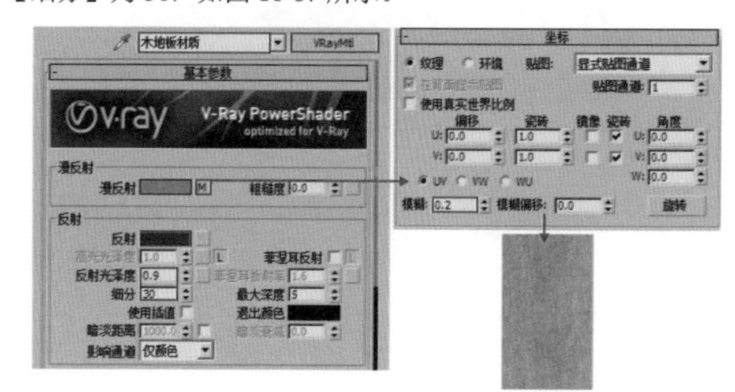

图10-87

（3）此时选择地面模型并单击（将材质指定给选定对象）按钮，将该材质赋予给地面模型，如图 10-88 所示。

（4）双击该材质球，可以看到此时的材质效果，如图 10-89 所示。

图10-88

图10-89

（5）继续将剩余模型的材质制作完成，并且分别赋予给相应的模型，如图 10-90 所示。

图10-90

（6）最终的渲染效果，如图 10-91 所示。

图10-91

典型实例：水果材质

案例文件　案例文件 \Chapter 10\ 典型实例：水果材质 .max
视频教学　视频文件 \Chapter 10\ 典型实例：水果材质 .flv
技术掌握　掌握 VRayMtl 材质的使用方法及 UVW 贴图修改器的应用

水果在室内设计中起到装饰的作用，设计中的一抹黄色会增添一丝生机。本例的制作难点在于水果表面凹凸纹理的制作。最终的渲染效果如图 10-92 所示。

图10-92

制作步骤

（1）打开本书配套光盘中的【场景文件 /Chapter 10/05.max】文件，如图 10-93 所示。

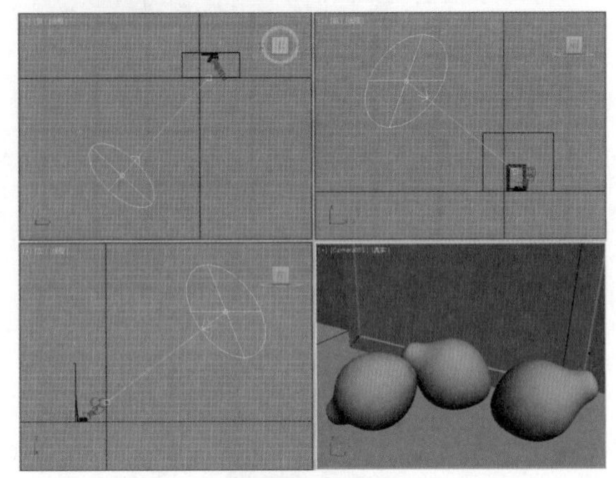

图10-93

（2）在主工具栏中单击（材质编辑器）按钮并单击一个空白材质球，然后单击 Standard 按钮，在弹出的窗口中选择【VRayMtl】，命名为【水果】。在【漫反射】通道上加载光盘中的【lemon D.jpg】贴图文件，设置【模糊】为 0.01，勾选【应用】，然后单击【查看图像】，框选红色区域的部分。接着设置【反射】为灰色、【反射光泽度】为 0.78、【细分】为 20，勾选【菲涅耳反射】，设置【菲涅耳折射率】为 3.8，如图 10-94 所示。

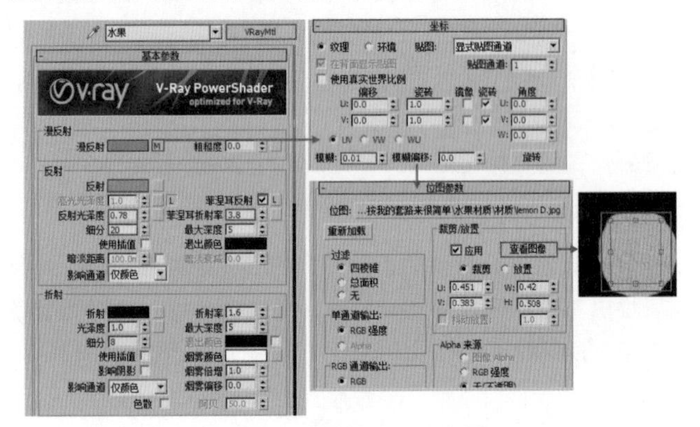

图10-94

（3）展开【贴图】卷展栏，在【凹凸】通道上加载光盘中的【噪波】程序贴图，设置【大小】为 0.06。最后设置【凹凸】为 50，如图 10-95 所示。

（4）双击该材质球，可以看到此时的材质效果，如图 10-96 所示。

（5）依次选择水果的模型并单击修改，添加【UVW 贴图】修改器，设置【贴图】类型为【柱形】、【长度】为 67mm、【宽度】为 67mm、【高度】为 79mm，设置【U 向平】为 4、【对齐】为 X，如图 10-97 所示。

（6）此时选择水果模型并单击（将材质指定给选定对

象）按钮，将该材质赋予给水果模型。并且单击（视口中显示明暗处理材质）按钮，可以看到贴图显示出来了，如图10-98所示。

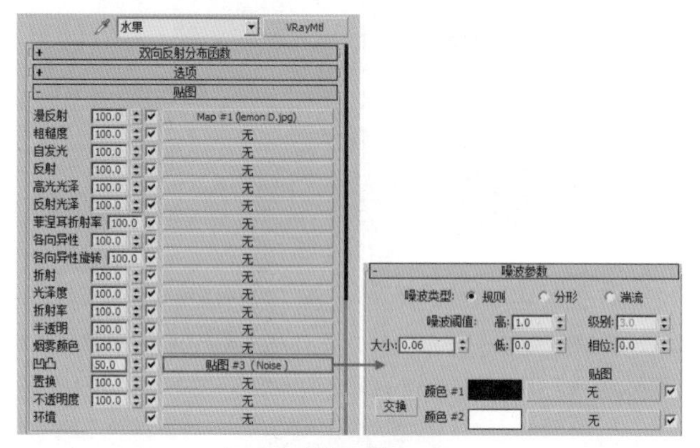

图10-95

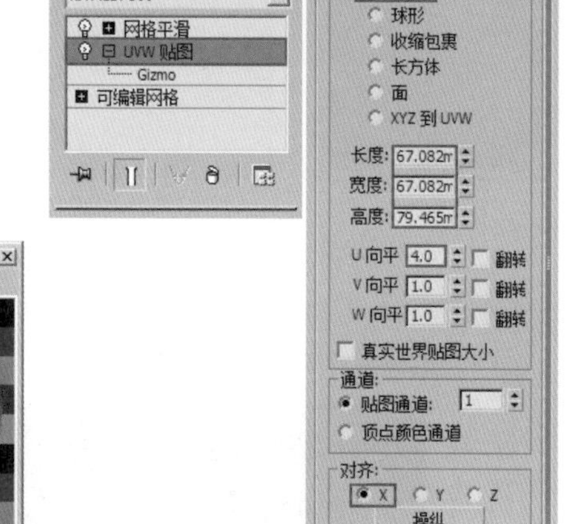

图10-96　图10-97

图10-98

（7）继续将剩余模型的材质制作完成，并且分别赋予给相应的模型，如图10-99所示。

（8）最终的渲染效果，如图10-100所示。

图10-99

图10-100

典型实例：织物材质

案例文件　案例文件\Chapter 10\典型实例：织物材质.max
视频教学　视频文件\Chapter 10\典型实例：织物材质.flv
技术掌握　掌握VRayMtl材质、衰减程序贴图及法线凹凸贴图的使用

本例的织物材质制作比较复杂，需要对VRayMtl材质的多个属性进行参数设置。本例的难点在于法线凹凸制作真实的纹理质感。最终的渲染效果如图10-101所示。

图10-101

制作步骤

（1）打开本书配套光盘中的【场景文件/Chapter 10/06.max】文件，如图10-102所示。

（2）在主工具栏中单击（材质编辑器）按钮并单击一

个空白材质球，然后单击 Standard 按钮，在弹出的窗口中选择【VRayMtl】，命名为【织物材质】。在【漫反射】通道上加载【衰减】程序贴图，并在两个颜色通道的后面分别加载光盘中的【vm_v4_063_fabric_diffuse.jpg】贴图文件，设置第二个颜色的强度为 15，如图 10-103 所示。

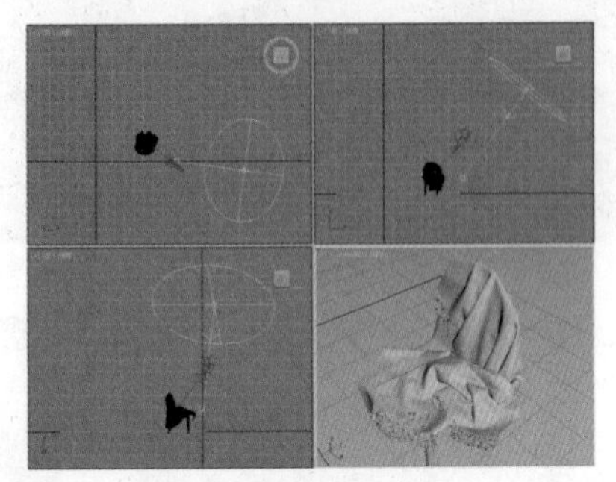

图10–102

图10–103

（3）在【反射】和【反射光泽度】通道上加载光盘中的【vm_v4_063_fabric_blend.jpg】贴图文件，设置【反射光泽度】为 0.2、【细分】为 20，勾选【菲涅耳反射】，设置【菲涅耳折射率】为 2.2。在【折射】通道上加载【衰减】程序贴图，并在第一个颜色通道的后面加载光盘中的【vm_v4_063_fabric_alpha.jpg】贴图文件，设置【折射率】为 1.01，如图 10-104 所示。

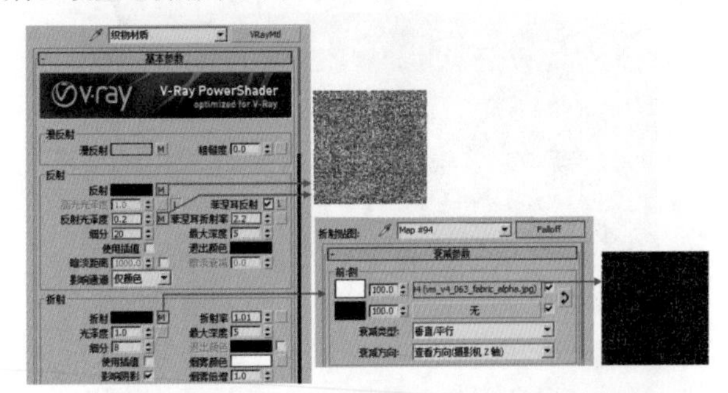

图10–104

（4）展开【贴图】卷展栏，在【凹凸】通道上加载【法线凹凸】程序贴图，接着在【法线】通道上加载光盘中的【vm_v4_063_fabric_normal】贴图文件，最后设置【凹凸】为 50，如图 10-105 所示。

（5）双击该材质球，可以看到此时的材质效果，如图 10-106 所示。

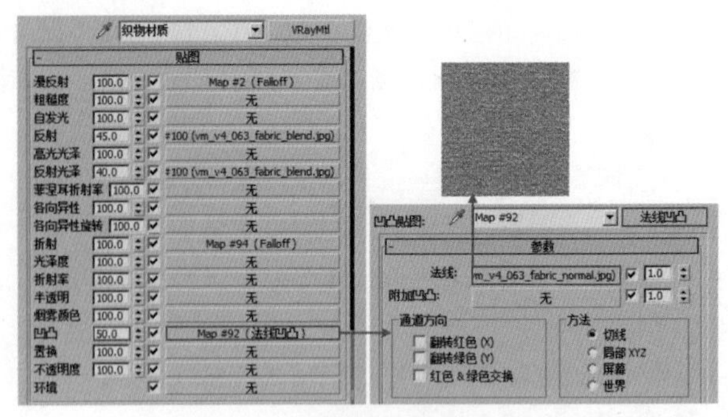

图10–105

（6）此时选择布模型，单击 （将材质指定给选定对象）按钮，将该材质赋予给布模型。并且单击 （视口中显示明暗处理材质）按钮，可以看到贴图显示出来了，如图 10-107 所示。

图10–106

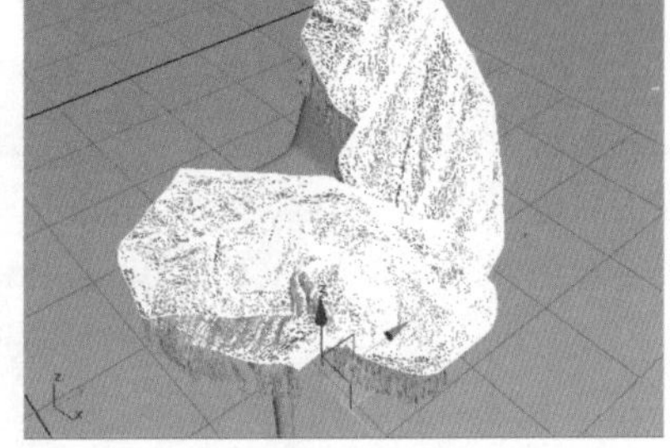

图10–107

（7）继续将剩余模型的材质制作完成，并且分别赋予给相应的模型，如图 10-108 所示。

（8）最终的渲染效果，如图 10-109 所示。

图10–108

图10–109

10.6 其他常用材质的制作

除了 VRayMtl 材质之外，还有很多材质要学习哦！很多材质的效果只利用 VRayMtl 材质是完成不了的，一起来学习其他几种常用的材质吧！

10.6.1 VR-灯光材质

【VR- 灯光材质】常用来模拟发光发亮的材质效果。参数如图 10-110 所示。

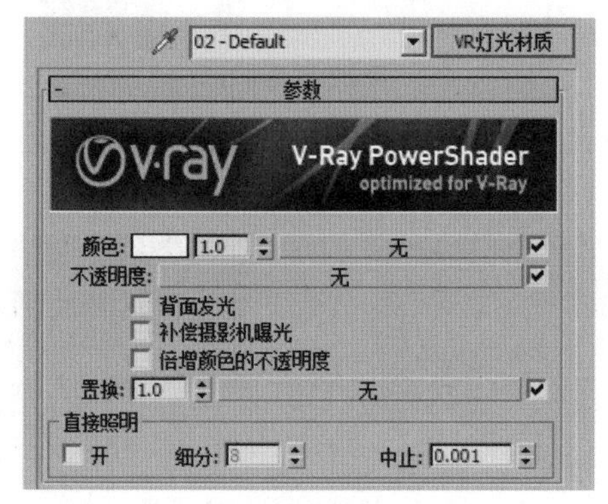

图10-110

- 颜色：设置对象自发光的颜色，后面的输入框用于设置自发光的【强度】。
- 不透明度：可以在后面的通道中加载贴图。
- 背面发光：开启该选项后，物体会双面发光。
- 补偿摄影机曝光：控制相机曝光补偿的数值。
- 倍增颜色的不透明度：勾选该选项后，将控制不透明度与颜色相乘。

10.6.2 混合材质

【混合】材质可以模拟两种不同材质的混合效果，通过一张贴图控制混合的位置，如图 10-111 所示。

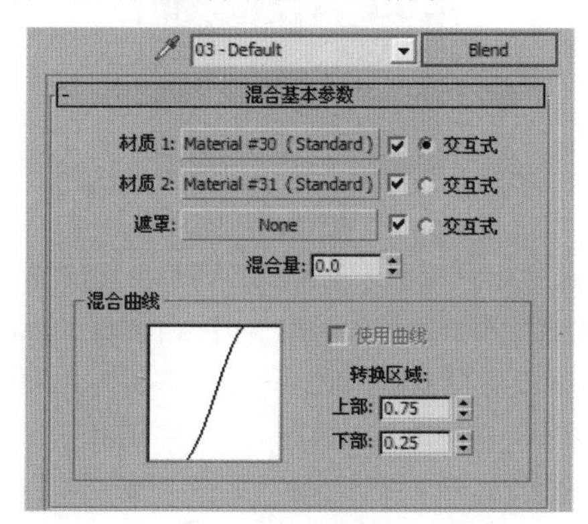

图10-111

典型实例：花纹床单

案例文件　案例文件 \Chapter 10\ 典型实例：花纹床单 .max
视频教学　视频文件 \Chapter 10\ 典型实例：花纹床单 .flv
技术掌握　掌握混合材质的使用

花纹床单非常华丽，常使用丝绸等材料制作而成，表面质感强烈凸显高档的气息，深受人们喜爱。本例的制作难点在于混合材质中两种材质属性的调整。最终的渲染效果如图 10-112 所示。

图10-112

制作步骤

（1）打开本书配套光盘中的【场景文件 /Chapter 10/07.max】文件，如图 10-113 所示。

（2）在主工具栏中单击（材质编辑器）按钮并单击一个空白材质球，然后单击 Standard 按钮，在弹出的窗口中选择【混合】，命名为【花纹床单】，如图 10-114 所示。

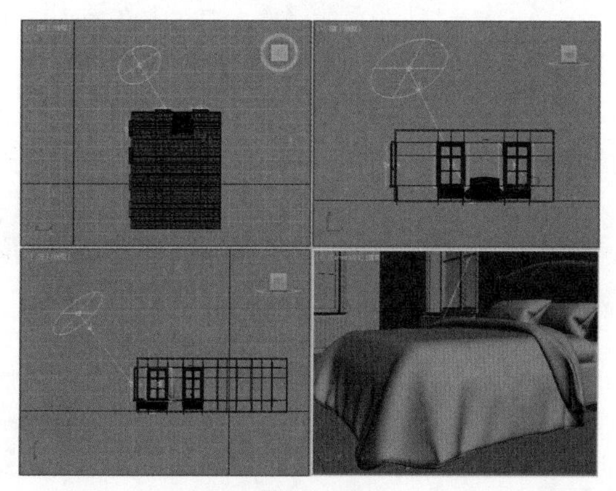

图10-113

图10-114

（3）在【材质 1】后面的通道上加载【VRayMtl】材质。在【漫反射】通道上加载【衰减】程序贴图，设置第一个颜色为浅蓝色，在第二个颜色后面的通道上加载光盘中的【velur_1.jpg】贴图文件，设置【衰减类型】为【Fresnel】，最后调节混合曲线的形状，如图 10-115 所示。

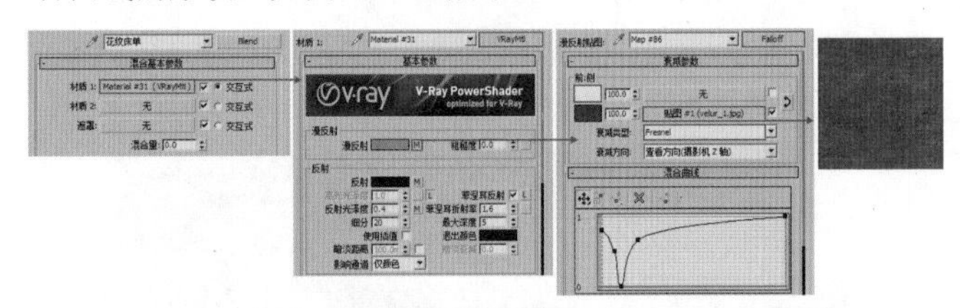

图10-115

（4）继续在【反射】通道上加载光盘中的【velur_1mask.jpg】贴图文件，设置【瓷砖】的【U】和【V】均为 5，【模糊】为 0.8，勾选【菲涅耳反射】，设置【反射光泽度】为 0.4、【细分】为 20。最后在【反射光泽度】通道上同样加载光盘中的【velur_1mask.jpg】贴图文件，参数设置与上面一致，如图 10-116 所示。

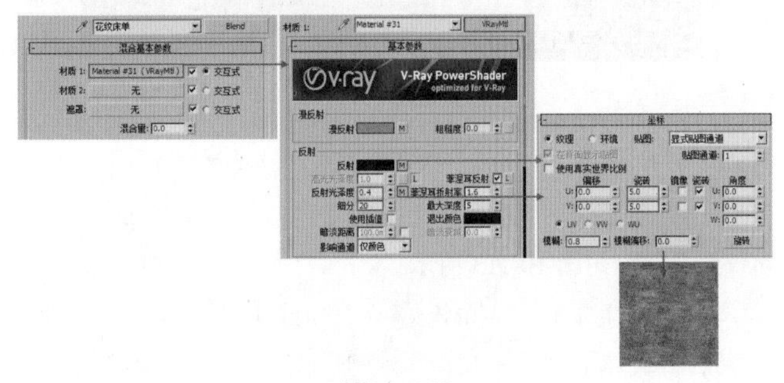

图10-116

（5）在【材质 2】后面的通道上加载【VRayMtl】材质。设置【漫反射】为橙色、【反射】为浅绿色、【高光光泽度】为 0.78、【反射光泽度】为 0.78、【细分】为 20，如图 10-117 所示。

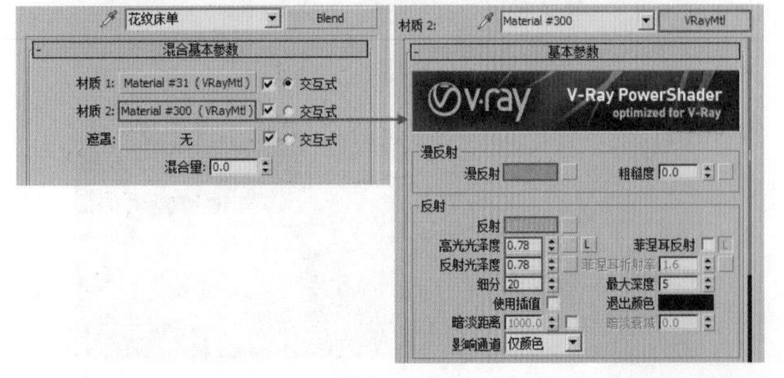

图10-117

（6）在【遮罩】后面的通道上加载光盘中的【黑白 .png】贴图文件，设置【瓷砖】的【U】和【V】均为 5，如图 10-118 所示。

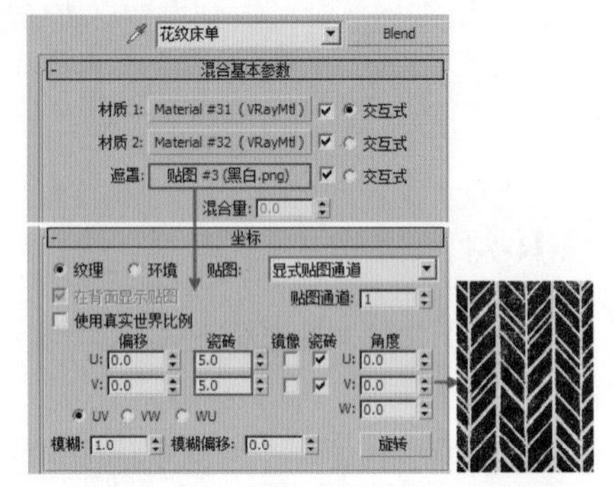

图10-118

（7）此时选择床单模型并单击（将材质指定给选定对象）按钮，将该材质赋予给床单模型，如图 10-119 所示。

图10-119

（8）双击该材质球，可以看到此时的材质效果，如图 10-120 所示。

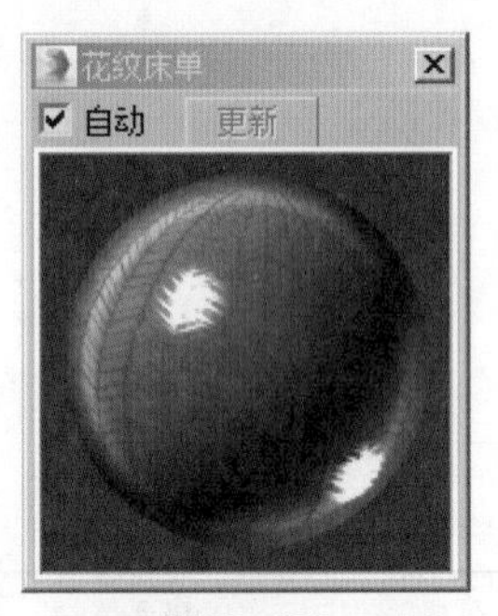

图10-120

（9）选择床单模型，单击修改，添加【UVW 贴图】修改器，设置【贴图】类型为【长方体】、【长度】为 545mm、【宽度】为 353mm、【高度】为 475mm、【对齐】为 Z，如图 10-121 所示。

（10）继续将剩余模型的材质制作完成，并且分别赋予给相应的模型，如图 10-122 所示。

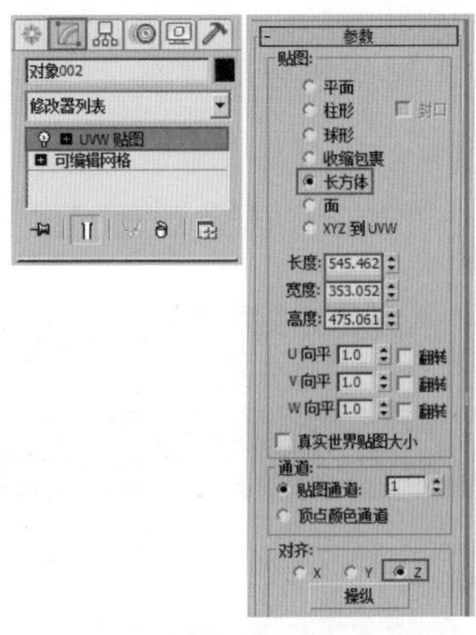

图10-121

图10-122

（11）最终的渲染效果，如图 10-123 所示。

图10-123

10.6.3　多维/子对象材质

【多维 / 子对象】材质可以采用几何体的子对象级别以分配不同的材质，如图 10-124 所示。

图10-124

10.6.4　Ink'n Paint材质

【Ink'n Paint（墨水油漆）】材质可以模拟卡通的材质效果，如图 10-125 所示。

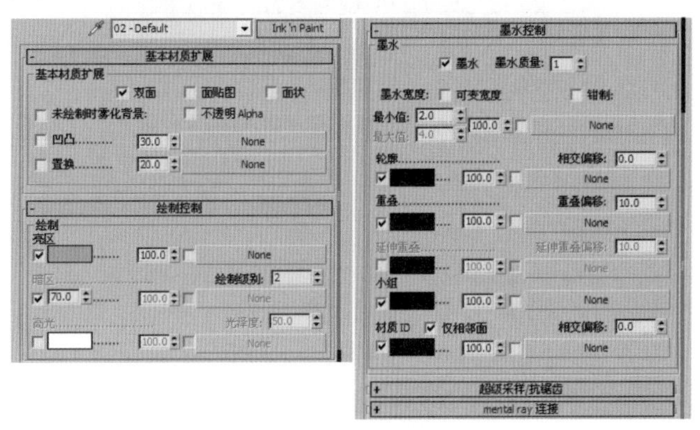

图10-125

10.6.5　VR-覆盖材质

【VR-覆盖材质】可以更细致地控制材质的反射、折射等。【VR-覆盖材质】共有 5 种材质通道，分别是【基本材质】、【全局照明材质】、【反射材质】、【折射材质】和【阴影材质】，如图 10-126 所示。

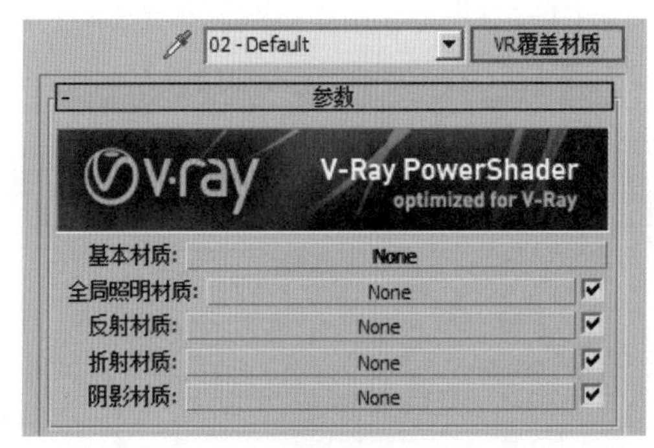

图10-126

- 基本材质：它是物体的基础材质。
- 全局照明材质：它是物体的全局光材质。当使用这个参数的时候，灯光的反弹将依照这个材质的灰度来进行控制，而不是按照基础材质来进行的。
- 反射材质：物体的反射材质，即在反射里看到物体的材质。
- 折射材质：物体的折射材质，即在折射里看到物体的材质。
- 阴影材质：基本材质的阴影将用该参数中的材质来进行控制，而且基本材质的阴影将无效。

10.6.6 顶/底材质

【顶 / 底】材质可以模拟物体顶部和底部分别为不同材质的效果，比如模拟雪山的效果。【顶 / 底】材质的参数设置面板，如图 10-127 所示。

图10–127

- 顶材质/底材质：设置顶部与底部的材质。
- 交换：交换【顶材质】与【底材质】的位置。
- 世界/局部：按照场景中的世界/局部坐标以使各个面朝上或朝下。
- 混合：混合顶部子材质和底部子材质之间的边缘。
- 位置：设置两种材质在对象上划分的位置。

10.6.7 双面材质

【双面】材质通常用来模拟双面物体的材质效果，如扑克牌、雨伞、树叶等。图 10-128 所示为其参数。

图10–128

10.6.8 VR-材质包裹器材质

【VR- 材质包裹器】材质可以控制材质的全局光照、焦散和物体的不可见等特殊属性。【VR- 材质包裹器】其参数面板，如图 10-129 所示。

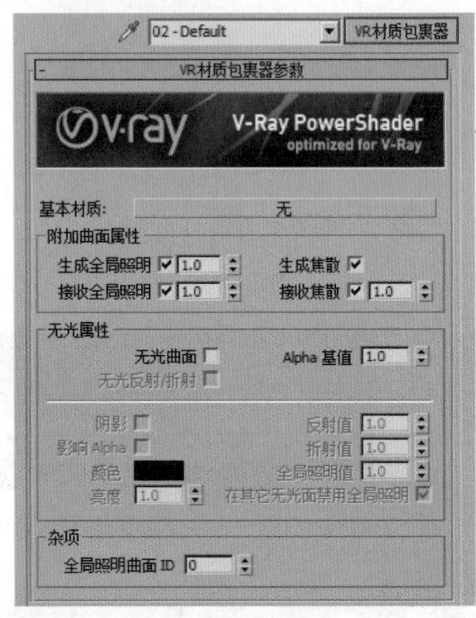

图10–129

10.6.9 VR-快速SSS2材质

【VR- 快速 SSS2】材质常用来模拟半透明质感的效果，如玉石、蜡烛等。图 10-130 所示为其参数。

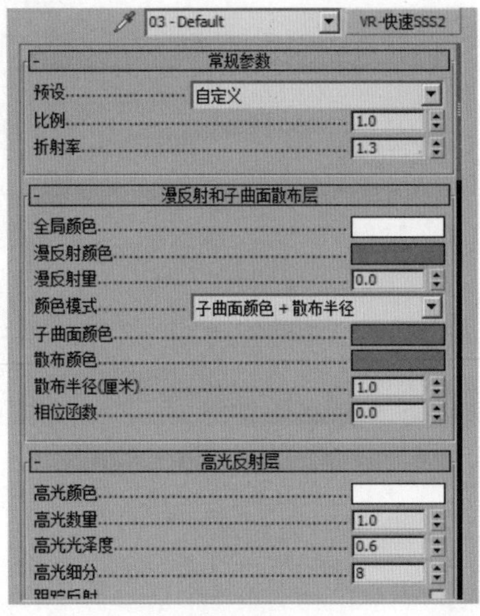

图10–130

10.7 初识贴图，至少有50%的人不清楚下面的几个概念

刚接触贴图时，会有很多初学者感觉迷茫，容易混淆很多概念。在这里为大家列举了几个最常见的问题，一起来了解一下吧，不要在这些问题上犯错误哦！

10.7.1 独家秘笈——你肯定混淆了，贴图和材质的区别很大！

刚才学习了【材质】，现在又出现了【贴图】。这两个概念太容易混淆了，需要特别区分一下。大家要记住，应该先设置材质类型，然后再设置贴图类型，贴图是需要附加在材质的某一个贴图通道中的，比如位图、凹凸通道等。

10.7.2 独家秘笈——位图和程序贴图的区别又是什么？

【位图】可以理解为照片、图片，可以从网络上下载，也可用相机拍摄，这类图片都称为位图。而程序贴图则是 3ds Max 自动生成的图，例如噪波程序贴图、衰减程序贴图等。无论位图还是程序贴图都是 3ds Max 中经常使用的贴图类型。

10.7.3 独家秘笈——为什么我在凹凸贴图上附加了贴图，渲染不出贴图的颜色？

在通道上加载贴图时，一定要确认需要在哪个通道上加载，在不同的通道上加载贴图，渲染的效果是不同的。比如在【漫反射】通道上加载位图，如图 10-131 所示。渲染效果后会发现模型被渲染出了贴图的颜色，这说明漫反射通道起了作用，如图 10-132 所示。

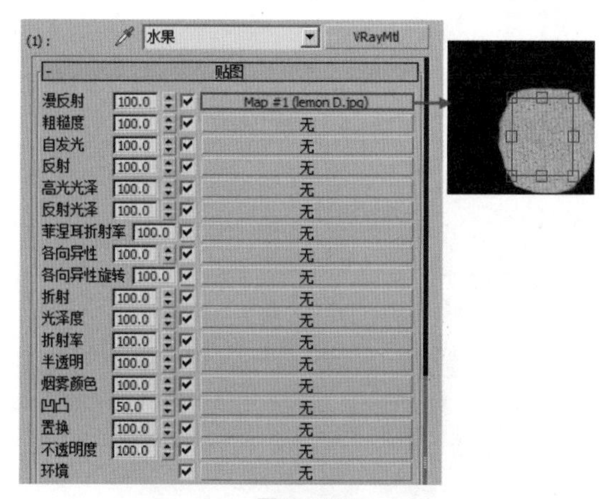

图10-131

比如在【凹凸】通道上加载位图，如图 10-133 所示。渲染效果后会发现模型被渲染出了凹凸起伏的质感，这说明凹凸通道起了作用，如图 10-134 所示。

图10-132

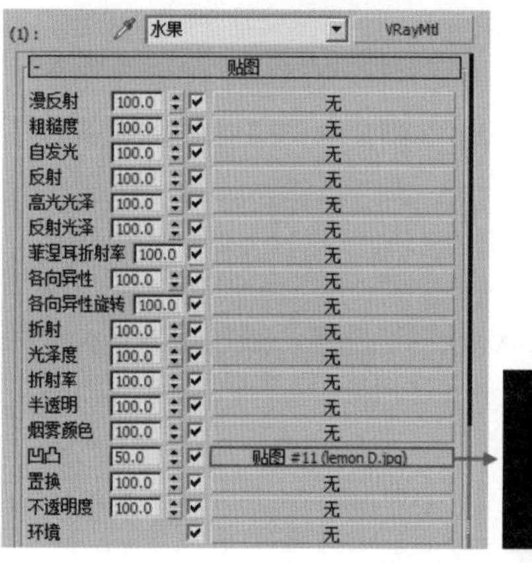

图10-133

图10-134

比如在【漫反射】和【凹凸】通道上都加载位图，如图 10-135 所示。渲染效果后会发现模型被渲染出了贴图的颜色和凹凸起伏的质感，这说明漫反射和凹凸通道共同起了作用，如图 10-136 所示。

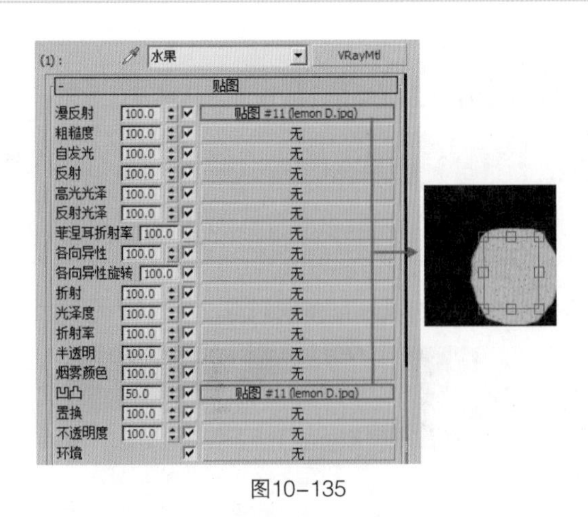

图10-135

图10-136

10.8　贴图面板

展开【贴图】卷展栏，这里有很多贴图通道，在这些通道中可以添加贴图来表现物体的属性，如图 10-137 所示。

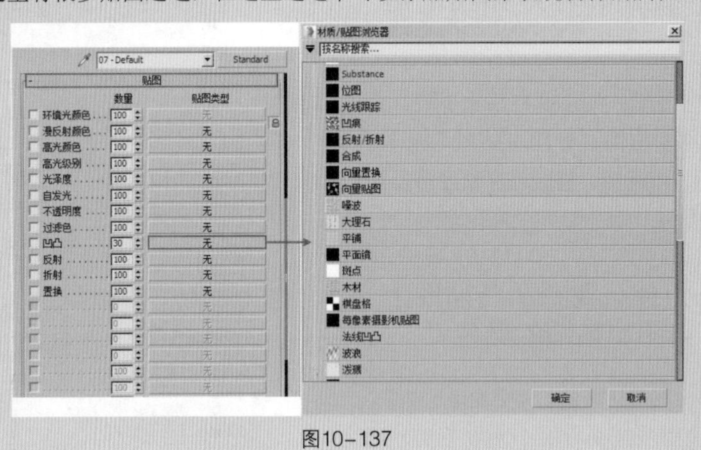

图10-137

10.9　独家秘笈——UVW贴图修改器，太重要了！

在材质上加载木纹贴图后，将材质赋予给模型，如图 10-138 和图 10-139 所示。这时会发现贴图拉伸了，很奇怪，那怎么办呢？以后再遇到这个问题，首先要想到使用【UVW 贴图】修改器。

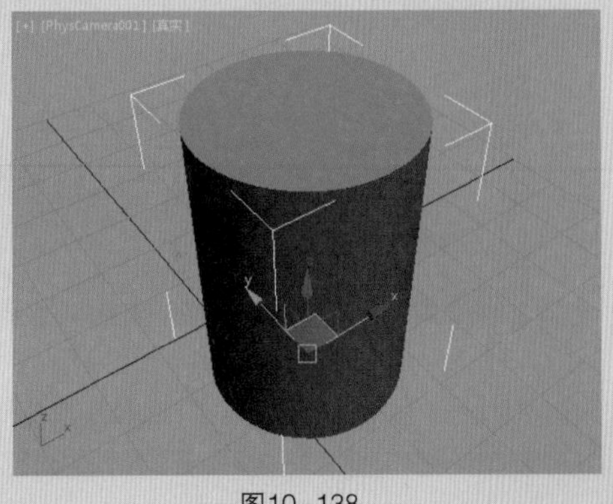

图10-138

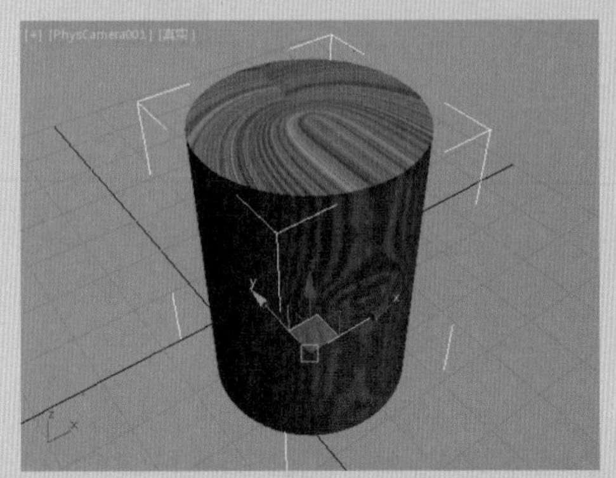

图10-139

选择模型，单击修改并为模型加载【UVW 贴图】修改器，默认的【贴图】方式是【平面】，如图 10-140 所示。图 10-141 所示可以看到圆柱顶部正确了，但是中间贴图的显示又错了。

图10-140

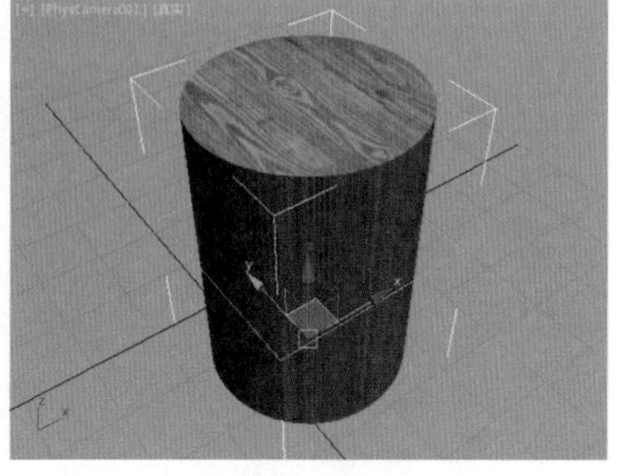

图10-141

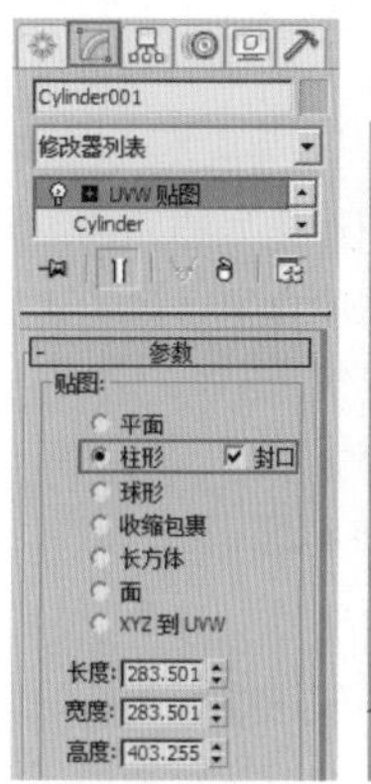

图10-142

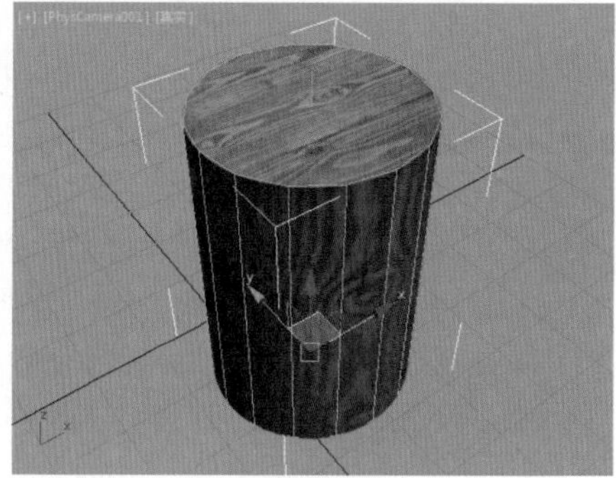

图10-143

不急，根据模型的形态进行分析可以知道要选择【柱形】方式，并勾选【封口】，如图 10-142 所示，如图 10-143 所示，此时的贴图都显示正确了。

【UVW 贴图修改器】不仅可以设置贴图的显示方式，还可以控制 U、V、W 轴线的平铺，使贴图显示出疏散或密集的效果，如图 10-144 和图 10-145 所示。

图10-144

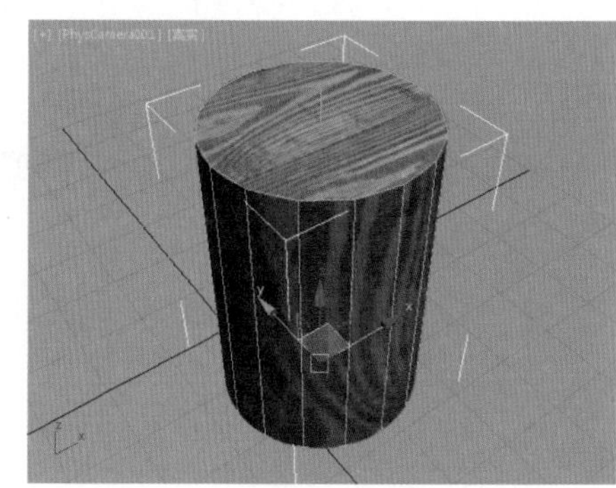

图10-145

10.10 常用的贴图类型

单击任意一个通道，在弹出的【材质 / 贴图浏览器】面板中可以观察到有很多贴图类型，主要包括【2D 贴图】、【3D 贴图】、【合成器贴图、】【颜色修改器贴图】、【反射和折射贴图】以及【VRay 贴图】，【材质 / 贴图浏览器】面板参数如图 10-146 所示。

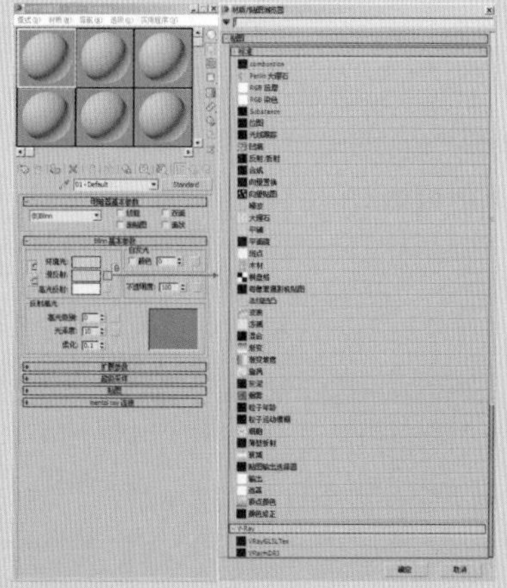

图10-146

1. 2D 贴图

❖ 位图：通常在这里加载位图贴图，它是最为重要的贴图。
❖ 每像素摄影机贴图：将渲染后的图像作为物体的纹理贴图，按照当前摄影机的方向贴在物体上，可以进行快速渲染。
❖ 棋盘格：产生黑白交错棋盘格的图案。
❖ 渐变：使用3种颜色创建渐变图案。
❖ 渐变坡度：可以产生多色渐变的效果。
❖ 法线凹凸：可以改变曲面上的细节和外观。
❖ Substance：使用这个包含Substance参数化纹理的库，可获得各种范围的材质。
❖ 漩涡：可以创建两种颜色的漩涡图形。
❖ 平铺：该贴图可以模拟瓷砖的效果。
❖ 向量置换：向量置换贴图允许在三个维度上置换网格，这与之前仅允许沿曲面法线进行置换的方法形成鲜明对比。
❖ 向量贴图：与位图贴图类似，都可以添加贴图。

2. 3D 贴图

❖ 细胞：可以模拟细胞形状的图案。
❖ 凹痕：可以作为凹凸贴图，产生风化和腐蚀的效果。
❖ 衰减：产生两色过渡的效果，这是最为重要的贴图。
❖ 大理石：产生岩石断层的效果。
❖ 噪波：通过两种颜色或贴图的随机混合，产生一种无序的杂点效果。
❖ 粒子年龄：专门用于粒子系统，通常用来制作彩色粒子流动的效果。
❖ 粒子运动模糊：根据粒子速度产生模糊的效果。
❖ Prelim大理石：通过两种颜色混合，产生类似于珍珠岩纹理的效果。
❖ 烟雾：产生丝状、雾状或絮状等无序的纹理效果。
❖ 斑点：产生两色杂斑的纹理效果。
❖ 泼溅：产生类似于油彩飞溅的效果。
❖ 灰泥：用于制作产生腐蚀生锈的金属和物体破败的效果。
❖ 波浪：可创建波状的，类似于水纹的贴图效果。
❖ 木材：用于制作产生木头的效果。

3. 合成器贴图

❖ 合成：可以将两个或两个以上的子材质叠加在一起。
❖ 遮罩：使用一张贴图作为遮罩。
❖ 混合：将两种贴图混合在一起，通常用来制作多个材质渐变融合或覆盖的效果。
❖ RGB倍增：主要配合【凹凸】贴图一起使用，允许将两种颜色或两种贴图的颜色进行相乘处理，从而增加图像的对比度。

4. 颜色修改器贴图

❖ 颜色修正：可以调节材质的色调、饱和度、亮度和对比度。
❖ 输出：专门用来弥补某些无输出设置的贴图类型。
❖ RGB染色：通过3个颜色通道来调整贴图的色调。
❖ 顶点颜色：根据材质或原始顶点的颜色来调整RGB或RGBA的纹理。

5. 反射和折射贴图

❖ 平面镜：使共平面的表面产生类似于镜面反射的效果。
❖ 光线跟踪：可模拟真实的完全反射与折射的效果。
❖ 反射/折射：可产生反射与折射的效果。
❖ 薄壁折射：配合折射贴图一起使用，能产生透镜变形的折射效果。

6. VRay 贴图

❖ VRayHDRI：VRayHDRI可以翻译为高动态范围贴图，它主要用来设置场景中的环境贴图，即把HDRI当作光源来使用。
❖ VR边纹理：它是一种非常简单的材质，效果和3ds Max里的线框材质类似。
❖ VR合成纹理：可以通过两个通道里贴图色度、灰度的不同来进行减、乘、除等操作。
❖ VR天空：可以调节出背景环境中天空的贴图效果。
❖ VR位图过滤器：它是一个非常简单的程序贴图，它可以编辑贴图纹理的X、Y轴向。
❖ VR污垢：可以用来模拟真实物理世界中物体上的污垢效果。
❖ VR颜色：可以用来设定任何颜色。
❖ VR贴图：因为VRay不支持3ds Max里的光线追踪贴图类型，所以在使用3ds Max标准材质时反射和折射就可以用【VR贴图】来代替。

10.10.1 位图贴图

【位图】贴图是 3ds Max 中最常用的贴图，通过【位图】贴图可以将电脑中的图片作为贴图。【位图】的参数面板，如图 10-147 所示。

❖ 偏移：用来控制贴图的偏移效果。
❖ 瓷砖：用来控制贴图平铺重复的程度。
❖ 角度：用来控制贴图的旋转效果。
❖ 模糊：用来控制贴图的模糊程度，数值越大贴图越模糊，渲染速度越快。

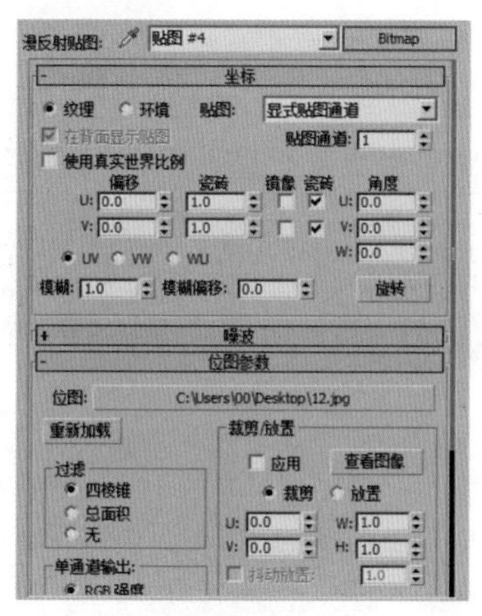

图10-147

❖ 裁剪/放置：在【位图参数】卷展栏下勾选【应用】选项，然后单击后面的查看图像按钮，接着在弹出的对话框中可以框选出一个区域，该区域表示贴图只应用在框选的这部分区域内。

典型实例：位图贴图制作照片墙

案例文件　案例文件\Chapter 10\典型实例：位图贴图制作照片墙.max
视频教学　视频文件\Chapter 10\典型实例：位图贴图制作照片墙.flv
技术掌握　掌握标准材质及位图贴图的使用

照片墙是室内软装饰设计中很重要的组成部分，多张装饰画按照一定的摆放方式悬挂于墙体上，装饰感超强。本例比较简单，主要应用位图制作贴图。最终的渲染效果如图 10-148 所示。

图10-148

制作步骤

（1）打开本书配套光盘中的【场景文件/Chapter 10/08.max】文件，如图 10-149 所示。

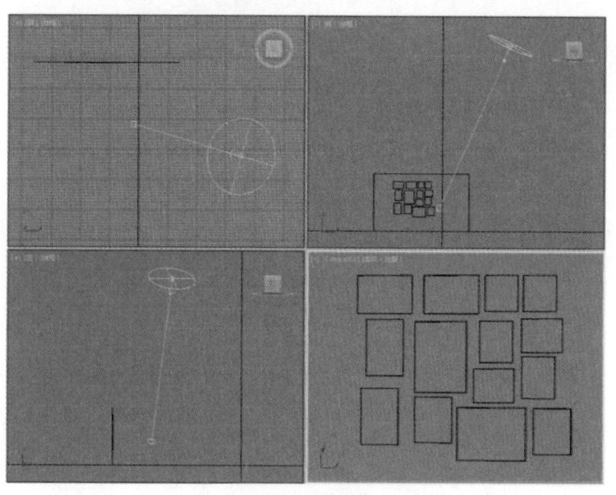

图10-149

（2）在主工具栏中单击（材质编辑器）按钮并单击一个空白材质球，设置材质类型为【Standard（标准）】材质，命名为【照片墙】。在【漫反射】通道上加载光盘中的【5.jpg】贴图文件，设置【模糊】为 0.01，如图 10-150 所示。

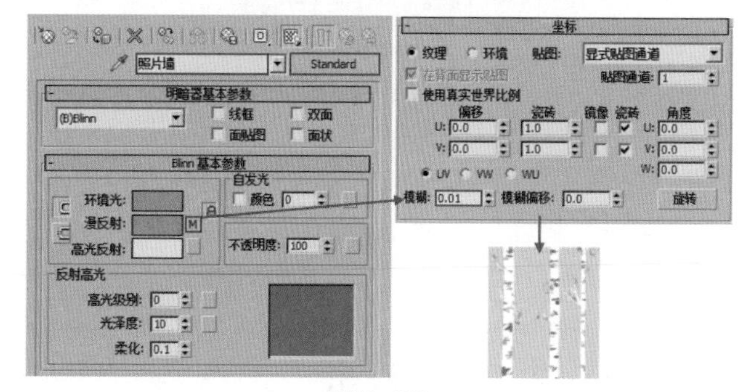

图10-150

（3）双击该材质球，可以看到此时的材质效果，如图 10-151 所示。

（4）选择装饰画模型并单击（将材质指定给选定对象）按钮，将该材质赋予给装饰画模型。并且单击（视口中显示明暗处理材质）按钮，可以看到贴图显示出来了，如图 10-152 所示。

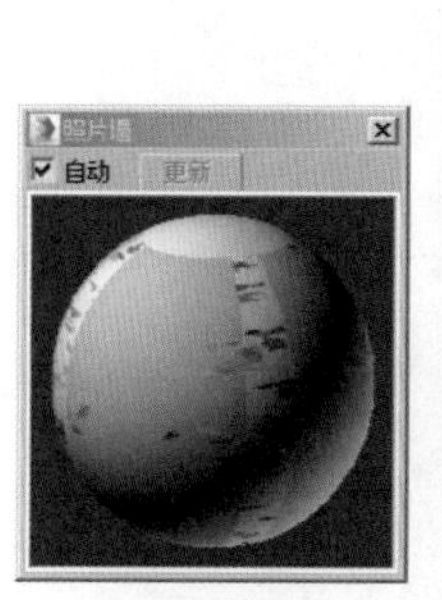

图10-151

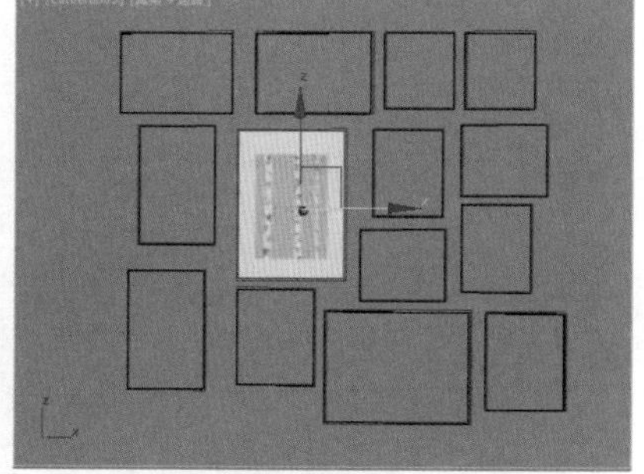

图10-152

（5）继续将剩余模型的材质制作完成，并且分别赋予给相应的模型，如图 10-153 所示。

（6）最终的渲染效果，如图 10-154 所示。

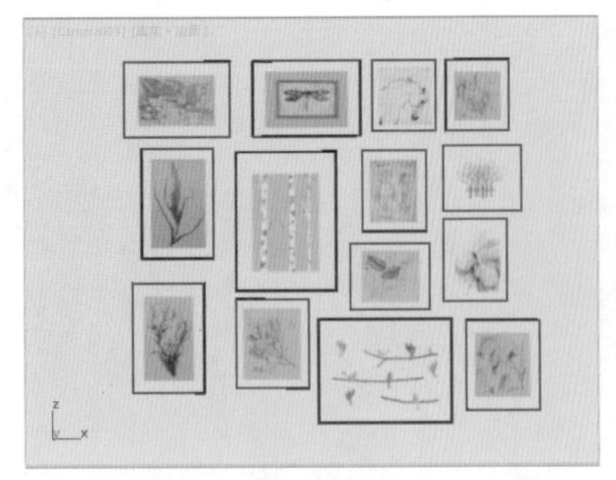

图10–153

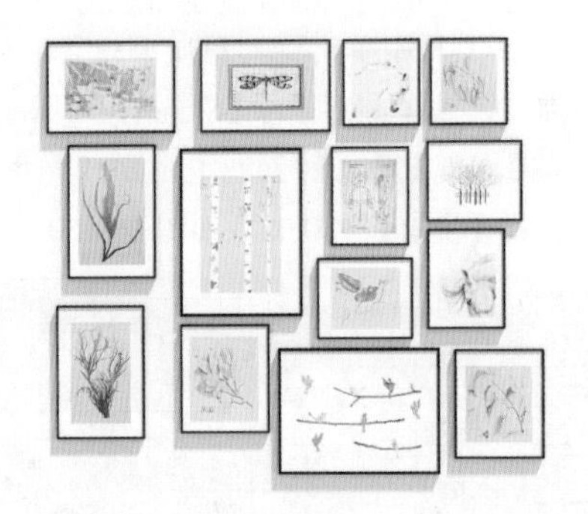

图10–154

典型实例：皮材质

案例文件　案例文件 \Chapter 10\ 典型实例：皮材质 .max
视频教学　视频文件 \Chapter 10\ 典型实例：皮材质 .flv
技术掌握　掌握 VRayMtl 材质的应用及真实凹凸纹理的制作方法

皮材质的质感比较突出，不仅有一定的反射，而且还带有很细致的凹凸细纹。本案例的制作难点在于真实皮革质感的模拟。最终的渲染效果如图 10-155 所示。

图10–155

制作步骤

（1）打开本书配套光盘中的【场景文件 /Chapter 10/09.max】文件，如图 10-156 所示。

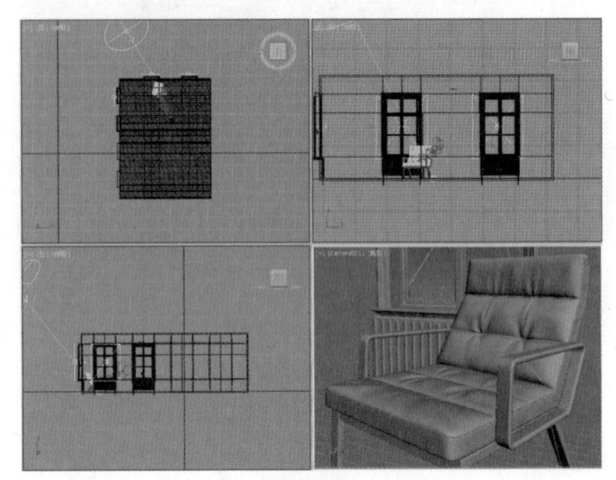

图10–156

（2）在主工具栏中单击（材质编辑器）按钮并单击一个空白材质球，然后单击 Standard 按钮，在弹出的窗口中选择【VRayMtl】，命名为【皮材质】。在【漫反射】通道上加载光盘中的【andoo_color.jpg】贴图文件，设置【反射】为深灰色、【高光光泽度】为 0.8、【反射光泽度】为 0.9、【细分】为 32，勾选【菲涅耳反射】，设置【菲涅耳折射率】为 7，如图 10-157 所示。

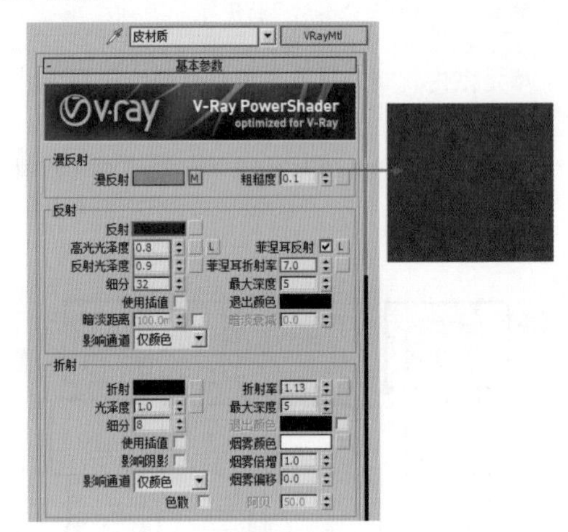

图10–157

（3）展开【贴图】卷展栏，在【凹凸】通道上加载光盘中的【沙发皮凹凸 .jpg】贴图文件，设置【瓷砖】的【U】和【V】均为 0.2，【模糊】为 0.5。最后设置【凹凸】为 -40，如图 10-158 所示。

（4）双击该材质球，可以看到此时的材质效果，如图 10-159 所示。

（5）选择沙发坐垫模型。单击修改，添加【UVW 贴图】修改器，设置【贴图】类型为【长方体】、【长度】为 0.5mm、【宽度】为 0.5mm、【高度】为 0.5mm、【对齐】为 Z，如图 10-160 所示。

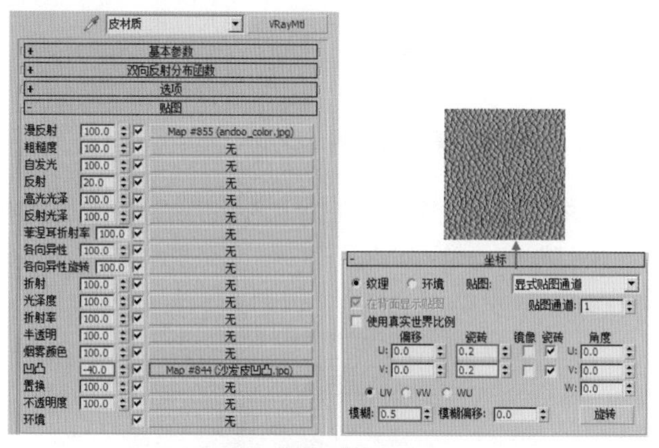

图10-158

图10-159

（6）此时选择沙发坐垫模型并单击（将材质指定给选定对象）按钮，将该材质赋予给沙发坐垫模型，如图 10-161 所示。

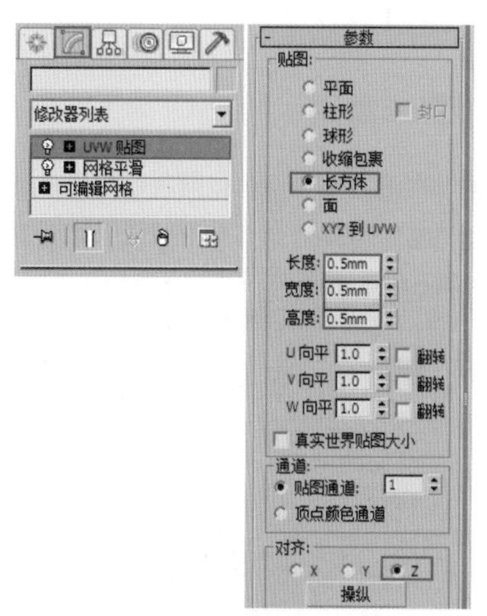

图10-160

（7）继续将剩余模型的材质制作完成，并且分别赋予给相应的模型，如图 10-162 所示。

（8）最终的渲染效果，如图 10-163 所示。

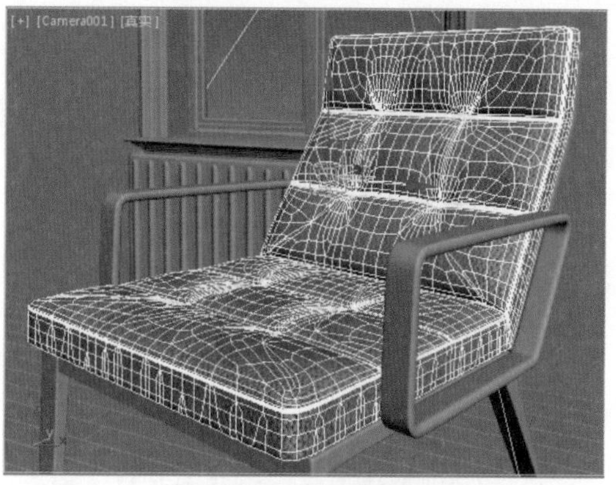

图10-161

图10-162

图10-163

10.10.2 VRayHDRI贴图

VRayHDRI 又称为高动态范围贴图。通常使用该贴图模拟真实的环境效果。其参数面板如图 10-164 所示。

- 位图：单击后面的 浏览 按钮可以指定一张HDRI贴图。
- 贴图类型：控制HDRI的贴图方式，主要分为以下5类。
- 成角贴图：主要用在使用对角拉伸坐标方式的HDRI中。

图10-164

- 立方环境贴图：主要用在使用立方体坐标方式的HDRI中。
- 球状环境贴图：主要用在使用球形坐标方式的HDRI中。
- 球体反射：主要用在使用镜像球形坐标方式的HDRI中。
- 直接贴图通道：主要用在对单个物体指定环境的贴图中。

❖ 水平旋转：控制HDRI在水平方向上的旋转角度。

❖ 水平翻转：让HDRI在水平方向上翻转。

❖ 垂直旋转：控制HDRI在垂直方向上的旋转角度。

❖ 垂直翻转：让HDRI在垂直方向上的翻转。

❖ 全局倍增：用来控制HDRI的亮度。

❖ 渲染倍增：设置渲染时光强度的倍增。

❖ 伽马值：设置贴图的伽马值。

❖ 插值：可以选择插值的方式，包括【双线性】、【双立体】、【四次幂】、【默认】。

10.10.3 VR-边纹理贴图

【VR-边纹理】贴图可以模拟物体带有线框的效果。其参数面板如图10-165所示。

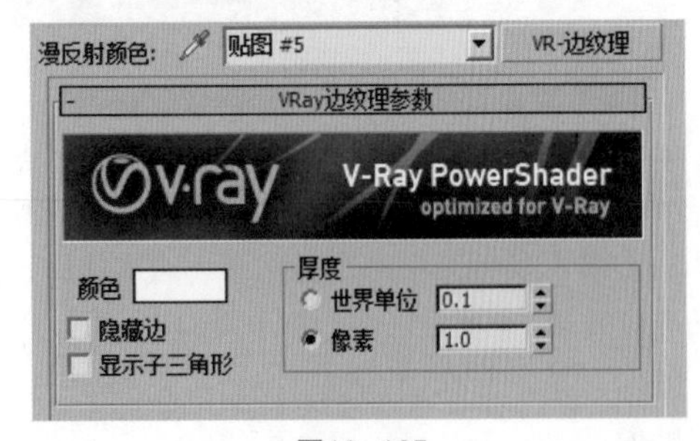

图10-165

❖ 颜色：设置边线的颜色。

❖ 隐藏边：当勾选该选项后，物体背面的边线也将被渲染出来。

❖ 厚度：决定边线的厚度，主要分为以下两个单位。

❖ 世界单位：厚度单位为场景中的尺寸单位。

❖ 像素：厚度单位为像素。

10.10.4 VR-天空贴图

【VR-天空】贴图用来控制模拟场景背景中天空贴图的效果，也可以用来模拟真实的天空效果。其参数面板如图10-166所示。

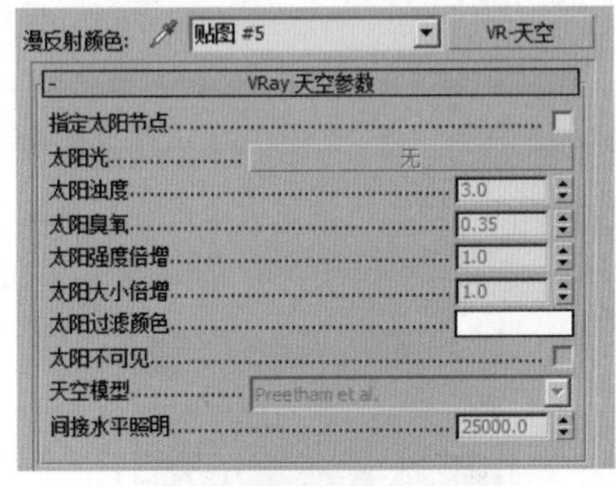

图10-166

❖ 指定太阳节点：当不勾选该选项时，【VR-天空】的参数将从场景中【VR-太阳】的参数里自动匹配；当勾选该选项后，用户就可以从场景中选择不同的光源，【VR-太阳】将不再控制【VR-天空】的效果，【VR-天空】将用它自身的参数来改变天光的效果。

❖ 太阳光：单击后面的按钮可以选择太阳光源，这里除了可以选择【VR-太阳】之外，还可以选择其他的光源。

10.10.5 衰减贴图

【衰减】贴图通过两种颜色或两种贴图进行衰减过渡，它可以产生很好的过渡效果。其参数设置面板如图10-167所示。

图10-167

❖ “前：侧”：用来设置【衰减】贴图的【前】和【侧】通道的参数。

❖ 衰减类型：设置衰减的方式，共有以下5种方式。

- 垂直/平行：在与衰减方向相垂直的面法线或与衰减方向相平行的法线之间设置角度衰减的范围。
- 朝向/背离：在面向衰减方向的面法线或背离衰减方向的法线之间设置角度衰减的范围。
- Fresnel：基于【折射率】在面向视图的曲面上产生暗淡的反射，而在有倾斜角度的曲面上产生较明亮的反射。
- 阴影/灯光：基于落在对象上的灯光，在两个子纹理之间进行调节。
- 距离混合：基于【近端距离】值和【远端距离】值，在两个子纹理之间进行调节。

❖ 衰减方向：设置衰减的方向。

❖ 对象：从场景中拾取对象并将其名称放到按钮上。

❖ 覆盖材质IOR：允许将材质更改为所设置的【折射率】。

❖ 折射率：设置一个新的【折射率】。只有在启用【覆盖材质IOR】后该选项才可用。

❖ 近端距离：设置混合效果开始的距离。

❖ 远端距离：设置混合效果结束的距离。

❖ 外推：启用此选项之后，效果继续超出“近端”和“远端”距离。

典型实例：衰减贴图制作沙发

案例文件	案例文件\Chapter 10\典型实例：衰减贴图制作沙发.max
视频教学	视频文件\Chapter 10\典型实例：衰减贴图制作沙发.flv
技术掌握	掌握VRayMtl材质及衰减程序贴图的使用

沙发是室内最常见的家具之一。常见的沙发材质有皮革、布纹等，而沙发腿多以木质、金属为主。本例的制作难点在于对沙发特有的衰减效果的模拟。最终的渲染效果如图10-168所示。

图10-168

制作步骤

（1）打开本书配套光盘中的【场景文件/Chapter 10/10.max】文件，如图10-169所示。

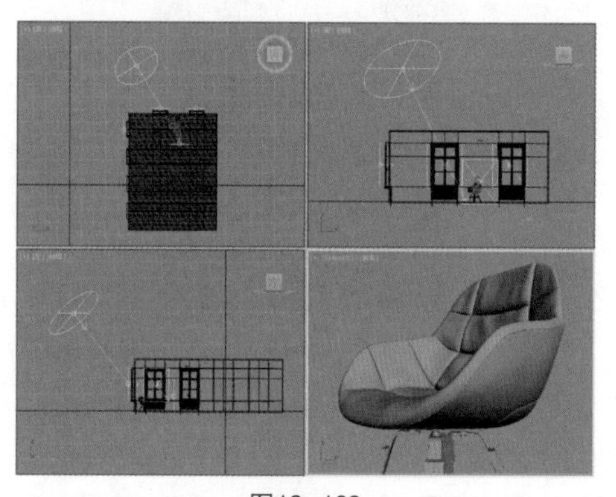

图10-169

（2）在主工具栏中单击（材质编辑器）按钮并单击一个空白材质球，然后单击 Standard 按钮，在弹出的窗口中选择【VRayMtl】，命名为【沙发】。在【漫反射】通道上加载【衰减】程序贴图，在第一个颜色通道上加载光盘中的【eva-2266r-chair-by-zanotta-textile.jpg】贴图文件，设置第二个颜色为蓝色，设置【衰减类型】为【Fresnel】。接着设置【反射】为深灰色、【反射光泽度】为0.6、【细分】为30，勾选【菲涅耳反射】，如图10-170所示。

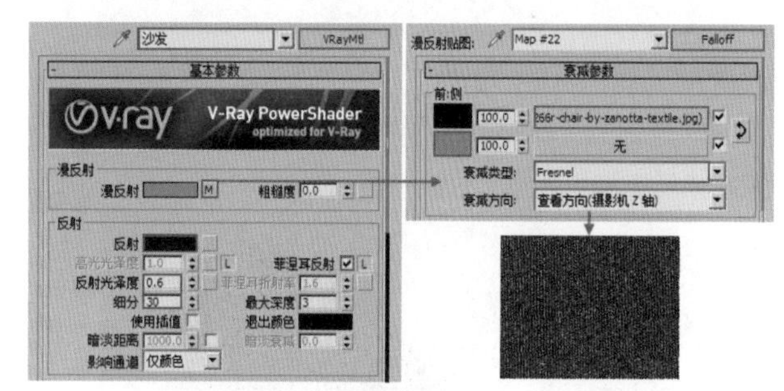

图10-170

（3）展开【贴图】卷展栏，在【凹凸】通道上加载光盘中的【凹凸.jpg】贴图文件，设置【凹凸】为15，如图10-171所示。

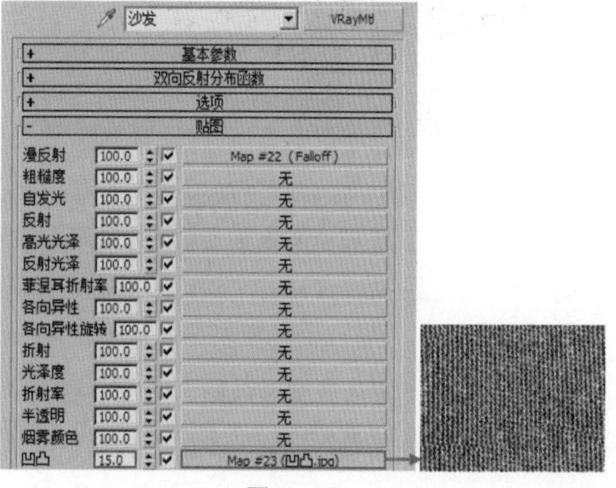

图10-171

（4）双击该材质球，可以看到此时的材质效果，如图 10-172 所示。

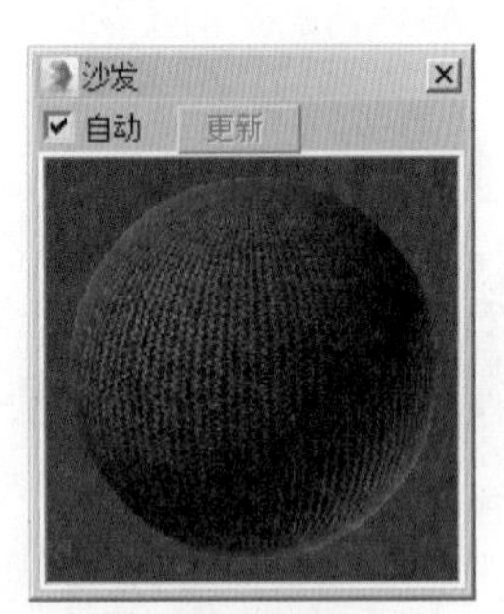

图10-172

（5）选择沙发坐垫模型，并单击（将材质指定给选定对象）按钮，将该材质赋予给沙发坐垫模型，如图 10-173 所示。

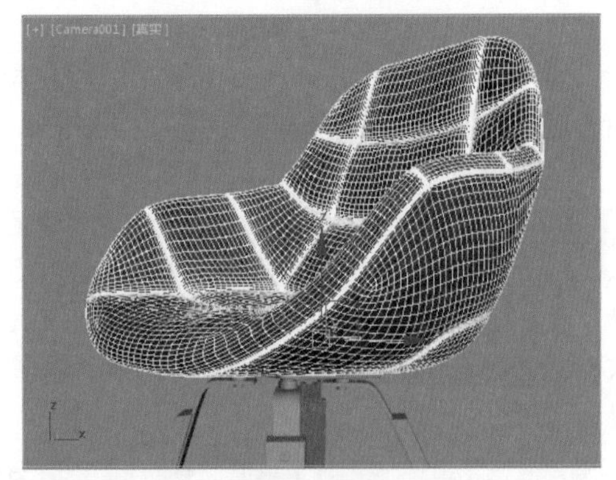

图10-173

（6）继续将剩余模型的材质制作完成，并且分别赋予给相应的模型，如图 10-174 所示。

图10-174

（7）最终的渲染效果，如图 10-175 所示。

典型实例：陶瓷材质

案例文件　案例文件 \Chapter 10\ 典型实例：陶瓷材质 .max
视频教学　视频文件 \Chapter 10\ 典型实例：陶瓷材质 .flv
技术掌握　掌握 VRayMtl 材质的使用

图10-175

陶瓷是陶器和瓷器的总称，陶瓷的表面非常光滑，质感强烈。本案例的难点在于对陶瓷特有的质感和高光形状的模拟。最终的渲染效果如图 10-176 所示。

图10-176

制作步骤

（1）打开本书配套光盘中的【场景文件 /Chapter 10/11.max】文件，如图 10-177 所示。

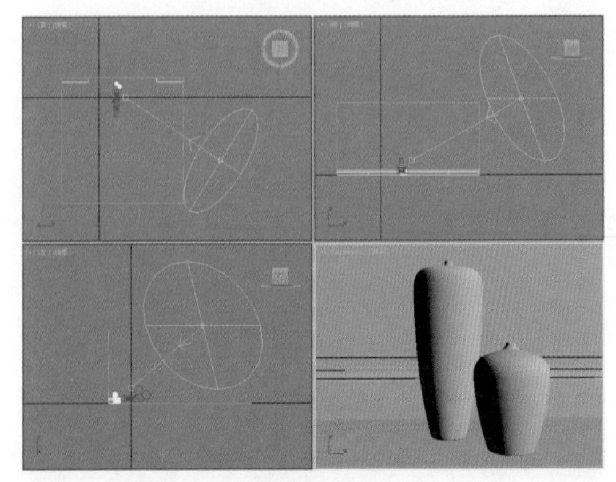

图10-177

（2）在主工具栏中单击（材质编辑器）按钮并单击一个空白材质球，然后单击 Standard 按钮，在弹出的窗口中选择【VRayMtl】，命名为【陶瓷材质】。在【漫反射】通道上加载光盘中的【2.jpg】贴图文件，在【反射】通道上加载【衰减】程序贴图，设置【高光光泽度】为 0.78、【反射光泽度】为 0.9、【细分】为 20，勾选【菲涅耳反射】，设置【菲涅耳折射率】为 3.5，如图 10-178 所示。

图10-178

（3）展开【双向反射分布函数】卷展栏，设置【各向异性】为 0.3、【旋转】为 30，如图 10-179 所示。

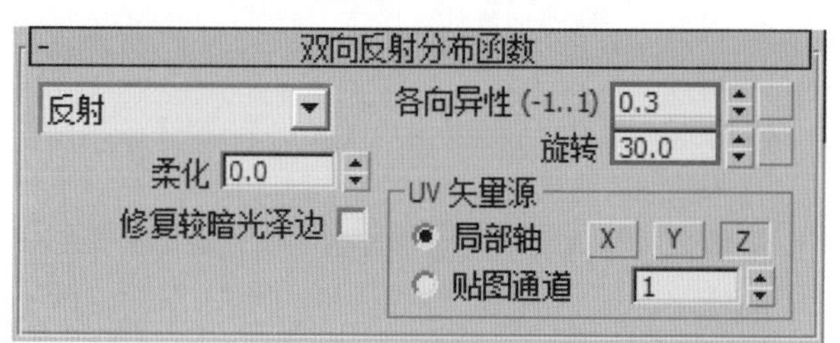

图10-179

（4）双击该材质球，可以看到此时的材质效果，如图 10-180 所示。

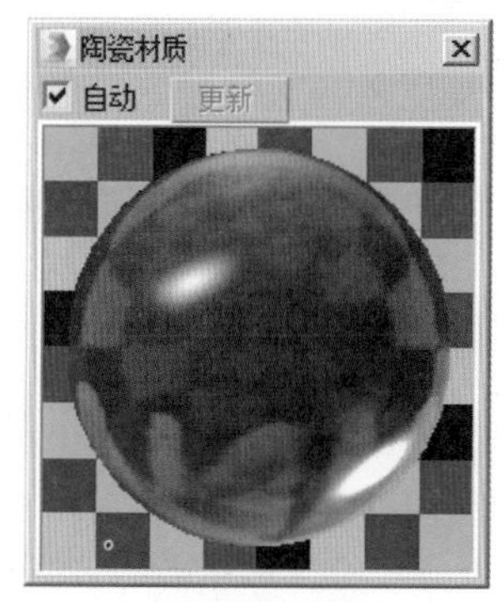

图10-180

（5）选择陶瓷瓶模型并单击（将材质指定给选定对象）按钮，将该材质赋予给陶瓷瓶模型。并且单击（视口中显示明暗处理材质）按钮，可以看到贴图显示出来了，如图 10-181 所示。

（6）继续将剩余模型的材质制作完成，并且分别赋予给相应的模型，如图 10-182 所示。

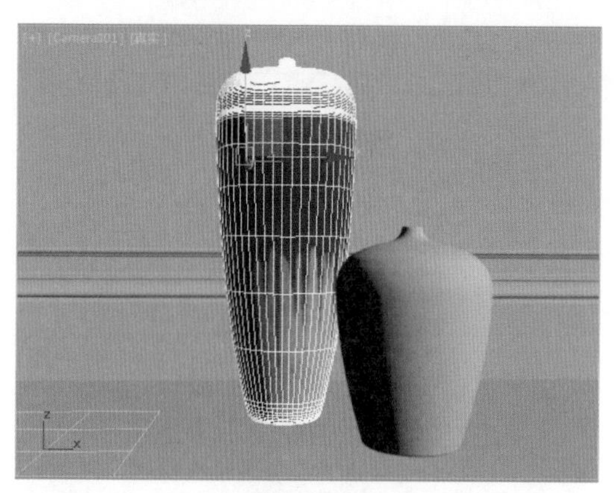
图10-181

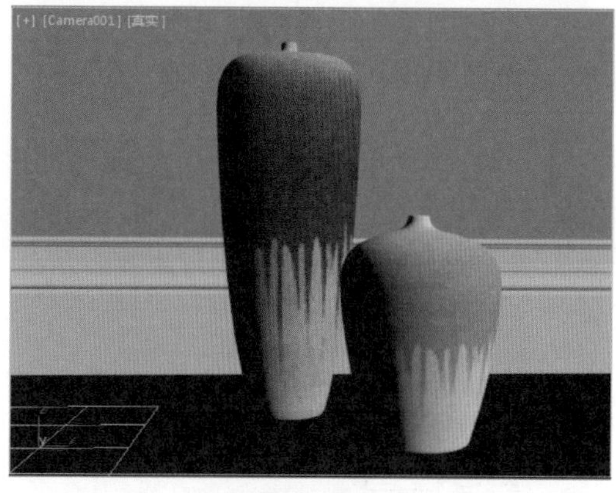

图10-182

（7）最终的渲染效果，如图 10-183 所示。

图10-183

10.10.6 混合贴图

【混合】贴图可以用来模拟两个贴图之间的混合效果。其参数设置面板如图 10-184 所示。

❖ 交换：交换两个颜色或贴图的位置。
❖ 颜色#1/颜色#2：设置混合的两种颜色。
❖ 混合量：设置混合的比例。
❖ 混合曲线：调整曲线以控制混合的效果。

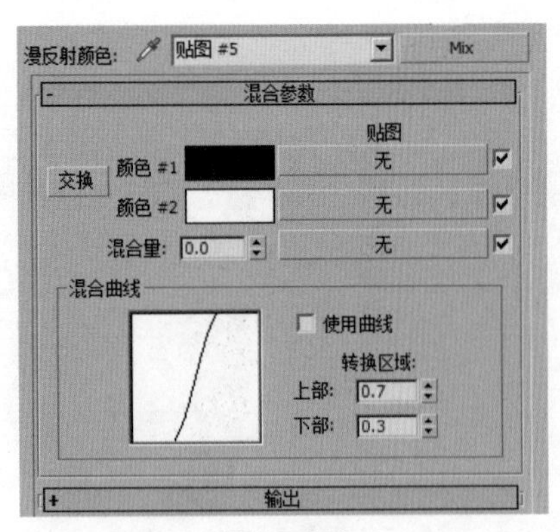

图10-184

❖ 转换区域：调整【上部】和【下部】的级别。

10.10.7 渐变贴图

使用【渐变】贴图可以设置3种颜色或贴图的渐变混合效果。其参数设置面板如图10-185所示。

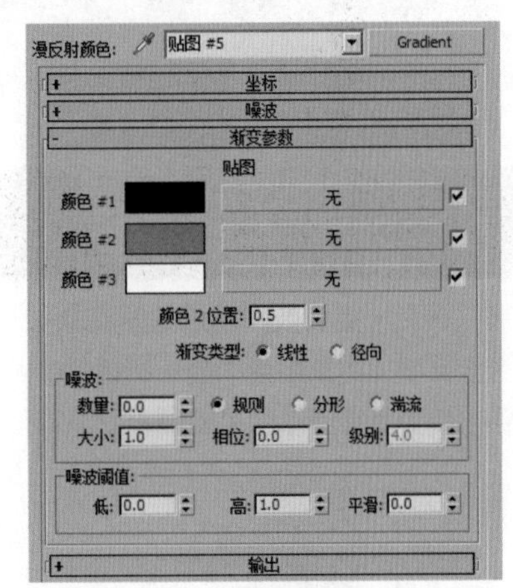

图10-185

❖ 颜色#1～3：设置渐变时在中间进行插值的3种颜色。

❖ 贴图：显示贴图而不是颜色。

❖ 颜色2位置：控制中间颜色的中心点。

❖ 渐变类型：设置渐变的方式，包括线性和径向。

10.10.8 渐变坡度贴图

【渐变坡度】贴图与【渐变】贴图类似，都可以模拟渐变的效果。但是【渐变坡度】贴图不仅可以模拟3种，而且还可以模拟更多种颜色的渐变效果。其参数面板设置，如图10-186所示。图10-204所示为渐变坡度贴图的材质球效果。

❖ 渐变栏：展示正被创建的渐变颜色及渐变个数。渐变的效果是从左侧（始点）移到右侧（终点）的。

❖ 渐变类型：选择渐变的类型。其后下拉列表中的【渐变】类型可用。这些类型影响整个渐变。

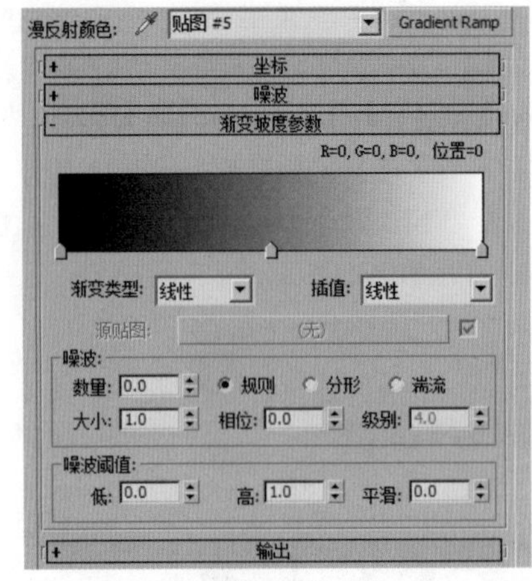

图10-186

❖ 插值：选择插值的类型。其后下拉列表中的【插值】类型可用。这些类型影响整个渐变。

❖ 数量：当为非零时，将基于渐变坡度颜色的交互，将随机噪波效果应用于渐变中。

❖ 规则：生成普通噪波。基本上与禁用级别的分形噪波相同。

❖ 分形：使用分形算法生成噪波。【层级】选项设置分形噪波的迭代数。

❖ 湍流：生成利用绝对值函数来制作故障线条的分形噪波。

❖ 大小：设置噪波功能的比例。此值越小，噪波碎片也就越小。

❖ 相位：控制噪波函数的动画速度。

❖ 级别：设置湍流的分形迭代次数。

❖ 高：设置高阈值。

❖ 低：设置低阈值。

❖ 平滑：用于生成从阈值到噪波值间较为平滑的变换。

10.10.9 平铺贴图

【平铺】贴图可以创建带有缝隙的贴图效果。常使用该贴图制作地砖等效果。其参数面板设置，如图10-187所示。

❖ 预设类型：列出定义的建筑瓷砖的砌合、图案、自定义图案。可以通过选择【高级控制】和【堆垛布局】卷展栏中的选项来设计自定义的图案。

❖ 显示纹理样例：更新并显示贴图给指定【瓷砖】或【砖缝】的纹理。

❖ 平铺设置：该选项组控制平铺的参数设置。

❖ 纹理：用于控制瓷砖当前纹理贴图的显示。

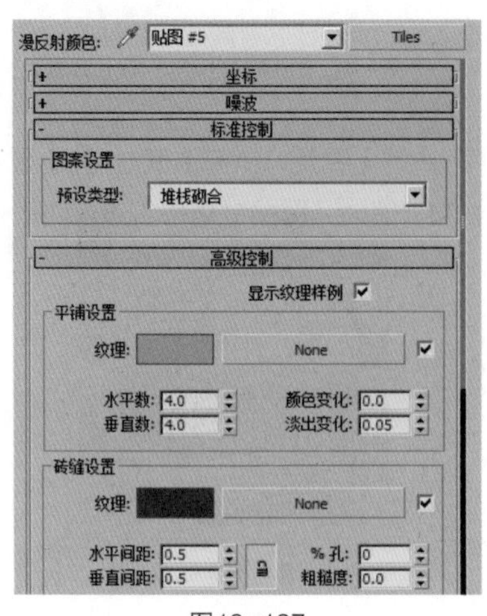

图10–187

❖ 水平/垂直数：控制行/列的瓷砖数。

❖ 颜色变化：控制瓷砖的颜色变化。

❖ 淡出变化：控制瓷砖的淡出变化。

❖ 砖缝设置：该选项组控制砖缝的参数设置。

❖ 纹理：控制砖缝当前纹理贴图的显示。

❖ 无：充当一个目标，可以为砖缝拖放贴图。

❖ 水平/垂直间距：控制瓷砖间的水平/垂直砖缝的大小。

❖ 粗糙度：控制砖缝边缘的粗糙度。

10.10.10 棋盘格贴图

【棋盘格】贴图可以将两种颜色或贴图进行棋盘格式的分布。其参数设置面板如图 10-188 所示。

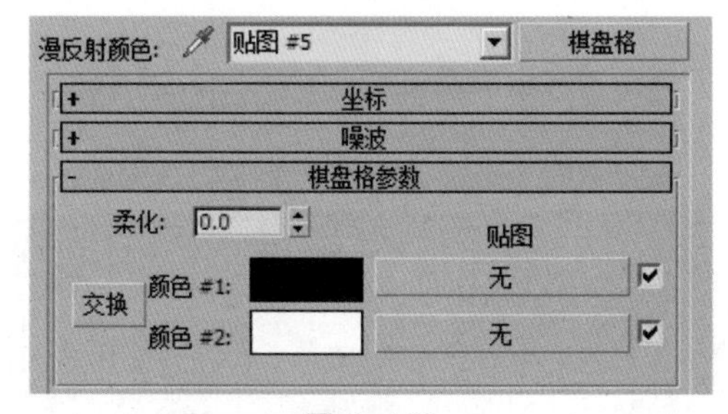

图10–188

❖ 柔化：模糊棋盘格之间的边缘。

❖ 交换：切换两个棋盘格的位置。

❖ 颜色：设置一个棋盘格的颜色。

❖ 贴图：选择要在棋盘格颜色区域内使用的贴图。

10.10.11 噪波贴图

【噪波】贴图通过两种颜色的混合可形成一个黑白相间的随机的噪波效果。它常用来制作水波纹等。其参数设置面板如图 10-189 所示。

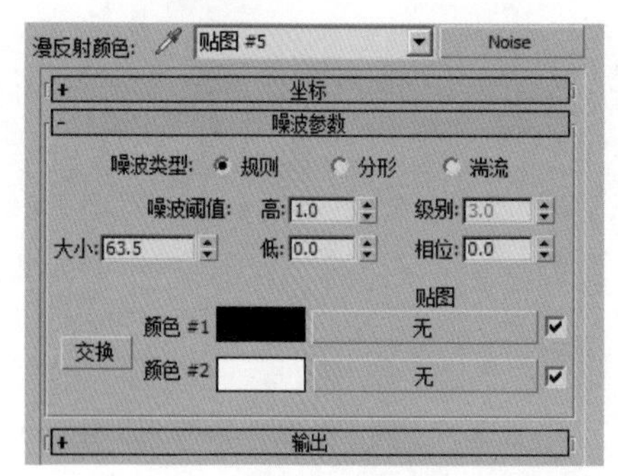

图10–189

❖ 噪波类型：共有3种类型，分别是【规则】、【分形】和【湍流】。

❖ 大小：以3ds Max中的单位设置噪波函数的比例。

❖ 噪波阈值：控制噪波的效果，取值范围从0～1。

❖ 级别：决定有多少分形能量用于【分形】和【湍流】的噪波函数中。

❖ 相位：控制噪波函数的动画速度。

❖ 交换：交换两个颜色或贴图的位置。

典型实例：水波纹材质

案例文件	案例文件 \Chapter 10\ 典型实例：水波纹材质 .max
视频教学	视频文件 \Chapter 10\ 典型实例：水波纹材质 .flv
技术掌握	掌握 VRayMtl 材质的使用及噪波程序贴图的应用

水是无色透明的、具有反射属性的物质，在模拟水材质时一定要注意水的折射属性比反射属性更强，因此折射颜色可以设置为白色，但是反射颜色尽量设置为深灰色。本例的难点在于模拟水波纹的真实凹凸的质感。最终的渲染效果如图 10-190 所示。

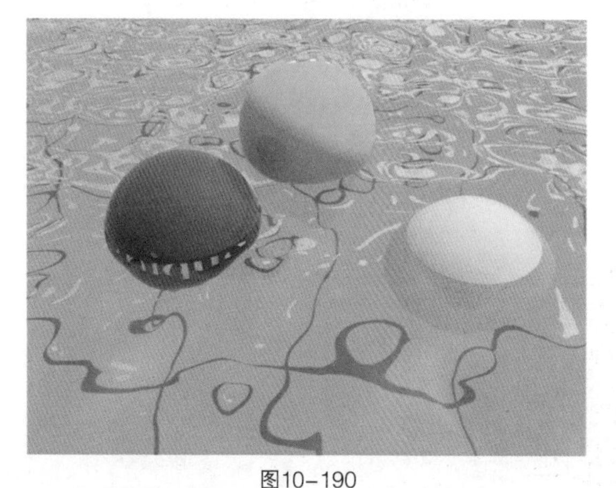

图10–190

制作步骤

（1）打开本书配套光盘中的【场景文件 /Chapter 10/12.max】文件，如图 10-191 所示。

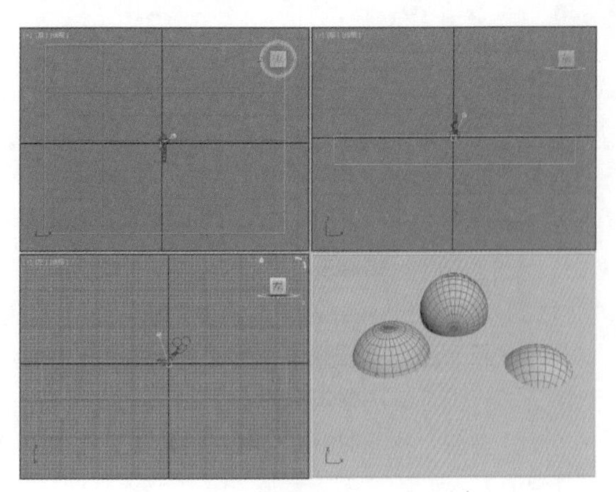

图10–191

（2）在主工具栏中单击（材质编辑器）按钮并单击一个空白材质球，然后单击 Standard 按钮，在弹出的窗口中选择【VRayMtl】，命名为【水波纹】。设置【漫反射】为白色、【反射】为深灰色、【细分】为 20。接着设置【折射】为白色、【折射率】为 1.33、【细分】为 20，如图 10-192 所示。

图10–192

（3）展开【贴图】卷展栏，在【凹凸】通道上加载光盘中的【噪波】程序贴图，设置【大小】为 0.3，最后设置【凹凸】为 60，如图 10-193 所示。

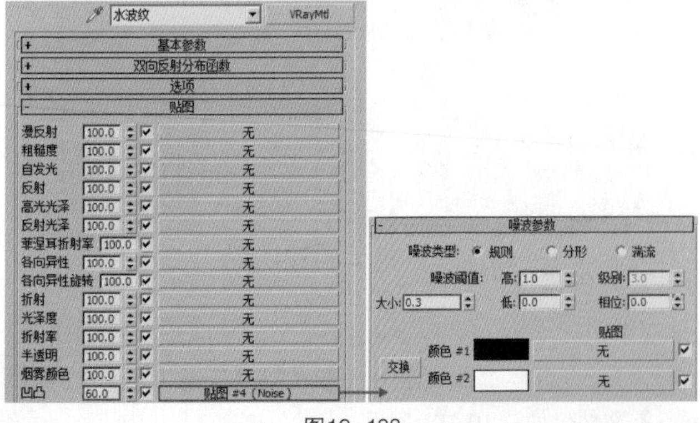

图10–193

（4）双击该材质球，可以看到此时的材质效果，如图 10-194 所示。

图10–194

（5）此时选择水模型并单击（将材质指定给选定对象）按钮，将该材质赋予给水模型，如图 10-195 所示。

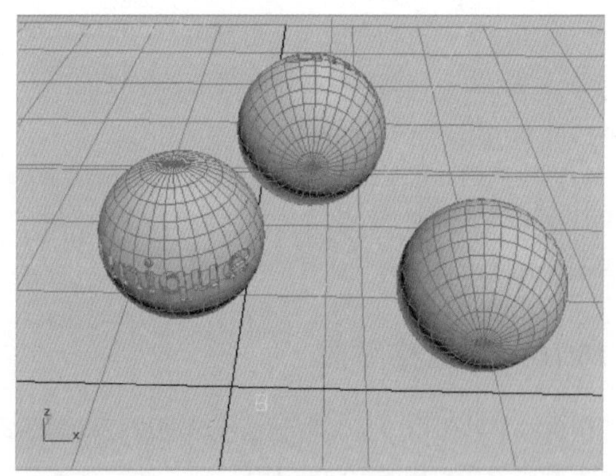

图10–195

（6）继续将剩余模型的材质制作完成，并且分别赋予给相应的模型，如图 10-196 所示。

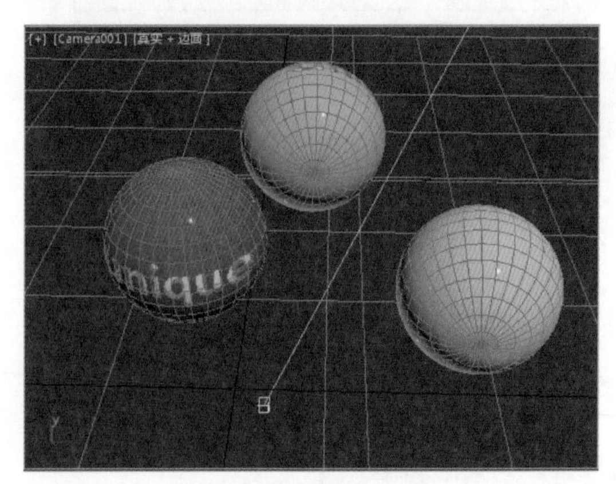

图10–196

（7）最终的渲染效果，如图 10-197 所示。

图10-197

10.10.12 细胞贴图

【细胞】贴图是一种程序贴图，它主要用于生成具有各种视觉效果的细胞图案，包括马赛克、瓷砖、鹅卵石和海洋表面等。其参数设置面板如图 10-198 所示。

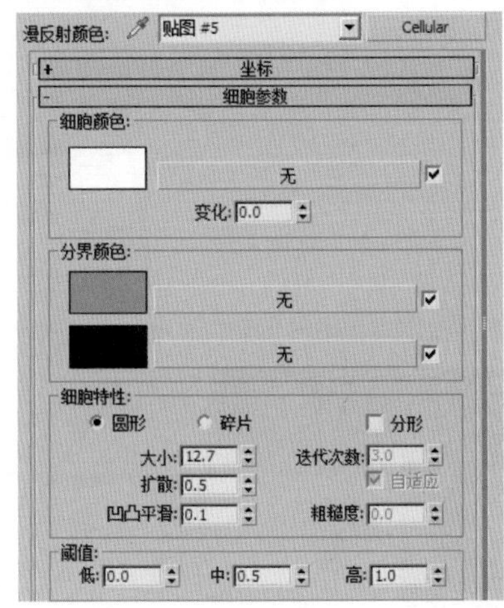

图10-198

- ❖ 细胞颜色：该选项组中的参数主要用来设置细胞的颜色。
- ❖ 颜色：为细胞选择一种颜色。
- ❖ 变化：通过随机改变红、绿、蓝的颜色值来更改细胞的颜色。【变化】值越大，随机效果越明显。
- ❖ 分界颜色：显示【颜色选择器】对话框。用来选择一种细胞的分界颜色，也可以利用贴图来设置分界的颜色。
- ❖ 细胞特性：该选项组中的参数主要用来设置细胞的一些属性。
- ❖ 圆形/碎片：用于选择细胞边缘的外观。
- ❖ 大小：用于设置贴图的总体尺寸。
- ❖ 扩散：用于设置单个细胞的大小。
- ❖ 凹凸平滑：将细胞贴图用作凹凸贴图时，在细胞边界处可能会出现锯齿效果。
- ❖ 分形：将细胞图案定义为不规则的碎片图案。
- ❖ 迭代次数：设置应用分形函数的次数。
- ❖ 自适应：启用该选项后，分形【迭代次数】将自适应地进行设置。
- ❖ 粗糙度：将【细胞】贴图用作凹凸贴图时，该参数用来控制凹凸的粗糙程度。
- ❖ 阈值：该选项组中的参数用来限制细胞和分解颜色的大小。
- ❖ 低：调整细胞最低大小。
- ❖ 中：相对于第二分界颜色，调整最初分界颜色的大小。
- ❖ 高：调整分界的总体大小。

10.10.13 凹痕贴图

【凹痕】贴图可以模拟划痕效果。它常用来模拟破旧的材质质感。其参数设置面板如图 10-199 所示。

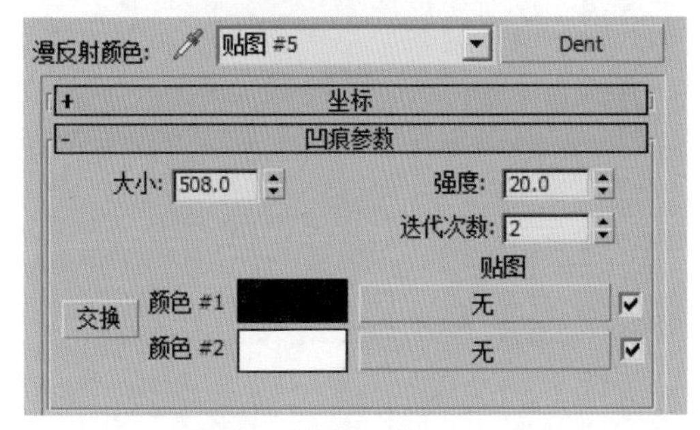

图10-199

- ❖ 大小：设置凹痕的相对大小。随着数值的增大，其他设置不变时凹痕的数量将减少。
- ❖ 强度：决定两种颜色的相对覆盖范围。数值越大，颜色 #2 的覆盖范围越大。
- ❖ 迭代次数：用来设置创建凹痕的计算次数。
- ❖ 交换：反转颜色或贴图的位置。
- ❖ 颜色：在相应的颜色组件中允许选择两种颜色。
- ❖ 贴图：在凹痕图案中用贴图替换颜色。使用复选框可启用或禁用相关贴图。

典型实例：鹅卵石材质

案例文件	案例文件 \Chapter 10\ 典型实例：鹅卵石材质 .max
视频教学	视频文件 \Chapter 10\ 典型实例：鹅卵石材质 .flv
技术掌握	掌握 VRayMtl 材质及 VR- 置换模式修改器的应用

鹅卵石是指石头饱经浪打水冲的运动后，被砾石碰撞摩擦失去了不规则的棱角，最终形状变为椭圆形的石块。本例的难点在于对 VR- 置换模式修改器参数的调节。最终的渲染效果如图 10-200 所示。

图10-200

制作步骤

（1）打开本书配套光盘中的【场景文件/Chapter 10/13.max】文件，如图 10-201 所示。

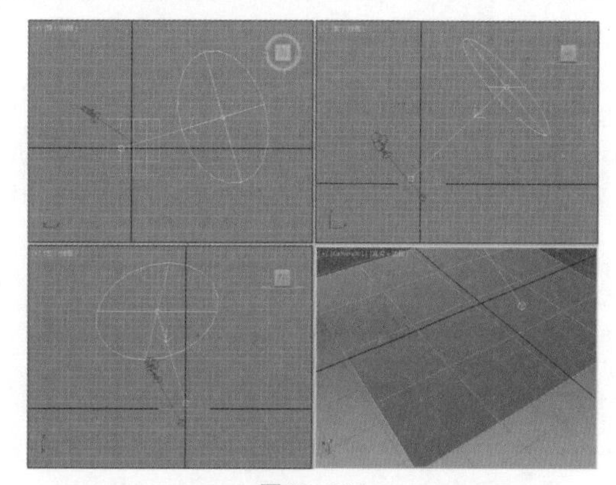

图10-201

（2）在主工具栏中单击（材质编辑器）按钮并单击一个空白材质球，然后单击 Standard 按钮，在弹出的窗口中选择【VRayMtl】，命名为【鹅卵石】。接着在【漫反射】通道上加载光盘中的【1.png】贴图文件，设置【模糊】为 0.01。设置【反射】为深灰色、【反射光泽度】为 0.85，如图 10-202 所示。

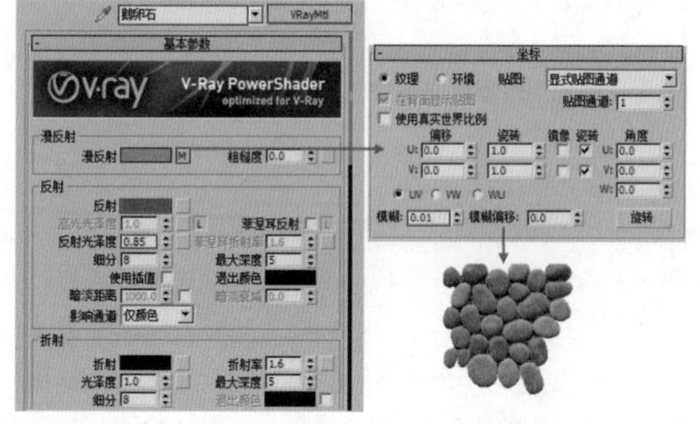

图10-202

（3）展开【贴图】卷展栏，选择并拖动【漫反射】后面的通道到【凹凸】通道上，然后松开鼠标，设置【凹凸】为 6，如图 10-203 所示。

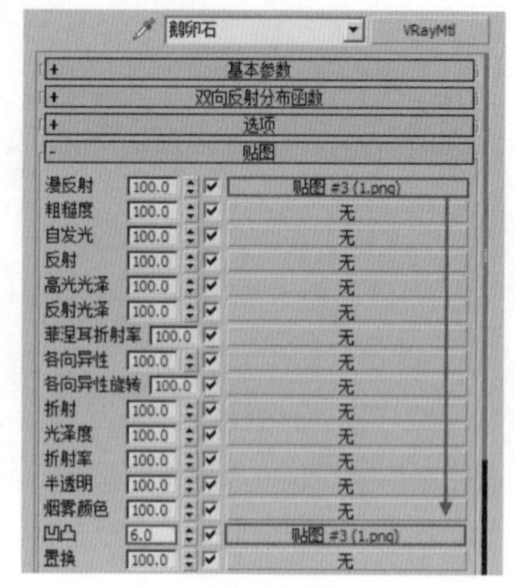

图10-203

（4）选择视图中的模型，单击修改，添加【VR-置换模式】修改器并在【纹理贴图】通道上加载【位图】，然后拖动该通道到一个空白材质球上，松开鼠标并选择【实例】。接着设置【过滤模糊】为 0.008,【数量】为 30mm，如图 10-204 所示。

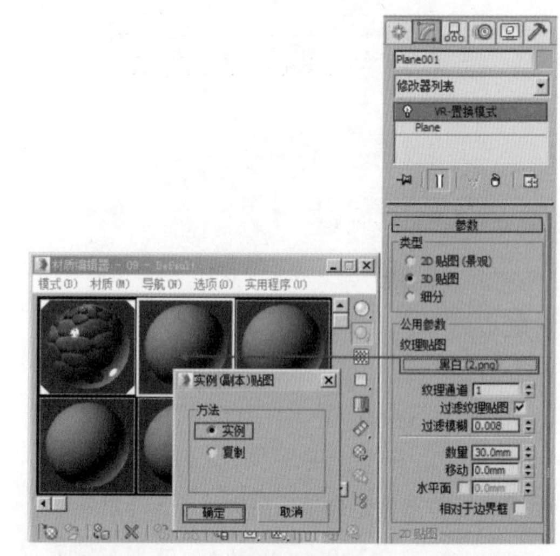

图10-204

（5）设置该贴图的名称为【黑白】、【模糊】为 2，并且加载光盘中的【2.png】贴图文件，如图 10-205 所示。

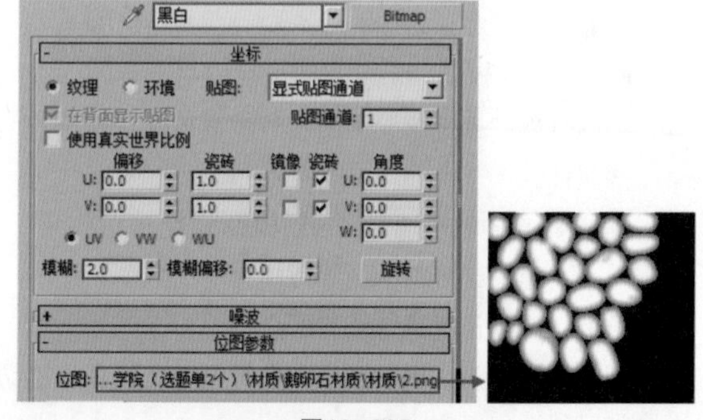

图10-205

（6）此时选择地面模型并单击（将材质指定给选定对象）按钮，将该材质赋予给地面模型。并且单击（视口中显示明暗处理材质）按钮，可以看到贴图显示出来了，如图 10-206 所示。

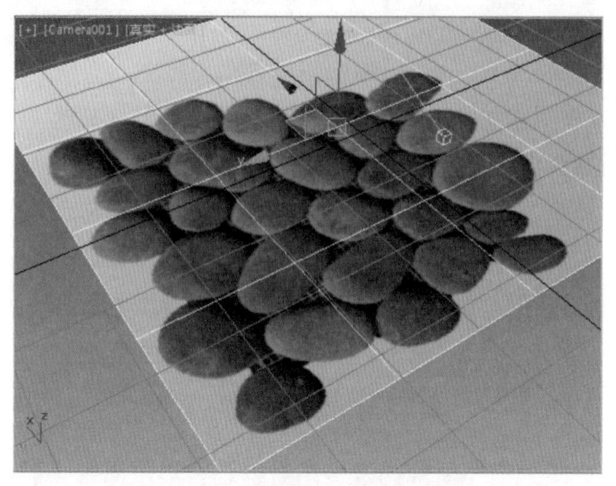

图10–206

（7）最终的渲染效果，如图 10-207 所示。

图10–207

10.11 Design教授研究所——材质和贴图常见的几个问题

材质和贴图学完啦，但是你可能会遇到以下 3 个问题，跟着教授一起来学习吧！

10.11.1 由于贴图路径改变了，打开的3ds Max文件缺失贴图，该怎么办呢？

我的贴图和光域网好像出问题了，怎么办？其实可能是贴图和光域网的位置修改了，这会导致 3ds Max 的文件找不到路径了，怎么办呢？跟着教授一步步地设置一下吧！

（1）有时候由于贴图路径的原因文件显示不出贴图效果，如图 10-208 所示。可以在【命令面板】中单击（实用程序）按钮，然后单击【更多】，接着单击选择【位图 / 光度学路径】，如图 10-209 所示。

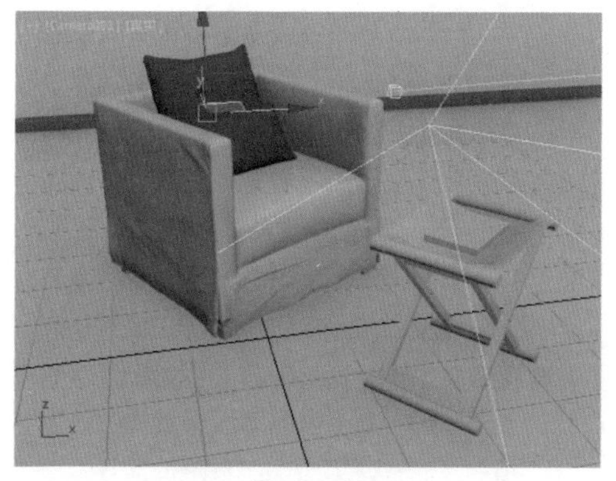

图10–208

（2）单击【编辑资源】，如图 10-210 所示。在弹出的窗口中选中所有贴图，并单击（选择新路径）按钮，如图 10-211 所示。

图10–209

图10–210

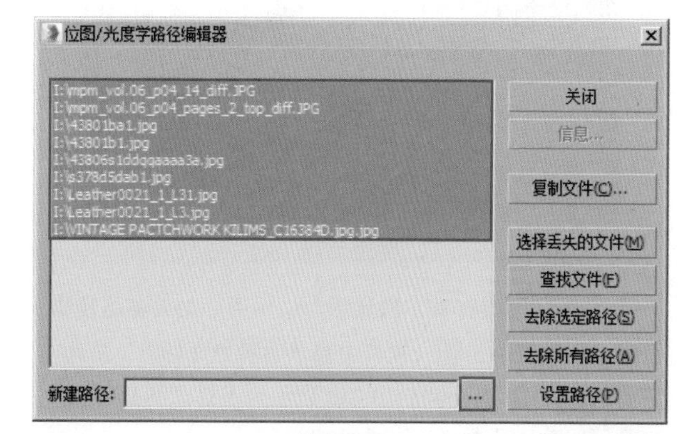

图10–211

（3）接着单击【使用路径】，如图 10-212 所示。最后单击【设置路径】，此时路径已经被更改，如图 10-213 所示。

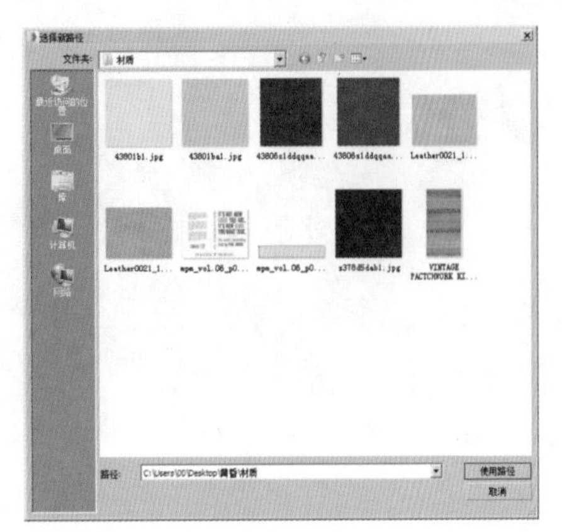

图10–212

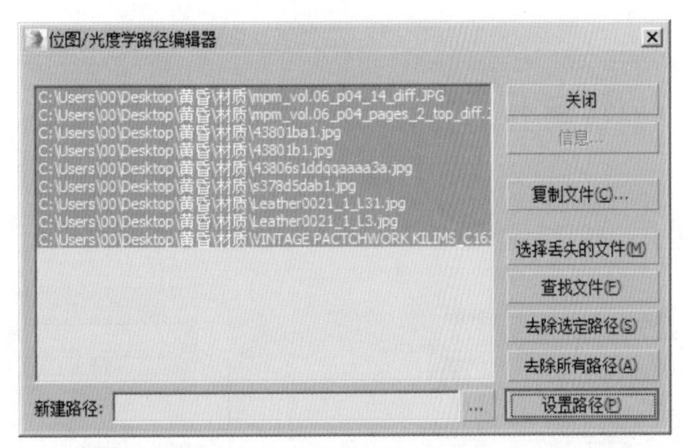

图10–213

（4）由于贴图路径被重新指定到正确的位置，所以贴图都显示正确了，如图 10-214 所示。

图10–214

有时候贴图没有被正确显示，这并不一定代表路径错了，有可能是你没有单击▧（视口中显示明暗处理材质）按钮，试一下看看，图 10-215 和图 10-216 所示为不打开和打开▧（视口中显示明暗处理材质）按钮的对比效果。

图10–215

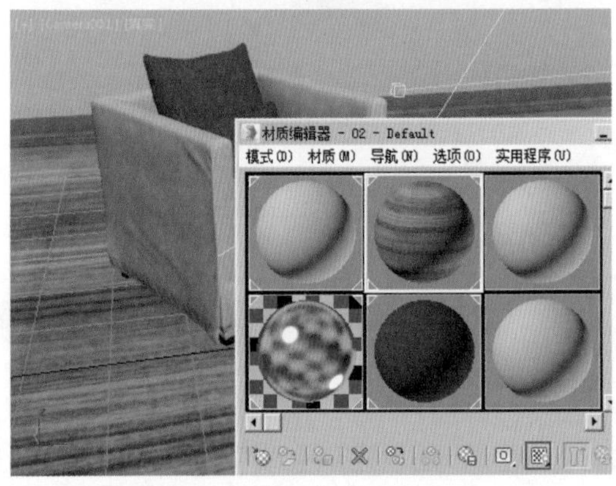

图10–216

10.11.2　我做了一个很漂亮的材质，怎么把材质保存下来，方便以后调用呢？

首先教授告诉大家如何保存材质。

（1）在材质编辑器的菜单栏中执行【材质】|【放置到库】操作，如图 10-217 所示。在弹出的窗口中设置名称，如图 10-218 所示。

图10–217

图10-218

（2）在菜单栏中执行【模式】|【Slate 材质编辑器】，如图 10-219 所示。保存相应的名称，如图 10-220 所示。

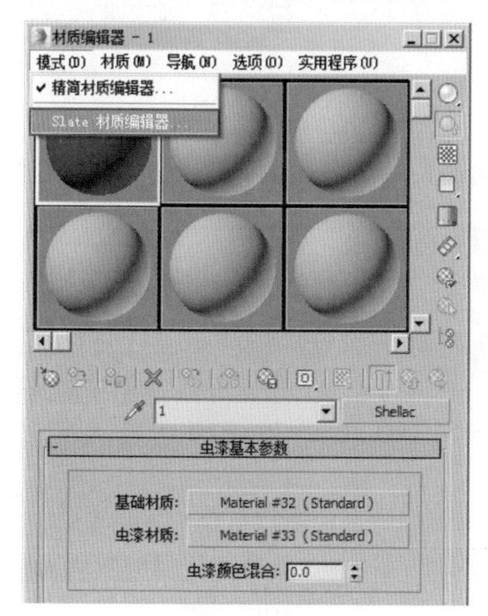

图10-219

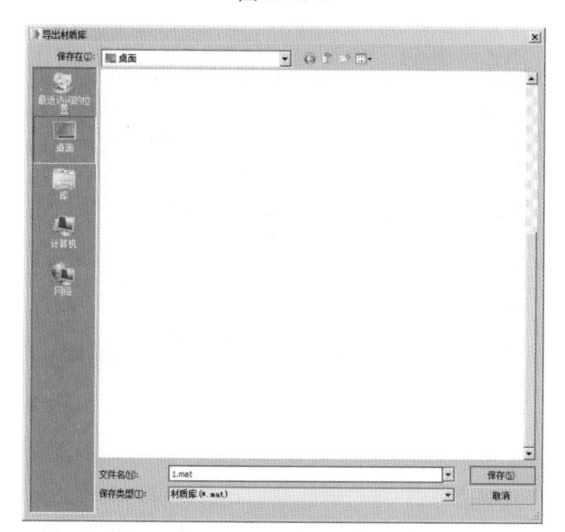

图10-220

然后教授告诉大家如何调用材质。

（1）选择一个空白材质球，然后单击 （获取材质）按钮，如图 10-221 所示。然后单击 （材质 / 贴图浏览器选项）按钮，并单击【打开材质库】，如图 10-222 所示。

（2）在弹出的窗口中找到刚才保存的【1.mat】材质文件并单击【打开】，如图 10-223 所示。

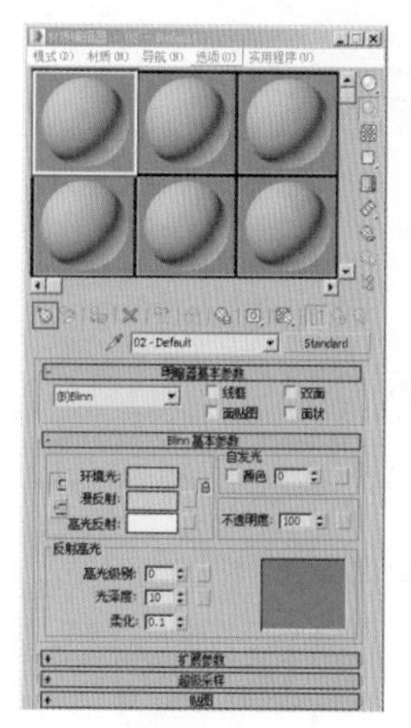

图10-221

图10-222

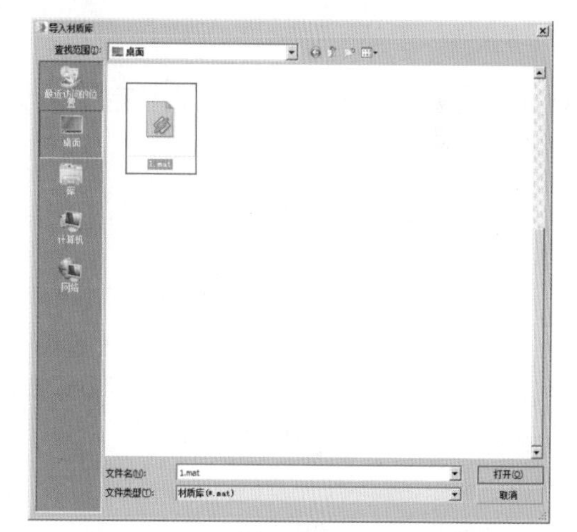

图10-223

（3）此时双击新导入的材质，如图 10-224 所示。可以看到刚才的空白材质球位置处变成了导入的新材质，如图 10-225 所示。

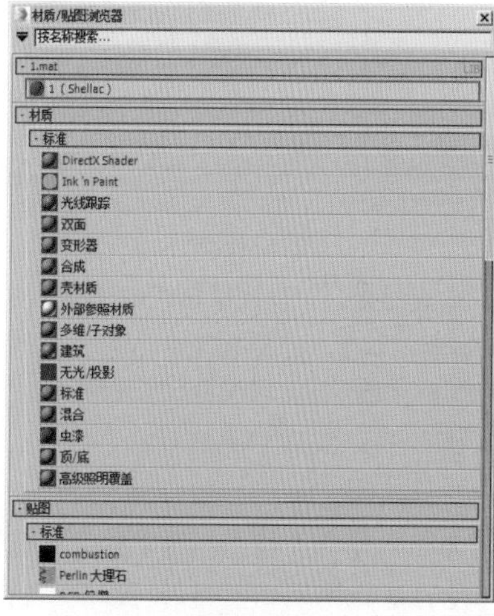

图10-224

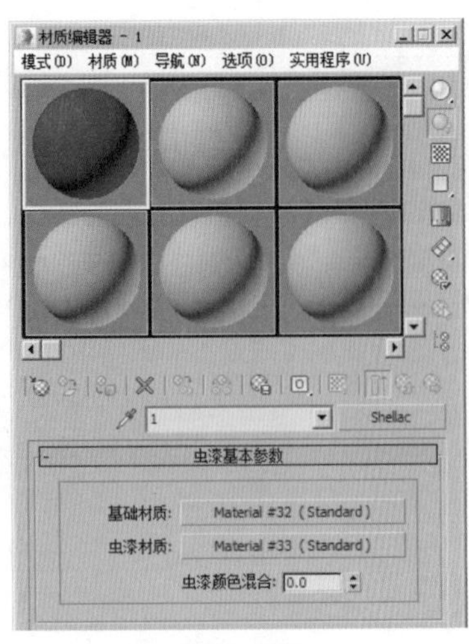

图10–225

10.11.3 我的24个材质球全部用完了，该怎么办?

在制作复杂场景时，别说 24 个材质球了，可能 42 个材质球都不够用的，那么该怎么办呢?

方法 1：精简材质。其实有时候 24 个材质球都被设置过了，但是只有材质球四周有边角图形的材质才是被使用过的，四周没有边角图形的材质是没有被使用过的。可以在菜单栏中执行【实用程序】|【精简材质编辑器窗口】，如图 10-226 所示。此时会发现产生了 1 个空白的材质球，如图 10-227 所示。

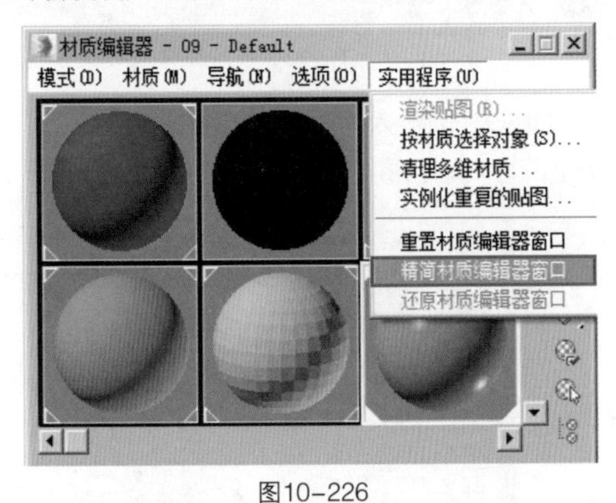

图10–226

方法 2：重置材质。可以在菜单栏中执行【实用程序】|【重置材质编辑器窗口】，如图 10-228 所示。此时所有的材质球都变成了空白的，如图 10-229 所示。

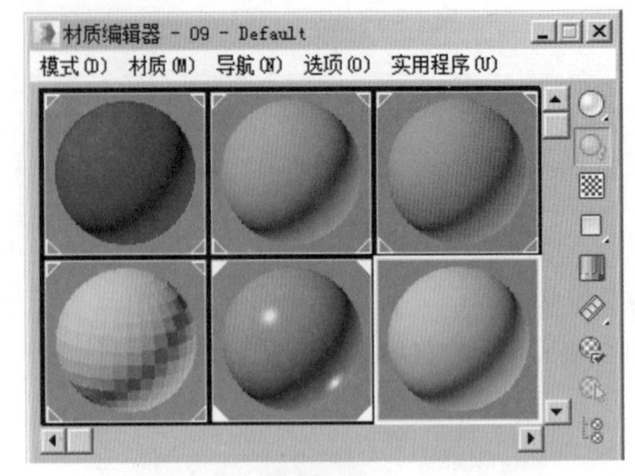

图10–227

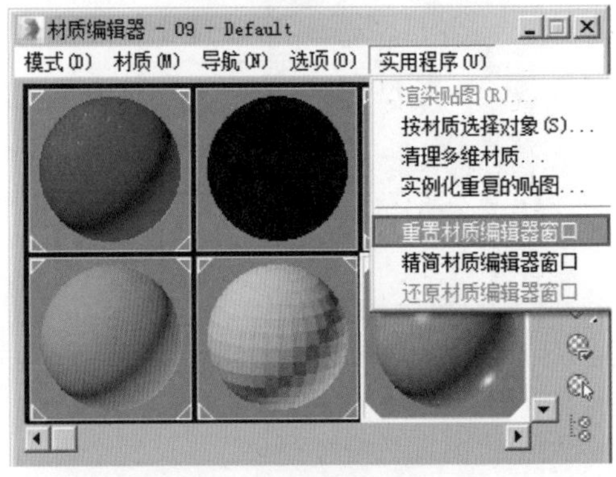

图10–228

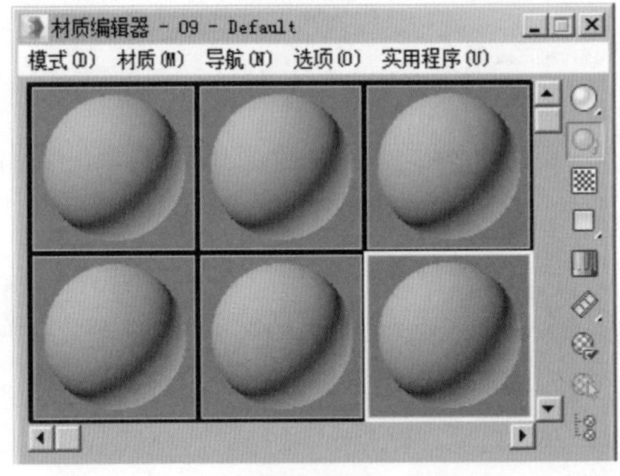

图10–229

材质球全变成新的空白材质球了，那我该怎么找到某个模型对应的材质呢？这个问题咱们之前讲解过啦，其实单击（从对象拾取材质）按钮并单击相应的模型，即可快速找到对应的材质了。

本章小结

通过对本章的学习，我们已经掌握了材质和贴图的知识。不仅明确了材质和贴图的区别，而且还可以自己动手设置出现实中存在的真实质感，也可以设置一些现实中不存在的、幻想的、奇幻的、有趣的质感哦。一起来动手试试吧！

第 11 章　学到现在，你着急了，试试做几个综合案例

本章内容

现代主义风格客餐厅的设计
CG 奇幻场景——海底群鱼

本章人物

Design 教授——擅长 3ds Max 技术和理论
三弟——酷爱 3ds Max 软件，新手
麦克斯——三弟的同班同学，好友

在本章将会学习到两个大型综合实例的制作方法。从材质、动画、灯光、摄影机、渲染等方面，依次攻破知识难点。学习完本章后，我们可以试着自己搞创作了，不妨自己渲染一幅室内设计作品或奇幻 CG 作品，体验一下 3ds Max 的真实魅力吧！

11.1 现代主义风格客餐厅的设计

案例文件　案例文件 \Chapter 11\ 现代主义风格客餐厅设计 .max
视频教学　视频文件 \Chapter 11\ 现代主义风格客餐厅设计 .flv
技术掌握　掌握室内设计中各种材质的应用及复杂灯光的搭配方法

本作品是一则现代主义风格的客餐厅设计，它的空间比较开阔。制作的难点在于材质和灯光的设计。材质方面通过设置各个材质的贴图、反射、折射等参数，增加材质和层次。灯光方面通过设置不同的灯光类型、灯光色彩、灯光强弱、灯光位置及室外和室内的不同冷暖感觉，模拟更自然的灯光效果。图 11-1 所示为最终的渲染效果。

图11–1

11.1.1 材质步骤

1. 地砖

（1）单击（材质编辑器）按钮，打开材质编辑器，单击一个空白材质球，设置材质类型为【VRayMtl】，命名为【地砖】。单击【漫反射】后面的M（设置）按钮，添加【新古堡灰 .JPG】贴图，设置【瓷砖】的【U】和【V】均为 3、【角度】的【W】为 90、【模糊】为 0.01。然后单击【反射】后面的M（设置）按钮，添加【衰减】程序贴图，设置两个颜色分别为黑色和浅蓝色，设置【衰减类型】为【Fresnel】。最后设置【高光光泽度】为 0.7、【反射光泽度】为 0.75、【细分】为 20，如图 11-2 所示。

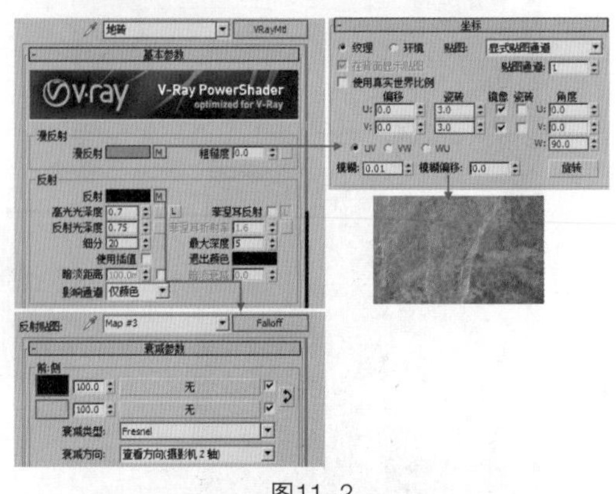

图11–2

（2）设置【凹凸】强度为5，在【凹凸】后面的通道上添加【新古堡灰.JPG】贴图，并设置【角度】的【W】为90、【模糊】为0.01，如图11-3所示。双击查看此时材质球的效果，如图11-4所示。

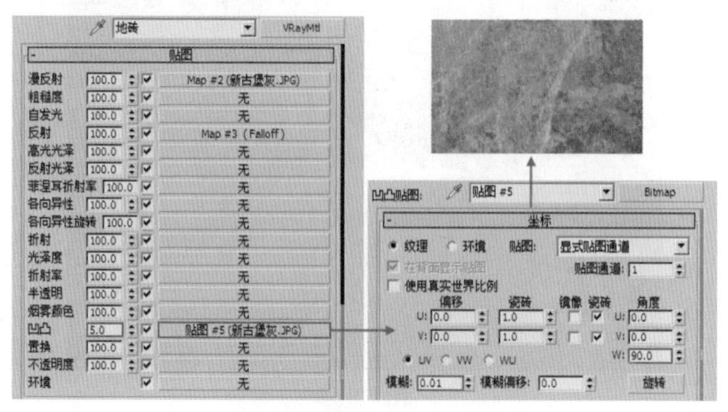

图11-3

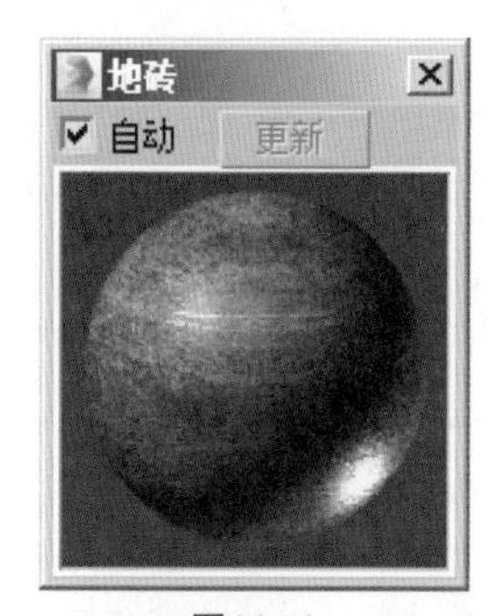

图11-4

（3）选择地面模型并单击（将材质指定给选定对象）按钮，材质制作完成，如图11-5所示。

图11-5

2. 地毯

（1）单击一个空白材质球，设置材质类型为【多维/子对象】，命名为【地毯】，设置数量为2，如图11-6所示。

（2）单击进入【ID1】后面的通道，设置材质类型为【VRayMtl】。在【漫反射】和【凹凸】通道上均加载【1380721662B921.jpg】贴图文件，设置【模糊】为0.1，如图11-7所示。

图11-6

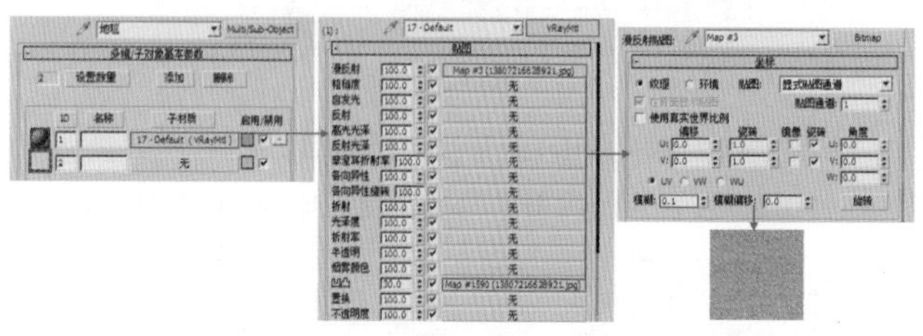

图11-7

（3）单击进入【ID2】后面的通道，设置材质类型为【VRayMtl】。单击【漫反射】后面的M（设置）按钮，添加【2682-67.jpg】贴图，设置【模糊】为0.3。然后设置【反射】为灰色、【高光光泽度】为0.44、【反射光泽度】为0.49、【细分】为20、【菲涅耳折射率】为2.4，勾选【菲涅耳反射】。双击查看此时材质球的效果，如图11-8所示。

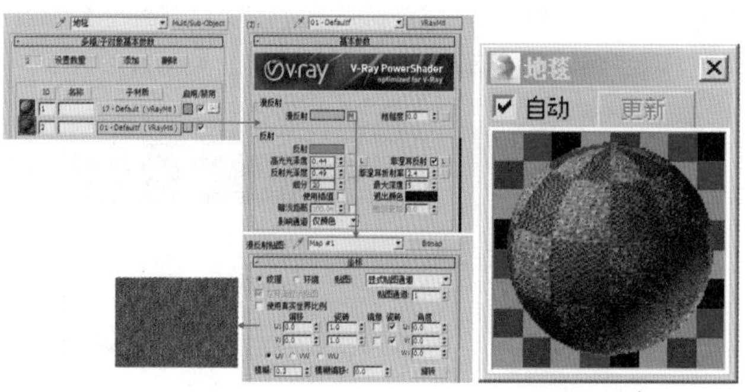

图11-8

（4）选择地毯模型并单击（将材质指定给选定对象）按钮，材质制作完成，如图11-9所示。

图11-9

3. 墙面

（1）单击一个空白材质球，设置材质类型为【多维 / 子对象】，并命名为【墙面】。设置数量为 2，如图 11-10 所示。

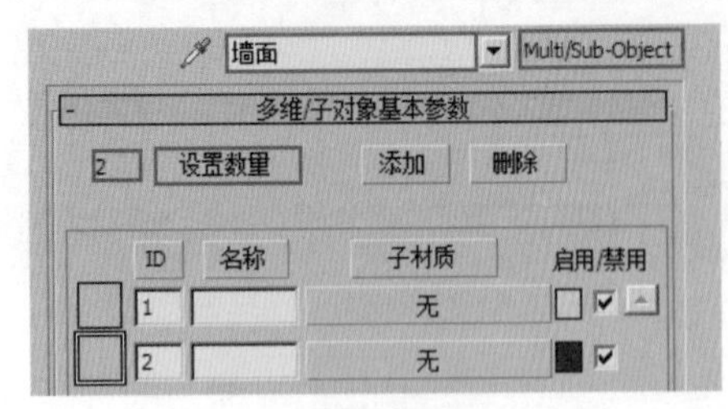

图11-10

（2）单击进入【ID1】后面的通道，设置材质类型为【VRayMtl】。设置【漫反射】为浅黄色，如图 11-11 所示。

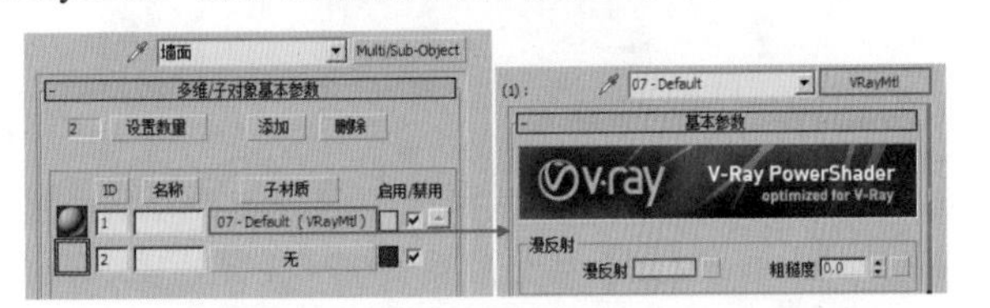

图11-11

（3）单击进入【ID2】后面的通道，设置材质类型为【VRayMtl】。设置【漫反射】为深灰色，单击【反射】后面的M（设置）按钮，添加【衰减】程序贴图，设置【衰减类型】为【Fresnel】。最后设置【高光光泽度】为 0.75、【反射光泽度】为 0.7、【细分】为 21，如图 11-12 所示。双击查看此时材质球的效果，如图 11-13 所示。

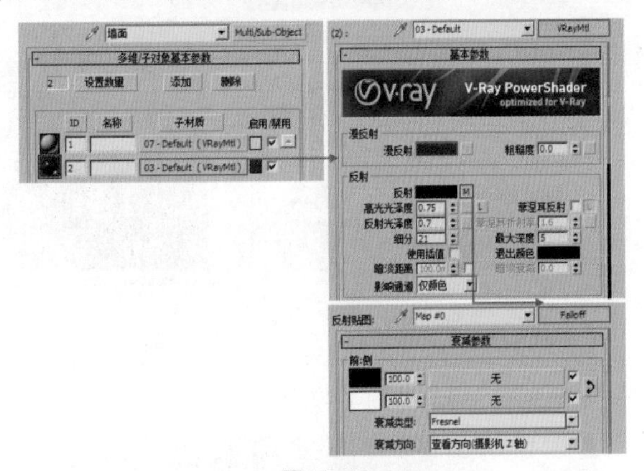

图11-12

图11-13

（4）选择墙面模型并单击（将材质指定给选定对象）按钮，材质制作完成，如图 11-14 所示。

图11-14

4. 茶几

（1）单击一个空白材质球，设置材质类型为【VRayMtl】，命名为【茶几】。单击【漫反射】后面的M（设置）按钮，添加【11538070492.jpg】贴图，设置【模糊】为 0.01。然后单击【反射】后面的M（设置）按钮，添加【衰减】程序贴图，设置【衰减类型】为【Fresnel】。最后设置【高光光泽度】为 0.85、【细分】为 20，如图 11-15 所示。双击查看此时材质球的效果，如图 11-16 所示。

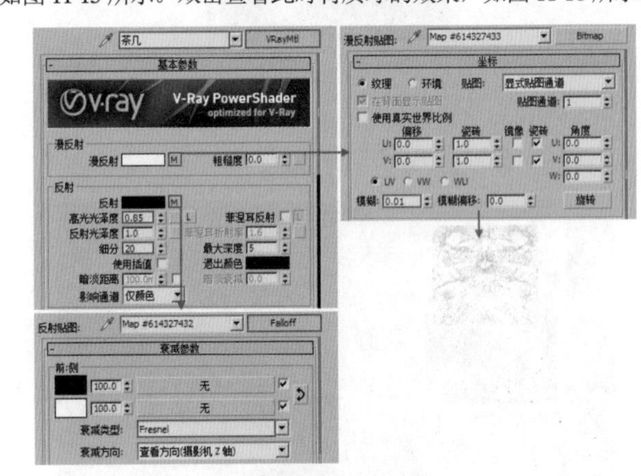

图11-15

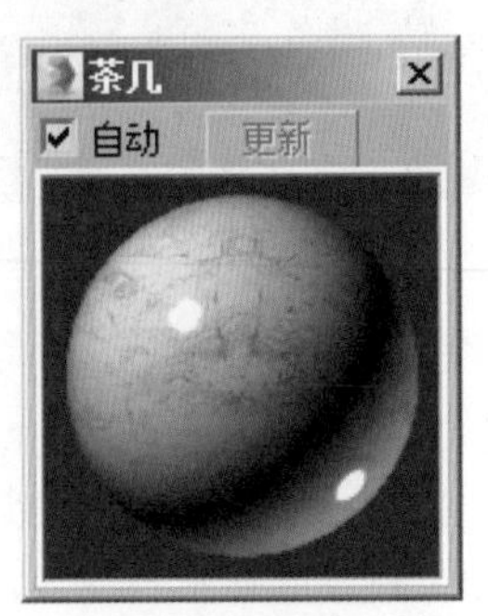

图11-16

（2）选择茶几模型并单击（将材质指定给选定对象）

按钮，材质制作完成，如图 11-17 所示。

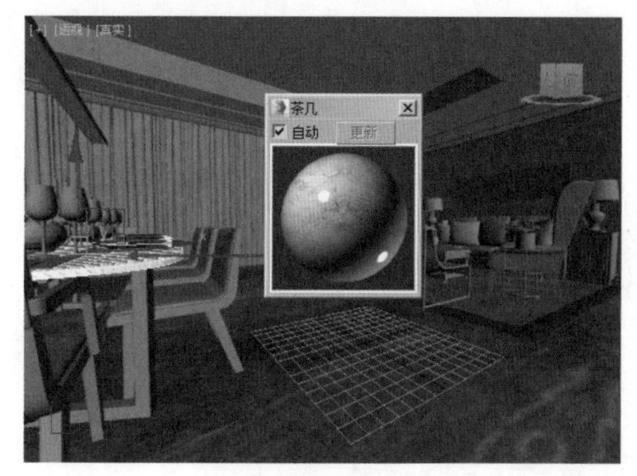

图11-17

5. 吊灯

（1）单击一个空白材质球，设置材质类型为【VRayMtl】，命名为【吊灯】。设置【漫反射】为浅灰色，设置【折射】为深灰色、【光泽度】为 0.85，如图 11-18 所示。双击查看此时材质球的效果，如图 11-19 所示。

（2）选择吊灯模型并单击（将材质指定给选定对象）按钮，材质制作完成，如图 11-20 所示。

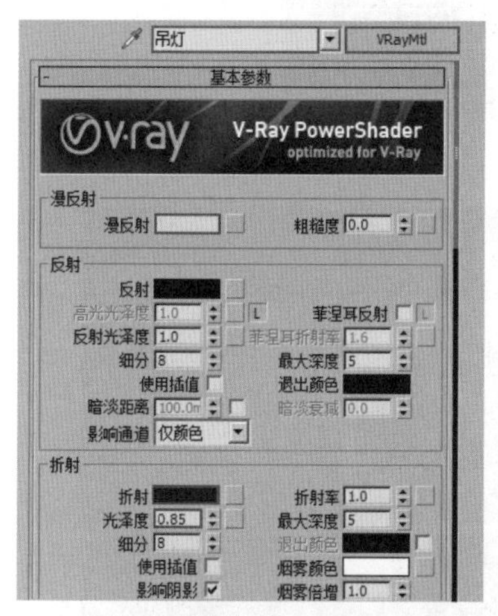

图11-18

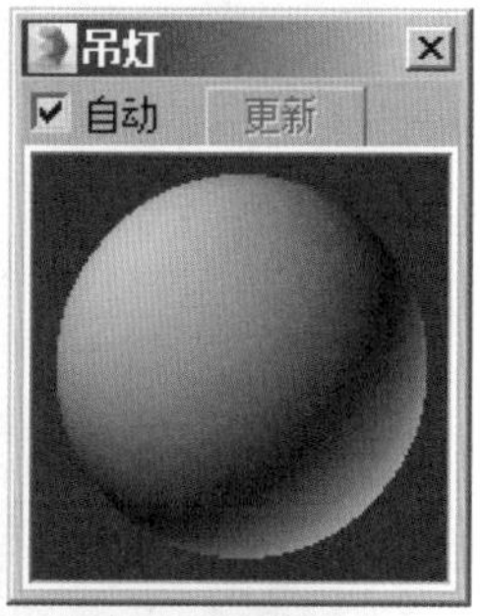

吊灯
自动 更新

图11-19

图11-20

6. 椅子

（1）单击一个空白材质球，设置材质类型为【VRayMtl】，命名为【椅子】。设置【漫反射】为浅褐色。然后单击【反射】后面的M（设置）按钮，添加【衰减】程序贴图，设置两个颜色分别为深灰色和浅黄色，设置【衰减类型】为【Fresnel】。最后设置【高光光泽度】为 0.6、【反射光泽度】为 0.65，【细分】为 18。设置【双向反射分布函数】为【反射】、【各向异性】为 0.6，如图 11-21 所示。双击查看此时材质球的效果，如图 11-22 所示。

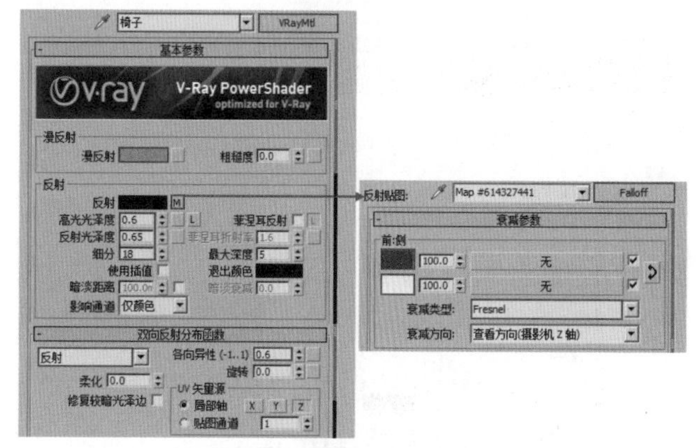

图11-21

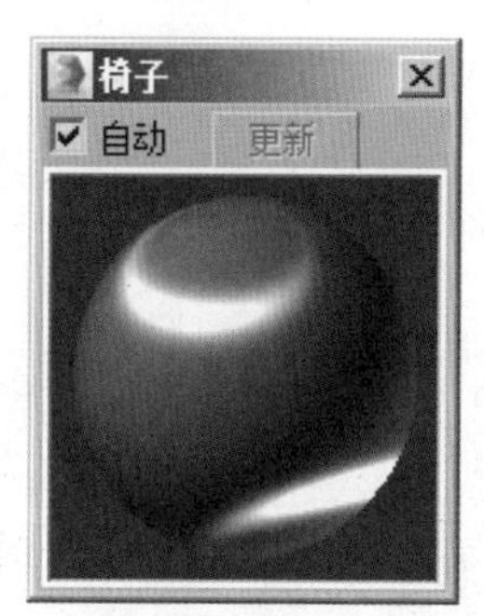

图11-22

（2）选择椅子模型并单击（将材质指定给选定对象）按钮，材质制作完成，如图 11-23 所示。

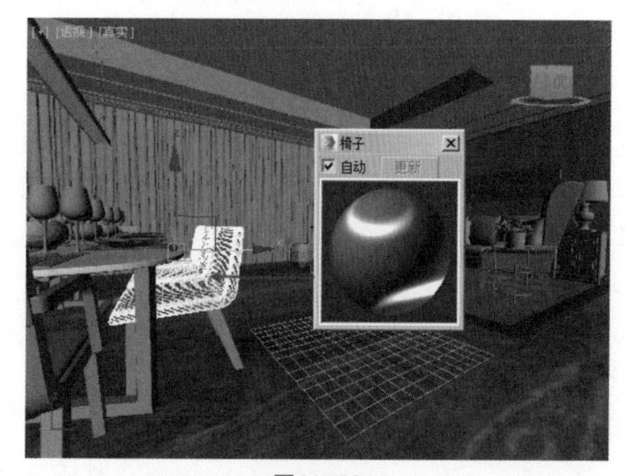

图11-23

7. 窗帘

（1）单击一个空白材质球，设置材质类型为【VRayMtl】，命名为【窗帘】。设置【漫反射】为浅蓝色。然后设置【折射】为浅灰色、【细分】为20，如图11-24所示。双击查看此时材质球的效果，如图11-25所示。

（2）选择窗帘模型并单击（将材质指定给选定对象）按钮，材质制作完成，如图11-26所示。

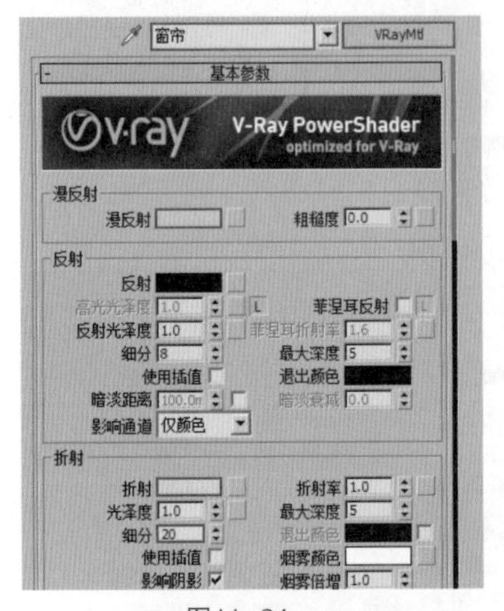

图11-24

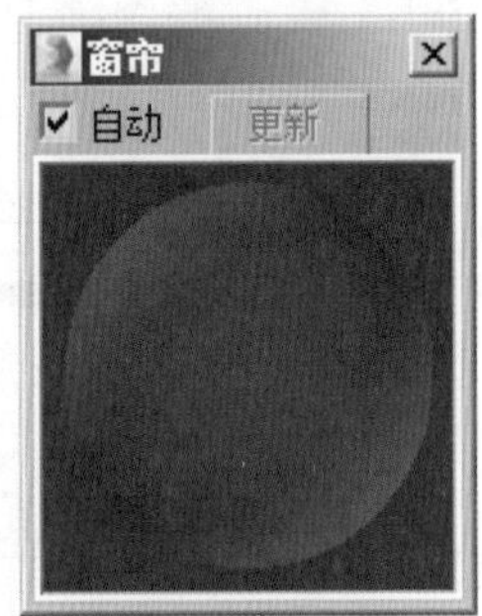

图11-25

图11-26

8. 装饰画

（1）单击一个空白材质球，设置材质类型为【VRayMtl】，命名为【装饰画】。单击【漫反射】后面的M（设置）按钮，并添加【1.png】贴图。然后设置【反射】为深灰色、【高光光泽度】为0.55，勾选【菲涅耳反射】，如图11-27所示。双击查看此时材质球的效果，如图11-28所示。

（2）选择装饰画模型并单击（将材质指定给选定对象）按钮，材质制作完成，如图11-29所示。

9. 沙发

（1）单击一个空白材质球，设置材质类型为【VRayMtl】，命名为【沙发】。单击【漫反射】后面的M（设置）按钮，添加【衰减】程序贴图，在两个颜色后面通道上分别添加【2852-18.jpg】和【2852-18.jpg】贴图文件，设置【衰减类型】为【Fresnel】。设置【高光光泽度】为0.48、【反射光泽度】为0.5、【细分】为20，勾选【菲涅耳反射】，如图11-30所示。

图11-27

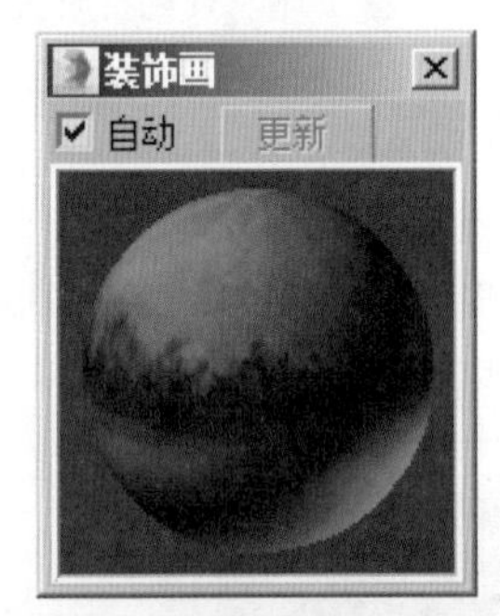

图11-28

图11-29

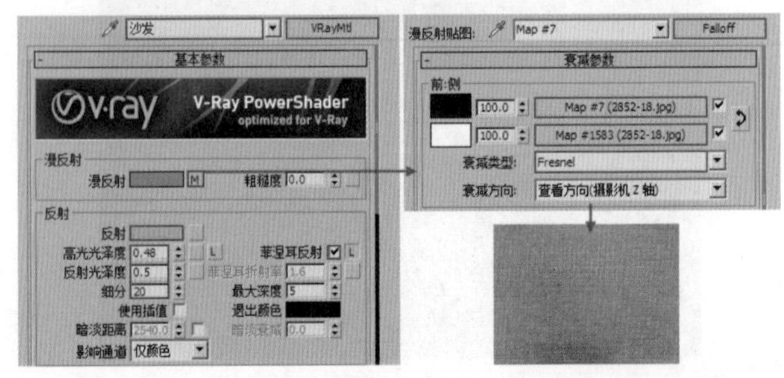

图11-30

（2）在【凹凸】通道上加载【2852-18.jpg】贴图文件，如图11-31所示。双击查看此时材质球的效果，如图11-32所示。

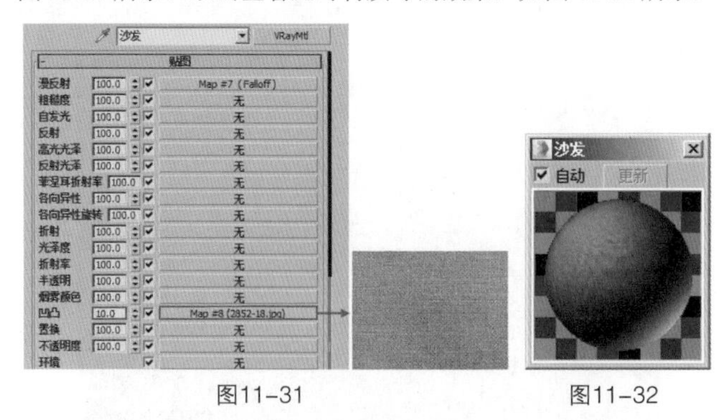

图11-31　　　　图11-32

（3）选择沙发模型并单击（将材质指定给选定对象）按钮，材质制作完成，如图11-33所示。

图11-33

（4）制作出剩余的材质，如图11-34所示。

图11-34

11.1.2　灯光步骤

1. 室外夜晚光照

（1）在创建面板中，执行（创建）|（灯光）| VRay | VR-灯光操作，在前视图中创建一盏VR-灯光，放置到窗外，如图11-35所示。

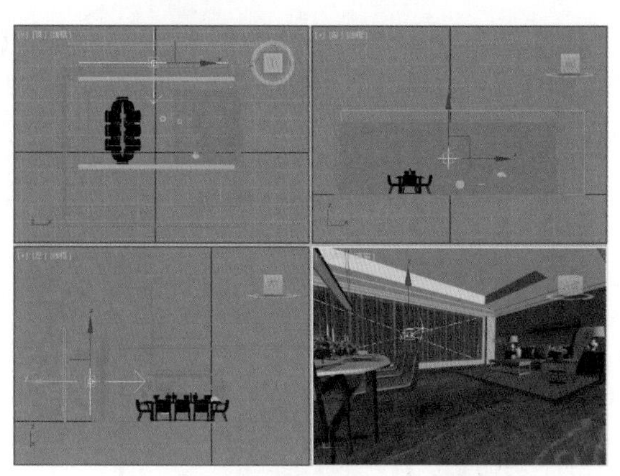

图11-35

（2）单击修改，设置【倍增】为3、【颜色】为蓝色、【1/2长】为4500mm、【1/2宽】为1400mm，勾选【不可见】,【细分】设置为30，如图11-36所示。

图11-36

2. 室内顶棚灯带

（1）创建两盏VR-灯光，放置到顶棚位置，不要让灯光与模型重叠，否则灯光将会不起任何作用，如图11-37所示。

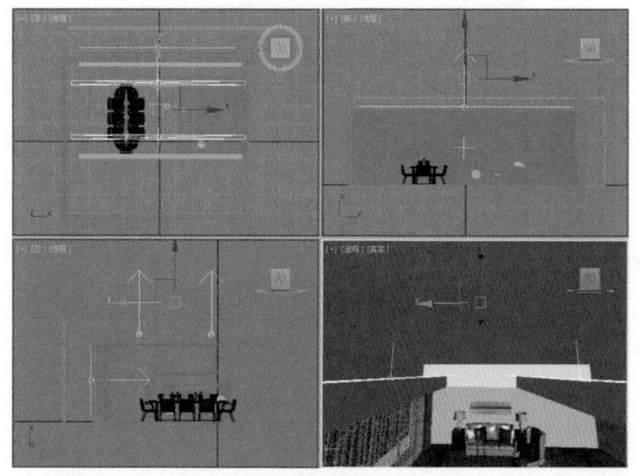

图11-37

（2）单击修改，设置【倍增】为 8、【颜色】为黄色、【1/2长】为 5000mm、【1/2 宽】为 120mm，勾选【不可见】,【细分】设置为 25，如图 11-38 所示。

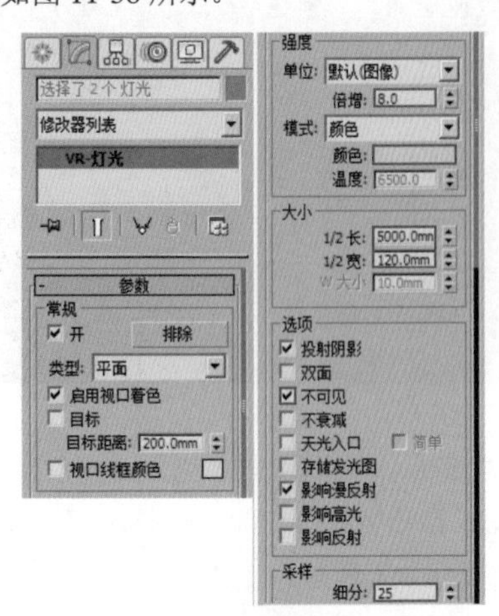

图11-38

（3）创建两盏 VR-灯光，放置到顶棚位置，如图11-39 所示。

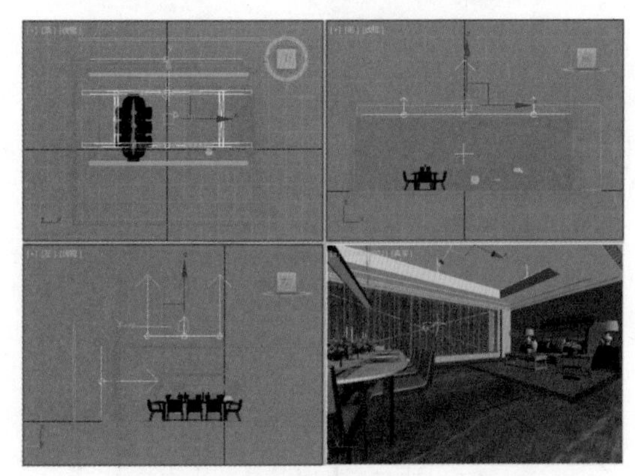

图11-39

（4）单击修改，设置【倍增】为 8、【颜色】为黄色、【1/2长】为 1600mm、【1/2 宽】为 120mm，勾选【不可见】,【细分】设置为 25，如图 11-40 所示。

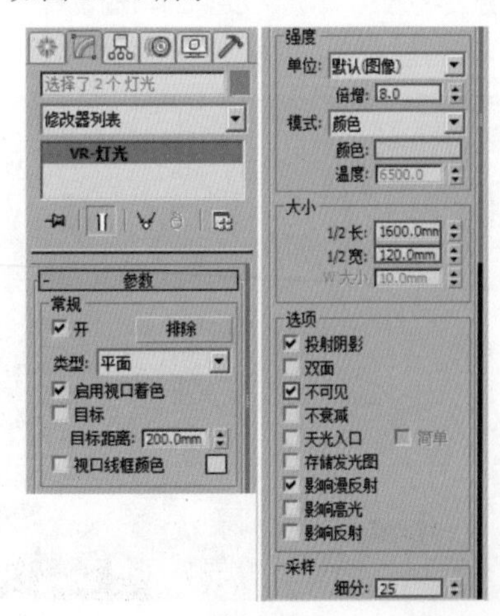

图11-40

3.【VR- 灯光】作为辅助

（1）在前视图创建一盏 VR- 灯光，将其作为场景暗部的辅助灯光，如图 11-41 所示。

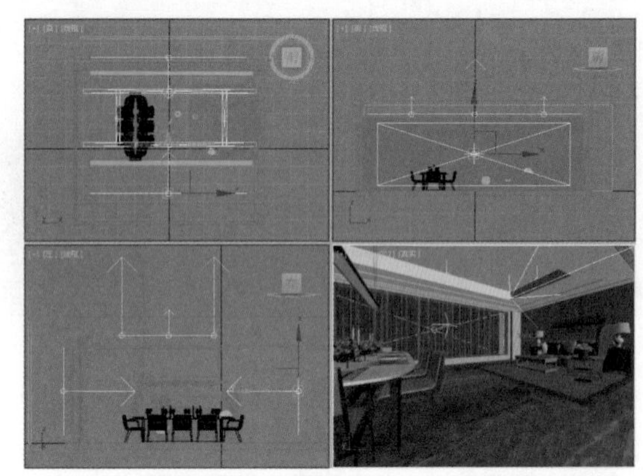

图11-41

（2）单击修改，设置【倍增】为 1、【颜色】为黄色、【1/2长】为 4500mm、【1/2 宽】为 1400mm，勾选【不可见】,【细分】设置为 30，如图 11-42 所示。

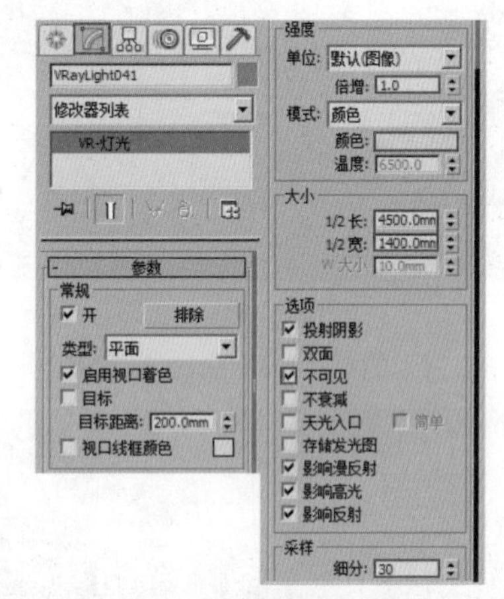

图11-42

（3）在左侧餐桌吊灯模型中创建一盏 VR- 灯光，向下照射，将其作为辅助光源，如图 11-43 所示。

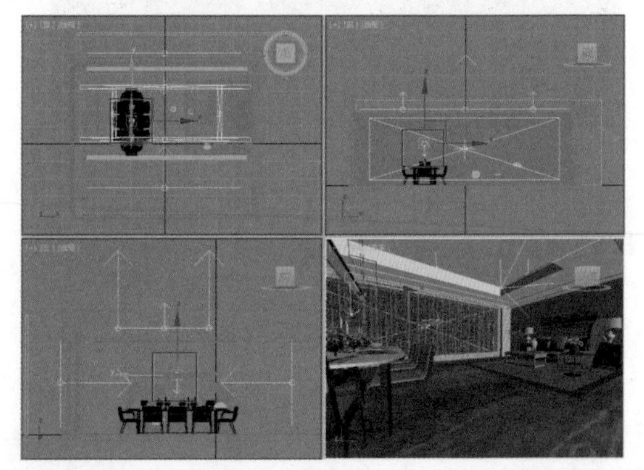

图11-43

（4）单击修改，设置【倍增】为80、【颜色】为黄色、【1/2长】为1160mm、【1/2宽】为25mm，勾选【不可见】，【细分】设置为20，如图11-44所示。

图11-44

（5）在场景右侧创建一盏VR-灯光，作为灯带的辅助光源，如图11-45所示。

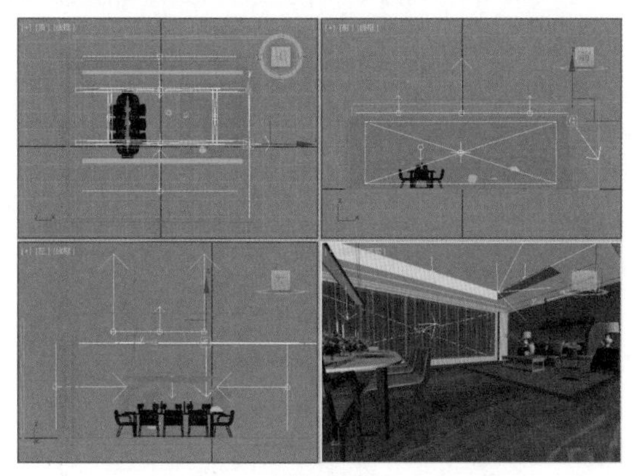

图11-45

（6）单击修改，设置【倍增】为6、【颜色】为黄色、【1/2长】为35mm、【1/2宽】为4260mm，勾选【不可见】，【细分】设置为20，如图11-46所示。

图11-46

（7）在场景右侧餐桌上方创建一盏VR-灯光，作为辅助光源，如图11-47所示。

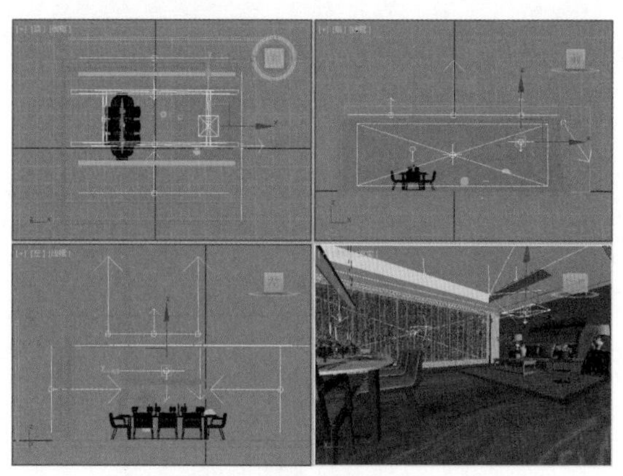

图11-47

（8）单击修改，设置【倍增】为5、【颜色】为黄色、【1/2长】为600mm、【1/2宽】为600mm，勾选【不可见】，【细分】设置为20，如图11-48所示。

图11-48

（9）在场景右侧边几装饰花上方创建一盏VR-灯光作为辅助光源，如图11-49所示。

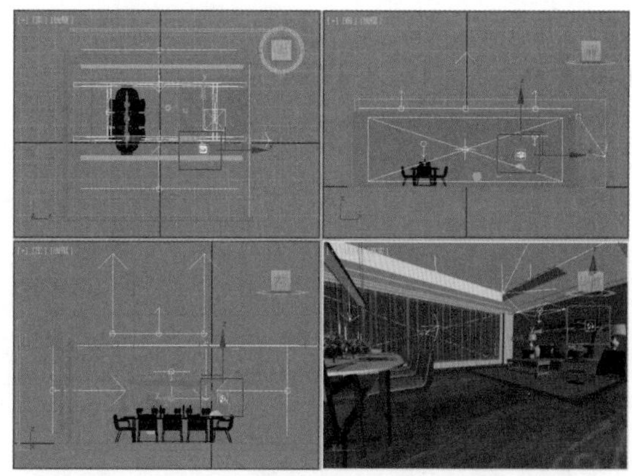

图11-49

（10）单击修改，设置【倍增】为10、【颜色】为黄色、【1/2

长】为 200mm、【1/2 宽】为 200mm，勾选【不可见】,【细分】设置为 20，如图 11-50 所示。

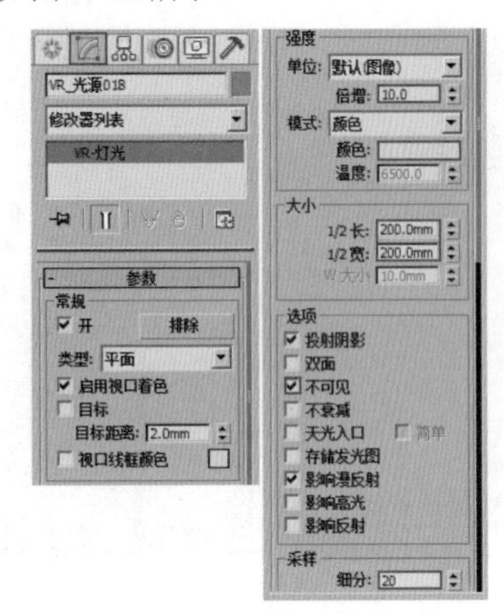

图11-50

4. 射灯

（1）再创建 12 盏目标灯光，如图 11-51 所示。

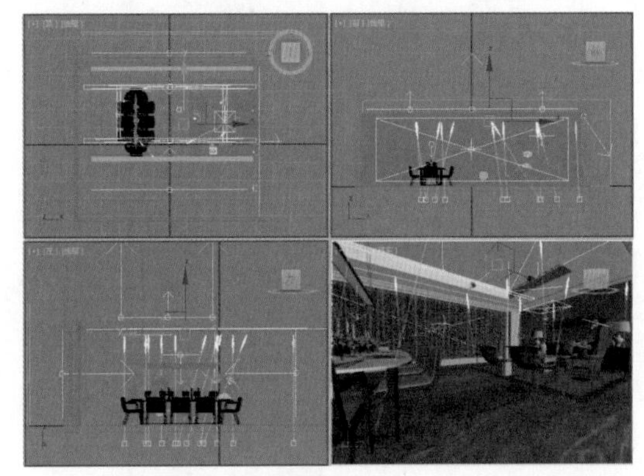

图11-51

（2）单击修改，勾选【阴影】下的【启用】，设置类型为【VR- 阴影】，设置【灯光分布（类型）】为【光度学 Web】。展开【分布（光度学 Web）】，添加【中间亮 .IES】文件。设置【过滤颜色】为浅灰色、【强度】为 60000。勾选【区域阴影】，设置【U/V/W 大小】均为 310mm、【细分】为 20，如图 11-52 所示。

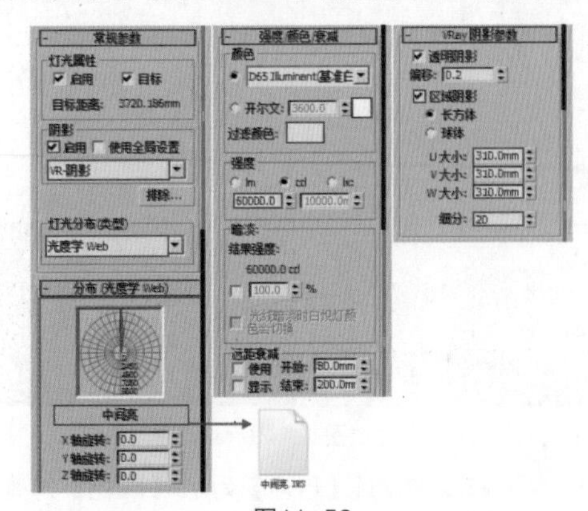

图11-52

5. 烛台灯光

（1）在烛台位置处创建 4 盏 VR- 灯光（球体），如图 11-53 所示。

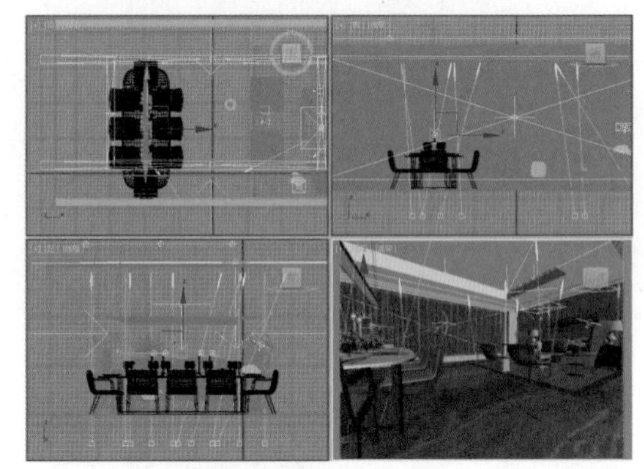

图11-53

（2）单击修改，设置【类型】为【球体】、【倍增】为35、【颜色】为黄色、【半径】为 14.47mm，勾选【双面】和【不可见】，取消【影响高光】和【影响反射】,【细分】设置为 20，如图 11-54 所示。

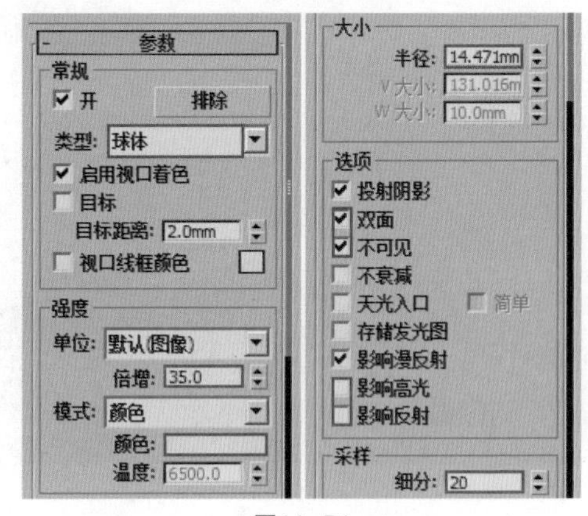

图11-54

6. 台灯灯光

（1）在台灯内部位置创建两盏 VR- 灯光（球体），如图 11-55 所示。

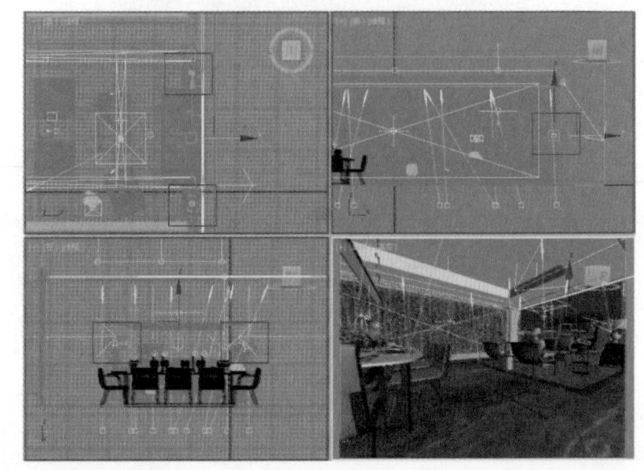

图11-55

（2）单击修改，设置【类型】为【球体】、【倍增】为160、【颜色】为橙色、【半径】为29.24mm、【细分】为30，如图11-56所示。

图11-56

7. 落地灯灯光

（1）在地面上落地灯的内部创建一盏VR-灯光，如图11-57所示。

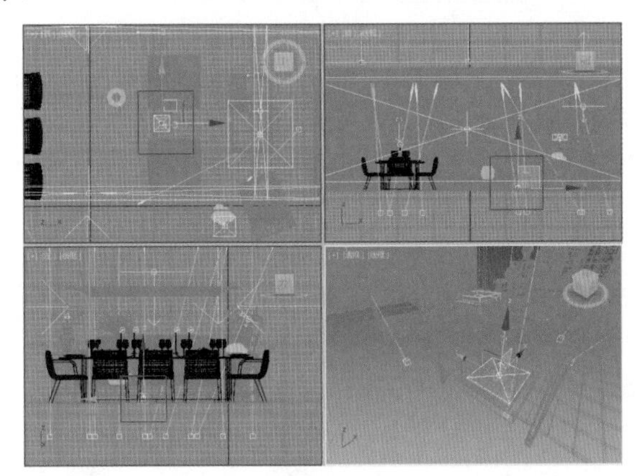

图11-57

（2）单击修改，设置【倍增】为22、【颜色】为黄色、【1/2长】为132mm、【1/2宽】为131mm，勾选【不可见】，【细分】设置为28，如图11-58所示。

图11-58

11.1.3 摄影机步骤

（1）在视图中创建一台目标摄影机。勾选【手动剪切】，设置【近距剪切】为10mm、【远距衰减】为10000mm，如图11-59所示。

（2）调整该摄影机的位置，如图11-60所示。

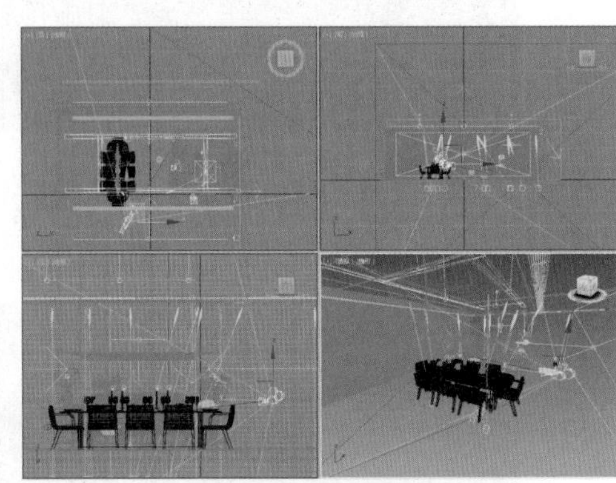

图11-59　　图11-60

（3）按快捷键【C】，切换到摄影机视图，如图11-61所示。

图11-61

（4）选择该摄影机，单击右键选择【应用摄影机校正修改器】，如图11-62所示。

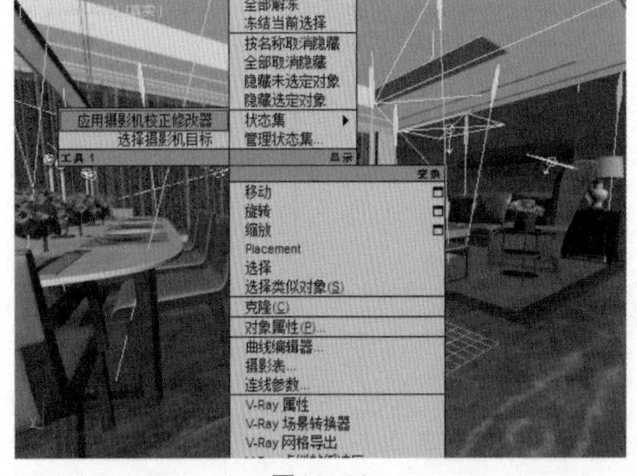

图11-62

（5）此时摄影机的角度变得更垂直，如图 11-63 所示。

图11-63

（6）按快捷键【Shift+F】，开启安全框。安全框以内的图像将会被渲染，如图 11-64 所示。

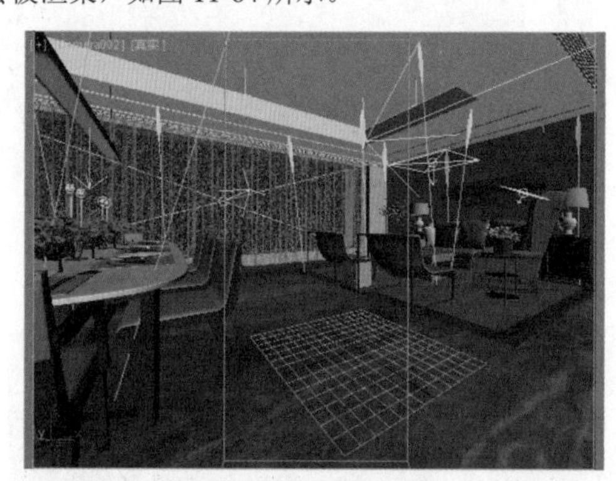

图11-64

11.1.4 渲染器设置

（1）单击（渲染设置）按钮，进入【公用】选项卡，单击【产品级】后的（指定渲染器）按钮，选择【V-Ray Adv 3.00.08】，如图 11-65 所示。

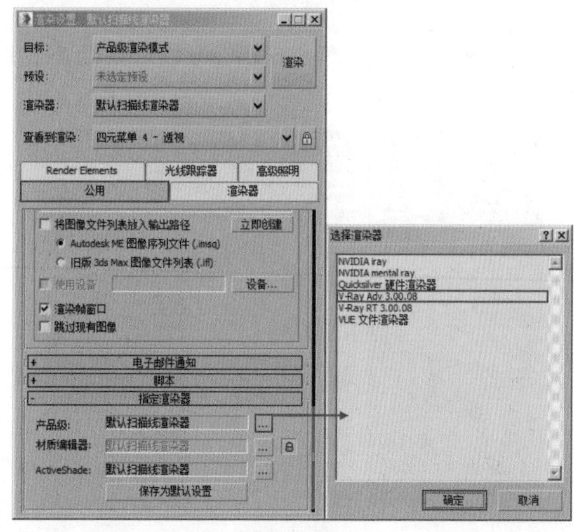

图11-65

（2）单击进入【公用】选项卡，设置【宽度】为 2000、【高度】为 1500，如图 11-66 所示。

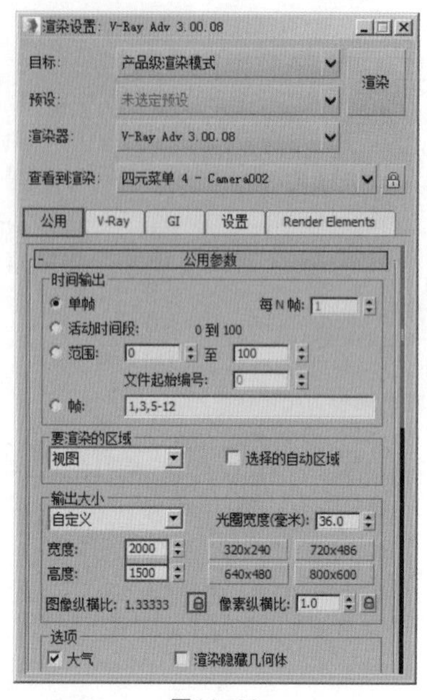

图11-66

（3）单击进入【V-Ray】选项卡，设置【类型】为【自适应】、【过滤器】为【Catmull-Rom】。设置【颜色贴图】下的【类型】为【指数】，勾选【子像素贴图】和【钳制输出】，如图 11-67 所示。

（4）单击进入【GI】选项卡，展开【全局照明】卷展栏，勾选【启用全局照明（GI）】，设置【首次引擎】为【发光图】、【二次引擎】为【灯光缓存】。展开【发光图】卷展栏，设置【当前预设】为【高】，勾选【显示计算相位】和【显示直接光】，如图 11-68 所示。

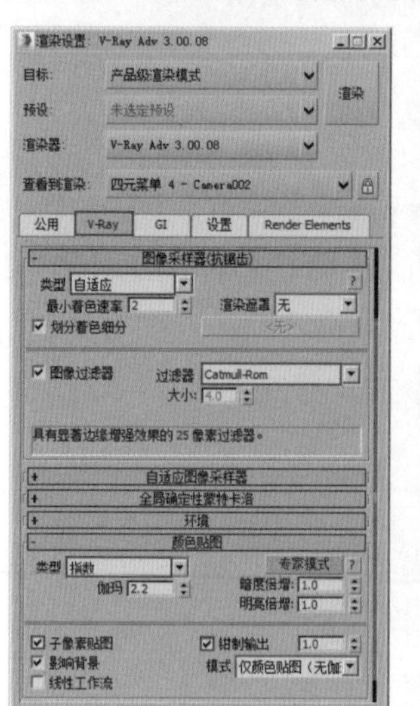

图11-67

图11-68

（5）单击进入【GI】选项卡，设置【细分】为 1500，如图 11-69 所示。

（6）单击进入【设置】选项卡，取消【显示消息日志窗口】，如图 11-70 所示。

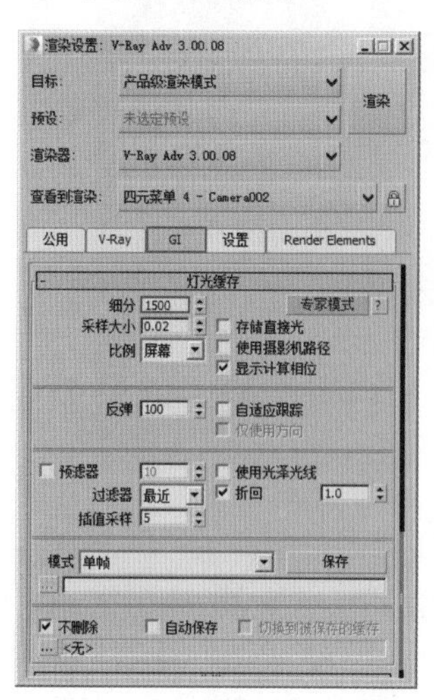

图11-69

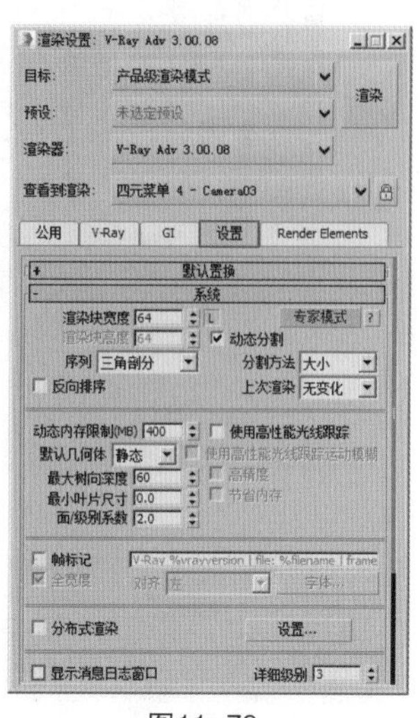

图11-70

（7）单击渲染，最终完成的效果如图 11-71 所示。

图11-71

11.2 CG奇幻场景——海底群鱼

案例文件　案例文件 \Chapter 11\CG 奇幻场景——海底群鱼 .max
视频教学　视频文件 \Chapter 11\CG 奇幻场景——海底群鱼 .flv
技术掌握　掌握 CG 场景中真实海底质感的模拟及梦幻体积光的模拟

本作品是一则 CG 奇幻场景海底群鱼的效果，画面视觉冲击力强，有一种梦幻的抽象感觉。本案例的制作的难点在于海底水材质的模拟及体积光的模拟。最终的渲染效果如图 11-72 所示。

图11-72

11.2.1 材质步骤

1. 海面材质

（1）单击（材质编辑器）按钮，打开材质编辑器。单击一个空白材质球，设置材质类型为【标准】，命名为【海面】。设置【明暗器类型】为【Phong】、【环境光】为深蓝色、【漫反射】为蓝色、【高光反射】为浅蓝色、【高光级别】为 90，【光泽度】为 35，如图 11-73 所示。

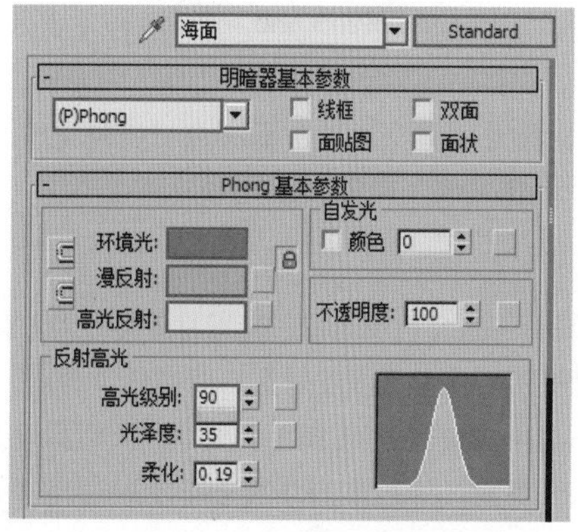

图11-73

（2）设置【凹凸】强度为11，在通道上加载【噪波】程序贴图，并设置【瓷砖】的【X】和【Y】为0.05,【Z】为0.06,【模糊】为2、【噪波类型】为【湍流】、【大小】为10，如图11-74所示。

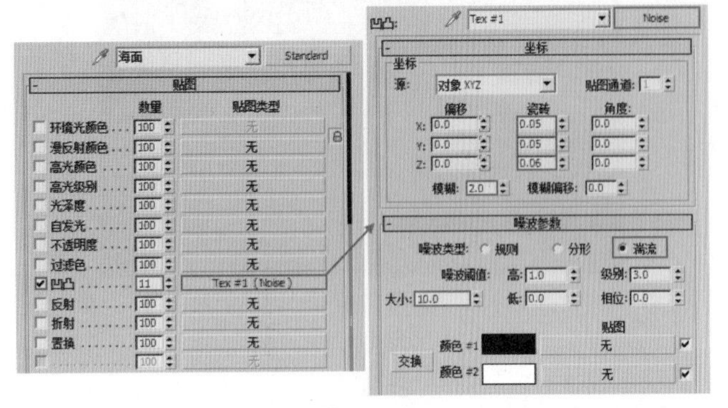

图11-74

（3）在【反射】通道上加载【光线跟踪】程序贴图，在【背景】下面的通道上加载【天空.jpg】贴图文件，如图11-75所示。

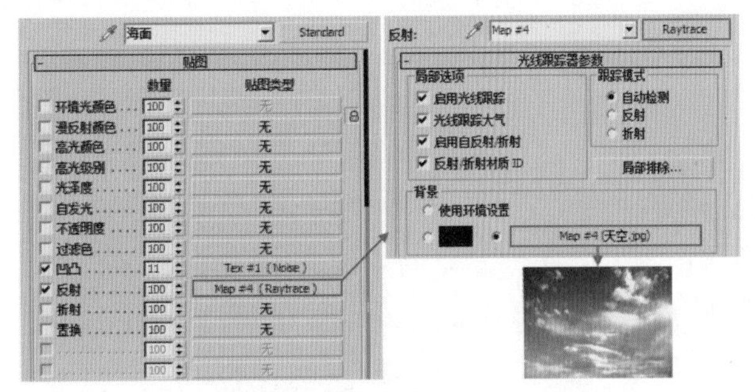

图11-75

（4）双击查看此时材质球的效果，如图11-76所示。

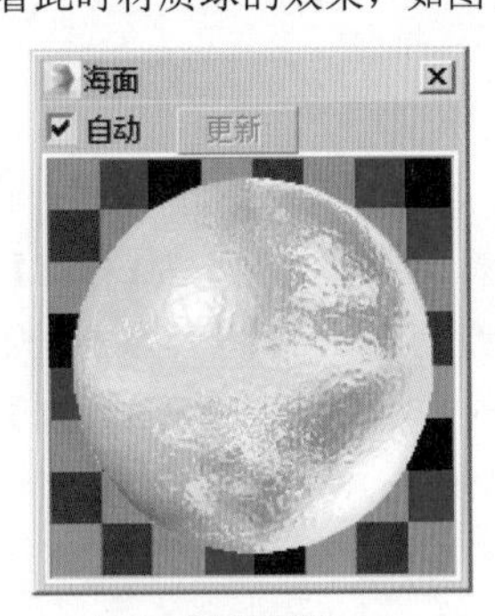

图11-76

（5）选择海面模型并单击（将材质指定给选定对象）按钮，材质制作完成，如图11-77所示。

2. 群鱼材质

（1）单击一个空白材质球，设置材质类型为【VRayMtl】，命名为【群鱼】。单击【漫反射】后面的M（设置）按钮，并添加【1.jpg】贴图，设置【模糊】为0.01。然后设置【反射】为深灰色、【反射光泽度】为0.7、【细分】为14，如图11-78所示。

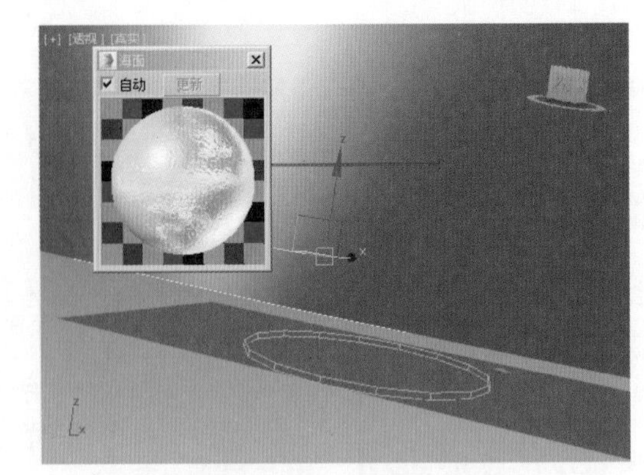

图11-77

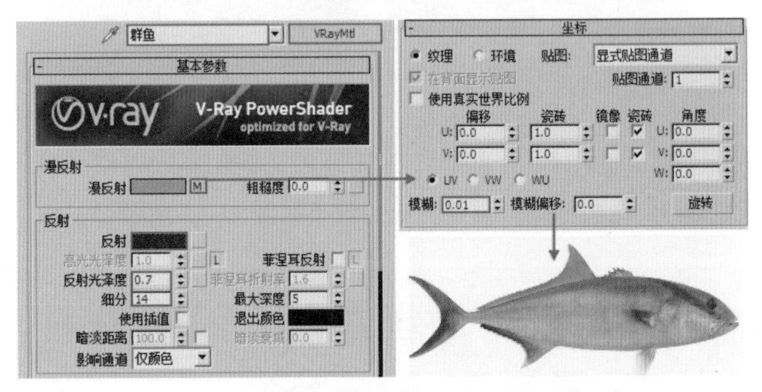

图11-78

（2）双击查看此时材质球的效果，如图11-79所示。

图11-79

（3）选择鱼模型并单击（将材质指定给选定对象）按钮，材质制作完成，如图11-80所示。

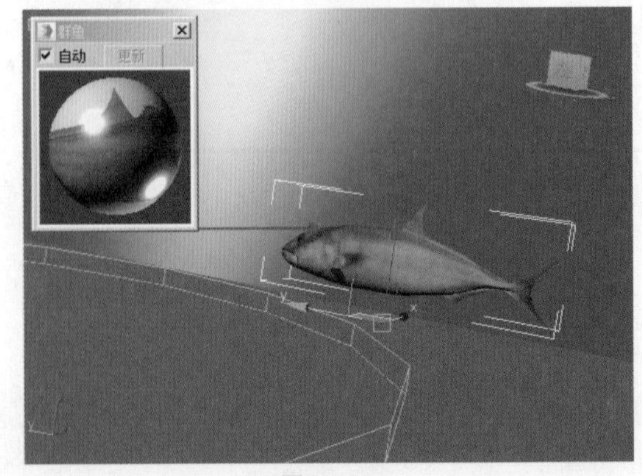

图11-80

11.2.2 动画步骤

（1）在创建面板中，执行 （创建）| （几何体）| 粒子系统 | 粒子流源 操作，在视图中拖曳光标创建一个粒子流源，调整其位置，如图 11-81 所示。

（2）单击修改，然后单击【粒子视图】按钮，如图 11-82 所示。

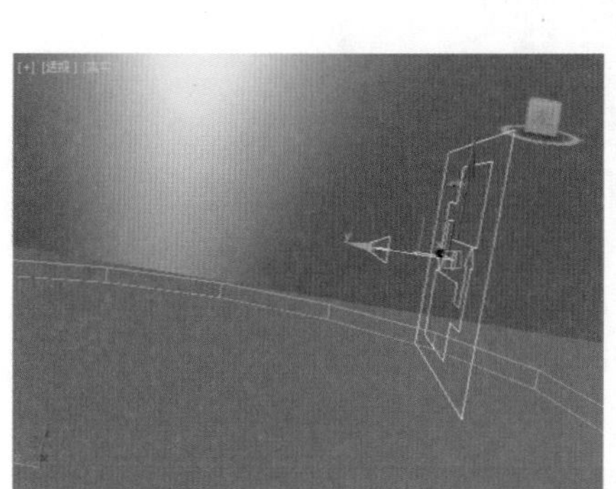

图11-81

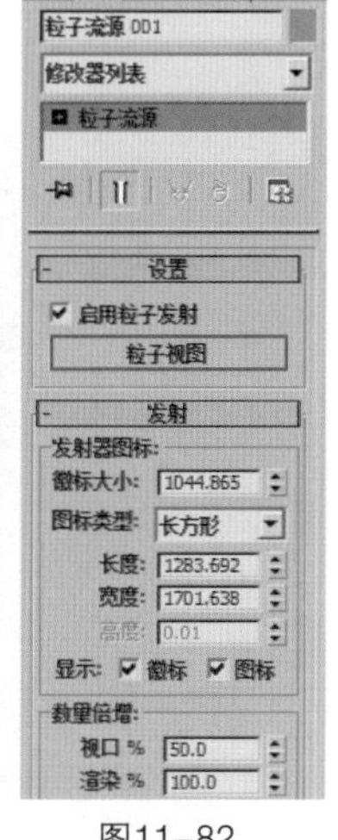

图11-82

（3）单击选中【形状 001】，然后按键盘上的【Delete】键将其删除，如图 11-83 所示。

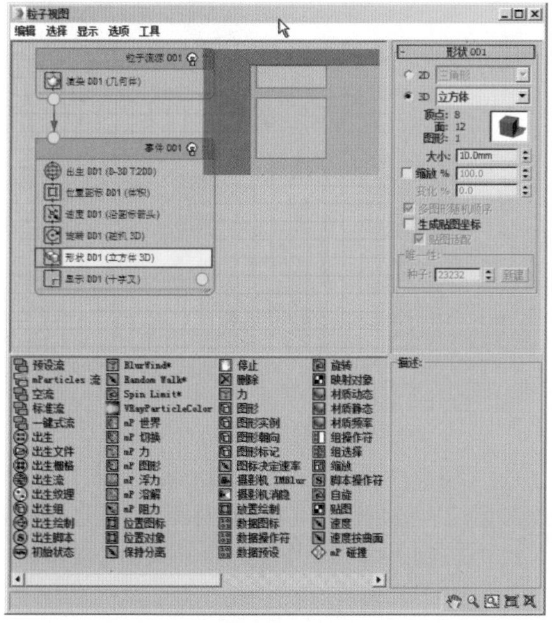

图11-83

（4）单击选中【出生 001】，设置【发射开始】为 -30、【发射停止】为 80、【数量】为 1000，如图 11-84 所示。

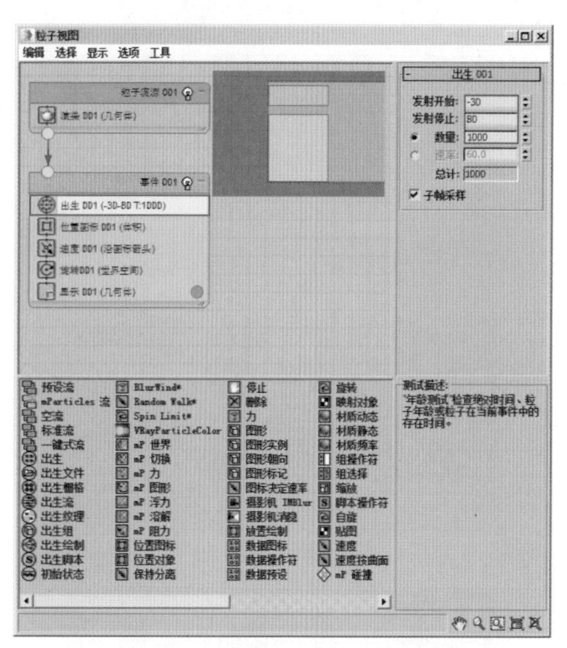

图11-84

（5）单击选中【速度 001】，设置【速度】为 300、【变化】为 50、【方向】为【沿图标箭头】，如图 11-85 所示。

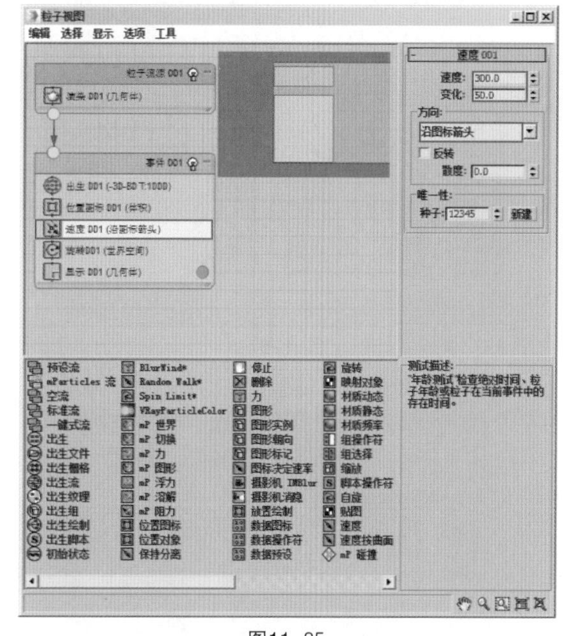

图11-85

（6）单击选中【旋转 001】，设置【方向矩阵】为【世界空间】、设置【X】为 -10、【Y】为 0、【Z】为 -60、【散度】为 25，如图 11-86 所示。

（7）单击选中【显示 001】，设置【类型】为【几何体】，如图 11-87 所示。

（8）在列表中单击选中【图形实例】，拖动到【事件 001】的最下方，如图 11-88 所示。

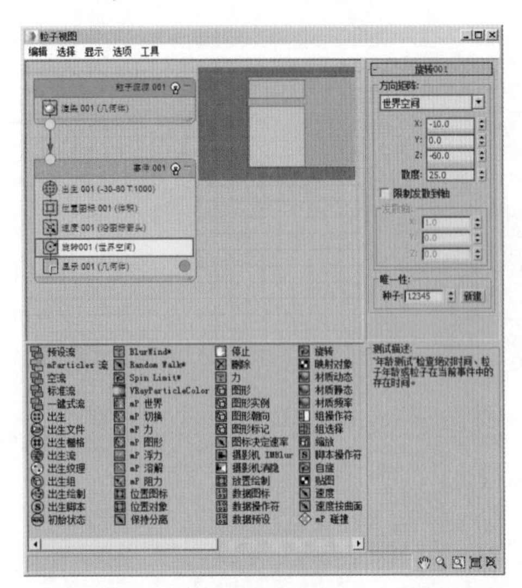

图11-86

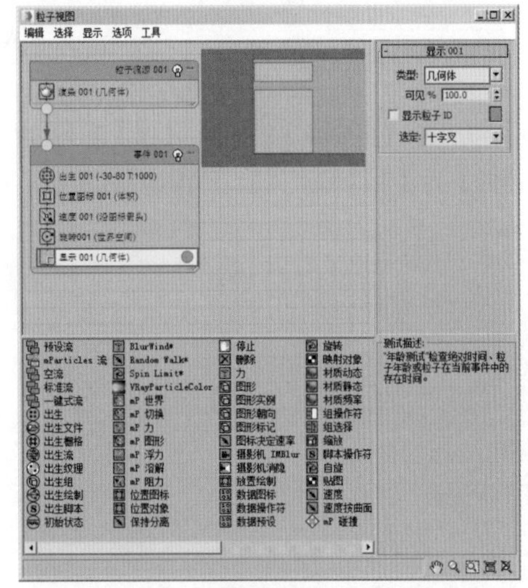

图11-87

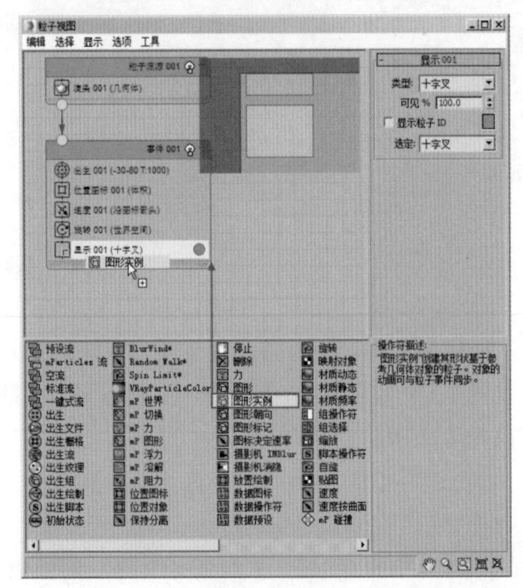

图11-88

（9）单击选中【图形实例 001】，然后单击【粒子几何体对象】下方的按钮，在场景中单击拾取鱼模型【object】，如图 11-89 所示。

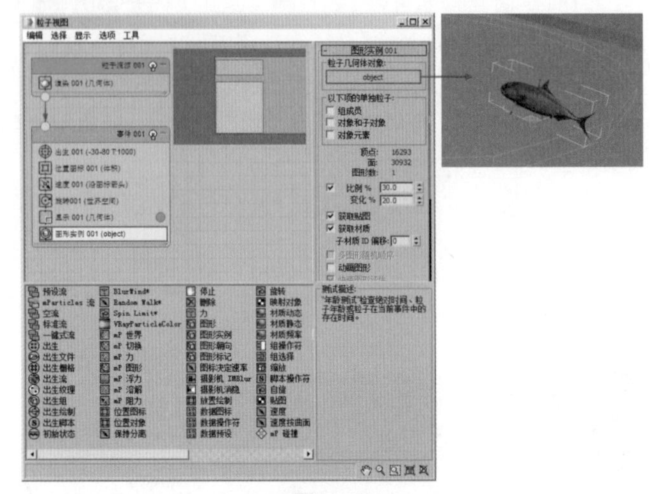

图11-89

（10）在列表中单击选中【材质静态】，拖动到【事件 001】的最下方，如图 11-90 所示。

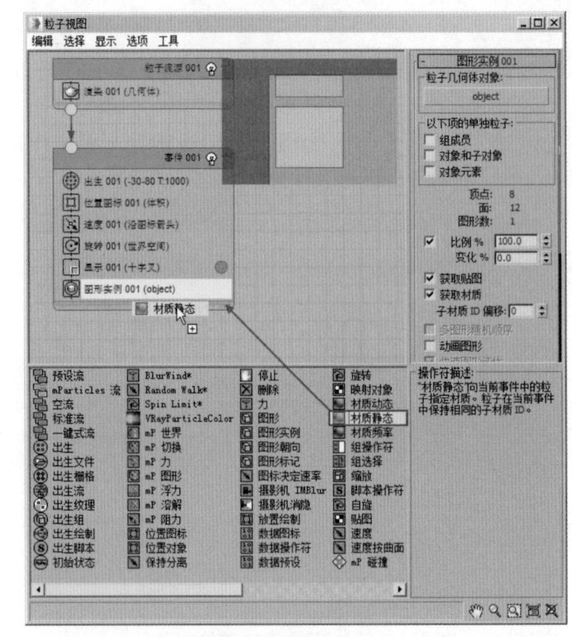

图11-90

（11）单击选中【材质静态 001】，然后单击【指定材质】下面的按钮，并添加刚才的【群鱼】材质，如图 11-91 所示。

（12）在列表中单击选中【力】，拖动到【事件 001】的最下方，如图 11-92 所示。

（13）在创建面板中，执行（创建）|（空间扭曲）| 力 | 旋涡 操作，如图 11-93 所示。在视图中拖曳光标创建一个漩涡，如图 11-94 所示。

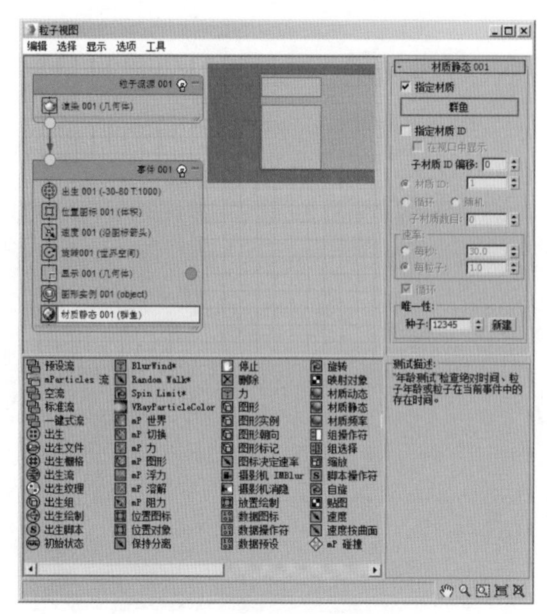

图11-91

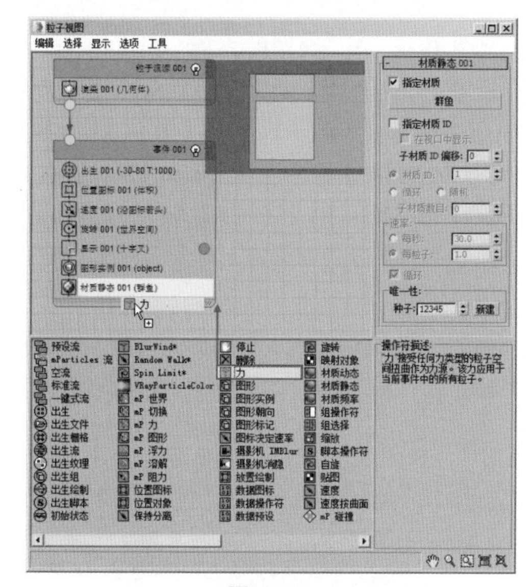

图11-92

图11-93

（14）在创建面板中，执行 ☀（创建）| ≋（空间扭曲）| 力 | 风 操作，如图 11-95 所示。

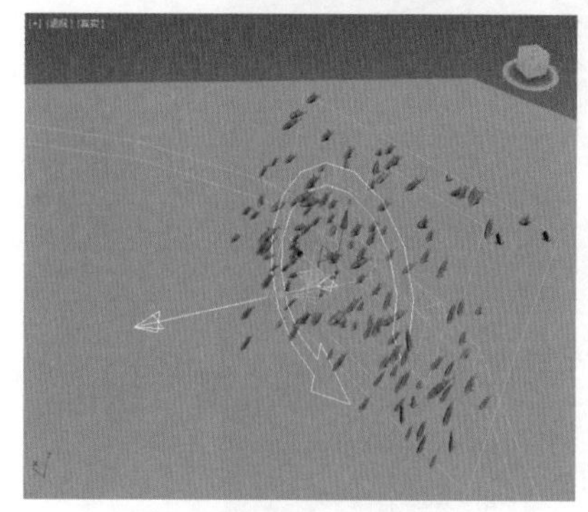

图11-94

图11-95

（15）在场景中拖动创建风，如图 11-96 所示。设置【强度】为 0.2、【湍流】为 0.3，如图 11-97 所示。

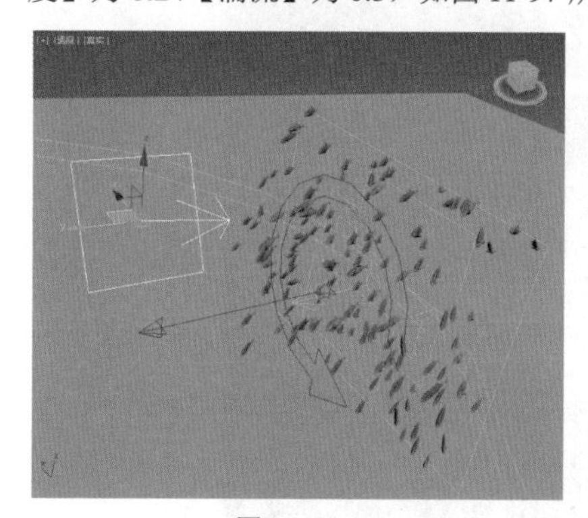

图11-96

图11-97

（16）单击选择【力 001】，单击【添加】按钮，在创建中依次单击刚才创建的旋涡和风，如图 11-98 所示。

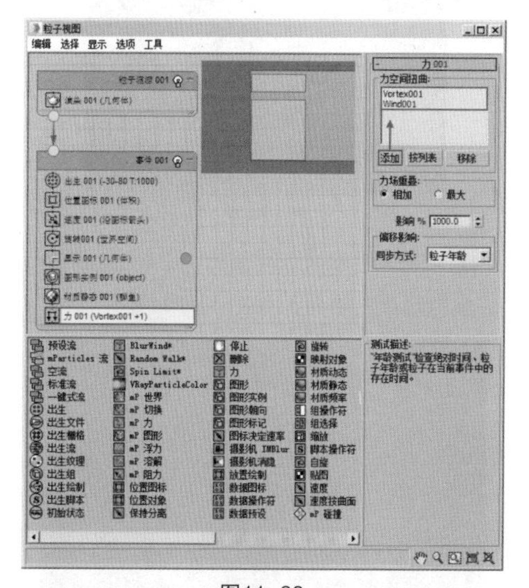

图11-98

（17）拖动时间线，可以看到此时出现了群鱼游动的效果，如图 11-99 所示。

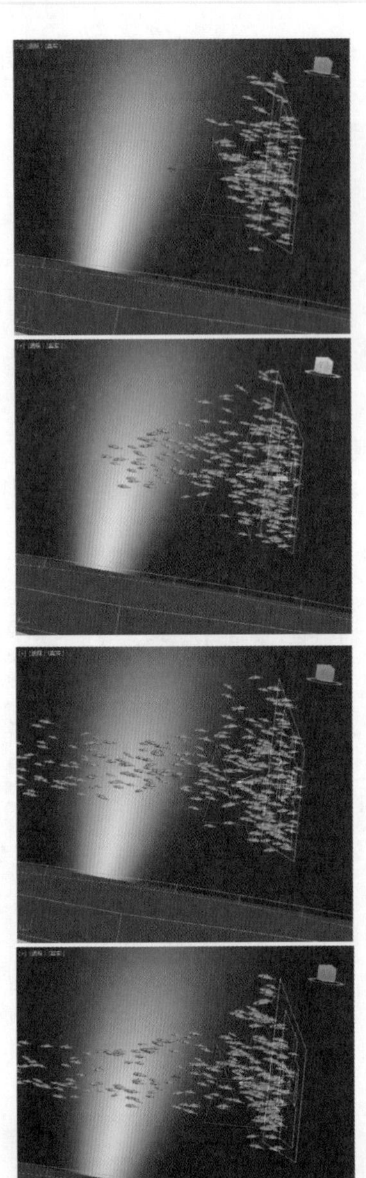

图11-99

（18）使用同样的方法继续创建一个粒子流域，并设置相关的参数，模拟远处的群鱼，如图 11-100 所示。

图11-100

11.2.3 灯光步骤

（1）在场景中拖曳光标创建一个目标聚光灯，如图 11-101 所示。

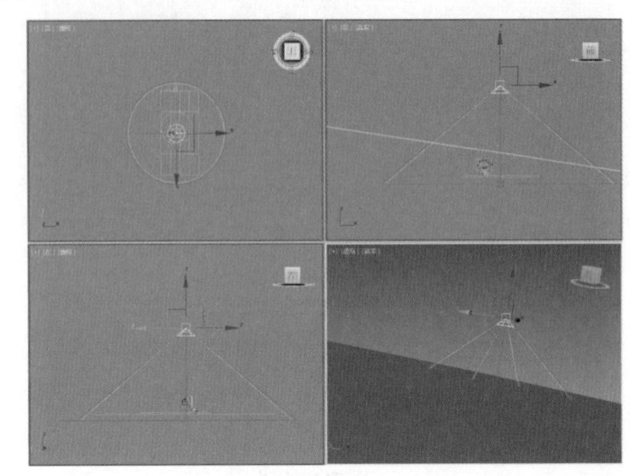

图11-101

（2）单击修改，勾选【阴影】下的【启用】，【倍增】设置为 2，设置【远距衰减】的【开始】为 2032、【结束】为 8128。设置【聚光区 / 光束】为 100、【衰减区 / 区域】为 102。在【投影贴图】后面的通道上添加【噪波】程序贴图，设置【瓷砖】的【X】、【Y】和【Z】均为 0.039，设置【噪波类型】为【湍流】、【噪波阈值】的【高】为 0.75、【大小】为 10，如图 11-102 所示。

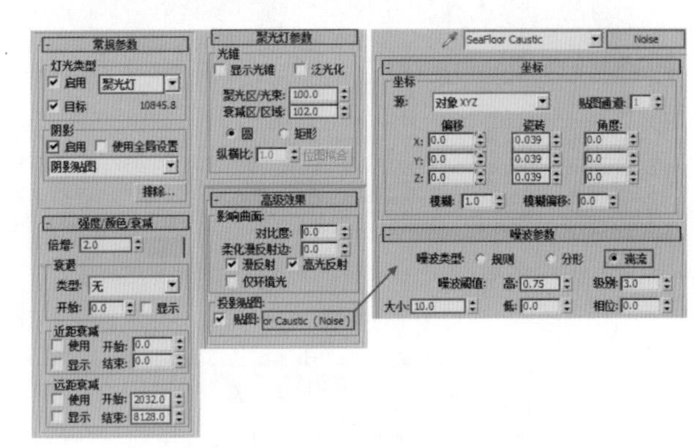

图11-102

（3）再次在场景中拖曳光标创建一个目标聚光灯，如图 11-103 所示。

（4）单击修改，勾选【阴影】下的【启用】，【倍增】设置为 30，设置【颜色】为蓝色。勾选【远距衰减】下的【使用】和【显示】，并设置【开始】为 21、【结束】为 3259。设置【聚光区 / 光束】为 51.7、【衰减区 / 区域】为 79.2。在【投射贴图】后面的通道上添加【Volumask.bmp】贴图文件，设置【模糊】为 2，如图 11-104 所示。

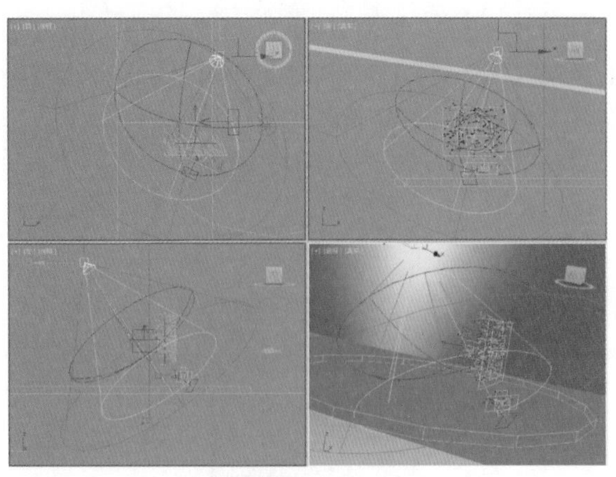

图11–103

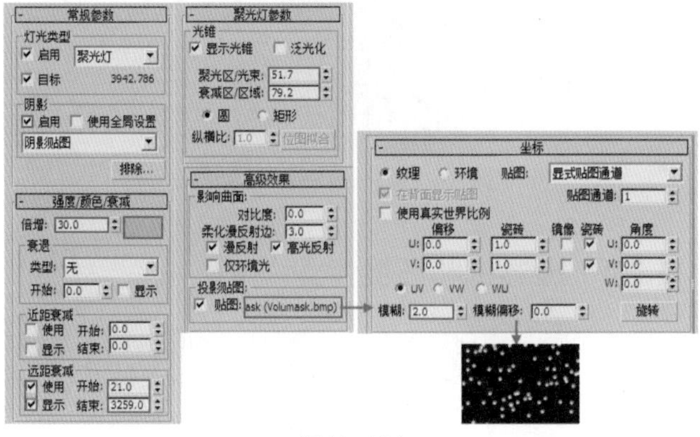

图11–104

（5）在场景中拖曳光标创建一个目标聚光灯，如图 11-105 所示。

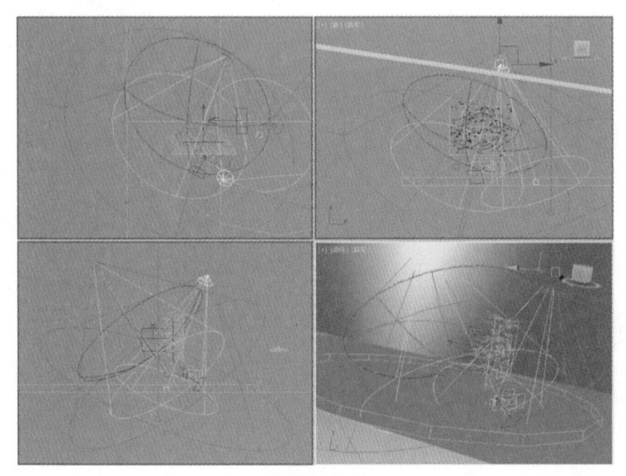

图11–105

（6）单击修改，取消【阴影】下的【启用】，设置【倍增】为 2、设置颜色为深蓝色。设置【远距衰减】下的【开始】为 80、【结束】为 184.62。设置【聚光区 / 光束】为 48.4、【衰减区 / 区域】为 95.3，如图 11-106 所示。

（7）在场景中拖曳光标创建一个目标聚光灯，如图 11-107 所示。

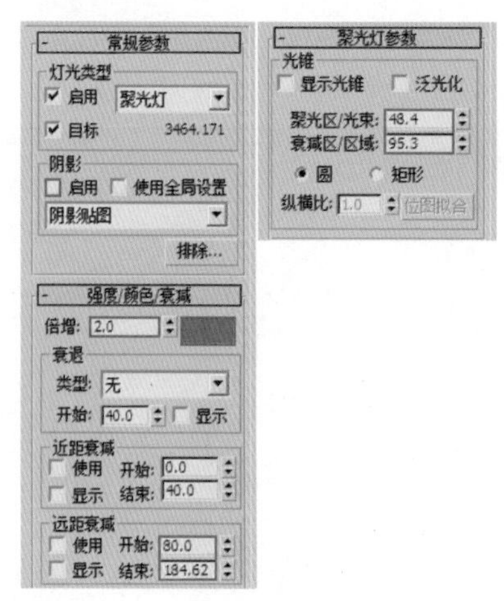

图11–106

（8）单击修改，取消【阴影】下的【启用】，设置【倍增】为 0.5、设置颜色为深蓝色。设置【近距衰减】的【结束】为 40、【远距衰减】下的【开始】为 80、【结束】为 179.19。设置【聚光区 / 光束】为 67、【衰减区 / 区域】为 121.6。在【投射贴图】后面的通道上添加【NAT509_B.JPG】贴图文件，如图 11-108 所示。

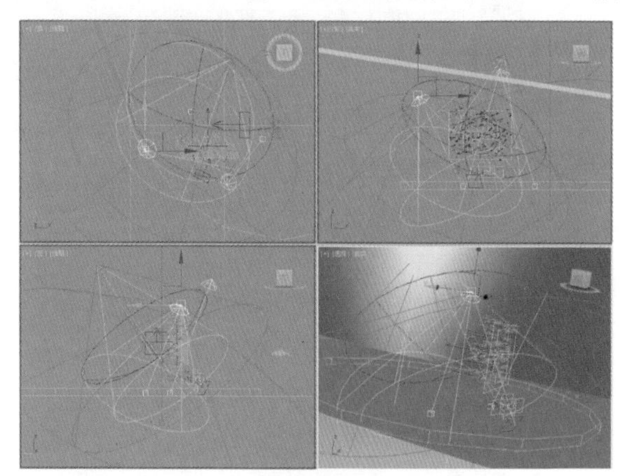

图11–107

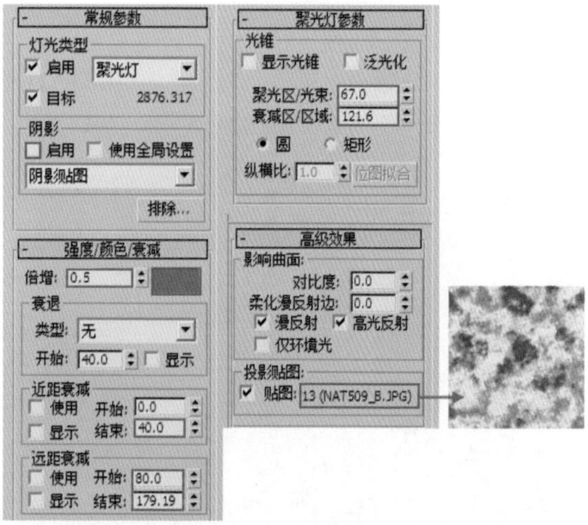

图11–108

（9）再次在场景中拖曳光标创建一个目标聚光灯，如图11-109所示。

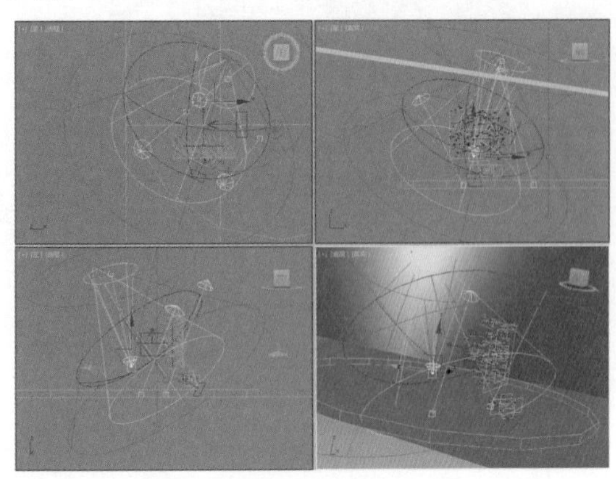

图11-109

（10）单击修改，取消【阴影】下的【启用】，设置【倍增】为1.3、设置颜色为浅青色。设置【远距衰减】下的【开始】为2032、【结束】为8128。设置【聚光区/光束】为31.9、【衰减区/区域】为84，如图11-110所示。

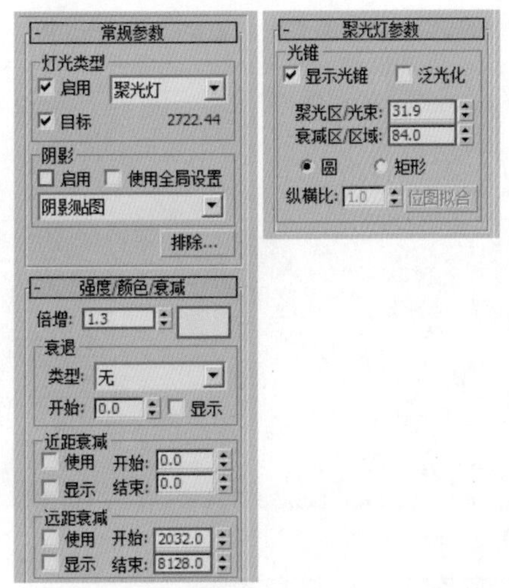

图11-110

（11）在场景中拖曳光标创建一个泛光，如图11-111所示。

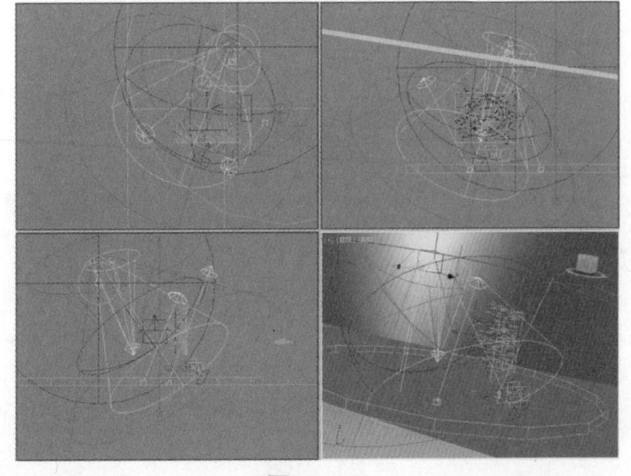

图11-111

（12）单击修改，取消【阴影】下的【启用】，设置【倍增】为4。勾选【远距衰减】下的【使用】和【显示】，设置【开始】为564、【结束】为3216，如图11-112所示。

图11-112

11.2.4 摄影机和环境步骤

（1）在视图中创建一个目标摄影机，如图11-113所示。单击修改，设置【镜头】为43.456mm、【视野】为45°，勾选【显示】，设置【近距范围】为1905、【远距范围】为8763，如图11-114所示。

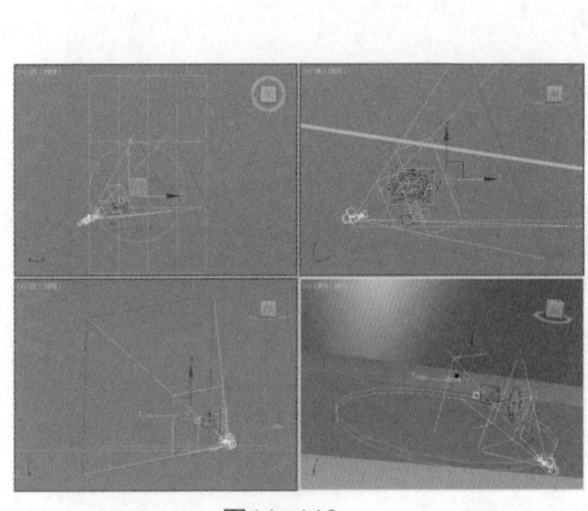

图11-113　　图11-114

（2）按快捷键【C】，切换到摄影机视图，如图11-115所示。

（3）按快捷键【Shift+F】，打开安全框，如图11-116所示。

（4）按快捷键【8】，打开【环境和效果】控制面板。单击【添加】按钮，添加【雾】。在【环境颜色贴图】通道上加载【渐变】程序贴图，并设置颜色#1、颜色#2、颜色#3为三种蓝色，如图11-117所示。

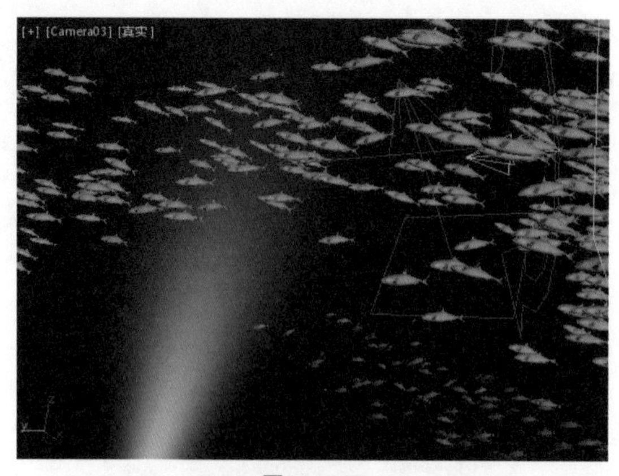

图11-115

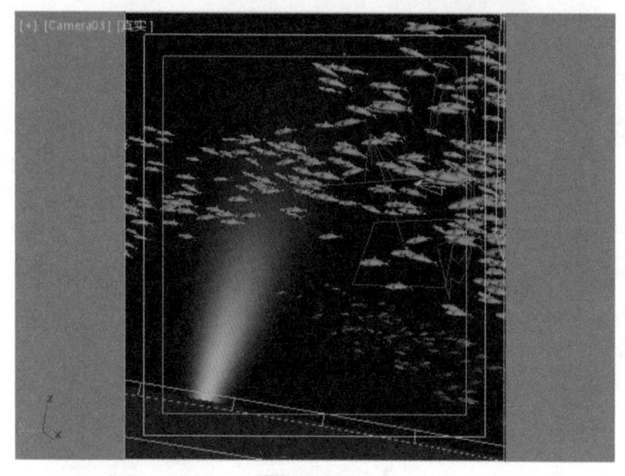

图11-116

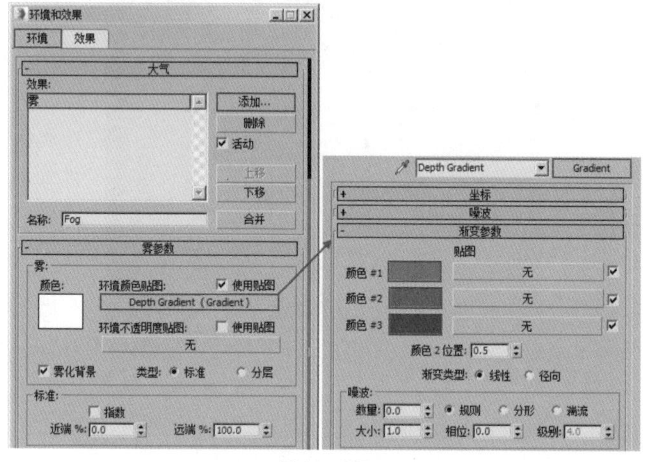

图11-117

（5）继续单击【添加】按钮，添加【体积光】。单击【拾取灯光】按钮，然后在创建中单击拾取【Light Rays】灯光。设置【衰减颜色】为湖蓝色、【密度】为0.15、【最大亮度 %】为100、【过滤阴影】为【高】、【采样体积 %】为120，取消【自动】，设置【大小】为508，如图11-118所示。

（6）继续单击【添加】按钮，添加【雾】。设置【颜色】为湖蓝色、【远端 %】为50，如图11-119所示。

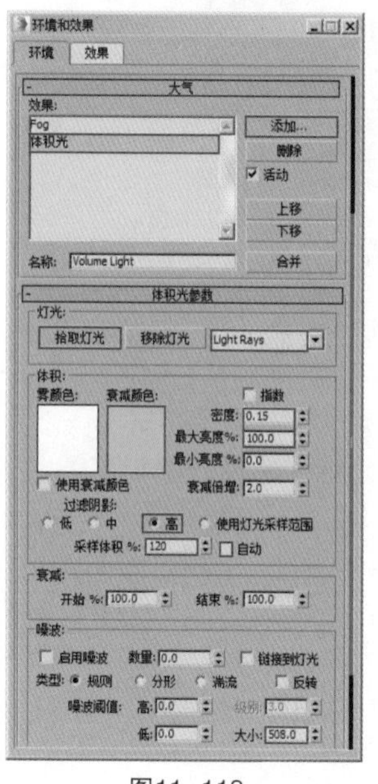

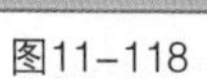

图11-118

图11-119

11.2.5 渲染器设置

（1）单击（渲染设置）按钮，进入【公用】选项卡，单击【产品级】后面的...（指定渲染器）按钮，选择【V-Ray Adv 3.00.08】，如图11-120所示。

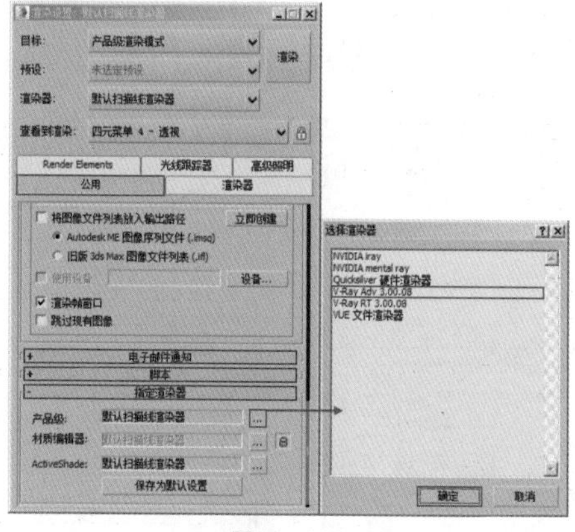

图11-120

（2）单击进入【公用】选项卡，设置【宽度】为2000、【高度】为2290，如图11-121所示。

（3）单击进入【V-Ray】选项卡，设置【类型】为【自适应】、【过滤器】为【Catmull-Rom】。设置【颜色贴图】下的【类型】为【线性倍增】，勾选【子像素贴图】和【钳制输出】，如图11-122所示。

（4）单击进入【GI】选项卡，展开【全局照明】卷展栏，勾选【启用全局照明（GI）】，设置【首次引擎】为【发光图】、【二次引擎】为【灯光缓存】、【倍增】为0.8。展开【发光图】卷展栏，设置【当前预设】为【低】，勾选【显示计算相位】

和【显示直接光】，如图 11-123 所示。

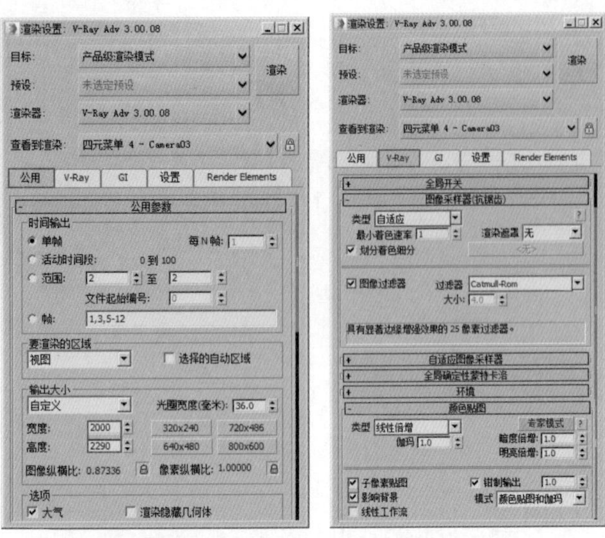

图11-121　　图11-122

（5）展开【灯光缓存】卷展栏，勾选【显示计算相位】，如图 11-124 所示。

（6）单击进入【设置】选项卡，取消【显示消息日志窗口】，如图 11-125 所示。

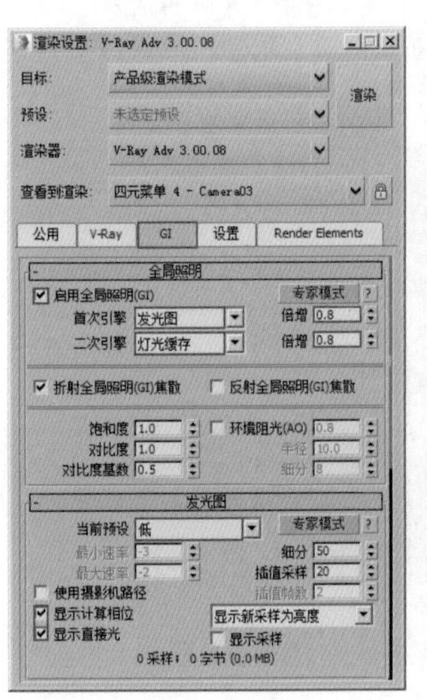

图11-123

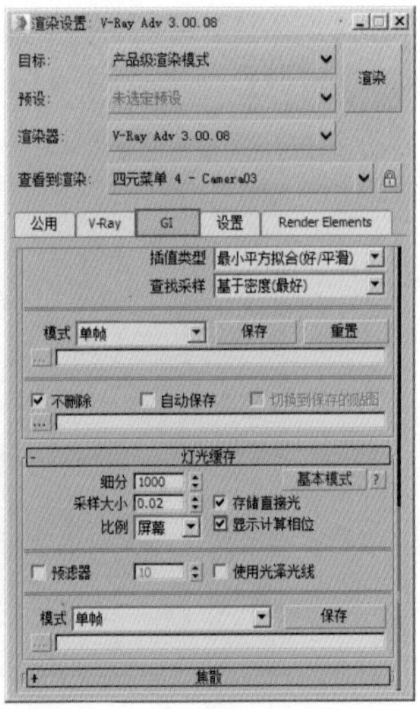

图11-124

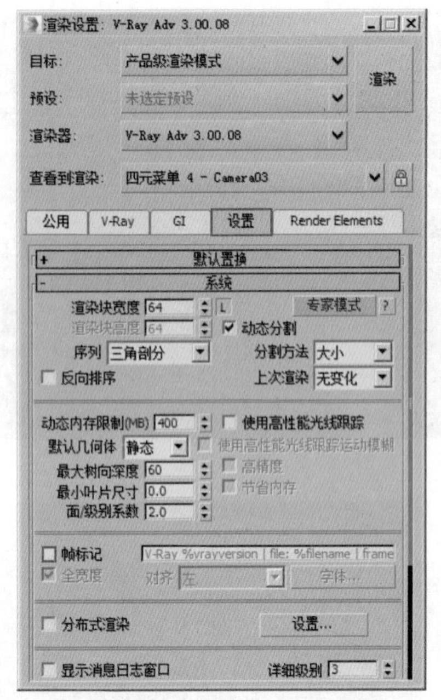

图11-125

（7）单击渲染，最终完成的效果如图 11-126 所示。

图11-126

本章小结

通过对本章的学习，我们已经掌握了制作大型综合项目的流程。它包括材质、动画、灯光、摄影机、渲染等具体过程。一起来创作一幅属于自己的完整作品吧！

第 12 章 环境和效果

本章内容

环境和效果的概念
环境和效果的常用类型

本章人物

Design 教授——擅长 3ds Max 技术和理论
三弟——酷爱 3ds Max 软件，新手
麦克斯——三弟的同班同学，好友

我们将在这一章中讲解环境和效果的知识。利用环境和效果可以在 3ds Max 中制作特殊的效果，非常简单。例如我们生活环境中的大雾、雾霾、火焰、镜头光斑等都可以用它们模拟，而且很真实哦！但是环境和效果毕竟种类有限，因此有一些效果就不太好模拟了，需要借助于 3ds Max 的插件进行制作。

12.1 “环境”很多书居然不讲

按键盘快捷键【8】或在菜单栏中执行【渲染】/【环境】都可以打开【环境和效果】面板，其中包括【环境】选项卡和【效果】选项卡，如图 12-1 所示。

图12-1

12.1.1 “环境”可以理解为“背景”

3ds Max 中的环境可以理解为背景，为什么这么说呢？默认情况下，3ds Max 的场景四周是漆黑一片的，因此没有修改过的背景在渲染时效果一定不会太真实。那么我们就需要根据实际情况设置环境，比如正午的场景需要设置一个合适的天空背景，而夜晚的场景则需要设置一个深蓝色的背景。

12.1.2 “效果”可以模拟简单的特效

理解了【环境】之后，我们再来看看【效果】。效果似乎更好理解，3ds Max 中的效果就是特效，它可以模拟很多简单的特效，例如模糊、胶片颗粒等。

12.2 公用参数

单击【环境】选项卡，展开【公用参数】卷展栏，如图 12-2 所示。

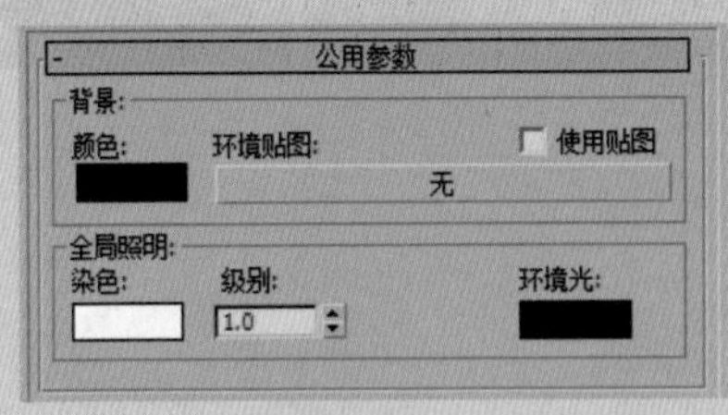

图12-2

1. 背景

- 颜色：设置环境的背景颜色。
- 环境贴图：在其贴图通道中加载一张环境贴图来作为背景。
- 使用贴图：使用一张贴图作为背景。

2. 全局照明

- 染色：如果使用的颜色不是白色，那么场景中所有的灯光都将被染色。
- 级别：增强或减弱场景中所有灯光的亮度。
- 环境光：设置环境光的颜色。

12.2.1 设置一个背景试一试

按快捷键【8】打开【环境和效果】控制面板，然后单击【环境贴图】下的通道，并添加贴图，如图 12-3 所示。

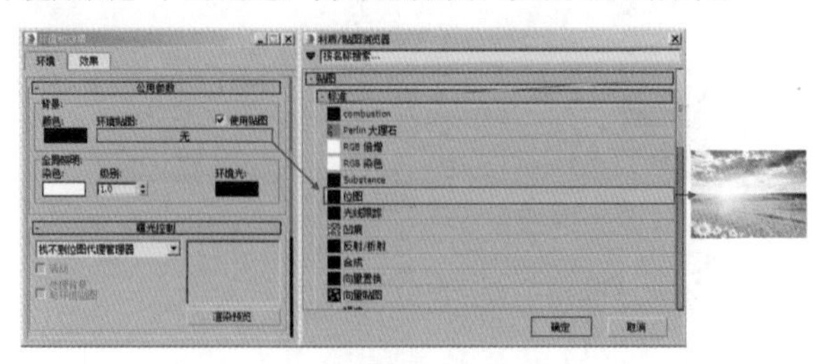

图12-3

此时进行渲染，可以看到产生了背景效果，如图 12-4 所示。

图12-4

独家秘笈——创建VR太阳后为什么有了背景?

我发现当我创建 VR 太阳后,【环境和效果】面板中怎么自动添加了一个【VR-天空】贴图? 这很重要吗? 如图 12-5 和图 12-6 所示。

图12-5

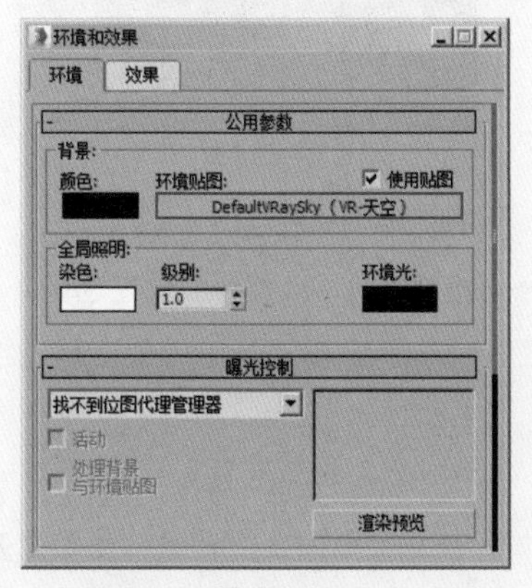

图12-6

渲染这个时候的作品，可以看到有背景是很好看的，而且很真实，如图 12-7 所示。

图12-7

当选择【否】的时候，可以看到环境和效果面板中没有添加任何贴图，如图 12-8 和图 12-9 所示。

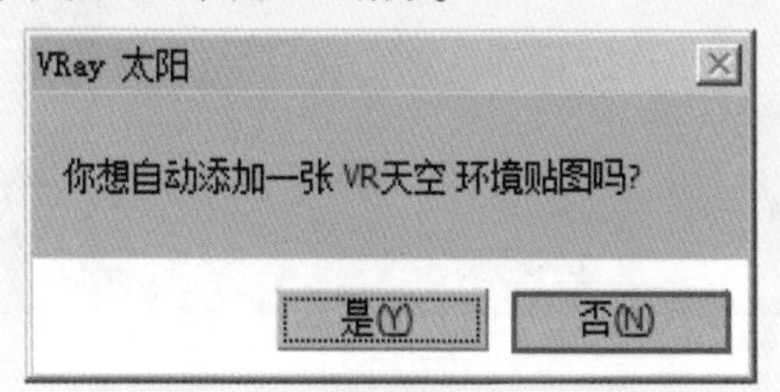

图12-8

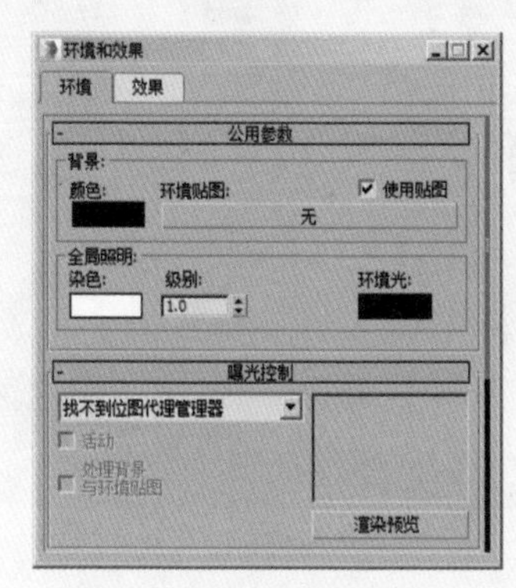

图12-9

渲染这个时候的作品，可以看到背景是全黑的，效果有点假，如图 12-10 所示。所以推荐大家在使用【VR-太阳】时，默认选择【是】就好啦!

图12-10

典型实例：为场景添加背景

案例文件　案例文件\Chapter 12\典型实例：为场景添加背景.max
视频教学　视频文件\Chapter 12\典型实例：为场景添加背景.flv
技术掌握　掌握环境和效果控制面板

本案例主要讲解了3ds Max场景中背景的效果。它可以添加贴图作为背景，也可以使用VR-天空程序贴图作为背景。最终的渲染效果如图12-11和图12-12所示。

图12-11

图12-12

制作步骤

（1）打开本书配套光盘中的【场景文件/Chapter 12/01.max】文件，如图12-13所示。

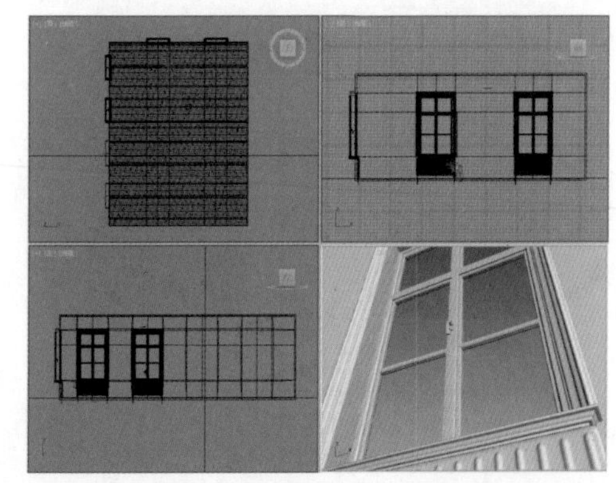
图12-13

（2）按快捷键【8】打开【环境和效果】控制面板，单击【环境贴图】后面的通道，为其加载光盘中的【背景.jpg】贴图文件，如图12-14所示。

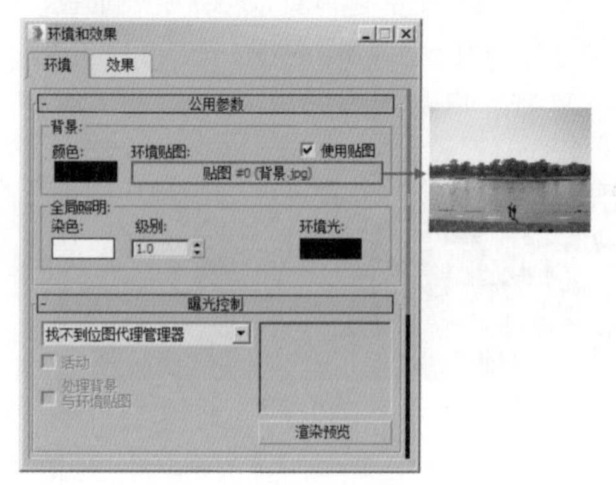

图12-14

（3）拖动环境贴图的通道到材质编辑器的一个空白材质球上，如图12-15所示。

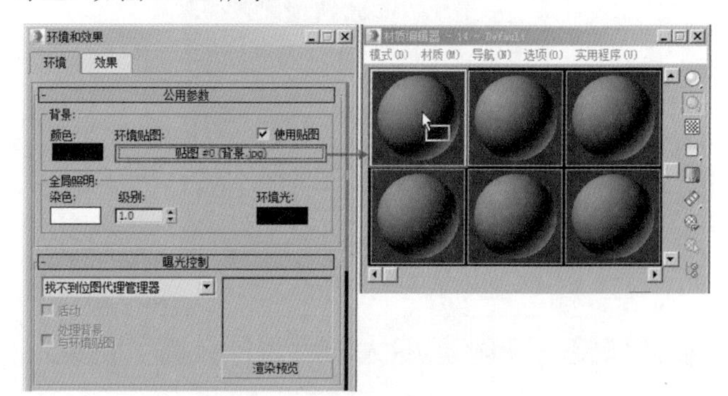

图12-15

（4）设置【偏移】的【V】为-0.23、【瓷砖】的【V】为0.6、【角度】的【W】为13，如图12-16所示。渲染此时的效果，如图12-17所示。

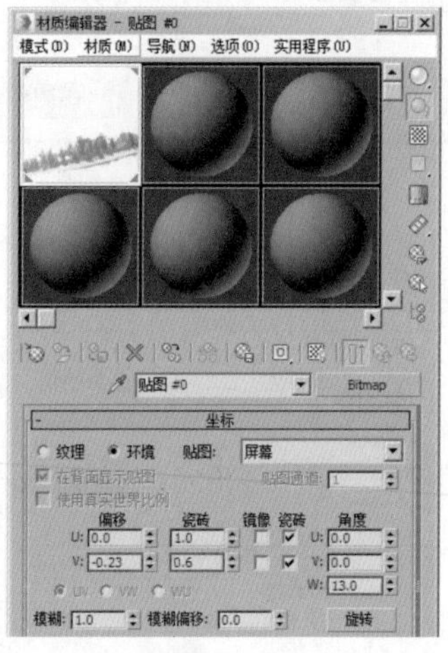

图12-16

（5）假如不想添加贴图作为背景，而是想要得到蓝色渐变的背景。可以在创建【VR-太阳】时，在弹出的窗口中选择

【是】，如图 12-18 和图 12-19 所示。

图12－17

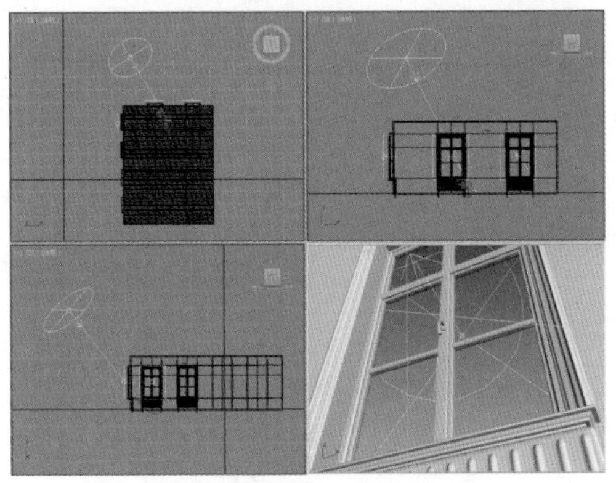

图12－18

图12－19

（6）此时可以看到在环境贴图通道上已经被自动加载了【VR- 天空】程序贴图，如图 12-20 所示。渲染此时的效果，如图 12-21 所示。

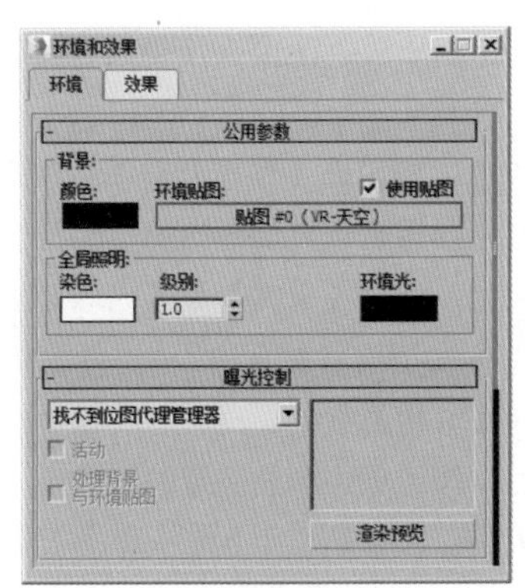

图12－20

图12－21

12.2.2 曝光控制，试一下就知道了

【曝光控制】可以控制最终渲染画面的曝光效果，图 12-22 所示为其面板。

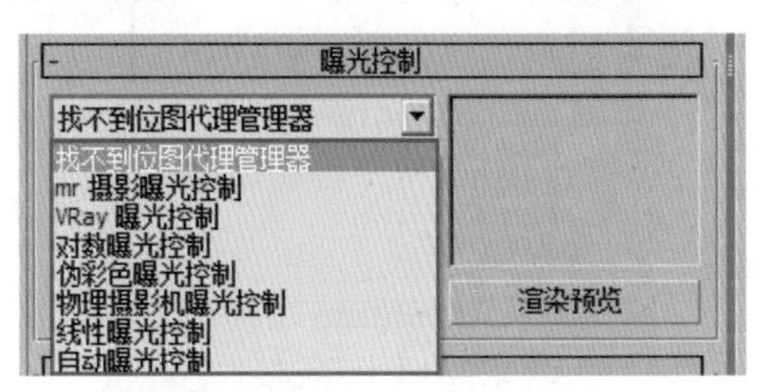

图12－22

- VRay曝光控制：用来控制VRay的曝光效果，可调节曝光值、快门速度、光圈等数值。
- 对数曝光控制：用于亮度、对比度以及在有天光照明的室外场景中。
- 伪彩色曝光控制：它实际上是一个照明分析工具，可以将亮度映射转换为显示值亮度的伪彩色。
- 线性曝光控制：可以从渲染中进行采样，并且可以使用场景中的平均亮度来将物理值映射为RGB值。【线性曝光控制】最适合用在动态范围很低的场景中。
- 自动曝光控制：可以从渲染图像中进行采样并生成一个直方图，以便在渲染的整个动态范围内提供良好的颜色分离。

图 12-23 所示为对数曝光、伪色彩曝光、物理摄影机曝光、线性曝光、自动曝光的参数面板。

- 亮度：调节转换颜色的亮度。
- 对比度：调节转换颜色的对比度。
- 中间色调：控制中间色调的效果。
- 曝光值：调节渲染的总体亮度。负值可以使图像变暗，正值可使图像变亮。
- 物理比例：设置曝光控制的物理比例，主要用在非物理灯光中。

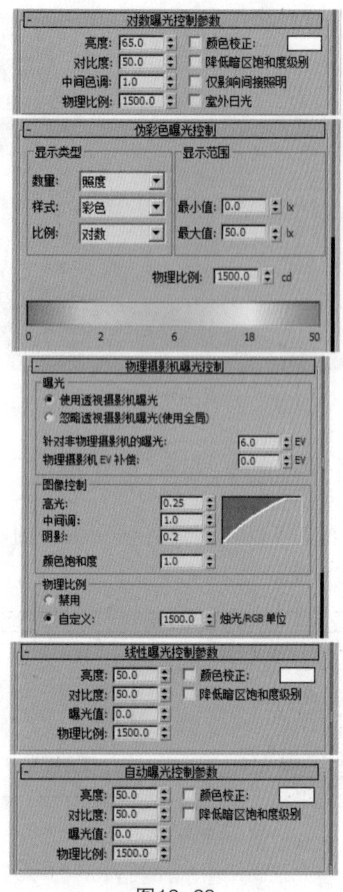

图12-23

❖ 颜色校正：勾选该选项后，会改变所有颜色，使色样中的颜色显示为白色。

❖ 降低暗区饱和度级别：勾选该选项后，渲染出来的颜色会变暗。

❖ 数量：设置所测量的值。

❖ 样式：选择显示值的方式。

❖ 比例：选择用于映射值的方法。

❖ 最小值/最大值：设置在渲染中要测量和表示的最小值/最大值。

❖ 物理比例：设置曝光控制的物理比例，主要用于非物理灯光。

12.2.3 "大气"主要用来模拟氛围

在安装 VRay 渲染器后，3ds Max 中的大气包括 7 种类型，分别是【火效果】、【雾】、【体积雾】、【体积光】、【VR- 环境雾】、【VR- 球形褪光】、【VR- 卡通】，如图 12-24 所示。

❖ 效果：显示已添加的效果名称。

❖ 名称：为列表中的效果自定义名称。

❖ 【添加】/【删除】按钮：可添加/删除大气效果。

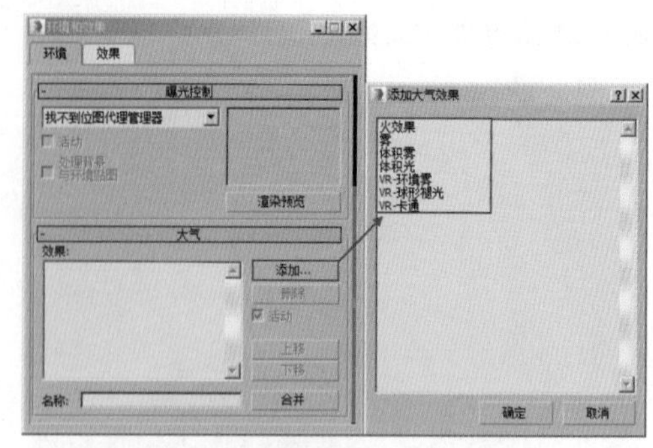

图12-24

❖ 活动：勾选该选项后，可以启用添加的大气效果。

❖ 【上移】/【下移】按钮：更改大气效果的应用顺序。

❖ 【合并】按钮：合并其他3ds Max场景文件中的效果。

1. 火效果

【火效果】可以模拟具有内焰、外焰和烟雾的火焰效果。其参数设置面板，如图 12-25 所示。

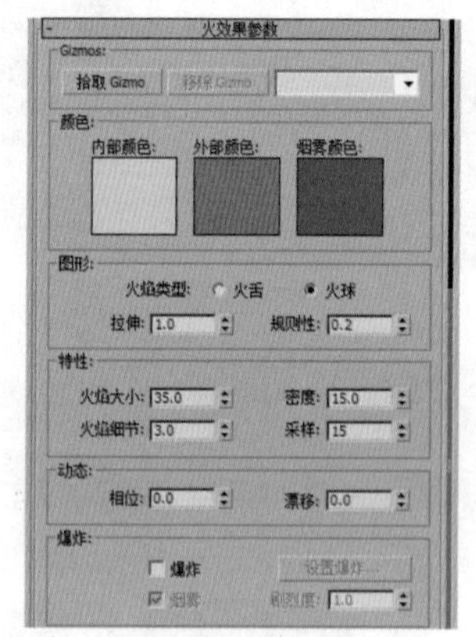

图12-25

❖ 【拾取Gizmo】按钮：单击该按钮可以拾取场景中要产生火效果的Gizmo对象。

❖ 【移除Gizmo】按钮：单击该按钮可以移除列表中所选的Gizmo对象。

❖ 内部/外部颜色：设置火焰中最密集/最稀薄部分的颜色。

❖ 烟雾颜色：当勾选【爆炸】选项后，该选项才可以使用。它主要用来设置爆炸的烟雾颜色。

❖ 火焰类型：共有【火舌】和【火球】两种类型。

❖ 拉伸：将火焰沿着装置的Z轴进行缩放，该选项最适合创建【火舌】火焰。

❖ 规则性：修改火焰填充装置的方式。

❖ 火焰大小：设置装置中各个火焰的大小。

❖ 火焰细节：控制每个火焰中显示颜色的更改量和边缘

的尖锐度。

- ❖ 密度：设置火焰效果的不透明度和亮度。
- ❖ 采样：设置火焰效果的采样率。数值越大，生成的火焰效果越细腻。
- ❖ 相位：控制火焰效果的速率。
- ❖ 漂移：设置火焰沿着火焰装置的Z轴的渲染方式。
- ❖ 爆炸：勾选该选项后，火焰将产生爆炸的效果。
- ❖ 烟雾：控制爆炸是否产生烟雾。
- ❖ 剧烈度：改变【相位】参数的涡流效果。
- ❖ 【设置爆炸】按钮：可以控制爆炸的【开始时间】和【结束时间】。

2. 雾

【雾】效果可以模拟制作离摄影机越远雾越浓的效果，当然需要特别注意的是一定要在摄影机视图中进行渲染。其参数设置面板，如图 12-26 所示。

图12-26

- ❖ 颜色：设置雾的颜色。
- ❖ 环境颜色贴图：从贴图中导出雾的颜色。
- ❖ 使用贴图：使用贴图来产生雾的效果。
- ❖ 环境不透明度贴图：使用贴图来更改雾的密度。
- ❖ 雾化背景：将雾应用于场景的背景中。
- ❖ 标准：使用标准雾。
- ❖ 分层：使用分层雾。
- ❖ 指数：随着距离的增加按指数增大密度。
- ❖ 近端%/远端%：设置雾在近距/远距范围内的密度。
- ❖ 顶/底：设置雾层的上限/下限。
- ❖ 密度：设置雾的总体密度。
- ❖ 衰减顶/底/无：添加指数衰减效果。
- ❖ 地平线噪波：【地平线噪波】系统仅影响雾层的地平线，以用来增加雾的真实感。
- ❖ 大小：应用于噪波中的缩放系数。
- ❖ 角度：确定受影响的雾与地平线间的角度。
- ❖ 相位：用来设置噪波动画。

典型实例：雾制作大雾弥漫

案例文件　案例文件 \Chapter 12\ 典型实例：雾制作大雾弥漫 .max
视频教学　视频文件 \Chapter 12\ 典型实例：雾制作大雾弥漫 .flv
技术掌握　掌握雾的应用

本案例主要讲解使用雾制作大雾弥漫的效果，重点在于环境范围数值的设置。最终的渲染效果如图 12-27 所示。

图12-27

制作步骤

（1）打开本书配套光盘中的【场景文件 /Chapter 12/02.max】文件，如图 12-28 所示。

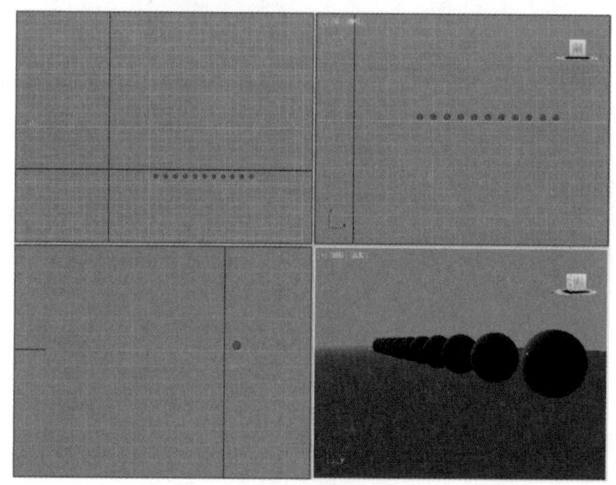

图12-28

（2）渲染此时的效果，如图 12-29 所示。

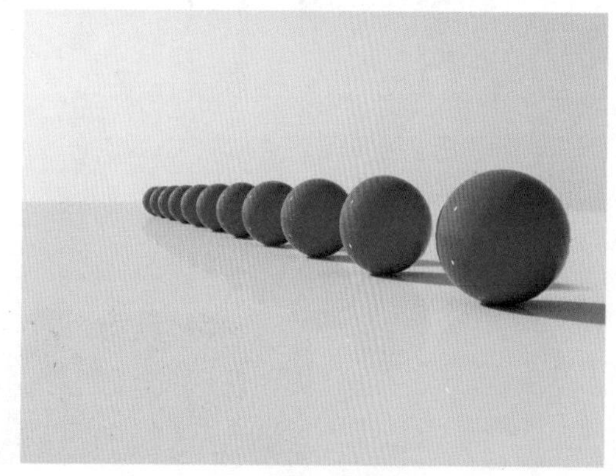

图12-29

（3）单击进入【环境】选项卡，单击【添加】，添加【雾】，如图 12-30 所示。设置【近端 %】为 0、【远端 %】为 90，如图 12-31 所示。

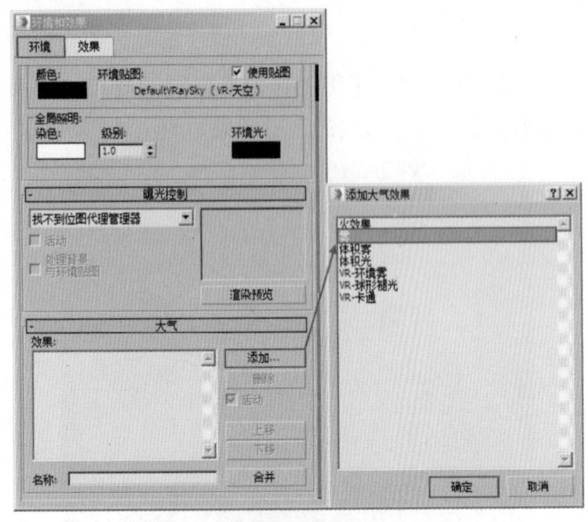

图12-30

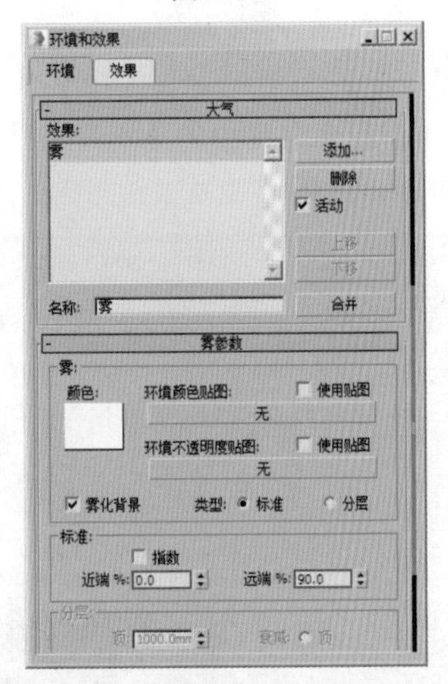

图12-31

（4）在创建面板中创建一台目标摄影机，位置如图 12-32 所示。

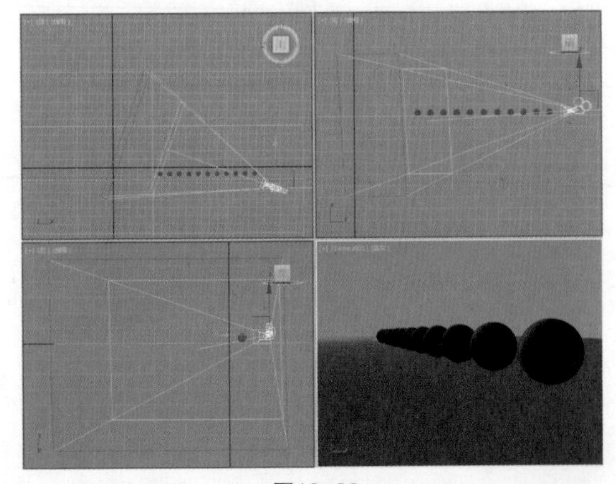

图12-32

（5）单击修改，勾选【环境范围】的【显示】，设置【近距范围】为 1500mm、【远距范围】为 20000mm，如图 12-33 所示。

图12-33

（6）渲染此时的效果，可以看到出现了大雾弥漫的效果，如图 12-34 所示。

图12-34

3. 体积雾

【体积雾】与【雾】虽然都可以产生雾的效果，但是体积雾是依托于 Gizmo 对象的，要在 Gizmo 中产生雾。其参数设置面板，如图 12-35 所示。

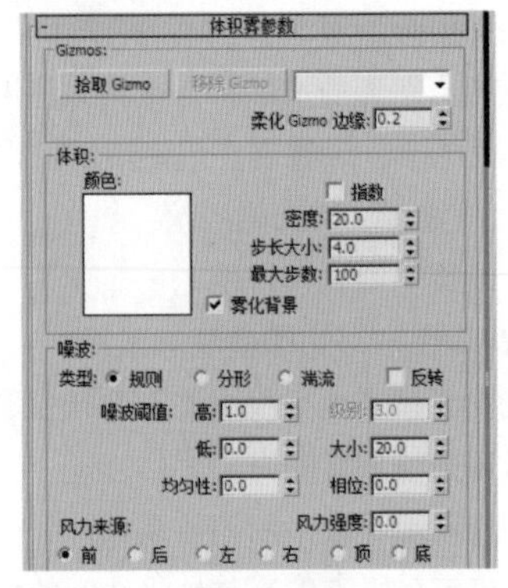

图12-35

❖ 【拾取Gizmo】按钮：单击该按钮可以拾取场景中要

产生体积雾效果的Gizmo对象。

- ❖ 【移除Gizmo】按钮：单击该按钮可以移除列表中所选的Gizmo对象。
- ❖ 柔化Gizmo边缘：羽化体积雾效果的边缘。数值越大，边缘越柔滑。
- ❖ 颜色：设置雾的颜色。
- ❖ 指数：随着距离的增加按指数增大密度。
- ❖ 密度：控制雾的密度。
- ❖ 步长大小：确定雾采样的粒度，即雾的【细度】。
- ❖ 最大步数：限制采样量，以便雾的计算不会永远执行。该选项适合于用在雾密度较小的场景中。
- ❖ 雾化背景：将体积雾应用于场景的背景中。
- ❖ 类型：有【规则】、【分形】、【湍流】和【反转】4种类型可供选择。
- ❖ 噪波阈值：限制噪波的效果。
- ❖ 级别：设置噪波迭代应用的次数。
- ❖ 大小：设置噪波大小程序。
- ❖ 相位：控制风的种子。如果【风力强度】大于零，雾体积会根据风向来产生动画。
- ❖ 风力强度：控制烟雾远离风的速度。
- ❖ 风力来源：定义风来自于哪个方向。

4. 体积光

【体积光】可以模拟光束、射线等体积光的效果。其参数设置面板如图 12-36 所示。

- ❖ 【拾取灯光】按钮：拾取要产生体积光的光源。
- ❖ 【移除灯光】按钮：将灯光从列表中移除。
- ❖ 雾颜色：设置体积光产生的雾的颜色。
- ❖ 衰减颜色：控制体积光衰减阶段的颜色。

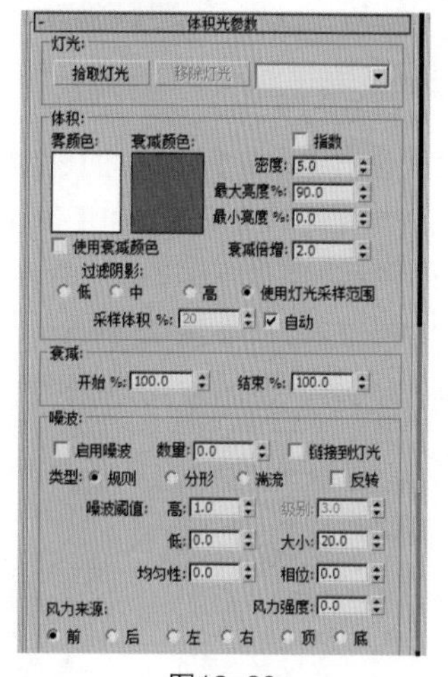

图12-36

- ❖ 使用衰减颜色：控制是否开启【衰减颜色】功能。
- ❖ 指数：随着距离的增加按指数增大密度。
- ❖ 密度：设置雾的密度。
- ❖ 最大/最小亮度%：设置可以达到的最大和最小的光晕效果。
- ❖ 衰减倍增：设置【衰减颜色】的强度。
- ❖ 过滤阴影：通过提高采样率来获得更高质量的体积光效果，包括【低】、【中】、【高】3个级别。
- ❖ 使用灯光采样范围：根据灯光阴影参数中的【采样范围】使体积光中投射的阴影变模糊。
- ❖ 采样体积%：控制体积的采样率。
- ❖ 自动：自动控制【采样体积%】的参数。
- ❖ 开始%/结束%：设置灯光效果开始和结束时衰减的百分比。
- ❖ 启用噪波：控制是否启用噪波效果。
- ❖ 数量：应用于雾的噪波的百分比。
- ❖ 链接到灯光：将噪波效果链接到灯光对象上。

12.3 给点“效果”看看

在【效果】选项卡中单击【添加】按钮，可以看到它包括11种效果，分别是【毛发和毛皮】、【镜头效果】、【模糊】、【亮度和对比度】、【色彩平衡】、【景深】、【文件输出】、【胶片颗粒】、【照明分析图像叠加】、【运动模糊】和【VR-镜头效果】，如图 12-37 所示。

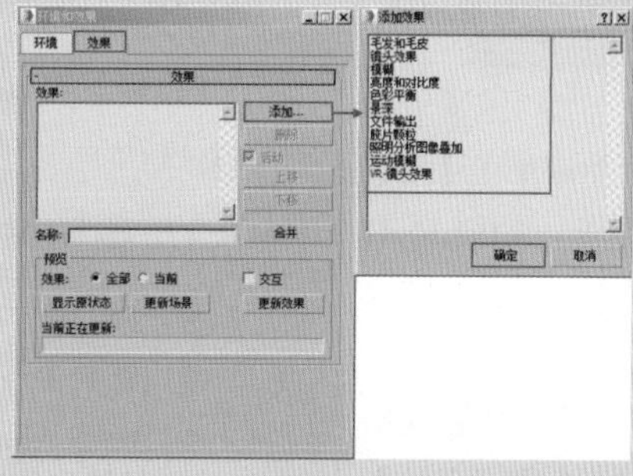

图12-37

12.3.1 镜头效果

【镜头效果】包括【光晕】、【光环】、【射线】、【自动二级光斑】、【手动二级光斑】、【星形】和【条纹】，其参数设置面板，如图 12-38 所示。可以将需要添加的镜头类型选中，并单击 > 按钮，即可完成添加，如图 12-39 所示。

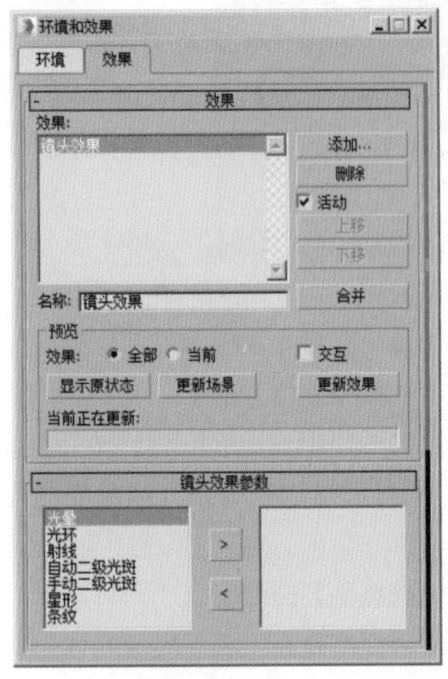

图12-38

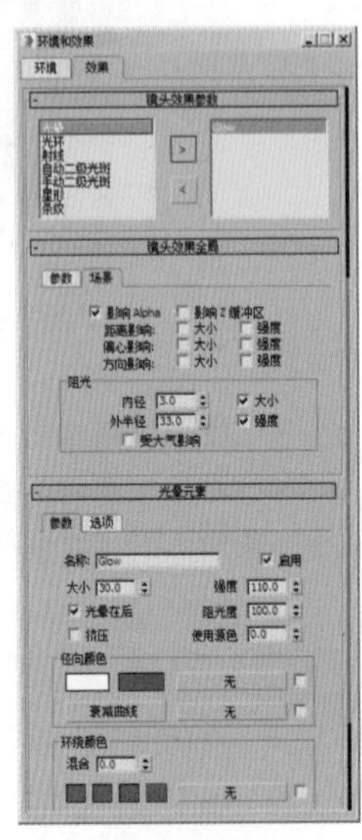

图12-39

比如我们想看一下镜头效果究竟是什么样子的，那么跟我一起试试吧！

（1）首先要创建一盏灯光，在创建面板中单击创建一盏泛光，如图 12-40 所示。

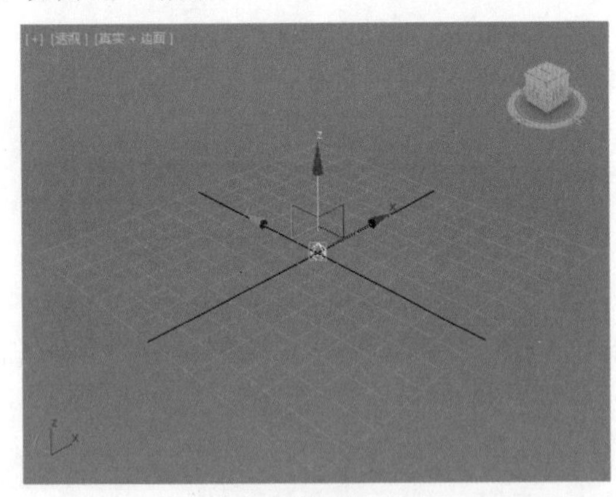

图12-40

（2）选择左侧的【光晕】，单击 > 按钮，然后单击【拾取灯光】并在创建面板中单击拾取刚才创建的泛光，如图 12-41 所示。

（3）此时单击 （渲染）按钮，效果如图 12-42 所示。

（4）继续依次添加其他的镜头效果，包括【光环】、【射线】、【自动二级光斑】、【手动二级光斑】、【星形】和【条纹】。并单击 （渲染）按钮，效果如图 12-43 所示。

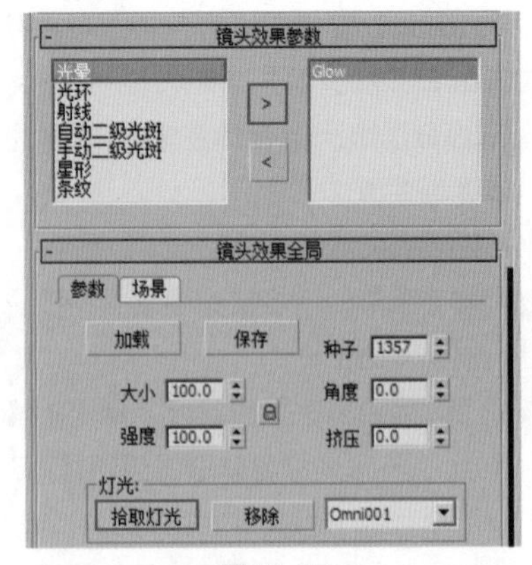

图12-41

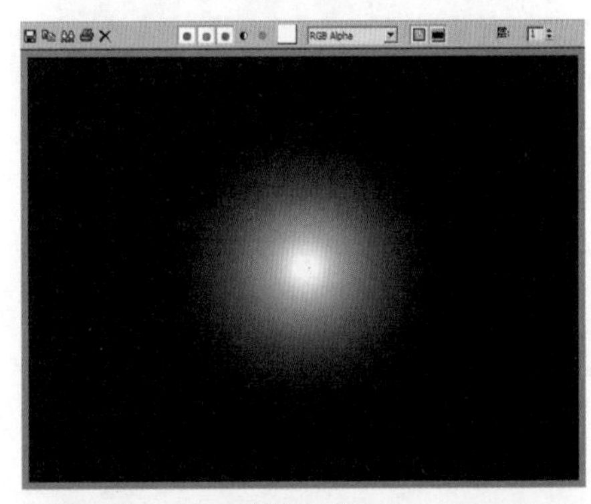

图12-42

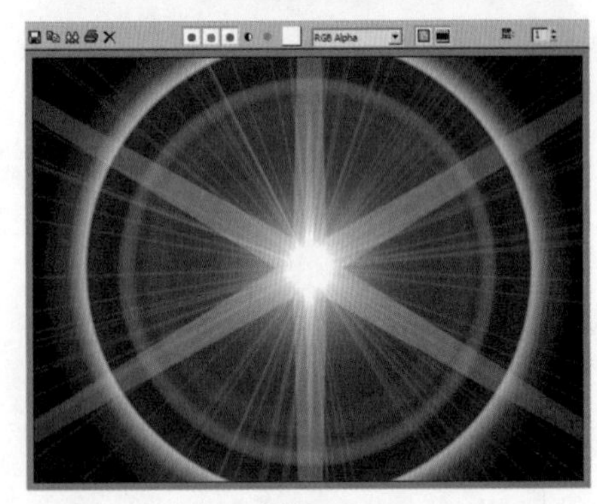

图12-43

12.3.2 模糊

【模糊】可以模拟多种模糊的效果。其参数设置面板，如图 12-44 所示。

1. 模糊类型

- 均匀型：将模糊效果均匀应用在整个渲染图像中。
- 像素半径：设置模糊效果的半径。
- 影响 Alpha：启用该选项后，可以将【均匀型】模糊效果应用于 Alpha 通道中。

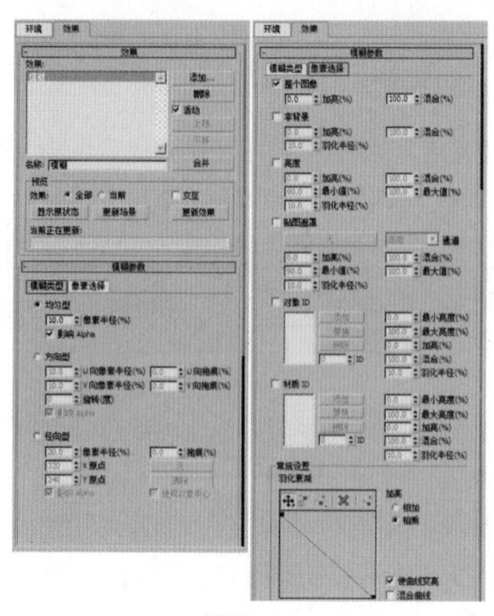

图12-44

- ❖ 方向型：按照【方向型】参数指定任意的方向应用模糊效果。
- ❖ U/V 向像素半径（%）：设置模糊效果的水平/垂直强度。
- ❖ U/V 向拖痕（%）：通过为 U/V 轴的某一侧分配更大的模糊权重来为模糊效果添加方向。
- ❖ 旋转（度）：通过【U 向像素半径（%）】和【V 向像素半径（%）】来应用模糊效果的 U 向像素和 V 向像素的轴。
- ❖ 影响 Alpha：启用该选项后，可以将【方向型】模糊效果应用于 Alpha 通道中。
- ❖ 径向型：以径向的方式应用模糊效果。
- ❖ 像素半径（%）：设置模糊效果的半径。
- ❖ 拖痕（%）：通过为模糊效果的中心分配更大或更小的模糊权重来为模糊效果添加方向。
- ❖ X/Y 原点：以像素为单位，对渲染输出的尺寸指定模糊的中心。
- ❖【None】按钮：指定以中心作为模糊效果中心的对象。
- ❖【清除】按钮：移除对象名称。
- ❖ 使用对象中心：启用该选项后，None（无）按钮指定的对象将作为模糊效果的中心。

2. 像素选择

- ❖ 整个图像：启用该选项后，模糊效果将影响整个渲染的图像。
- ❖ 加亮（%）：加亮整个图像。
- ❖ 混合（%）：将模糊效果中【整个图像】的参数与原始的渲染图像进行混合。
- ❖ 非背景：启用该选项后，模糊效果将影响除背景图像和动画以外的所有元素。
- ❖ 羽化半径（%）：设置应用于场景中的非背景元素的羽化模糊效果的百分比。
- ❖ 亮度：影响亮度值介于【最小值（%）】和【最大值（%）】微调器之间的所有像素。
- ❖ 最小/大值（%）：设置每个像素要应用模糊效果所需的最小和最大亮度值。
- ❖ 贴图遮罩：通过在【材质/贴图浏览器】对话框中选择的通道和应用的遮罩来应用模糊效果。
- ❖ 对象 ID：如果对象与过滤器设置匹配，会将模糊效果应用于对象或对象中具有特定对象 ID 的部分（在 G 缓冲区中）。
- ❖ 材质 ID：如果材质与过滤器设置匹配，会将模糊效果应用于该材质或材质中具有特定材质效果通道的部分。
- ❖ 常规设置羽化衰减：使用【羽化衰减】曲线来确定基于图形的模糊效果的羽化衰减区域。

使用【模糊】效果不仅可以将全图进行模糊，也可以只针对某一个材质进行模糊。

（1）比如创建一个茶壶和一个长方体模型，如图 12-45 所示。单击（渲染）按钮，效果如图 12-46 所示。

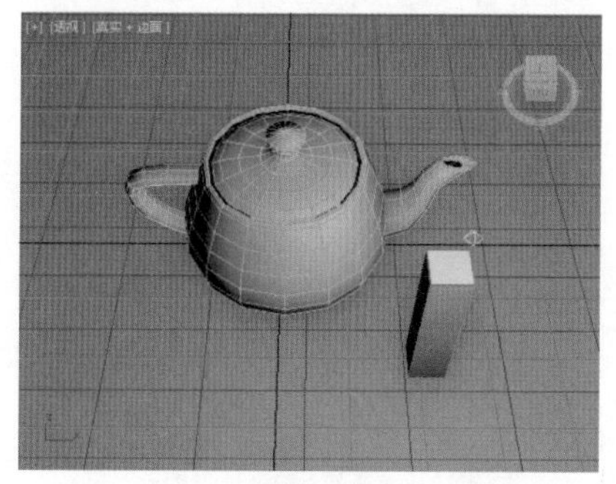

图12-45

图12-46

（2）按快捷键【8】打开【环境和效果】面板，进入【效果】选项卡，并单击【添加】，选择【模糊】，如图 12-47 所示。单击（渲染）按钮，可看到全图都被模糊了，如图 12-48 所示。

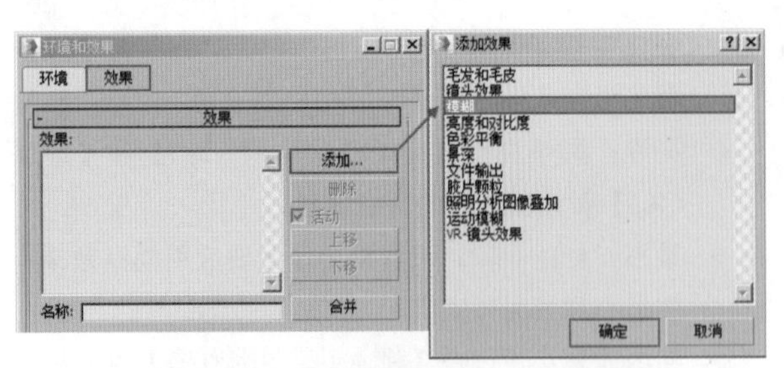

图12-47

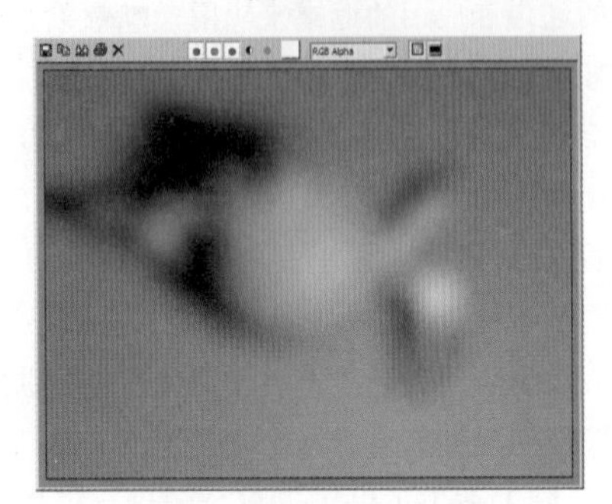

图12-48

（3）假如只想模糊一个材质，可以在材质编辑器中设置材质的 ID 为 1，如图 12-49 所示。勾选【材质 ID】，设置【ID】为 1，单击【添加】，如图 12-50 所示。单击 （渲染）按钮，可看到只有长方体被模糊了，如图 12-51 所示。

图12-49

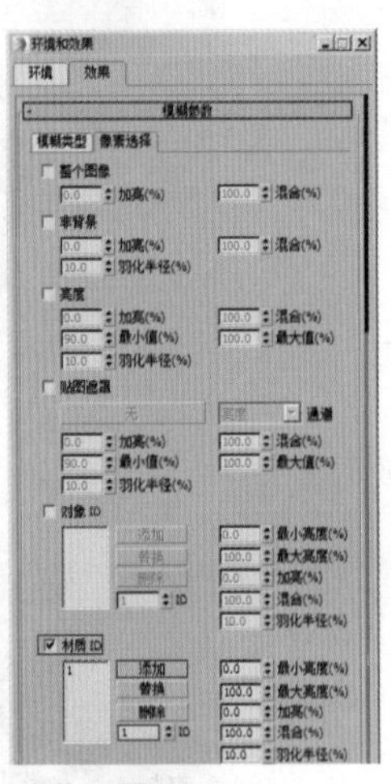

图12-50

图12-51

12.3.3　亮度和对比度

使用【亮度和对比度】可以调整图像的对比度和亮度。其参数设置面板，如图 12-52 所示。

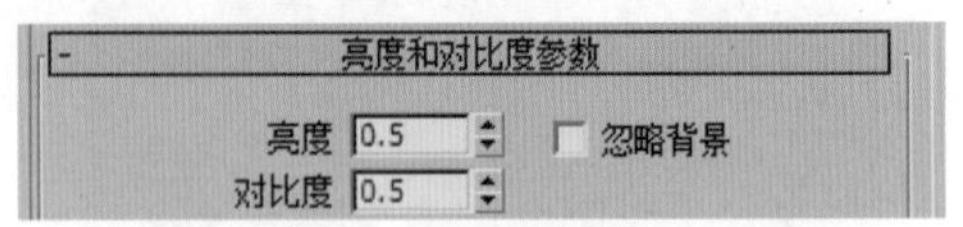

图12-52

- 亮度：增加或减少所有色元（红色、绿色和蓝色）的亮度。
- 对比度：压缩或扩展最大黑色和最大白色之间的范围。
- 忽略背景：是否将效果应用于除背景以外的所有元素。

12.3.4　色彩平衡

使用【色彩平衡】可以独立控制 RGB 通道操纵相加 / 相减的颜色。其参数设置面板，如图 12-53 所示。

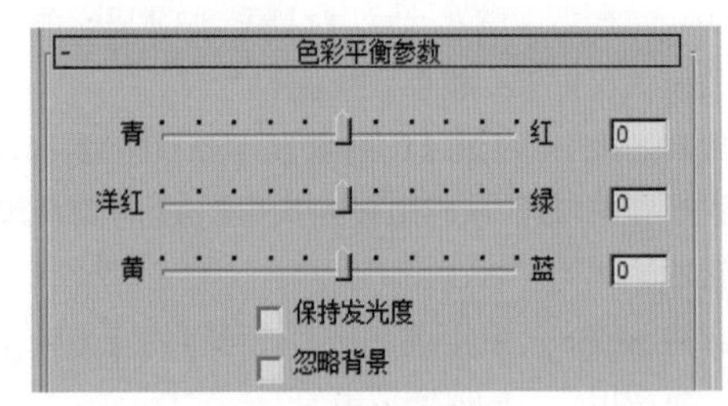

图12-53

- 青/红：调整红色的通道。
- 洋红/绿：调整绿色的通道。
- 黄/蓝：调整蓝色的通道。
- 保持发光度：启用该选项后，在修正颜色的同时将保留图像的发光度。
- 忽略背景：启用改选项后，可以在修正图像时不影响背景。

12.3.5　胶片颗粒

【胶片颗粒】常用来模拟颗粒感较强的复古画面的效果。其参数设置面板如图 12-54 所示。

图12-54

- 颗粒：设置添加到图像中的颗粒数，其取值范围从 0～1。
- 忽略背景：屏蔽背景，使颗粒仅应用于场景中的几何体对象上。

12.4 Design教授研究所——环境和效果常见的几个问题

【环境和效果】已经学完啦，是不是挺简单的！但是大家一定对一些问题有点困扰，在这里教授提问两个问题，看看你知不知道。

12.4.1 场景的背景有几种制作方法？

场景中的背景一共有几种制作方法呢？

（1）刚学会的应该是在【环境和效果】面板中的【环境贴图】通道中添加贴图。

（2）除此之外，还可以使用【模型＋材质】的方法。经常用的模型是【平面】，将其放置到场景后面作为背景，如图12-55所示。材质推荐使用【VR-灯光材质】，具体如图12-56所示。渲染时会看到出现了很好的背景效果，如图12-57所示。

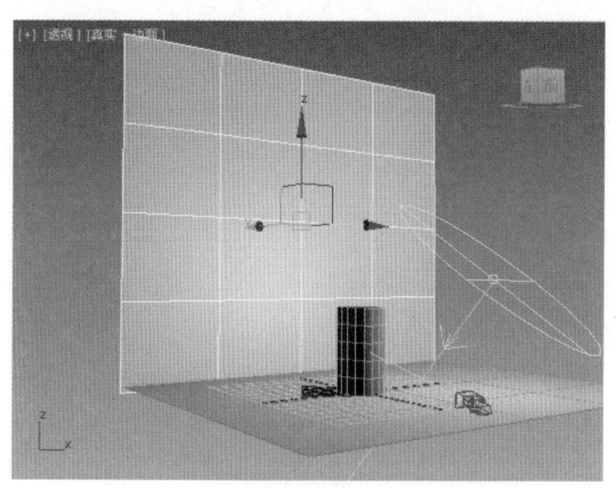

图12-55

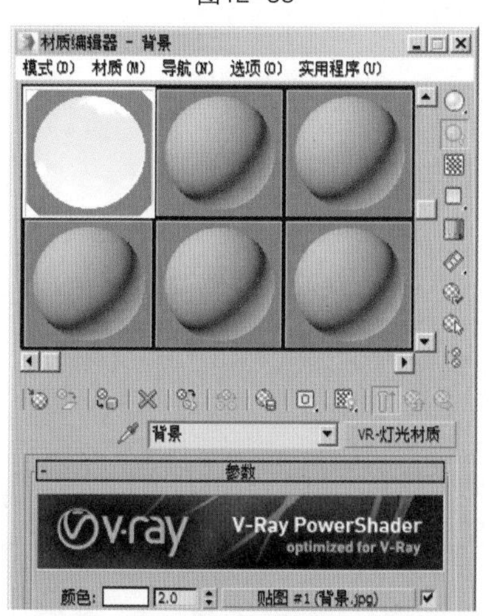

图12-56

那么教授习惯使用哪种方法呢？

教授更常使用第2种方法，因为可以通过设置【颜色】参数后面的数值来控制贴图的亮度。这很方便并且更真实。

图12-57

12.4.2 摄影机在环境中的重要性，你发现了吗？

摄影机怎么会和环境有关系呢？看似是毫不相干的，其实不然。以本章的【典型实例：雾制作大雾弥漫】为例，摄影机和目标点之间的距离，如图12-58和图12-59所示。从中可以看到这个范围把场景都覆盖进去了。这个时候渲染效果，如图12-60所示。

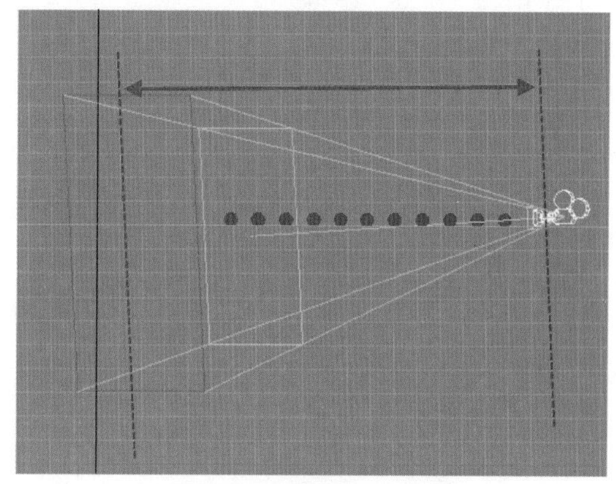

图12-58

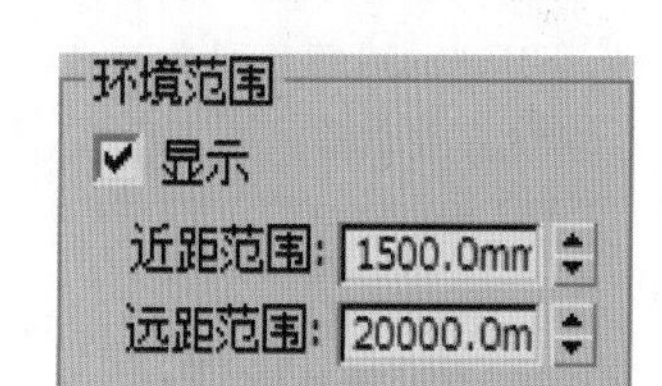

图12-59

图12-60

那么教授来测试一下就可以发现，【近距范围】和【远距范围】之间的距离越近，雾就越大，如图12-61和图12-62所示。

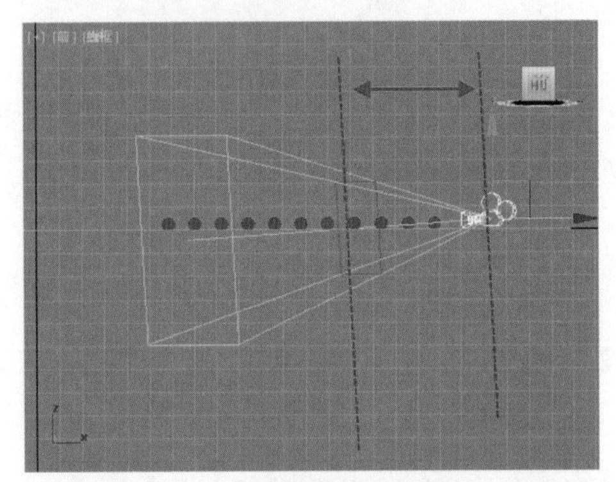

图12-61

图12-62

反之距离越远，雾就越小，如图12-63和图12-64所示。不仅如此，在【摄影机技术】章节中，制作景深效果时，摄影机的目标点位置同样也很重要。

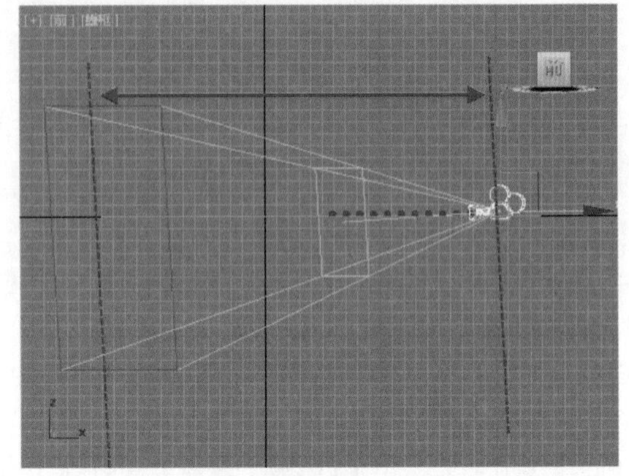

图12-63

图12-64

本章小结

通过对本章的学习，我们已经掌握了环境和效果的知识。要有意识地感受到在制作作品时，环境的氛围是非常重要的，对作品传递出的情感起着至关重要的作用。在技术掌握到一定的程度后，会愈发地感受到环境的重要性。那么先自己做一些有趣的特效动画试一下吧！

第 13 章　粒子系统和空间扭曲总在一起使用

本章内容

粒子系统和空间扭曲的概念
粒子系统和空间扭曲的关系及如何建立关系
炫酷的粒子效果的制作方法

本章人物

Design 教授——擅长 3ds Max 技术和理论
三弟——酷爱 3ds Max 软件，新手
麦克斯——三弟的同班同学，好友

我们将在这一章中重点讲解一种超酷、超炫的概念，叫作粒子系统。粒子系统的应用非常广泛，比如电视栏目的包装、电视广告、视频特效、电影特效等。本章会很有趣哦，但是会稍稍有一点难度，不过不要怕，跟着教授一起学习吧！

13.1 粒子系统

3ds Max 中包含 7 种粒子，分别是【粒子流源】、【喷射】、【雪】、【超级喷射】、【暴风雪】、【粒子阵列】和【粒子云】，这 7 种粒子在视图中的显示效果，如图 13-1 所示。

图13–1

13.1.1 “喷射”可以下雨

【喷射】粒子是粒子系统中最简单的类型，通常用来模拟下雨等效果。其参数设置面板，如图 13-2 所示。效果如图 13-3 所示。

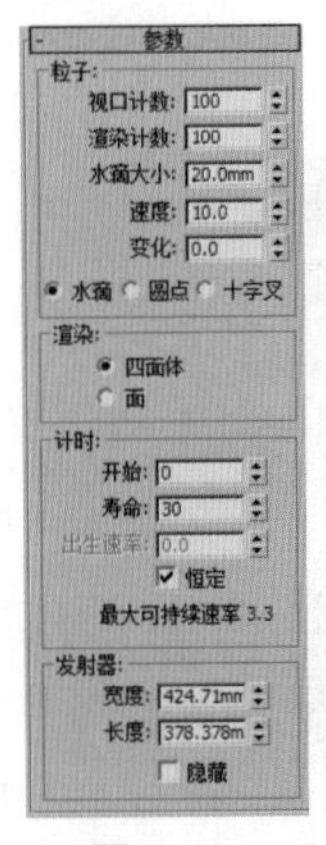

图13–2

图13–3

- 视口计数：在指定的帧位置，设置视图中显示的最大粒子数量。
- 渲染计数：在渲染某一帧时设置可以显示的最大粒子数量。
- 水滴大小：设置粒子的大小。
- 速度：设置每个粒子离开发射器时的初始速度。
- 变化：设置粒子的初始速度和方向。数值越大，喷射越强，范围越广。
- 水滴 / 圆点 / 十字叉：设置粒子在视图中的显示方式。
- 四面体：将粒子渲染为四面体。
- 面：将粒子渲染为正方形面。
- 开始：设置第一个出现的粒子的帧编号。
- 寿命：设置每个粒子的寿命。
- 出生速率：设置每一帧产生的新粒子数。
- 恒定：启用该选项后，【出生速率】选项将不可用，此时的【出生速率】等于最大可持续速率。
- 宽度 / 长度：设置发射器的长度和宽度。
- 隐藏：启用该选项后，发射器将不会显示在视图中。

典型实例：喷射制作雨天

案例文件　案例文件 \Chapter 13\ 典型实例：喷射制作雨天 .max
视频教学　视频文件 \Chapter 13\ 典型实例：喷射制作雨天 .flv
技术掌握　掌握喷射粒子的应用

本案例通过应用喷射粒子，并且旋转其角度制作下雨的效果。最终的渲染效果如图 13-4 所示。

图13–4

制作步骤

（1）打开本书配套光盘中的【场景文件/Chapter 13/01.max】文件，如图13-5所示。

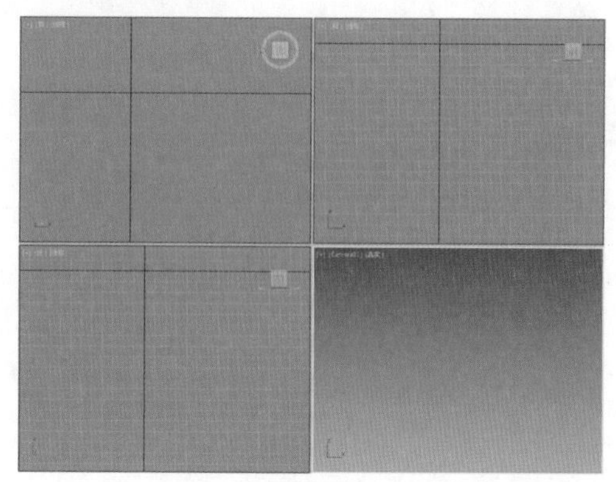

图13-5

（2）在创建面板中，执行（创建）|（几何体）|粒子系统|喷射操作，在视图中拖曳光标创建一个喷射，调整其位置，如图13-6所示。

（3）单击修改，设置【视口计数】为1000、【渲染计数】为2000、【水滴大小】为6、【速度】为8、【变化】为0.56，设置类型为【水滴】。设置【渲染】为【四面体】，设置【开始】为-50、【寿命】为60、【宽度】为110、【长度】为90，如图13-7所示。

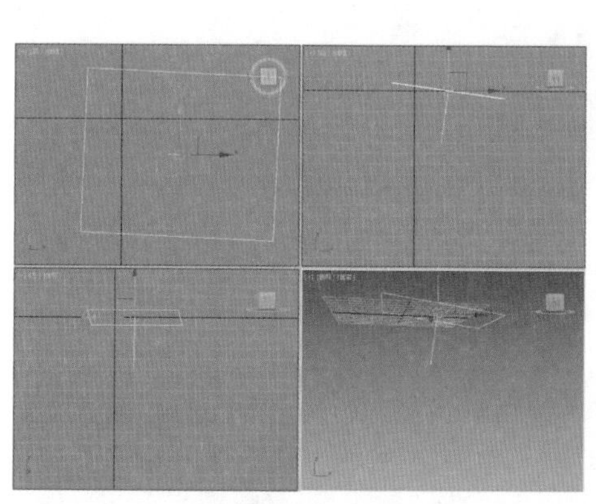

图13-6　　图13-7

（4）拖动时间线，可以看到产生了动画效果，如图13-8所示。

图13-8

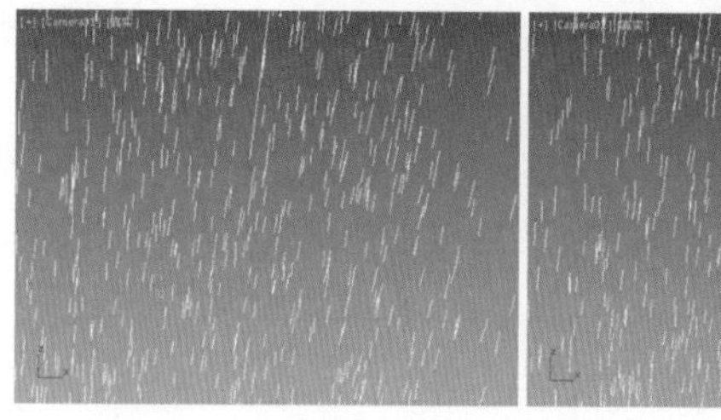

图13-8（续）

（5）最终的渲染效果，如图13-9所示。

图13-9

13.1.2 下“雪”了

【雪】是用来模拟下雪效果的粒子系统，其参数与【喷射】类似。其参数设置面板，如图13-10所示。效果如图13-11所示。

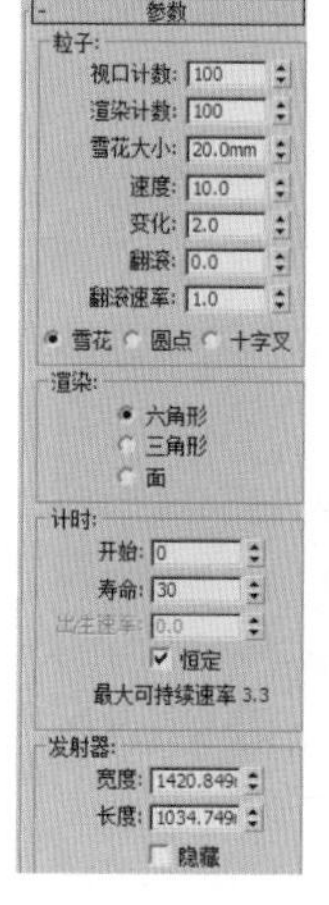

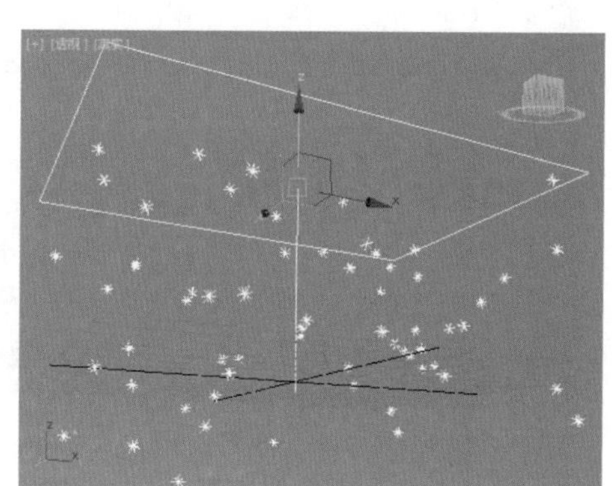

图13-10　　图13-11

- 视口计数：在指定的帧位置，设置视图中显示的最大粒子数量。
- 渲染计数：在渲染某一帧时设置可以显示的最大粒子数量。
- 雪花大小：设置粒子的大小。
- 速度：设置每个粒子离开发射器时的初始速度。

- 变化：设置粒子的初始速度和方向。数值越大，降雪范围越广。
- 翻滚：设置雪花粒子的随机旋转量。
- 翻滚速率：设置雪花的旋转速度。
- 雪花/圆点/十字叉：设置粒子在视图中的显示方式。
- 六角形：将粒子渲染为六角形。
- 三角形：将粒子渲染为三角形。
- 面：将粒子渲染为正方形面。
- 开始：设置第一个出现的粒子的帧编号。
- 寿命：设置粒子的寿命。
- 出生速率：设置每一帧产生的新粒子数。
- 恒定：启用该选项后，【出生速率】选项将不可用，此时的【出生速率】等于最大可持续速率。
- 宽度/长度：设置发射器的长度和宽度。
- 隐藏：启用该选项后，发射器将不会显示在视图中。

典型实例：雪制作雪花飘落

案例文件　案例文件 \Chapter 13\ 典型实例：雪制作雪花飘落 .max
视频教学　视频文件 \Chapter 13\ 典型实例：雪制作雪花飘落 .flv
技术掌握　掌握雪粒子制作真实雪花动画的应用

雪粒子制作的方法和喷射类似，但是雪的粒子颗粒更像雪花，而喷射更接近雨滴。最终的渲染效果如图 13-12 所示。

图13-12

制作步骤

（1）打开本书配套光盘中的【场景文件 /Chapter 13/02.max】文件，如图 13-13 所示。

（2）在创建面板中，执行 （创建）| （几何体）| 粒子系统 | 喷射 操作，在顶视图中拖曳光标创建一个喷射，调整其位置，如图 13-14 所示。

（3）单击修改，设置【视口计数】为 500、【渲染计数】为 5000、【雪花大小】为 0.5、【速度】为 20、【变化】为 10，设置类型为【雪花】。设置【渲染】为【三角形】，设置【开始】为 -30、【寿命】为 30，如图 13-15 所示。

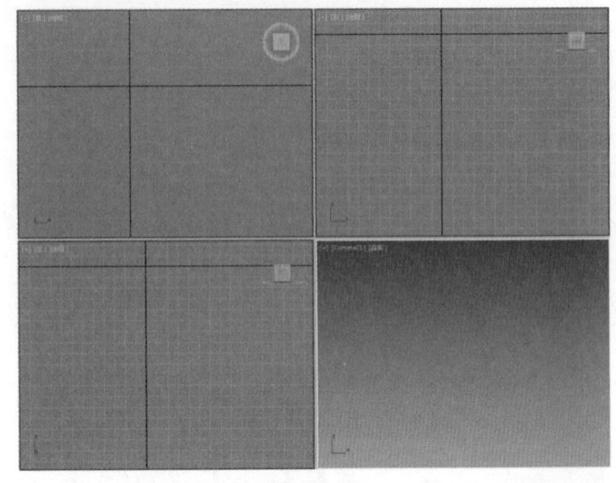

图13-13

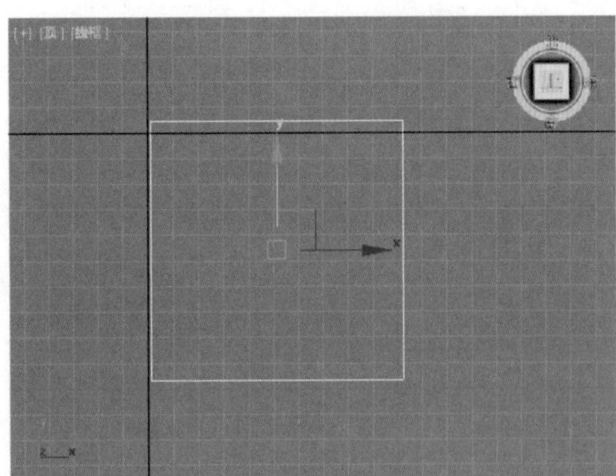

图13-14

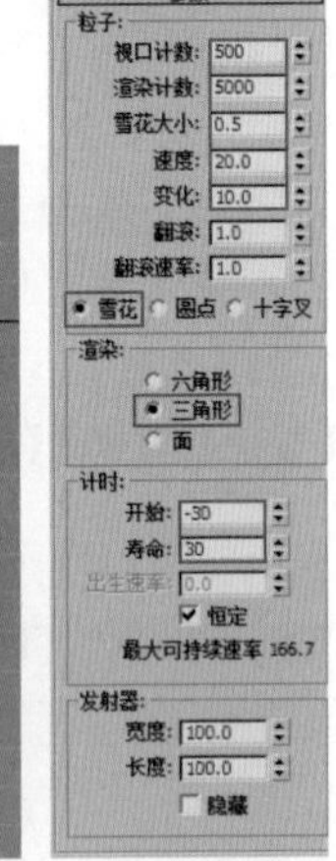

图13-15

（4）拖动时间线，可以看到产生了动画效果，如图 13-16 所示。

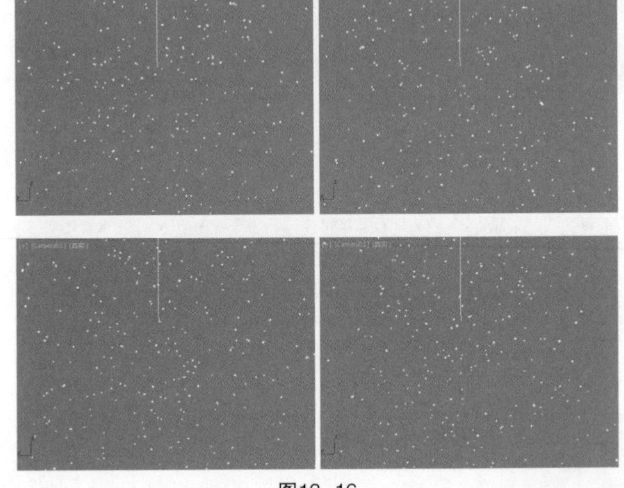

图13-16

（5）最终的渲染效果，如图 13-17 所示。

图13-17

13.1.3 “超级喷射”最常用

【超级喷射】是最常用的粒子系统，它可以模拟很多的效果，如烟花喷射、喷泉动画、影视栏目的包装等。其参数设置面板，如图 13-18 所示。效果如图 13-19 所示。

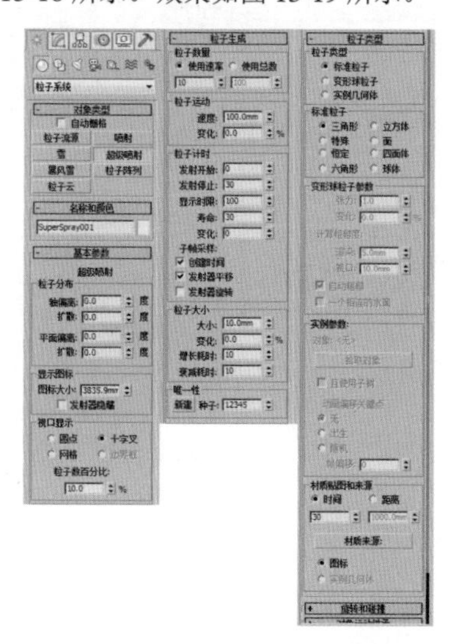

图13-18

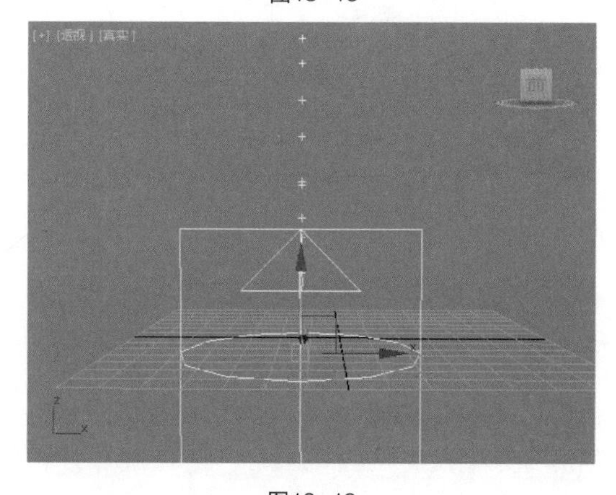

图13-19

- 轴偏离：设置粒子流与Z轴的夹角。
- 扩散：设置粒子远离发射向量的扩散角度。
- 平面偏离：设置围绕Z轴的发射角度。
- 使用速率：指定每一帧发射时固定的粒子数。
- 使用总数：在寿命范围内指定产生的总粒子数。
- 速度：设置粒子在出生时沿法线的速度。
- 变化：设置每个粒子发射速度应用的变化百分比。
- 显示时限：设置所有粒子将要消失的帧。

典型实例：超级喷射制作火柴烟火

案例文件 案例文件 \Chapter 13\ 典型实例：超级喷射制作火柴烟火 .max
视频教学 视频文件 \Chapter 13\ 典型实例：超级喷射制作火柴烟火 .flv
技术掌握 掌握超级喷射及烟雾材质的制作

超级喷射可以模拟从一点向上点燃烟火的效果。最终的渲染效果如图 13-20 所示。

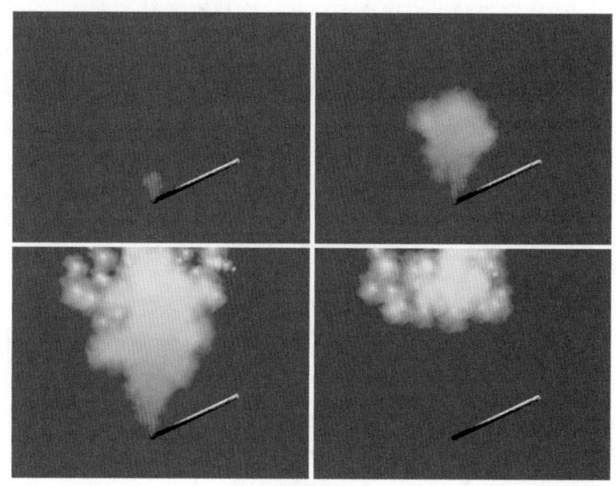

图13-20

制作步骤

Part01 创建超级喷射粒子

（1）打开本书配套光盘中的【场景文件 /Chapter 13/03.max】文件，如图 13-21 所示。

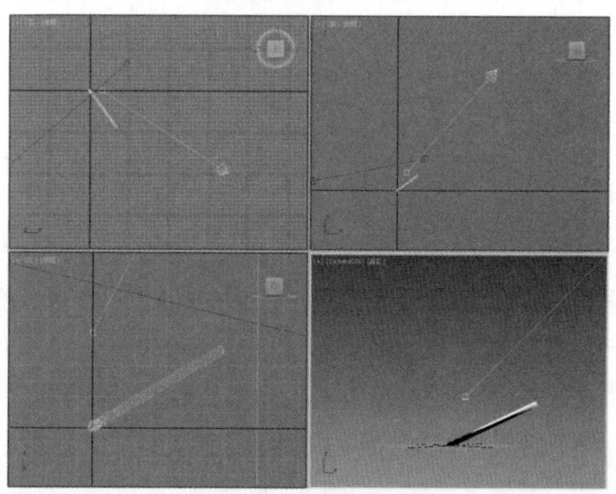

图13-21

（2）在创建面板中，执行（创建）|（几何体）| 粒子系统 | 超级喷射 操作，如图 13-22 所示。

图13-22

（3）在视图中拖曳光标创建一个超级喷射，放在火柴顶端，如图 13-23 所示。

（4）单击修改，设置【轴偏离】为 2、【扩散】为 29、【平面偏离】为 57、【扩散】为 90、【粒子数量】为 8、【速度】为 100mm、【变化】为 5、【发射停止】为 30、【显示时限】为 100、【寿命】为 30、【大小】为 300mmm、【变化】为 40，设置【粒子类型】为【标准粒子】，【标准粒子】类型为【面】，如图 13-24 所示。

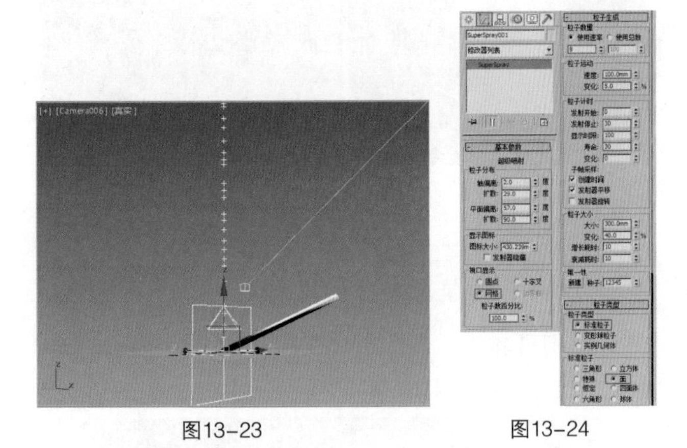
图13-23　　图13-24

（5）拖动时间线，可以看到此时出现了动画效果，如图 13-25 所示。

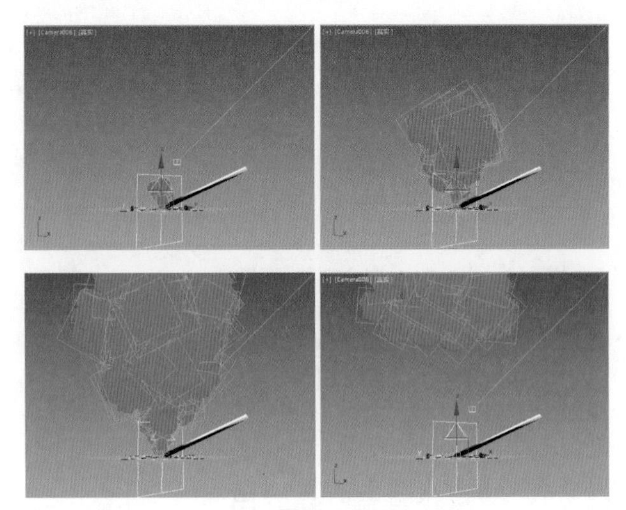
图13-25

Part02　制作材质

（1）在主工具栏中单击（材质编辑器）按钮并单击一个空白材质球，设置材质类型为【Standard（标准）】，命名为【火焰】。然后勾选【面贴图】，设置【高光级别】为 5、【光泽度】为 10，接着在【漫反射】后面的通道上加载【粒子年龄】程序贴图，并设置其参数。在【不透明度】通道上加载【渐变】程序贴图，并设置参数，如图 13-26 所示。

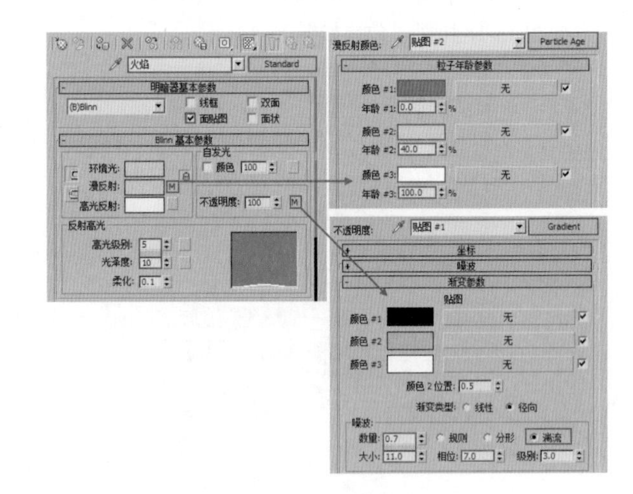
图13-26

（2）双击该材质球，效果如图 13-27 所示。

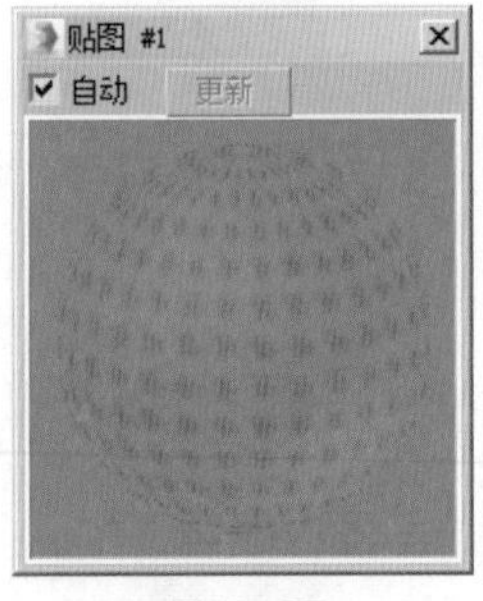

图13-27

（3）此时选择超级喷射并单击（将材质指定给选定对象）按钮，将该材质赋予给超级喷射。最终的渲染效果，如图 13-28 所示。

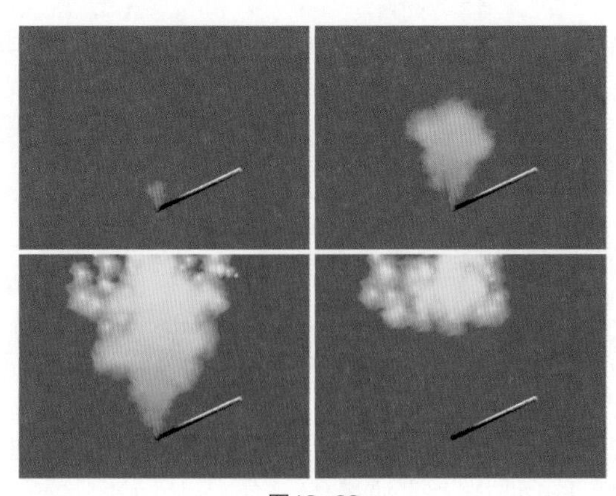

图13-28

典型实例：超级喷射制作液体

案例文件	案例文件\Chapter 13\典型实例：超级喷射制作液体.max
视频教学	视频文件\Chapter 13\典型实例：超级喷射制作液体.flv
技术掌握	掌握超级喷射制作连续喷射的动画

超级喷射不仅可以模拟粒子碎片化的动画效果，而且还可以模拟连续化高黏度的动画效果。最终的渲染效果如图13-29所示。

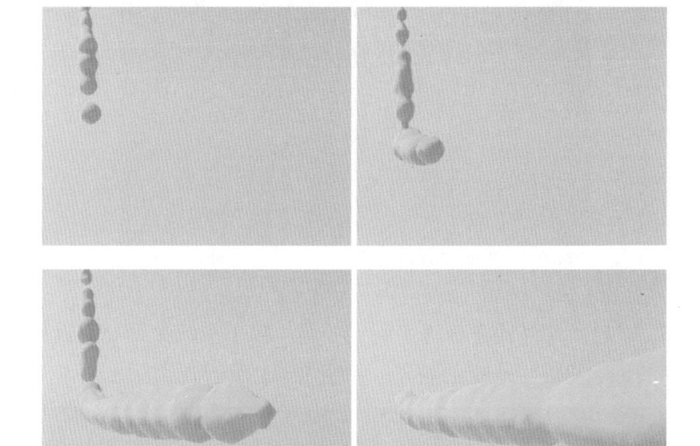

图13-29

制作步骤

（1）在创建面板中，执行 （创建）| （几何体）| 粒子系统 | 超级喷射 操作，如图13-30所示。

（2）在视图中拖曳光标创建一个超级喷射，调整其位置，如图13-31所示。

（3）单击修改，设置【图标大小】为4393mm、【视口显示】为【网格】、【粒子数百分比】为100、【粒子数量】为3、【速度】为254mm、【变化】为20。设置【发射开始】为0、【发射停止】为80、【显示时限】为100、【寿命】为80。设置【大小】为1000mm、【变化】为30、【增长耗时】为10、【衰减耗时】为10。设置【粒子类型】为【变形球粒子】、【变化】为50，如图13-32所示。

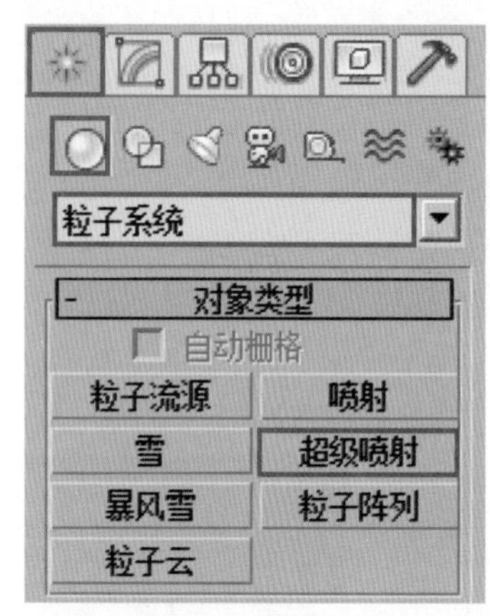

图13-30

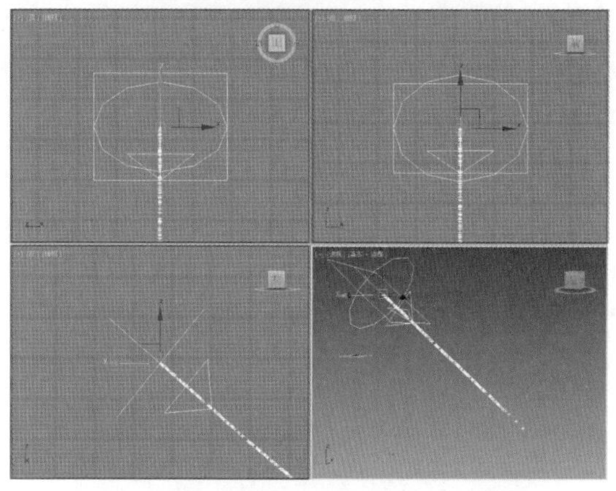

图13-31

（4）此时的粒子效果，如图13-33所示。

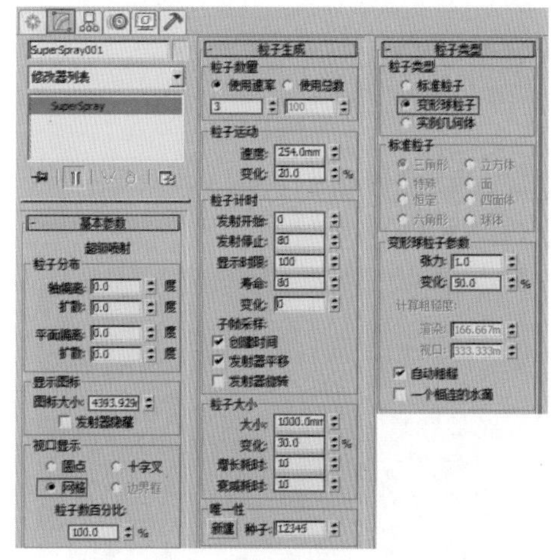

图13-32

（5）在创建面板中，执行 （创建）| （空间扭曲）| 力 | 重力 操作，如图13-34所示。

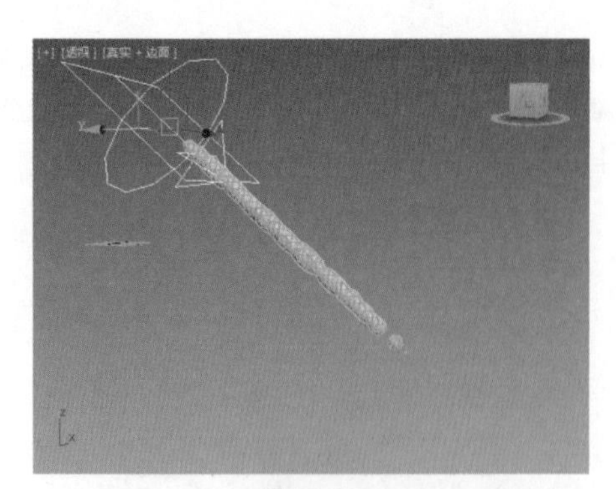

图13-33

（6）在视图中拖曳光标创建一个重力，如图 13-35 所示。

图13-34

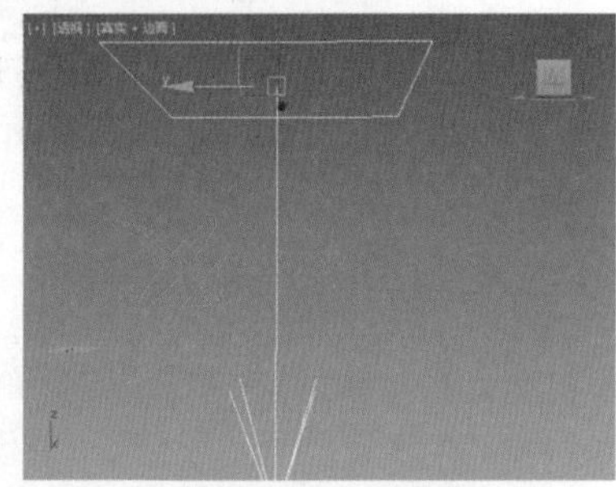

图13-35

（7）选择【超级喷射】粒子，然后单击（绑定到空间扭曲）按钮，接着拖曳鼠标到【重力】的位置上松开鼠标，如图 13-36 所示。

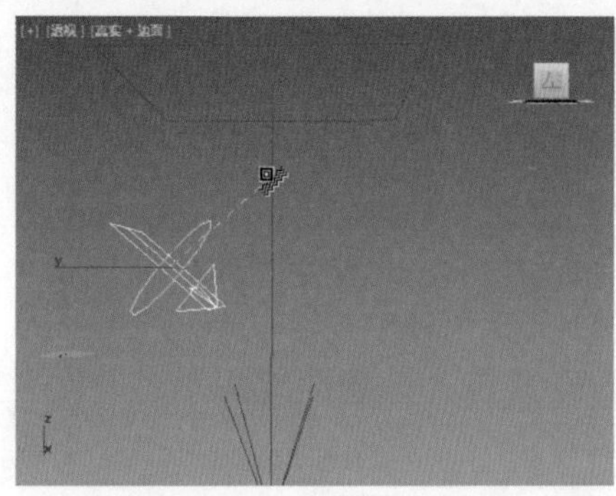

图13-36

（8）此时两者被绑定到了一起，粒子系统受到重力的影响将产生一定的效果，如图 13-37 所示。

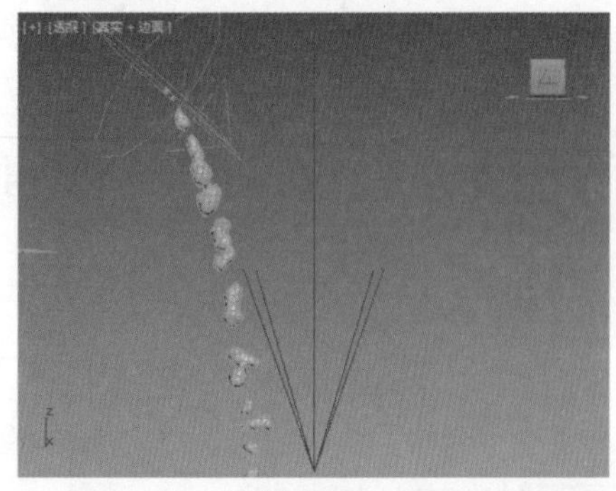

图13-37

（9）在创建面板中，执行（创建）|（空间扭曲）| 导向器 | 导向板 操作，如图 13-38 所示。在视图中创建一个导向板，单击修改，设置【反弹】为 0.2，如图 13-39 所示。

图13-38 图13-39

（10）选择【超级喷射】粒子，然后单击（绑定到空间扭曲）按钮，接着拖曳鼠标到【导向板】的位置上松开鼠标，如图 13-40 所示。

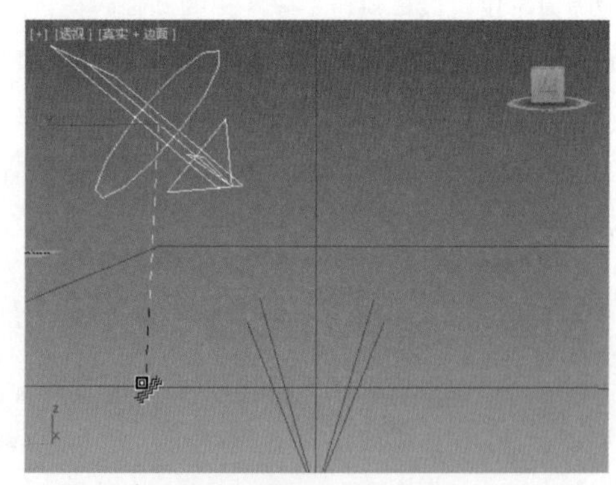

图13-40

（11）此时两者被绑定到了一起，粒子系统受到导向板反弹的影响将产生一定的效果，如图 13-41 所示。

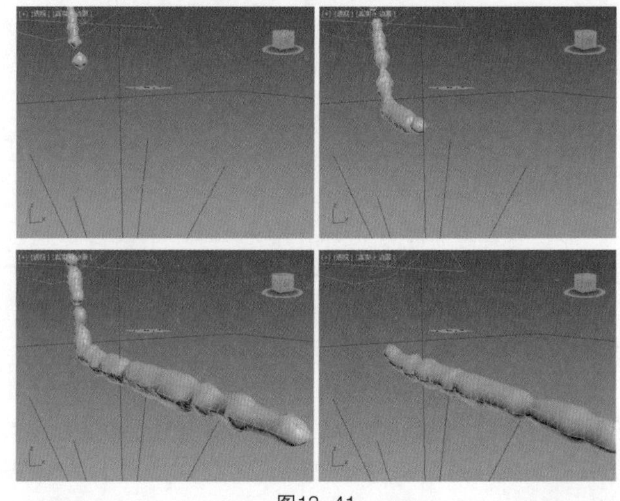

图13-41

（12）最终的渲染效果，如图 13-42 所示。

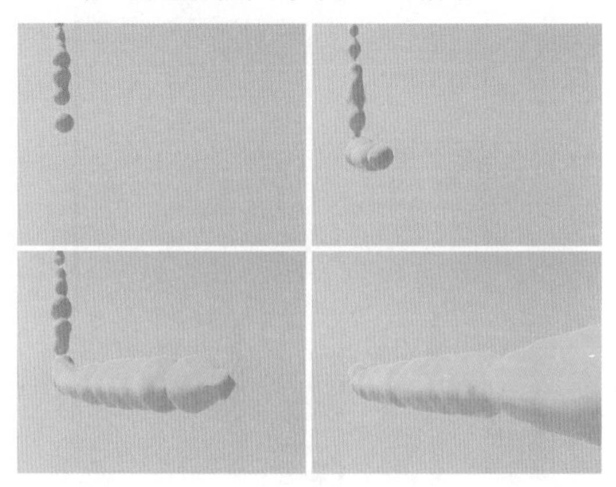

图13-42

13.1.4 暴风雪

【暴风雪】粒子常用来模拟暴风雪效果。其参数设置面板，如图 13-43 所示。效果如图 13-44 所示。

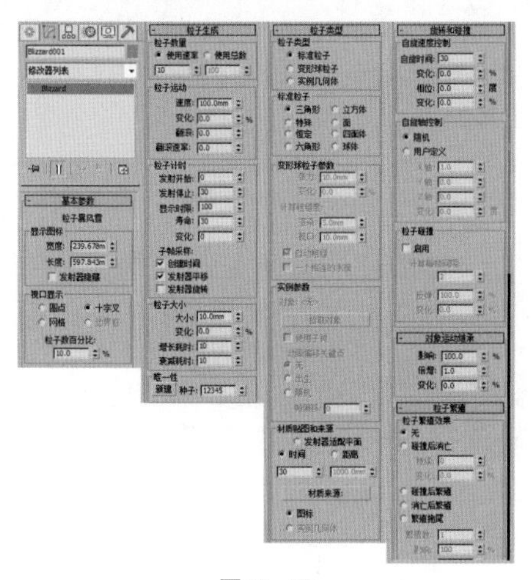

图13-43

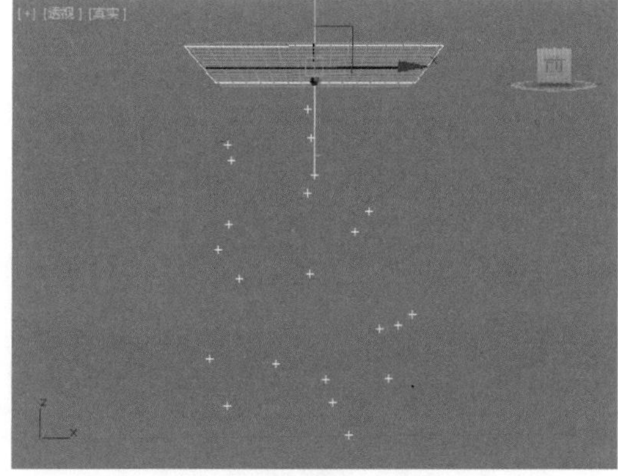

图13-44

1. 基本参数

- 宽度 / 长度：设置发射器的宽度和长度。
- 发射器隐藏：启用该选项后，发射器将不会显示在视图中。
- 圆点/十字叉/网格/边界框：设置发射器在视图中的显示方式。

2. 粒子生成

- 使用速率：指定每一帧发射的固定粒子数。
- 使用总数：在寿命范围内指定产生的总粒子数。
- 速度：设置粒子在出生时沿法线的发射速度。
- 发射开始/停止：设置粒子在场景中的开始帧/最后一帧。
- 显示时限：指定所有粒子将消失的帧。
- 寿命：设置每个粒子的寿命。
- 增长耗时：设置粒子从很小增长到很大的过程中所经历的帧数。
- 衰减耗时：设置粒子在消亡之前缩小到其1/10大小所经历的帧数。

3. 粒子类型

- 标准粒子：它是标准粒子类型中的一种。
- 变形球粒子：使用变形球粒子。
- 实例几何体：使用对象的碎片来创建粒子。
- 三角形：将每个粒子渲染为三角形。
- 立方体：将每个粒子渲染为立方体。
- 特殊：将每个粒子渲染为由3个交叉的2D正方形组成。
- 面：将每个粒子渲染为始终朝向视图的正方形。
- 恒定：将每个粒子渲染为相同大小的物体。
- 四面体：将每个粒子渲染为贴图四面体。
- 六角形：将每个粒子渲染为二维的六角形。
- 球体：将每个粒子渲染为球体。
- 张力：设置有关粒子与其他粒子混合倾向的紧密度。
- 变化：设置张力变化的百分比。
- 渲染：设置【变形球粒子】的粗糙度。
- 视口：设置视口显示的粗糙度。
- 自动粗糙：启用该选项后，系统会自动设置粒子在视图中显示的粗糙度。
- 一个相连的水滴：启用该选项后，会产生粒子相连的效果。
- 拾取对象按钮：单击该按钮可以在场景中选择要作为粒子使用的对象。
- 使用子树：若要将拾取对象的链接子对象包含在粒子中，则应启用该选项。
- 动画偏移关键点：该选项可以对粒子动画进行计时。

- 出生：设置每帧产生的新粒子数。
- 帧偏移：设置对当前源对象计时的偏移值。
- 时间：设置粒子从出生开始到生成完整粒子的一个贴图所需要的帧数。
- 距离：设置粒子从出生开始到生成完整粒子的一个贴图所需要的距离。
- 材质来源: 按钮：更新粒子系统携带的材质。
- 图标：将粒子图标设置为指定材质的图标。
- 实例几何体：将粒子与几何体进行关联。

13.1.5 “粒子流源”有点难

【粒子流源】是粒子系统中相对比较难的类型，但是其功能超级强大，可以使用该粒子模拟很多复杂的、抽象的粒子动画效果，如图 13-45 所示。

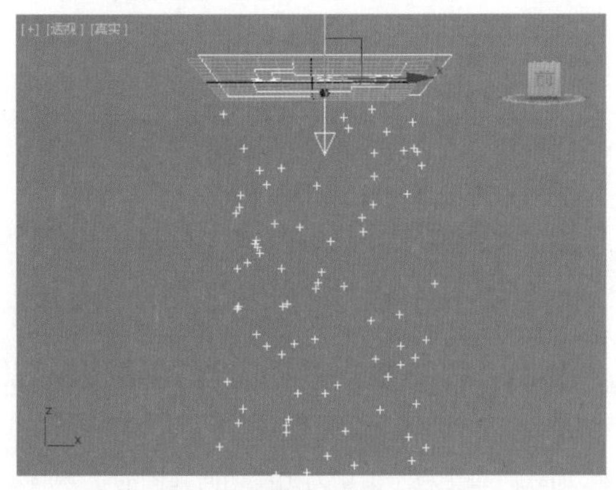

图13–45

其参数包括【设置】、【发射】、【选择】、【系统管理】和【脚本】5 个卷展栏。

1. 设置

展开【设置】卷展栏，如图 13-46 所示。

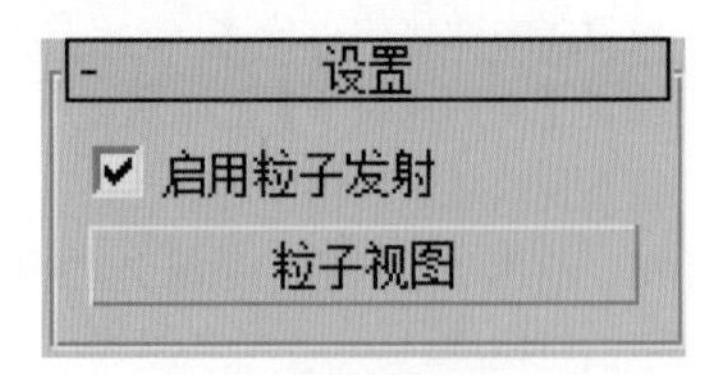

图13–46

- 启用粒子发射：控制是否开启粒子系统。
- 粒子视图 按钮：单击该按钮可以打开【粒子视图】对话框，如图13-47所示。

【粒子视图】是【粒子流源】中最重要的部分。在这个窗口中可以设置事件，还可以设置事件中的操作符事件以进行互相作用（比如添加重力），如图 13-48 所示。

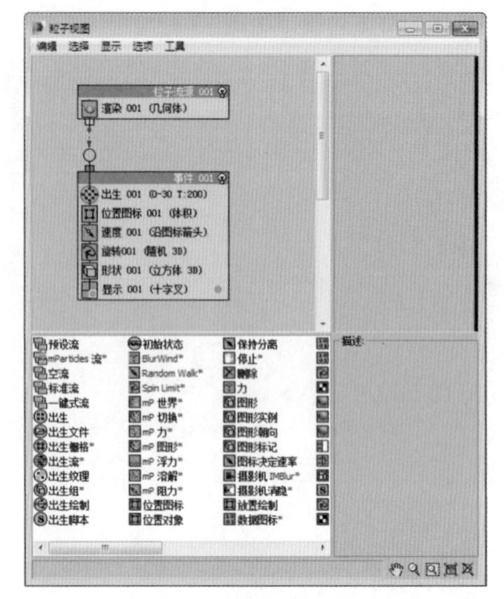

图13–47

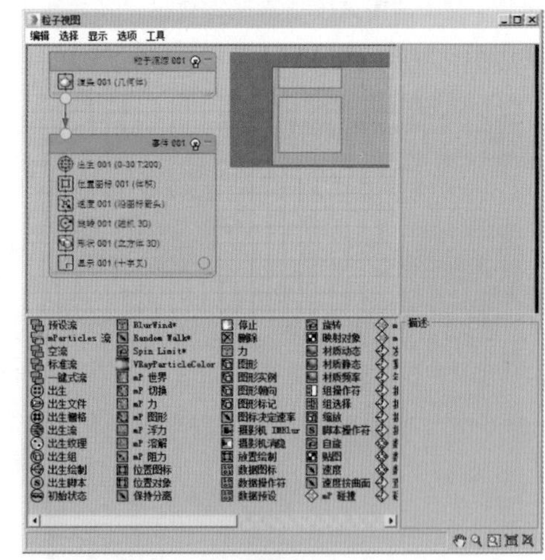

图13–48

2. 发射

【发射】卷展栏用于设置粒子发射器的基本属性，包括【徽标大小】、【长度】、【宽度】等，如图 13-49 所示。

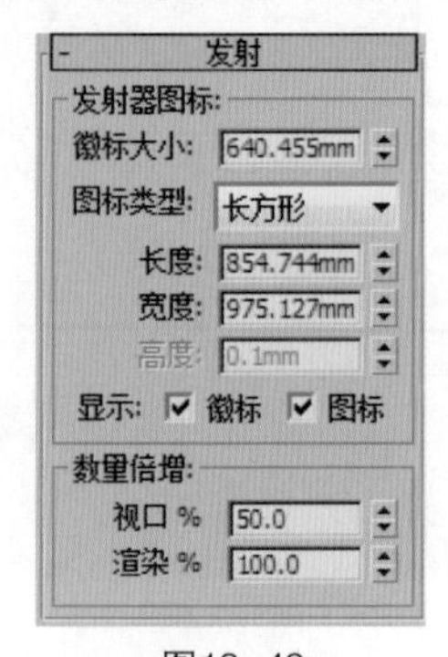

图13–49

- 徽标大小：主要用来设置粒子流中心徽标的尺寸，其大小对粒子的发射没有任何影响。

- 图标类型：主要用来设置图标在视图中的显示方式，有【长方形】、【长方体】、【圆形】和【球体】4种方式。
- 长度：当【图标类型】设置为【长方形】或【长方体】时，它显示的是【长度】参数；当【图标类型】设置为【圆形】或【球体】时，它显示的是【直径】参数。
- 宽度：用来设置【长方形】和【长方体】图标的宽度。
- 高度：用来设置【长方体】图标的高度。
- 显示：主要用来控制是否显示标志或图标。
- 视口%：主要用来设置视图中显示粒子的数量，该参数的值不会影响最终渲染的粒子数量。
- 渲染%：主要用来设置最终渲染的粒子的数量百分比，它会直接影响到最终渲染的粒子数量。

3. 选择

【选择】卷展栏用于选择粒子的不同级别，包括【粒子】、【事件】等参数，如图13-50所示。

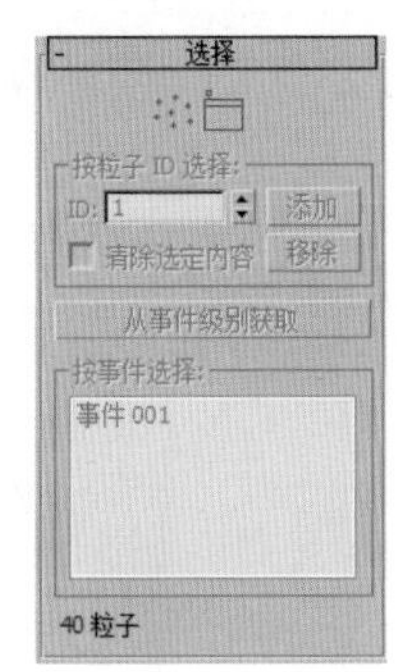

图13-50

- 【粒子】按钮：通过单击粒子或拖动一个区域来选择粒子。
- 【事件】按钮：按事件选择粒子。
- ID：使用此控件可设置要选择的粒子的ID号。每次只能设置一个数字。
- 添加：设置要选择的粒子的ID号后，单击【添加】可将其添加到选择中。
- 移除：设置要取消选择的粒子的ID号后，单击【移除】可将其从选择中移除。
- 清除选定内容：启用该选项后，单击【添加】选择粒子会取消所有其他粒子的选择。
- 从事件级别获取：单击该选项可将【事件】级别选择转化为【粒子】级别。它仅适用于【粒子】级别。
- 按事件选择：该列表显示粒子流中的所有事件，并高亮显示选定的事件。

4. 系统管理

【系统管理】卷展栏用来设置粒子数量的【上限】、【视口】、【渲染】等参数，如图13-51所示。

图13-51

- 上限：用来限制粒子的最大数量。
- 视口：设置视图中动画回放的综合步幅。
- 渲染：用来设置渲染时的综合步幅。

5. 脚本

【脚本】卷展栏用于控制粒子脚本的相关参数，如图13-52所示。

图13-52

- 启用脚本：启用此选项可实现按积分步长执行内存中的脚本。
- 编辑：单击此按钮可打开具有当前脚本的文本编辑器窗口。
- 使用脚本文件：当此项处于启用状态时，可以通过单击下面的按钮加载脚本文件。

典型实例：粒子流源制作子弹特效

案例文件 案例文件\Chapter 13\典型实例：粒子流源制作子弹特效.max

视频教学 视频文件\Chapter 13\典型实例：粒子流源制作子弹特效.flv

技术掌握 掌握粒子流源制作按照指定方向发射的子弹

使用粒子流源可以模拟子弹特效，我们还可以举一反三制作很多的电影特效，比如万箭齐射、狂沙漫天等情形。最终的渲染效果如图13-53所示。

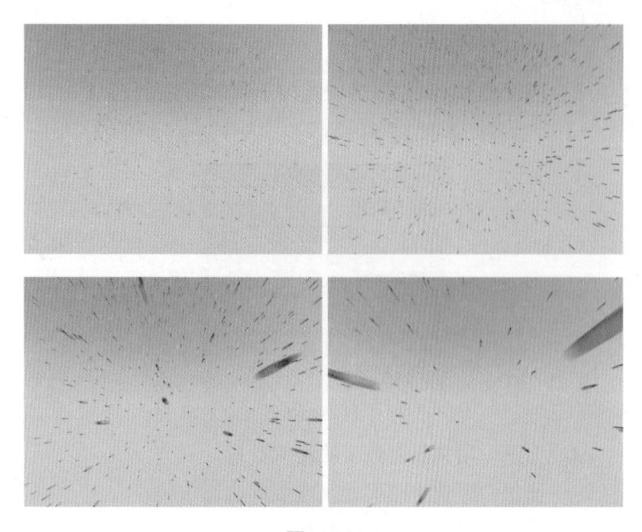

图13-53

制作步骤

（1）打开本书配套光盘中的【场景文件 /Chapter 13/04.max】文件，如图 13-54 所示。此时在场景中创建一颗子弹，名称为【组 01】。

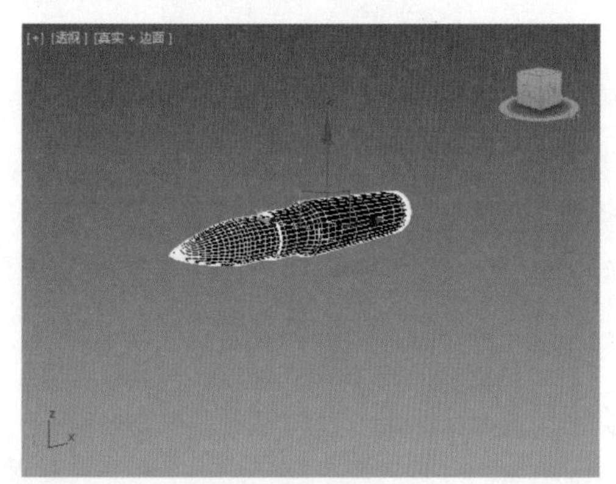

图13-54

（2）在创建面板中，执行（创建）|（几何体）|粒子系统|粒子流源操作，在左视图中拖曳光标创建一个粒子流源，调整其位置，如图 13-55 所示。

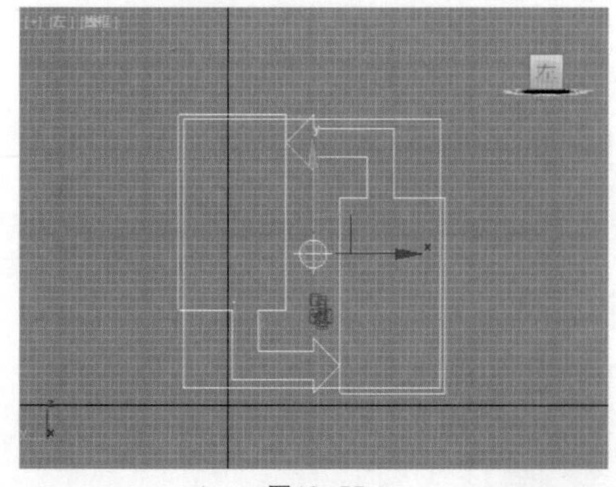

图13-55

（3）单击修改，设置【徽标大小】为 8289mm、【长度】为 8000mm、【宽度】为 8000mm，如图 13-56 所示。

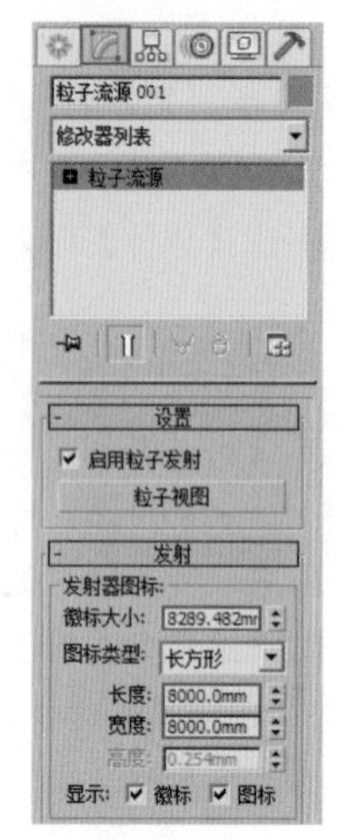

图13-56

（4）单击修改，单击【粒子视图】按钮，然后右键单击【形状 001】，选择【删除】，如图 13-57 所示。

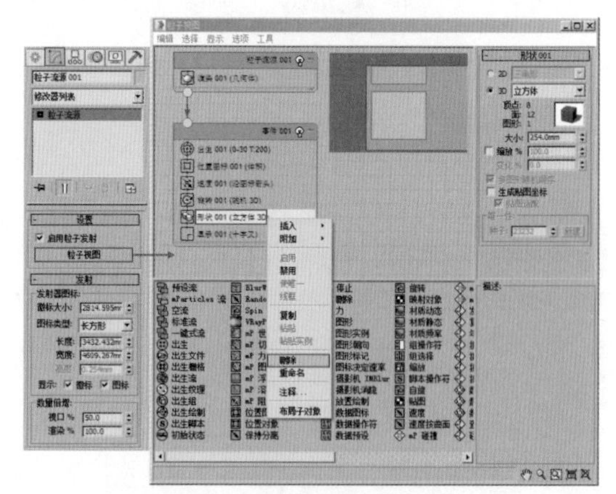

图13-57

（5）在粒子视图中选择【出生 001】，设置【数量】为 1000，如图 13-58 所示。

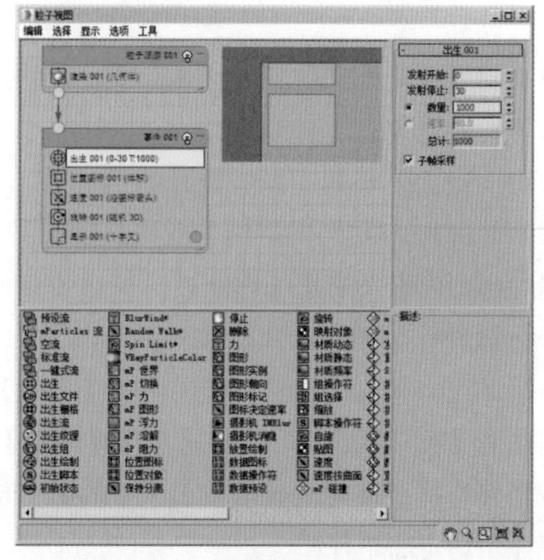

图13-58

（6）在粒子视图中选择【旋转 001】，设置【方向矩阵】为【世界空间】，如图 13-59 所示。

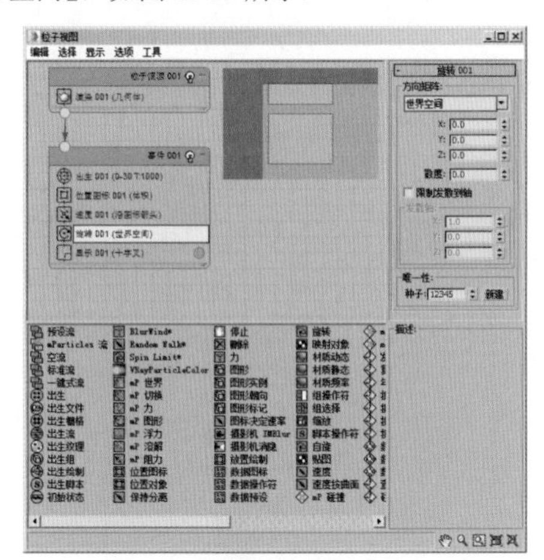

图13-59

（7）在粒子视图中选择【显示 001】，设置【类型】为【几何体】，如图 13-60 所示。

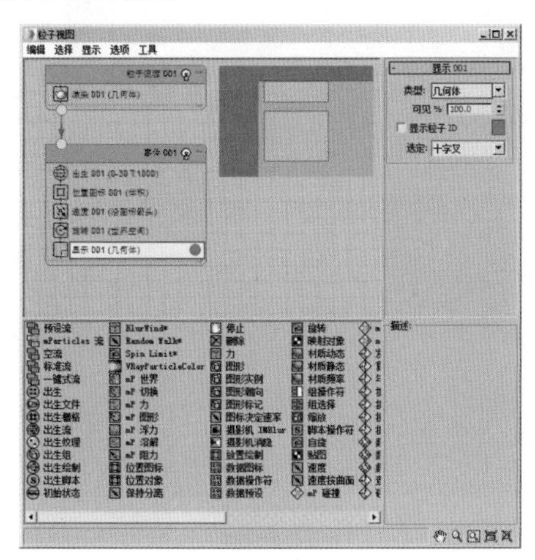

图13-60

（8）在粒子视图下方的列表中，单击选择【图形实例】并拖曳到【事件 001】窗口的最底部，如图 13-61 所示。

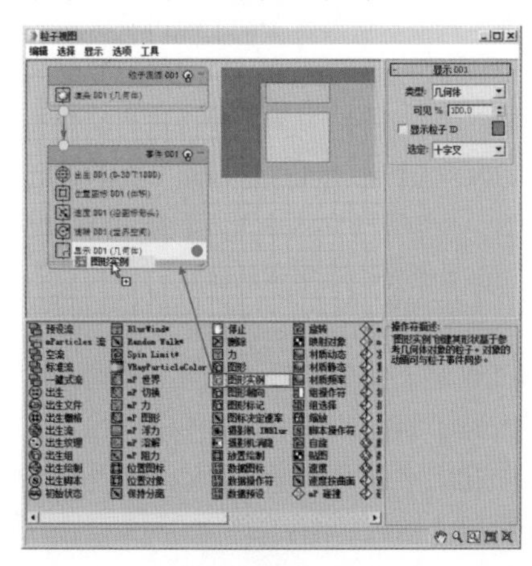

图13-61

（9）在粒子视图中选择【图形实例 001】，并单击【粒子几何体对象】下的按钮，最后在视图中单击拾取子弹模型【组 01】，如图 13-62 所示。

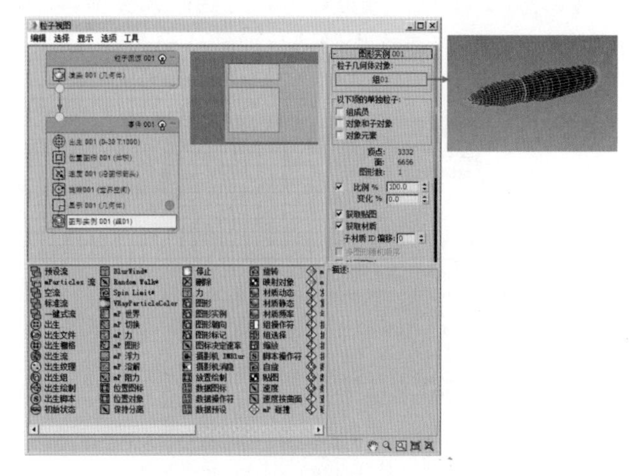

图13-62

（10）拖动时间线，可以看到产生了动画效果，如图 13-63 所示。

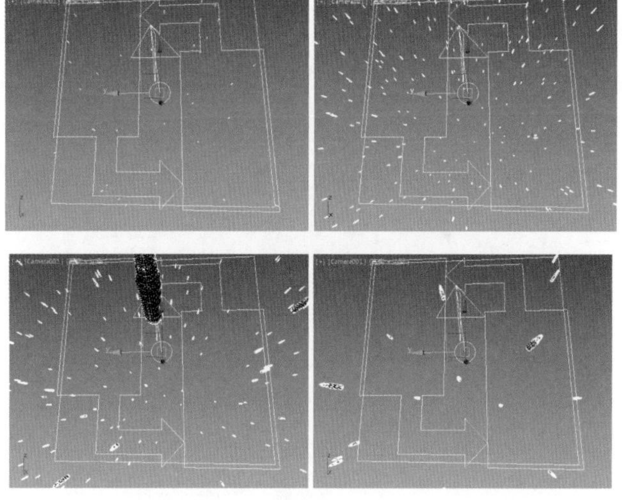

图13-63

（11）最终的渲染效果，如图 13-64 所示。

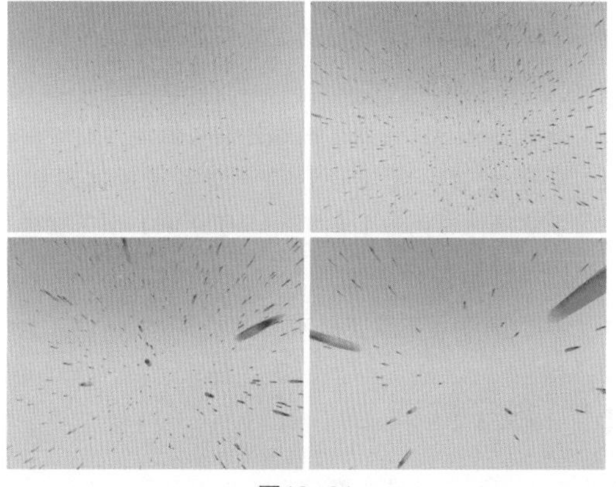

图13-64

13.1.6 粒子云

【粒子云】通过在一定框架内对粒子进行创建，使其产生团状的粒子云效果。参数设置面板，如图 13-65 所示。效果如图 13-66 所示。

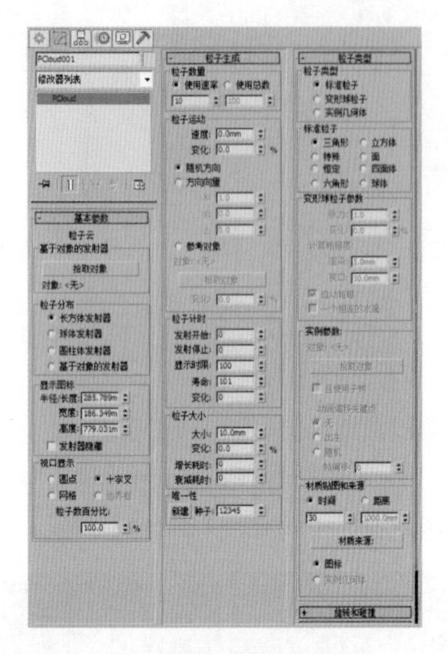

图13-65

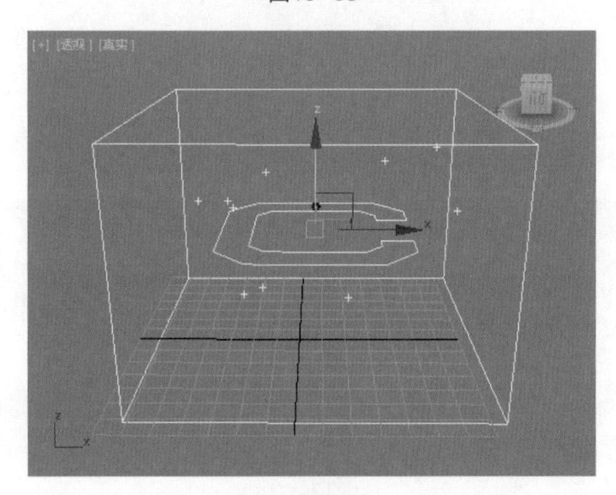

图13-66

- 长方体发射器：将发射器设置为长方体形状的发射器。
- 球体发射器：将发射器设置为球体形状的发射器。
- 圆柱体发射器：将发射器设置为圆柱体形状的发射器。
- 基于对象的发射器：将选择的对象作为发射器。
- 半径/长度：【半径】用于调整【球体发射器】或【圆柱体发射器】的半径；【长度】用于调整【长方体发射器】的长度。
- 宽度/高度：设置发射器的宽度/高度。

13.1.7 粒子阵列

【粒子阵列】系统可将粒子分布在几何体对象上，也可用于创建复杂的对象爆炸的效果。其参数设置面板如图 13-67，效果图 13-68 所示。

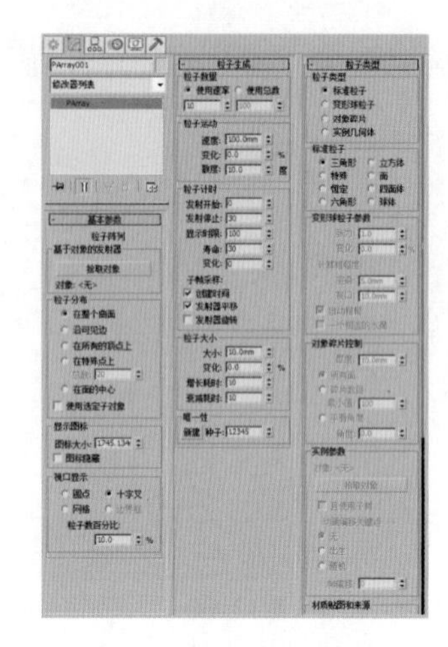

图13-67

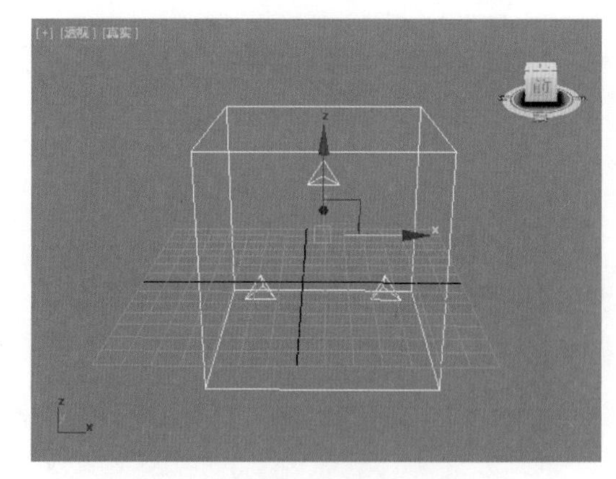

图13-68

- 拾取对象按钮：创建粒子系统后，使用该按钮可以在场景中拾取某个对象作为发射器。
- 在整个曲面：在整个曲面上随机发射粒子。
- 沿可见边：从对象的可见边上随机发射粒子。
- 在所有的顶点上：从对象的顶点发射粒子。
- 在特殊点上：在对象曲面随机分布的点上发射粒子。
- 总数：当选择【在特殊点上】选项后才可使用，它主要用来设置使用发射器的点数。
- 在面的中心：从每个三角面的中心发射粒子。
- 使用选定子对象：对于网格的发射器以及一定范围内基于面片的发射器，粒子流的源只限于对传递到基于对象发射器中修改器堆栈的子对象进行选择。

13.2 “空间扭曲”可以绑定到“粒子系统”上

【空间扭曲】不可以单独使用，需要与【粒子系统】进行绑定才可以发挥其强大作用。【空间扭曲】包括5种类型，分别是【力】、【导向器】、【几何/可变形】、【基于修改器】和【粒子和动力学】，如图13-69所示。

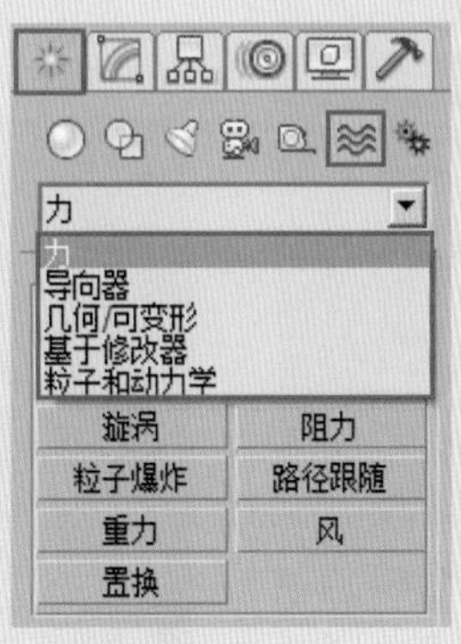

图13-69

13.2.1 怎么把“空间扭曲”绑定到“粒子系统”上

（1）创建【粒子系统】（比如超级喷射）和【空间扭曲】（比如漩涡）。选择【漩涡】，然后单击【绑定到空间扭曲】按钮，然后将虚线拖曳到超级喷射上，如图13-70所示。

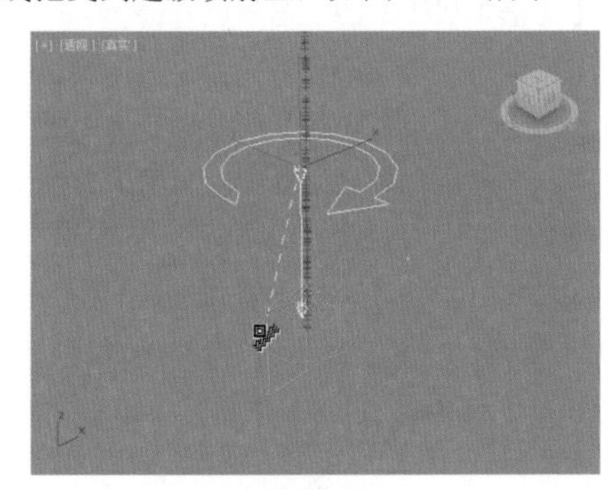
图13-70

（2）此时可以看到漩涡对超级喷射产生了作用，播放动画时能够看到出现了漂亮的漩涡喷射的效果，如图13-71所示。

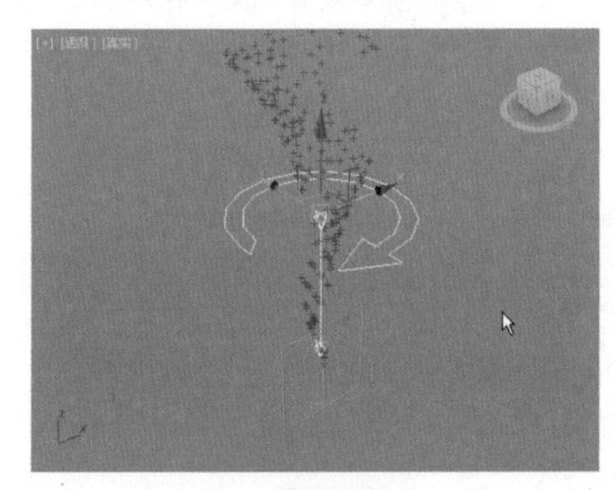
图13-71

13.2.2 力

通过绑定到空间扭曲，可以将力施加给粒子系统。【力】的类型共有9种，【推力】、【马达】、【漩涡】、【阻力】、【粒子爆炸】、【路径跟随】、【重力】、【风】和【置换】，如图13-72所示。图13-73所示为9种力的效果。

图13-72

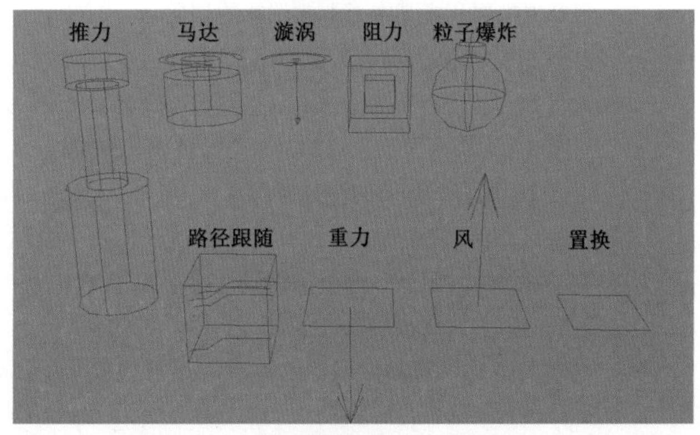

图13-73

1. 推力

【推力】可以为粒子系统提供正向或负向的均匀的单向力，如图 13-74 所示。其参数设置面板，如图 13-75 所示。

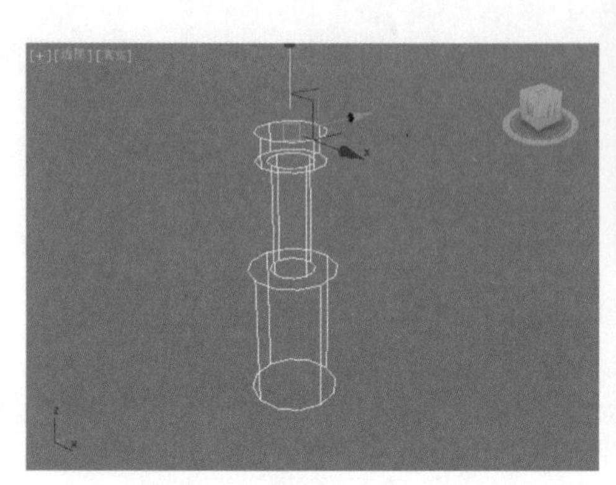

图13-74

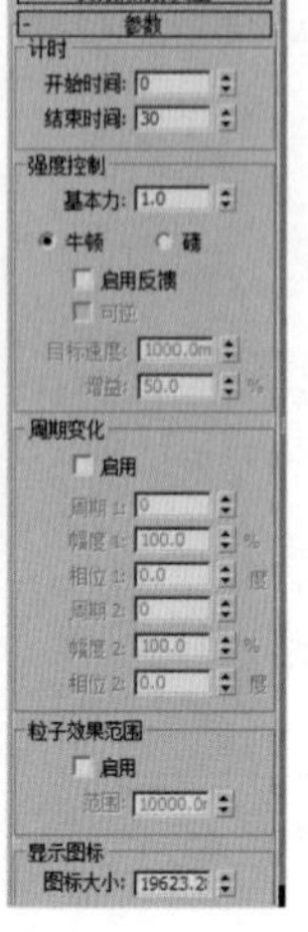

图13-75

- 始时间/结束时间：空间扭曲效果开始和结束时所在帧的编号。
- 基本力：空间扭曲施加力的量。
- 牛顿/磅：该选项用来指定【基本力】微调器使用的力的单位。
- 启用反馈：打开该选项后，力会根据受影响的粒子相对于指定的【目标速度】而产生变化。
- 可逆：打开该选项后，如果粒子的速度超出了【目标速度】的设置，力会发生逆转。
- 目标速度：以每帧的单位数指定【反馈】生效前的最大速度。
- 增益：指定以何种速度调整力以达到【目标速度】。
- 启用：打开该选项后，启用变化。
- 周期 1：噪波变化完成整个循环所需的时间。
- 幅度 1：（用百分比表示的）变化强度。该选项使用的单位类型和【基本力】微调器的相同。
- 相位 1：设置偏移变化模式。
- 周期 2：提供额外的变化模式（二阶波）来增加噪波。
- 幅度 2：（用百分比表示的）二阶波的变化强度。
- 相位 2：偏移二阶波的变化模式。
- 启用：打开该选项后，会将效果范围限制为一个球体，其显示为带有 3 个环箍的一个球体。
- 范围：以单位数指定效果范围的半径。
- 图标大小：设置推力图标的大小。该设置仅用于显示，不会改变推力的效果。

2. 马达

【马达】空间扭曲的工作方式类似于【推力】，它的图标位置和方向都会对围绕其旋转的粒子产生影响。图 13-76 所示为马达影响的效果。其参数设置面板，如图 13-77 所示。

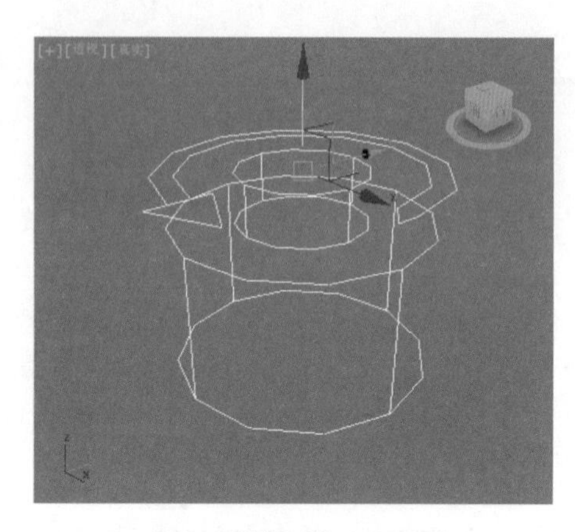

图13-76

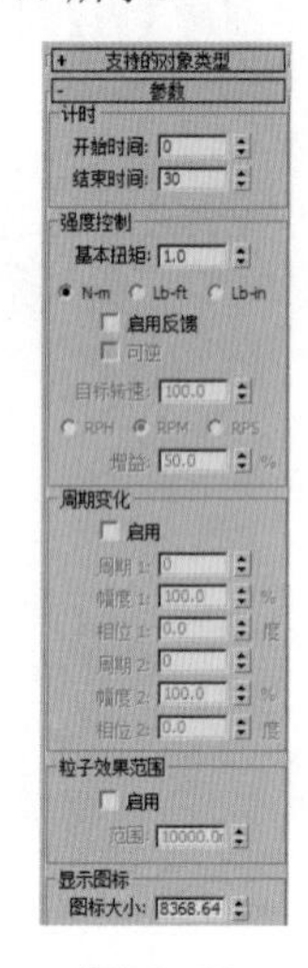

图13-77

- 开始/结束时间：设置空间扭曲开始和结束时所在帧的编号。
- 基本扭矩：设置空间扭曲对物体施加力的量。
- N-m/Lb-ft/Lb-in（牛顿-米/磅力-英尺/磅力-英寸）：指定【基本扭矩】的度量单位。
- 启用反馈：启用该选项后，力会根据受影响的粒子相对于指定的【目标转速】而发生变化。
- 可逆：开启该选项后，如果对象的速度超出了【目标转速】，那么力会发生逆转。
- 目标转速：指定反馈生效前的最大转数。
- RPH/RPM/RPS（每小时/每分钟/每秒）：以每小时、每分钟或每秒的转数来指定【目标转速】的度量单位。
- 增益：指定以何种速度来调整力以达到【目标转速】。
- 周期1：设置噪波变化完成整个循环所需的时间。
- 幅度1：设置噪波变化的强度。
- 相位1：设置偏移变化的量。
- 范围：以单位数来指定效果范围的半径。
- 图标大小：设置马达图标的大小。

3. 漩涡

【漩涡】空间扭曲可以模拟粒子产生漩涡状喷射的效果，比如龙卷风效果，如图 13-78 所示。其参数设置面板，如图 13-79 所示。

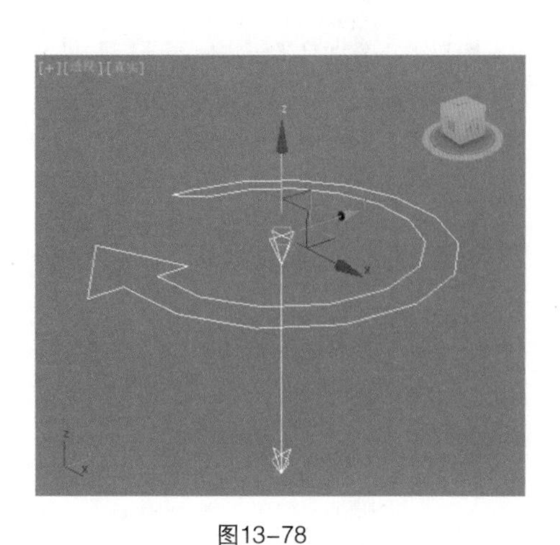

图13-78

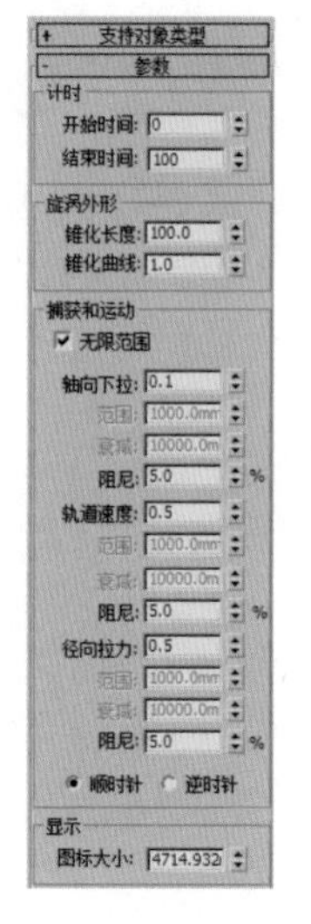

图13-79

4. 阻力

【阻力】空间扭曲可以降低粒子的喷射速度，从而产生阻力的效果，如图13-80所示。其参数设置面板，如图13-81所示。

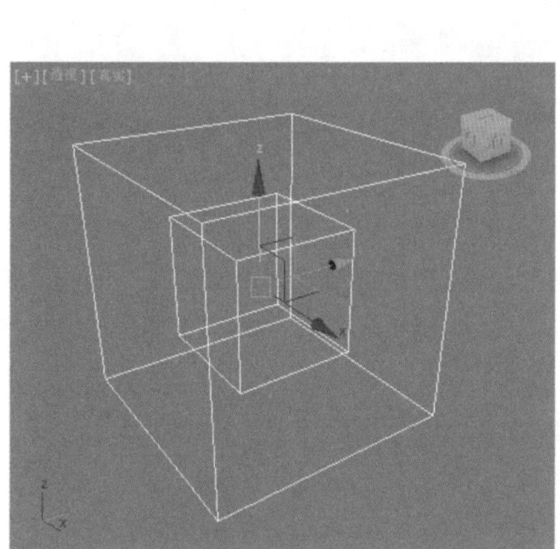

图13-80

图13-81

5. 粒子爆炸

【粒子爆炸】空间扭曲可以产生粒子爆炸的震撼效果，如图 13-82 所示。其参数设置面板，如图 13-83 所示。

6. 路径跟随

【路径跟随】空间扭曲可以模拟粒子沿路径进行运动的效果，如图 13-84 所示。其参数设置面板，如图 13-85 所示。

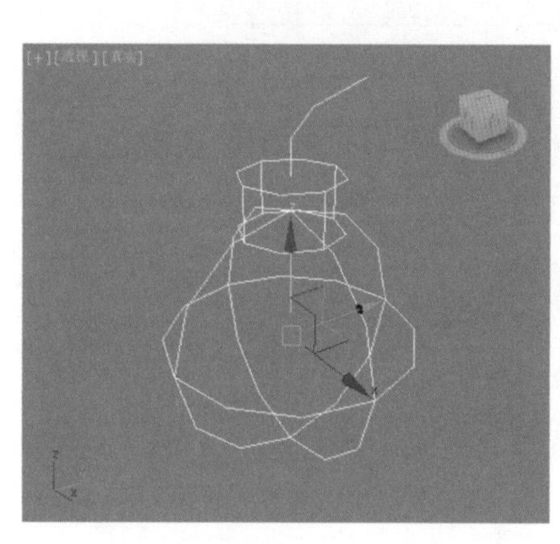

图13-82

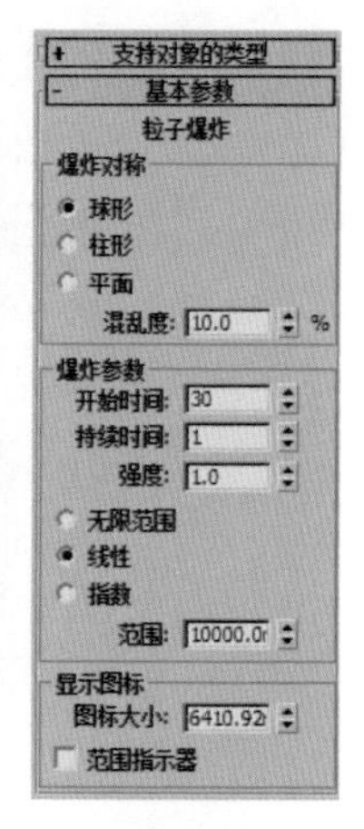

图13-83

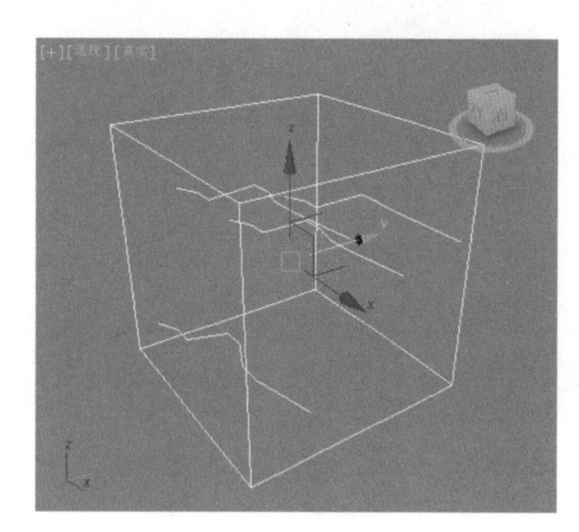

图13-84

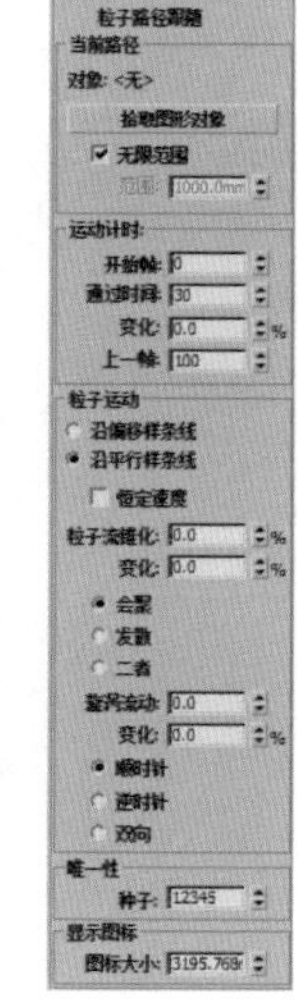

图13-85

7. 重力

【重力】空间扭曲可以使粒子受到重力的作用而产生向下的真实作用力，如图 13-86 所示。其参数设置面板，如图 13-87 所示。

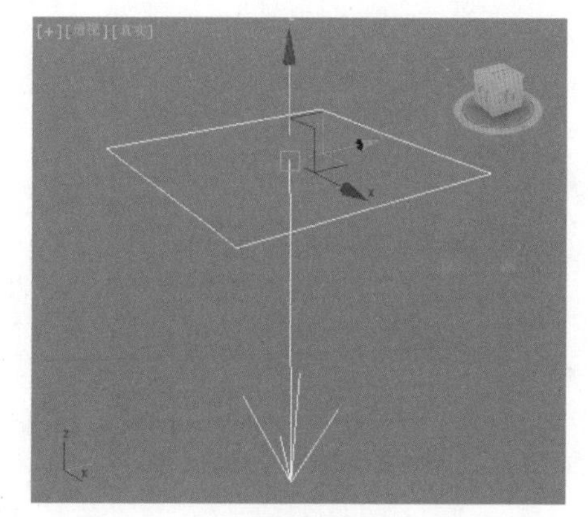

图13-86

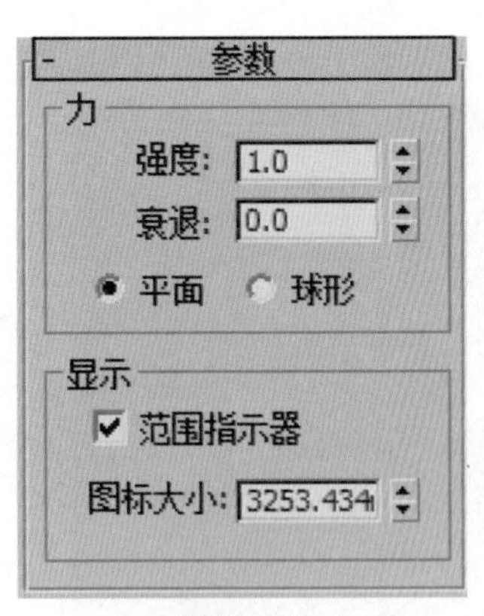

图13-87

8. 风

【风】可以使粒子因风吹动而产生风向的变化，如图 13-88 所示。其参数设置面板，如图 13-89 所示。

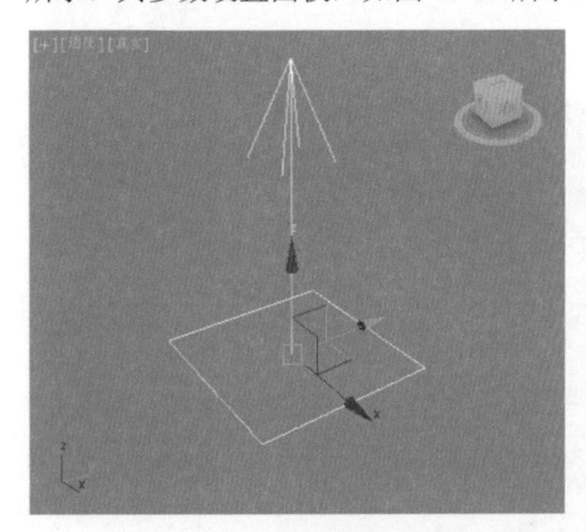

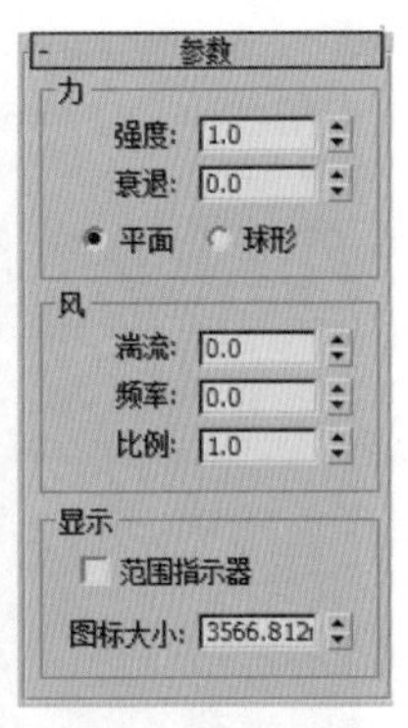

图13-88　　图13-89

9. 置换

【置换】是以力场的形式推动和重塑对象的几何外形的，它对几何体和粒子系统都会产生影响，如图 13-90 所示。其参数设置面板，如图 13-91 所示。

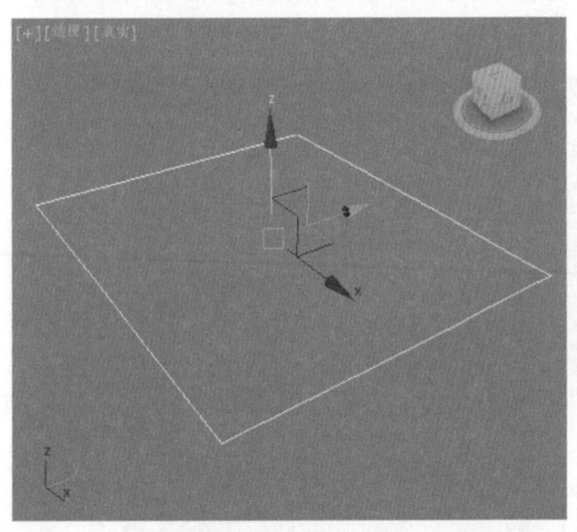

图13-90　　图13-91

13.2.3 记住“导向器”可以反弹

【导向器】共有 6 种类型，分别是【泛方向导向板】、【泛方向导向球】、【全泛方向导向】、【全导向器】、【导向球】和【导向板】，如图 13-92 所示。

图13-92

图 13-93 所示为 6 种导向器的效果。

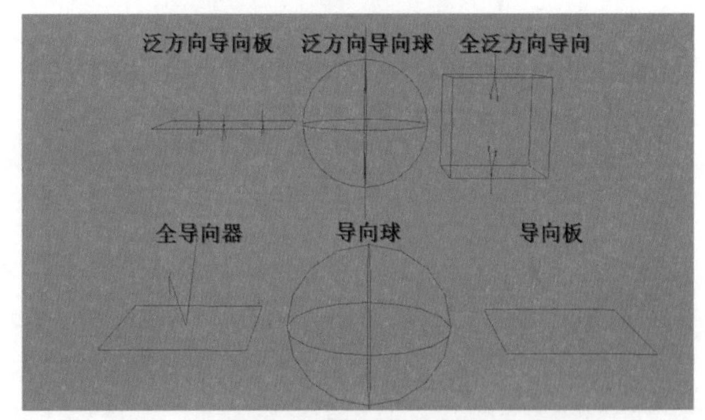

图13-93

1. 泛方向导向板

【泛方向导向板】是一种空间扭曲的平面泛方向导向器类型。它能提供比原始导向器空间扭曲更强大的功能，包括折射和繁殖能力，这与【导向板】很类似，如图 13-94 和图 13-95 所示。

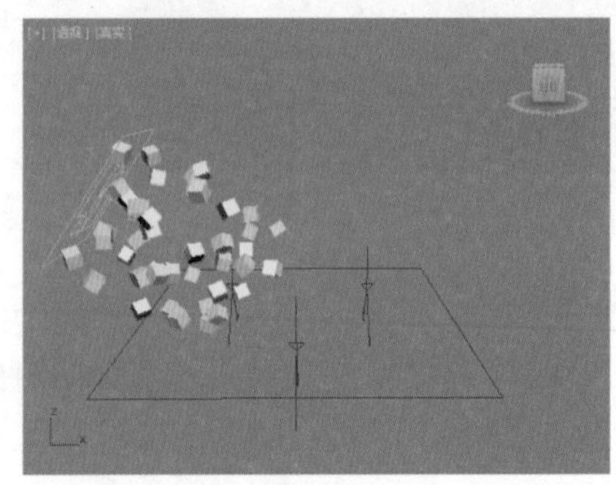

图13-94

2. 泛方向导向球

【泛方向导向球】是一种空间扭曲的球形泛方向导向器类

型。它提供的选项比原始的导向球更多，如图 13-96 和图 13-97 所示。

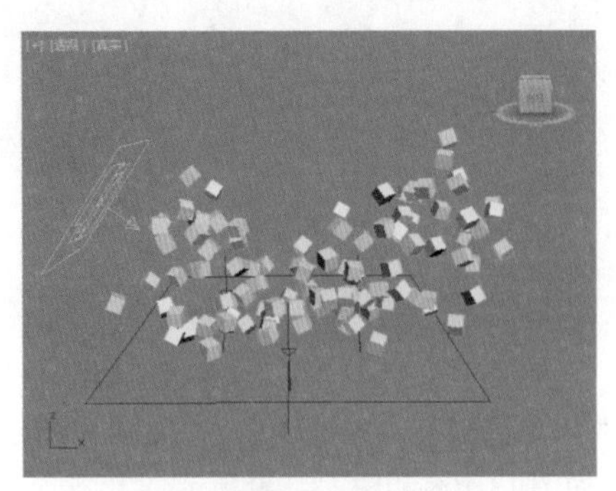
图13-95

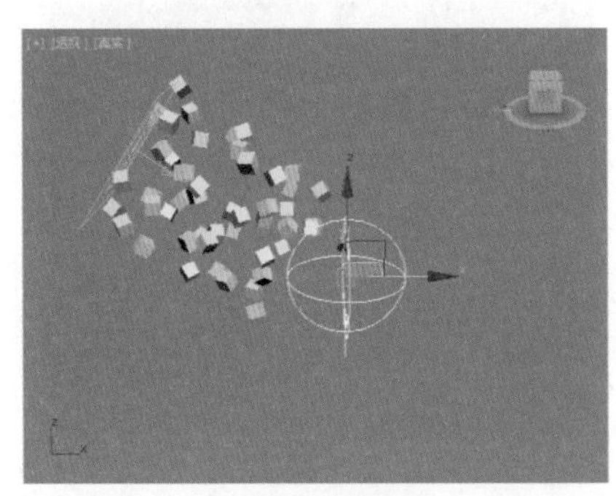
图13-96

图13-97

3. 全泛方向导向

【全泛方向导向】提供的选项比原始的【全导向器】更多。

4. 全导向器

【全导向器】是一种能让您使用任意对象作为粒子导向器的全导向器。

5. 导向球

【导向球】空间扭曲可以将球状的形状与粒子产生作用，如图 13-98 和图 13-99 所示。

6. 导向板

【导向板】空间扭曲可以将粒子进行反弹处理，如图 13-100 和图 13-101 所示。

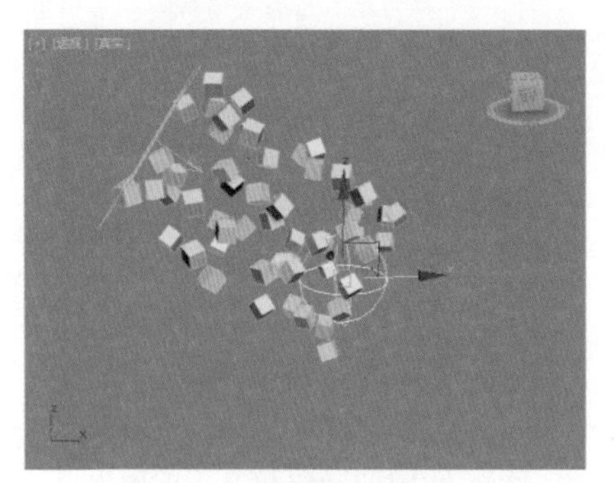
图13-98

图13-99

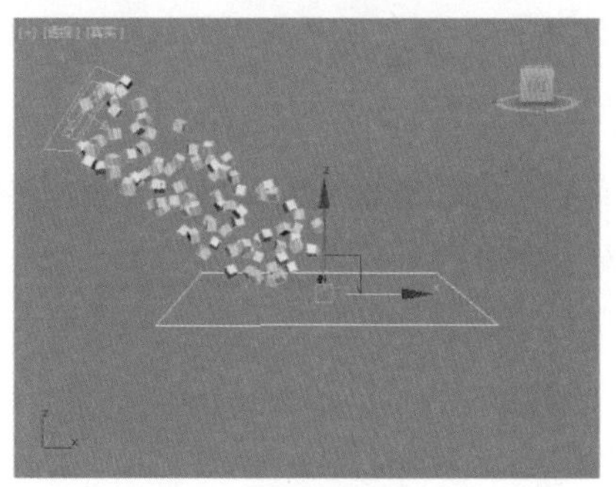
图13-100

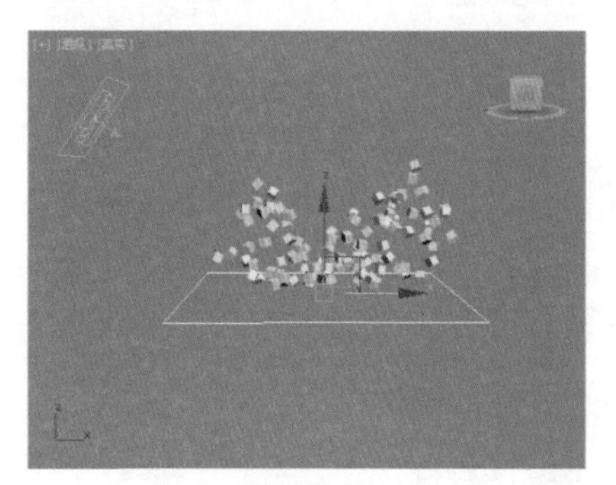
图13-101

13.2.4 几何/可变形

【几何 / 可变形】空间扭曲可以对几何体进行变形。它包括 7 种类型，分别是【FFD（长方体）】、【FFD（圆柱体）】、【波浪】、【涟漪】、【置换】、【一致】和【爆炸】，如图 13-102 所示。

图13-102

图 13-103 所示为 7 种几何 / 可变形的效果。

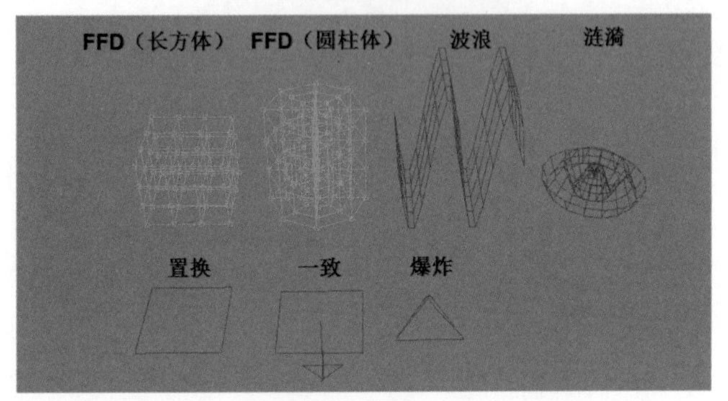

图13-103

1. FFD（长方体）

【FFD（长方体）】空间扭曲可以通过将其模型绑定到空间扭曲进行操作，之后可通过调整控制点来控制模型的变化。其参数面板，如图 13-104 所示。

2. FFD（圆柱体）

FFD（圆柱体）提供了一种通过调整晶格的控制点使对象发生变形的方法。其参数面板，如图 13-105 所示。

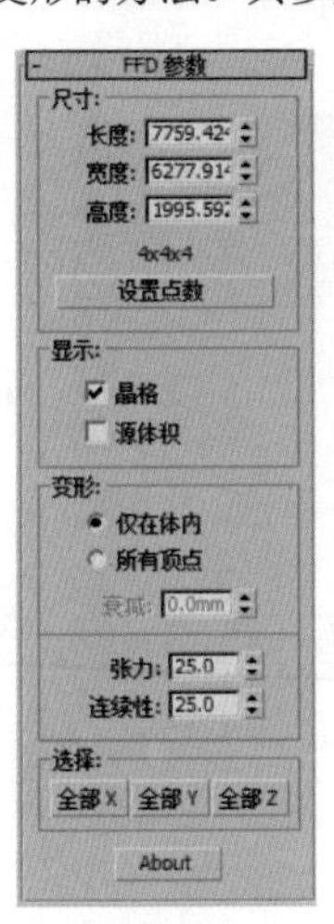

图13-104

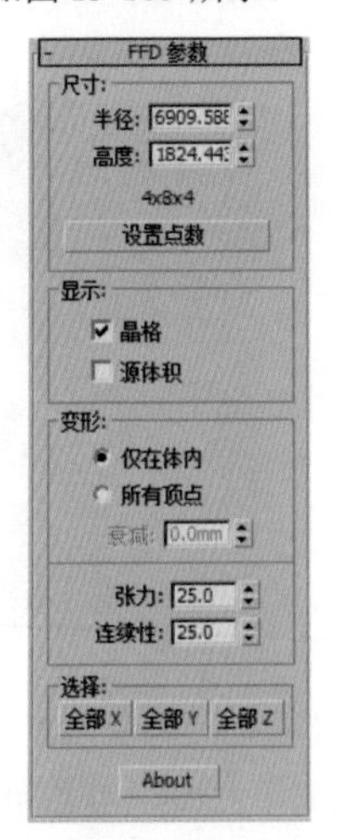

图13-105

图 13-106 所示为将【FFD（长方体）】空间扭曲与圆柱体进行绑定到空间扭曲（）。然后选择控制点，如图 13-107 所示。

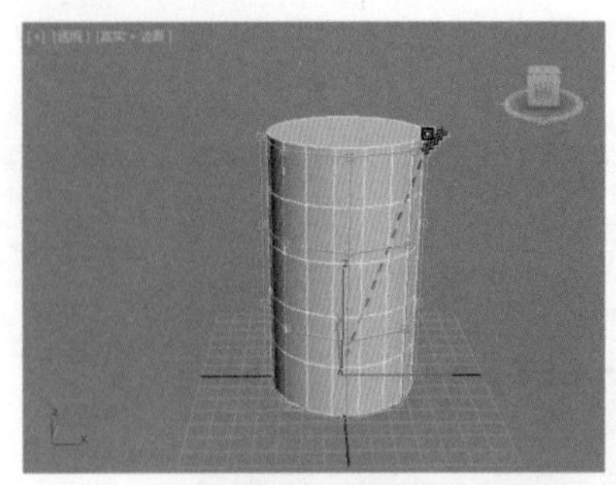

图13-106

图13-107

此时可以选择控制点并进行移动，这时可以看到模型发生了变化，如图 13-108 和图 13-109 所示。

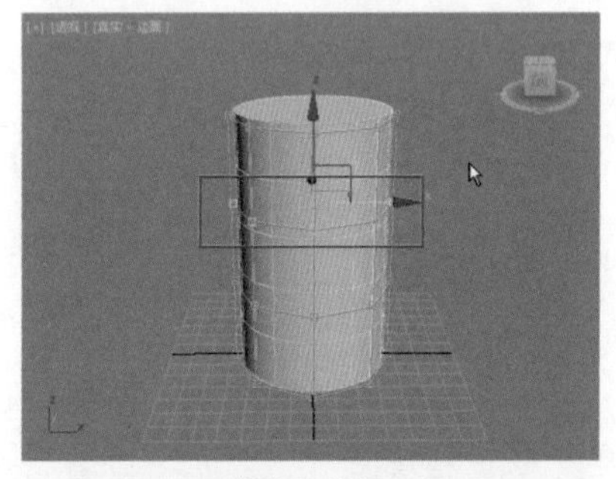

图13-108

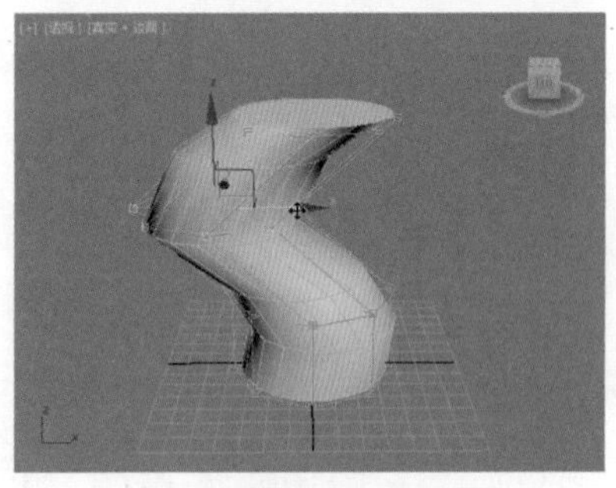

图13-109

3. 波浪

使用【波浪】空间扭曲可以使模型产生波浪的效果，同时可以制作动画。其参数面板，如图 13-110 所示。

图 13-111 所示为将【波浪】空间扭曲与平面进行绑定到空间扭曲（）。图 13-112 所示为平面模型产生了波浪的效果。

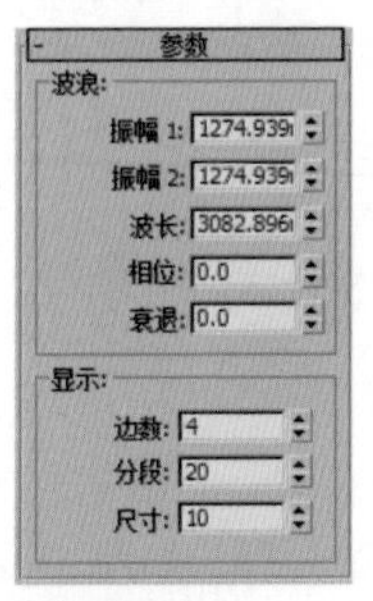

图13-110

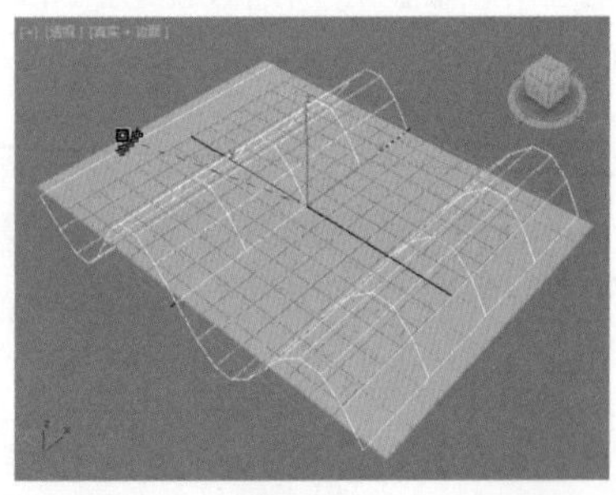

图13-111

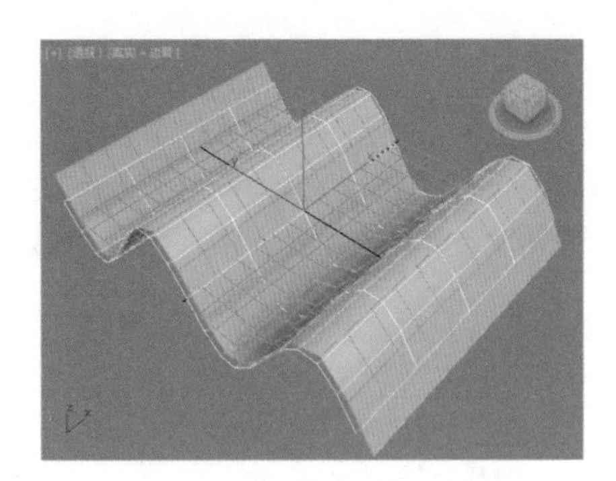

图13-112

4. 涟漪

使用【涟漪】空间扭曲可以产生涟漪的效果。其参数面板，如图 13-113 所示。

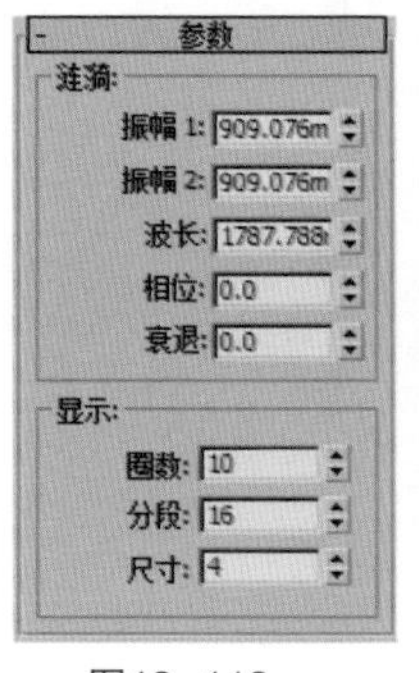

图13-113

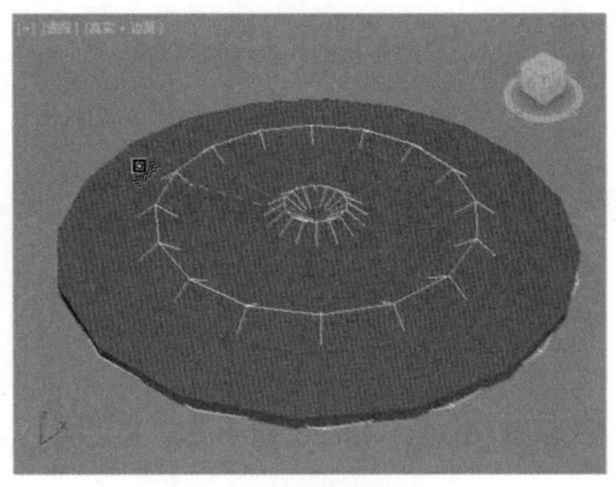

图13-114

图 13-114 所示为将【涟漪】空间扭曲与圆柱体进行绑定到空间扭曲（）。图 13-115 所示为圆柱体模型产生了涟漪的效果。

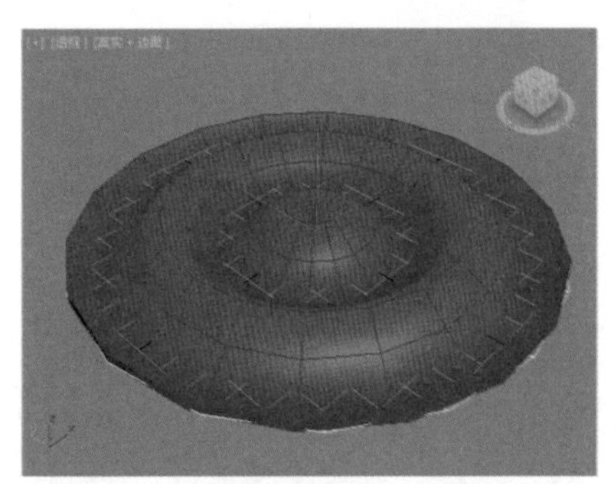

图13-115

5. 置换

使用【置换】空间扭曲可以产生置换的效果，其参数设置面板，如图 13-116 所示。

6. 一致

【一致】空间扭曲修改绑定对象的方法是按照空间扭曲图标所指示的方向推动其顶点的，直至这些顶点碰到指定的目标对象，或从原始位置移动到指定距离，如图 13-117 所示。

7. 爆炸

【爆炸】空间扭曲能把对象炸成许多单独的面，如图 13-118 所示。

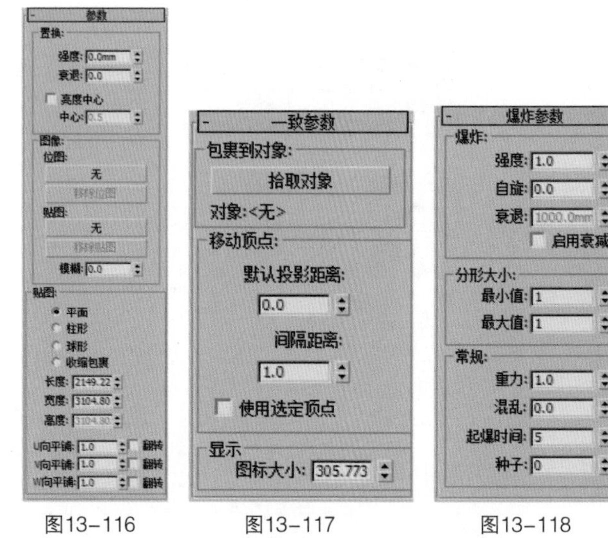

图13-116　　图13-117　　图13-118

图 13-119 所示为将【爆炸】空间扭曲与球体进行绑定到空间扭曲（）。拖动时间线即可看到出现了球体爆炸的效果，如图 13-120 所示。

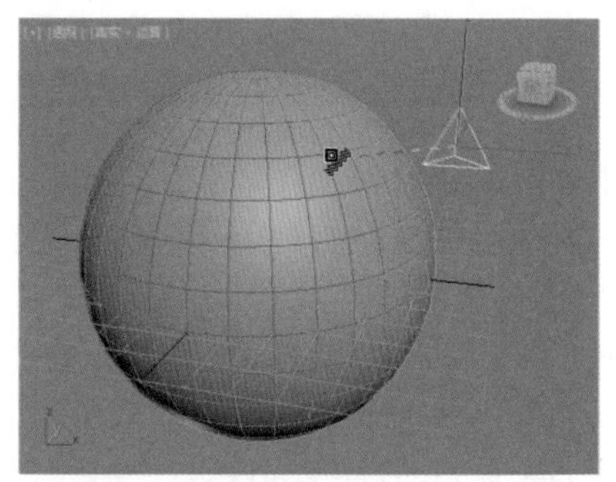

图13-119

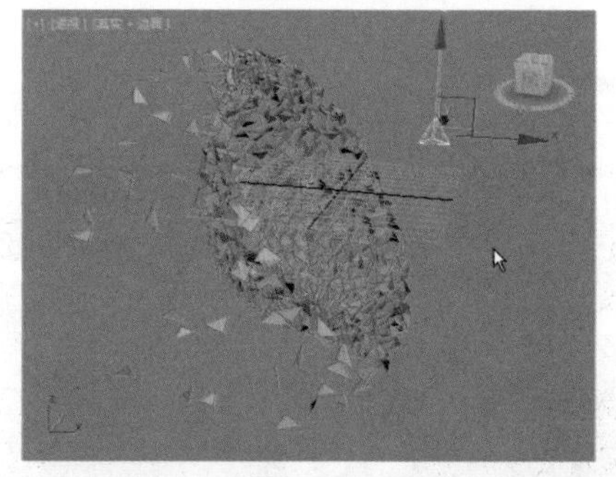

图13-120

13.2.5　基于修改器

【基于修改器】空间扭曲包括【弯曲】、【扭曲】、【锥化】、【倾斜】、【噪波】和【拉伸】6 种类型，如图 13-121 所示。

图13-121

13.2.6 粒子和动力学

【粒子和动力学】是一种特殊类型的空间扭曲，群组成员使用它来围绕不规则对象的移动，如图 13-122 所示。

图13-122

13.3 Design教授研究所——粒子和空间扭曲常见的几个问题

教授来啦！在本章学习中遇到了不少问题吧，教授帮你总结一下。

13.3.1 我想在粒子动画渲染完成后，为其更换背景，我该怎么操作呢？

使用粒子系统制作的动画经常用于广告设计、电视栏目的包装等。在渲染之后要保存什么格式呢？什么样的格式更适合后期更换背景？

渲染粒子系统的动画，教授建议大家渲染【序列】格式的文件（如 .png），而非单独的视频文件（如 .avi）。【序列】格式的文件（如 .png）因为背景是透明的，所以可以自己更换背景，试一下吧。

图 13-123 和图 13-124 所示为渲染的效果及保存为 .png 格式。

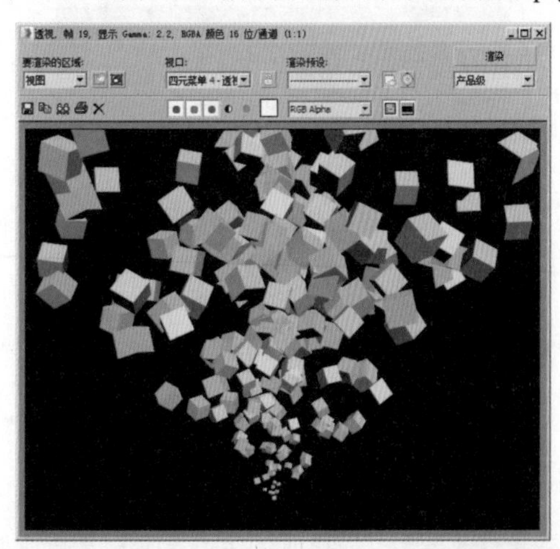

图13-123

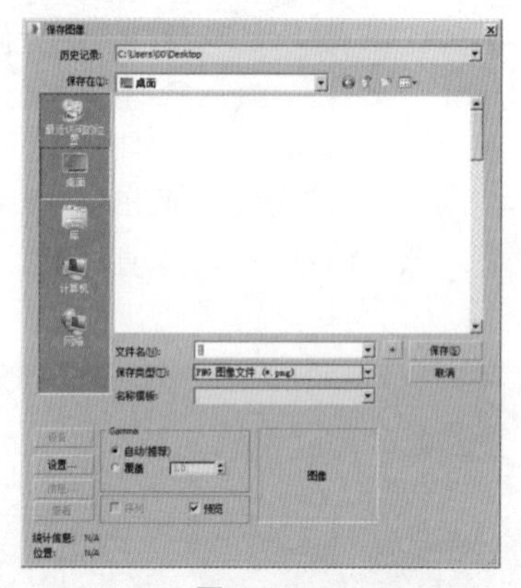

图13-124

图 13-125 和图 13-126 所示为在后期软件中打开及更换背景的效果。

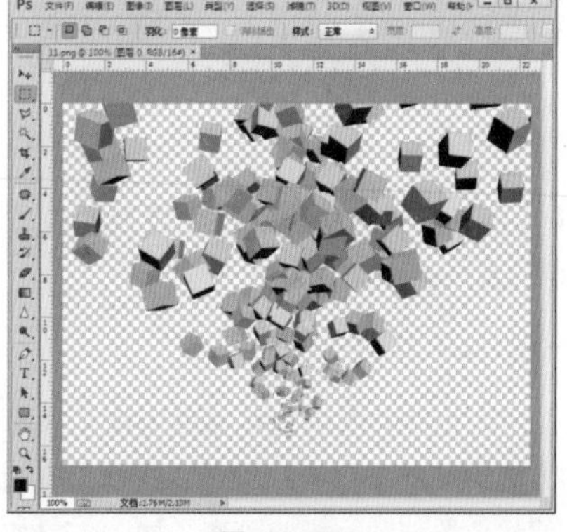

图13-125

图13-126

13.3.2 保存单帧、保存动画的参数有何区别？

有时候需要保存单帧，有时需要保存动画序列，那么应该在何处进行参数设置呢？

当默认选择【单帧】后，只会渲染当前时间线上的一帧。当选择【活动时间段】后，会渲染时间线上所有帧（渲染动画经常使用该选项），如图13-127和图13-128所示。

图13-127

图13-128

当选择【范围】后，可以渲染某一时间段的帧。当选择【帧】后，可以渲染某几个或某一部分帧，如图13-129和图13-130所示。

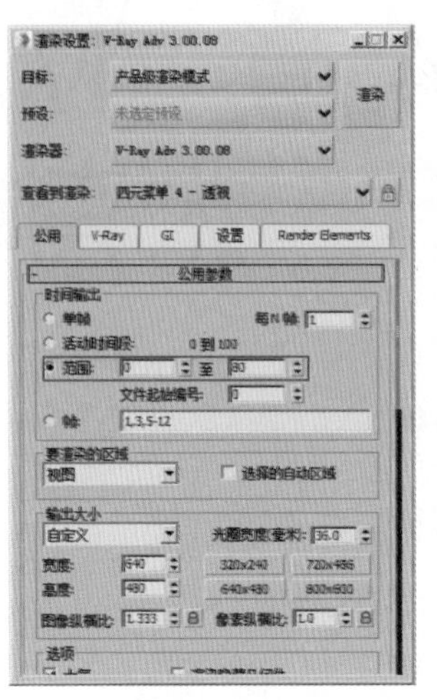

图13-129

图13-130

建议无论选择【单帧】还是【活动时间段】，都新建一个文件夹并单击【文件】，将保存路径指定到该新建文件夹中，设置保存格式为.png（选择单帧时，格式也可以为.jpg），如图13-131和图13-132所示。

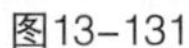

图13-131

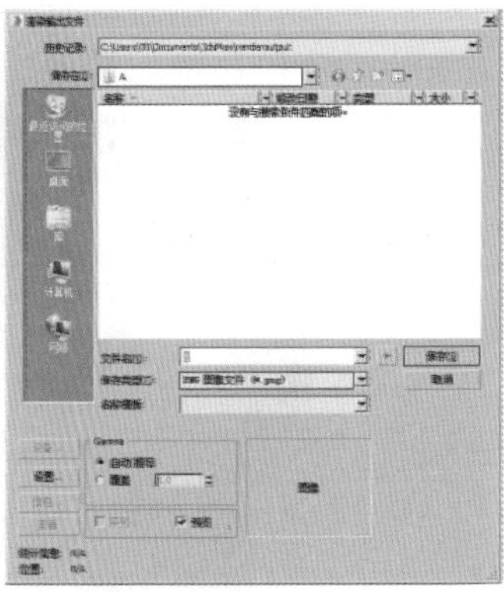

图13-132

本章小结

通过对本章的学习，我们已经掌握了粒子和空间扭曲的应用及两者的绑定方法。并且学习到了粒子动画的制作方法，从而可以举一反三自己制作粒子广告动画和粒子电影特效。

第 14 章　MassFX 动力学，太有意思了

本章内容

MassFX 动力学的概念
三种刚体的区别
利用三种刚体综合制作真实动画

本章人物

Design 教授——擅长 3ds Max 技术和理论
三弟——酷爱 3ds Max 软件，新手
麦克斯——三弟的同班同学，好友

好玩有趣，好像是 3ds Max 的初学者不太能有的感觉，大部分时间都会感觉枯燥无聊。但是，今天我们要学习的知识——MassFX 动力学，太有意思了，你甚至可以当作游戏在玩。在本章中可以制作很多真实的物理动画，比如物体之间的击打碰撞、布料的撕裂等。和三弟、麦克斯一起来了解一下吧！

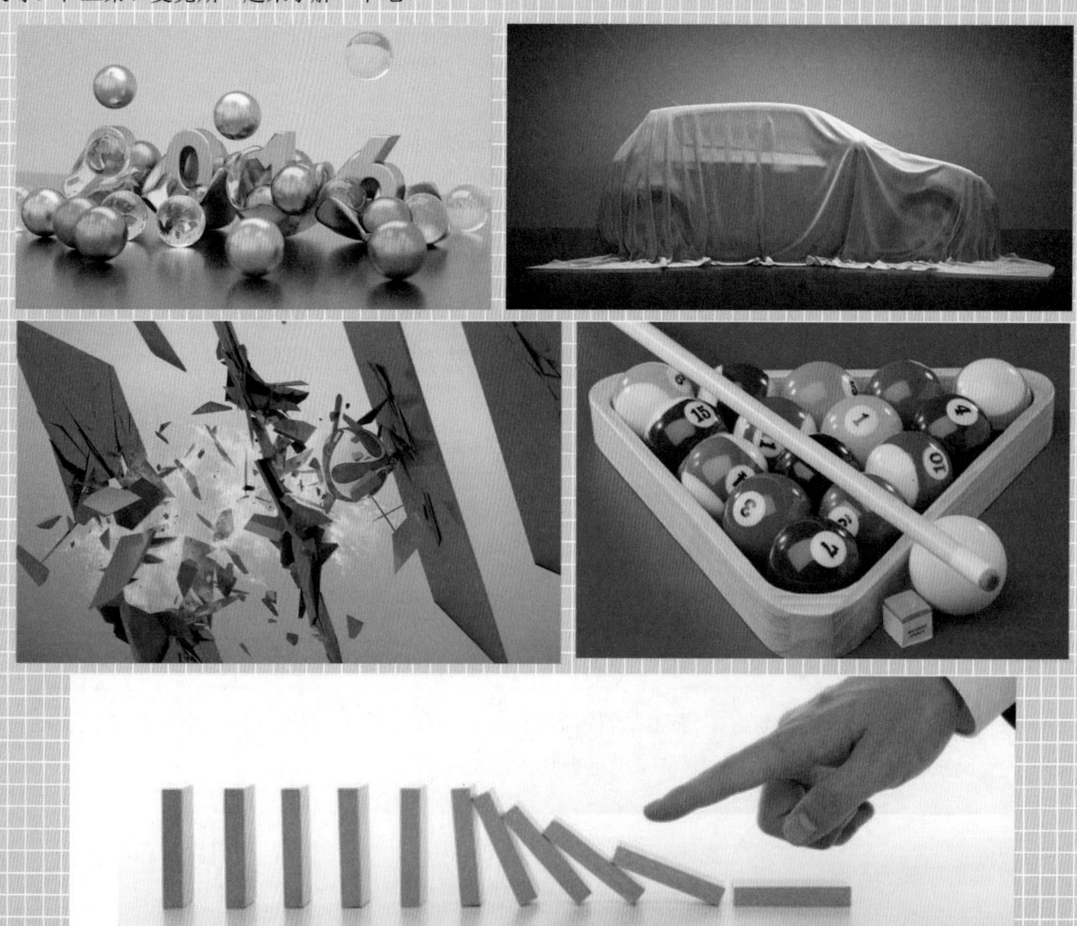

14.1 动力学，你要在玩中去学哦！

MassFX是3ds Max中的动力学。利用MassFX可以模拟物体之间真实的物理作用，包括自由落体、碰撞等。MassFX是3ds Max中比较新的模块，虽然还不算太完整，但是功能已经比较强大了。它的主要应用是可以使动画效果很逼真。

14.2 动力学MassFX，该怎么调出来呢？

在【主工具栏】的空白处单击鼠标右键，然后在弹出的对话框中选择【MassFX工具栏】，如图14-1所示。

此时将会弹出MassFX的窗口，如图14-2所示。

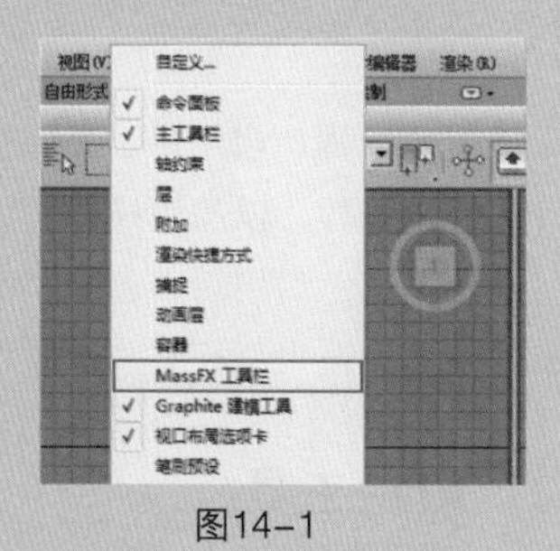

图14-1

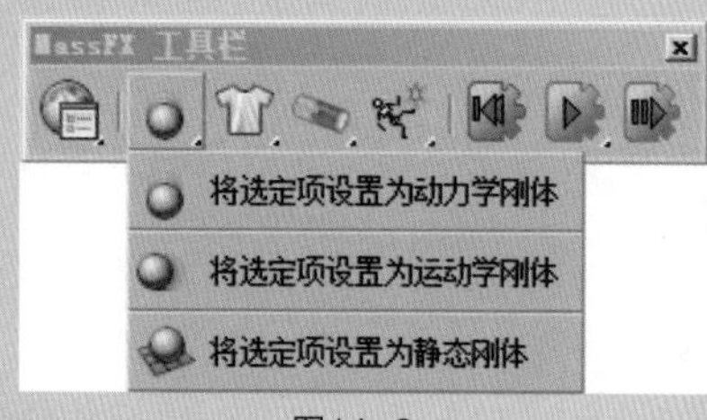

图14-2

- MassFX工具：该选项下面包括很多参数，如【世界】、【工具】、【编辑】、【显示】。
- 刚体：在创建完成物体后，单击该按钮可以为物体添加刚体，在这里分别是【动力学刚体】、【运动学刚体】、【静态刚体】3种。
- mCloth：单击该按钮可以模拟真实的布料效果，它是一个新增的很重要的功能。
- 约束：单击该按钮可以创建约束对象，包括6种，分别是【刚性】、【滑块】、【转轴】、【扭曲】、【通用】、【球和套管约束】。
- 碎布玩偶：单击该按钮可以模拟碎布玩偶的动画效果。
- 重置模拟：单击该按钮可以将之前的模拟重置，回到最初的状态。
- 模拟：单击该按钮可以开始进行模拟。
- 步阶模拟：单击或多次单击该按钮可以按照步阶进行模拟，方便查看每时每刻的状态。

14.3 MassFX 工具

单击（MassFX工具）按钮，可以调出其工具面板，如图14-3所示。

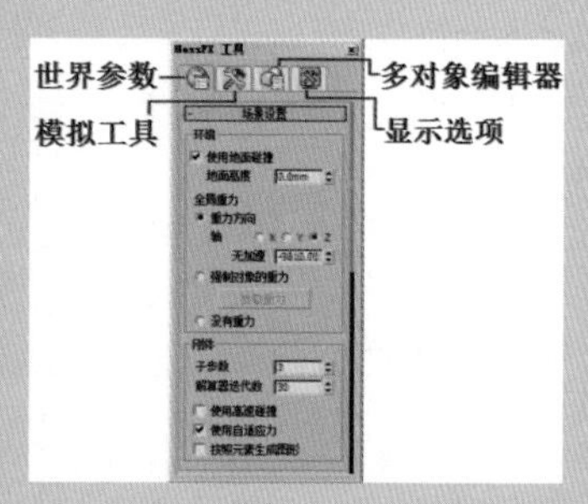

图14-3

14.3.1 世界参数

【世界参数】面板包含 3 个卷展栏，分别是【场景设置】、【高级设置】和【引擎】，如图 14-4 所示。

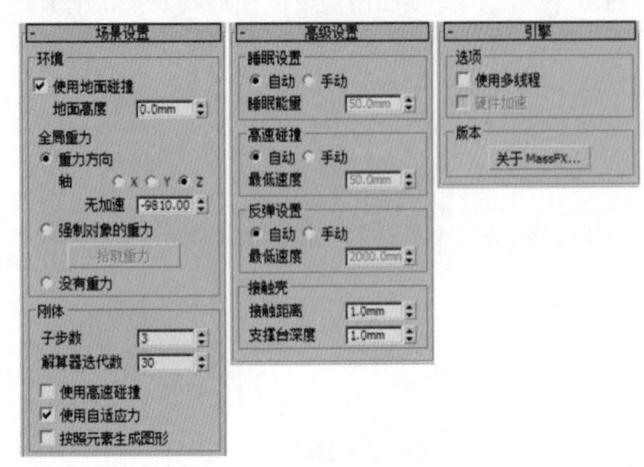

图14-4

1. 场景设置

- ❖ 使用地平面碰撞：如果启用此选项，MassFX 将使用无限静态刚体。
- ❖ 地面高度：设置启用【使用地面碰撞】后地面刚体的高度。
- ❖ 全局重力：应用 MassFX 中的内置重力。
- ❖ 轴：应用重力的全局轴。对于标准上/下重力，将【重力方向】设置为 Z。
- ❖ 无加速：以平方秒为单位指定重力。
- ❖ 强制对象的重力：可以使用重力空间扭曲以便将重力应用于刚体中。
- ❖ 拾取重力：使用【拾取重力】按钮将其指定为在模拟中使用。
- ❖ 没有重力：勾选该项后，重力将不会影响模拟。
- ❖ 子步数：更新每个图形之间执行的模拟步数。
- ❖ 解算器迭代数：全局设置，约束解算器强制执行碰撞和约束的次数。
- ❖ 使用高速碰撞：全局设置，用于切换连续的碰撞检测。
- ❖ 使用自适应力：该选项默认情况下是勾选的，控制是否使用自适应力。
- ❖ 按照元素生成图形：该选项控制是否按照元素生成图形。

2. 高级设置

- ❖ 睡眠设置：在模拟中移动速度低于某个速度的刚体将自动进入睡眠模式，从而使 MassFX 关注其他活动的对象，从而提高了性能。
- ❖ 睡眠能量：睡眠机制测量对象的移动量，并在其运动低于【睡眠能量】阈值后将对象置于睡眠模式。
- ❖ 高速碰撞：当启用【使用高速碰撞】后，这些设置确定了MassFX计算此类碰撞的方法。
- ● 最低速度：当选择【手动】后，在模拟中移动速度低于此速度的刚体将自动进入睡眠模式。
- ❖ 反弹设置：用于选择确定刚体相互反弹的方法。
- ● 最低速度：在模拟中移动速度高于此速度的刚体将相互反弹，这是碰撞的一部分。
- ❖ 接触壳：使用这些设置确定周围的体积，其中 MassFX 在模拟的实体之间检测到碰撞。
- ● 接触距离：允许移动刚体重叠的距离。

3. 引擎

- ❖ 使用多线程：启用后，若CPU具有多个内核，它可以执行多线程，以加快模拟的计算速度。
- ❖ 硬件加速：启用后，若系统配备了Nvidia GPU，可使用硬件加速来执行某些计算。

14.3.2 模拟工具

【模拟工具】面板包含 3 个卷展栏，分别是【模拟】、【模拟设置】和【实用程序】，如图 14-5 所示。

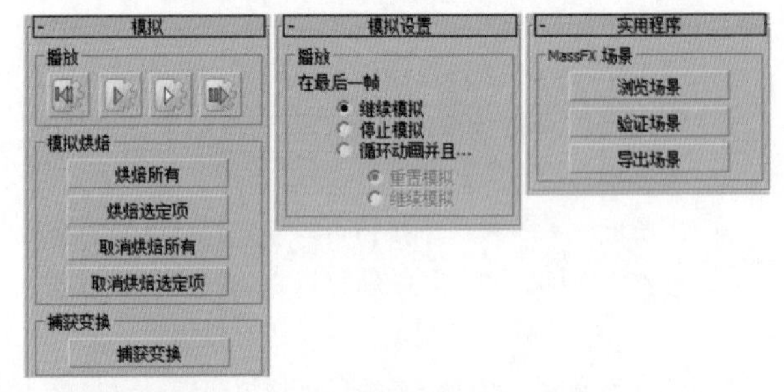

图14-5

1. 模拟

- ❖ 重置模拟：单击该按钮将停止模拟，将时间滑块移动到第一帧，并将任意动力学刚体设置为其初始变换。
- ❖ 开始模拟：从当前帧开始运行模拟。单击【播放】可以暂停模拟。
- ❖ 开始无动画的模拟：与【开始模拟】类似，只是模拟运行时时间滑块不会前进。
- ❖ 步长模拟：按照一帧一帧的速度向后进行模拟。
- ❖ 烘焙所有：将动力学刚体的变换存储为动画关键帧。
- ❖ 烘焙选定项：与【烘焙所有】类似，只是烘焙仅应用于选定的动力学刚体。
- ❖ 取消烘焙所有：删除烘焙时设置为运动学的所有刚体的关键帧，从而将这些刚体恢复为动力学刚体。

❖ 取消烘焙选定项：与【取消烘焙所有】类似，只是取消烘焙仅应用于选定的刚体。

❖ 捕获变换：将每个选定的动力学刚体的初始状态进行变换。

2. 模拟设置

❖ 在最后一帧：当动画进行到最后一帧时，选择是否继续进行模拟，若继续，如何进行模拟。

❖ 继续模拟：即使时间滑块达到最后一帧，也继续进行模拟。

❖ 停止模拟：当时间滑块达到最后一帧后，停止模拟。

❖ 循环动画并且...：选择此选项后，将在时间滑块达到最后一帧时重复播放动画。

3. 实用程序

❖ 浏览场景：单击此按钮打开【MassFX 资源管理器】对话框。

❖ 验证场景：确保各种场景元素不违反模拟要求。

❖ 导出场景：使模拟可用于其他程序。

14.3.3 多对象编辑器

【多对象编辑器】面板包含 7 个卷展栏，分别是【刚体属性】、【物理材质】、【物理材质属性】、【物理网格】、【物理网格参数】、【力】和【高级】，如图 14-6 所示。

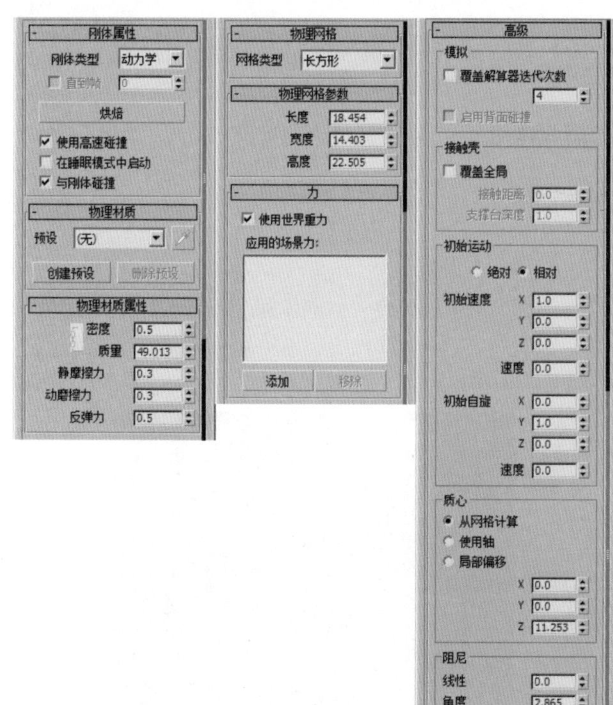

图14–6

1. 刚体属性

❖ 刚体类型：可以选择所有选定刚体的模拟类型。可供选择的有【动力学】、【运动学】和【静态】。

❖ 直到帧：启用此选项后，MassFX会在指定帧处将选定的运动学刚体转换为动态刚体。

❖ 烘焙：将未烘焙的选定刚体的模拟运动转换为标准动画关键帧。

❖ 使用高速碰撞：如果启用此选项，【高速碰撞】设置将应用于选定刚体。

❖ 在睡眠模式中启动：启用此选项后，选定刚体将使用全局睡眠设置以睡眠模式开始模拟。

❖ 与刚体碰撞：启用此选项后，选定的刚体将与场景中的其他刚体发生碰撞。

2. 物理材质

❖ 预设：将【物理材质属性】卷展栏上的数值设置为预设保存的值，并将这些值应用到选择内容中。

❖ 创建预设：基于当前值创建新的物理材质预设值。

❖ 删除预设：从列表中移除当前预设并将列表设置为【无】。当前的值将保留。

3. 物理材质属性

❖ 密度：控制刚体的密度。

❖ 质量：设置刚体的重量，度量单位为 kg。

❖ 静摩擦力：两个刚体开始互相滑动的难度系数。

❖ 动摩擦力：两个刚体保持互相滑动的难度系数。

❖ 反弹力：对象撞击到其他刚体时反弹的轻松程度和高度。

4. 物理网格

❖ 网格类型：选定刚体物理网格的类型。

5. 物理网格参数

❖ 长度/宽度/高度：控制物理网格的长度/宽度/高度。

6. 力

❖ 使用世界重力：该选项控制是否使用世界重力。

❖ 应用的场景力：此选项框中可以显示添加力的名称。

7. 高级

❖ 覆盖解算器迭代次数：启用此选项后，将不使用全局设置。

❖ 启用背面碰撞：该选项用来控制是否开启物体的背面碰撞运算。

❖ 覆盖全局：该选项用来控制是否覆盖全局效果，它包括【接触距离】、【支撑台深度】。

❖ 绝对/相对：适用于在刚开始时为运动学类型之后在指定帧处切换为动态类型的刚体。

❖ 初始速度：刚体在变为动态类型时的起始方向和速度。

❖ 初始自旋：刚体在变为动态类型时旋转的起始轴和速度。

❖ 线性：为减慢移动对象的速度所施加力的大小。

❖ 角度：为减慢旋转对象的速度所施加力的大小。

14.3.4 显示选项

【显示选项】面板包含两个卷展栏，分别是【刚体】和【MassFX 可视化工具】，如图 14-7 所示。

1. 刚体

❖ 显示物理网格：启用此选项后，物理网格将显示在视口中，可控制【仅选定对象】的开关。

❖ 仅选定对象：启用此选项后，仅将选定对象的物理网格显示在视口中。

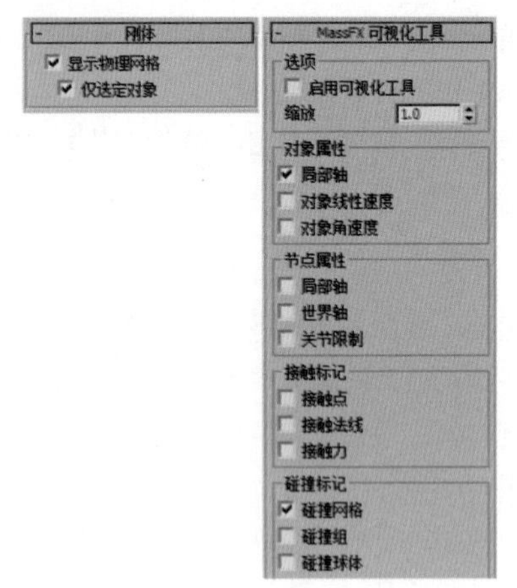

图14-7

2. MassFX 可视化工具

❖ 启用可视化工具：启用后，此卷展栏上的其余设置开始生效。

❖ 缩放：基于视口指示器的相对大小。

14.4 动力学刚体、运动学刚体、静态刚体

选择物体并长时间单击（刚体）按钮，可以在下拉列表中出现 3 种选择，分别是【将选定项设置为动力学刚体】、【将选定项设置为运动学刚体】和【将选定项设置为静态刚体】，如图 14-8 所示。

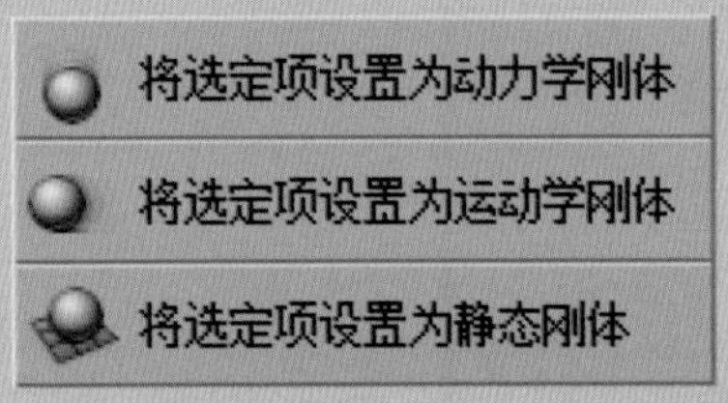

图14-8

14.4.1 将选定项设置为动力学刚体

选择模型后并单击选择【将选定项设置为动力学刚体】，此时模型将变为动力学刚体，并且模型四周有网格状包围，如图 14-9 所示。模型会参与到真实的物理刚体碰撞中，比如模型受到重力作用自然下落，默认 3ds Max 的水平面作为碰撞地面，因此茶壶模型落在上面会产生碰撞反应。

单击按钮，可以看到茶壶模型下落的动画，如图 14-10 和图 14-11 所示。

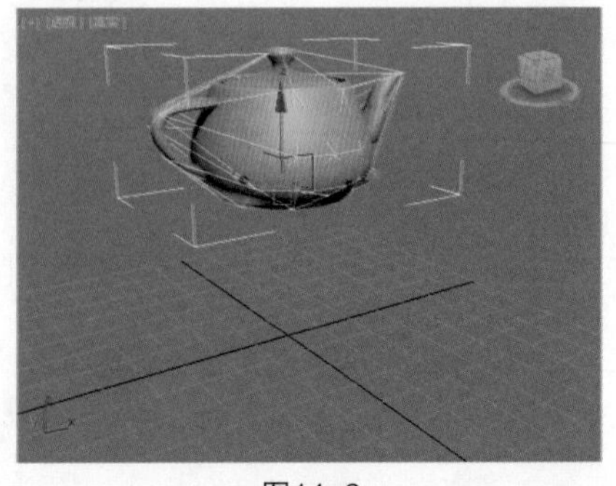

图14-9

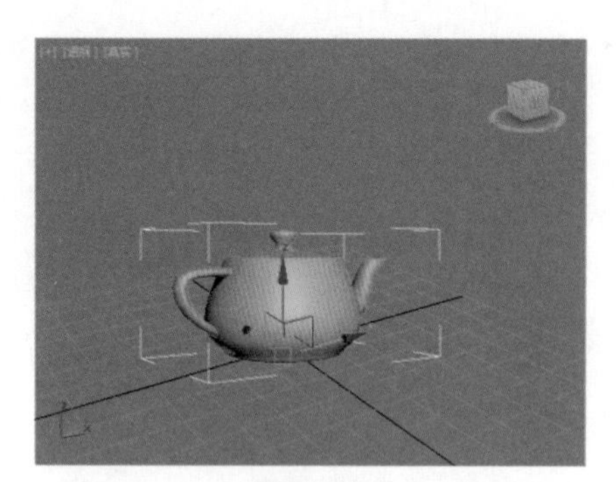

图14-10

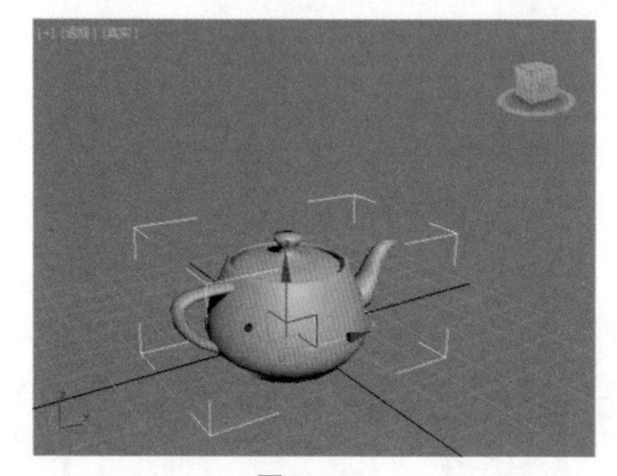

图14-11

典型实例：下落的鞋子

案例文件　案例文件 \Chapter 14\ 典型实例：下落的鞋子 .max
视频教学　视频文件 \Chapter 14\ 典型实例：下落的鞋子 .flv
技术掌握　掌握动力学刚体制作鞋子的自由下落

本案例比较简单，但是由于鞋子模型中的多边形个数比较多而容易产生不流畅的现象，因此可以在使用动力学之前先将模型添加【优化】修改器，从而使预览动画更流畅。最终的渲染效果如图 14-12 所示。

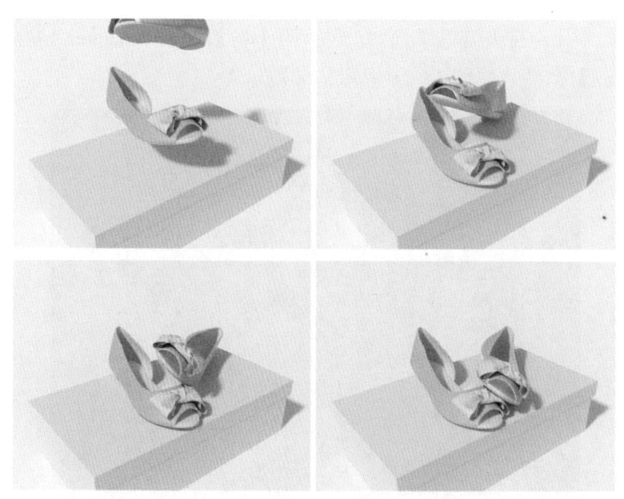

图14-12

制作步骤

（1）打开本书配套光盘中的【场景文件 /Chapter 14/01.max】文件，如图 14-13 所示。

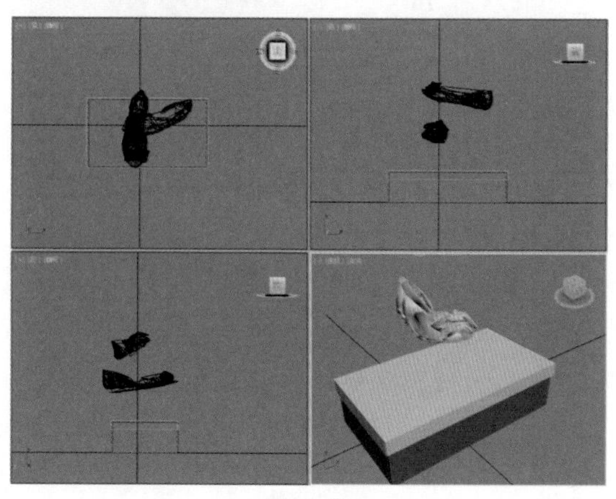

图14-13

（2）在【主工具栏】的空白处单击鼠标右键，然后在弹出的对话框中选择【MassFX 工具栏】，如图 14-14 所示。此时将会弹出 MassFX 的窗口。

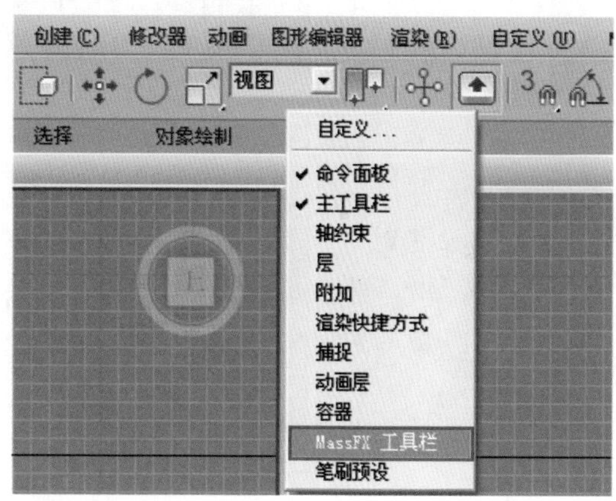

图14-14

（3）选择两只鞋子的模型并单击 （将选定项设置为动力学刚体）按钮，如图 14-15 所示。

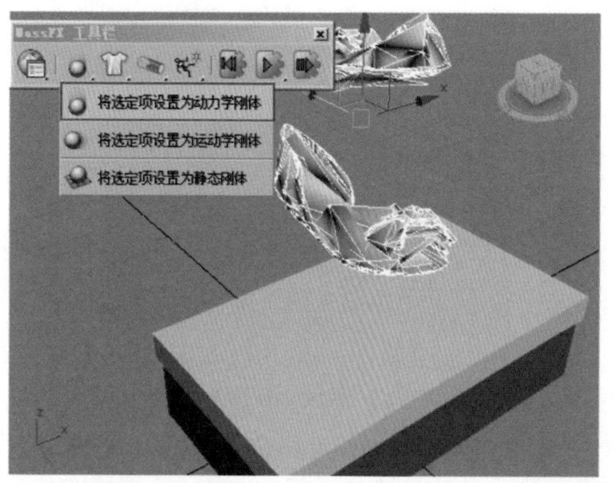

图14-15

（4）选择鞋盒模型，单击（将选定项设置为静态刚体）按钮，如图 14-16 所示。

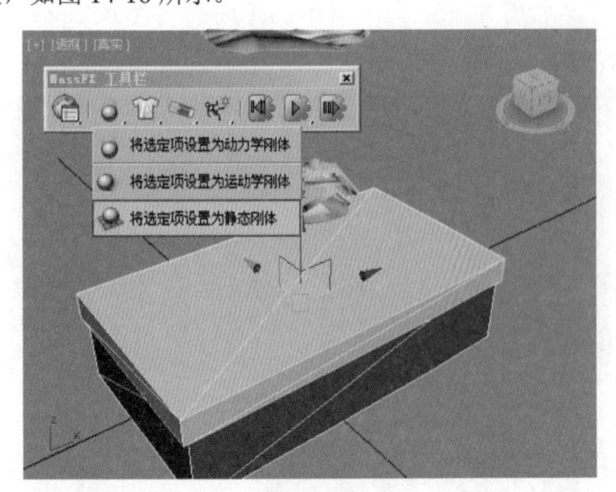

图14-16

（5）接着单击（开始模拟）按钮，观察动画效果，如图 14-17 所示。

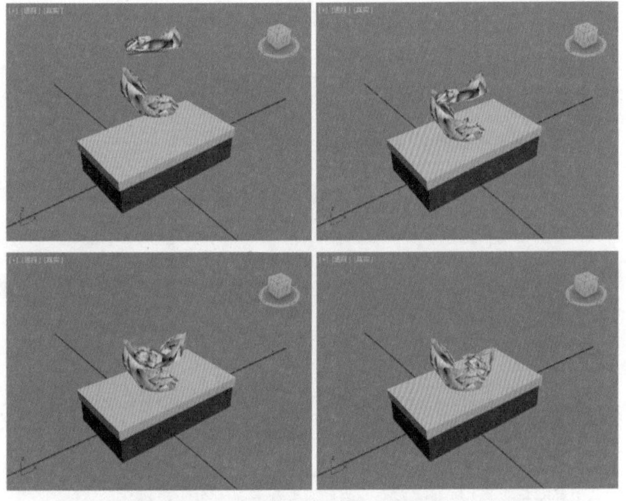

图14-17

（6）单击 MassFX 面板中的【工具】选项卡，然后单击【模拟烘焙】下的【烘焙所有】选项，此时就会看到 MassFX 正在烘焙的过程，如图 14-18 所示。

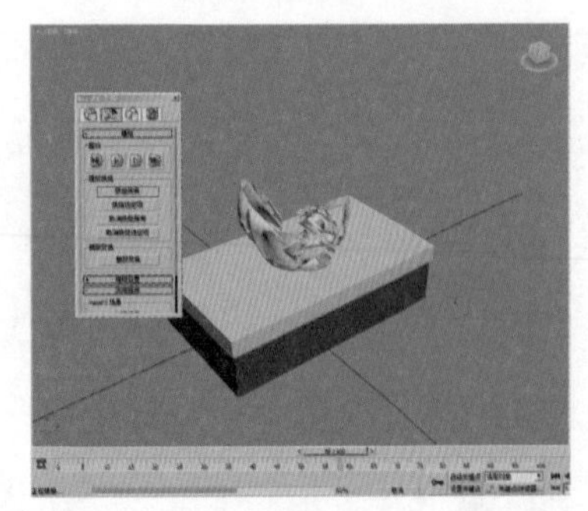

图14-18

（7）此时自动在时间线上生成了关键帧动画，拖动时间线滑块可以看到动画的整个过程，如图 14-19 所示。

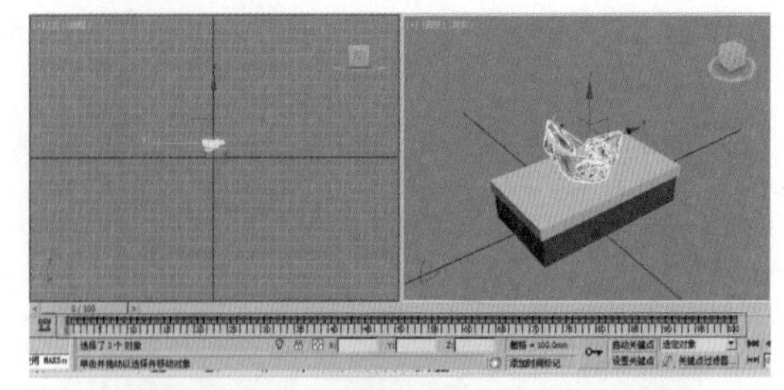

图14-19

典型实例：多米诺骨牌动画

案例文件　案例文件 \Chapter 14\ 典型实例：多米诺骨牌动画 .max
视频教学　视频文件 \Chapter 14\ 典型实例：多米诺骨牌动画 .flv
技术掌握　掌握动力学刚体的使用

多米诺骨牌动画的原理是一组骨牌倒塌而碰撞到其他骨牌，从而产生依次倒塌的动画效果。最终的渲染效果如图 14-20 所示。

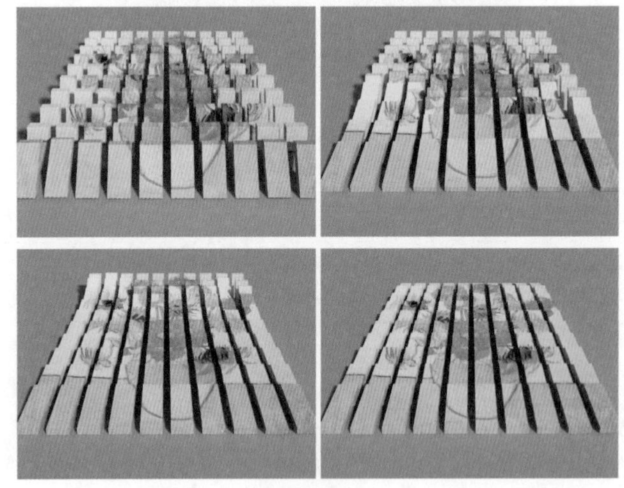

图14-20

制作步骤

（1）打开本书配套光盘中的【场景文件 /Chapter 14/02.max】文件，如图 14-21 所示。

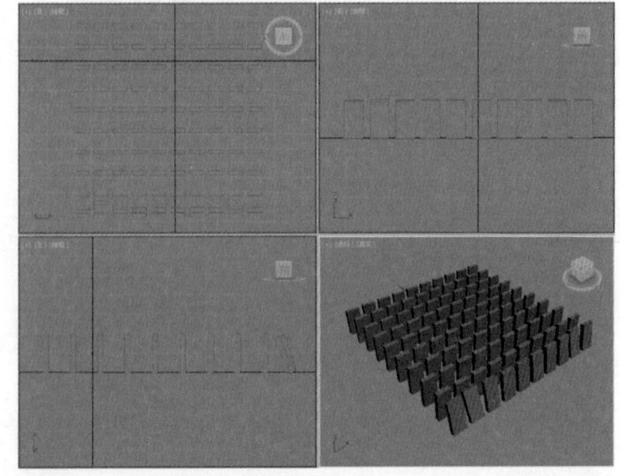

图14-21

（2）在【主工具栏】的空白处单击鼠标右键，然后在弹出的对话框中选择【MassFX 工具栏】，如图 14-22 所示。此时将会弹出 MassFX 的窗口。

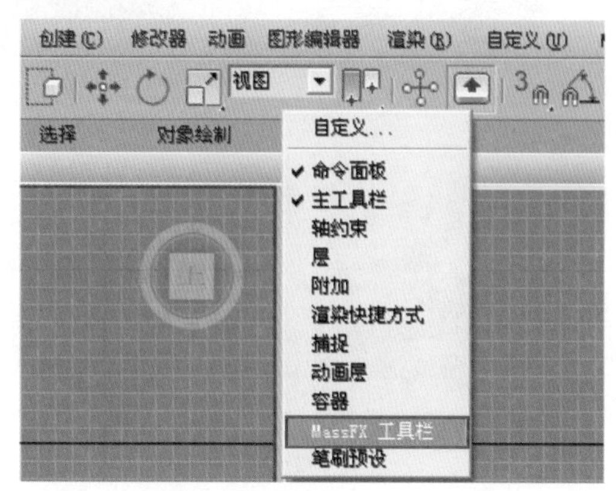

图14-22

（3）选择所有的长方体，并单击（将选定项设置为动力学刚体）按钮，如图 14-23 所示。

图14-23

（4）接着单击（开始模拟）按钮，观察动画效果，如图 14-24 所示。

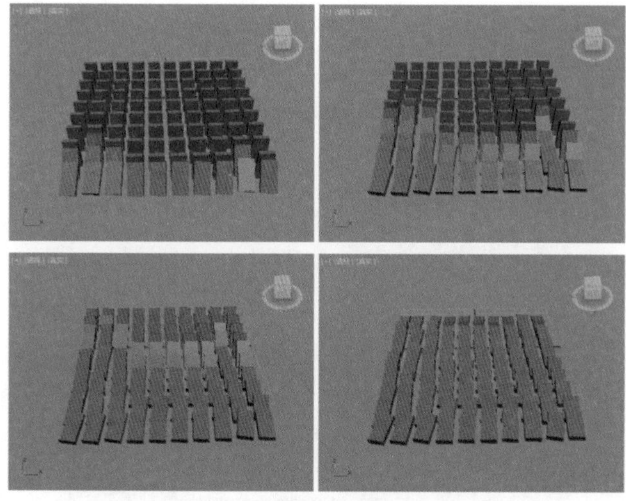

图14-24

（5）单击 MassFX 面板中的【工具】选项卡，然后单击【模拟烘焙】下的【烘焙所有】选项，此时就会看到 MassFX 正在烘焙的过程，如图 14-25 所示。

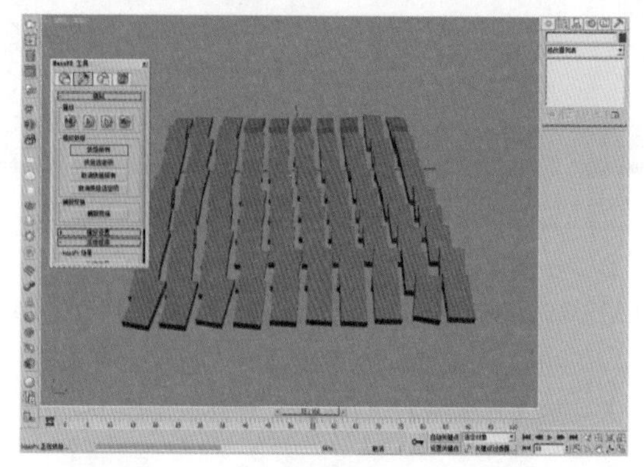

图14-25

（6）此时自动在时间线上生成了关键帧动画，拖动时间线滑块可以看到动画的整个过程，如图 14-26 所示。

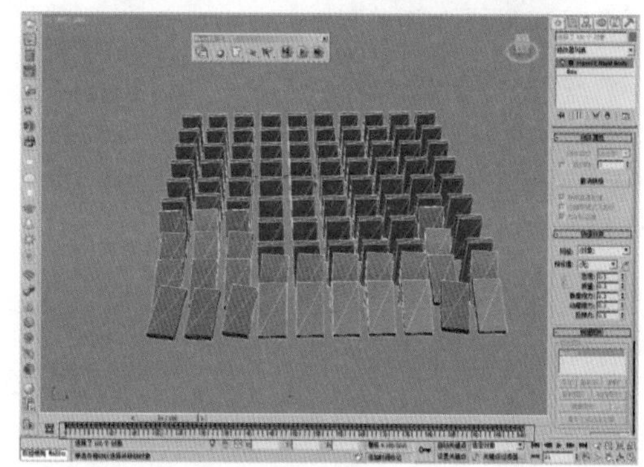

图14-26

14.4.2 将选定项设置为运动学刚体

【将选定项设置为运动学刚体】是针对运动的物体而言的，因此最初状态是静止的物体不要设置为运动学刚体。

（1）比如为模型设置一个从左至右的位移动画，如图 14-27 和图 14-28 所示。

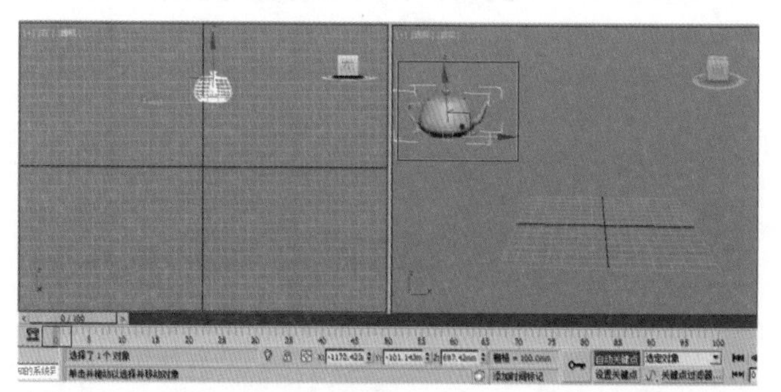

图14-27

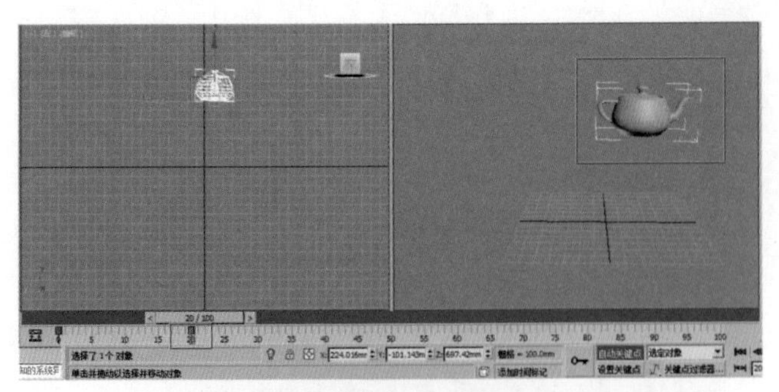

图14-28

（2）此时将模型设置为运动学刚体，如图 14-29 所示。

（3）单击进入【MassFX 工具】中的【多对象编辑器】选项卡，并勾选【直到帧】，设置数值为 18，如图 14-30 所示。

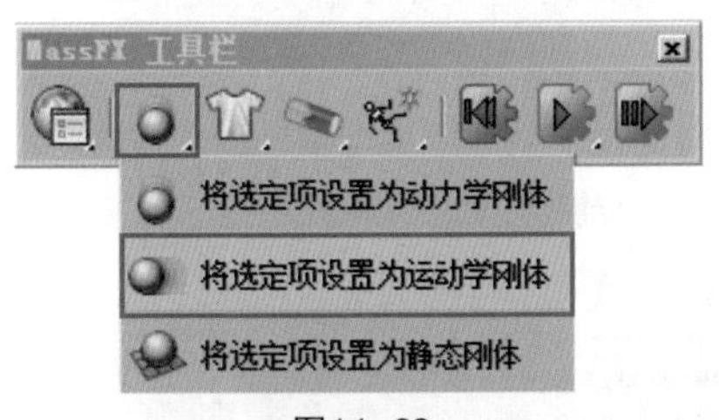

图14-29

图14-30

（4）单击▶按钮，可以看到模型下落的抛物线动画，如图 14-31 所示。

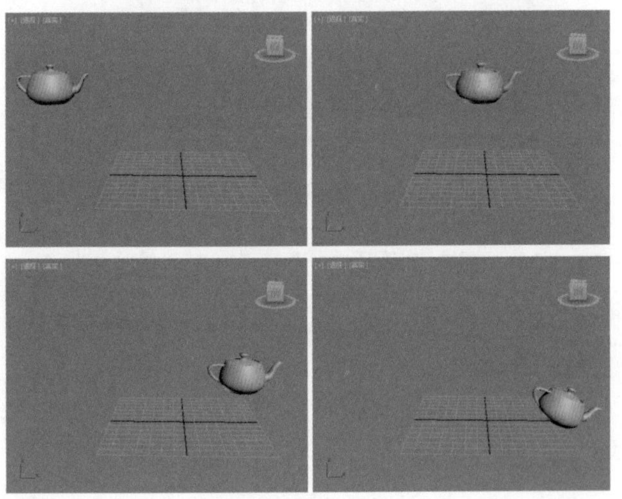

图14-31

典型实例：铁球击碎玻璃杯

案例文件　案例文件 \Chapter 14\ 典型实例：铁球击碎玻璃杯 .max
视频教学　视频文件 \Chapter 14\ 典型实例：铁球击碎玻璃杯 .flv
技术掌握　掌握运动学刚体和动力学刚体的综合使用

本案例为铁球击碎玻璃杯，在制作动画之前首先需要将杯子模型进行碎片化处理，这可以借助插件进行操作。本案例容易出错的地方是小球一定要设置为运动学刚体，不要与动力学刚体混淆哦！最终的渲染效果如图 14-32 所示。

图14-32

制作步骤

（1）打开本书配套光盘中的【场景文件 /Chapter 14/03. max】文件，如图 14-33 所示。

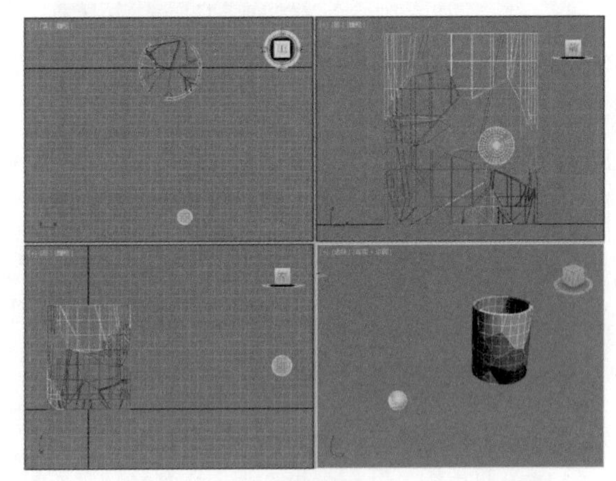

图14-33

（2）在【主工具栏】的空白处单击鼠标右键，然后在弹出的对话框中选择【MassFX 工具栏】，如图 14-34 所示。此时将会弹出 MassFX 的窗口。

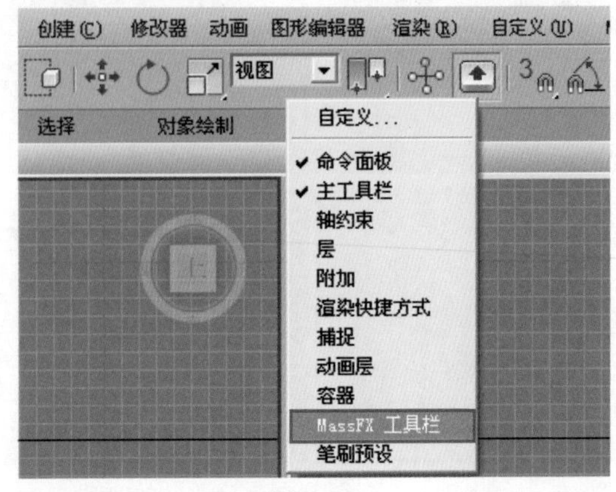

图14-34

（3）单击自动关键点按钮，此时开始制作动画。将时间线移动到第零帧，球体的位置如图 14-35 所示。

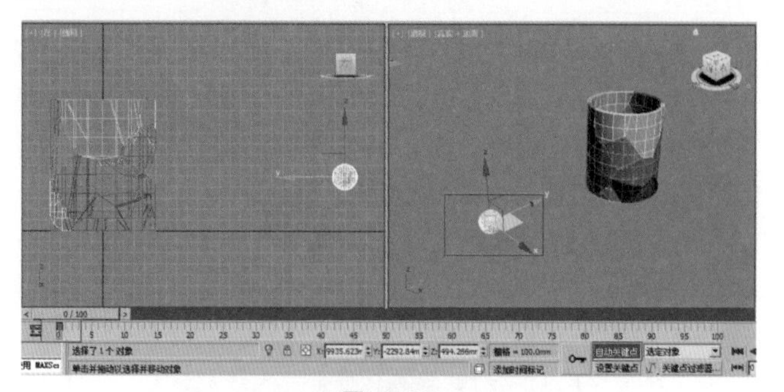

图14-35

（4）将时间线移动到第三十帧，移动球体的位置，如图 14-36 所示。

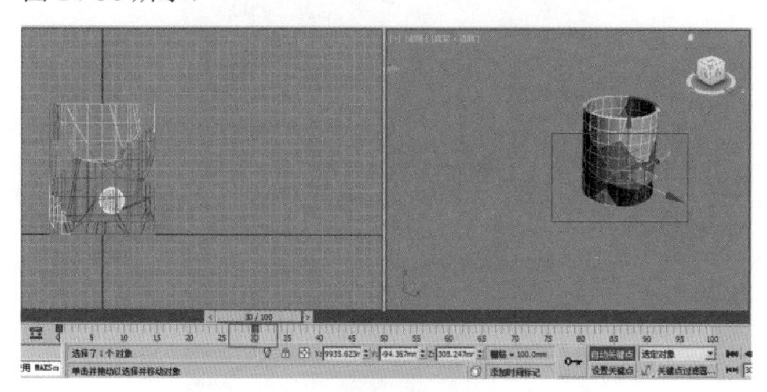

图14-36

（5）动画制作完毕后，单击自动关键点按钮。此时拖动时间线可以看到球体的位移动画。选择球体模型并单击（将选定项设置为运动学刚体）按钮，如图 14-37 所示。

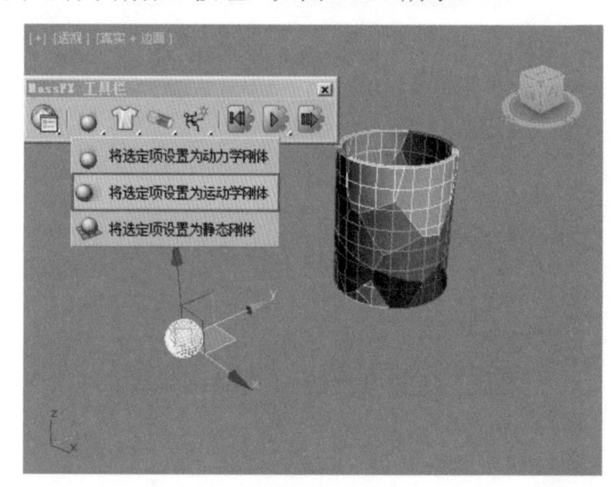

图14-37

（6）单击（MassFX 工具）按钮，然后进入【多对象编辑器】选项卡，勾选【直到帧】，设置数值为 25，如图 14-38 所示。

（7）选择杯子模型并单击（将选定项设置为动力学刚体）按钮，如图 14-39 所示。

（8）单击（MassFX 工具）按钮，然后进入【多对象编辑器】选项卡，勾选【在睡眠模式中启动】，如图 14-40 所示。

图14-38

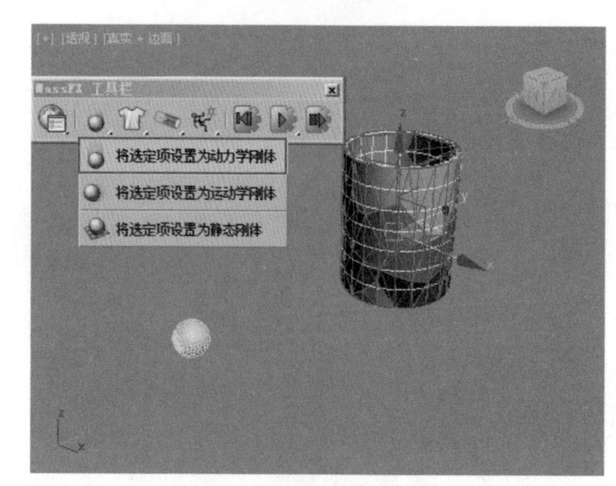

图14-39

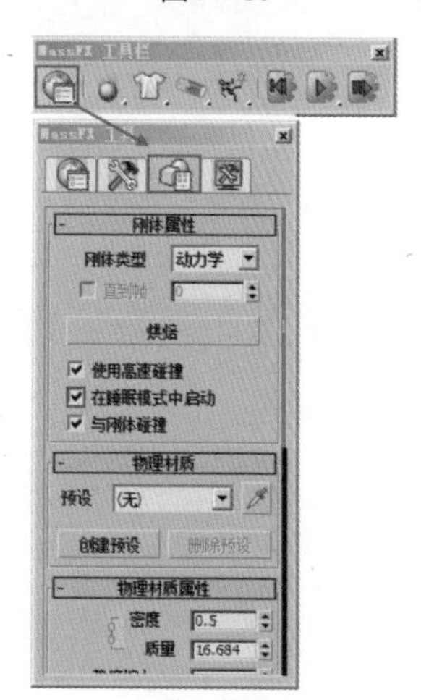

图14-40

（9）接着单击（开始模拟）按钮，观察动画的效果，如图 14-41 所示。

（10）单击 MassFX 面板中的【工具】选项卡，然后单击【模拟烘焙】下的【烘焙所有】选项，此时就会看到 MassFX 正在烘焙的过程，如图 14-42 所示。

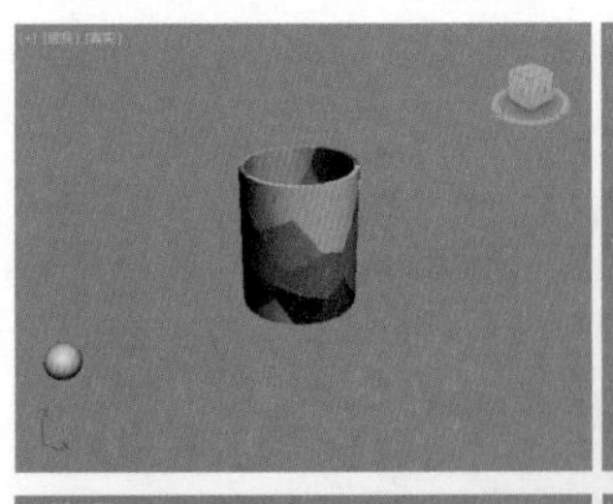
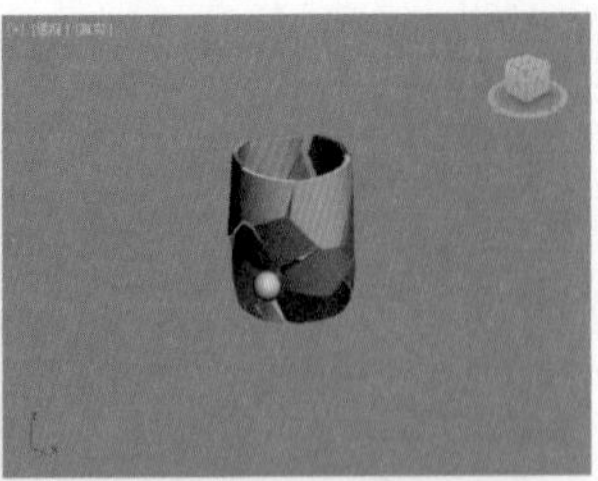
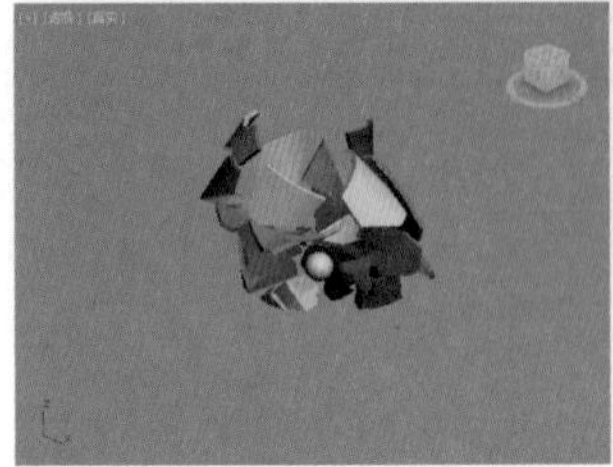
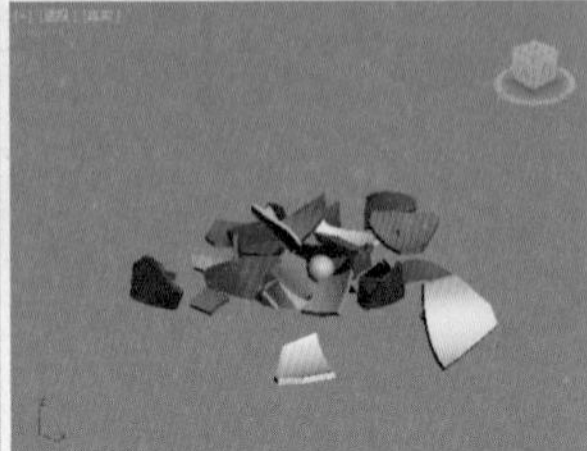

图14-41

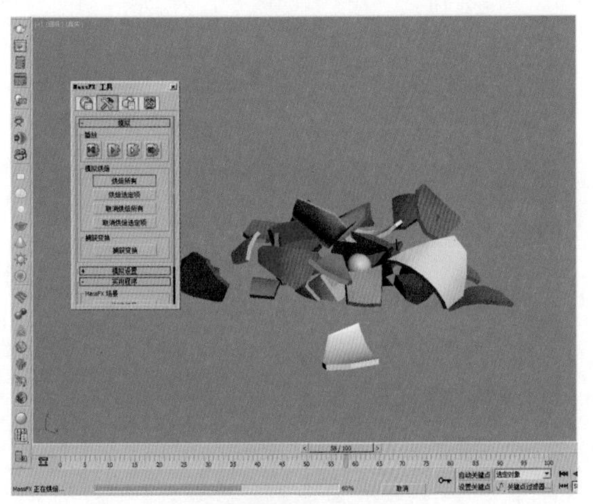

图14-42

（11）此时自动在时间线上生成了关键帧动画，拖动时间线滑块可以看到动画的整个过程，如图14-43所示。

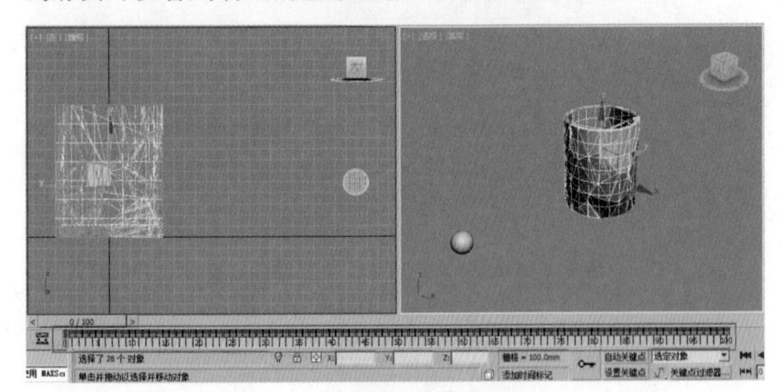

图14-43

14.4.3 将选定项设置为静态刚体

静态刚体是指在动力学运算中始终保持静止的刚体类型。将物体设置为【将选定项设置为静态刚体】后，该物体会与其他物体碰撞，但是它会一直保持静止。将平面设置为【静态刚体】，将茶壶设置为【动力学刚体】。

单击按钮，可以看到平面模型是静止不动的，而茶壶模型碰到地面则会翻滚，如图14-44、图14-45和图14-46所示。

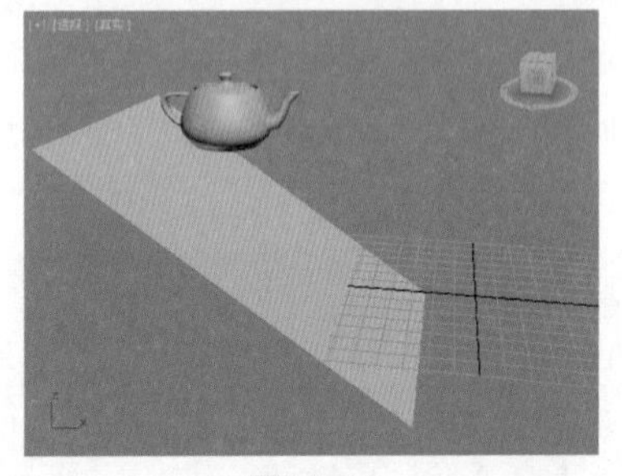

图14-44

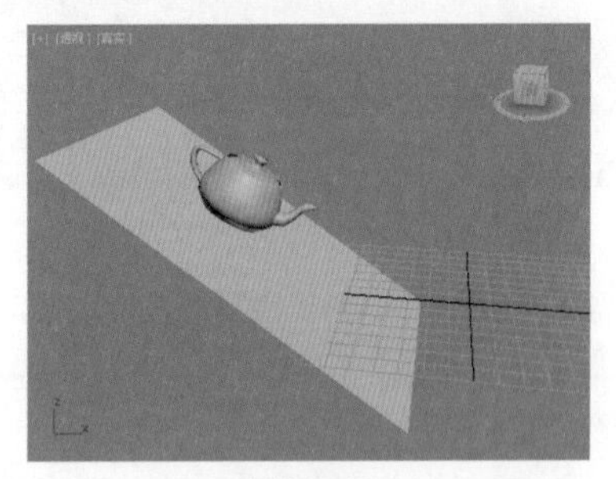

图14-45

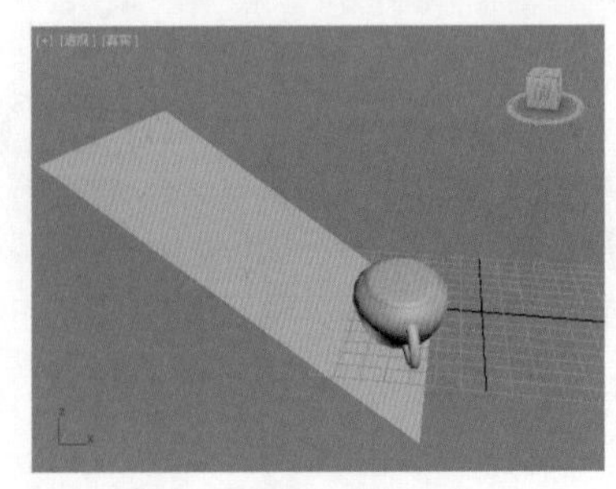

图14-46

14.5 创建mCloth对象

【mCloth】可以模拟真实的布料与布料、布料与刚体之间的动力学动画，比如制作毛巾随风摇摆、桌布覆盖桌面等。

14.5.1 将选定对象设置为mCloth对象

【mCloth】对象的参数，如图 14-47 所示。

1. mCloth 模拟

【mCloth 模拟】卷展栏的参数，如图 14-48 所示。

图14-47

图14-48

- ❖ 布料行为：确定 mCloth 对象如何参与模拟。
- ❖ 直到帧：启用该选项后，MassFX 会在指定帧处将选定的运动学 mCloth转换为动力学 mCloth。
- ❖ 烘焙/撤销烘焙：烘焙可以将 mCloth 对象的模拟运动转换为标准动画关键帧以进行渲染。
- ❖ 继承速度：启用该选项后，mCloth 对象可通过使用动画从堆栈中的 mCloth 对象下面开始进行模拟。
- ❖ 动态拖动：不使用动画即可模拟且允许拖动mCloth以设置其姿势或测试行为。

2. 力

【力】卷展栏的参数，如图 14-49 所示。

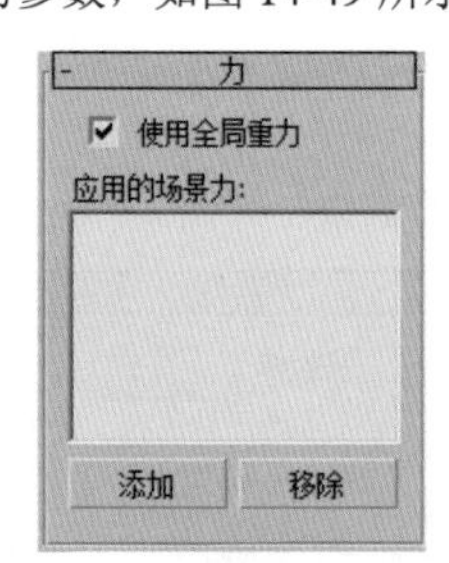

图14-49

- ❖ 使用全局重力：启用后，mCloth 对象将使用 MassFX 全局重力设置。
- ❖ 应用的场景力：列出场景中影响模拟此对象力的空间扭曲。使用【添加】将空间扭曲应用于对象。
- ❖ 添加：将场景中的力空间扭曲应用于模拟的对象中。
- ❖ 移除：可防止应用的空间扭曲影响对象。首先在列表中高亮显示它，然后单击移除。

3. 捕获状态

【捕获状态】卷展栏的参数，如图 14-50 所示。

图14-50

- ❖ 捕捉初始状态：将所选 mCloth 对象缓存的第一帧更新到当前位置。
- ❖ 重置初始状态：将所选 mCloth 对象的状态还原为应用修改器堆栈中 mCloth 之前的状态。
- ❖ 捕捉目标状态：抓取 mCloth 对象的当前变形，并使用该网格来定义三角形之间的目标弯曲角度。
- ❖ 重置目标状态：将默认的弯曲角度重置为堆栈中 mCloth 下面的网格。
- ❖ 显示：显示 mCloth 的当前目标状态，即所需的弯曲角度。

4. 纺织品物理特性

【纺织品物理特性】卷展栏的参数，如图 14-51 所示。

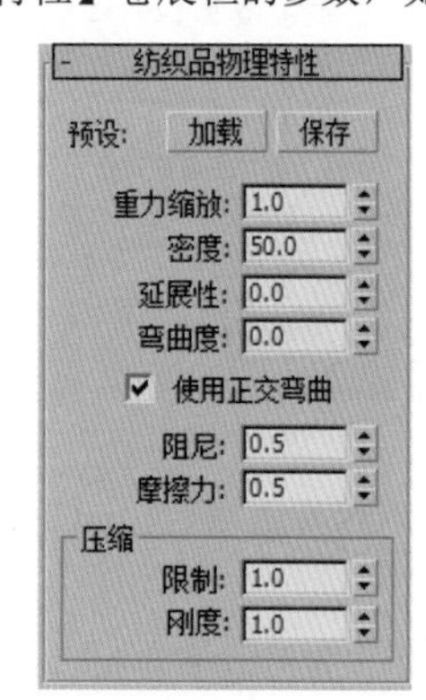

图14-51

- ❖ 加载：打开【mCloth 预设】对话框，用于从保存的文件中加载【纺织品物理特性】的设置。
- ❖ 保存：打开一个小对话框，用于将【纺织品物理特性】设置保存到预设文件中。
- ❖ 重力缩放：设置全局重力处于启用状态时的重力倍增。
- ❖ 密度：设置mCloth 的权重，以克/平方厘米为单位。
- ❖ 延展性：设置拉伸 mCloth 的难易程度。

- ❖ 弯曲度：设置折叠 mCloth 的难易程度。
- ❖ 使用正交弯曲：计算弯曲角度，而不是弹力。
- ❖ 阻尼：mCloth 的弹性，影响在摆动或捕捉后其还原到基准位置所经历的时间。
- ❖ 摩擦力：设置mCloth 在与其自身或其他对象碰撞时抵制滑动的程度。
- ❖ 限制：设置mCloth 边可以压缩或折皱的程度。
- ❖ 刚度：设置mCloth 边抵制压缩或折皱的程度。

5. 体积特性

【体积特性】卷展栏的参数，如图 14-52 所示。

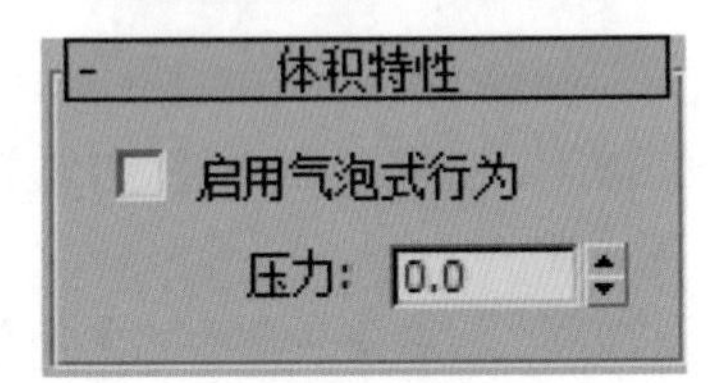

图14-52

- ❖ 启用气泡式行为：用于模拟封闭体积，如轮胎或垫子。
- ❖ 压力：该参数控制 mCloth 的充气效果。

6. 交互

【交互】卷展栏的参数，如图 14-53 所示。

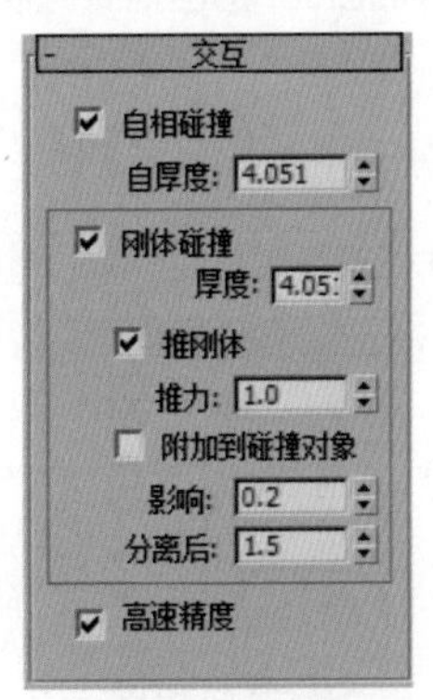

图14-53

- ❖ 自相碰撞：启用该选项后，mCloth 对象将尝试阻止自相交。
- ❖ 自厚度：用于设置自碰撞的 mCloth 对象的厚度。
- ❖ 刚体碰撞：启用该选项后，mCloth 对象可以与模拟中的刚体碰撞。
- ❖ 厚度：用于设置与模拟中的刚体碰撞的 mCloth 对象的厚度。
- ❖ 推刚体：启用该选项后，mCloth 对象可以影响与其碰撞的刚体的运动。
- ❖ 推力：mCloth 对象对与其碰撞的刚体施加推力的强度。
- ❖ 附加到碰撞对象：启用该选项后，mCloth 对象会黏附到与其碰撞的对象上。
- ❖ 影响：设置mCloth 对象对其附加的对象的影响。
- ❖ 分离后：与碰撞对象分离后mCloth 的拉伸量。
- ❖ 高速精度：启用该选项后，mCloth 对象将使用更准确的碰撞检测方法，这样会降低模拟速度。

7. 撕裂

【撕裂】卷展栏的参数，如图 14-54 所示。

图14-54

- ❖ 允许撕裂：启用后，mCloth 中的预定义分割将在受到充足的力作用时撕裂。
- ❖ 撕裂后：mCloth 边在撕裂时可以拉伸的量。
- ❖ 撕裂之前焊接：在出现撕裂之前选择 MassFX 如何处理预定义撕裂。

8. 可视化

【可视化】卷展栏的参数，如图 14-55 所示。

图14-55

- ❖ 张力：启用该选项后，通过顶点着色的方法显示纺织品中的压缩和张力。

9. 高级

【高级】卷展栏的参数，如图 14-56 所示。

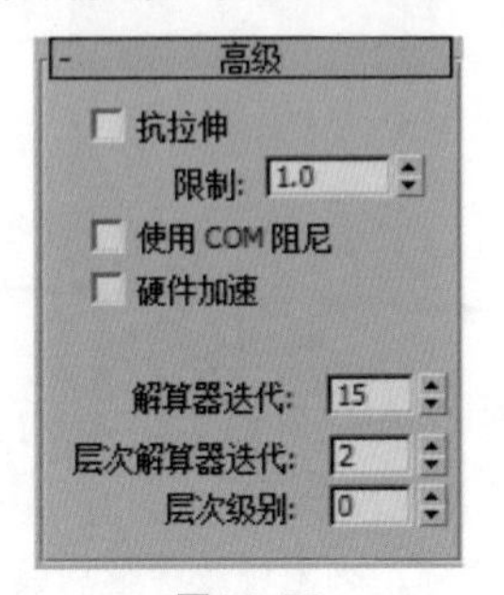

图14-56

- ❖ 抗拉伸：启用该选项后，可以设置抵抗拉伸的数量。

❖ 限制：设置允许过度拉伸的范围。

❖ 使用 COM 阻尼：影响阻尼，但使用质心，从而获得更硬的 mCloth。

❖ 硬件加速：启用该选项后，模拟将使用 GPU。

❖ 解算器迭代：每个循环周期内解算器执行迭代的次数。

❖ 层次解算器迭代：层次解算器的迭代次数。

❖ 层次级别：力从一个顶点传播到相邻顶点的速度。

14.5.2 从选定对象中移除mCloth

选择刚才的 mCloth 对象并单击【从选定对象中移除 mCloth】选项，如图 14-57 所示。

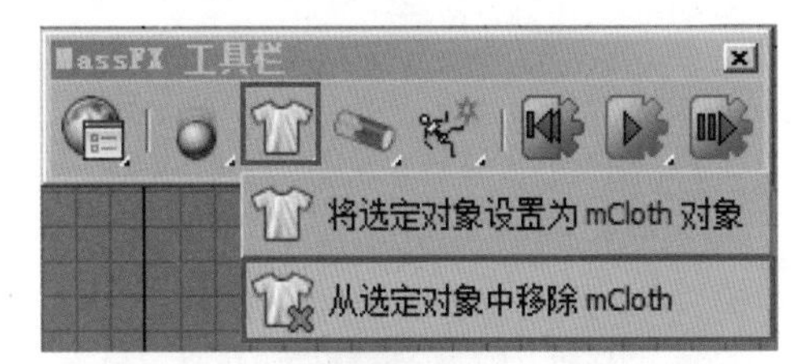

图14-57

也可在修改器面板中选择【mCloth】修改器后单击（删除）按钮，如图 14-58 所示。

图14-58

典型实例：桌布动画

案例文件　案例文件 \Chapter 14\ 典型实例：桌布动画 .max

视频教学　视频文件 \Chapter 14\ 典型实例：桌布动画 .flv

技术掌握　掌握 mCloth 对象的应用

桌布动画看似很难模拟，其过于柔软的质感，很难表现出真实的效果。但是 mCloth 对象却是完全针对布料动画而设置的功能，非常好用。最终的渲染效果如图 14-59 所示。

制作步骤

（1）打开本书配套光盘中的【场景文件 /Chapter 14/04.max】文件，如图 14-60 所示。

（2）在【主工具栏】的空白处单击鼠标右键，然后在弹出的对话框中选择【MassFX 工具栏】，如图 14-61 所示。此时将会弹出 MassFX 的窗口。

图14-59

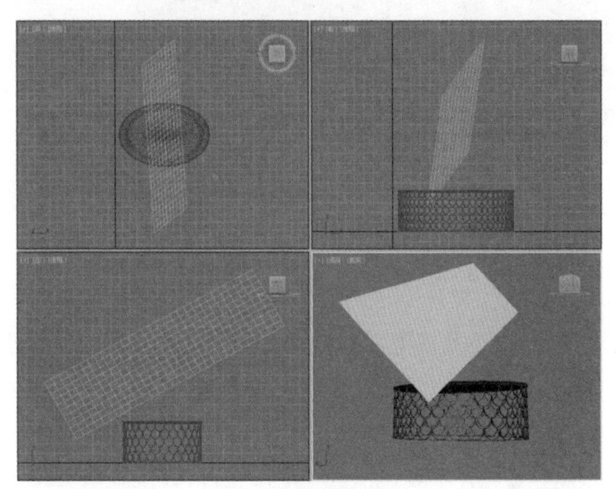

图14-60

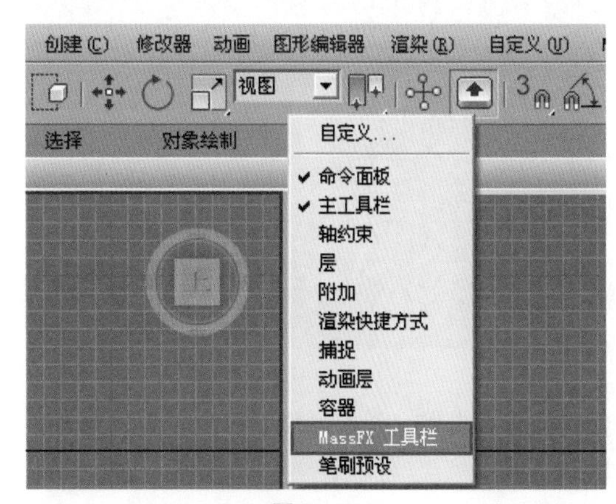

图14-61

（3）选择平面模型并单击（将选定对象设置为 mCloth 对象）按钮，如图 14-62 所示。

（4）选择平面模型单击修改，设置【弯曲度】为 0.8、【自厚度】为 9.29、【厚度】为 9.29，如图 14-63 所示。

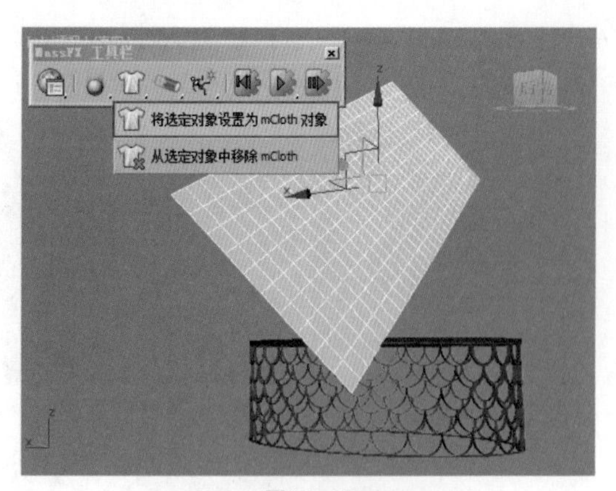

图14-62

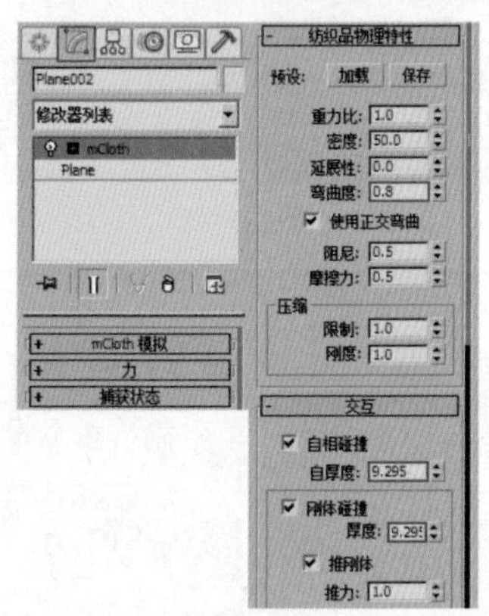

图14-63

（5）选择茶几模型并单击（将选定项设置为静态刚体）按钮，如图 14-64 所示。

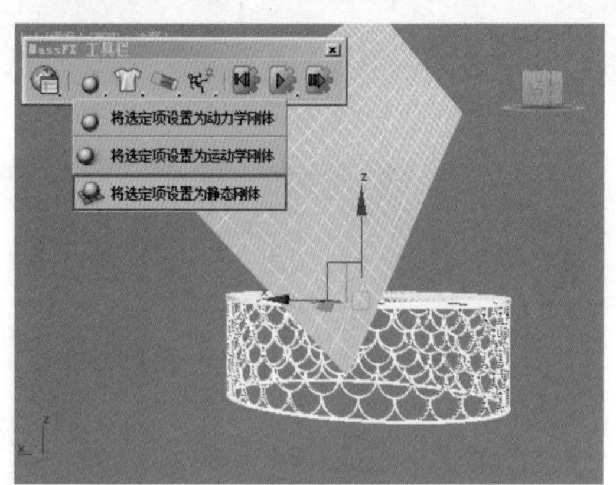

图14-64

（6）接着单击（开始模拟）按钮，观察动画的效果，如图 14-65 所示。

（7）单击 MassFX 面板中的【工具】选项卡，然后单击【模拟烘焙】下的【烘焙所有】选项，此时就会看到 MassFX 正在烘焙的过程，如图 14-66 所示。

（8）此时自动在时间线上生成了关键帧动画，拖动时间线滑块可以看到动画的整个过程，如图 14-67 所示。

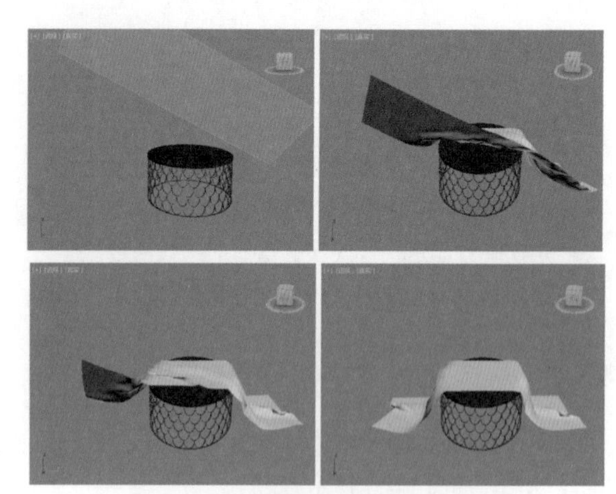

图14-65

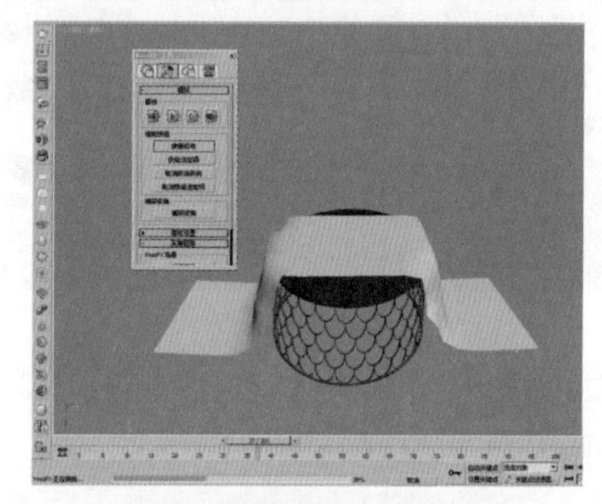

图14-66

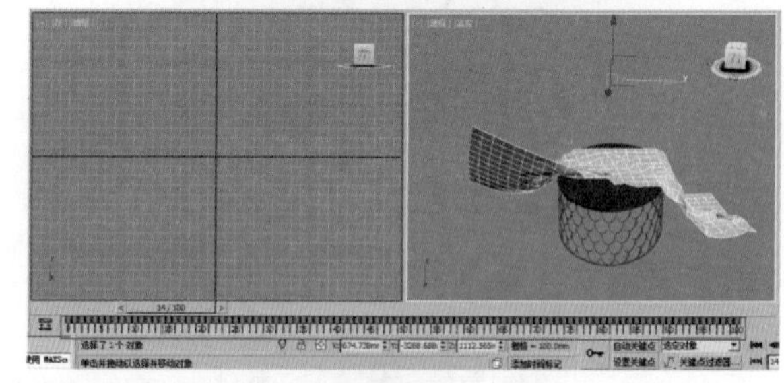

图14-67

独家秘笈——怎么把布料用几个点固定住，从而产生悬挂的效果呢？

进入到【顶点】级别，选择一个需要悬挂的点，如图 14-68 所示。

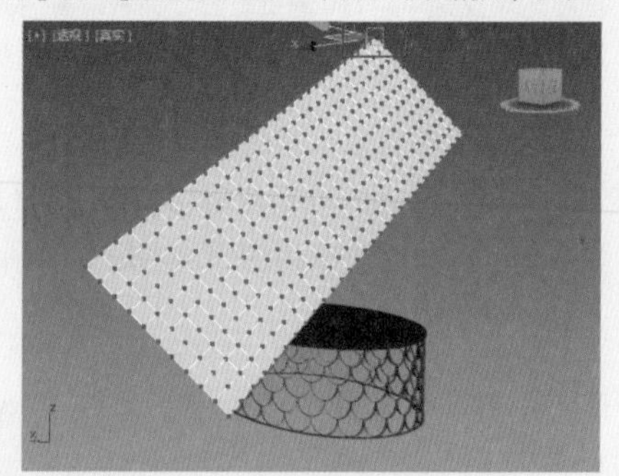

图14-68

接着单击【设定组】，并单击【确定】，如图 14-69 和图 14-70 所示。

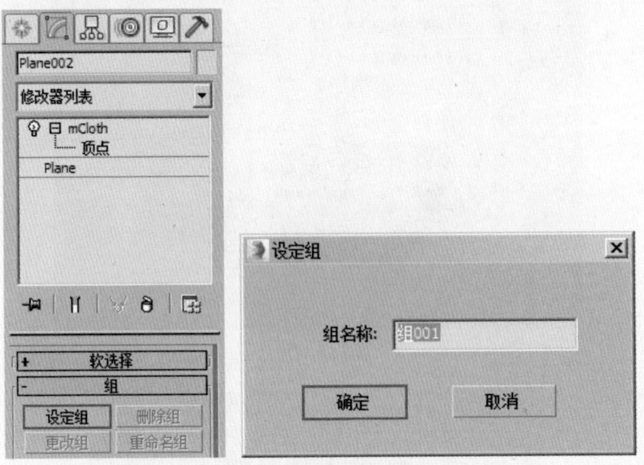

图14-69　　图14-70

然后单击【枢轴】，如图 14-71 所示。

图14-71

此时再单击（开始模拟）按钮，观察动画的效果，如图 14-72 所示。

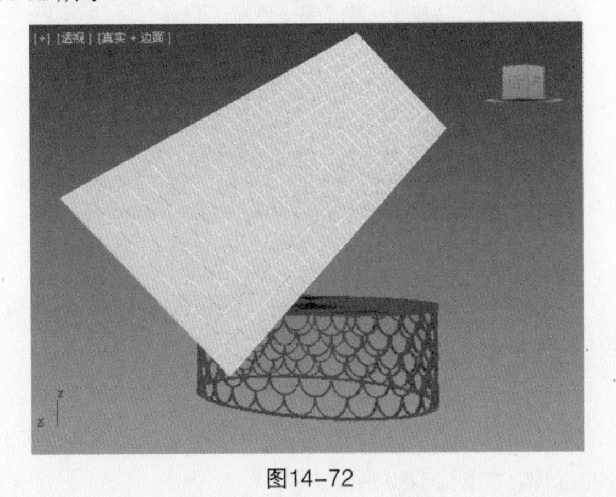

图14-72

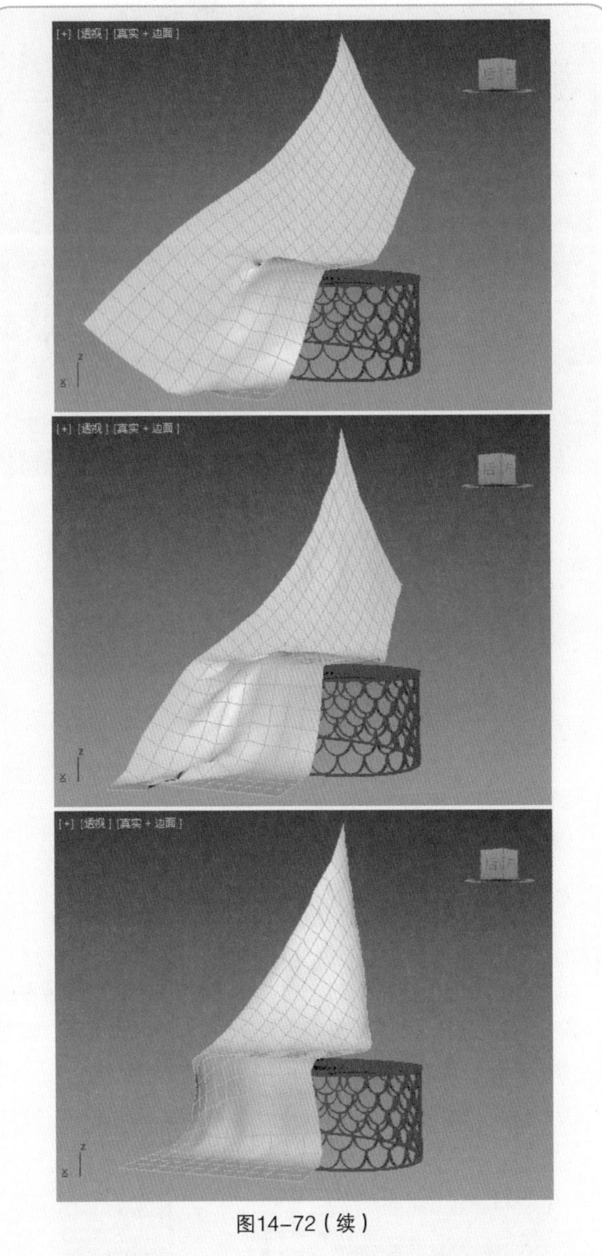

图14-72（续）

典型实例：充气气球动画

案例文件　案例文件 \Chapter 14\ 典型实例：充气气球动画 .max
视频教学　视频文件 \Chapter 14\ 典型实例：充气气球动画 .flv
技术掌握　掌握 mCloth 对象制作充气气球的动画效果

充气气球在碰撞到地面时会产生特殊的动画弹射效果，本案例需要模拟其充气的感觉。最终的渲染效果如图 14-73 所示。

制作步骤

（1）打开本书配套光盘中的【场景文件 /Chapter 14/05.max】文件，如图 14-74 所示。

图14-73

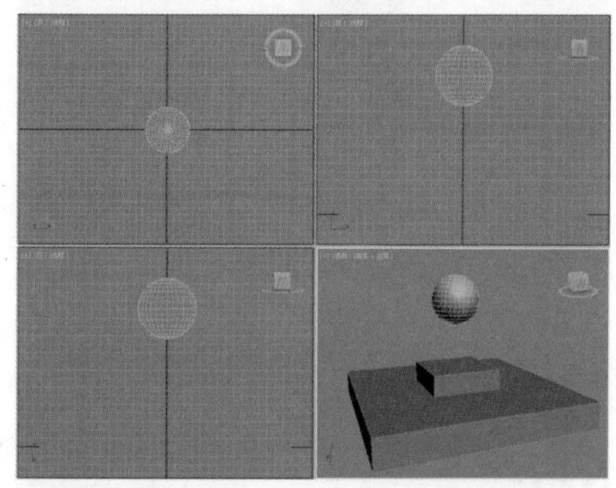

图14-74

（2）在【主工具栏】的空白处单击鼠标右键，然后在弹出的对话框中选择【MassFX 工具栏】，如图 14-75 所示。此时将会弹出 MassFX 的窗口。

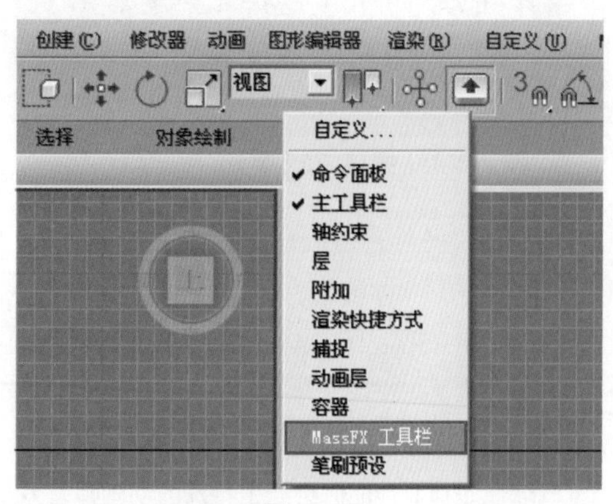

图14-75

（3）选择球体模型，单击（将选定对象设置为 mCloth 对象）按钮，如图 14-76 所示。

（4）选择此时的球体，勾选【启用气泡式行为】，设置【压力】为 6、【自厚度】为 6.7、【厚度】为 6.7，如图 14-77 所示。

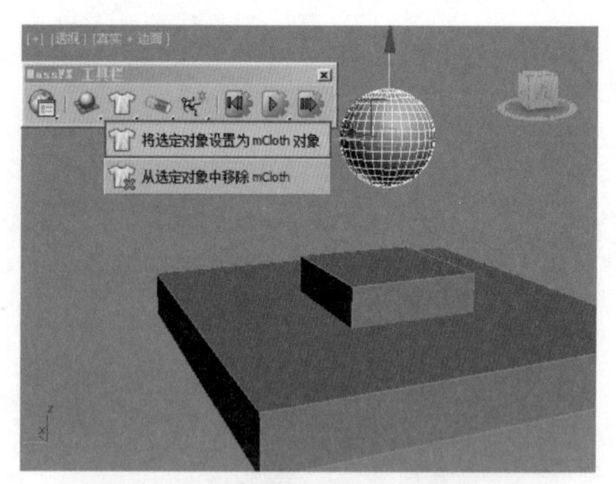

图14-76

图14-77

（5）选择两个长方体，并单击（将选定项设置为静态刚体）按钮，如图 14-78 所示。

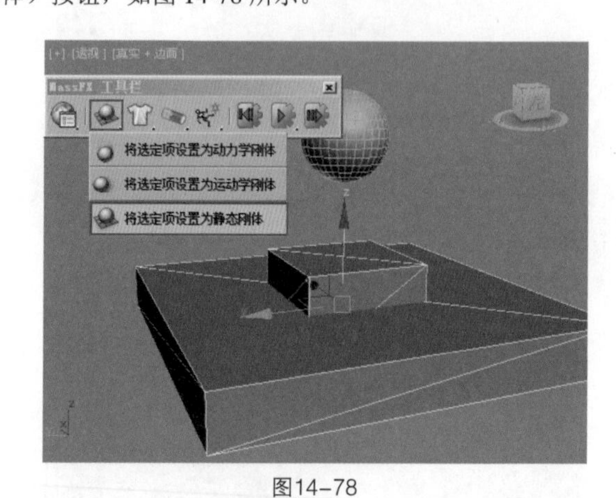

图14-78

（6）接着单击（开始模拟）按钮，观察动画的效果，如图 14-79 所示。

（7）单击 MassFX 面板中的【工具】选项卡，然后单击【模拟烘焙】下的【烘焙所有】选项，此时就会看到 MassFX 正在烘焙的过程，如图 14-80 所示。

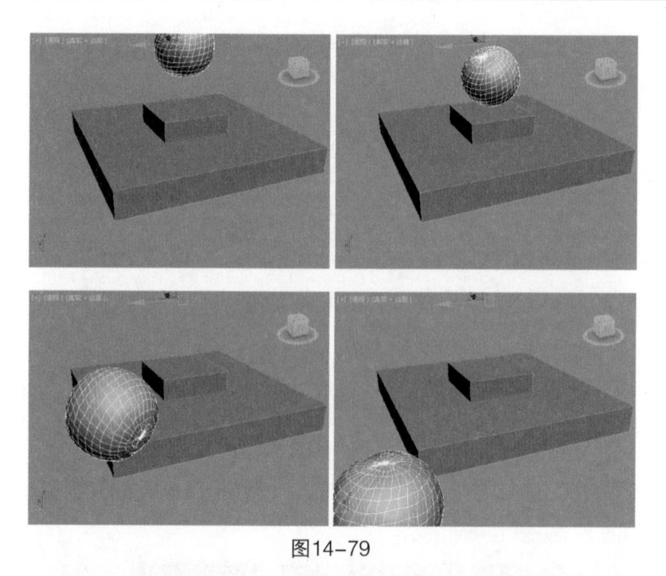

图14-79

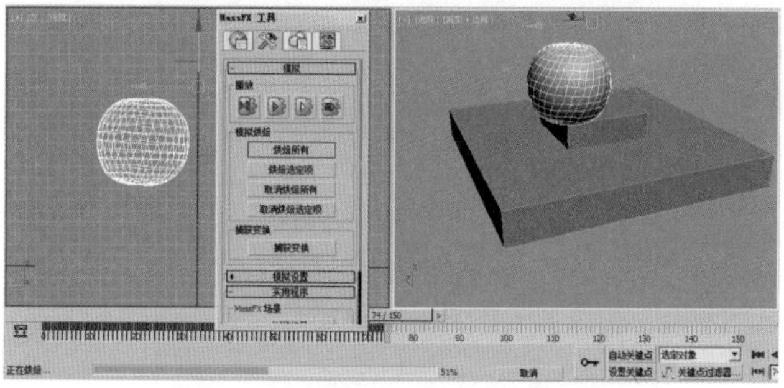

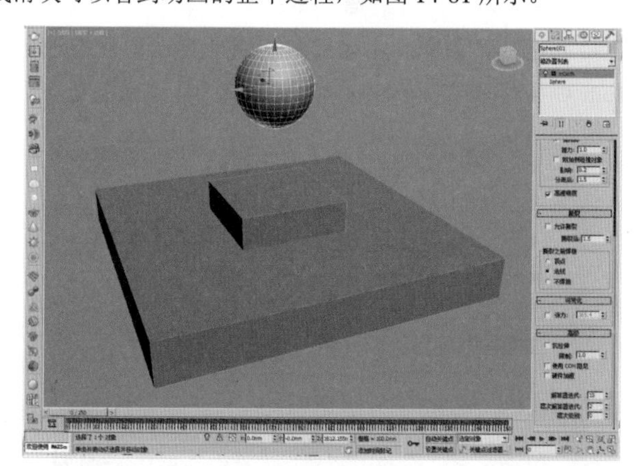

图14-80

（8）此时自动在时间线上生成了关键帧动画，拖动时间线滑块可以看到动画的整个过程，如图 14-81 所示。

图14-81

典型实例：飞滚的小球

案例文件　案例文件 \Chapter 14\ 典型实例：飞滚的小球 .max
视频教学　视频文件 \Chapter 14\ 典型实例：飞滚的小球 .flv
技术掌握　掌握 mCloth 对象、动力学刚体及静态刚体的综合使用

通过对本案例的学习，大家可以自己试着制作一下自己的动画帝国，比如一个球从高处滚动，然后各种碰撞，产生一个个物体打翻的震撼动画。最终的渲染效果如图 14-82 所示。

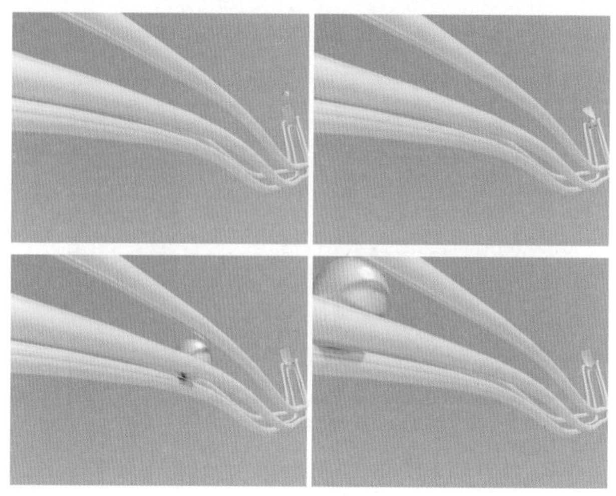

图14-82

制作步骤

（1）打开本书配套光盘中的【场景文件 /Chapter 14/06.max】文件，如图 14-83 所示。其细节图，如图 14-84 所示。

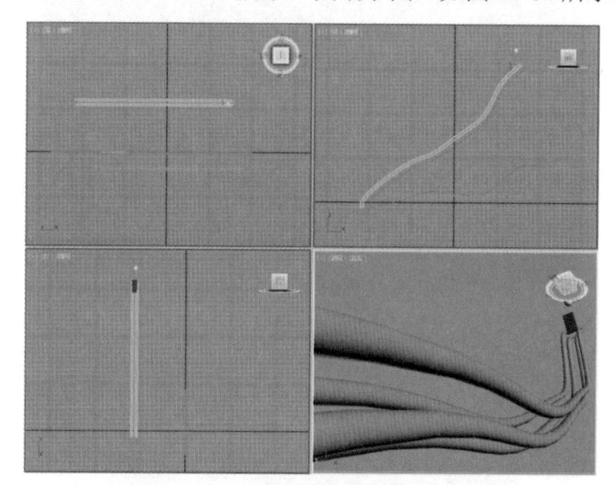

图14-83

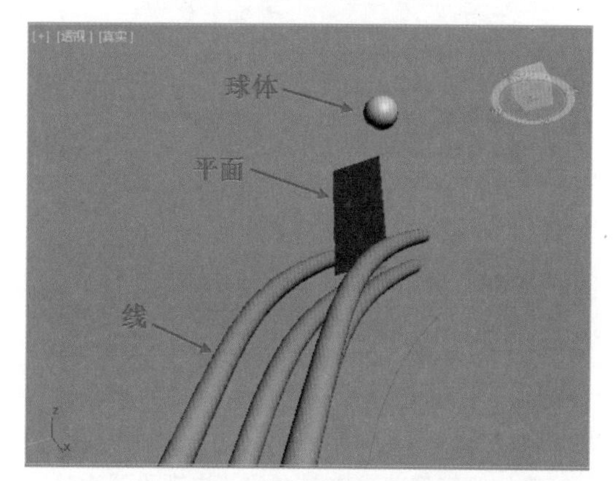

图14-84

（2）在【主工具栏】的空白处单击鼠标右键，然后在弹

出的对话框中选择【MassFX 工具栏】，如图 14-85 所示。此时将会弹出 MassFX 的窗口。

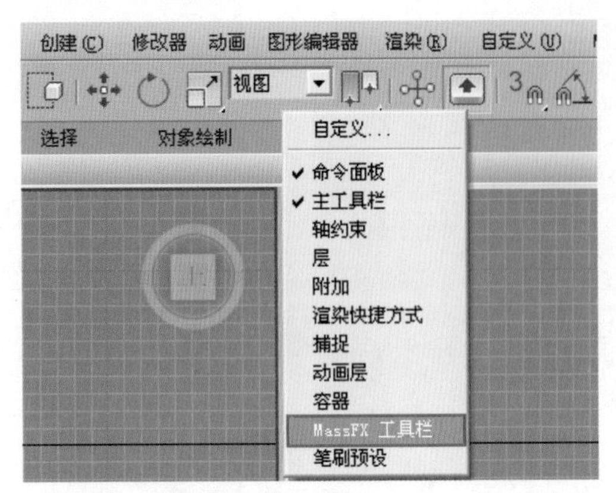

图14-85

（3）选择球体模型，并单击（将选定项设置为动力学刚体）按钮，如图 14-86 所示。

图14-86

（4）选择球体模型并单击修改，设置【静摩擦力】为 0.1、【动摩擦力】为 0.1，如图 14-87 所示。

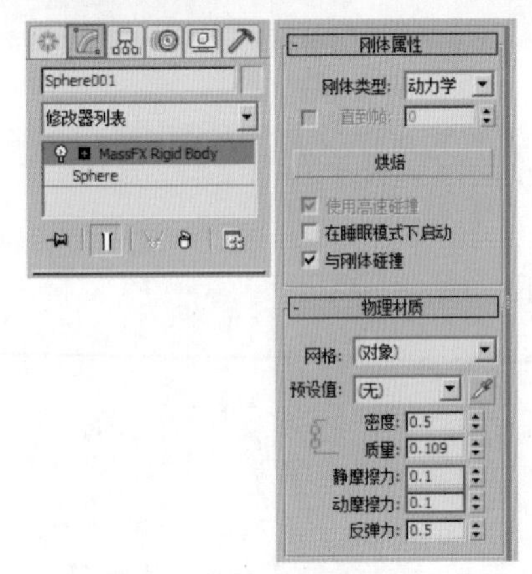

图14-87

（5）选择线模型并单击（将选定项设置为静态刚体）按钮，如图 14-88 所示。

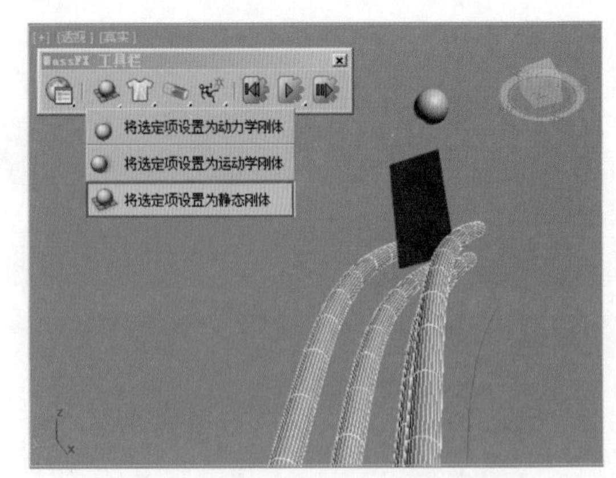

图14-88

（6）选择线模型，单击修改，设置【图形类型】为【原始的】，如图 14-89 所示。

图14-89

（7）选择平面模型，然后单击（将选定对象设置为 mCloth 对象），如图 14-90 所示。

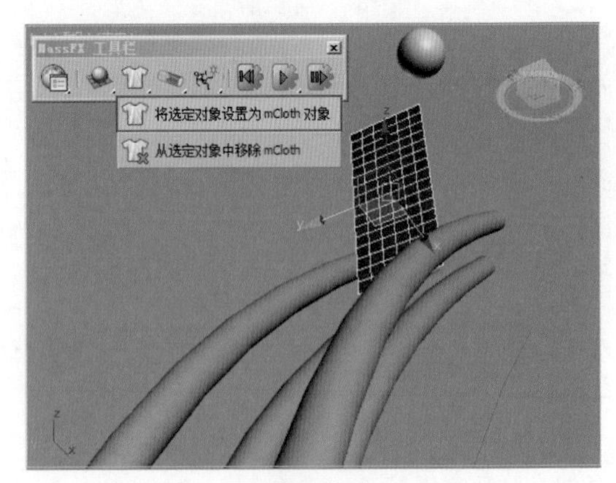

图14-90

（8）选择平面模型，单击修改进入【顶点】级别，然后选择平面顶部的一排顶点，接着单击【设定组】按钮，最后在弹出的窗口中单击【确定】，如图 14-91 所示。

（9）接着单击【枢轴】，如图 14-92 所示。

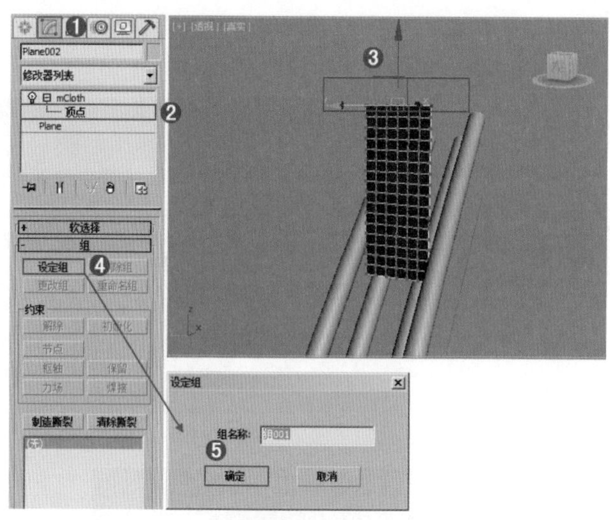

图14-91

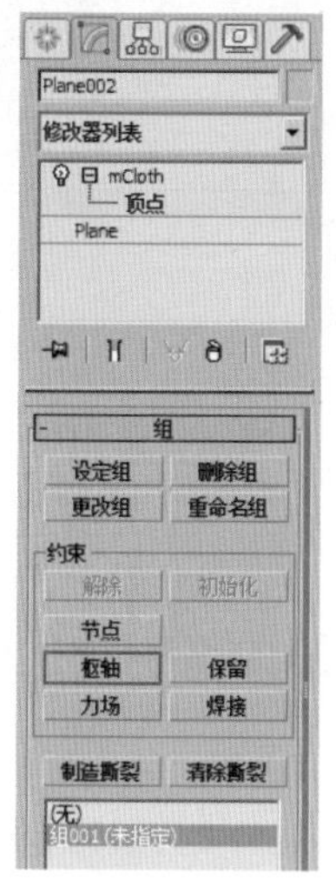

图14-92

（10）刚才选择的顶点被固定住了，接着单击（开始模拟）按钮，观察动画的效果，如图 14-93 所示。

（11）单击 MassFX 面板中的【工具】选项卡，然后单击【模拟烘焙】下的【烘焙所有】选项，此时就会看到 MassFX 正在烘焙的过程，如图 14-94 所示。

（12）此时自动在时间线上生成了关键帧动画，拖动时间线滑块可以看到动画的整个过程，如图 14-95 所示。

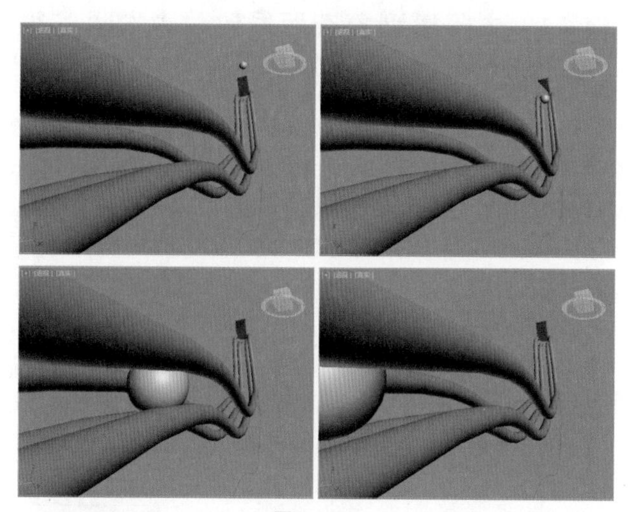

图14-93

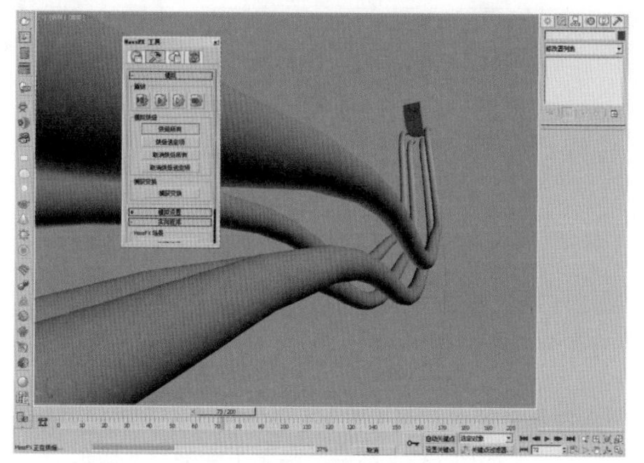

图14-94

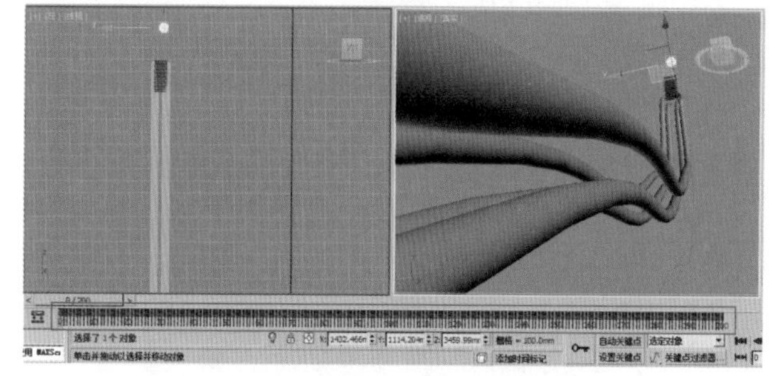

图14-95

14.6 Design教授研究所——动力学常见的几个问题

动力学，虽然很有趣，但是有时候我们会遇到一些令人困扰的问题。这会导致作品无法顺利地进行创作。教授此处列举了两个常见的问题，一起来了解一下吧！

14.6.1 由于模型复杂而导致动力学预览很不流畅，怎么解决?

由于电脑配置的原因，所以不可能在3ds Max的模型多么复杂的情况下使用动力学都会很流畅，而且有时候会将3ds Max直接退出。因此我们需要想办法解决一下。既然模型中多边形的个数多，那么想办法暂时先减少多边形的个数，制作完成动画后再恢复不就可以了吗?

是的，我们来试一下!

按键盘上的【7】，可以显示多边形个数，比如此时看到多边形个数为4096个，如图14-96所示。单击修改为模型添加【优化】修改器，设置【面阈值】为10，如图14-97所示。

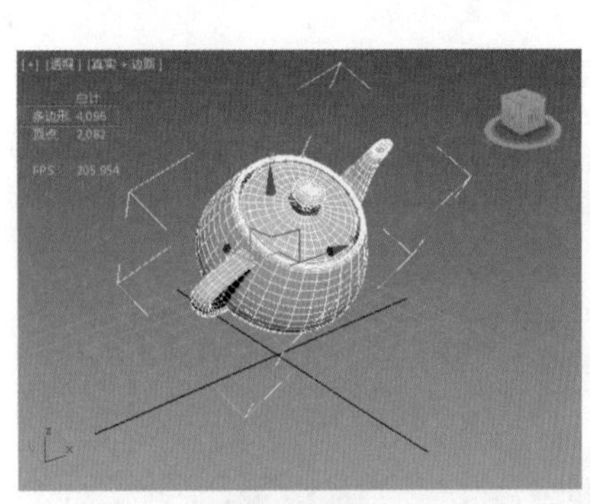

图14-96

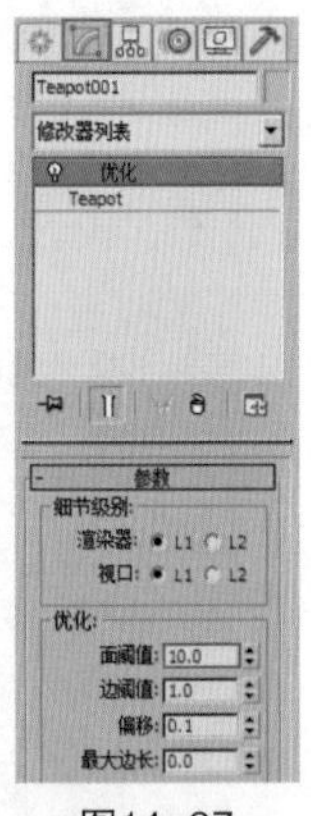

图14-97

此时模型的多边形个数显示为878个，同时模型明显没那么光滑了，如图14-98所示。当动力学创建并模拟完成后，可以关闭优化，如图14-99所示。

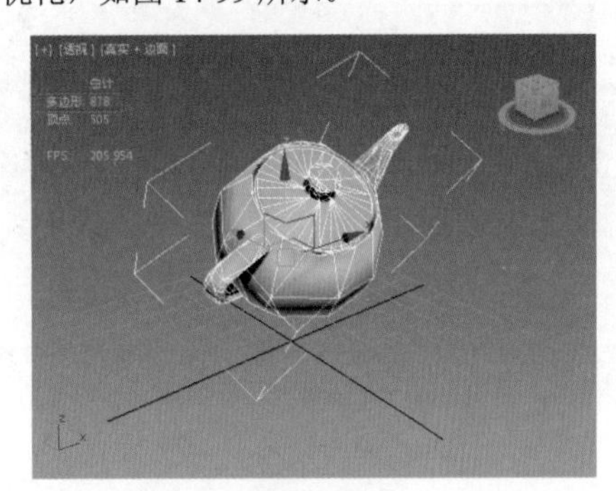

图14-98

可以看到动力学模拟完成后的模型很精细，并且在操作过程中也很流畅，如图14-100和图14-101所示。

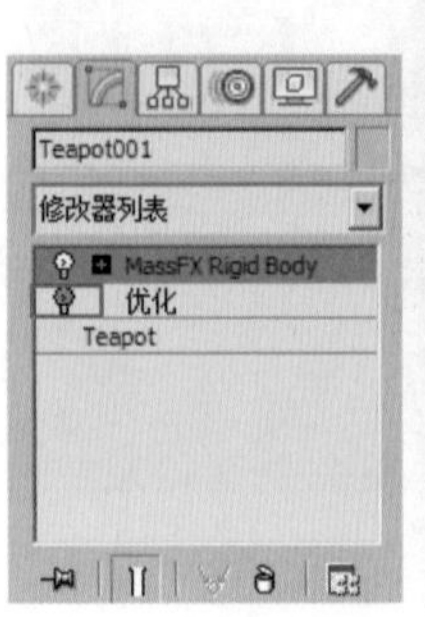

图14-99

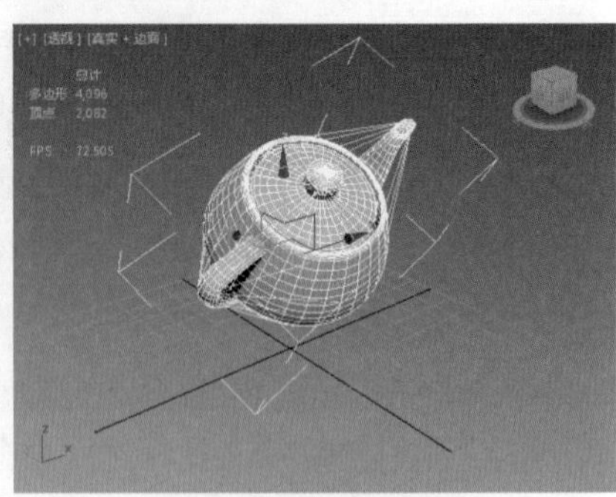

图14-100

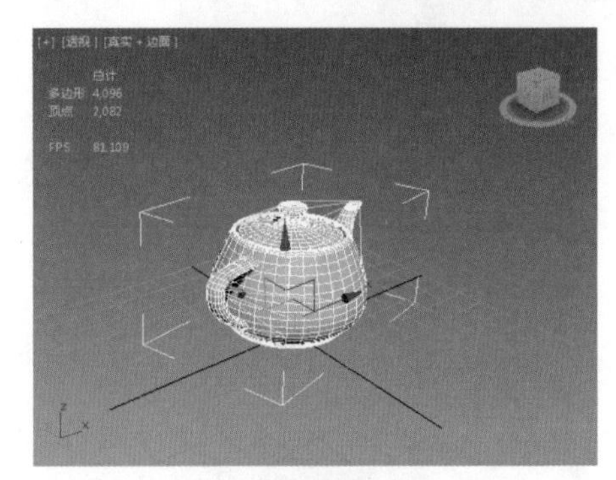

图14-101

14.6.2 动力学、运动学、静态刚体，我怎么更清楚地区别它们?

（1）静态刚体很好理解，在运算时我们若希望物体是保持静止的，那么该物体就需要设置为静态刚体。

（2）但是动力学刚体和运动学刚体好像很相似，但是很好区分。动力学刚体在最初是没有自带动画的，而运动学刚体是最初就自带动画的。

本章小结

通过对本章的学习，我们已经掌握了多种刚体、布料之间的作用。它们可以单独使用也可混合应用，从而产生真实的物理动画的效果。其实好多动画都可以在本章完成哦，效果比手动设置关键帧的方法好很多呢!

第 15 章　毛发系统，专治脱发！

本章内容

3ds Max 中毛发的概念
Hair 和 Fur（WSM）修改器和 VR- 毛皮制作毛发的应用

本章人物

Design 教授——擅长 3ds Max 技术和理论
三弟——酷爱 3ds Max 软件，新手
麦克斯——三弟的同班同学，好友

毛发是 3ds Max 中比较小的一个功能，它主要模拟物体表面的毛发效果。经常用来制作动物的毛发、地毯、草地等一切"毛发状"的物体。在本章麦克斯可以为三弟设计一款新的发型。

15.1 Hair和Fur（WSM）修改器

为模型加载【Hair 和 Fur】修改器可产生真实的毛发效果，如图 15-1、图 15-2 和图 15-3 所示。

图15-1

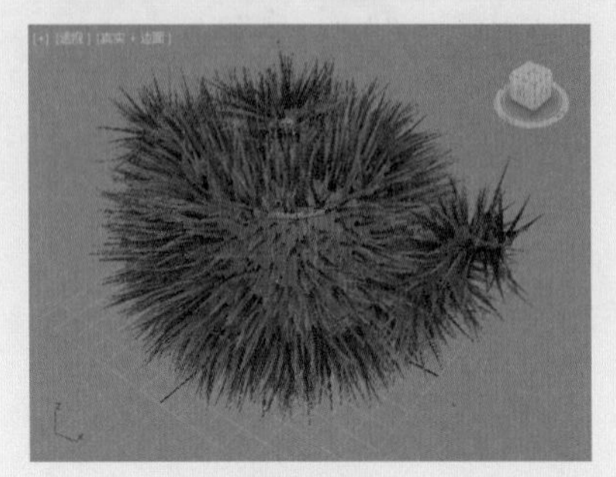
图15-2

图15-3

15.1.1 选择

【选择】卷展栏包含了 4 种子对象级别，如图 15-4 所示。

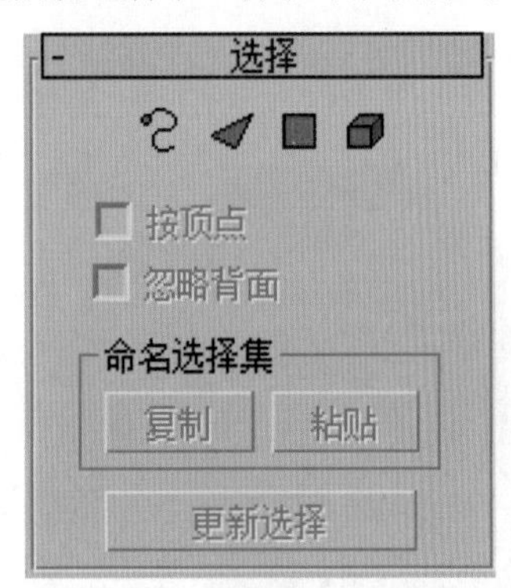

图15-4

- 【导向】按钮：它是一个子对象层级，单击该按钮后，【设计】卷展栏中的设计发型按钮将自动启用。
- 【面】按钮：它是一个子对象层级，可以选择三角形面。
- 【多边形】按钮：它是一个子对象层级，可以选择多边形。
- 【元素】按钮：它是一个子对象层级，可通过单击鼠标左键来选择对象中的所有连续多边形。
- 按顶点：启用该选项后，只需要选择子对象的顶点就可以选中该子对象。
- 忽略背面：启用该选项后，选择子对象时只影响面对着用户的面。
- 复制按钮：将命名选择集放置到复制缓冲区内。
- 粘贴按钮：从复制缓冲区中粘贴命名的选择集。

15.1.2 工具

【工具】卷展栏包括【样条线变形】、【预设值】、【发型】、【实例节点】、【转换】、【渲染设置】等参数，如图 15-5 所示。

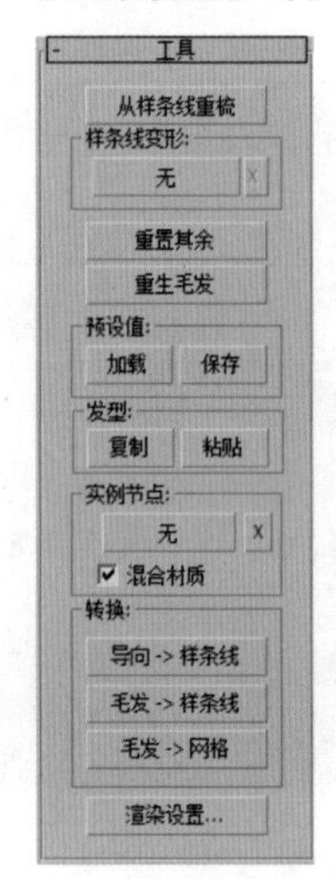

图15-5

- 从样条线重梳按钮：该选项用于使用样条线来设计毛发样式。
- 样条线变形：允许用线来控制发型与动态效果。
- 重置其余按钮：在曲面上重新分布毛发的数量，以得到较为均匀的效果。
- 重生毛发按钮：忽略全部样式信息，将毛发复位到默认状态。
- 加载按钮：单击即可加载毛发的样式，如图15-6所示。
- 保存按钮：保存预设的毛发样式。
- 复制按钮：将所有毛发的设置和样式信息复制到粘贴缓冲区。

图15-6

- 粘贴按钮：将所有毛发的设置和样式信息粘贴到当前的【毛发】修改对象中。
- 无按钮：如果要指定毛发对象，可以单击该按钮，然后选择要使用的对象。
- X按钮：如果要停止使用实例节点，可以单击该按钮。
- 混合材质：启用该选项后，应用于生长对象的材质以及应用于毛发对象的材质将合并为单一的多子对象材质，并应用于生长对象。
- 导向->样条线按钮：将所有导向复制为新的单一样条线对象。
- 毛发->样条线按钮：将所有毛发复制为新的单一样条线对象。
- 毛发->网格按钮：将所有毛发复制为新的单一网格对象。

15.1.3 设计

【设计】卷展栏用于设计毛发的发型，可以梳理发型，也可以调整发型的长度、重力等属性，如图 15-7 所示。

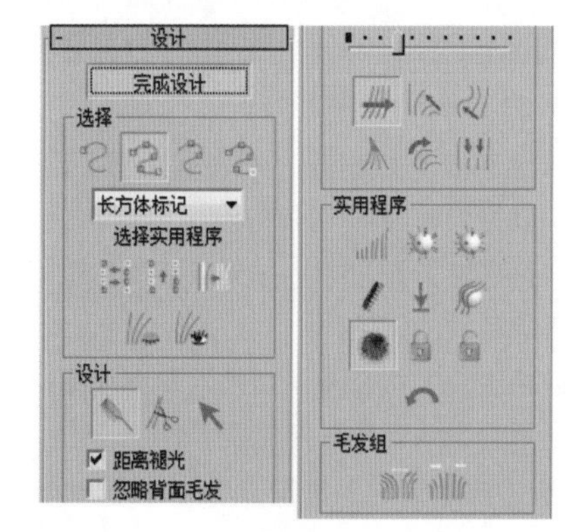

图15-7

- 设计发型/完成设计按钮：单击设计发型按钮可以设计毛发的发型，此时该按钮会变成凹陷的完成设计按钮，单击完成设计按钮可返回【设计发型】状态。图15-8和图15-9所示为对毛发进行梳理的效果。

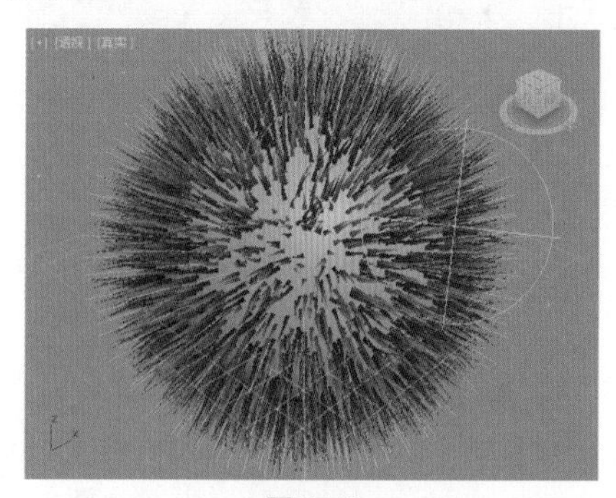

图15-8

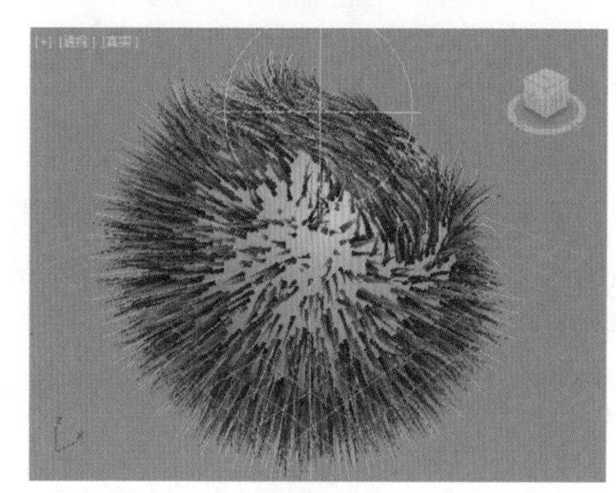

图15-9

- 【由头梢选择头发/选择全部顶点/选择导向顶点/由根选择导向】按钮 / / / ：选择毛发的几种方式，用户可以根据实际需求来选择采用何种方式。
- 顶点显示下拉列表长方体标记：指定顶点在视图中的显示方式。
- 【反选/轮流选/展开选择】按钮 / / ：指定选择对象的方式。
- 【隐藏选定对象/显示隐藏对象】按钮 / ：隐藏或显示选定的导向毛发。
- 【发梳】按钮 ：在该模式下，可以通过拖曳光标来梳理毛发。
- 【剪头发】按钮 ：在该模式下可以修剪导向毛发。图15-10和图15-11所示为在毛发上单击即可剪短毛发。

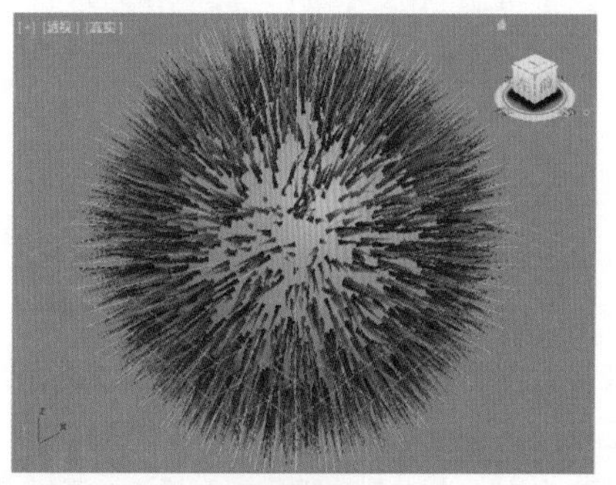

图15-10

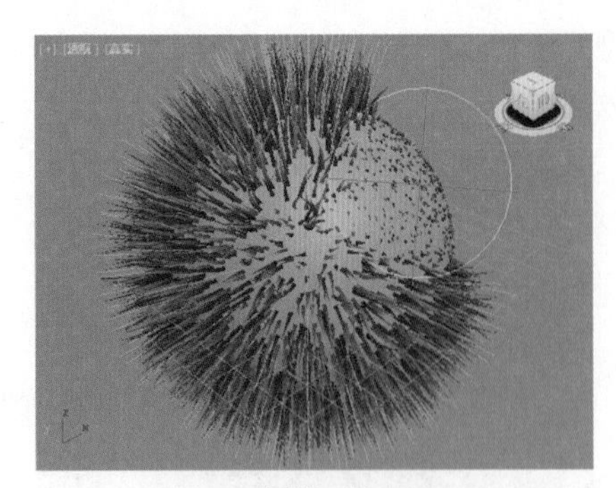

图15-11

- 【选择】按钮：单击该按钮可以进入选择模式。
- 距离褪光：启用该选项后，刷动效果将朝着画刷的边缘产生褪光的现象，从而产生柔和的边缘效果（只适用于【发梳】模式）。
- 忽略背面毛发：启用该选项后，背面的毛发将不受画刷的影响（适用于【发梳】和【剪头发】模式）。
- 画刷大小滑块：通过拖曳滑块来更改画刷的大小。
- 【平移】按钮：按照光标的移动方向来移动选定的顶点。
- 【站立】按钮：在曲面的垂直方向上制作站立的效果。
- 【蓬松发根】按钮：在曲面的垂直方向上制作蓬松的效果。
- 【丛】按钮：强制选定导向之间相互更加靠近或更加分散。
- 【旋转】按钮：以光标位置为中心来旋转导向毛发的顶点。
- 【比例】按钮：执行放大或缩小操作。
- 【衰减】按钮：将毛发长度制作成衰减的效果。单击即可均匀剪短毛发，如图15-12和图15-13所示。

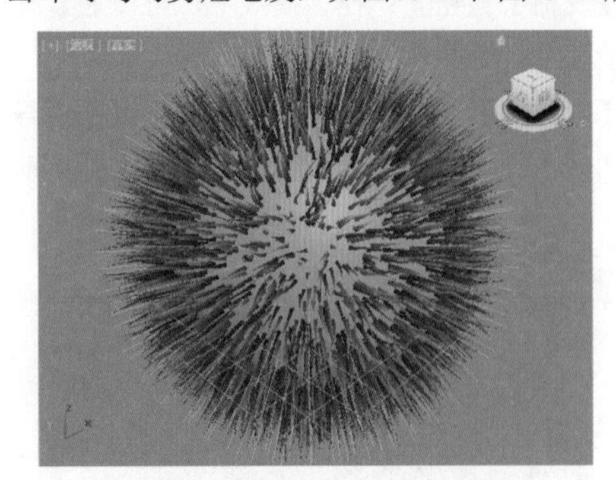

图15-12

- 【选定弹出】按钮：沿曲面的法线方向弹出选定的毛发。
- 【弹出大小为零】按钮：与【选定弹出】类似，但只能对长度为零的毛发进行编辑。

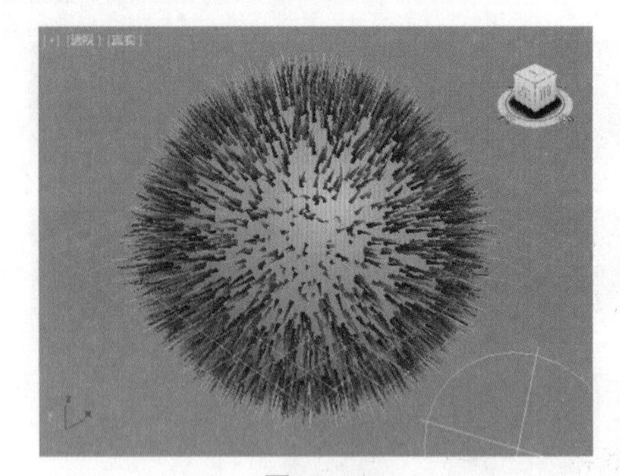

图15-13

- 【重疏】按钮：使用引导线对毛发进行梳理。单击即可使毛发自然下垂，如图15-14和图15-15所示。

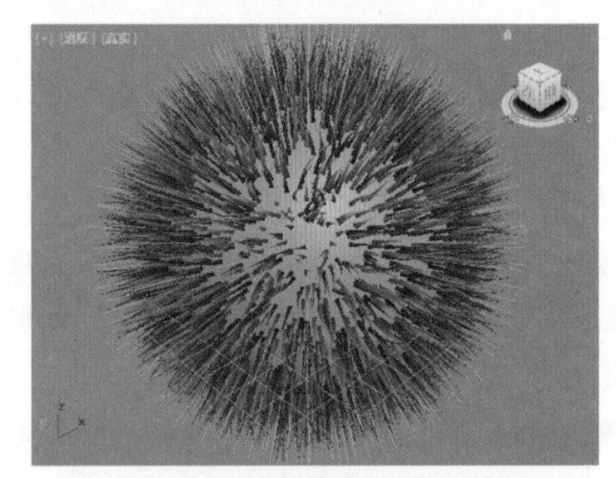

图15-14

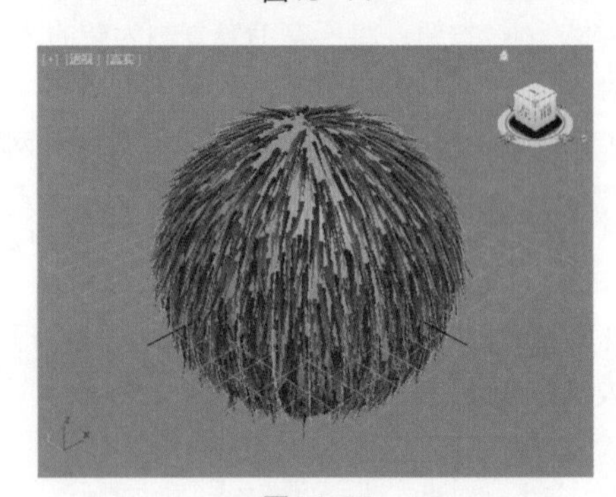

图15-15

- 【重置其余】按钮：在曲面上重新分布毛发的数量，以得到较为均匀的效果。
- 【切换碰撞】按钮：如果激活该按钮，设计发型时将考虑毛发的碰撞。
- 【切换毛发】按钮：切换毛发在视图中显示方式，但是不会影响毛发导向的显示。
- 【锁定/解除锁定】按钮/：锁定或解除锁定导向毛发。
- 【撤销】按钮：撤消最近的操作。
- 【拆分选定毛发组/合并选定毛发组】按钮/：将毛发组进行拆分或合并。

15.1.4 常规参数

此卷展栏允许在根部和梢部设置毛发的数量和密度、长度、厚度以及其他各种综合参数，如图 15-16 所示。

图15-16

- 毛发数量：设置生成毛发的总数，图15-17所示为不同毛发数量的对比效果。

图15-17

- 毛发段：设置每根毛发的段数。段数越多，毛发越圆滑，如图15-18所示。

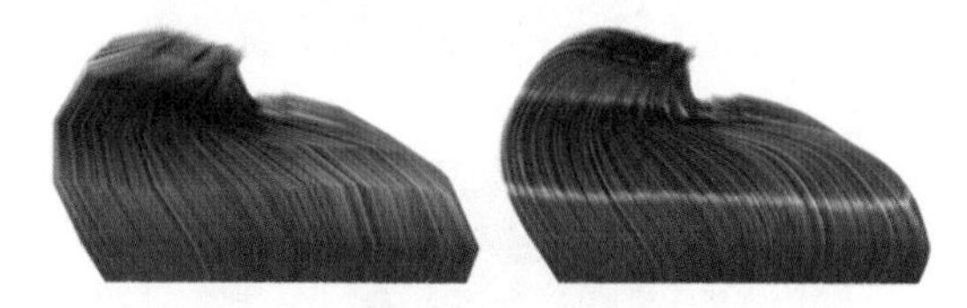

图15-18

- 毛发过程数：设置毛发的过程数。
- 密度：设置毛发的整体密度。
- 比例：设置毛发的整体缩放比例。
- 剪切长度：设置将毛发的整体长度进行缩放的比例。
- 随机比例：设置在渲染毛发时的随机比例。
- 根厚度：设置发根的厚度。
- 梢厚度：设置发梢的厚度。
- 置换：设置毛发从根到生长对象曲面的置换量。
- 插值：开启该选项后，毛发生长将插入到导向毛发之间。

15.1.5 材质参数

【材质参数】卷展栏控制毛发的材质属性，如梢颜色、根颜色等，如图 15-19 所示。

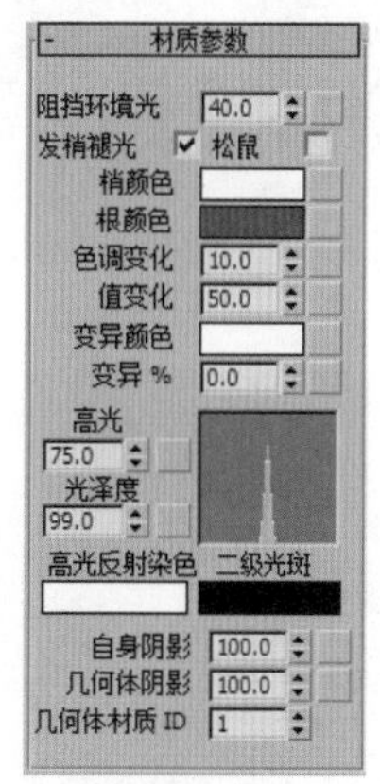

图15-19

- 阻挡环境光：在照明模型时，控制环境或漫反射对模型偏差的影响。
- 发梢褪光：开启该选项后，毛发将朝向梢部产生变谈且至透明的效果。
- 梢/根颜色：设置距离生长对象曲面最远或最近的头发梢部/根部的颜色。图15-20和图15-21所示为设置梢颜色为浅黄色，根颜色为咖啡色的效果。

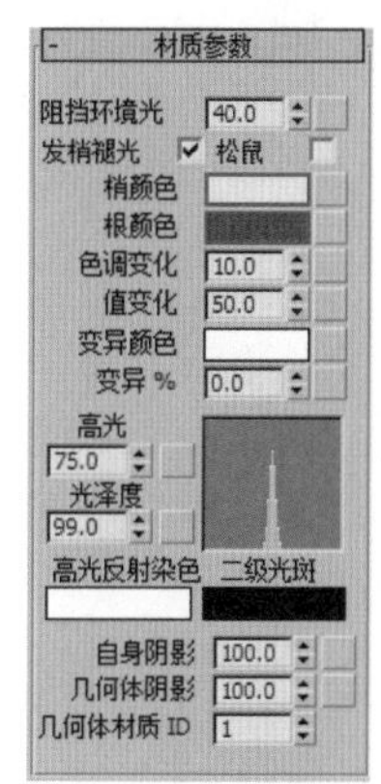

图15-20

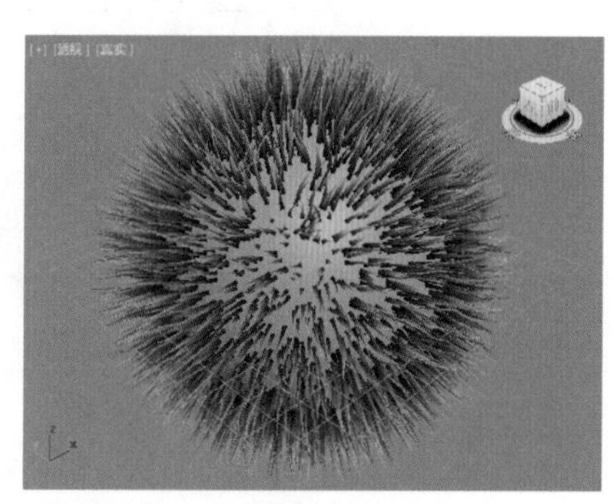

图15-21

- 色调/值变化：设置头发颜色或亮度的变化量。图15-22和图15-23所示为色调变化为10和90的对比效果。
- 变异颜色：设置变异毛发的颜色。
- 变异%：设置接受【变异颜色】的毛发的百分比。
- 高光：设置毛发高亮显示的亮度。
- 光泽度：设置毛发高亮显示的相对大小。
- 高光反射染色：设置反射高光的颜色。
- 自身阴影：设置自身阴影的大小。

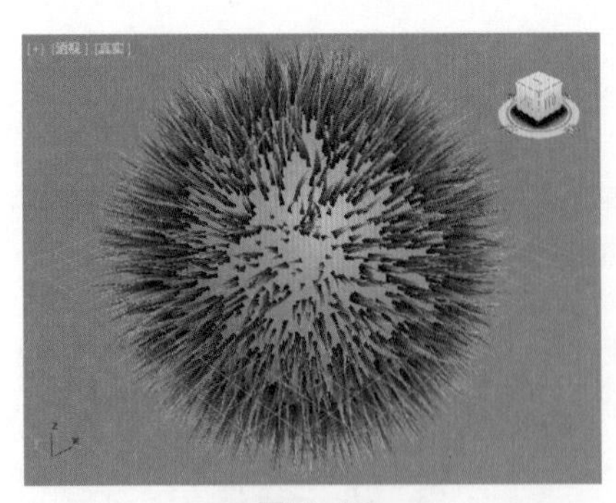

图15-22

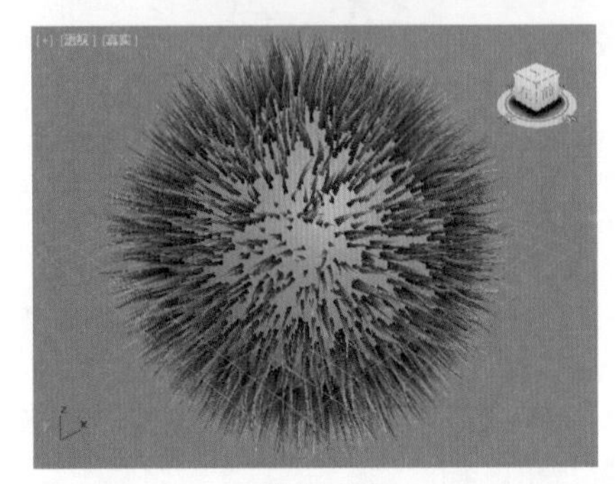

图15-23

❖ 几何体阴影：设置毛发从场景中的几何体接收到的阴影量。

15.1.6　成束参数

【成束参数】卷展栏控制毛发的束状参数，如图 15-24 所示。

成束参数

束	0
强度	0.0
不整洁	0.0
旋转	0.0
旋转偏移	0.0
颜色	0.0
随机	0.0
平坦度	0.0

图15-24

❖ 束：根据总体毛发的数量，设置毛发束的数量。

❖ 强度：【强度】越大，束中各个梢彼此之间的吸引越强。

❖ 不整洁：该数值越大，越不整洁地向内弯曲束，每个束的方向是随机的。

❖ 旋转：扭曲每个束。

❖ 旋转偏移：从根部偏移束的梢。较大的【旋转】和【旋转偏移】值使束更卷曲。

❖ 颜色：非零值可改变束中的颜色。

❖ 随机：控制随机的效果。

❖ 平坦度：控制平坦的程度。

15.1.7　卷发参数

【卷发参数】卷展栏控制毛发产生卷曲的效果，如图 15-25 所示。

图15-25

❖ 卷发根：设置毛发在其根部的置换量。

❖ 卷发梢：设置毛发在其梢部的置换量。图15-26和图15-27所示为设置【卷发梢】数值为130和360的对比效果。

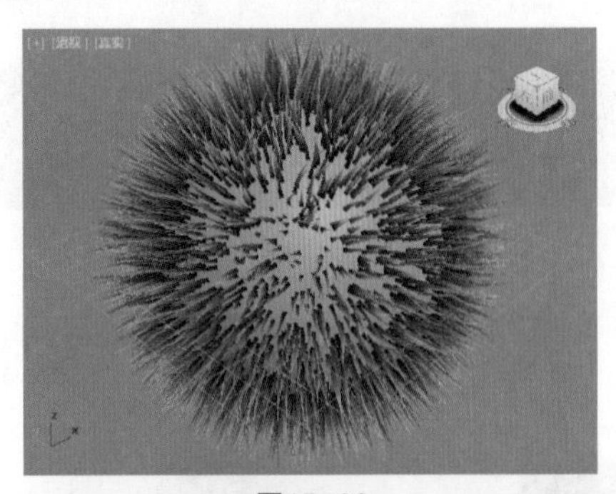

图15-26

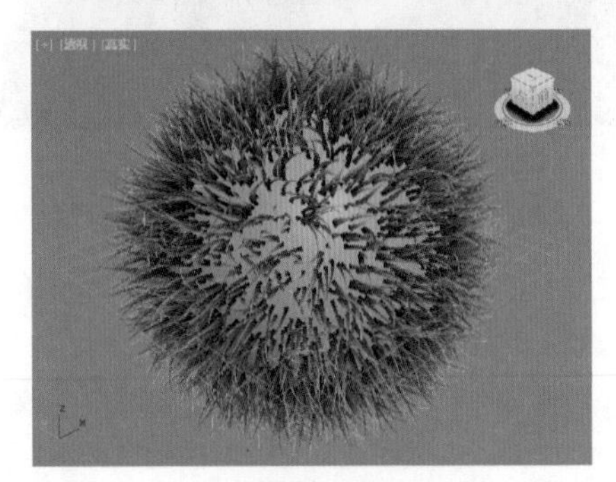

图15-27

❖ 卷发X/Y/Z频率：控制在3个轴上的卷发频率。

❖ 卷发动画：设置波浪运动的幅度。

❖ 动画速度：设置动画噪波场通过空间时的速度。

❖ 卷发动画方向：设置卷发动画的方向向量。

15.1.8　纽结参数

【纽结参数】卷展栏控制毛发扭曲的根和梢的属性，如图 15-28 所示。

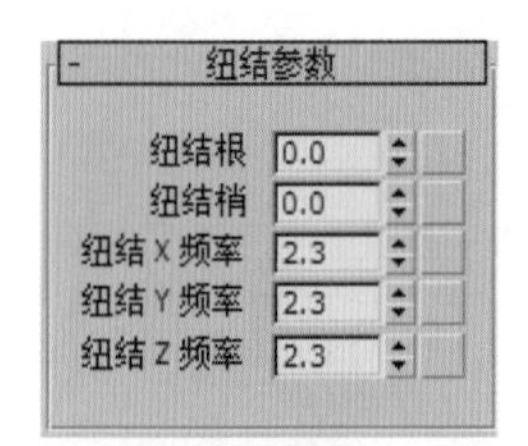

图15-28

- 纽结根/梢：设置毛发在其根部/梢部的纽结置换量。图15-29和图15-30所示为纽结根为0、纽结梢为0，纽结根为3、纽结梢为10的对比效果。

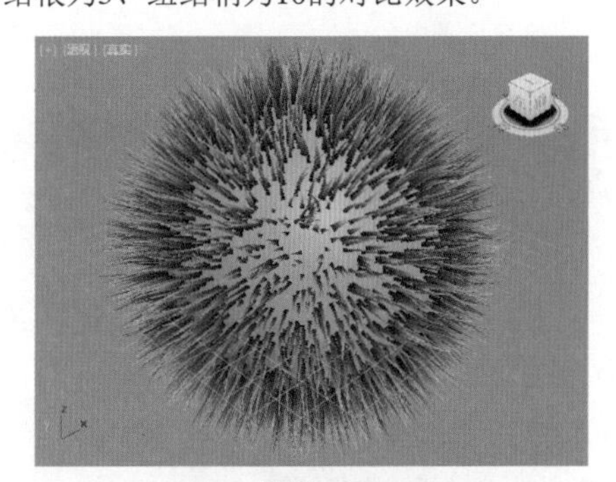

图15-29

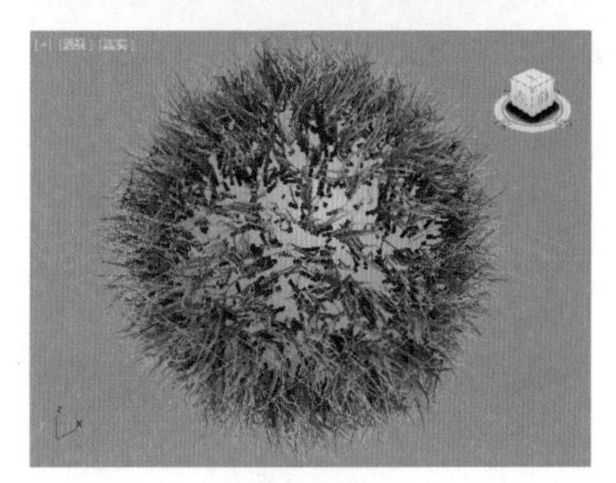

图15-30

- 纽结X/Y/Z频率：设置在3个轴上的纽结频率。

15.1.9　多股参数

【多股参数】卷展栏控制毛发多股聚集块的属性，如图 15-31 所示。

- 数量：设置每个聚集块中毛发的数量。
- 根展开：设置为根部聚集块中的每根毛发提供的随机补偿量。
- 梢展开：设置为梢部聚集块中的每根毛发提供的随机补偿量。

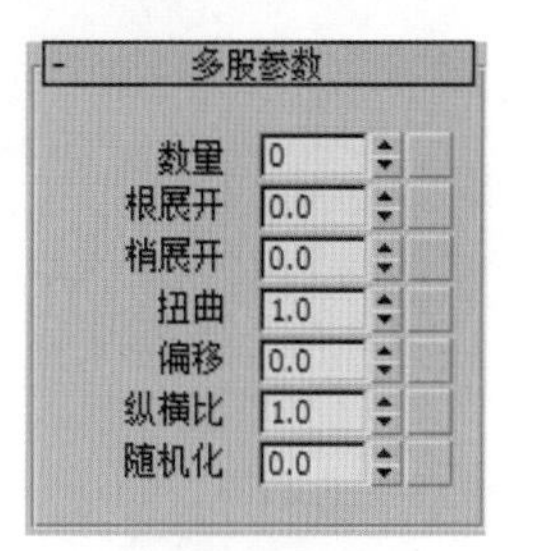

图15-31

15.1.10　动力学

【动力学】卷展栏控制毛发的真实动力学运动碰撞的效果，它方便模拟动画，如图 15-32 所示。

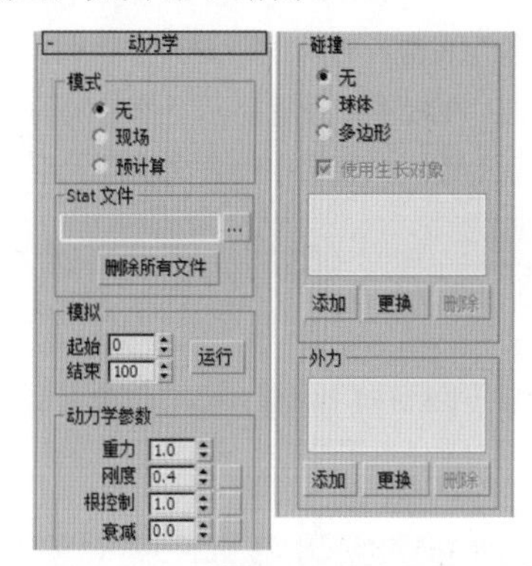

图15-32

- 模式：有【无】、【现场】和【预计算】3个选项可供选择。
- 起始：设置在计算模拟时需要考虑的第一帧。
- 结束：设置在计算模拟时需要考虑的最后一帧。
- 运行按钮：单击该按钮可进入模拟状态，并在【起始】和【结束】指定的帧范围内生成起始文件。
- 重力：在全局空间中设置垂直移动毛发的力。
- 刚度：设置动力学效果的强弱。
- 根控制：在动力学演算时，该参数只影响毛发的根部。
- 衰减：设置动态毛发前进到下一帧的速度。
- 碰撞：共有【无】、【球体】和【多边形】3种方式可供选择。
- 使用生长对象：开启该选项后，毛发和生长对象将发生碰撞。

15.1.11　显示

这些设置可用于控制毛发和导向在视口中的显示方式，如图 15-33 所示。

- 显示导向：开启该选项后，在视图中毛发会使用颜色样本中的颜色来显示导向。

图15-33

- 导向颜色：设置导向所采用的颜色。
- 显示毛发：开启该选项后，生长毛发的物体在视图中会显示出毛发。
- 覆盖：关闭该选项后，3ds Max会使用与渲染颜色相近的颜色来显示毛发。
- 百分比：在视图中设置显示全部毛发的百分比。
- 最大毛发数：在视图中设置显示最大毛发的数量。

独家秘笈——毛发可以按照一条线的走向分布吗?

【Hair 和 Fur（WSM）】修改器不仅可以模拟模型四周均匀长满毛发的效果，而且可以将毛发沿某一指定的路径进行分布。图 15-34 所示为创建一个球体和一条线。

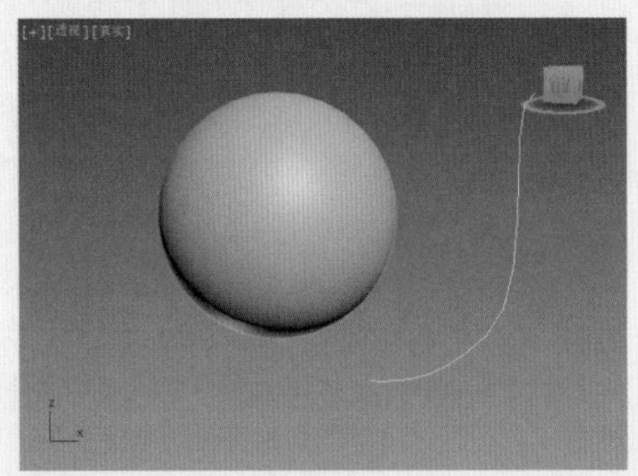

图15-34

选择球体，单击修改并添加【Hair 和 Fur（WSM）】修改器，效果如图 15-35 所示。然后单击【从样条线重梳】按钮，如图 15-36 所示。

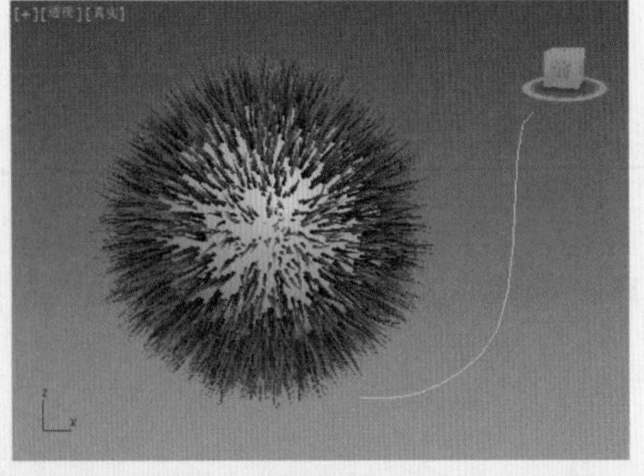

图15-35

图15-36

此时单击拾取场景中的线，可以看到球体产生了沿线分布的毛发效果，如图 15-37 所示。

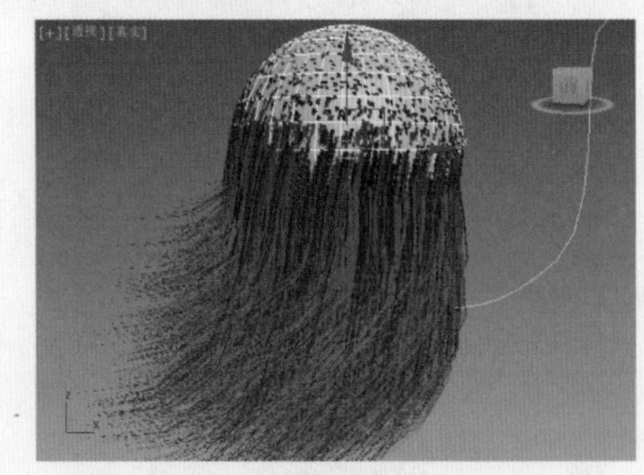

图15-37

因此可以使用该方法制作人物头发的发型。

典型实例：Hair和Fur修改器制作草地

案例文件　案例文件 \Chapter 15\ 典型实例：Hair 和 Fur 修改器制作草地 .max
视频教学　视频文件 \Chapter 15\ 典型实例：Hair 和 Fur 修改器制作草地 .flv
技术掌握　掌握 Hair 和 Fur 修改器的使用

本案例将使用 Hair 和 Fur 修改器制作草地的效果，通过对 Hair 和 Fur 修改器参数的调整，可以将草地的生长走向设置得更为真实自然。最终的渲染效果如图 15-38 所示。

制作步骤

（1）打开本书配套光盘中的【场景文件 /Chapter 15/01.max】文件，如图 15-39 所示。

（2）选择平面模型，单击修改为其添加【Hair 和 Fur（WSM）】修改器，如图 15-40 所示。

图15-38

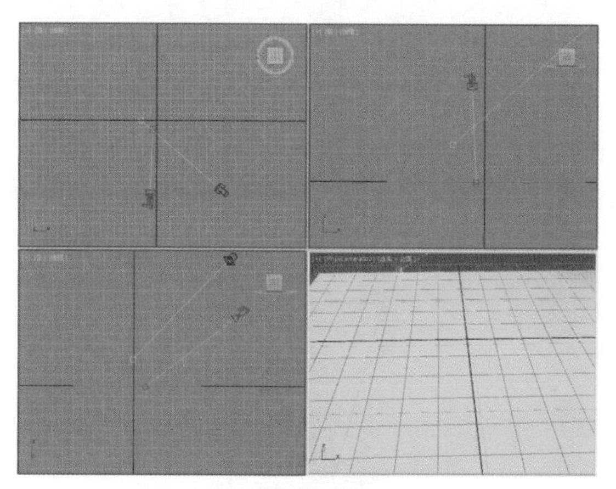

图15-39

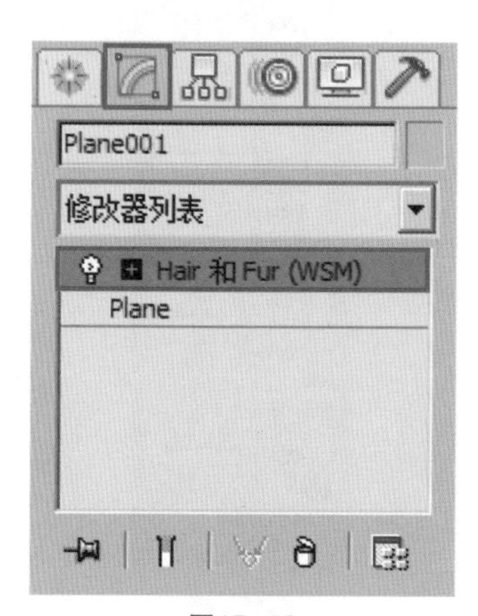

图15-40

（3）此时平面模型表面密密麻麻地分布了好多“小草”，如图 15-41 所示。

（4）单击设计发型按钮，并沿着箭头方向拖动鼠标左键将草地的生长走势进行调整，如图 15-42 所示。

（5）继续修改参数，设置【梢颜色】为浅绿色、【根颜色】为绿色，如图 15-43 所示。

图15-41

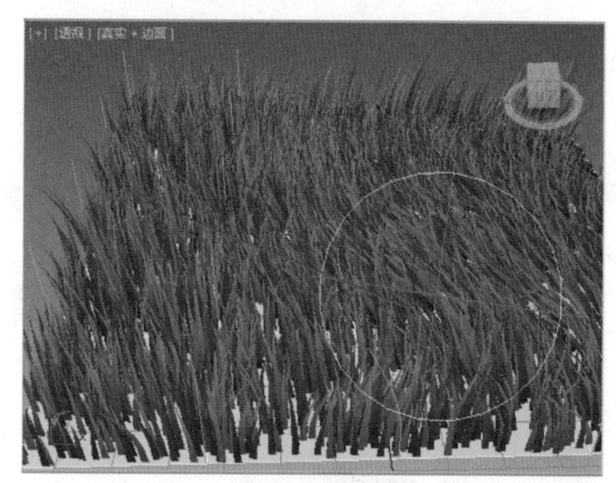

图15-42

（6）调整完成后，单击完成设计按钮即可。然后单击【工具】卷展栏下的渲染设置...按钮，设置【毛发】为【几何体】，如图 15-44 所示。

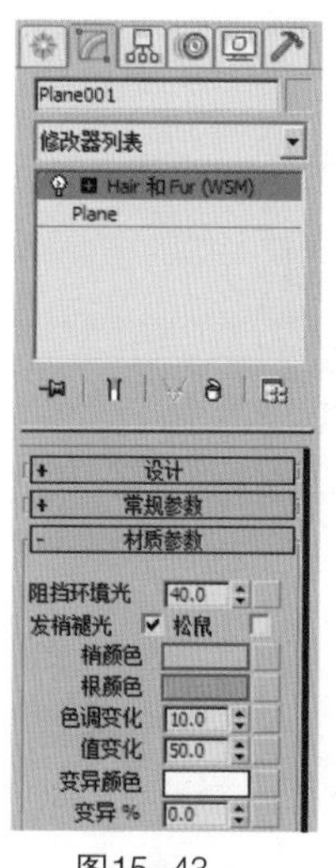

图15-43

图15-44

（7）此时的草地效果，如图 15-45 所示。最终的渲染效果，如图 15-46 所示。

图15-45

图15-46

15.2 VR-毛皮

【VR-毛皮】需要安装VRay渲染器后才可使用的毛发工具。相比【Hair和Fur（WSM）】修改器，【VR-毛皮】工具的参数更直观易懂，【VR-毛皮】适合制作室内外设计中的地毯、毛巾、毛毯、草地等，如图15-47所示。

图15-47

单击（创建）|（几何体）| VRay | VR-毛皮，如图15-48所示。

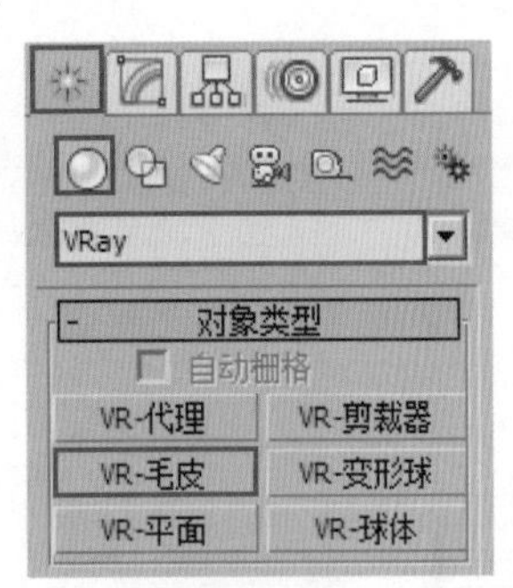

图15-48

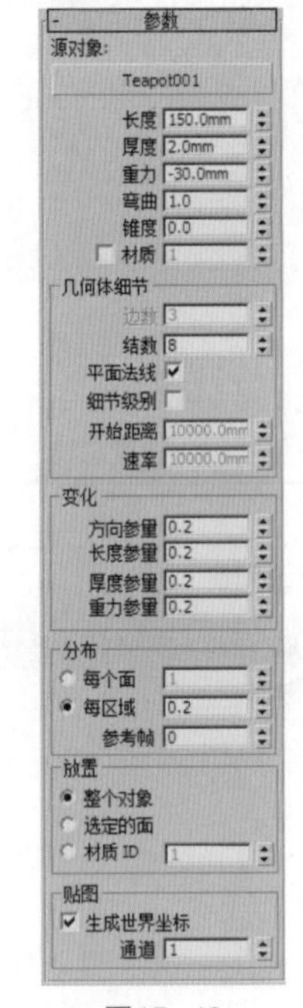

图15-49

15.2.1 参数

展开【参数】卷展栏，如图15-49所示。

- 源对象：指定需要添加毛发的物体。
- 长度：设置毛发的长度。
- 厚度：设置毛发的厚度。该选项只有在渲染时才会看到变化。
- 重力：控制毛发在Z轴方向上被下拉的力度，也就是通常所说的【重量】。
- 弯曲：设置毛发的弯曲程度。
- 锥度：用来控制毛发锥化的程度。
- 边数：这个参数当前还不可用，在以后的版本中将会开发多边形的毛发。
- 结数：用来控制毛发弯曲时的光滑程度。数值越大，表示段数越多，弯曲的毛发越光滑。

- 平面法线：这个选项用来控制毛发的呈现方式。当勾选该选项后，毛发将以平面的方式呈现；当关闭该选项后，毛发将以圆柱体的方式呈现。
- 方向/长度/厚度/重力参量：控制毛发在方向/长度/厚度/重力上的随机变化。
- 每个面：控制每个面产生毛发的数量。
- 每区域：用来控制每单位面积内的毛发数量，在这种方式下渲染出来的毛发比较均匀。
- 参考帧：指定源物体获取到计算面大小的帧，获取的数据将贯穿整个动画过程。
- 整个对象：启用该选项后，全部的面都将产生毛发。
- 选定的面：启用该选项后，只有被选择的面才能产生毛发。

15.2.2 贴图

展开【贴图】卷展栏，如图 15-50 所示。

图15-50

- 基础贴图通道：用于选择贴图的通道。
- 弯曲方向贴图（RGB）：用彩色贴图来控制毛发的弯曲方向。
- 初始方向贴图（RGB）：用彩色贴图来控制毛发根部的生长方向。
- 长度贴图（单色）：用灰度贴图来控制毛发的长度。
- 厚度贴图（单色）：用灰度贴图来控制毛发的粗细。
- 重力贴图（单色）：用灰度贴图来控制毛发受重力的影响。
- 弯曲贴图（单色）：用灰度贴图来控制毛发的弯曲程度。
- 密度贴图（单色）：用灰度贴图来控制毛发的生长密度。

15.2.3 视口显示

展开【视口显示】卷展栏，如图 15-51 所示。

图15-51

- 视口预览：当勾选该选项后，可以在视图中预览毛发的大致情况。
- 自动更新：当勾选该选项后，改变毛发参数的时候，系统会在视图中自动更新毛发的显示情况。

典型实例：VR-毛皮制作毛毯

案例文件 案例文件 \Chapter 15\ 典型实例：VR- 毛皮制作毛毯 .max
视频教学 视频文件 \Chapter 15\ 典型实例：VR- 毛皮制作毛毯 .flv
技术掌握 掌握 VR- 毛皮的使用

本案例使用【VR- 毛皮】工具模拟毛毯表面的毛发质感，并且可以让毛发自然下垂。最终的渲染效果如图 15-52 所示。

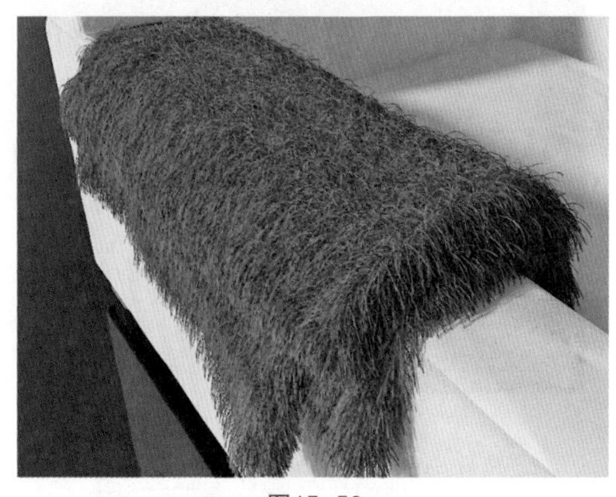

图15-52

制作步骤

（1）打开本书配套光盘中的【场景文件 /Chapter 15/02.max】文件，如图 15-53 所示。

（2）选择毛毯模型，如图 15-54 所示。

（3）然后单击（创建）|（几何体）| VRay | VR-毛皮，此时毛毯上生长出了“毛发”，如图 15-55 所示。

（4）单击修改，设置【长度】为 40mm、【厚度】为 0.4mm、【重力】为 -50mm、【弯曲】为 1、【结数】为 7、【方向参量】为 0.3、【长度参量】为 0.3、【厚度参量】为 0.3、【重力参量】为 0.3、【每区域】为 0.5，如图 15-56 所示。

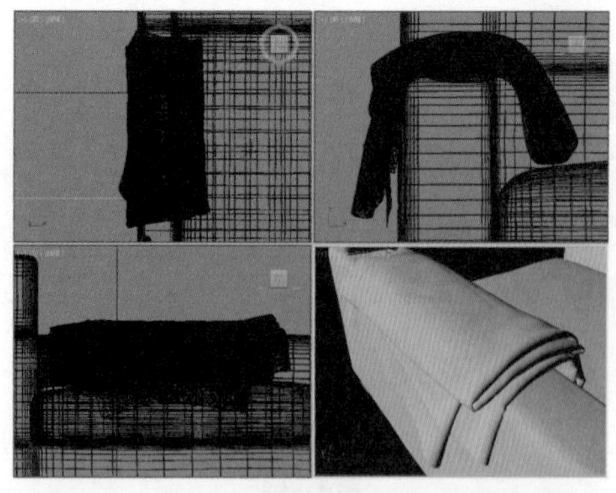
图15-53

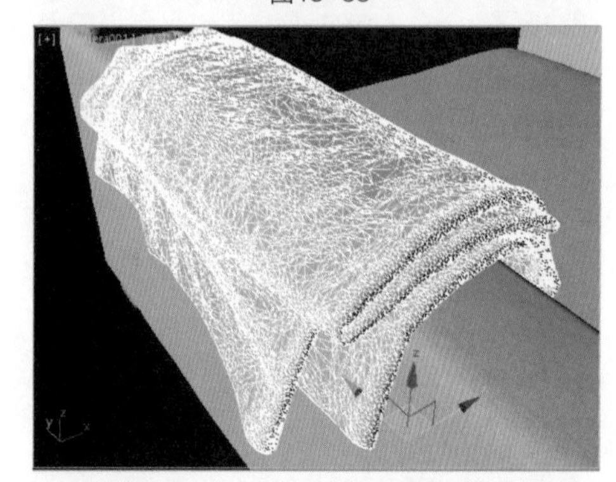
图15-54

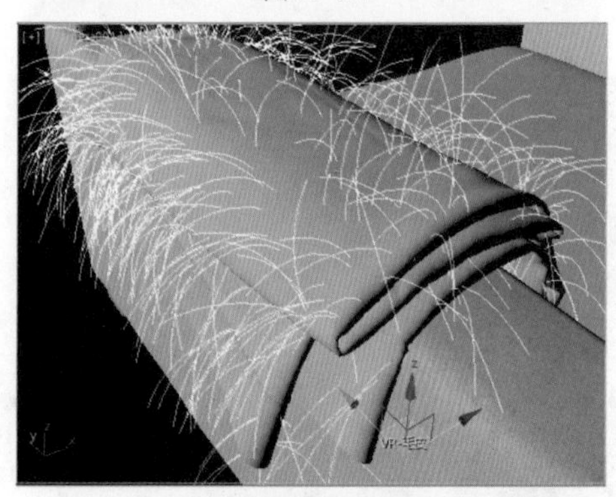
图15-55

图15-56

（5）此时的毛毯效果，如图 15-57 所示。最终的渲染效果，如图 15-58 所示。

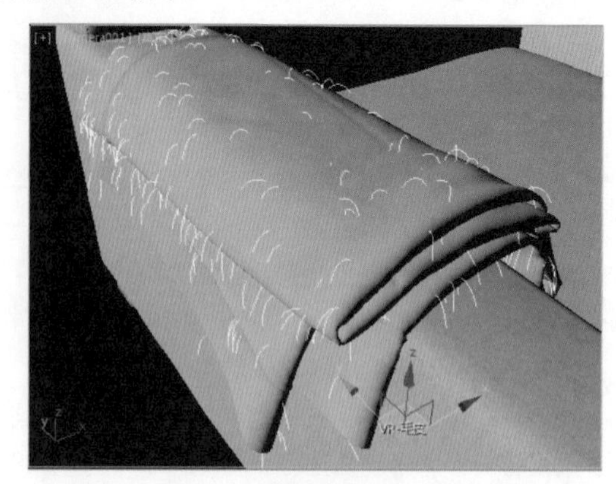
图15-57

图15-58

典型实例：VR-毛皮制作松树

案例文件	案例文件 \Chapter 15\ 典型实例：VR- 毛皮制作松树 .max
视频教学	视频文件 \Chapter 15\ 典型实例：VR- 毛皮制作松树 .flv
技术掌握	掌握 VR- 毛皮的使用

本案例通过对松树枝干添加【VR- 毛皮】，从而模拟出松针的真实效果。最终的渲染效果如图 15-59 所示。

图15-59

制作步骤

（1）打开本书配套光盘中的【场景文件 /Chapter 15/03.

max】文件，如图15-60所示。

图15-60

（2）选择树枝模型，如图15-61所示。

图15-61

（3）然后单击（创建）|（几何体）|VRay|VR-毛皮，此时树枝上生长出了“松针”，如图15-62所示。

（4）单击修改，设置【长度】为150mm、【厚度】为2mm、【重力】为20mm、【弯曲】为40、【锥度】为1，如图15-63所示。

图15-62

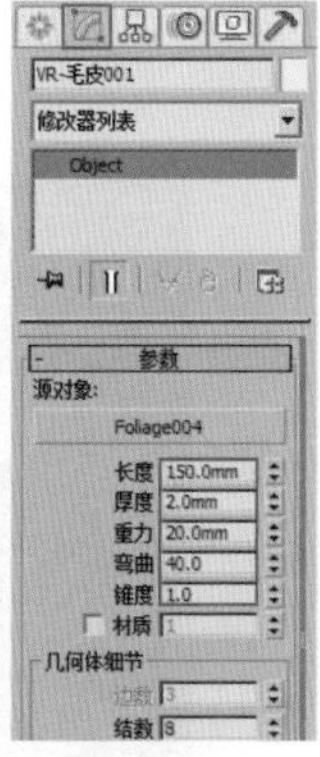

图15-63

（5）此时的松树效果，如图15-64所示。最终的渲染效果，如图15-65所示。

图15-64

图15-65

独家秘笈——其实用贴图的方法也能制作毛发，想不到吧？

学习了本章的知识后，大家都知道可以使用两种方法创建毛发效果了，那么除此之外还有其他方法可以制作毛发效果吗？其实还可以用【修改器+贴图】的方法制作。我们来试一下吧！

比如创建一个平面模型，如图15-66所示。然后为平面模型添加【VR-置换模式】修改器，设置相关的参数及添加贴图，如图15-67所示。

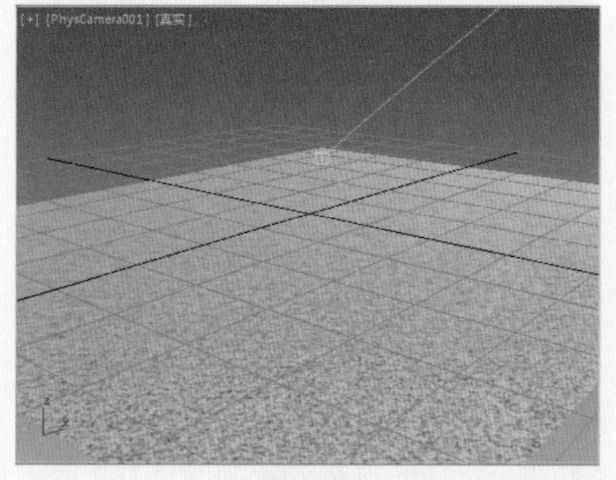

图15-66

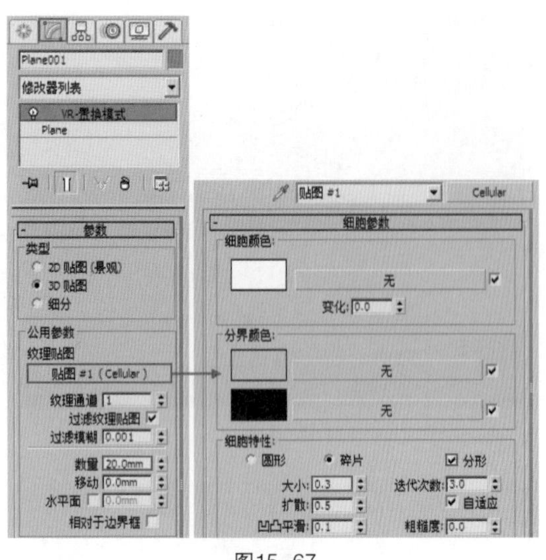

图15-67

此时渲染即可产生毛发的效果，如图 15-68 所示。

图15-68

15.3 Design教授研究所——毛发系统常见的几个问题

毛发学习完了，是不是很简单呢？相对于其他章节而言，本章的内容少之又少，而且只能用来模拟同一类效果，因此很轻松吧。但是教授也总结了几个小问题，大家一起来看看吧！

15.3.1 怎么为模型中部分多边形添加毛发？

有时候我们不需要为整个模型添加毛发，而只是需要为其中一部分多边形添加。实现它其实很简单。

首先为模型添加【Hair 和 Fur（WSM）】修改器，效果如图 15-69 所示。单击修改，进入【多边形】级别，如图 15-70 所示。

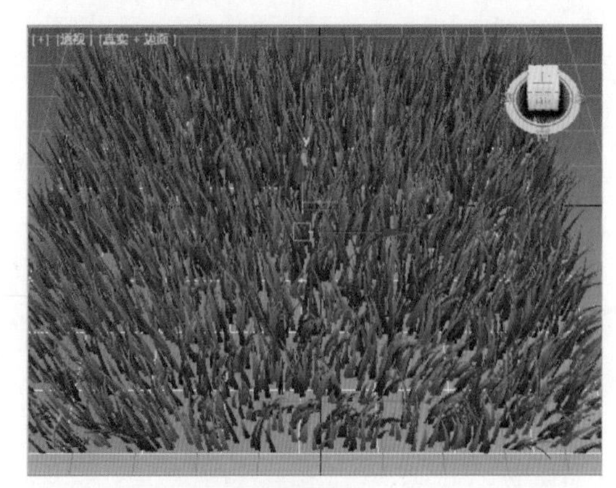

图15-69

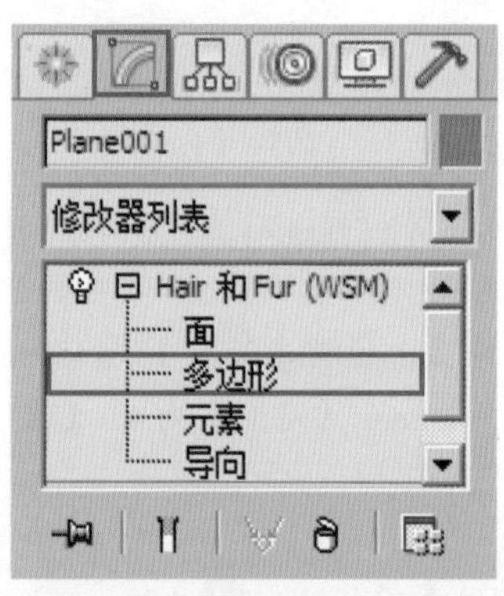

图15-70

此时可以选择相应的多边形，如图 15-71 所示。再次单击【多边形】级别，如图 15-72 所示。

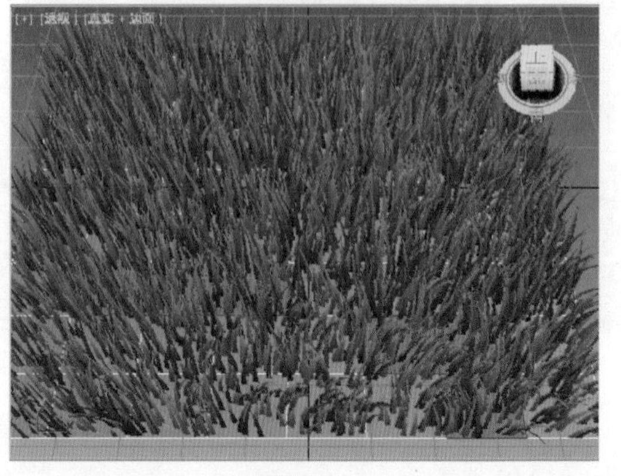

图15-71

图15-72

此时会发现只有刚才选择的多边形区域产生了毛发效果，如图 15-73 所示。

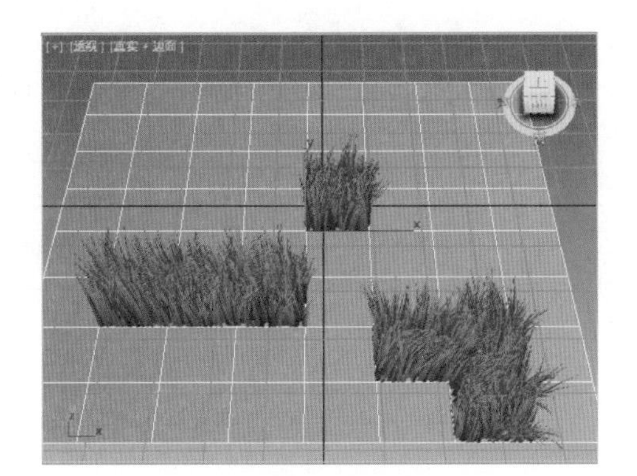

图15-73

15.3.2 毛发的渲染速度和哪些参数有关系？

毛发的渲染速度除了受到渲染参数、灯光参数和材质参数的影响之外，主要由以下 3 类参数决定。

（1）模型的精度。

（2）毛发的结数。

（3）毛发的分布参数。

以【Hair 和 Fur（WSM）】修改器为例来说明它们的关系。除了【毛发数量】参数之外，【毛发段】也会影响渲染速度。【毛发段】越大，毛发越精细，渲染的速度越慢，如图 15-74 和图 15-75 所示。

【毛发段】越小，毛发越粗糙，渲染的速度越快，如图 15-76 和图 1577 所示。

以【VR- 毛皮】为例来说明它们的关系。原始模型分段越精细，那么产生的毛发越多，渲染也就越慢，如图 15-78 和图 15-79 所示。

【结数】参数越大，渲染速度越慢，如图 15-80 和图 15-81 所示。

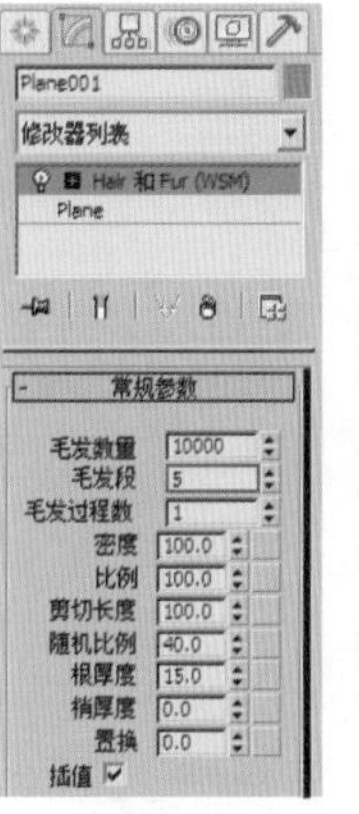

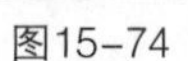

图15-74　图15-75

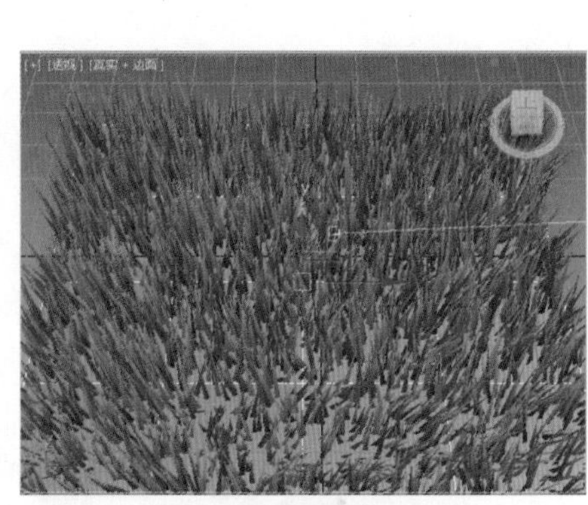

图15-76　图15-77

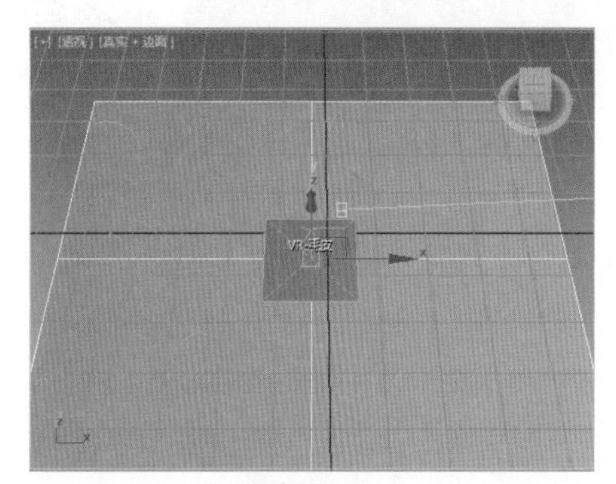

图15-78

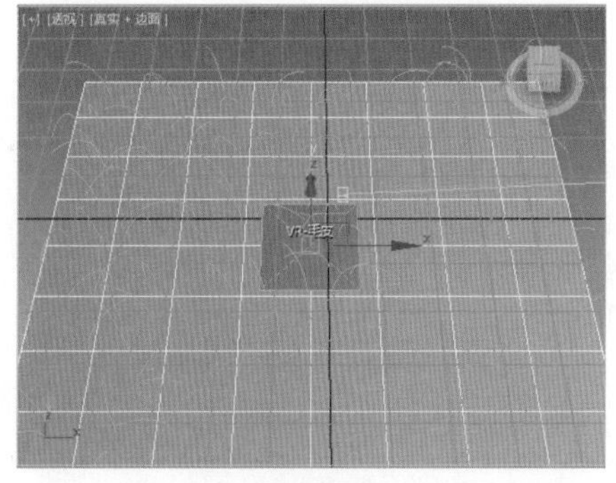

图15-79

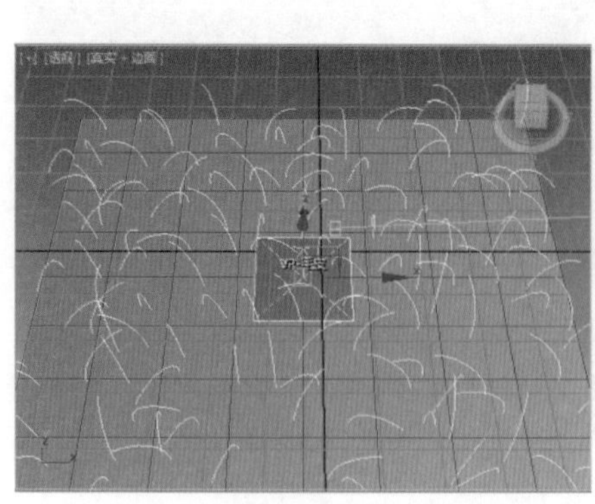

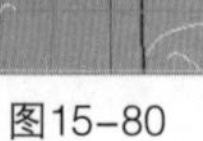

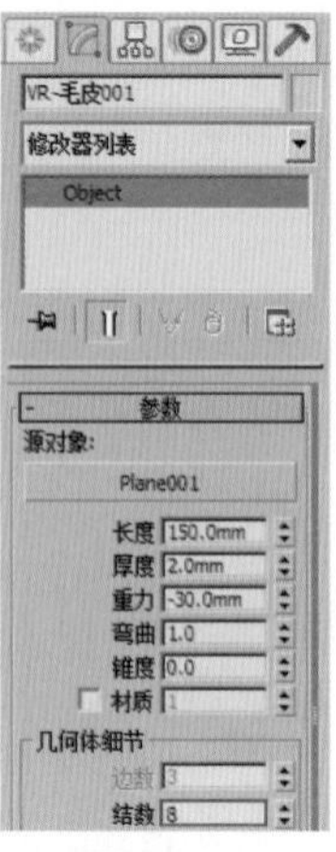

图15-80　　图15-81

【结数】参数越小，渲染的速度越快，如图 15-82 和图 15-83 所示。

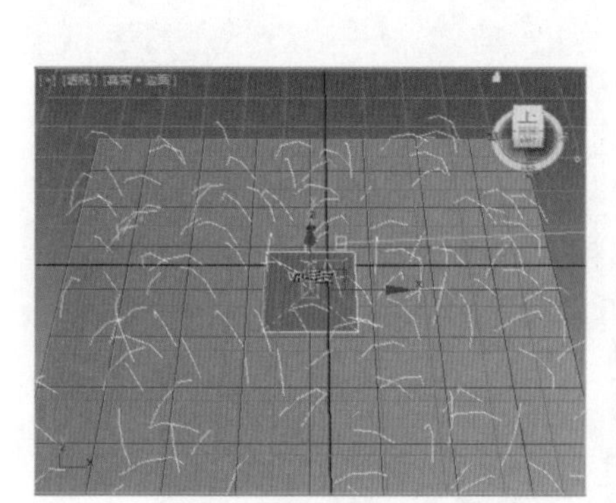

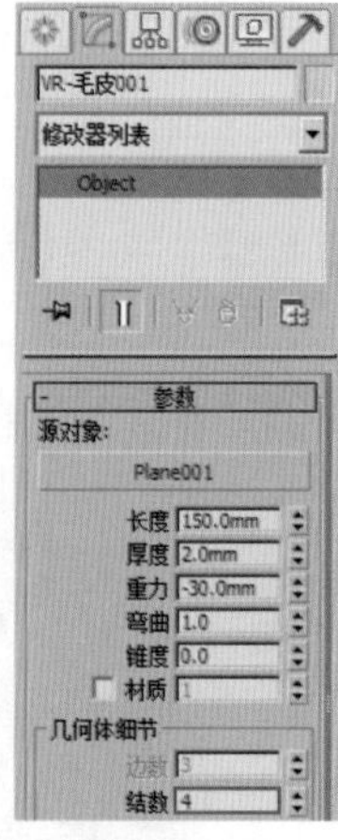

图15-82　　图15-83

【每区域】参数越大，毛发越多，渲染的速度越慢，如图 15-84 和图 15-85 所示。

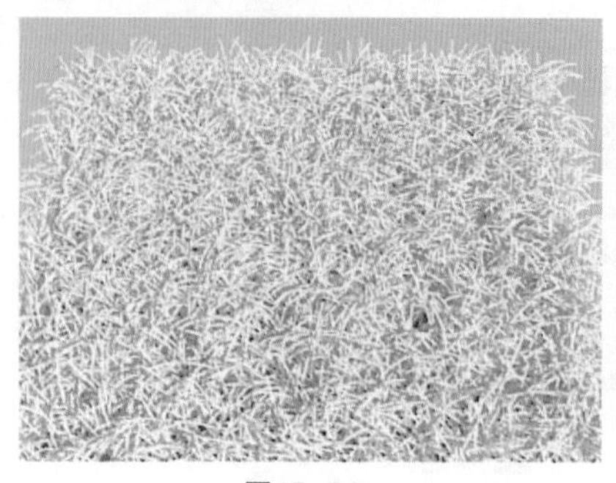

图15-84　　图15-85

【每区域】参数越小，毛发越少，渲染的速度越快，如图 15-86 和图 15-87 所示。

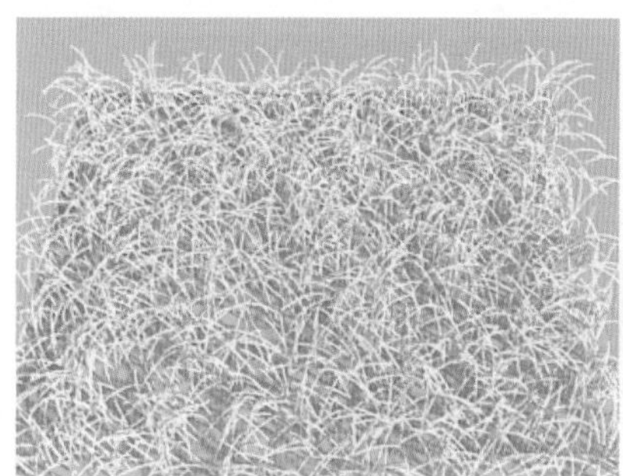

图15-86　　图15-87

本章小结

通过对本章的学习，我们已经掌握了毛发的知识。它不仅可以制作毛茸茸的毛绒玩具，也可以制作绿油油的草丛，还可以制作柔软顺滑的毛毯。制作的方法很简单，而且效果逼真，一起来试试吧！

第 16 章　动画，很好玩！

本章内容

关键帧动画的应用
约束、角色动画
CAT 的应用

本章人物

Design 教授——擅长 3ds Max 技术和理论
三弟——酷爱 3ds Max 软件，新手
麦克斯——三弟的同班同学，好友

我们将在这一章中讲解动画知识。动画，是一门综合艺术。它是集合了绘画、漫画、电影、数字媒体、摄影、音乐和文学等众多艺术门类于一身的艺术表现形式。动画是本书中相对较为复杂的章节，因此一定要多加练习。

16.1 动画的理论知识，你要了解

动画是 3ds Max 中制作难度较大的环节，要想学好动画制作，首先要了解动画的基本理论、掌握动画的运动规律及标准的制作流程，这样才能制作出连贯的、生动的、有趣的原创动画作品。

16.1.1 动画的原理是什么？

动画的原理很简单，可以理解为在一定的时间内，动画对象的状态发生的变化，这个过程称为动画。在 3ds Max 中动画不仅指物体的动画，而且也可以对灯光、摄影机、材质和粒子系统等任何对象设置动画。

16.1.2 帧的概念

“帧”可以理解为一张图片，定格在某一瞬间的画面。通常国内电影 1 秒内播放 24 张图片，因此电影也被称为“24 帧的艺术”。而电影《霍比特人》则是 1 秒内播放 48 帧，在观影时视觉感受会更强烈，画面质感更细致。李安导演的最新作品《比利 · 林恩漫长的中场休息》则是 1 秒内播放 120 帧，这将引领新的电影技术潮流，同时会带来前所未有的视觉体验。

16.1.3 独家秘笈——关键帧动画的制作流程和思路

既然前面讲到了动画的原理是“一定时间内，动画对象的状态发生的变化”，那么我们来试一下。

（1）使用关键帧动画，首先要单击按钮自动关键点，如图 16-1 所示。

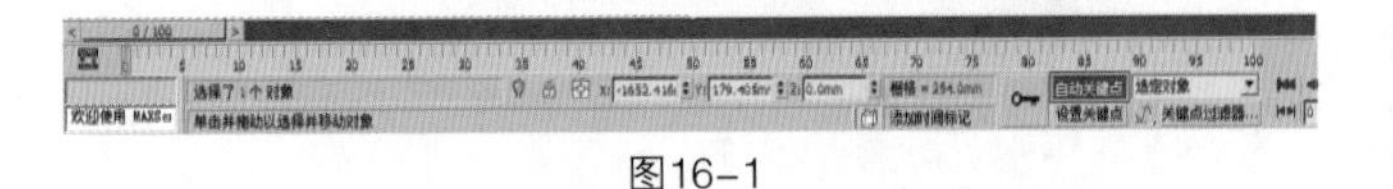

图16-1

（2）将时间线拖动到第二十帧的位置，如图 16-2 所示。

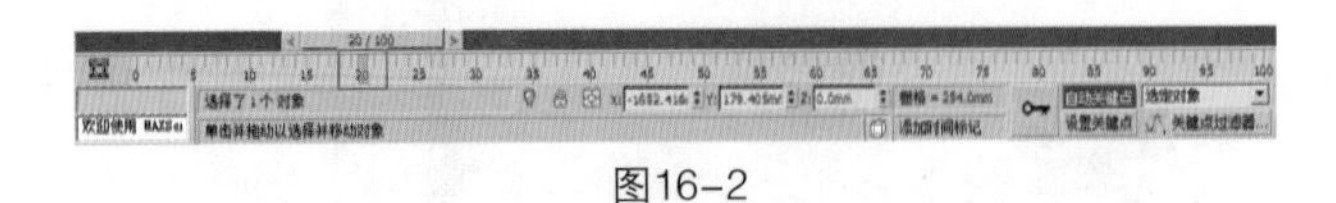

图16-2

（3）将物体从原始位置移动到另外一个位置，如图 16-3 和图 16-4 所示。

（4）此时会看到在第零帧和第二十帧的位置，出现了关键点的小图标，这说明刚才设置的动画是正确的，如图 16-5 所示。

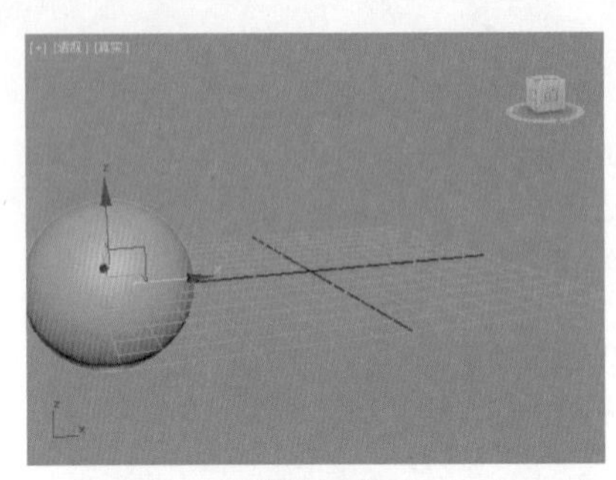

图16-3

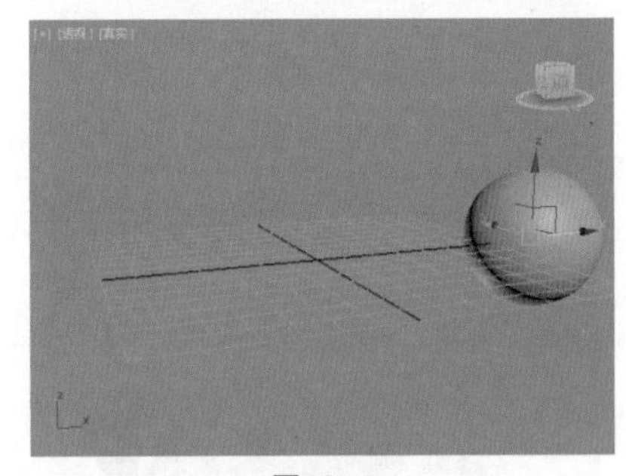

图16-4

图16-5

（5）拖动时间线，可以看到在 0 ～ 20 帧内产生了动画的效果，如图 16-6 所示。

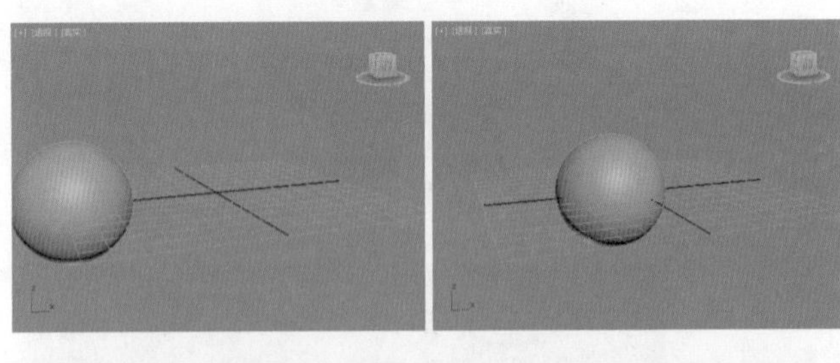

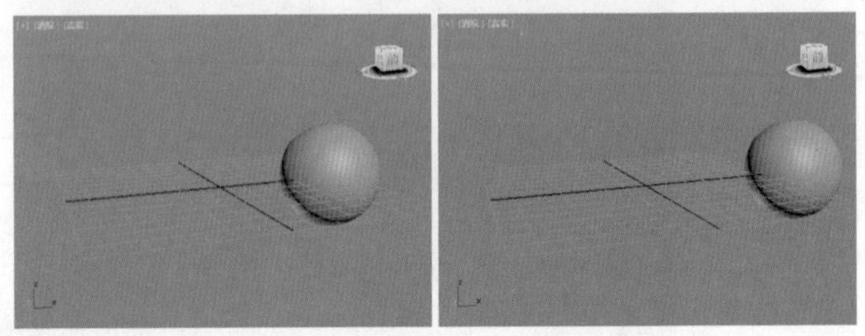

图16-6

16.2 关键帧动画

关键帧动画是 3ds Max 中最基础、最常用的动画方式之一。关键帧动画是由关键帧构成的，通过设置不同的关键帧，使动画对象在不同时刻具有不同的属性特征。

16.2.1 动画制作工具

1. 自动关键点的红色为开启

开启 3ds Max 2016 后，在界面的右下角可以看到设置动画关键帧的相关工具，如图 16-7 所示。

图16-7

- 自动关键点按钮：单击该按钮可以记录关键帧。在该状态下，物体的模型、材质、灯光和渲染都将被记录为不同属性的动画。启用【自动关键点】功能后，时间线会变成红色，拖曳时间线滑块可以控制动画的播放范围和关键帧等，如图16-8所示。

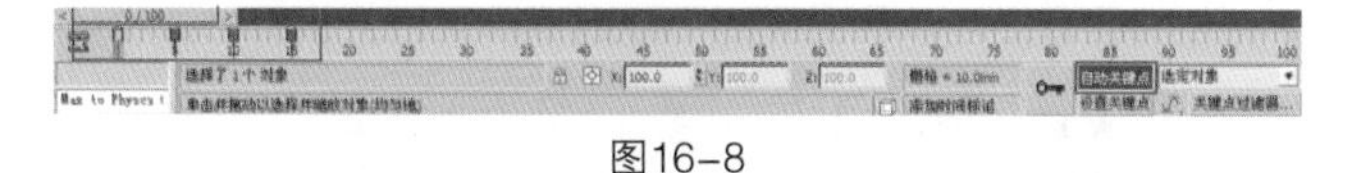

图16-8

- 设置关键点按钮：激活该选项后，可以对关键点设置动画。
- 【设置关键点】按钮：如果对当前的效果比较满意，可以单击该按钮（快捷键为【K】键）设置关键点。
- 选定对象按钮：使用【设置关键点】动画模式时，可快速访问命名选择集和轨迹集。使其可在不同的选择集和轨迹集之间快速切换。
- 【新建关键点默认的内/外切线】按钮：该弹出按钮可为新的动画关键点提供快速设置默认切线类型的方法，这些新的关键点是用设置关键点模式或者自动关键点模式来创建的。
- 关键点过滤器...按钮：打开【设置关键点过滤器】对话框，在其中可以指定使用【设置关键点】时创建关键点所在的轨迹。

2. 动画控件

3ds Max 2016 中有几个用于动画播放的相关工具，如图 16-9 所示。

图16-9

- 【转至开头】按钮：如果当前的时间线滑块没有处于第零帧位置，那么单击该按钮可以跳转到第零帧。
- 【上一帧】按钮：将当前时间线滑块向前移动一帧。
- 【播放动画】按钮/【播放选定对象】按钮：单击（播放动画）按钮可以播放整个场景中的所有动画；单击（播放选定对象）按钮可以播放选定对象的动画，而未选定的对象将静止不动。
- 【下一帧】按钮：将当前时间线滑块向后移动一帧。
- 【转至结尾】按钮：如果当前时间线滑块没有处于结束帧位置，那么单击该按钮可以跳转到最后一帧。
- 【时间跳转输入框】：在这里可以输入数字来跳转时间线滑块到指定位置，比如输入60，按【Enter】键就可以将时间线滑块跳转到第六十帧。

3. 时间控件

- 【关键点模式切换】按钮：单击该按钮可以切换到关键点设置模式。
- 【时间配置】按钮：单击该按钮可以打开【时间配置】对话框，该对话框中的参数将在后面的内容中进行讲解。

4. 时间配置可以修改时间长度

单击（时间配置）按钮，打开【时间配置】对话框，可以在该窗口中设置【帧速率】、【时间显示】等参数，如图 16-10 所示。

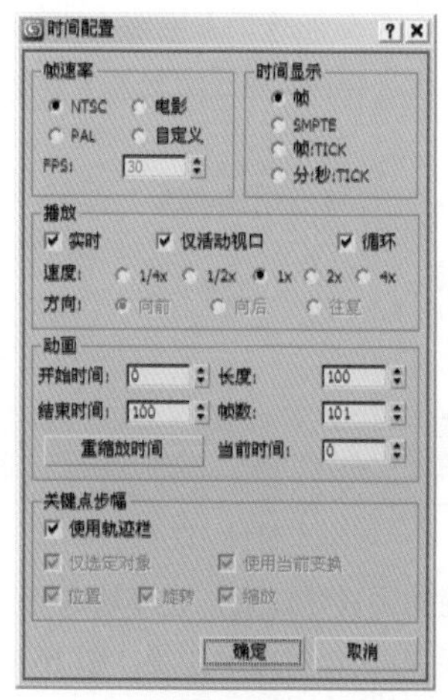

图16-10

- ❖ 帧速率：共有【NTSC】（30帧/秒）、【PAL】（25帧/秒）、【电影】（24帧/秒）和【自定义】4种方式可供选择，但一般情况都采用【PAL】（25帧/秒）的方式。
- ❖ 时间显示：共有【帧】、【SMPTE】、【帧:TICK】和【分:秒:TICK】4种方式可供选择。
- ❖ 实时：使视图中播放的动画与当前【帧速率】的设置保持一致。
- ❖ 仅活动视口：使播放操作只在活动视口中进行。
- ❖ 循环：控制动画只播放一次或者循环播放。
- ❖ 方向：指定动画的播放方向。
- ❖ 开始时间/结束时间：在时间线滑块中设置显示活动的时间段。
- ❖ 长度：设置显示活动时间段的帧数。
- ❖ 帧数：设置要渲染的帧数。
- ❖ 当前时间：指定时间线滑块的当前帧。
- ❖ 重缩放时间按钮：单击此按钮可实现拉伸或收缩活动时间段内的动画，以匹配指定的新时间段。
- ❖ 使用轨迹栏：启用该选项后，可以使关键点模式遵循轨迹栏中所有的关键点。
- ❖ 仅选定对象：在使用【关键点步幅】模式时，该选项仅考虑选定对象的变换。
- ❖ 使用当前变换：禁用【位置】、【旋转】、【缩放】选项后，该选项可在关键点模式中使用当前变换。
- ❖ 位置/旋转/缩放：指定关键点模式所使用的变换模式。

16.2.2 曲线编辑器可以让动画变得更流畅

【曲线编辑器】是制作动画时经常使用到的一个编辑器。使用【曲线编辑器】可以快速地调节曲线来控制物体的运动状态。单击【主工具栏】中的【曲线编辑器（打开）】按钮，打开【轨迹视图 - 曲线编辑器】对话框，如图 16-11所示。

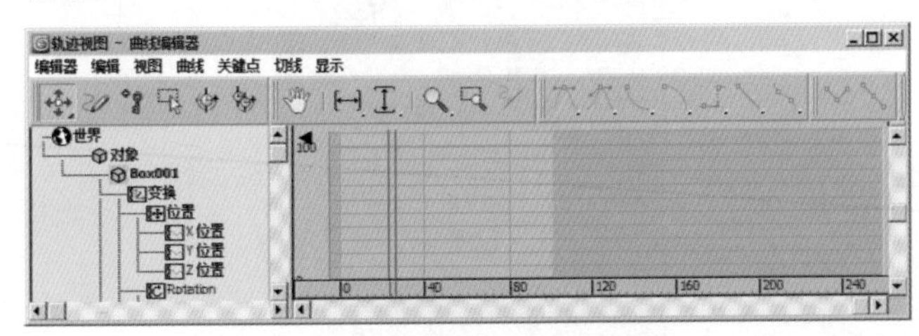

图16-11

为物体设置动画属性以后，在【轨迹视图 - 曲线编辑器】对话框中就会产生与之相对应的曲线，图 16-12 所示是【位置】属性的【X 位置】、【Y 位置】和【Z 位置】曲线。

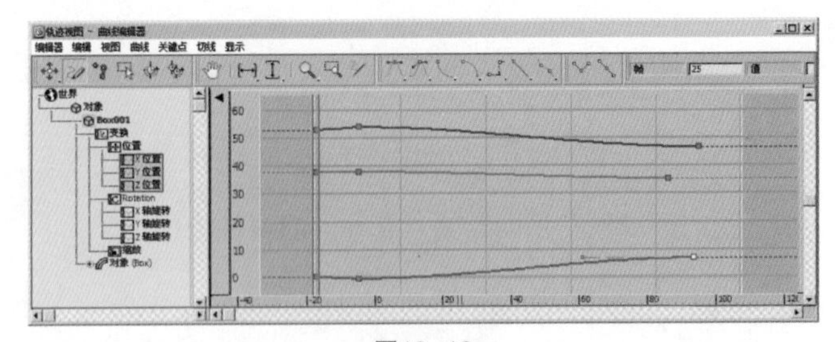

图16-12

1. 关键点控制工具

【关键点控制：轨迹视图】工具栏中的工具主要用来调整曲线的基本形状，同时也可以调整关键帧和添加关键点，如图 16-13 所示。

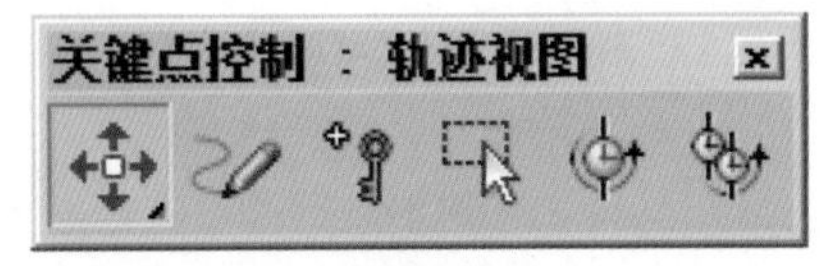

图16-13

- ❖ 【移动关键点】按钮/【水平移动关键点】按钮/【垂直移动关键点】按钮：在函数曲线图上任意移动、水平或垂直移动关键点。
- ❖ 【绘制曲线】按钮：可使用该选项绘制新曲线，或直接在函数曲线图上绘制草图来修改已有的曲线。
- ❖ 【插入关键点】按钮：在现有曲线上创建关键点。
- ❖ 【区域工具】按钮：使用此工具可以在矩形区域中移动和缩放关键点。
- ❖ 【调整时间工具】按钮：使用该工具可以进行时间调节。
- ❖ 【对全部对象重定时工具】按钮：使用该工具可以对全部对象进行重定时间。

2. 导航工具

【导航】工具可以控制平移、水平方向最大化显示、最大化显示值、缩放、缩放区域及孤立曲线等操作，如图 16-14 所示。

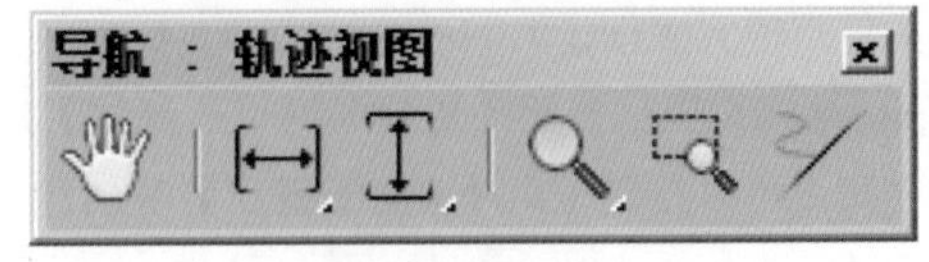

图16-14

- ❖ 【平移】按钮：该选项可以控制平移的轨迹视图。
- ❖ 【框显水平范围】按钮：该选项用来控制水平方向上的最大化显示效果。
- ❖ 【框显垂直范围】按钮：该选项用来控制垂直方向上的最大化显示数值。
- ❖ 【缩放】按钮：该选项用来控制轨迹视图的缩放效果。

❖ 【缩放区域】按钮：该选项可以通过拖动鼠标的左键进行区域缩放。

❖ 【孤立曲线】按钮：该选项用来控制孤立的曲线。

3. 关键点切线工具

【关键点切线：轨迹视图】工具栏中的工具主要用来调整曲线的切线，如图 16-15 所示。

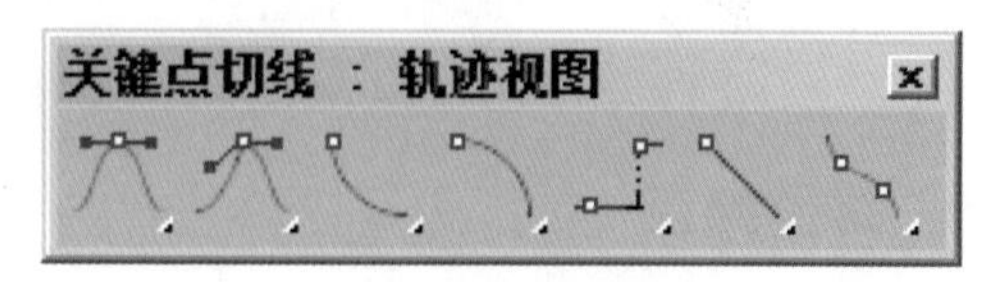

图16-15

❖ 【将切线设置为自动】按钮：选择关键点后，单击该按钮可以切换为自动切线。

❖ 【将切线设置为自定义】按钮：使用该按钮可将关键点设置为自定义切线。

❖ 【将切线设置为快速】按钮：单击该按钮可将关键点切线设置为快速内切线或快速外切线，也可以设置为快速内切线兼快速外切线。

❖ 【将切线设置为慢速】按钮：单击该按钮可将关键点切线设置为慢速内切线或慢速外切线，也可以设置为慢速内切线兼慢速外切线。

❖ 【将切线设置为阶跃】按钮：单击该按钮可将关键点切线设置为阶跃内切线或阶跃外切线，也可以设置为阶跃内切线兼阶跃外切线。

❖ 【将切线设置为线性】按钮：单击该按钮可将关键点切线设置为线性内切线或线性外切线，也可以设置为线性内切线兼线性外切线。

❖ 【将切线设置为平滑】按钮：单击该按钮可将关键点切线设置为平滑切线。

4. 切线动作工具

【切线动作】工具栏上提供的工具可用于统一和断开动画关键点切线，如图 16-16 所示。

图16-16

❖ 【断开切线】按钮：该按钮允许将两条切线（控制柄）连接到一个关键点上，使其能够独立移动，以便不同的运动能够进出关键点。选择一个或多个带有统一切线的关键点，然后单击【断开切线】即可实现。

❖ 【统一切线】按钮：如果切线是统一的，按任意方向移动控制柄，从而使控制柄之间保持最小角度。选择一个或多个带有断开切线的关键点，然后单击【统一切线】即可实现。

5. 关键点输入工具

【曲线编辑器】中的【关键点输入：轨迹视图】工具栏中包含利用键盘编辑单个关键点的字段，如图 16-17 所示。

图16-17

❖ 帧：显示选定关键点的帧编号。

❖ 值：高亮显示关键点的值。

16.3 动画约束

动画约束是指让模型按照一定的约束方式进行运动。通过与另一个对象的绑定，可以使用约束来控制对象的位置、旋转或缩放。约束需要一个设置动画的对象及至少一个目标对象。目标会对受约束的对象施加特定的动画限制。

执行【动画 / 约束】菜单命令，可以观察到【约束】命令有 7 个子命令，分别是【附着约束】、【曲面约束】、【路径约束】、【位置约束】、【链接约束】、【注视约束】和【方向约束】，如图 16-18 所示。

图16-18

16.3.1 附着约束

【附着约束】是一种位置约束，它将一个对象的位置附着到另一个对象的面上，如图 16-19 所示。

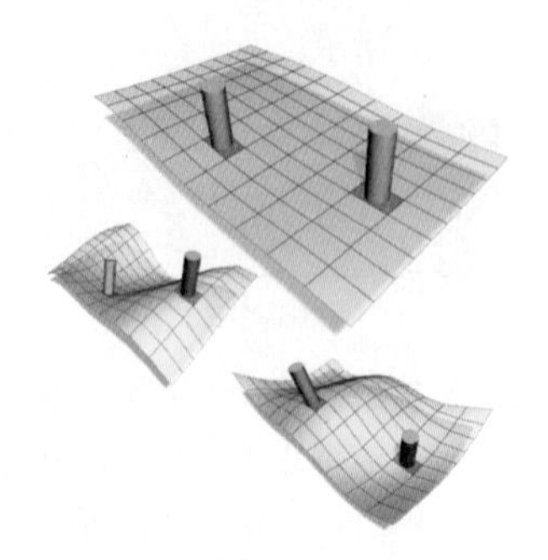
图16-19

16.3.2 链接约束

【链接约束】可以使对象继承目标对象的位置、旋转度以及比例，如图 16-20 所示。

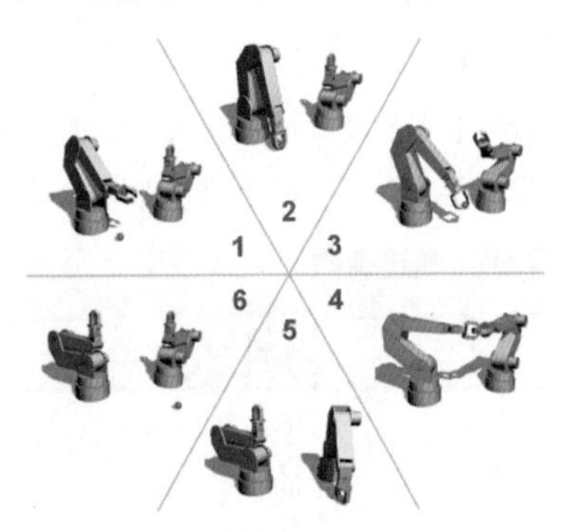

图16-20

16.3.3 注视约束

【注视约束】常用来制作眼球注视、卫星动画等效果，它可以跟随物体的运动而自动旋转，如图 16-21 所示。

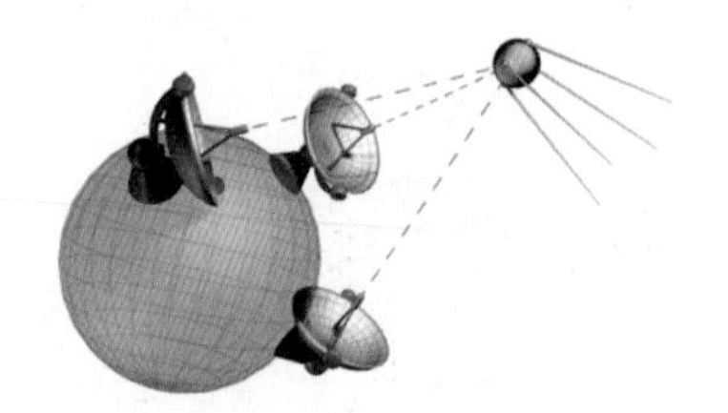
图16-21

16.3.4 方向约束

【方向约束】会使某个对象的方向沿着目标对象的方向或若干目标对象的平均方向，如图 16-22 所示。

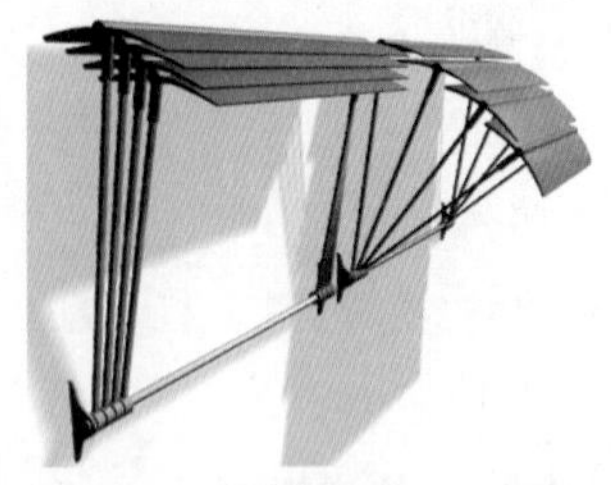
图16-22

16.3.5 路径约束

【路径约束】可限制对象的移动，使其沿样条线移动，或在多个样条线之间以平均间距进行移动，如图 16-23 所示。

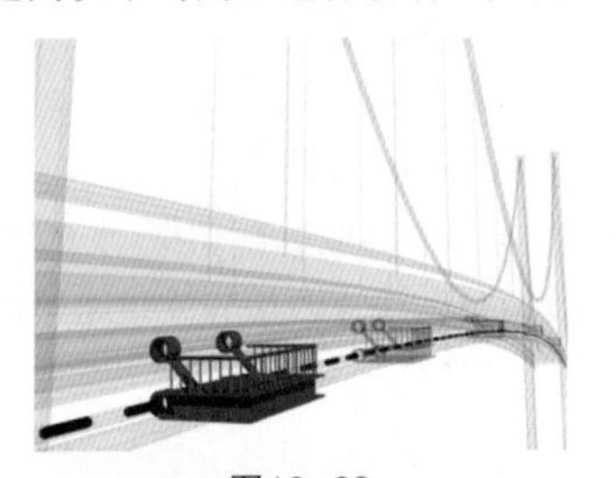
图16-23

16.3.6 位置约束

【位置约束】可以根据目标对象的位置或若干对象的加权平均位置对某一对象进行定位，如图 16-24 所示。

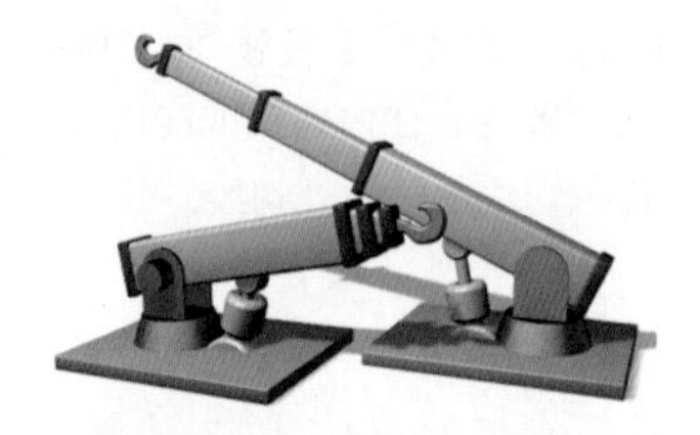
图16-24

16.3.7 曲面约束

【曲面约束】能将对象限制在另一个对象的表面上，如图 16-25 所示。

图16-25

16.4 层次和运动学

当设置角色、机械装置或复杂运动的动画时，可以通过将对象链接在一起以形成层次或链来简化过程。在已链接的链中，一个链的动画可能影响部分或所有的链的动画，使得一次设置对象或骨骼成为可能。

16.4.1 层次

生成计算机动画时，最有用的工具中的一个是将对象链接在一起以形成链的功能。通过将一个对象与另一个对象进行链接，可以创建父子关系，应用于父对象的变换同时将传递给子对象。链也称为层次，如图 16-26 所示。

图16-26

16.4.2 使用正向运动学设置动画

仅有从父对象传递到子对象上变换。使用移动、旋转或缩放设置父对象动画的同时，也设置了附加到父对象上的子树动画。父对象修改器或参数创建的动画不会影响其派生对象。移动父对象将移动整个层次，如图 16-27 所示。父对象的旋转会传递到所有子对象中，如图 16-28 所示。

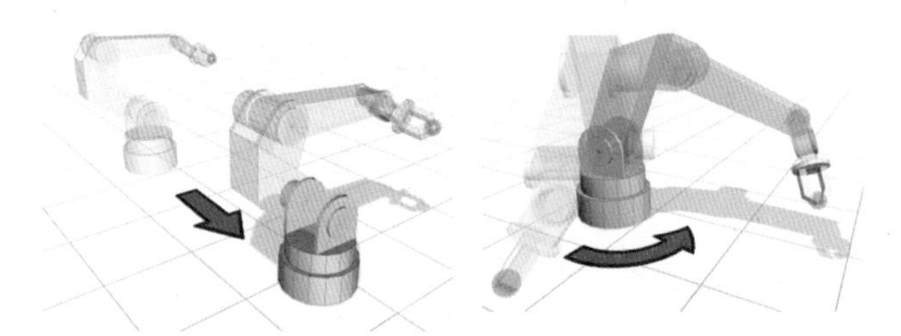

图16-27　　图16-28

使用正向运动学时，子对象与父对象间的链接不约束子对象。子对象可以独立于父对象单独进行移动、旋转和缩放等操作。

移动最后一个子对象不影响层次中位于前面置处的对象，如图16-29所示。移动层次中间的子对象影响其所有派生对象，但是不影响任何一个父对象，如图 16-30 所示。

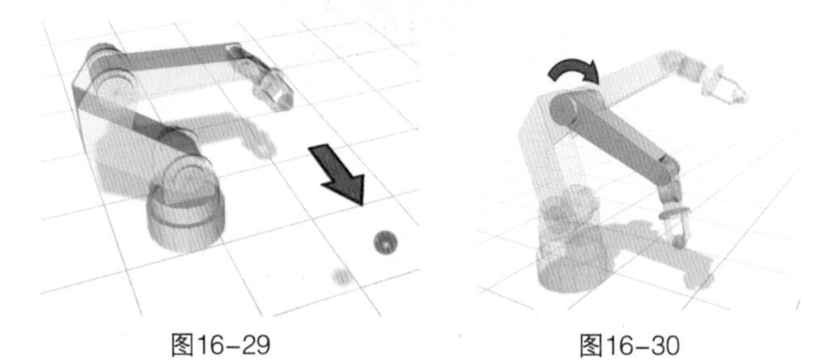

图16-29　　图16-30

16.4.3 反向运动学（IK）

反向运动学（IK）是一种设置动画的方法，它翻转链操纵的方向。它是从叶子而不是根开始进行工作的。图 16-31 所示为使用 IK 设置腿部动画。

图16-31

16.4.4 层次面板命令

如果使用【选择并链接】命令或系统（如骨骼）设置层次，则可以使用【层次】面板对其进行管理。每个对象都有代表其局部坐标中心和局部坐标系统的轴点，如图 16-32 所示。

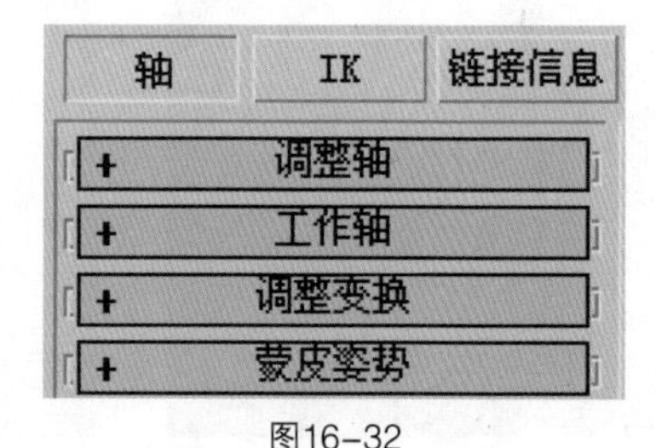

图16-32

【IK】卷展栏包含用于继承 IK 和 HD IK 解算器的控件，

如图 16-33 所示。

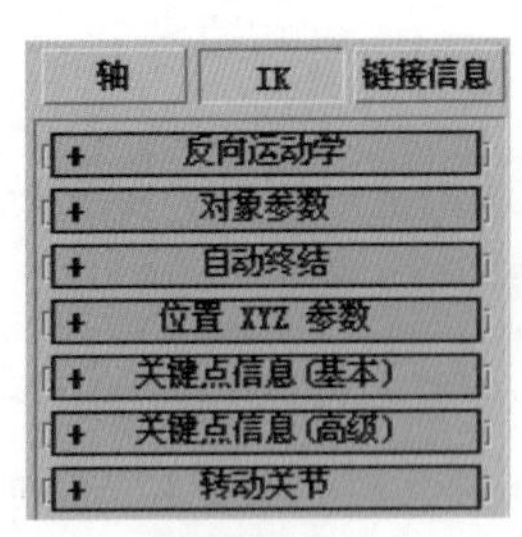

图16-33

此部分的【层次】面板包含两个卷展栏。【锁定】卷展栏有可以限制对象在特定轴中移动的控件。【继承】卷展栏有可以限制子对象继承其父对象变换的控件，如图 16-34 所示。

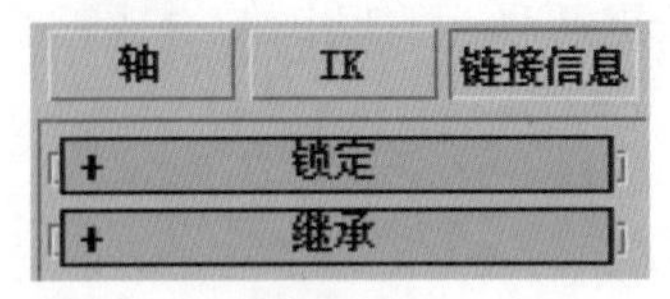

图16-34

16.5 角色动画

角色动画主要包括【Biped】、【蒙皮】修改器、【变形器】、【CAT】等多个部分，它是 3ds Max 中比较难以理解的知识点。熟练掌握角色动画，不仅可以制作人物动画，而且还可以制作动物、机械、怪兽等动画。

16.5.1 Biped就是人体骨架，长得有点吓人哦

Biped 是一个 3ds Max 组件，可以从【创建】面板中进行访问。在创建 Biped 后，使用【运动】面板中的【Biped】控制它。通过 Biped 提供的工具，可以设计角色的体形和运动并设置其动画，如图 16-35 所示。

图16-35

在视图中拖曳光标可创建一个 Biped，如图 16-36 所示。

单击 （运动）按钮，如图 16-37 所示。

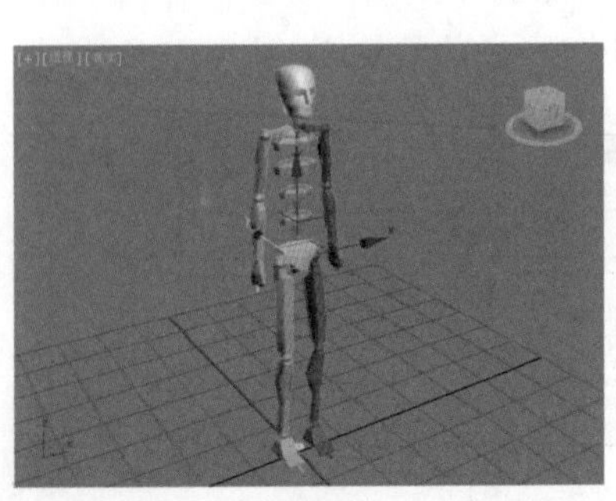

图16-36

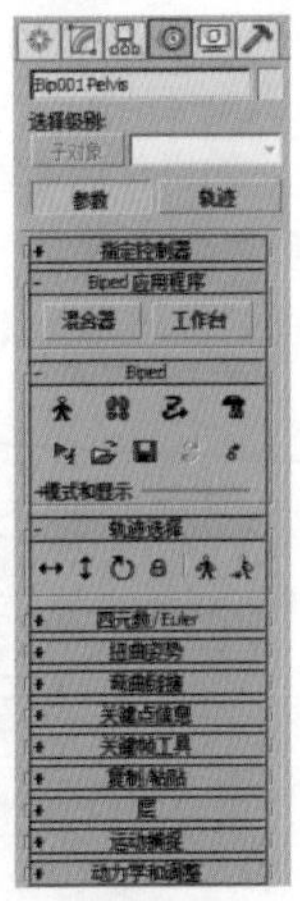

图16-37

16.5.2 “蒙皮”就是在骨骼外面蒙上皮肤

【蒙皮】修改器是骨骼动画中常用的工具。为模型添加该修改器，可以使其产生皮肤的效果，如图 16-38 所示。

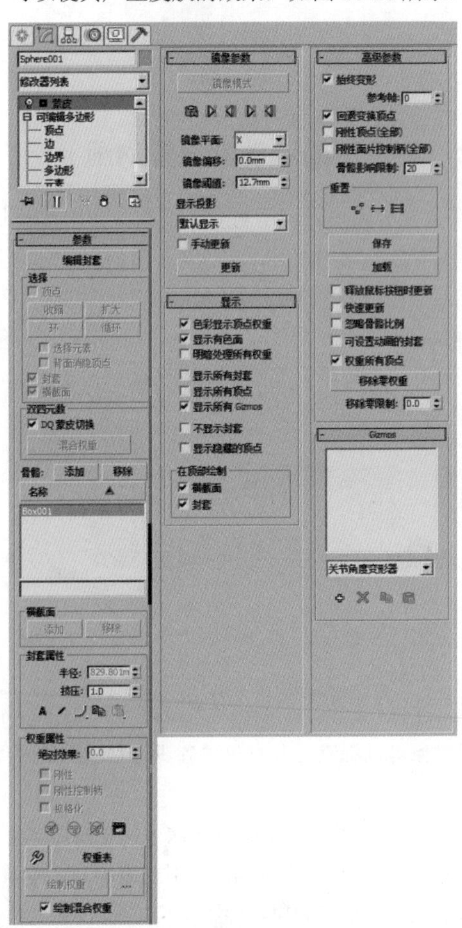

图16-38

- 编辑封套按钮：激活该按钮可以进入子对象层级，进入子对象层级后可以编辑封套和顶点的权重。
- 顶点：启用该选项后可以选择顶点，并且可以使用收缩工具、扩大工具、环工具和循环工具来选择顶点。
- 添加按钮/移除按钮：使用添加工具可以添加一个或多个骨骼；使用移除工具可以移除选中的骨骼。
- 半径：设置封套横截面半径的大小。
- 挤压：设置所拉伸骨骼的挤压倍增量。
- 【绝对/相对】按钮A/R：用来切换计算内外封套之间的顶点权重的方式。
- 【封套可见性】按钮：用来控制未选定的封套是否可见。
- 【缓慢衰减】按钮：为选定的封套选择衰减曲线。
- 【复制】按钮/【粘贴】按钮：使用【复制】按钮可以复制选定封套的大小和图形；使用【粘贴】按钮可以将复制的对象粘贴到所选定的封套上。
- 绝对效果：对于选定骨骼设置相对于选定顶点的绝对权重。
- 刚性：启用该选项后，可以使选定的顶点仅受一个最具影响力的骨骼的影响。
- 刚性控制柄：启用该选项后，可以使选定的面片顶点的控制柄仅受一个最具影响力的骨骼的影响。
- 规格化：启用该选项后，可以强制每个选定顶点的总权重合计为1。
- 【排除/包含选定的顶点】按钮：将当前选定的顶点排除/包含到当前骨骼的列表中。
- 【选定排除的顶点】按钮：选择所有从当前骨骼中排除的顶点。
- 【烘焙选定顶点】按钮：单击该按钮可以烘焙当前的顶点权重。
- 【权重工具】按钮：单击该按钮可以打开【权重工具】对话框。
- 权重表按钮：单击该按钮可以打开【蒙皮权重表】对话框，在该对话框中可以查看和更改骨架结构中所有骨骼的权重。
- 绘制权重按钮：使用该工具可以绘制选定骨骼的权重。
- 【绘制选项】按钮：单击该按钮可以打开【绘制选项】对话框，在该对话框中可以设置绘制权重的参数。
- 绘制混合权重：启用该选项后，可以均分相邻顶点的权重，然后基于笔刷强度来应用平均权重，这样可以缓和绘制的值。
- 镜像模式按钮：将封套和顶点从网格的一个侧面镜像到另一个侧面。
- 【镜像粘贴】按钮：将选定的封套和顶点粘贴到物体的另一侧。
- 【将绿色粘贴到蓝色骨骼】按钮：将封套设置从绿色骨骼粘贴到蓝色骨骼上。
- 【将蓝色粘贴到绿色骨骼】按钮：将封套设置从蓝色骨骼粘贴到绿色骨骼上。
- 【将绿色粘贴到蓝色顶点】按钮：将各个顶点中所有绿色顶点粘贴到对应的蓝色顶点上。
- 【将蓝色粘贴到绿色顶点】按钮：将各个顶点中所有蓝色顶点粘贴到对应的绿色顶点上。
- 镜像平面：用来选择镜像的平面是左侧平面还是右侧平面。
- 镜像偏移：设置沿【镜像平面】轴移动镜像平面的偏移量。
- 镜像阈值：将顶点设置为左侧或右侧顶点后，使用该选项可设置镜像工具能观察到的相对距离。

16.5.3 CAT对象很有趣、很强大！

CATRig 可以定义 CAT 骨骼动画系统的层次。它能快速创建多种常用的骨骼效果，如人物骨骼、四足动物等，如图 16-39 所示。

单击【CAT 父对象】，即可选择合适的 CATRig 类型，如图 16-40 所示。

图16-39

图16-40

图 16-41 所示为 5 种 CATRig 类型的创建效果。

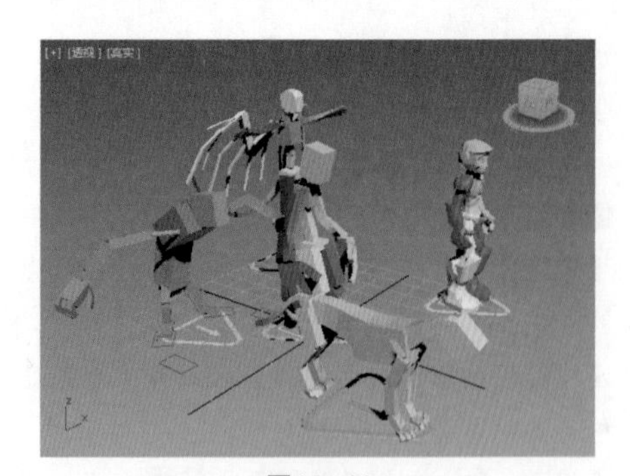

图16-41

典型实例：飞行器飞行动画

案例文件　案例文件 \Chapter 16\ 典型实例：飞行器飞行动画 .max
视频教学　视频文件 \Chapter 16\ 典型实例：飞行器飞行动画 .flv
技术掌握　掌握关键帧动画制作位移和旋转动画的方法

本例是通过为模型设置位移和旋转动画来产生飞行器飞行效果的。最终的渲染效果如图 16-42 所示。

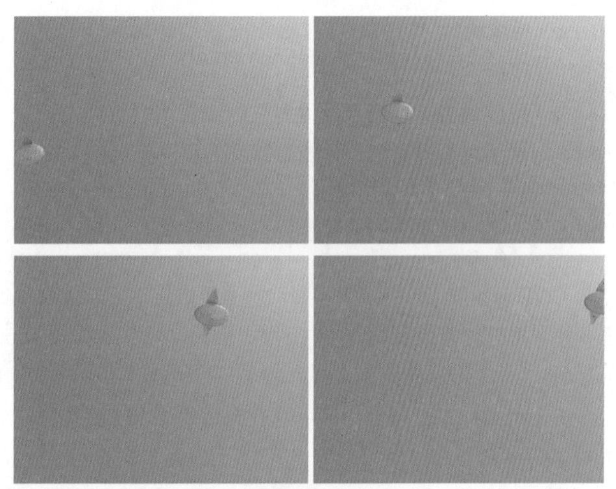

图16-42

制作步骤

（1）打开本书配套光盘中的【场景文件 /Chapter 16/01. max】文件，如图 16-43 所示。

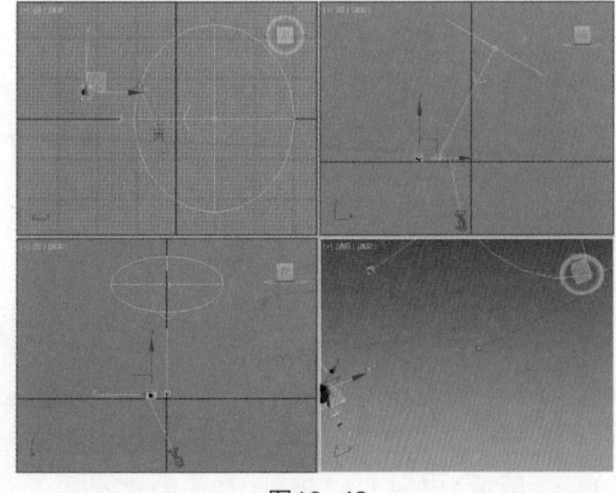

图16-43

（2）选择飞行器模型并单击自动关键点，此时开始制作动画。将时间线拖动到第零帧，并将飞行器移动到图 16-44 所示的位置。

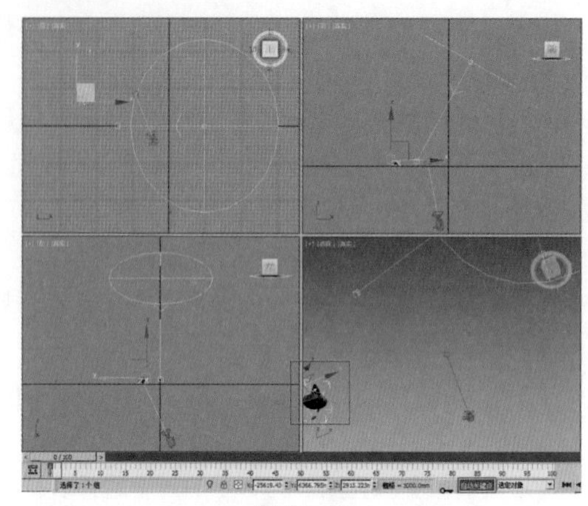

图16-44

（3）将时间线拖动到第五十帧并将飞行器移动到图 16-45 所示的位置。

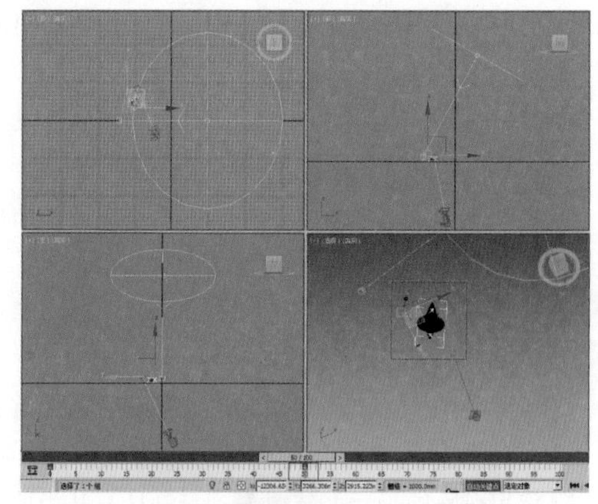

图16-45

（4）将时间线拖动到第一百帧，并将飞行器移动到图 16-46 所示的位置。

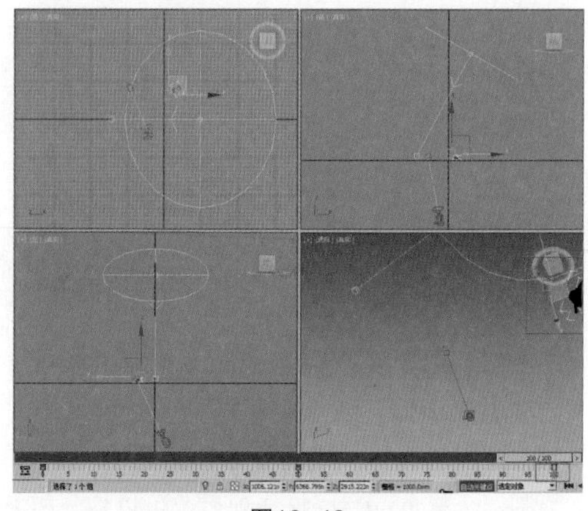

图16-46

（5）单击（选择并旋转）按钮，将时间线拖动到第五十帧，并将飞行器沿 Z 轴旋转 15°，如图 16-47 所示。

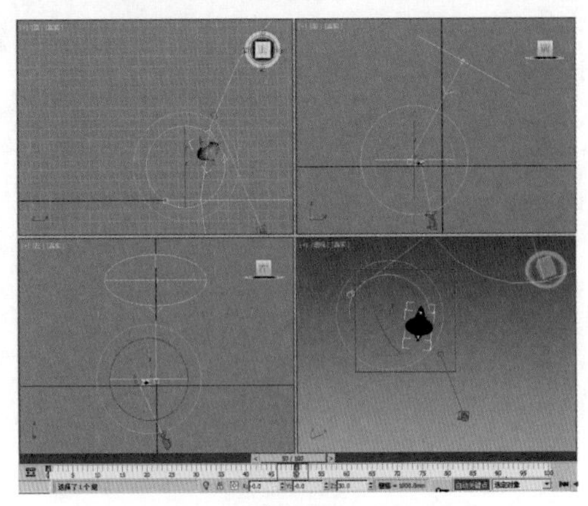

图16-47

（6）将时间线拖动到第一百帧，并将飞行器沿 Z 轴旋转 30°，如图 16-48 所示。

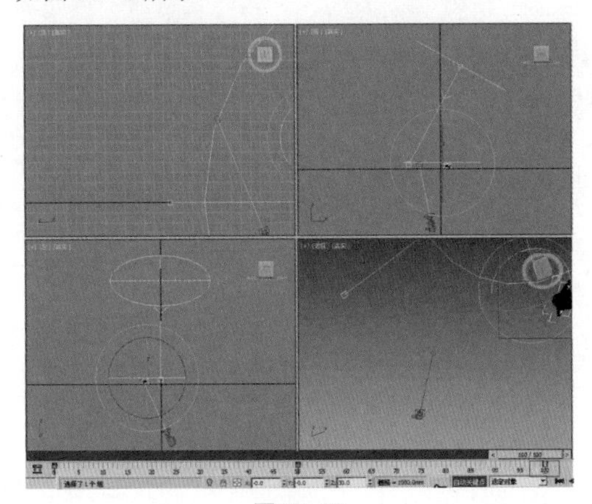

图16-48

（7）此时拖动时间线，可以看到产生了飞行器的动画，如图 16-49 所示。

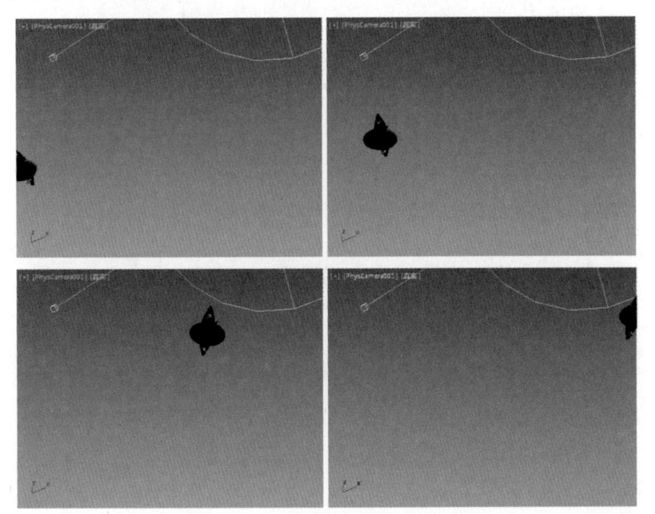

图16-49

典型实例：苹果滚动动画

案例文件	案例文件 \Chapter 16\ 典型实例：苹果滚动动画 .max
视频教学	视频文件 \Chapter 16\ 典型实例：苹果滚动动画 .flv
技术掌握	掌握关键帧动画的设置方法

本例是通过对苹果模型设置位移和旋转动画制作滚动的效果的。最终的渲染效果如图 16-50 所示。

图16-50

制作步骤

（1）打开本书配套光盘中的【场景文件 /Chapter 16/02.max】文件，如图 16-51 所示。

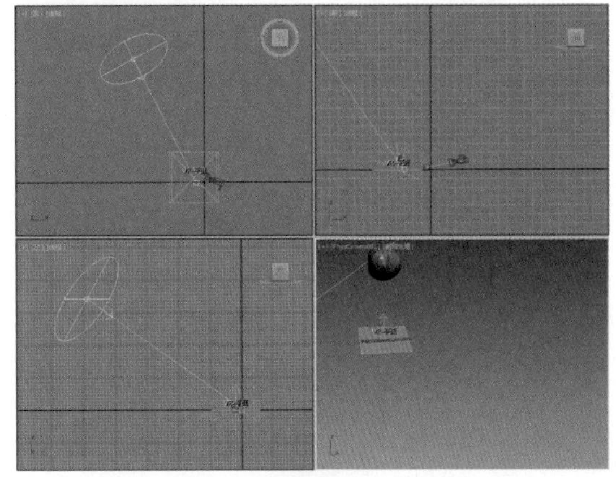

图16-51

（2）选择苹果模型并单击自动关键点，此时开始制作动画。将时间线拖动到第零帧，并将苹果移动到图 16-52 所示的位置。

（3）将时间线拖动到第十五帧，并将苹果移动到图 16-53 所示的位置。

（4）将时间线拖动到第三十五帧，并将苹果移动到图 16-54 所示的位置。

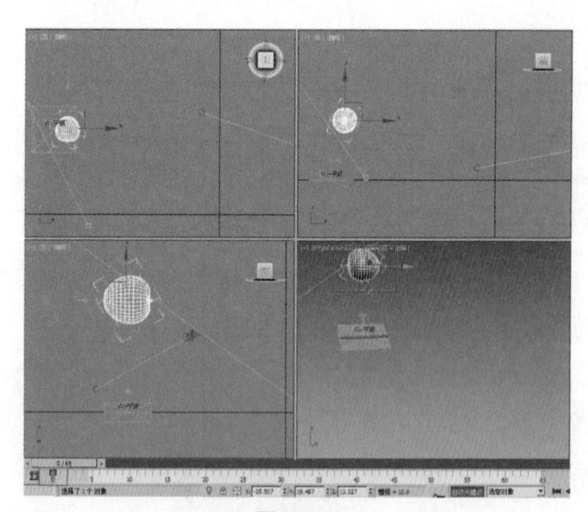

图16-52

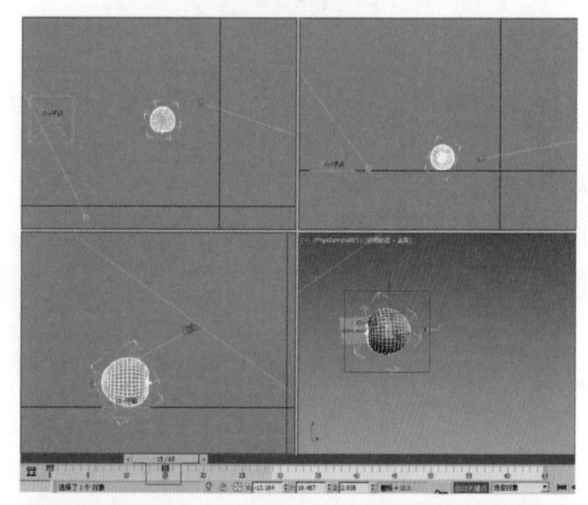

图16-53

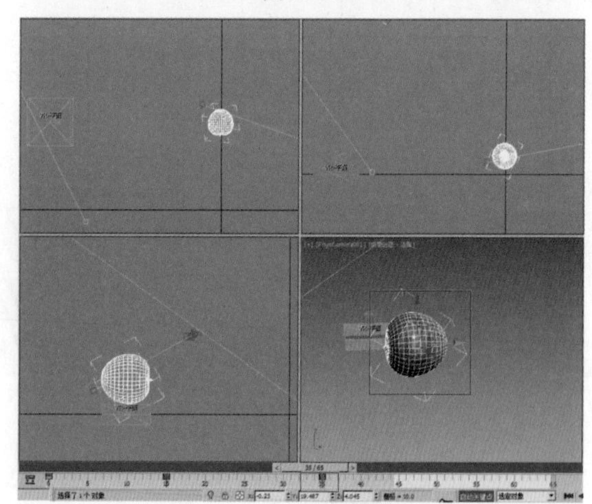

图16-54

（5）将时间线拖动到第六十五帧，并将苹果移动到图 16-55 所示的位置。

（6）单击 （选择并旋转）按钮，将时间线拖动到第零帧，此时苹果模型如图 16-56 所示。

（7）将时间线拖动到第六十五帧，将苹果沿 Y 轴旋转 180°，如图 16-57 所示。

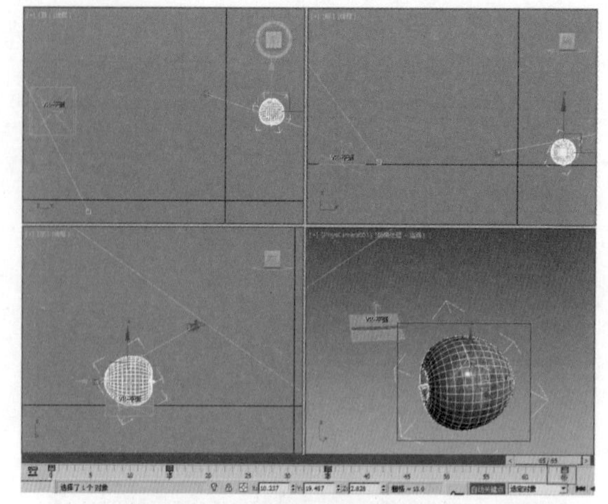

图16-55

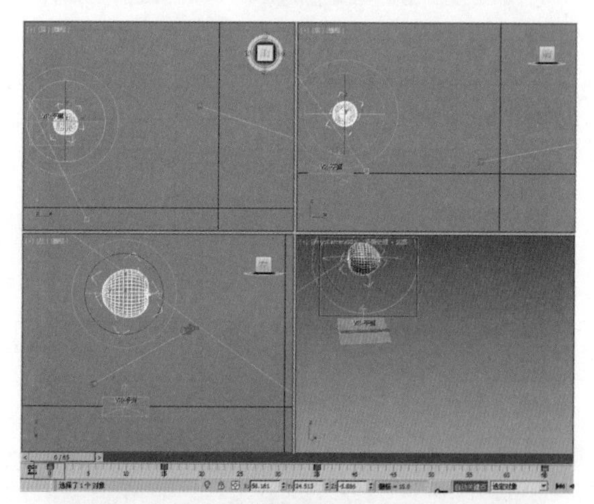

图16-56

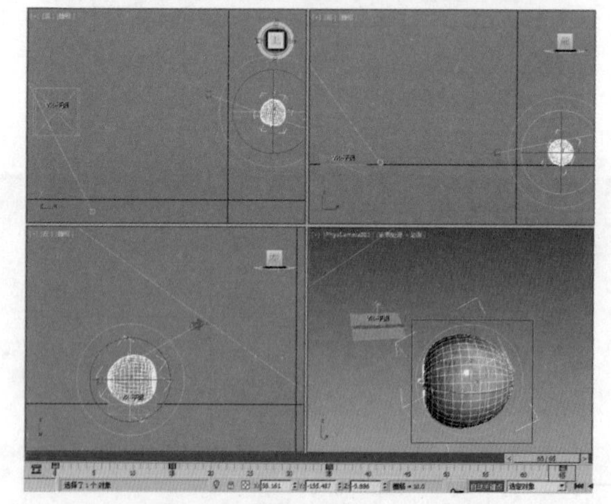

图16-57

（8）将时间线拖动到第零帧，此时的苹果模型如图 16-58 所示。

（9）将时间线拖动到第六十五帧，将苹果沿 Z 轴旋转 90°，如图 16-59 所示。

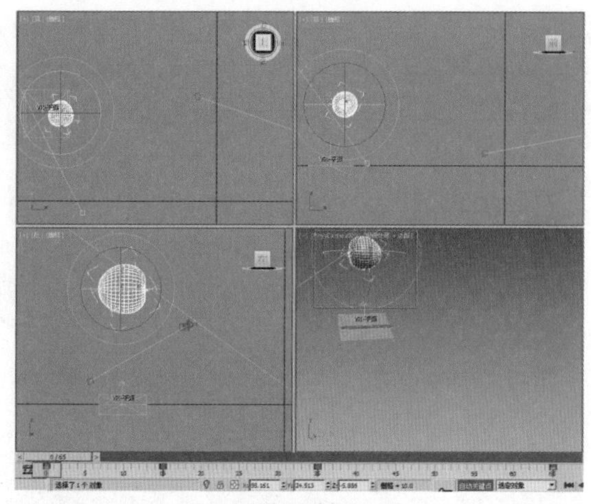

图16-58

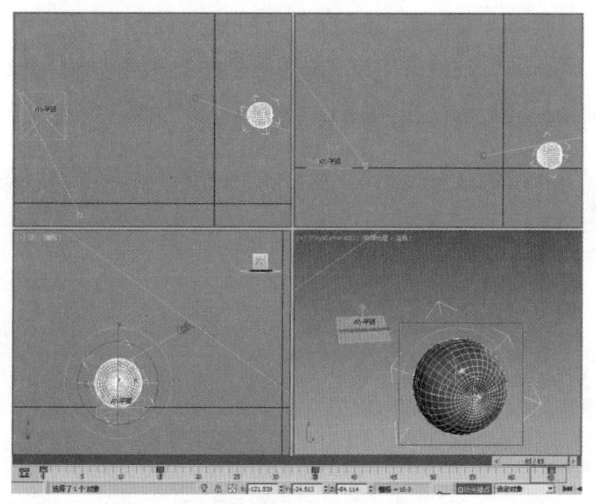

图16-59

（10）此时拖动时间线，可以看到产生了苹果滚动的效果，如图 16-60 所示。

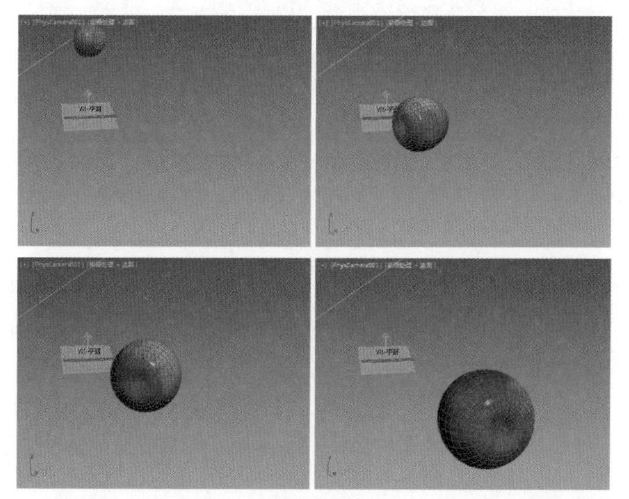

图16-60

典型实例：火焰晃动动画

案例文件　案例文件 \Chapter 16\ 典型实例：火焰晃动动画 .max
视频教学　视频文件 \Chapter 16\ 典型实例：火焰晃动动画 .flv
技术掌握　掌握关键帧动画的使用

本例是通过对模型添加【FFD】修改器，并对其控制点的位置设置关键帧动画，从而制作出火焰晃动效果的。最终的渲染效果如图 16-61 所示。

图16-61

制作步骤

（1）打开本书配套光盘中的【场景文件 /Chapter 16/03.max】文件，如图 16-62 所示。

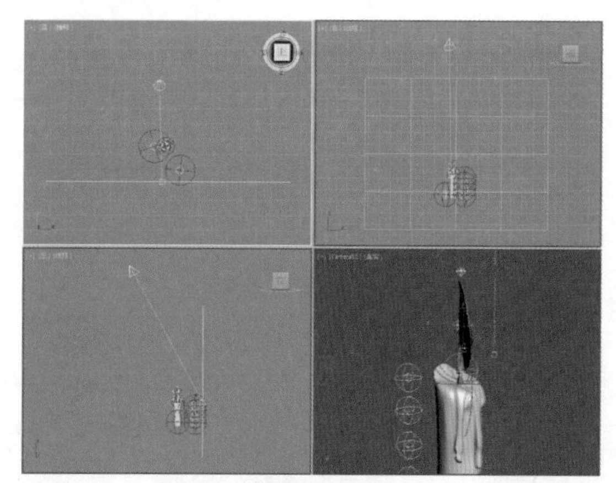

图16-62

（2）选择蜡烛火焰模型，单击修改为其添加【FFD 4×4×4】修改器，并进入【控制点】级别，如图 16-63 所示。

（3）单击自动关键点，此时开始制作动画。将时间线拖动到第三十帧，将控制点移动到图 16-64 所示的位置。

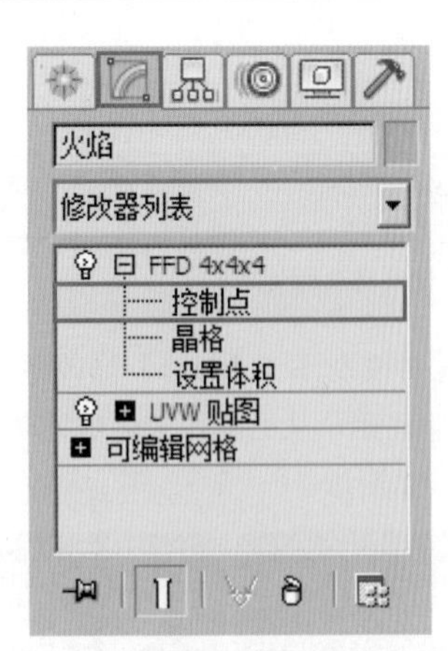

图16-63

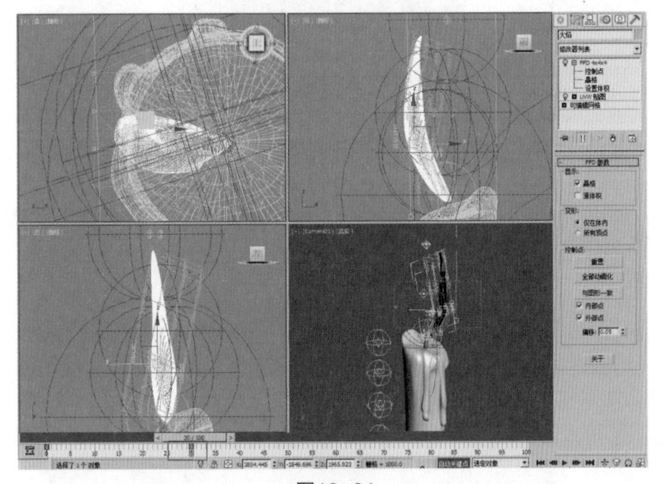

图16-64

（4）将时间线拖动到第六十帧，并将控制点移动到图 16-65 所示的位置。

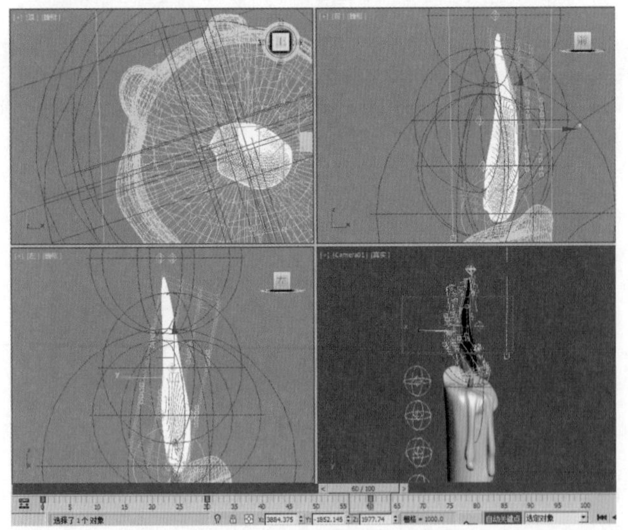

图16-65

（5）将时间线拖动到第一百帧，并将控制点动到图 16-66 所示的位置。

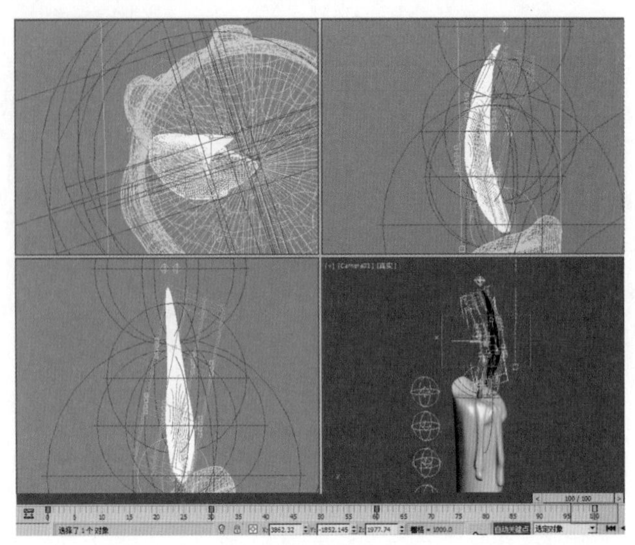

图16-66

（6）此时拖动时间线，可以看到产生了蜡烛火焰的动画，如图 16-67 所示。

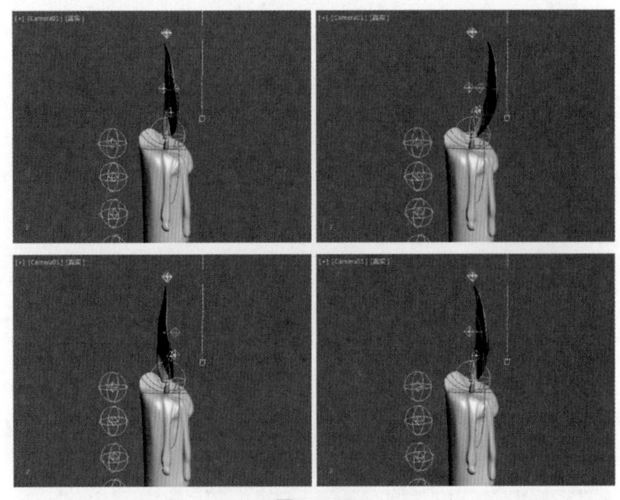

图16-67

典型实例：建筑生长动画

案例文件　案例文件 \Chapter 16\ 典型实例：建筑生长动画 .max
视频教学　视频文件 \Chapter 16\ 典型实例：建筑生长动画 .flv
技术掌握　掌握关键帧动画的应用

本例是通过为楼房添加【切片】修改器，并为切片平面的位置设置关键帧动画，从而形成楼房生长的效果的。最终的渲染效果如图 16-68 所示。

制作步骤

（1）打开本书配套光盘中的【场景文件 /Chapter 16/04.max】文件，如图 16-69 所示。

图16-68

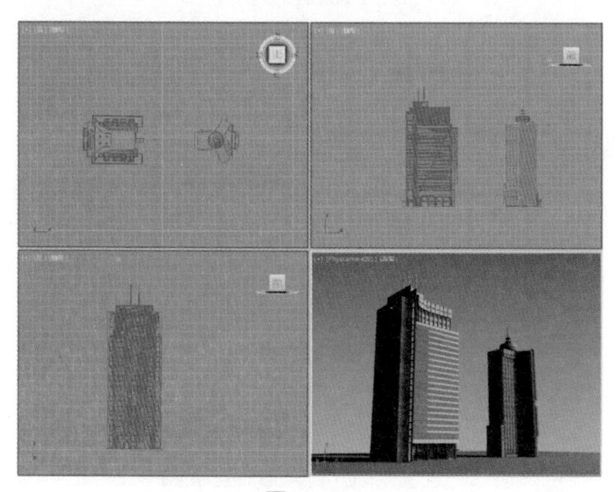

图16-69

（2）选择左侧的楼，单击修改为其添加【切片】修改器，设置【切片类型】为【移除顶部】，如图 16-70 所示。

图16-70

（3）单击【切片平面】级别，然后再单击自动关键点，此时开始制作动画。将时间线拖动到第零帧，将切片平面移动到图 16-71 所示的位置。

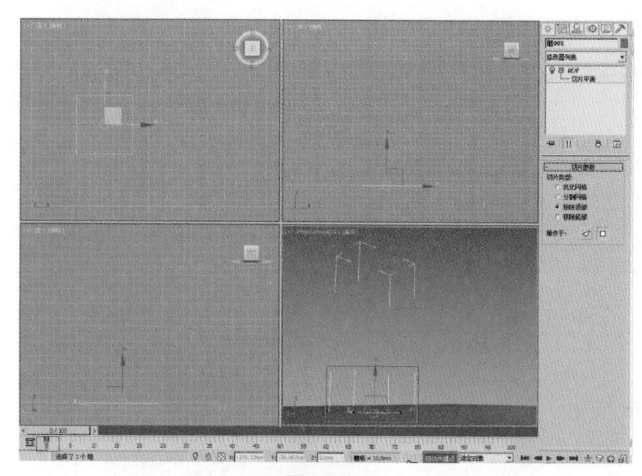

图16-71

（4）将时间线拖动到第七十帧，并将切片平面移动到图 16-72 所示的位置。

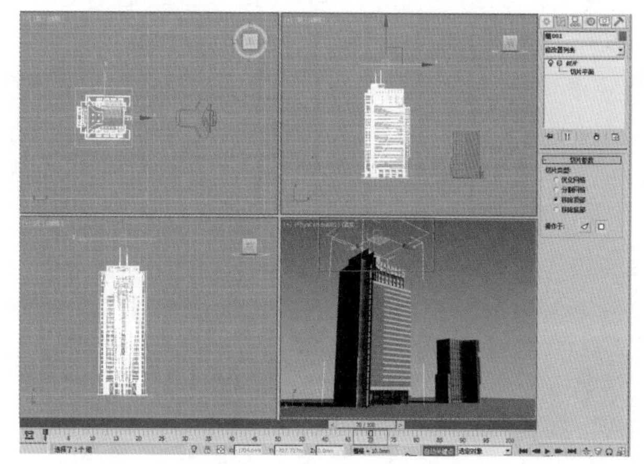

图16-72

（5）使用同样的方法，选择右侧的楼，为其添加【切片】修改器，设置【切片类型】为【移除顶部】。单击【切片平面】级别，然后单击自动关键点，将时间线拖动到第四十帧，并将切片平面移动到图 16-73 所示的位置。

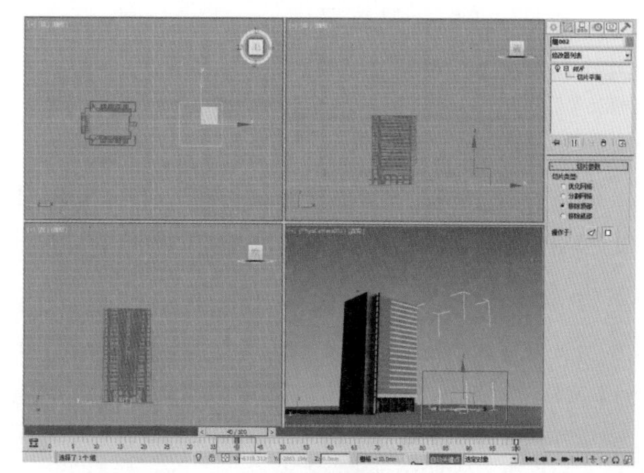

图16-73

（6）将时间线拖动到第一百帧，并将切片平面移动到图16-74所示的位置。

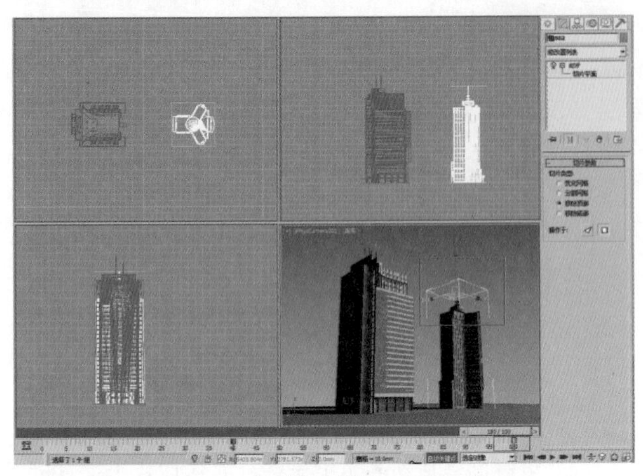

图16-74

（7）此时拖动时间线，可以看到形成了楼房生长的动画，如图16-75所示。

图16-75

典型实例：摄影机动画

案例文件　案例文件\Chapter 16\典型实例：摄影机动画.max
视频教学　视频文件\Chapter 16\典型实例：摄影机动画.flv
技术掌握　掌握关键帧动画的应用

通过对摄影机的位置设置关键帧动画，从而产生摄影机游走的动画效果。最终的渲染效果如图16-76所示。

制作步骤

（1）打开本书配套光盘中的【场景文件/Chapter 16/05.max】文件，如图16-77所示。

（2）执行（创建）|（摄影机）|标准|目标操作，如图16-78所示。

图16-76

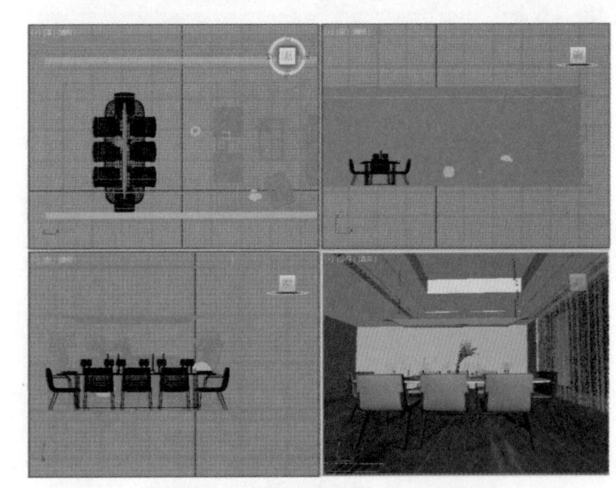

图16-77

图16-78

（3）在视图中拖曳光标创建一台摄影机，如图16-79所示。

（4）选择摄影机并单击自动关键点，此时开始制作动画。将时间线拖动到第零帧，并将摄影机移动到图16-80所示的位置。

（5）将时间线拖动到第五十帧，并将摄影机移动到图16-81所示的位置。

（6）将时间线拖动到第一百帧，并将摄影机移动到图16-82所示的位置。

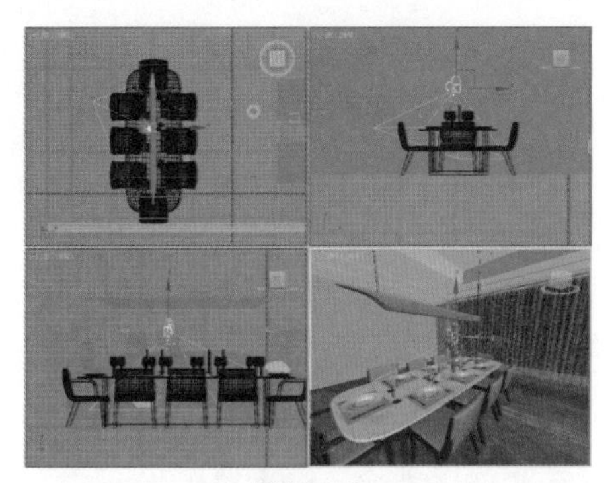

图16-79

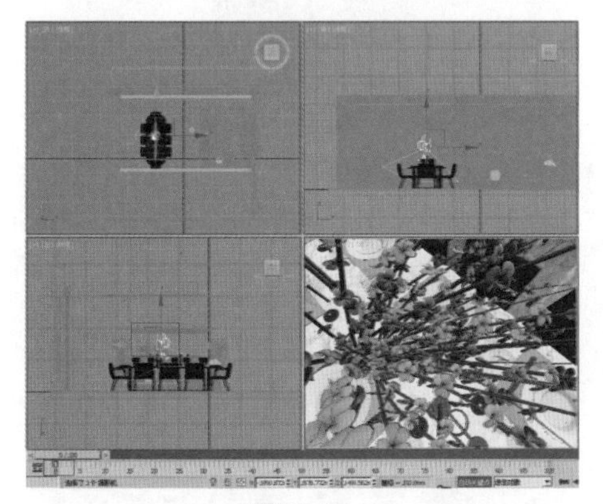

图16-80

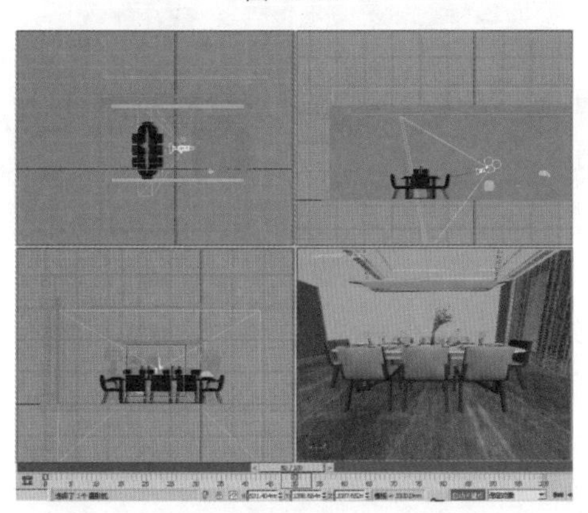

图16-81

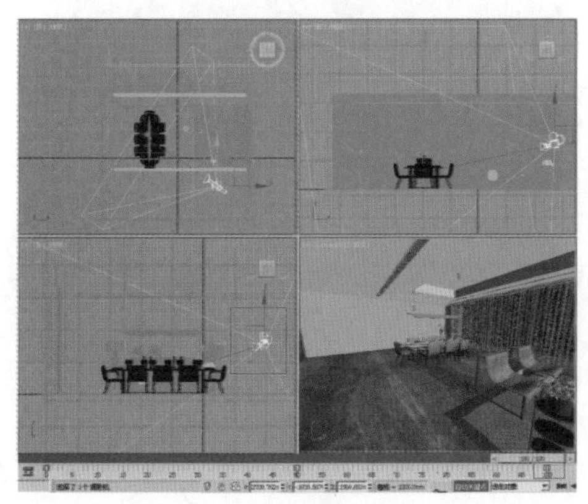

图16-82

（7）此时拖动时间线，可以看到产生了摄影机的动画，如图 16-83 所示。

图16-83

典型实例：卡通人物走路动画

案例文件　案例文件 \Chapter 16\ 典型实例：卡通人物走路动画 .max
视频教学　视频文件 \Chapter 16\ 典型实例：卡通人物走路动画 .flv
技术掌握　掌握 CAT 角色动画的应用

本例是通过创建 CAT，为其设置行走动画的。最终的渲染效果如图 16-84 所示。

图16-84

制作步骤

（1）执行（创建）|（辅助对象）| CAT对象 | CAT父对象操作，然在列表中单击选择【Ape】，如图 16-85 所示。

（2）在透视图中单击创建一个 Ape，如图 16-86 所示。

图16-85

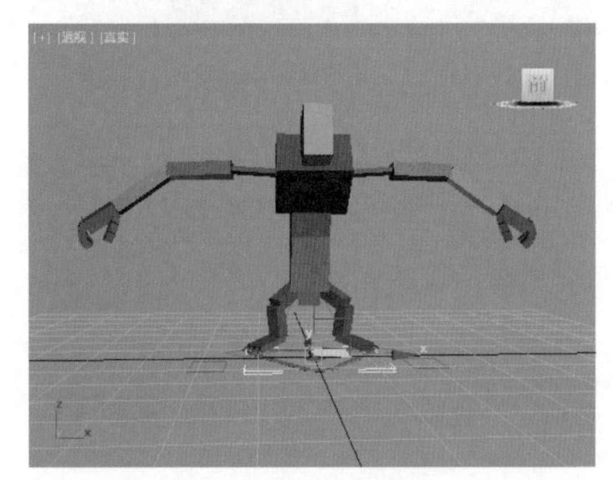

图16-86

（3）单击 （运动）按钮，长按 按钮并单击 按钮，如图 16-87 所示。

（4）单击 （设置 / 动画模式切换）按钮，如图 16-88 所示。

图16-87

（5）此时拖动时间线，可以看到角色产生了原地踏步的动画，如图 16-89 所示。

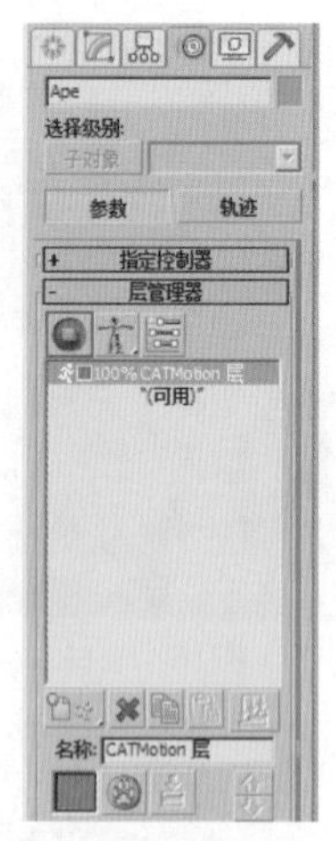

图16-88

图16-89

（6）单击 （CATMotion）按钮，并在弹出的窗口中选择【直线行走】，如图 16-90 所示。

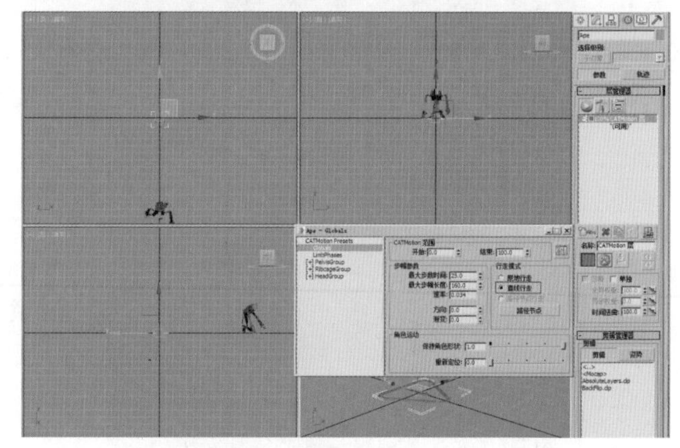

图16-90

（7）此时拖动时间线，可以看到产生了行走的动画，如图 16-91 所示。

图16-91

16.6　Design教授研究所——制作动画常见的几个问题

在 Design 教授研究所，新的研究又出炉啦！动画是不是比较难呢？慢慢理解吧，自己多动手创作有趣的动画，这才会加深对动画的认识。

16.6.1　怎么把动画时间设置得更长一些？

3ds Max 中默认的动画时间只有 100 帧（大约为 4 秒），那么怎么修改时长呢？在 3ds Max 界面的右下角，单击（时间配置）按钮，如图 16-92 所示。

图16-92

此时可以在弹出的【时间配置】对话框中设置【帧速率】为【PAL】（中国常用制式），然后就可以设置【结束时间】了，如图 16-93 所示。

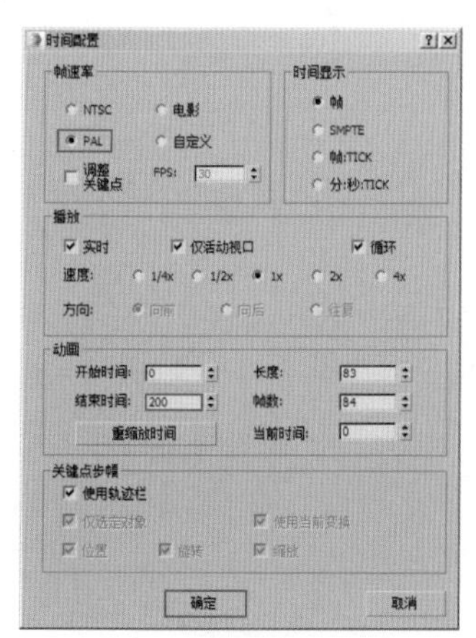

图16-93

设置完成后，会看到时间线的时长发生了变化，如图 16-94 所示。

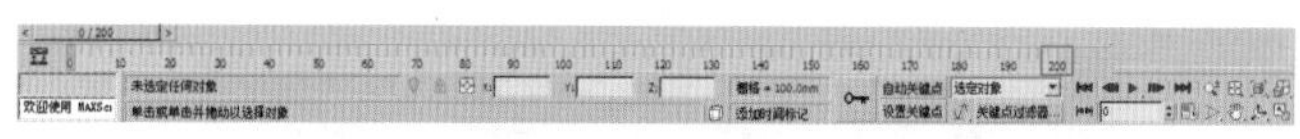

图16-94

16.6.2　只有模型可以设置动画吗？

在 3ds Max 中可以为模型设置动画，这个功能三弟和麦克斯都已经知道了，但是除此之外，是不是可以为其他对象设置动画呢？

（1）材质动画。比如想要制作水波纹动画，可以调整其中的参数设置动画，如图 16-95 和图 16-96 所示。

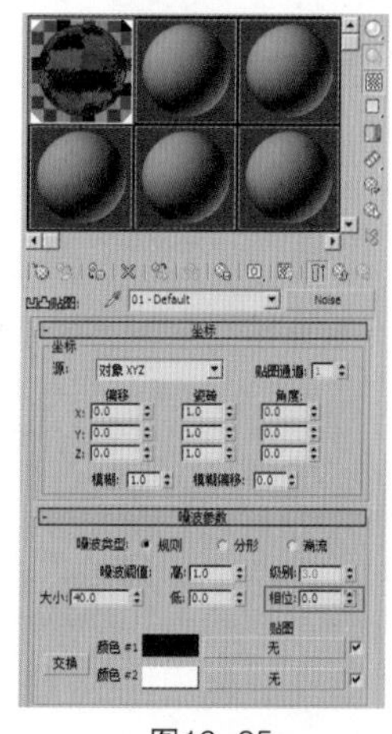

图16-95

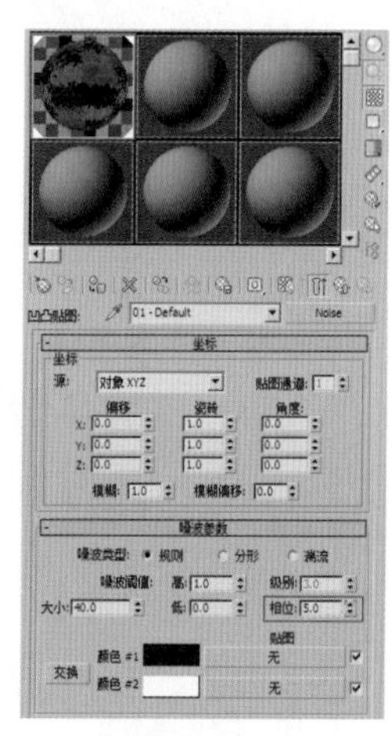

图16-96

制作完成后，可以看到材质产生了动画的效果，如图 16-97、图 16-98 和图 16-99 所示。

图16-97

图16-98

图16-99

（2）灯光动画。若想在场景中创建一盏灯光，可以对灯光的位置创建动画，如图 16-100 和图 16-101 所示。

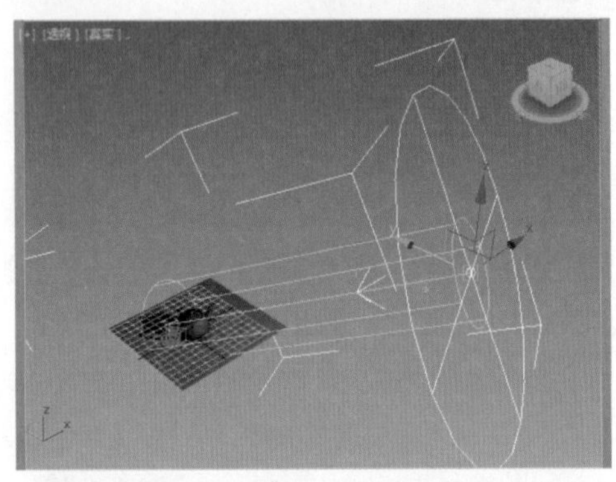

图16-100

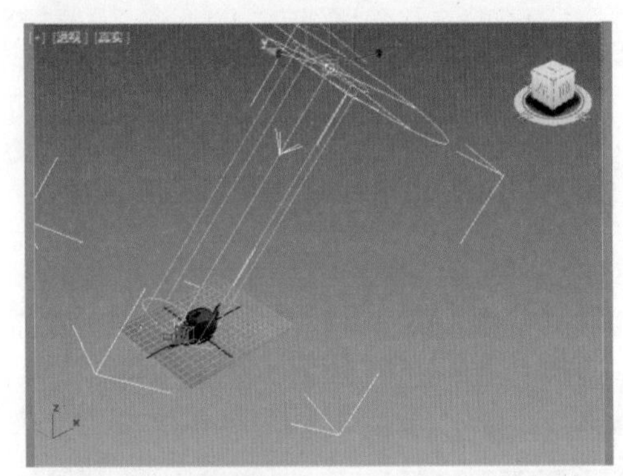

图16-101

渲染完成后，可以看到灯光产生了动画的效果，如图 16-102、图 16-103 和图 16-104 所示。

图16-102

图16-103

图16-104

除此之外，还可以为摄影机、粒子等对象设置动画。

本章小结

本章学习完成了，三弟和麦克斯已经掌握了 3ds Max 的动画知识。你是不是也跃跃欲试了，不妨动手试试看。从设计草图开始，创建场景模型，建立灯光材质，摄影机，设置渲染及创建动画，开始制作一个大型的动画作品吧！